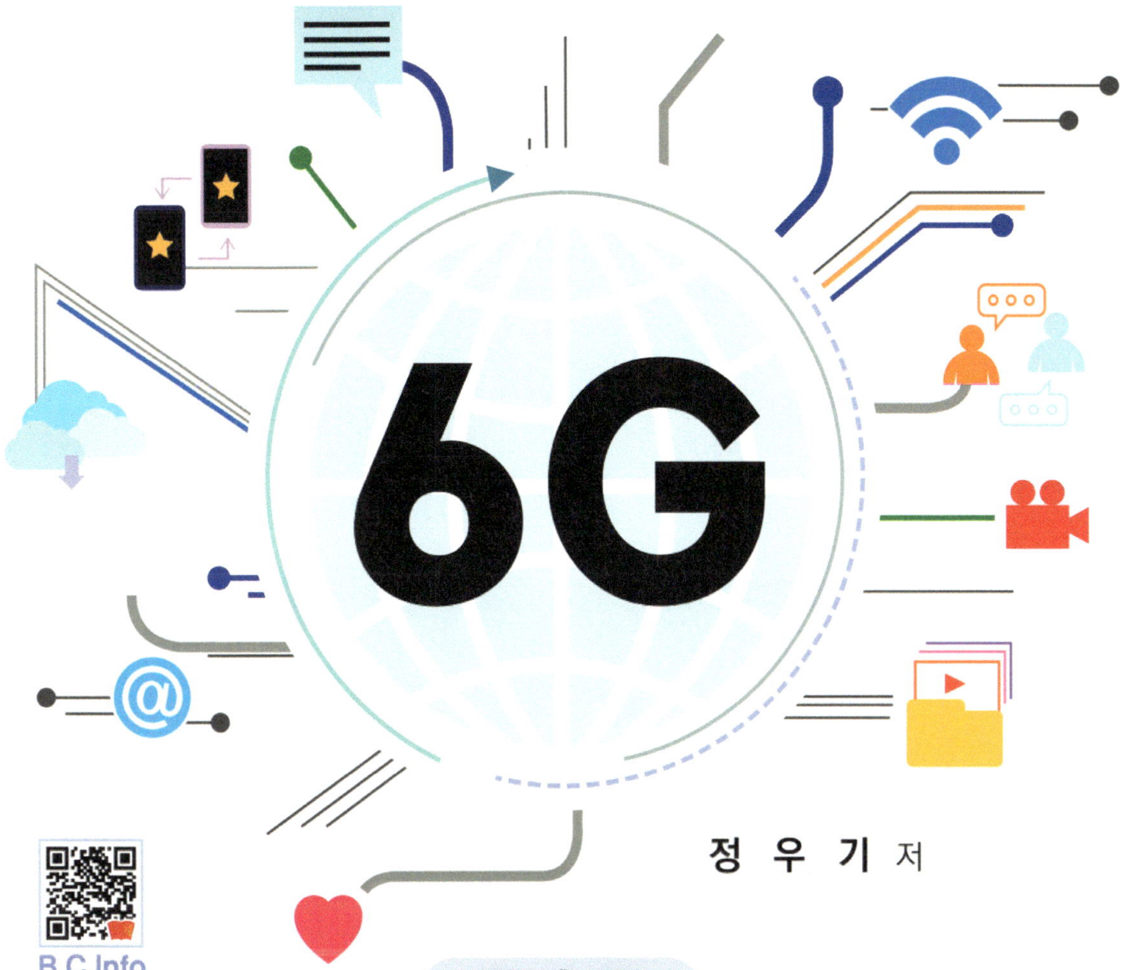

정 우 기 저

B.C.Info

제 2 판

6세대 이동통신

이동통신의 개념부터 5G/IoT/6G 서비스까지

머리말

이동통신은 지난 1980년대 언제(anywhen), 어디서나(anywhere), 누구와도(anywho) 목소리를 전달할 수 있게 된 이후, 40년간 발전을 거듭하며 사람과 사람 사이에 모든 신호를 통신(any contents)하고, 사람뿐만 아니라 사물과도 신호를 통신(any things)하게 되었으며 미래에는 물리적 세계와 사이버 세계를 아우른 모든 세계와 통신(any worlds)할 수 있는 기술로서 사람들의 사회생활 전반에 큰 변화를 미치고 있다.

이동통신은 2세대 디지털 이동통신인 CDMA를 시작으로 3세대, 4세대, 5세대, 6세대 이동통신으로 발전하며 사회 기반 기술(GPT : General Purpose Technology)로서 발전하고 있다. 따라서 이동통신은 공학을 공부하는 일부 사람만이 아니라 현재와 미래를 살아갈 모든 이들에게도 높은 관심의 대상이 되었다.

필자는 15년간 이동통신 관련 산업(ETRI, SK텔레콤, 신세기통신, LG유플러스)에 종사하다가 대학에서 이동통신 관련 과목들을 가르치게 되었다. '이동통신이란 무엇인가?', '눈에 보이지 않는데 어떻게 통화가 이루어지는 것인가?', '이동통신의 과거는 어떤 모습이고 이렇게 빨리 발전하면 미래의 모습은 어떤 모습일까?', '모든 사물을 연결하는 사물인터넷은 세상을 어떻게 바꿀까?', '영화 〈레디 플레이어 원〉 속 2045년의 모습은 가능할까?', '〈아바타〉에 나오는 2150년의 세계는 진짜로 가능한 세계일까?'하는 일반적인 질문과 '1세대 이동통신부터 6세대 이동통신의 세대별 기술 차이는 무엇인가?', '각 세대별 기술 차이로 제공하는 서비스는 어떻게 달라지는가?' 하는 질문에 쉽게 답할 수 있으면서도 이동통신을 좀 더 깊이 공부할 대학생들을 위한 입문 성격의 책을 만들고자 하였다. 그렇기에 이 《6세대 이동통신》이 《미술의 이해》, 《음악의 이해》처럼 많은 사람들이 가지고 있는 이동통신에 대한 호기심을 조금이라도 충족시켰으면 하는 마음이다.

이 저서의 구성은 다음과 같다. 우선, 전파를 이용한 다양한 통신서비스와 전파통신을 이해하기 위해 제1장은 통신의 역사와 발전, 제2장은 전파와 주파수, 제3장은 세대별로 변화하는 다양한 전파통신서비스를 다루고 있다. 제4장부터 제9장은 이동통신의 기본원리와 세대별 서비스 배경과 주요기술을 설명하였다. 제4장은 이동통신의 기본 원리인 셀룰러 이동통신의 개념, 제5장은 디지털 통신 시스템의 시작인 CDMA와 GSM 이동통신, 제6장은 IMT-2000 시스템과 진화 기술인

WCDMA/HSPA, cdma2000/1x EV-DO Rev. A/B, 와이브로 시스템, 제7장은 4세대 이동통신의 서비스 개념과 LTE와 LTE-Advanced 시스템, 제8장은 5세대 이동통신의 서비스 개념과 5G NR 기술, 제9장은 이제 연구 단계인 6세대 이동통신의 배경과 개념, 미래 서비스 전망, 주요 기술 이슈 등을 다루고 있다.

끝으로 이 책을 만드는 동안 많은 도움을 주신 업체 관계자 분들께 감사드리며, 또한 다시 책을 개정하여 출판하도록 도와주신 복두출판사 사장님 및 직원들께 감사드린다.

2022년 3월
저자 씀

목차

CHAPTER
8 5세대 이동통신 453

CHAPTER
9 6세대 이동통신 505

A 부록 525

참고 문헌 538

약 어

3D-BF	3-Dimension Beamforming
3GPP	3rd Generation Partnership Project
3GPP2	3rd Generation Partnership Project 2
5GC	5G Core network
5G-CN	5G Core Network
AAS	Active Antenna System
ACA	Advanced Carrier Aggregation
ACIR	Adjacent Channel Interference Ratio
ACK	ACKnowledgement
ACLR	Adjacent Channel Leakage Ratio
ACS	Adjacent Channel Susceptibility
AF	Application Function
AI	Artificial Intelligence
AmBC	Ambient Backscatter Communication
AMC	Adaptive Modulation and Coding
AMF	Access and Mobility Management Function
AMPS	Advanced Mobile Phone System
AMR	Adaptive Multi-Rate
AOA	Angel Of Arrival
APOC	Advanced Paging Operators Code
AR	Augmented Reality
ARQ	Automatic Repeat reQuest
ASA	Authorized Shared Access
AVC	Advanced Video Coding
ATM	Asynchronous Transfer Mode
AT&T	American Telephone & Telegraph
AuC	Authentication Center
AUSF	Authentication Server Function
BBU	Base Band Unit
BER	Bit Error Rate
BIM	Building Information Modeling
BPSK	Binary Phase shift Keying
BS	Billing System

BSS	Base Station Subsystem
BSC	Base Station Controller
BTS	Base Transceiver Station
CA	Carrier Aggregation
CAPEX	Capital Expenditure
CC	Convolutional Code
CCFD	Co-frequency Co-time Full Duplex
CCSA	China Communications Standards Association
CDMA	Code Division Multiple Access
CDN	Contents Delivery Network
CEPT	Conference of European Postal and Telecommunications
C/I or CIR	Carrier to Interference Ratio
C-ITS	Cooperative ITS communication
CMS	Customer Management System
CLTD	Closed Loop Transmit Diversity
CN	Core Network
CoAP	Constrained Application Protocol
CoMP	Coordinated Multi Point Transmission/Reception
COST	Cooperation Europeenne dans le domaine de la recherche Scientifique et Technique
CP	Cyclic Prefix
CPRI	Common Public Radio Interface
CQI	Channel Quality Information
CR	Cognitive Radio
C-RAN	Cloud RAN
CRC	Cyclic Redundancy Check
CSFB	Circuit Switched Fallback
CSG	Closed Subscriber Group
CSMA/CA	Carrier Sense Multiple Access / Collision Avoidance
CSMA/CD	Carrier Sense Multiple Access / Collision Detection
CSS	Chirp Spread Spectrum
CSRA	Compressed Sensing Random Access
CT	Cordless Telephone
CTC	Convolutional Turbo Code
C-V2X	Cellular Vehcular to Everything
D2D	Device to Device
DAB	Digital Audio Broadcasting
DACS	Digital Access and Cross-connect Switch

DAS	Distribute Antenna System
DASH	Dynamic Adaptive Streaming over HTTP
DC-HSPA	Dual Carrier - High-speed Packet Access
DECT	Digital European Cordless Telephone
DFTS-OFDM	Discrete Fourier Transform Spread – OFDM
DLT	Distributed Ledger Technology
DM	Diagnostic Monitoring
DOCSIS	Data-Over-Cable Service Interface Specification
DP	Differential Privacy
DRT	Diagnostic Rhyme Test
DRX	Discontinuous Reception
DS-CDMA	Direct Spread Code Division Multiple Access
DSL	Digital Subscriber Line
DSN	Deep Space Network
DSRC	Dedicated Short Rage Communication
DSSS	Direct Sequence Spread Spectrum
DTX	Discontinuous Transmission
DU	Digital Unit
DVB	Digital Video Broadcasting
E-CID	Enhanced Cell ID
EDGE	Enhanced Data rates for GSM Evolution
EGPRS	Enhanced GPRS
eICIC	enhanced Inter-Cell Interference Coordination
EIA	Electronic Industry Association
EIR	Equipment Identity Register
eMBMS	evolved Multimedia Broadcast Multicast Service
EMF	Electro Magnetic Field
eNB	evolved Node-B
EOTDOA	Enhanced Observed Time Difference of Arrival
EPC	Evolved Packet Core
ERMES	European Radio Messaging System
ES	Earth Station
ESN	Equipment Serial Number
ETSI	European Telecommunications Standards Institute
EV-DO	Evolution Data Only
FBMC	Filter Bank Multi Carrier
FCC	Federal Communications Commission
FCS	Fast Cell Selection

FDD	Frequency Division Duplex
FDMA	Frequency Division Multiple Access
FER	Frame Error Rate
FFT	Fast Fourier Transform
FHSS	Frequency Hopping Spread Spectrum
GERAN	GSM/EDGE RAN
GGSN	Gateway GPRS Support Node
GMDSS	Global Maritime Distress and Safety System
GMPCS	Global Mobile Personal Communications System
GMSC	Gateway Mobile Switching Center
GNSS	Global Navigation Satellite System
GPS	Global Position System
GPT	General Purpose Technology
GPRS	General Packet Radio Service
GSM	Global System for Mobile Communications
HAPS	High Altitude Platform System
HARQ	Hybird Automatic Repeat reQuest
HD	High Definition
HEVC	High Efficiency Video Coding
HIBS	HAPS IMT Base Station
HLR	Home Location Register
HSDPA	High-speed Downlink Packet Access
HSPA	High-speed Packet Access
HSS	Home Subscriber Server
HSUPA	High-speed Uplink Packet Access
IAB	Integrated Access and Backhaul
IAX	Integrated Access and everything
ICNIRP	International Commission on Non-Ionizing Radiation Protection
ICT	Information and Communication Technology
IDMA	Interleaved Division Multiple Access
IEEE	Institute of Electrical and Electronics Engineers
IFFT	Inverse Fast Fourier Transform
IMEI	International Mobile Equipment Identity
IMO	International Maritime Organization
IMS	Internet Messaging Service
IMSI	International Mobile Subscriber Identity
IMT	International Mobile Telecommunications
IMTS	Improved Mobile Telephone System

INS	Inertial Navigation System
IoE	Internet of Everything
IoT	Internet of Things
IP	Internet Protocol
IPN	Inter-Planetary Network
IR	Incremental Redundancy
IrDA	Infrared Data Association
IS	Interim Standard
ISM	Industrial Science Medical
ISO/IEC	International Standard Organization / International Electrotechnical Commission
ITS	Intelligent Transport System
ITU	International Telecommunications Union
JT-CoMP	Joint Transmission CoMP
LAA	License Assisted Access
LBS	Location Based Service
LDS	Low Density Spreading
LoRa	Long Range
LPWAN	Low Power Wide Area Network
LTE	Long-Term Evolution
LTE-U	LTE Unlicensed
M2M	Machine to Machine
MAC	Medium Access Control
MBMS	Multimedia Broadcast and Multicast Service
MCS	Modulation Coding Scheme
MEMS	Micro Electro Mechanical System
MIMO	Multiple Input Multiple Output
MIN	Mobile Identity Number
MOS	Mean Opinion Score
MMSE	Minimum Mean Square Error
MME	Mobility Management Entity
MR	Mixed Reality
MR-DC	Multi-RAT - Dual Connectivity
MS	Mobile Station
MSC	Mobile Switching Centre
MTC	Machine Type Communication
MTS	Mobile Telephone Service
MTSO	Mobile Telecommunication Switching Office

MUD	Multi User Detection
MU-MIMO	Multi User MIMO
MUSA	Multi User Shared Access
MUX	Multiplexing
NB-IoT	Narrow Band - IoT
NEF	Network Exposure Function
NFC	Near Field Communication
NFV	Network Function Virtualization
NGMN	Next Generation Mobile Network
NMS	Network Management System
Node B	Node Base station
NOMA	Non-Orthogonal Multiple Access
NR	New Radio
NRF	Network Repository Function
NSSF	Network Slice Selection Function
NTN	Non Terrestrial Netwok
OAM	Orbital Angular Momentum
OFDM	Orthogonal Frequency Division Multiplex
OFDMA	Orthogonal Frequency Division Multiple Access
O&M	Operation & Maintenance
OPEX	Operation Expenditure
OLPC	Outer Loop Power Control
OSS	Operations Support System
OTA	Over-The-Air Activation
OTDOA	Observed Time Difference Of Arrival
OTT	Over The Top
OVSF	Orthogonal Variable Spreading Factor
PAR	Peak-to -Average Ratio
PCMCIA	Personal Computer Memory Card Industry Association
PCI	Physical Cell Identity
PCF	Policy Control Function
PCRF	Policy and Charging Rule Function
PCS	Personal Communication Services
PDC	Personal Digital Cellular
PDCP	Packet Data Convergence Protocol
PDMA	Pattern Division Multiple Access
PDP	Packet Data Protocol
PDSN	Packet Data Serving Node

PDU	Protocol Data Unit
PER	Packet Error Rate
POC	Push-to talk Over Cellular
PHS	Personal Handy phone Service
POCSAG	Post Office Code Standardization Advisory Group
PRN	Pseudo-Random Noise
PRS	Positioning Reference Signals
PSDN	Public Switched Data Network
PSS	Primary Synchronization Signal
PSTN	Public Switched Telephone Network
QAM	Quadrature Amplitude Modulation
QoE	Quality of Experience
QoS	Quality of Service
QPSK	Quadrature Phase Shift Keying
RA	Radiocommunication Assembly
RAB	Radio Access Bearer
RAN	Radio Access Network
RAT	Radio Access Technology
RANAP	Radio Access Network Application Part
RF	Radio Frequency
RFID	Radio Frequency IDentification
RFPM	Radio Frequency Pattern Match
RIS	Reconfigurable Intelligent Surface
RLAN	Radio Local Area Network
RLC	Radio Link Control
RNC	Radio Network Controller
RR	Round Robin
RRC	Radio Resource Control
RRM	Radio Resource Management
RS	Reference Signal
RSSI	Received Signal Strength Indicator
RSU	Road Side Unit
RU	Radio Unit
R-UIM	Removable User Identity Module
SAE	System Architecture Evolution
SAMA	SIC Amenable Multiple Access
SAR	Specific Absorption Rate
SC-FDMA	Single Carrier FDMA

SCMA	Sparse Code Multiple Access
SD	Standard Definition
S-DMB	Satellite Digital Multimedia Broadcasting
SDMA	Space Division Multiple Access
SDN	Software Defined Network
SDR	Software Defined Radio
SEM	Spectrum Emission Mask
SF	Spreading Factor
SGSN	Serving GPRS Support Node
SGW	Serving Gateway
SIC	Successive Interference Cancellation
SIM	Subscriber Identity Module
SIP	Session Initiation Protocol
SINAD	Signal Interference Noise And Distortion
SINR	Signal-to-Interference-plus-Noise Ratio
SMF	Session Management Function
SM-MIMO	Spatial Multiplexing MIMO
SMS	Short Message Service
SN	Secondary Node
SON	Self Organized Network
SSL	Secure Socket Layer
SSS	Secondary Synchronization Signal
STR	Simultaneous Transmission and Reception
STTD	Space Time Transmit Diversity
SWIPT	Simultaneous Wireless Information and Power Transfer
TDD	Time Division Duplex
T-DMB	Terrestrial Digital Multimedia Broadcasting
TDOA	Time Difference Of Arrival
TD-SCDMA	Time Division Synchronous CDMA
TIA	Telecommunication Industry Association
TMSI	Temporary Mobile Subscriber Identity
TOA	Time Of Arrival
TPC	Transmission Power Control
TRS	Trunked Radio System
TSC	Time Sensive Communication
TTA	Telecommunications Technology Association (Korea)
TTC	Telecommunication Technology Committee (Japan)
TTI	Transmission Time Interval

TxAA	Transmit Adaptive Antennas
UDM	Unified Data Management
UAS	Unmanned Aerial System
UAV	Unmanned Aerial Vehicle
UDN	Ultra Dense Network
UDP	User Datagram Protocol
UE	User Equipment
UMTS	Universal Mobile Telecommunications System
UPF	User Plane Function
URM	Universal Resource Management
USIM	UMTS Subscriber Identity Module
USN	Universal Sensor Network
UTDOA	Uplink Time Difference Of Arrival
UTRA	UMTS Terrestrial Radio Access(ETSI)
UTRA	Universal Terrestrial Radio Access(3GPP)
UTRAN	UMTS Terrestrial Radio Access Network
UWB	Ultra Wide Band
V2I	Vehicle to Infrastructure
V2N	Vehicle to Network
V2P	Vehicle to Pedestrian
V2V	Vehicle to Vehicle
V2X	Vehicle to everything
VLC	Visible Light Communication
VLR	Visitor Location Register
VoIP	Voice over IP
VoLTE	Voice over LTE
VR	Virtual Reality
WAP	Wireless Application Protocol
WARC	World Administrative Radio Conference
WAVE	Wireless Access in Vehicular Environments
WCDMA	Wideband CDMA
WET	Wireless Energy Transfer
WHO	World Health Organization
WiFi	Wireless Fidelity
WiMax	Worldwide Interoperability for microwave access
WLAN	Wireless Local Area Network
WLL	Wireless Local Loop
WMAN	Wireless Metropolitan Area Network

WPAN	Wireless Personal Area Network
WPT	Wireless Power Transfer
WRC	World Radiocommunication Conference
WWAN	Wireless Wide Area Network
WWRF	Wireless World Research Forum
WWW	World Wide Web
XR	eXtended Reality

CHAPTER 01

통신의 발전

1.1 통신의 개념

1.1.1 통신이란 무엇인가?

우리가 동물원에서 흔히 볼 수 있는 원숭이들은 서로가 알고 있는 신호를 주고받아 필요한 도움을 주고받는다. 원숭이뿐만 아니라 다른 동물들도 같은 집단끼리 상호간에 약속된 방식으로 서로 신호를 주고받는다. 즉, 표현할 수 있는 신호의 수에 차이가 있을 뿐, 신호를 주고받는 행위는 아주 오래전부터 이루어져 온 것이다. 사람은 동물보다 신호를 주고받는 방법이 매우 발달하였으므로 몸짓, 소리, 냄새 등 제한된 몇 가지 신호를 주고받는 동물보다 훨씬 많은 신호를 주고받을 수 있다. 또한 소리를 단순한 신호가 아닌 말로, 몸짓을 단순한 몸짓이 아닌 글로 발전시켜 훨씬 많은 정보를 만들어 냈다.

이처럼 사람은 오래전부터 다양한 방법으로 서로의 생각을 상대방에게 전달하며 살아왔는데, 이러한 행위가 바로 '통신'이다. 통신은 한자로 '通信'이라고 하는데, '通'은 통한다는 뜻이고 '信'은 믿음이라는 뜻이니 믿음이 통한다는 의미가 되며, 다시 말해 사실의 내용을 전달한다는 뜻이 된다. 또한 통신은 영어로 'communication'라고 하는데, communication의 영어 풀이는 'the exchange of information, news, ideas or opinions', 즉 서로의 정보, 소식, 생각, 의견 등의 교환을 뜻한다. 결론적으로 통신은 말 그대로 상대방에게 여러 가지 신호를 주고 또한 받는 행위를 말한다.

사람들은 말과 글을 발전시키며 다양한 신호를 상대방에게 전달하면서 더욱 빨리, 더욱 멀리 그리고 더욱 많은 내용을 전달하고 싶어 한다. 예를 들어 임진왜란이 발발하였을 때 부산 앞바다를 지키는 병사는 가능한 빨리 부산에 침공한 왜군의 규모, 무기 등 상세한 정보를 왕이 있는 한양에 전달하고자 할 것이다. 조선시대에는 이러한 위급 상황을 알리기 위해 봉화를 이용하여 전쟁이 났음을 알렸는데, 이때 봉화를 여러 개 사용하여 위급함을 단계별로 표현할 수 있도록 하였다. 하지만 위에서 이야기한 것처럼 적군의 상황을 상세히 표현하기에는 당시 통신 수단으로는 한계가 있었다. 따라서 인류가 생긴 이래 통신 수단은 더욱 빨리, 더욱 멀리 그리고 더욱 많은 내용을 전달하는 방향으로 발전하여 왔다.

1.1.2 신호란 무엇인가?

통신이란 신호를 주고받는 것이라고 하였는데 도대체 신호란 무엇일까? 위에서 정의한 것처럼 신호를 다른 상대방에게 전달하고자 하는 정보 · 소식 · 생각 · 의견 등의 다양한 내용들이라고 정의할 수 있을 것이다. 그렇다면 신호의 형태는 어떤 것일까? 우리는 상대방에게 자신의 생각을 전달하기 위해 말, 글, 몸짓 등을 사용한다. 이를 가만히 생각하면 통신이란 인간이 느끼는 것을 상대방에게 전달하는 것이며, 인간의 오감(청각 · 시각 · 촉각 · 후각 · 미각)에 근거한다는 것을 알 수 있다. 오감은 인간이 공통적으로 느낀다고 하여 공통 감각(Common sense)라고도 하는데, 공통 감각은 동물들마다 달라서 뱀의 경우 온도의 변화로 신호를 느끼며 1,000분의 1도까지도 차이를 구분할 수 있다고 한다.

두 사람이 대화하는 것을 상상해보자. 자신의 생각을 상대방에게 전달하기 위해 말을 하기도 하고(소리 : 청각) 손짓으로 표현하기도 하며(이미지 : 시각), 서류를 보여 주기도 하며(글 : 시각) 직접 맛을 보여주기도 하고(맛 : 미각) 냄새를 맡아 보도록 하기도 하며(냄새 : 후각) 또한 악수를 하여 친근감을 보이기도 한다(부드러움 : 촉각). 즉 통신이란 인간이 보내고 싶은 정보를 오감을 통해 상대방에게 전달하는 것이다. 흔히 사람이 가진 육감이라는 여섯 번째 감각을 이야기하곤 하는데, 이는 사실일 가능성이 매우 떨어지므로 신호의 의미를 가지기는 어렵다.

그런데 두 사람이 서로 마주 보고 있을 때는 위에서 언급한 오감을 전달하는 데 아무런 문제가 없지만, 두 사람의 거리가 멀어지면 오감을 전달하는 데 한계가 생긴다. 즉, 2m만 떨어져도 악수하는 일이 어려워지는데, 이는 곧 촉각을 전달하기 어려워진다는 것을 의미하며, 10m만 떨어져도 글씨를 보기가 힘들어지는데, 즉 시각적인 정보를 전달하기가 어려워진다는 것이다. 수백 m 떨어지면 후각 정보를 전달하기가 어려워지며 수천 m 떨어지면 아무리 목소리가 크다 해도 소리를 전달하기가 어려워진다.

이에 따라 사람은 거리에 상관없이 상대방이 신호를 알아볼 수 있도록 통신 수단을 사용하게 되었다. 하지만 여러 가지 신호 중에서 소리처럼 쉽게 전달할 수 있는 신호 요소도 있지만 후각이나 촉각처럼 전달하기 어려운 속성의 신호도 있다. 다음 절에서는 신호를 전달하는 통신 수단에 대해 설명한다.

1.1.3 여러 가지 통신 수단

(1) 신호를 전달하기 위한 통신 수단의 이용

앞서 말한 바와 같이 바로 앞에 있는 상대방에게 신호를 전달하기 위해서는 별다른 어려움이 없었지만 멀리 떨어진 상대방에게 신호를 전달하기에는 지금까지의 방법으로는 어렵게 되어 다른 통신 방법을 찾게 되었다. 인류가 만들어진 이래 통신 수단은 계속 발전하였는데, 역사적으로 보면 전기를 사용하기 이전과 이후로 신호의 정보량, 전달 속도, 전달 거리가 크게 달라진다. 예를 들어 사람이 소리를 내어 신호를 전달할 경우 초당 340m의 속도로 신호가 전달되지만 전파를 이용하여 전달할 경우 초당 3억 m의 속도로 전달된다. 〈그림 1-1〉은 각 통신 수단에 따른 신호의 전달 속도를 나타낸 것이다. 지금부터 전기를 사용하기 이전과 이후로 나누어 통신 수단의 변화를 살펴보고자 한다.

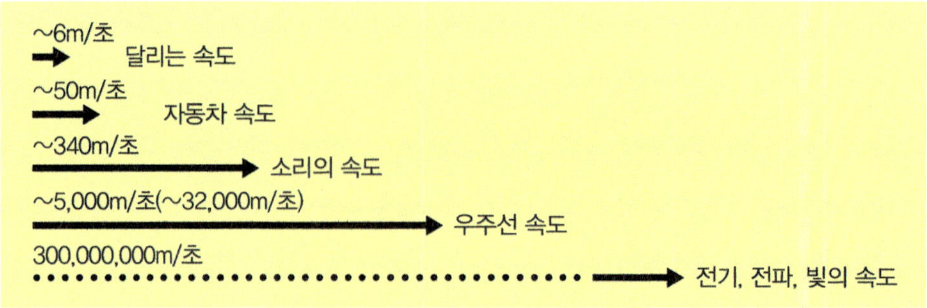

〈그림 1-1〉 다양한 통신 수단의 전달 속도

(2) 전기가 사용되기 이전의 통신 수단

이 시기의 사람이 멀리 떨어진 상대방에게 자신의 생각을 전달하는 가장 확실한 방법은 직접 가는 것이다. 걸어가거나 뛰어가도 되고, 더 빨리 전달하기 위해 말을 타고 갈 수 있을 것이다. 하지만 이러한 방법은 긴급한 상황에서 조금 더 빨리 그리고 멀리 소식을 전달하여야 하는 상황에 적합하지 않다. 그래서 아주 옛날부터 사람들은 상대방이 보이지 않는 곳에 있어도 자신의 생각을 조금 더 빨리 전달할 수 있도록 다양한 통신 수단을 이용하여 왔다. 이때 불, 연기, 북 소리, 피리 소리, 비둘기 등이 수단으로 이용되었다. 이러한 수단들은 원시 사회에서 적의 침략으로부터 부족을 보호하기 위해 환경에 따라 선택되어 사용된 방식이었다. 하지만 고도화된 국가가 만들어지면서 위에 언급한 통신 수단들은 체계적으로 이용되기 시작한다.

불과 연기는 매우 빨리 소식을 전달할 수 있는 수단이다. 빛은 이 세상에서 가장 빨리 전달되는 통신 매체이다. 지금의 광케이블이 어느 매체보다도 빨리 정보를 전달하는데, 이것은 이 세상에서 가장 빠른 빛을 이용하기 때문이다. 불을 이용하여 소식을 전달하는 봉화는 물론 지금의 광케이블과 빛을 전달하는 방법은 다르지만 빛을 이용한다는 점에서는 공통점이 있으며 소식을 전달하는 속도가 매우 빠르다는 것을 상상할 수 있다. 봉화는 높은 산 정상에 봉수대를 만들어 불을 피웠을 때 그 연기나 불빛을 볼 수 있도록 한 것으로, 비상시에 급한 소식을 전달하는 데 적합하였다. 조선시대에는 12시간 이내에 소식을 전달하도록 규정하고 있었으므로 부산에서 왜군의 침략을 알리는 데 봉화를 이용할 경우 각 봉수대에서 불을 지피는 시간에 따라 달라지겠지만 한양까지 알리는 데 그리 오래 걸리지는 않을 것으로 상상된다. 그런데 근처에 있는 봉수대를 살펴보면 불을 지피는 봉수대가 5개 있는 것을 확인할 수 있다. 이는 평상시에는 1개의 불을 피우고 적과의 접전 등 위급한 경우에는 5개의 불을 지펴서 전달하는 식으로 소식의 위급함의 정도에 따라 불의 개수를 달리하여 표현하기 위한 것이다.

(출처 : 한국민족문화대백과)
〈그림 1-2〉 남산 봉수대

만일 비가 오거나 눈이 오면 봉화를 이용하기 어려울 것이고, 또한 적군의 상황을 자세히 알리기도 어려울 것이다. 원시 사회라면 부족 구성원 중 한 명이 달려가거나 또는 말과 같은 이동 수단을 이용하여 직접 가서 자기가 본 내용을 전달하였을 것이다. 그러나 사회가 발전하면서 정보를 전달해야 하는 지역이 넓어짐에 따라 사람이 직접 정보를 전달하는 방법도 체계적으로 변하여 갔다. 조선시대에는 국가의 명령이나 공문서 등 더 많은 정보를 전달하기 위해서 새로운 통신 수단을 이용해야 했는데, 이를 위해 각 지역마다 가장 빠른 말과 병졸들을 두어 정보를 전달하게끔 하였으며 이를 역참제라고 하였다. 임진왜란 이후에는 기존의 역참제 외에 파발제를 시행하였는데, 이는 일정한 거리를 두고 파발참이라 불리는 역(驛)을 설치하여 이어달리기 식으로 정보를 전달하는 방식이었다. 파발제에는 말을 이용한 기발과 달려가서 전하는 보발이 있었는데, 평안도와 같이 중요 지역으로 간주되는 곳은 기발로, 함경도와 부산 지역은 보발로 소식을 전하였다. 지금의 지명 가운데 이태원, 퇴계원, 장호원, 조치원, 사리원, 역촌동, 역삼동, 말죽거리, 구파발 등은 바로 역참제와 파발제에서 유래된 지명이다.

소리를 전달할 때 파이프를 이용하면 조금 더 멀리 그리고 크게 들린다. 그래서 옛날에 사람들은 소리를 전달하는 파이프(전성관)를 이용하기도 하였는데, 배(船)의 바깥과 배 아래 깊숙이 있는 방과 연결하여 효율적으로 말을 주고받는 데 사용되었다. 이와 같은 방식은 소리라는 신호가 다른 소리(잡음)와 섞이지 않으면 훨씬 잘 들릴 수 있다는 통신의 기본적인 원리를 이용한 것으로 이해할 수 있다. 즉, 통신은 자신의 신호를 원하지 않는 다른 신호로부터 보호하고 상대방에게 전달하고자 하는 것이다.

(3) 전기를 이용한 통신의 시작

인류가 생긴 이래 통신은 한 집단 또는 사회가 이루어지고 발전하는 데 매우 중요한 역할을 하였으며 통신 수단은 더디지만 조금씩 체계화되고 발전하여 왔다. 하지만 과거 수천 년 동안 이용해 본 적 없는 전기가 발견되고 이 전기가 20세기에 들어와 본격적으로 통신 수단으로 이용되면서 통신의 발전이 급격히 이루어지게 되었다.

전기에 의해 신호를 전달할 수 있다는 것을 알게 된 사람들은 이를 더욱 발전시켜 전선 없이도 전파를 통해 정보를 전달할 수 있게 되었다. 1896년 마르코니는 세계 최초로 전파를 이용하여 정보를 전달할 수 있음을 증명하였고, 1901년 대서양을 넘어 영국과 미국 사이에서 전파를 이용한 통신이 성공하면서 본격적인 전파통신의 시대가 시작되었다. 과거 수천 년 동안 이용되어 온 통신 수단은 이제 대부분 전기와 전파에 의해 대체된 것이다.

전파를 이용한 통신은 20세기 들어와 서서히 중요성이 증가하였는데, 우리가 요즈음에도 사용하고 있는 SOS가 그 예시라 할 수 있다. SOS는 1906년 제11회 국제무선전신회의CCITT 회의 때 비상구조 신호로 채택된 모스 부호이다. SOS는 'Save Our Souls', 'Save Our Ship' 등의 약자로 잘못 알려져 있기도 한데 SOS를 모스 부호로 바꾸면 '· · · ——— · · ·'가 된다. 전파 상황이 열악하고 비상 상황임을 감안할 때 가장 치기 쉽고 단조로운 신호를 반복해서 보내는 것이 좋다고 여겨져 채택된 것이다. SOS가 보편화되기 전에는 'GOD'가 구조 요청 신호로 이용되었다. 처음으로 SOS 신호가 실제로 이용된 것은 1912년 4월 15일 북대서양에서 빙하와 충돌해 침몰한 타이타닉호이다. 망망대해에서 배가 침몰하면서 보다 멀리 그리고 빨리 정보를 전달할 수 있는 방법은 불, 빛, 연기, 소리 그 어떤 것도 아닌 전파를 이용한 방법뿐이었다. 여하튼 타이타닉은 여러 가지로 유명한 배인 셈이다.

1832년 사무엘 모스Samuel Morse에 의해 창안된 이후 약 170년간 국제전신 표준으로 널리 이용되었으며 인터넷의 원형으로 해석되었던 모스 부호는 1997년 1월 31일을 마지막으로 해상 조난신호로는 더 이상 사용하지 않게 되었다. 1997년 2월 1일부터는 위성기술을 이용하는 국제해상조난시스템(GMDSS : Global Maritime Distress and Safety System)으로 대체되었기 때문이다. GMDSS는 국제해상기구International Maritime Organization가 제안한 국제 해상 조난 시스템으로, 1992년에 첫 선을 보였으며 현재에는 300톤 초과 또는 12인 이상의 승객을 수송하거나 국제 해역을 운항하는 선박은 의무적으로 GMDSS 장치를 사용해야 한다. GMDSS는 선박 탑승자 중 누구나 버튼만 누르면 선박의 식별번호 및 정확한 조난 위치를 포함한 조난 신호를 보낼 수 있게 한 시스템이다.

(출처 : F.G.O Stuart)

〈그림 1-3〉 타이타닉

1.2 통신의 역사

1.2.1 개요

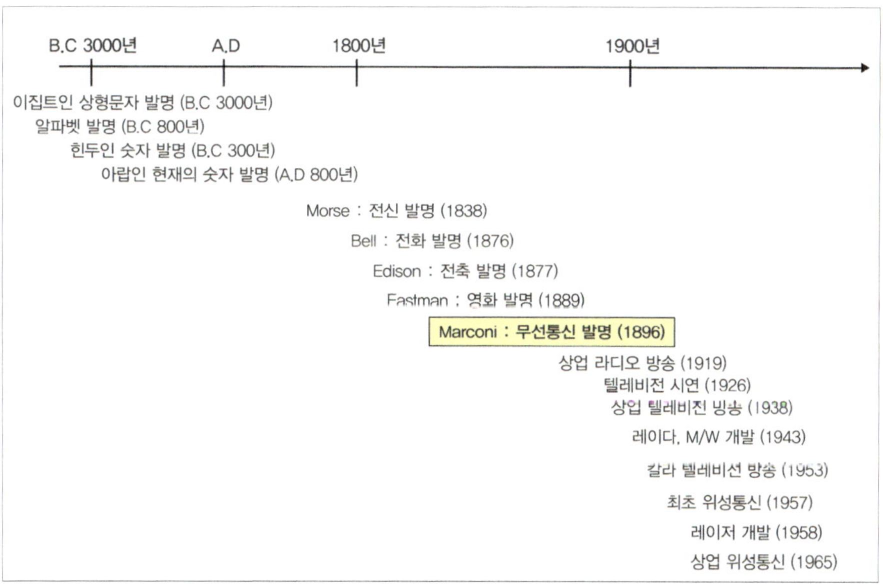

〈그림 1-4〉 통신의 역사

통신의 역사는 〈그림 1-4〉와 같이 B.C 3천 년 전, 사람들이 말(言) 이외에 글자를 가지고 자신이 알리고 싶은 정보를 이해할 수 있게 되면서 시작되었다. 그러나 그 후 5천 년이 지나고 전기를 이용하기 전까지 통신의 속도나 전하는 정보량에 있어서는 크게 발전하지 못했다. 이후 전기통신과 전파통신의 발전에 따라 인류사회에 획기적인 변화가 만들어졌는데, 따라서 이 절에서는 전기를 발견하기 이전과 이후의 역사를 개괄적으로 설명하려고 한다.

1.2.2 전기가 이용되기 이전 통신의 역사

인간은 아주 오래 전부터 소리를 내어 상대방에게 자신의 정보를 전달하는 방법을 이용하였다. 하지만 소리가 아닌 글로 상대방에게 자신의 정보를 전달하는 방법은 기원전 3,000년이 되어서야 가능하게 되었다. 이집트인들은 기원전 3,000년경에 'hieroglyphics'라는 그림으로 된 글자를 만들었고, 셈족은 기원전 1,500년경에 'alphabet'을 발명하였다. 또한 힌두인들은 기원전 300년경에 숫자를 발명하였으며, 아랍인들은 800년경에 힌두인들로부터 숫자를 받아들여 지금의 숫자체계를 완성하였다. 통신의 개념에서 보면 글자의 발명으로 인해 많은 정보를 잃어버리지 않고 저장하고 전달할 수 있게 된 것이다. 글자와 함께 숫자의 발명과 체계화는 더욱 많은 정보를 표현할 수 있게 되었음을 의미하고 있다.

14~15세기 동양과 서양에서 발전한 인쇄술은 전달해야 하는 정보의 양을 대량생산할 수 있게 되었다. 이에 따라 유럽에서는 17세기 초반에 최초의 신문이 만들어지기도 하였다. 하지만 글과 숫자의 발명, 인쇄술의 발달 등으로 인해 전달할 정보를 대량으로 생산할 수 있게 되었음에도 19세기 초반까지 정보를 전달하는 통신 방법은 크게 발전하지 못하였다. 직접 뛰고 달려가거나 혹은 말을 타고 전달하거나 아니면 비둘기와 같은 훈련 받은 동물을 이용하는 방법을 계속 사용하였다. 또한 단순하지만 긴급 상황에서는 불과 피리 소리 등 소식을 빨리 전달할 수 있는 수단을 이용하기도 하였다. 이러한 통신 수단은 인류가 생긴 이래 지속되었고 불과 200년까지만 해도 크게 다르지 않았다.

1.2.3 전기를 이용한 통신 수단의 이용과 통신의 혁명

오늘날 사람들은 전기를 이용하여 매우 빠르게 정보를 주고받는다. 사람들은 기원전 550년부터 전기가 존재하고 있음을 알고 있었으나 이를 통신 수단에 이용할 수 있음을 알게 된 것은 2,000년 이상이 지난 1800년대에 이르러서였다. 1838년 모스가 전기를 이용하여 신호를 전달하는 전신기를 발명함으로써 인류의 통신 혁명이 시작되었다. 이때부터 과학기술의 발전은 통신 수단을 급속히 발전시켰는데, 이 절에서는 통신 수단을 획기적으로 발전시킨 몇 가지 역사적 사건에 대해 설명하고자 한다.

1800년대 초반은 유럽에서 전기 및 자기가 발견되고 전기와 자기가 상호작용한다는 과학적인 사실들이 발견되던 시기였다. 파리에서 그림 공부를 하던 이름 없는 화가였던 모스는 우연히 전류가 전선을 통해 눈 깜짝할 사이에 이동하고, 전류의 존재에 따라 자기가 있다가 없어진다는 사실을 알게 되었다. 즉, 자기가 있고 없음은 아주 멀리서 쇠를 잡아당기거나 놓게 된다는 사실이므로 멀리서도 전기가 있으면 신호를 전달할 수 있다는 것이었다. 이에 모스는 미국에 돌아와 전기를 이용한 통신 수단 개발 연구를 계속하였고 마침내 1838년 전신기를 발명하여 증명하였다. 또한 전신기의 실용화를 위해 더욱 연구에 박차를 가하였고 1844년 5월 24일 워싱턴에서 수많은 사람들이 보는 가운데 워싱턴과 볼티모어 간의 64 km의 전선을 통해 신호를 주고받는 실험에 성공하였다. 모스가 전선을 통해 신호를 주고받기 위해 만든 모스 부호는 이후 지금까지도 사용되고 있다. 다만 모스의 전신기는 통신하려는 사람들 간의 부호 약속에 따라 사용할 수 있으므로 사람들이 쉽게 쓰기에 어려웠으며 또한 전달하고 싶은 내용을 충분히 전달하지 못하였다.

알렉산더 벨Alexander Graham Bell은 귀머거리 아이들을 가르치던 중에 사람의 말소리를 연구하게 되었고 사람의 말이 사람의 귀에 있는 진동막을 통해 전달된다는 사실을 알게 되었다. 이에 벨은 사람의 말이 진동막을 통해 전기로 바뀌어 멀리 전달되고 멀리 전달된 전기가 진동막을 통해 다시 사람의 귀에 전달된다면, 멀리 떨어진 사람에게도 말이 전달될 수 있겠다는 생각을 하기에 이르렀다. 벨은 이에 대한 연구를 지속하여 마침내 1876년 3월 전화를 발명하였다. 비슷한 시기에 이탈리아의 발명가 안토니오 무치Antonio Meucci가 먼저 전화기를 발명하였다는 주장이 제기되어 미국 의회가 2002년 6월 이를 공식 인정하기도 하였으나, 벨이 1877년 벨 전화회사를 만들어 전화를 크게 보급하였으니 역사적 사실이 바뀐다고 해도 벨의 역사적 의미는 떨어지지 않을 것으로 보인다.

사람의 말소리가 고유한 파동을 가지고 있어 이것을 기록할 수 있는 매질을 통해 저장하였다가 다시 소리로 재생할 수 있음을 이용하여 에디슨Thomas Edison은 1877년 축음기를 발명하였다. 이후 소리를 전기로 변환시켜 저장할 수 있음을 알게 되면서 무선통신과 함께 라디오 서비스가 가능하도록 하였다. 비슷한 원리로 영상도 저장할 수 있는 방법을 이용하여 미국의 발명가 이스트만George Eastman은 롤필름을 개발하여 1889년 영화를 발명하였다. 이는 훗날 텔레비전 서비스를 가능하게 하는 근간이 되었다.

마르코니Guglielmo Marconi는 어린 시절 리히 교수의 실험실에서 일하였는데, 리히 교수가 헤르츠Heinrich Rudolf Hertz의 전파시험을 재연하는 것을 보고 전파의 존재를 이해하게 되었다. 즉, 한쪽에서 전기를 방전하면 다른 쪽에서 방전된 전기의 신호를 수신할 수 있음을 알게 된 것이다. 청년이 된 마르코니는 전파가 더욱 멀리 전달할 수 있음을 알게 되었고 1896년 영국의 소르스페리에서 무선전신을 이용하여 3 km 떨어진 두 곳에서 전파가 전달되는 것을 증명하였다. 이에 그치지 않고 마르코니는 1900년 10월 360 km 떨어진 영국과 아일랜드 간 통신실험을 성공하였고, 1901년 12월에는 마침내 3,500 km 떨어진 대서양 횡단 무선전신 실험까지 성공하였다.

전파를 이용하여 무선으로 신호가 전달될 수 있음을 알게 됨으로써 음성도 전달될 수 있음을 확인하게 되었고, 이의 결과로 1919년 상업 라디오 방송이 시작되었다. 라디오는 마르코니의 무선전신 발명과 벨의 전화 원리 그리고 음성을 저장하여 재생하는 축음기의 원리가 합쳐진 복합적인 상품이다. 뒤이어 영화의 원리와 영상을 보내는 원리가 결합하여 1926년 텔레비전 발명에 성공하였다.

1.3 다양한 통신의 발전

전기가 발견되고 전기를 통신에 이용하게 되면서 다양한 통신 매체가 발명되고 또 발전하였다. 이러한 발명은 멀티미디어 이동통신의 밑거름이 되었다. 이 절에서는 전기가 통신에 이용된 초기 발명품들이 지금의 멀티미디어 이동통신과 어떤 관계가 있으며 어떻게 발전하였는지를 살펴보고자 한다.

1838년 전신기의 발명은 오늘날 데이터통신서비스의 시작을 알리는 것이었다. 전신은 기본적으로 부호를 가지고 약속된 정보를 알리는 방법으로, 오늘날 음성에 의하지 않고 데이터를 보내는 서비스는 근본적으로 전신기의 원리를 따르는 것이라고 할 수 있다. 1930년대 초기부터 1980년대까지 전 세계적으로 이용된 Telex로부터 FAX, PC통신, ISDN, 무선호출, 무선데이터, 초고속 인터넷, 무선인터넷 등이 모두 전신 기술로부터 시작되었다고 할 수 있다.

1876년 전화 발명은 음성 통신의 시작이었으며 1980년대 초까지만 해도 전기통신의 전부라고 할 수 있었다. 전화는 이후 나타난 TRS, CT2, 이동전화, PCS, IMT-2000, IMT-Advanced 등의 음성통신서비스의 근간이 되었다.

1877년 축음기의 발명은 소리를 저장할 수 있음을 알게 되었고 이는 전화와 같은 실시간 서비스가 아닌 소리의 재생 서비스가 가능하게 되었다는 의미이다. 오늘날 ARS 서비스, LP, CD, MP3 등 다양한 음성재생서비스로 발전하였다.

1889년 영화의 발명은 소리뿐만 아니라 영상 또한 재생 서비스가 가능함을 알게 되었고 오늘날 가장 인기 있는 VoD 서비스 및 VTR, DVD, MPEG4 등의 영상재생서비스로 발전하였다. 상기와 같이 각각 개별적으로 발전하던 서비스들은 상호간에 결합하면서 새로운 서비스를 만들어냈는데, 무선 통신기술과 전화, 전신, 축음기, 영상 등의 서비스가 결합하면서 1917년 라디오가 발명되었고(전화 + 축음기 + 무선통신 기술), 1926년에는 텔레비전이 발명(전신 + 영상 + 무선통신 기술)되었다.

1990년대에 들어와서는 통신매체의 결합이 융합 형태로 변하여 무선멀티미디어 통신서비스의 발전을 가속화하였고, ISDN 서비스는 유선 형태이지만 디지털 기술을 바탕으로 음성, 데이터, 영상을 통합하기 시작하였다. 2000년대에는 3세대 이동통신(IMT-2000)이 무선 형태로 음성, 데이터, 영상을 통합하기 시작하였다. 2010년대에는 4세대 이동통신(IMT-Advanced)이 멀티미디어 통신서비스를 보편적인 서비스로 제공하기 시작하였다. 2020년대에는 5세대 이동통신(IMT-2020)이 사회기반시설로서 모든 산업에 멀티미디어 통신서비스를 제공하기 시작하였다. 2030년대에는 6세대 이동통신(IMT-2030)은 모든 물리적 세계와 사이버 세계에 멀티미디어 통신서비스를 제공할 것이다.

1.4 이동통신의 시작과 발전

1.4.1 이동통신의 시작

이동통신은 1900년 무선전신이 대서양을 넘어 신호 전달이 가능하게 됨으로써 시작되었다고 할 수 있다. 이전에는 전선을 이용하여 신호를 전달하였으므로 신호를 보냈을 때 전선이 있는 곳에서만 신호를 받을 수 있었다. 하지만 무선전신은 전파가 어떤 방향으로도 전달될 수 있기에 임의의 장소에서도 신호를 받을 수 있으므로 이동통신의 시작이라고 할 수 있다. 하지만 한동안 무선으로는 부호로 된 신호만을 전달할 수 있었다. 그러던 중 1921년 미국에서 디트로이트 경찰국 순찰차가 무선전화로 신호를 주고받으며 부호뿐만 아니라 음성을 전달하는 이동통신의 시대가 열렸다.

무선전신은 데이터 서비스의 시작이었으며 무선전화는 음성전화 서비스의 시작이었다. 2000년에는 두 가지 형태의 이동통신서비스가 발전을 거듭하여 데이터와 음성뿐만 아니라 영상도 함께 전달하는 IMT-2000 이동통신서비스를 시작하게 되었다. 이후 이동통신서비스는 고속무선인터넷서비스를 제공하고, 모든 사물을 연결하여 통신하고 궁극적으로 사람이 상상할 수 있는 물리적 세계와 사이버 세계 모두와 통신할 수 있는 방향으로 발전하고 있다.

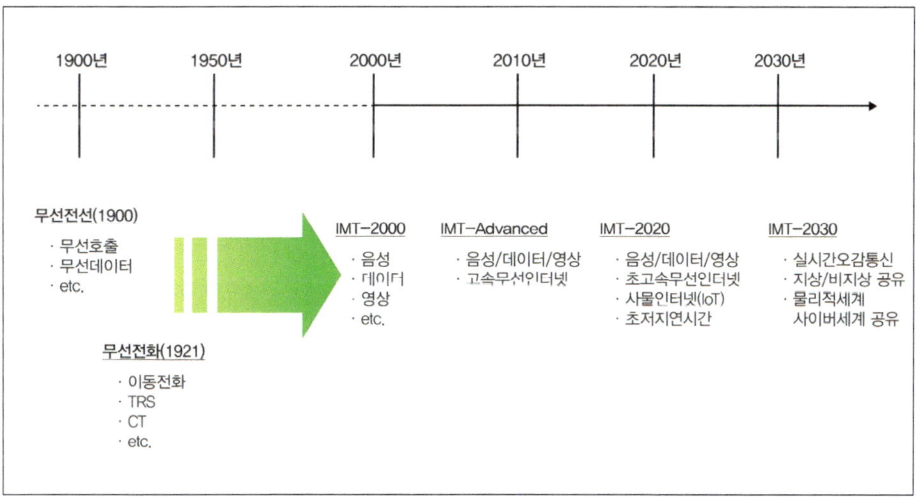

〈그림 1-5〉 이동통신의 시작

전파가 통신에 이용되는 초기에는 통신하고 싶은 사람이 단말기가 존재하는 위치를 찾아가서 정보를 전달하는, 즉 송신기와 수신기가 고정된 고정 통신(Fixed Communication)에만 이용되었다. 하지만 사람들은 언제, 어디서나, 누구와도 자유롭게 의사를 전달하고 싶어 하였고, 이에 따라 점차적으로 선박, 자동차, 열차, 비행기 등으로 이동하면서 통신을 하게 되었다.

초기에 선박 등 이동체를 이용하여 통신을 해야만 하는 가장 큰 이유는 통신하기 위한 지속적인 전력 공급 때문이었다. 최근 발전된 반도체 기술 및 소자 기술 등을 집약시켜 소형, 경량의 송신기와 수신기를 휴대하는 것이 가능해졌고, 사람이 직접 휴대하여 자유롭게 의사를 전달할 수 있게 되면서 진정한 **이동통신** Mobile Communication의 시대가 시작되었다. 2000년대 이후 이동통신의 발전은 사람들의 생활 형태까지 급속히 변화시켰다.

이와 같은 이동통신은 사용되는 영역에 따라 해상 이동통신, 육상 이동통신, 항공 이동통신으로 나눌 수 있다. 해상 이동통신의 경우 선박에 송수신기를 탑재하여 통신서비스를 수행하고, 항공 이동통신의 경우 비행체인 항공기에 송수신기를 탑재하여 통신서비스를 수행하며, 육상 이동통신의 경우 육상을 이동하는 기차, 차량 또는 개인이 통신서비스를 수행한다. 특수한 목적으로 경찰·군 등에서 특정한 업무를 수행하기 위하여 해상·육상 또는 하늘에서 이동통신서비스를 수행하는 공공용 통신서비스나, 아마추어 무선통신·간이 업무용과 같이 공공의 업무가 아닌 개인적인 이용 형태의 이동통신서비스도 있다.

1.4.2 이동통신의 역사

(1) 세계의 이동통신 역사

이동통신은 1900년대 초반 해상 선박의 안전 운항, 긴급 통신을 목적으로 무선 전신을 사용하기 시작한 이후 제1차 세계대전 이후 무선 전신에서 무선 전화로 변화하였으며 제2차 세계대전 이후에는 해상용에서 육상용으로 발전하여 왔다. 따라서 이동통신의 역사는 전신에서 전화로, 바다에서 육지로 발전하는 과정이라고 할 수 있다.

세계 최초의 차량 전화는 1921년 미국 디트로이트 경찰국의 순찰차에 설치되어 이용된 이동전화 시스템이었다. 초기의 시스템은 이동통신이라기보다는 이동 무전기로 보는 것이 타당하며 다이얼링이 아닌 교환에 의해 정보를 전달하였다.

이후 지금의 이동전화 서비스와 유사한 시스템이 1946년 AT&T American Telephone&Telegraph에 의해 개발되었으며, 전화 이용자들이 이동 중에도 공중 전화망에 접속하기 위한 개념으로 이해되었다. 이때 개발된 이동전화 시스템은 최초로 미국 세인트루이스에서 150 MHz 대역을 이용한 수동접속 방식 교환에 의한 3개의 채널(3회선 방식으로 2명이 서로 통화하므로 최대 6명이 동시 통화 가능) 방식으로 방식이었다. 그 해에 25개 이상의 도시에서 서비스되었다. 그 당시 이들 이동전화 시스템은 대부분 기지국으로부터 80km 또는 그 이상의 서비스 영역을 제공하기 위해 몇 개의 강한 출력을 갖는 송신기를 사용하였다. 그러나 채널의 수가 제한되어 도심 지역에서는 이동전화를 사용하기 위하여 대기 순서를 정해야 했으며 통화자가 자신이 속해 있는 무선 기지국에서 멀리 떨어질수록 혼선도 심해지고 통화가 곤란하였으며 다른 무선기지국에서는 서비스가 불가능한 문제점이 있었다.

1947년부터 미국 AT&T사의 벨연구소에서 개발하기 시작한 자동 교환식 이동통신 시스템이 마침내 1964년에 개발되었다. 1964년 개발된 자동 교환식 이동통신 시스템인 150 MHz 대역의 IMTS(Improved Mobile Telephone System) 방식은 이동통신의 새로운 시작을 알리게 되었다.

자동 다이얼에 의한 교환 방식의 채용과 서로 대화를 자유롭게 나눌 수 있는 Full Duplex 방식을 사용하였다. 1969년에는 450 MHz 대역에서 500W의 고출력을 송신하여 약 300km의 반경을 서비스하였다. 하지만 채널 수가 제한되어 있어 사용할 수 있는 사람들이 제한되고 멀리 떨어진 경우에는 혼신이 심해 통화가 곤란하고, 자신이 가입하지 않은 기지국에서는 전혀 서비스를 받을 수 없었다.

이 문제점들을 해결한 셀룰러 방식의 이동전화가 1978년 미국의 AT&T사에 의해 시카고에서 2000가입자를 대상으로 800 MHz 대역에서 AMPS(Advanced Mobile Phone System) 방식으로 개발되었다. 이후 1979년 일본의 NTT 방식, 1981년 스웨덴 및 노르웨이의 NMT-450(Nordic Mobile Telephone-450), 1983년 미국의 AMPS 방식의 서비스가 시작되었으며 우리나라에서도 1984년 최초로 AMPS 시스템에 의해 서비스가 시작되었다.

이때까지만 해도 모든 이동전화 방식은 아날로그 방식으로서 사용자의 증가 및 부족한 주파수 자원에 직면하는 어려움이 예상되었다. 이에 따라 디지털 방식으로 셀룰러 개념을 이용한 주파수 자원의 재활용을 목표로 새로운 시스템이 개발되었다. 1992년 유럽에서 GSM(Global System for Mobile Communications), 1993년 일본의 PDC(Personal Digital Cellular)와 미국의 TDMA, 1996년 한국에서 CDMA 방식을 채용한 시스템에 의한 상용 서비스가 시작되었다.

이후 3세대 이동통신인 IMT-2000 서비스가 2000년 10월 우리나라에서 cdma2000 방식으로, 2001년 5월 일본에서 WCDMA 방식으로 시작되었고 4세대 이동통신서비스인 LTE 방식이 2009년 12월 노르웨이와 스웨덴에서 시작되었다. 5세대 이동통신서비스인 5G NR 방식은 2019년 4월 3일 우리나라에서 최초로 서비스를 시작하였다.

(2) 우리나라의 이동통신 역사

외국에서 이동통신이 해상 이동통신 업무에서 시작된 것처럼 우리나라의 경우도 이와 유사하였다. 1910년 내한세국 정부에서 인천 월미도의 무선 전신소와 광제호 선박 사이에 항로 표지의 목적으로 최초로 사용되었고, 이후 1958년 서울 시내 일원과 주변을 이동 중인 차량과 일반 유선 전화 가입자 또는 차량 상호간의 무선 전화를 위한 시설이 도입되었으나 이는 특수 목적용으로 사용되었다. 우리나라의 실질적인 이동전화는 1960년에 도입된 수동 교환 방식을 통한 서울 및 수도권 지역 일부에서 정보기관을 대상으로 서비스를 시작하였으며 최초의 일반 대중용 이동전화 서비스는 1961년 8월에 80여명의 가입자를 대상으로 한 서비스였다. 이후 1976년 IMTS(Improved Mobile Telephone System)를 도입하여 운영한 이래 1984년 북미의 AMPS 셀룰러 시스템을 도입하여 이동통신서비스를 제공함으로써 이동통신서비스의 대중화를 위한 기반을 구축하였다. 그 후 1988년 7월부터 88 서울올림픽의 영향 덕분에 이동전화의 보급 및 가입자가 급격히 증가하여 차량전화에서 실질적인 이동전화인 휴대 전화의 개념으로 바뀌기 시작했다. 이와 같이 이동전화 가입자의 폭증을 해결하기 위해 1989년부터 CDMA 디지털 셀룰러 시스템 개발을 시작하여 마침내 1996년 세계 최초로 CDMA 디지털 이동통신서비스를 시작하였다. 한편 1999년 12월 31일 15년 이상 이동전화의 근간이 되었던 아날로그 이동통신서비스를 중단하였다. 우리나라는 세계 최초의 CDMA 디지털 이동통신서비스에 그치지 않고 영상통신이 가능한 IMT-2000 서비스를 세계 최초로 2000년 10월에 시작함으로써 세계 이동통신서비스를 선도하게 되었다. 이후에도 우리나라는 5세대 이동통신서비스(5G NR 방식)를 2019년 4월 3일 세계 최초로 서비스하였다.

(3) 이동통신기술의 진화

최초 이동통신은 주로 음성 신호만을 전달하기 위하여 고출력의 단일 대형 무선 기지국을 단위로 운용하였는데, 이를 MTS Mobile Telephone System라고 한다. MTS의 서비스 지역은 수십 km이었으며 주로 송신기의 최대 출력에 의하여 서비스 지역이 결정되었다. 그러나 서비스 반경이 지나치게 넓어 이동전파 환경이 산악 · 건물 등 장애물이 있는 구간에서는 통신이 두절되거나 수용할 수 있는 가입자 용량에 한계가 있으므로 일반인들에게 보편적인 서비스를 제공하기에는 불가능한 형태였다. 이를 보완하기 위해 적당한 거리의 여러 기지국으로 나누어 운용하였는데 이러한 시스템을 IMTS라고 한다. 그러나 가입자가 자유롭게 이동하면서 통신서비스를 받지 못하고 전파 환경에 따라 통신서비스가 가능 또는 불가능하게 되었으며, 또한 특정 기지국의 서비스 지역에서 다른 기지국으로 이동하는 경우에는 호가 연결되지 않기도 하였다.

이와 같은 이동통신의 문제점을 해결하기 위하여 셀룰러 이동전화 시스템이 등장하였으며, 미국에서 AMTS라는 셀룰러 이동전화 시스템을 개발하였다. 셀룰러는 IMTS 방식에서 서비스 지역의 반경을 더욱 적게 한 복수 개의 서비스 영역으로 분리한 후(각각의 분리된 서비스 영역을 셀이라고 함), 각 셀의 기지국들을 교환 시스템으로 집중 제어하여 가입자가 셀 간을 이동하는 경우에도 끊임없이 서비스를 계속할 수 있는 방식을 말한다. 즉 셀룰러 방식에서는 가입자의 이동을 추적하면서 다른 셀로 이동 시 지속적인 통신서비스 제공을 위한 핸드오프 Hand-off라는 기능을 수행하여야 한다. 〈그림 1-6〉은 IMTS 방식과 AMPS 방식의 차이를 나타낸 것이다.

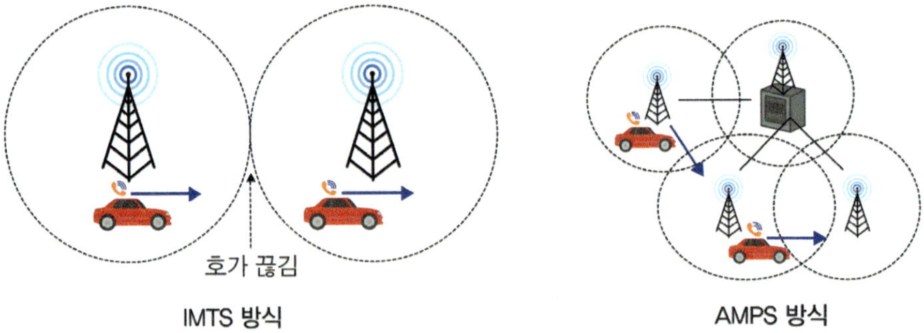

〈그림 1-6〉 IMTS와 AMPS 방식의 차이

1.4.3 이동통신의 발전

(1) 개요

이동통신은 1980년대 및 1990년대 셀룰러 방식 및 디지털 통신 기술을 기반으로 발전하였으나 이동통신 단말의 수가 적고 서비스의 능력도 음성 및 저속 데이터 서비스 정도여서 정보통신 기술 및 생활에 미치는 영향은 크지 않았다. 하지만 2000년대에 들어와 멀티미디어 통신 및 인터넷 통신 능력을 가지면서 모바일기술의 역할이 커지고 정보통신 기술 및 우리가 사회 생활하는 사회 전반에 영향을 미치기 시작하였다. 즉, 2000년대 이후 인터넷과 멀티미디어 통신은 유무선통합이 이루어지면서 시간과 장소의 제약 없이 모든 서비스의 통신이 가능해졌다. 이후 이동통신은 모든 사물이 인터넷망에 연결되는 사물인터넷(IoT)으로 발전하였고 미래에는 인간이 느끼는 모든 오감 정보를 실시간으로 인간이 상상할 수 있는 모든 물리적 세계와 사이버 세계에 신호로서 전달할 수 있을 것으로 보인다.

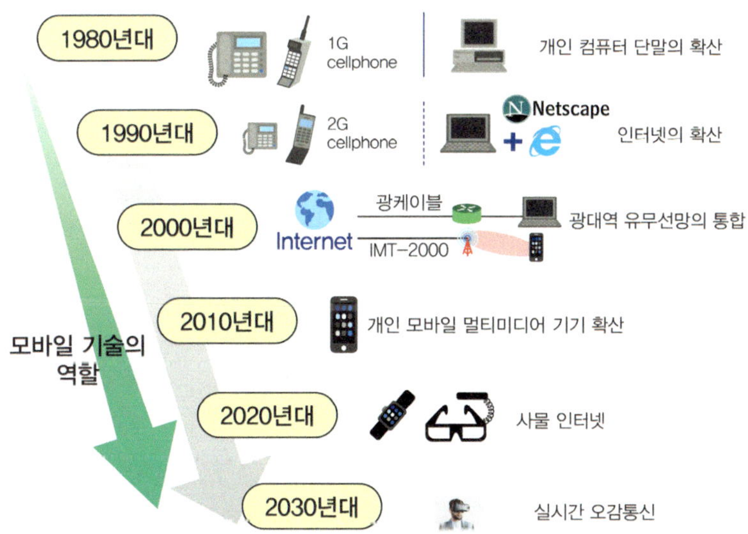

〈그림 1-7〉 모바일기술의 발전

이동통신은 언제(Anywhen), 어디서(Anywhere), 누구와도(Anywho) 어떤 형태의 정보 통신 서비스(Any contents)를 전달하기 위함을 최종 목표로 한다. 이를 위하여 기존의 이동통신에서는 음성 신호 전달이 주된 목표였지만 점점 방대한 데이터양을 어떻게 신속, 정확하게 그리고 안전하고 효율적으로 전송할 수 있는가에 초점을 맞추어 이동통신 기술이 지속적으로 발전하여 왔다. 이와 같은 흐름 속에서 기존의 아날로그 이동통신은 디지털 이동통신으로 발전하면서 무선호출, 무선데이터, TRS 서비스 등이 점차적으로 통합되어 갔으며 IMT-2000 서비스로 발전하면서 영상까지 포함된 멀티미디어 서비스가 이동통신 영역으로 흡수되어 갔다. 또한 세계적으로 하나의 단말기로 서비스가 가능한 글로벌 로밍 서비스가 가능하게 되었다. IMT-2000

이후에는 초고속무선인터넷 접속이 가능한 4세대 이동통신인 IMT-Advanced 서비스로 발전하였다. 최근 모든 사물(Any thing)을 인터넷에 연결하여 통신하는 지능형 정보사회를 지향하는 5세대 이동통신인 IMT-2020 서비스로 발전하고 있다. 미래에는 모든 세계(Any world)를 연결하여 오감정보를 실시간으로 통신하는 6세대 이동통신으로 발전할 것으로 보인다. 〈그림 1-8〉은 이동통신의 발전과정을 나타내고 있다.

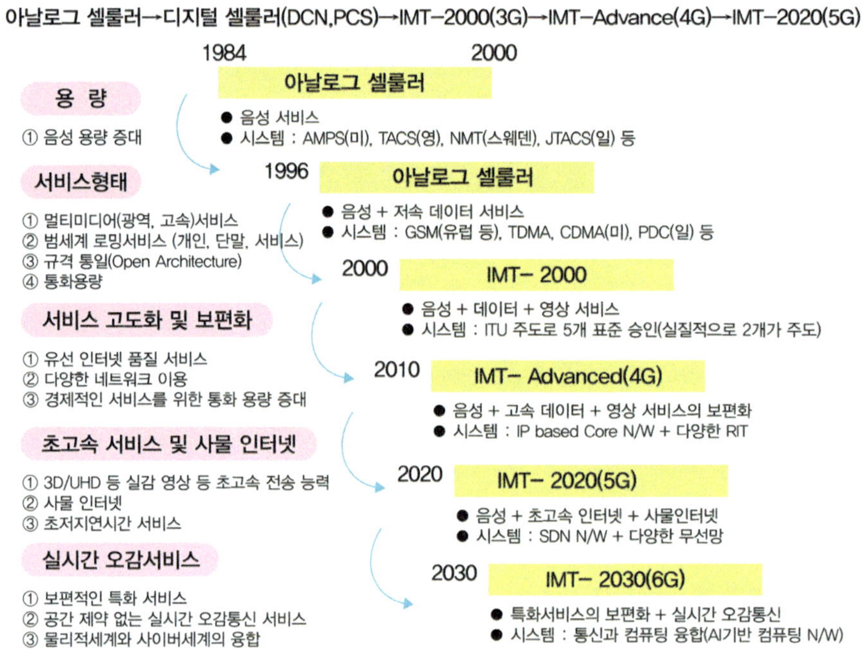

〈그림 1-8〉 이동통신의 발전

상기의 이동통신 발전 과정을 세대별로 구분하여 특징을 요약하면 〈표 1-1〉과 같다.

〈표 1-1〉 이동통신 시스템의 세대 구분

구 분	보급 년도	개 요	기술 방식
1세대	1980 ~ 1990	아날로그 방식, 셀룰러 개념의 도입	AMPS, NMT 등
2세대	1990 ~ 2000	디지털 방식 도입, 저속데이터 서비스	CDMA, GSM, PDC 등
3세대	2000 ~ 2010	규격 통일로 국제로밍, 멀티미디어서비스	IMT-2000 (WCDMA, cdma2000 등)
4세대	2010 ~ 2020	보편적인 광대역 멀티미디어 서비스	IMT-Advanced (LTE-A, 802.16m 등)
5세대	2020 ~ 2030	사물 인터넷, 초고속 멀티미디어서비스	IMT-2020(5G NR)
6세대	2030 ~	실시간 오감정보 통신	IMT-2030

이동통신의 세대별 서비스를 요약하면 〈그림 1-9〉와 같다.

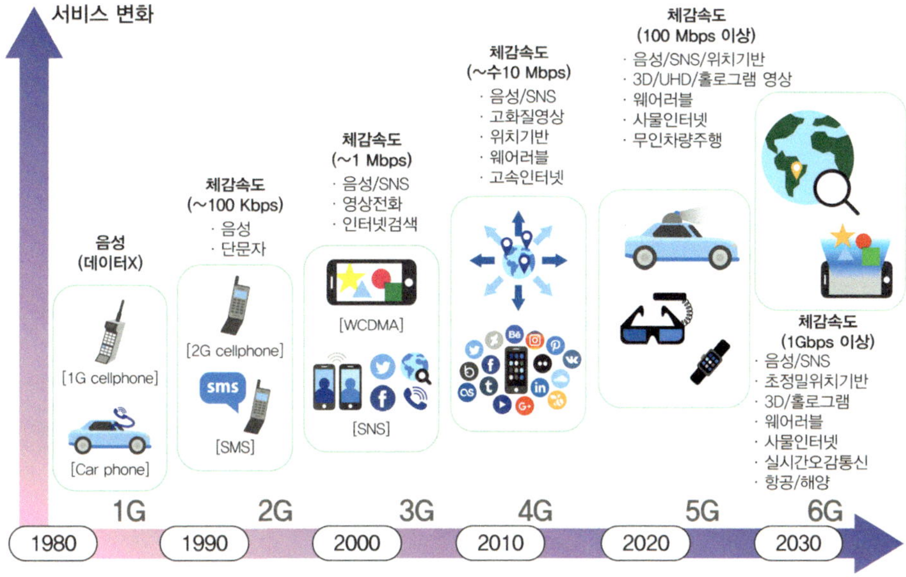

〈그림 1-9〉 이동통신의 서비스 변화

(2) 1세대 이동통신과 서비스

1세대 이동통신은 아날로그 이동통신 시스템을 기반으로 서비스한다. 따라서 기본적으로 디지털 신호를 보낼 수 없으므로 디지털 데이터 신호를 보낼 수 없다. 즉, 1세대 이동통신은 음성 서비스만 제공할 수 있다. 또한 전파의 이용 효율도 매우 낮아 많은 사람에게 서비스를 제공할 수 없었다. 도로로 비유하면 지방의 국도처럼 좁고 굴곡이 많은 도로라고 할 수 있다.

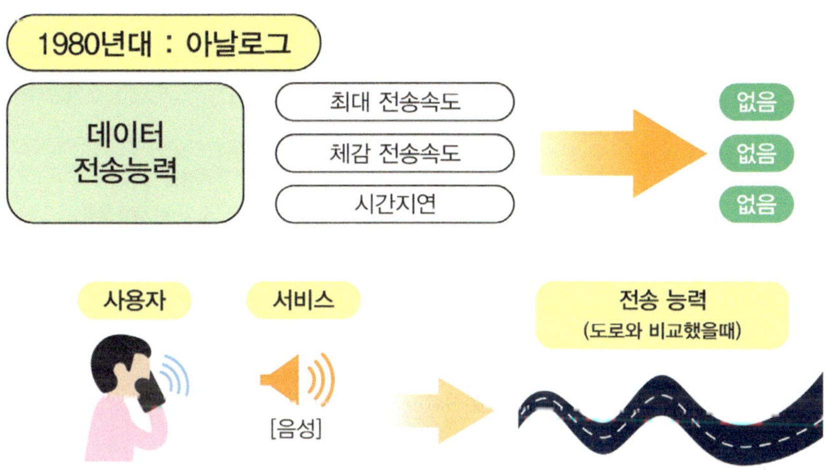

〈그림 1-10〉 1세대 이동통신의 특징

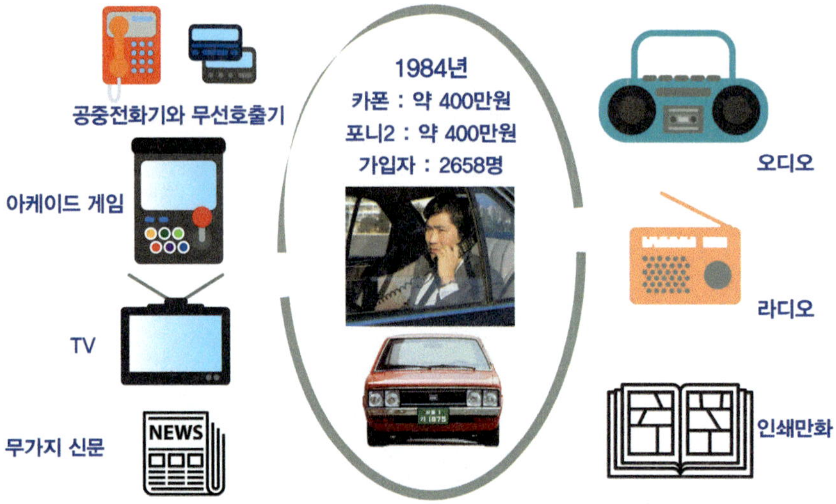

〈그림 1-11〉 1세대 이동통신의 서비스

(3) 2세대 이동통신과 서비스

2세대 이동통신은 디지털이동통신 시스템을 기반으로 서비스한다. 따라서 디지털 신호를 보낼 수 있으므로 데이터 신호를 보낼 수 있게 되었지만 속도는 수십 kbps 수준이어서 보낼 수 있는 데이터 서비스 종류는 문자서비스 등과 같이 저속의 데이터 서비스로 제한되었다. 하지만 전파의 이용 효율은 10배 이상 높아져 많은 사람에게 서비스를 제공할 수 있게 되었다. 도로로 비유하면 고속도로가 처음 개통된 것과 같다고 할 수 있다.

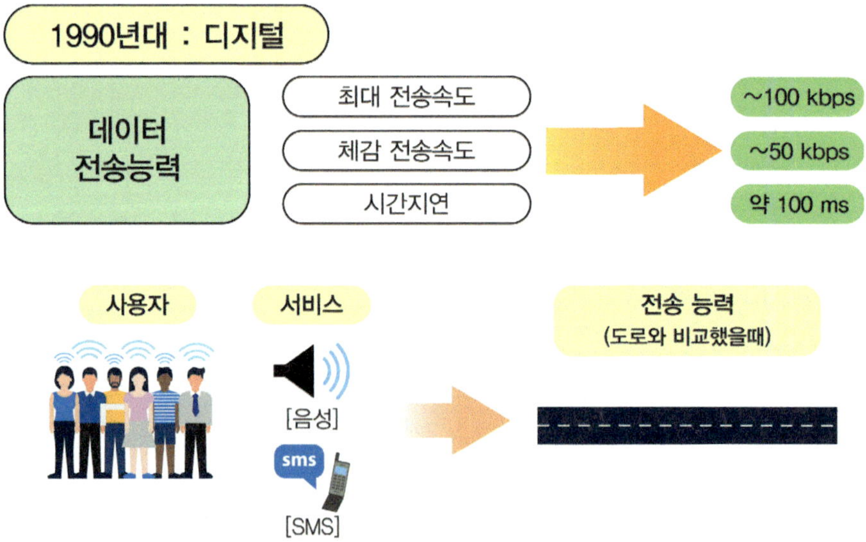

〈그림 1-12〉 2세대 이동통신의 특징

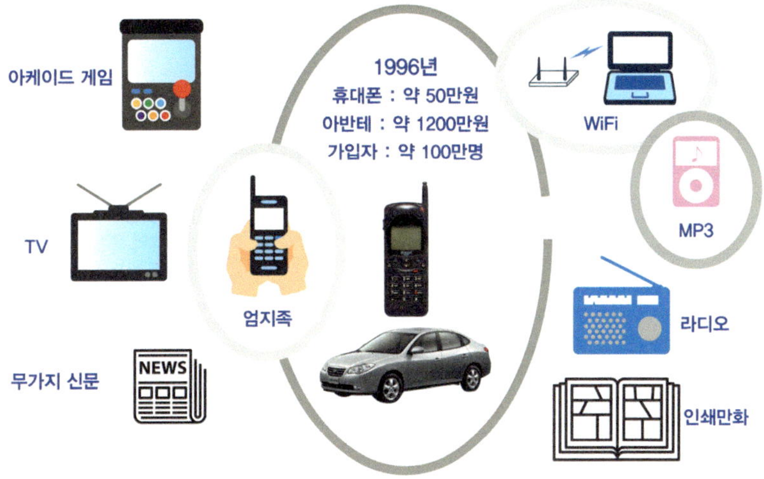

〈그림 1-13〉 2세대 이동통신의 서비스

(4) 3세대 이동통신과 서비스

3세대 이동통신은 멀티미디어 이동통신 시스템을 기반으로 서비스한다. 따라서 서비스의 종류는 음성, 데이터, 영상 등 모든 종류의 디지털 신호를 보낼 수 있게 되었으므로 인터넷 서비스를 자연스럽게 제공할 수 있게 되었다. 데이터 전송속도도 2세대 이동통신과 비교하여 20배 이상 빨라져 음성/데이터/영상의 신호의 종류뿐만 아니라 인터넷에 기반한 새로운 모바일 서비스가 나타나기 시작하였다. 하지만 새로운 모바일서비스를 수용하기에는 네트워크의 데이터 전송속도에 한계가 있었다. 도로로 비유하면 고속도로를 대폭 확장했지만 다양한 차량이 급격히 증가한 상황과 같다고 할 수 있다.

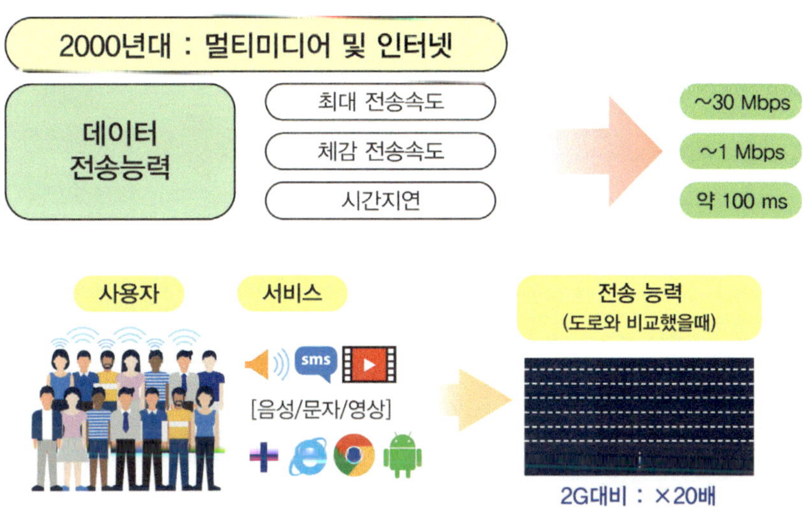

〈그림 1-14〉 3세대 이동통신의 특징

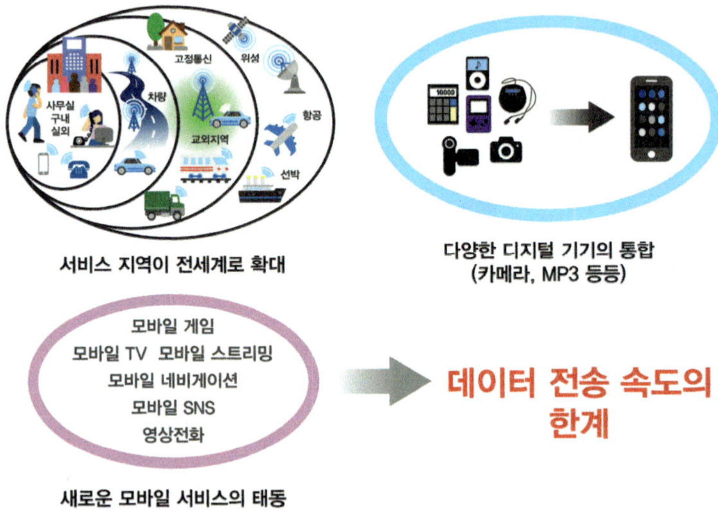

〈그림 1-15〉 3세대 이동통신의 서비스

(5) 4세대 이동통신과 서비스

4세대 이동통신은 초고속 멀티미디어 이동통신 시스템을 기반으로 서비스한다. 따라서 4세대 이동통신서비스는 초고속 멀티미디어 서비스와 인터넷 서비스를 자연스럽게 제공할 수 있게 되었다. 데이터 전송속도도 3세대 이동통신과 비교하여 50배 이상 빨라져 인터넷에 기반한 새로운 모바일 서비스를 쉽게 제공할 수 있게 되었다. 따라서 4세대 이동통신은 기존 유선에서 이루어진 모든 서비스뿐만 아니라 모바일 기술과 결합하여 모든 산업과 융합된 새로운 모바일 서비스의 가능성을 보여주었다. 도로로 비유하면 고속도로를 대폭 확장하여 사람들의 수만큼 증가한 다양한 차량을 수용할 수 있게 된 것과 같다고 할 수 있다.

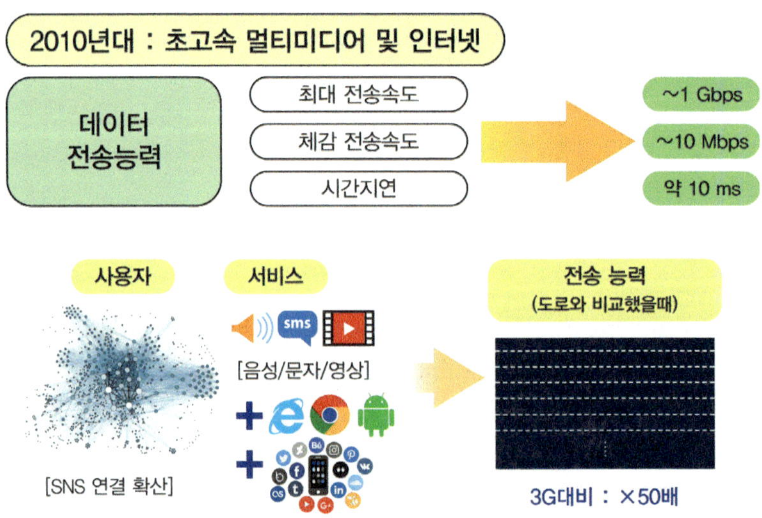

〈그림 1-16〉 4세대 이동통신의 특징

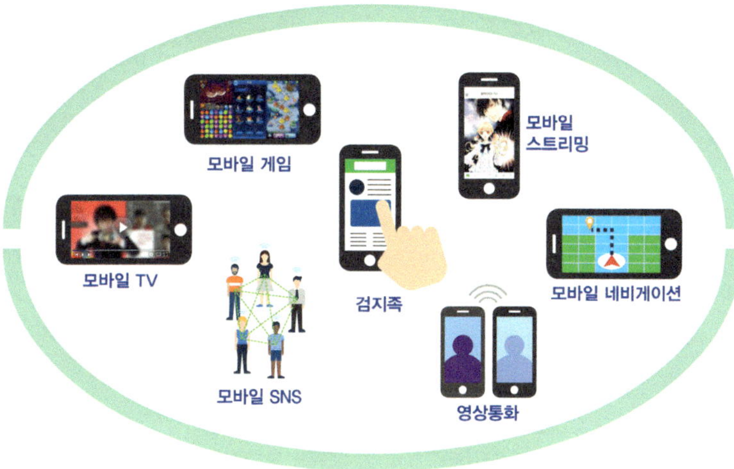

〈그림 1-17〉 4세대 이동통신의 서비스

3세대 이동통신 시스템도 음성/데이터/영상 등 모든 모바일 서비스를 제공할 수 있었는데 왜 2010년 이후에 급격히 활성화되었을까? 예를 들어 약 50쪽의 웹툰 만화를 보기위해 3세대 이동통신과 4세대 이동통신의 데이터 전송 시간은 각각 약 1분 30초와 약 1.6초가 걸린다. 사람들이 서비스를 이용하는데 상기 시간의 차이는 서비스를 계속 받을지 결정하는 데 매우 중요하다. 즉, 4세대 이동통신 시스템이 도입되면서 다양한 모바일 서비스가 보편화되기 시작하였다.

〈그림 1-18〉 이동통신 서비스의 활성화 조건

(6) 5세대 이동통신과 서비스

5세대 이동통신은 초고속 멀티미디어 및 사물인터넷 통신을 기반으로 서비스한다. 따라서 5세대 이동통신서비스는 초고속 멀티미디어 서비스를 모든 사물과 인터넷으로 자연스럽게 제공할 수 있는 서비스를 제공하게 되었다. 데이터 전송속도도 4세대 이동통신과 비교하였을 때 20배 이상 빨라져 새로운 모바일 서비스 및 수많은 사물들과 통신할 수 있도록 하였다. 따라서 5세대 이동통신은 모바일 기술과 결합하여 모든 산업과 융합된 새로운 모바일 서비스를 제공하게 된다. 도로로 비유하면 고속도로를 대폭 확장하고 사람과 사물이 달리는 별도의 차선들이 만들어지는 것과 같다고 할 수 있다.

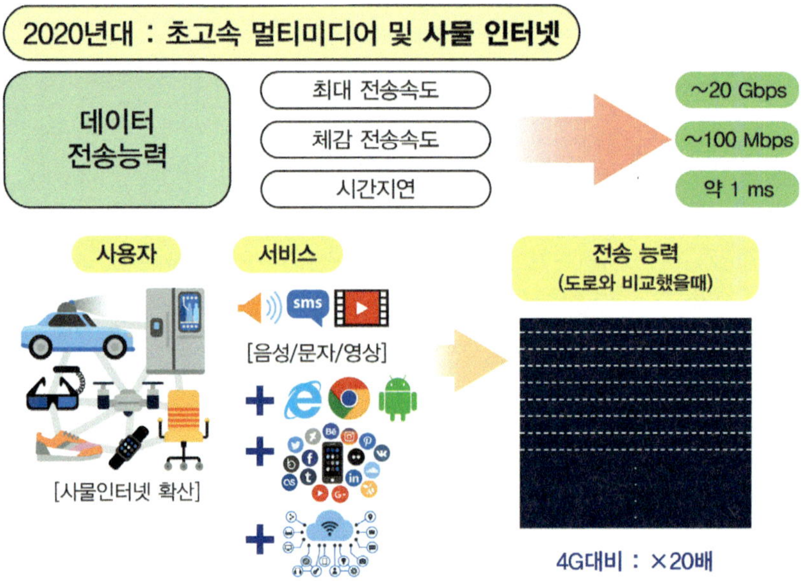

〈그림 1-19〉 5세대 이동통신의 특징

5세대 이동통신 시스템이 제공하는 서비스는 고품질 영상 서비스, 사물인터넷 서비스, 무인 자동차와 같은 스스로 동작하는 서비스를 제공한다. 이를 위해서는 4세대 이동통신과 비교하여 훨씬 빠른 데이터 전송 능력, 수많은 단말과 동시 통신할 수 있는 능력, 빠른 시간에 데이터를 보낼 수 있는 능력이 요구된다.

사진출처 https://www.engadget.com/2016/02/17/leap-motion-orion/
https://www.pymnts.com/innovation/2017/google-brings-arvr-tech-to-android-devices/
https://blueoceanstock.tistory.com/2069
http://www.itworld.co.kr/print/95813
http://www.saeha.com/saeha/business/edu.jsp

〈그림 1-20〉 5세대 이동통신의 서비스

(7) 6세대 이동통신과 서비스

6세대 이동통신은 인간이 활동하는 모든 공간(지상, 항공, 해양, 우주)에서 실시간으로 오감 정보 통신뿐만 아니라 물리적 세계와 사이버 세계를 모두 연결하는 인프라를 제공한다. 따라서 6세대 이동통신은 오감 정보를 실시간으로 경험할 수 있는 기술 조건이 더욱 엄격해져 5세대 이동통신과 비교하여 데이터 전송속도는 50배 이상 빨라지고, 데이터 전송 지연은 40분의 1로 줄어들며 데이터의 신뢰도는 100배 이상 높아진다. 6세대 이동통신은 도로에 제한하지 않고 하늘과 바다 어디에서든 통신할 수 있으며 통신의 주체는 물리적 세계뿐만 아니라 사이버 세계로 확장된다.

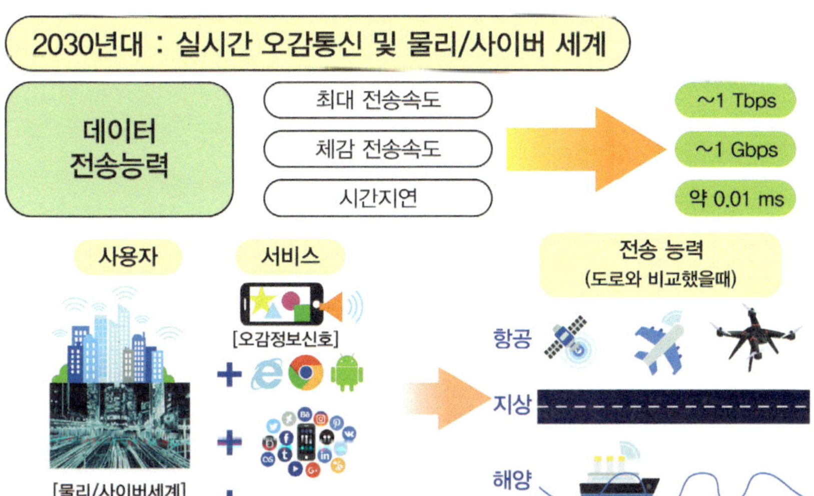

〈그림 1-21〉 6세대 이동통신의 특징

6세대 이동통신 시스템이 제공하는 서비스는 초실감영상인 홀로그램 통신, 초고품질 영상 서비스, 메타버스와 같은 사이버 세계, 디지털 트윈과 같은 실제/가상혼합 세계와의 통신, 원격 의료 수술, 초실감 교육, 초실감 모바일 게임 등의 서비스를 제공한다. 이를 위해서는 5세대 이동통신과 비교하여 훨씬 많은 데이터 전송 능력과 훨씬 빠른 시간에 데이터를 보낼 수 있는 능력이 요구된다.

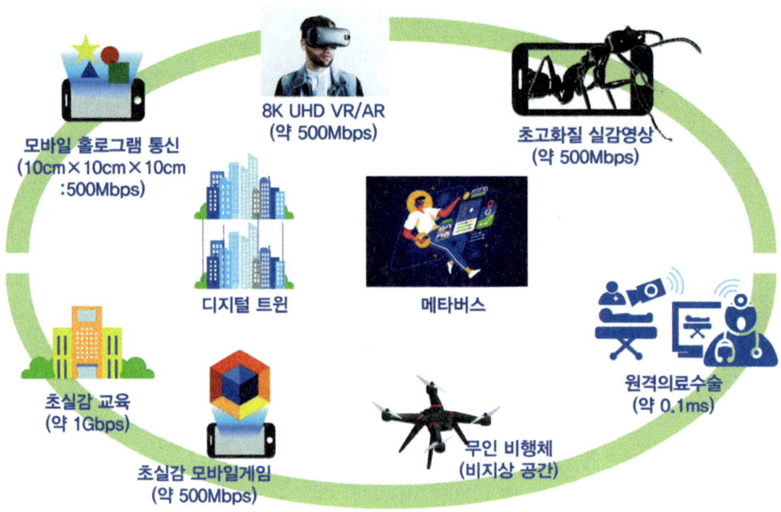

〈그림 1-22〉 6세대 이동통신의 서비스

CHAPTER 02

전파와 주파수

2.1 전파의 역사

전파는 우리 눈에 보이지도 않고 냄새도 없지만 그 존재를 인정할 수밖에 없다. 왜냐하면 이미 1900년대 초반부터 전파를 이용하였고 오늘날 이동통신 · 위성통신 · 방송 등에서 없어서는 안 되는 존재가 되었기 때문이다. 하지만 전파를 이용하게 된 것은 갑자기 이루어진 일이 아니라 1700년대 후반 전기의 힘을 이해한 이후 100여 년 동안 많은 과학자들의 연구가 쌓여 이루어진 일이다. 이에 대한 역사를 간단히 정리하면 〈그림 2-1〉과 같다.

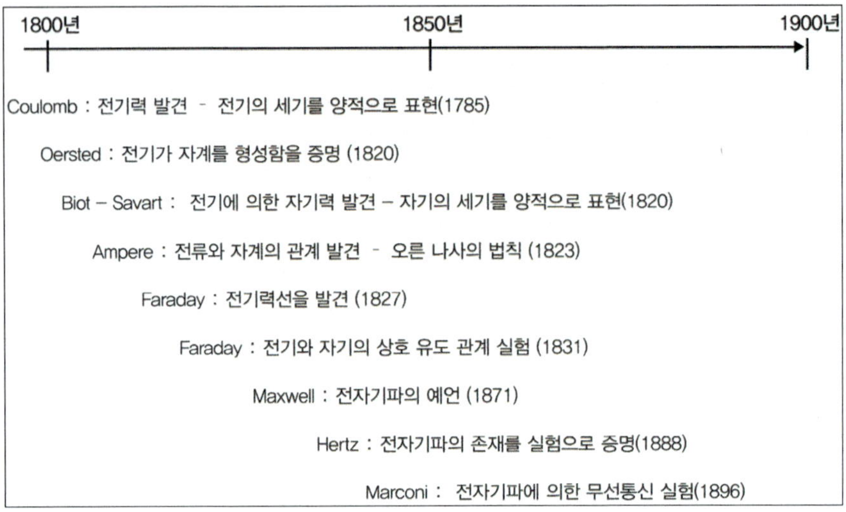

〈그림 2-1〉 전파의 역사

오늘날 일상생활에서 전기나 자석의 힘을 보는 것은 어렵지 않다. 전기의 힘은 습도가 낮은 겨울철 자동차나 문을 열 때 또는 털로 만들어진 옷을 벗을 때 느끼는 정전기에서나, 플라스틱 책받침으로 머리에 문질러 정전기를 만들면서 경험할 수 있다. 자석의 힘은 막대자석을 이용하여 철가루를 모으면서 직접 경험할 수 있다. 〈그림 2-2〉는 실제 생활에서 전기와 자석의 힘을 보여주고 있다.

전기에 의한 힘의 발생

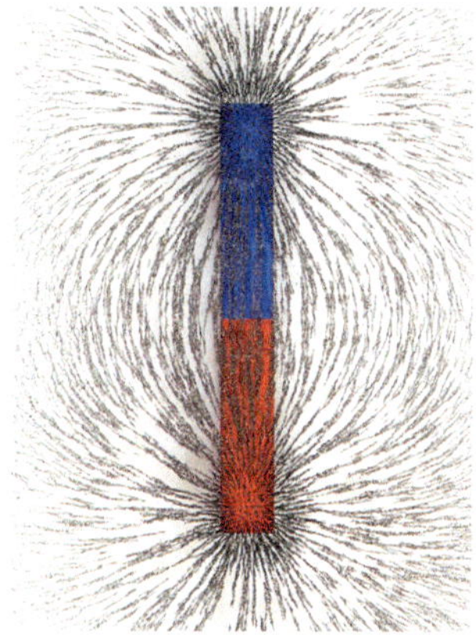

자기에 의한 힘의 발생

〈그림 2-2〉 전기와 자석의 힘

1700년대 말 프랑스의 과학자 쿨롱Charles Augustin de Coulomb이 양전하와 음전하가 멀리 떨어져 있어도, 즉 두 전하 사이에 어떤 물질도 없는 상태에서 서로 간에 끄는 힘이 존재하며 임의의 공간에서 힘의 크기가 전하의 양에 비례하고 거리 제곱에 반비례하다는 사실을 발견함으로써 전파의 존재 가능성을 보여주기 시작하였다. 또 1820년 독일의 과학자 에르스테드Hans Christine Oersted는 볼타(Alessandro Volta) 전지를 이용하여 도선에 전류가 흐르면 자침을 움직이는 힘이 생기는 것을 발견하였는데, 특이한 것은 다른 모든 힘은 같은 선상에서 끌거나 미는 힘으로 나타나는데, 이 자기력은 수직으로 작용하는 힘으로 회전력으로 나타났다는 점이다. 그 당시의 관념으로 전류에 의하여 자기장이 생겨서 자침을 움직이는 자기력이 생긴다는 사실도 대단한 업적이지만, 도선에 평행한 방향으로 힘이 작용하지 않고 도선에 수직으로 놓인 자침에 힘이 최대로 작용한다는 것은 놀라운 사실이었다. 같은 해에 프랑스의 비오Jean Baptiste Biot와 사바르Felix Savart는 쿨롱이 발견한 전기력의 힘처럼 자기력도 전류의 크기와 거리에 따라 정확한 수치로 표현할 수 있음을 발견하였다.

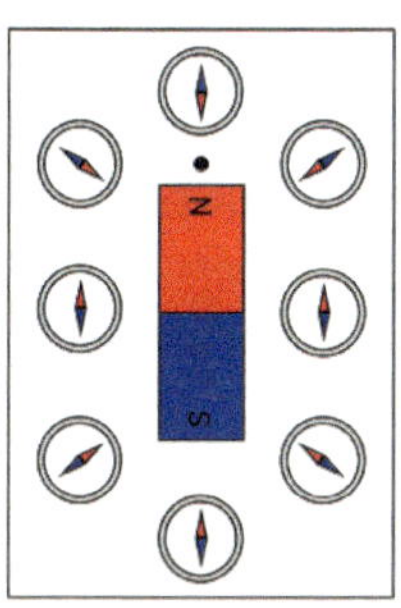

전기에 의해 수직 방향으로 자장이 발생
(Oersted)

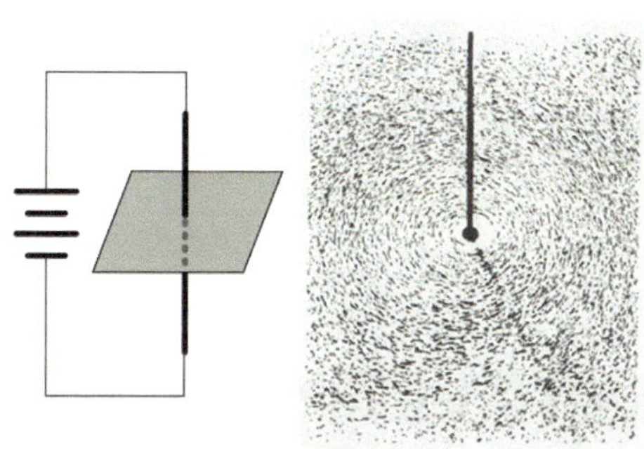

자기에 의한 힘의 발생
(Biot-Savart)

〈그림 2-3〉 전기에 의한 자기력 발생

같은 프랑스의 물리학자 앙페르André-Marie Ampere는 전류는 자침뿐만 아니라 다른 전류에도 힘을 미칠 수 있음을 알아내고 이를 더욱 발전시켜 1823년 폐회로에 흐르는 전류가 막대자석과 같은 효과를 내는 것을 발견하였으며, 이때 생기는 자기장의 방향을 정확히 예측하는 오른나사의 법칙을 발견하였다. 이것은 오늘날에도 전자석과 같은 각종 전기기기 장치를 개발하는 데 이용된다. 또한 1837년 영국의 물리학자 패러데이Michael Faraday가 전기와 자기가 상호 작용하여 전기는 자계를 만들고 자계는 전기를 만든다는 사실을 실험적으로 확인하였다.

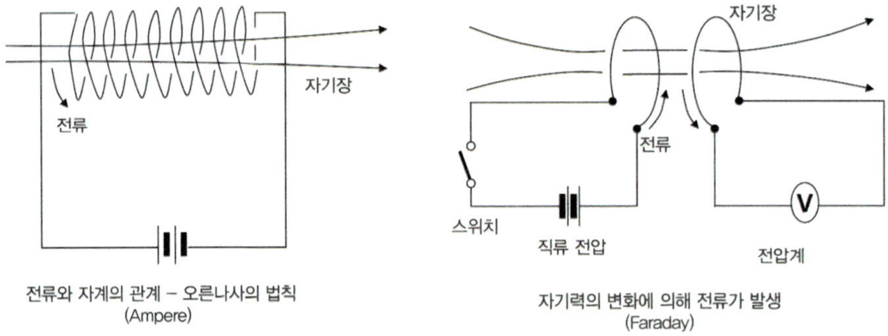

〈그림 2-4〉 자기력의 변화로 전류 발생

패러데이는 1827년에 어떤 물질도 없지만 눈에 보이지 않는 전기력선이 존재한다는 것을 발견하였고 1837년에는 실험적으로 자기력의 변화에 의한 전류 발생을 확인하면서 자기력선을 발견하여 본격적으로 전파의 존재 가능성을 높였다. 하지만 당시에는 빈 공간에 전기에 의해 알 수 없는 힘이 존재한다는 물리적 현상을 이해하는 지적인 만족감이 중요하였을 뿐 그것이 오늘날 인류사회를 완전히 바꾼 전파통신의 시대를 여는 시작이었음을 알 수 없었을 것이다.

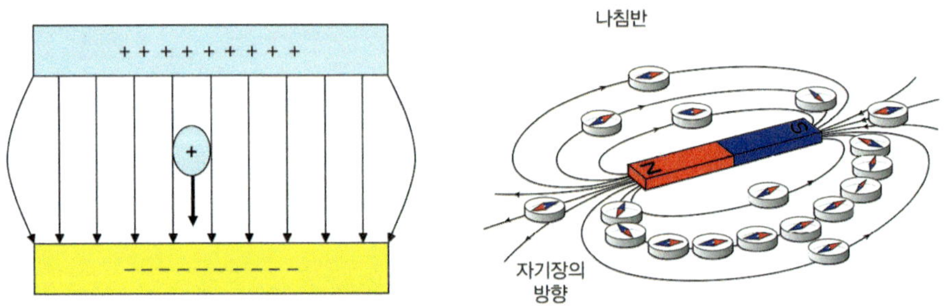

〈그림 2-5〉 전기력선과 자기력선

이와 같이 전기파와 자기파가 존재한다는 사실을 실험적으로 증명하던 시기를 지나 1871년 마침내 전파통신의 시작을 알리는 일이 일어났다. 영국의 물리학자 맥스웰James Clerk Maxwell이 전계가 변하면 자계를 발생하고 자계가 변하면 다시 전계가 발생한다는 사실을 이론적으로 증명한 것이다. 이것은 최초로 전기를 이용하여 전자기파를 동시에 발생시켜 계속적으로 전파될 수 있음을 증명한 일이다. 하지만 이러한 전파의 존재를 증명하는 것이 쉽지 않았는데, 1888년 우리가 자주 사용하는 주파수 단위로 쓰이는 독일의 헤르츠가 전파 발생 실험에 성공하였다.

그리고 8년 뒤 마르코니가 전파를 이용하여 약 3km 떨어진 두 지점 간의 신호를 전달함으로써 전파통신의 시작을 알렸고 1901년 12월 12일 인류사에 길이 남을 전파를 이용한 대서양 횡단 실험에 성공함으로써 마침내 전파통신의 역사가 시작되었다. 〈그림 2-6〉은 마르코니가 1905년 설치한 무선통신시스템으로, 그림에서 보듯이 4개의 목조탑이 안테나를 받치고 있다.

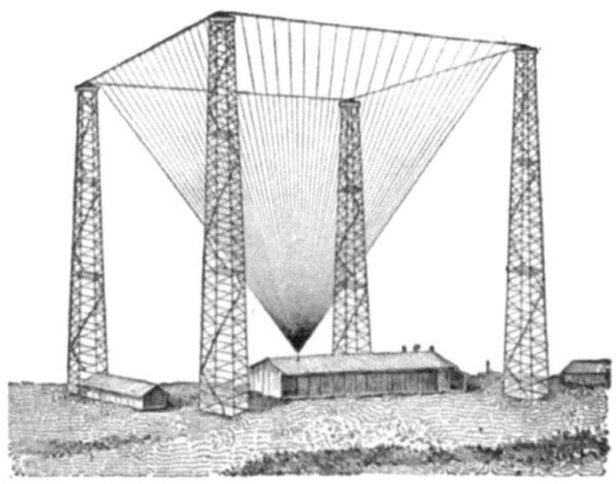

England, Cornwall, Poldhu 1905
(출처 : www.wikiwand.com)

〈그림 2–6〉 마르코니의 무선통신시스템

〈그림 2-7〉은 영화 〈컨택트〉에서 주인공이 우주로부터 오는 전파신호를 수신하는 장면이다. 만약 지구 외의 다른 생명체가 우주에서 지구로 신호를 보내고자 한다면 전파 이외에 신호를 보낼 수 있는 다른 수단이 없었을 것이다. 왜냐하면 전파보다 더 빠른 통신 수단이 없기 때문이다. 영화의 장면은 우주의 다른 생명체가 보낸 신호를 인간의 청각으로 들을 수 있는 주파수로 변화하여 확인하고자 하는 것을 보여주고 있다.

(출처 : 영화 〈컨택트〉(1997))

〈그림 2–7〉 우주로부터 오는 신호의 수신

2.2 전파의 발생

2.2.1 전파의 발생 원리

〈그림 2-8〉은 헤르츠가 세계 최초로 전자파가 존재함을 증명한 실험 방법이다. 전기가 담겨 있는 축전지에 의해 유도 코일에 전기와 자기가 전달되고 전기와 자기에 의한 전파가 안테나 역할을 하는 도체판을 떠나 오른쪽의 코일에 전달된다.

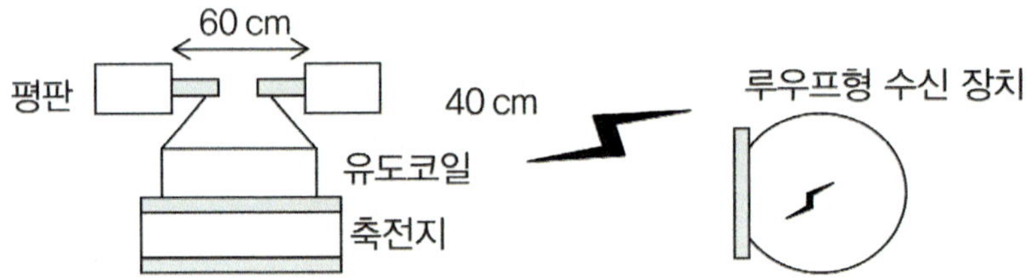

〈그림 2-8〉 헤르츠의 전자기파 발생 및 수신실험

사실 1842년에 헨리[Henri]라는 사람이 '라이덴 병'이라는 축전기병을 이용하여 실험하면서 30m 떨어진 쇳조각이 자화하는 현상을 발견하였지만, 1871년 맥스웰이 이론적으로 전파가 존재한다는 사실을 증명하기 전이었으므로 이 현상을 전파라고 발표하기에는 어려웠을 것이다. 비슷한 경우로 1879년 퓨즈(Fuse)는 전기 불꽃이 전파일 것으로 추정하여 실험하였지만 주위에서 전파가 아닐 것이라는 말을 듣고 포기함으로써 역사에 길이 남을 기회를 놓쳤다. 그래서 이러한 아쉬움을 달래주기 위해 오늘날 가전제품에 많이 이용되는 바로 그 퓨즈를 이 사람의 이름을 달아 준 것이라고 한다.

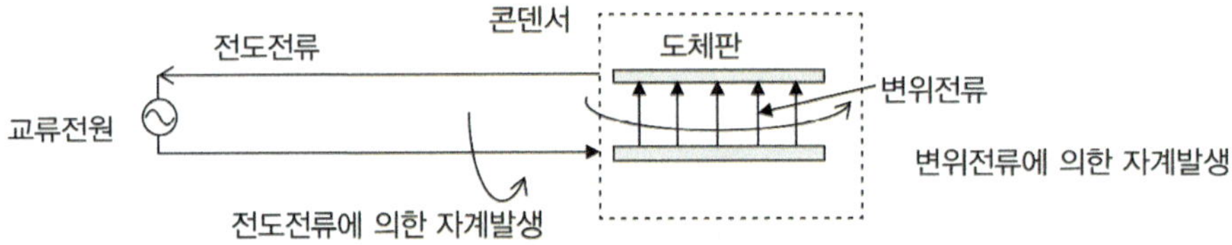

〈그림 2-9〉 전도전류와 변위전류의 자계발생

에르스테드가 전기가 흐르면 자계가 생긴다는 사실을 발견하고 앙페르가 전기 변화에 따라 자계가 오른나사의 법칙으로 형성됨을 확인하였다. 즉 도선에 전기가 흐르면 자계가 오른손의 법칙으로 오른쪽 방향에 형성된다. 또한 도체판 안에 유전체는 교류전류가 흐르면서 전기가 통하고 이에 따라 자계가 발생한다. 유전체는 자유로운 전하에 의해 극성이 생기는 도전체의 전류와 달리 유전체는 물질이 극성에 따라 분자가 극성을 띠는 방향으로 서고 다시 반대의 극성이 되면 분자들이 극성을 바꾸어 전기가 흐르게 된다. 이와 같이 물질 내에 분자의 위치를 바꾸면서 전기가 흐른다고 하여 변위전류라고 한다. 즉 변위전류에 의해서도 자계가 형성된다. 〈그림 2-7〉은 도선에 의해 발생하는 자계와 두 도체판 사이에서 전기가 발생하여 생기는 자계를 설명하고 있다.

전파의 발생 원리를 요약하면 전파는 전류의 변화에 의해 발생하고 전파는 공간이라는 전파의 통로를 이용하여 빛의 속도로 진행하게 된다.

2.2.2 전파의 확산

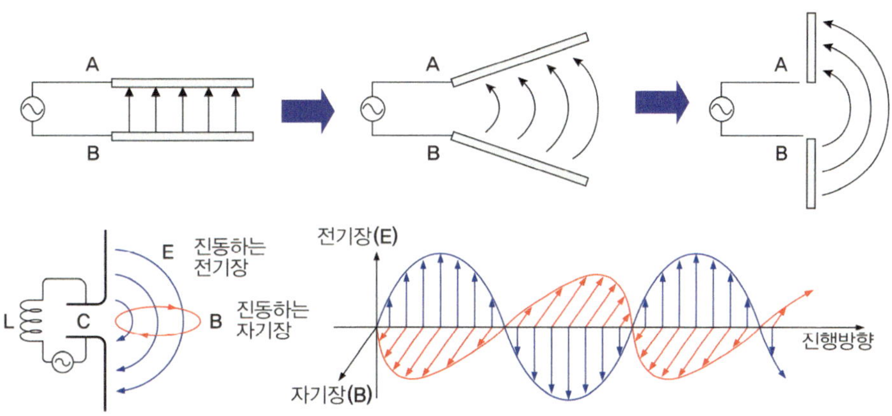

〈그림 2-10〉 전파의 확산

전파는 전기에 의해 자계가 발생하지만 도선에 의해 발생되는 자기가 다시 전계를 만들어도 거리의 제곱에 반비례하여 급격히 세기가 작아지므로 멀리가지 못한다. 하지만 변위 전류에 의해 발생하는 자기파는 〈그림 2-10〉과 같이 점차적으로 도체판을 열면 전파는 도체판에 갇혀 있지 않고 거리에 반비례하여 멀리 날아갈 수 있게 된다. 그리고 전파는 도선 없이 공간을 빛의 속도(3×10^8 m/s)로 퍼져나간다.

이것을 자세히 설명하면 다음과 같다. 우선 도선과 도체판에 전류가 흐르면 앙페르의 오른나사 법칙에 의해 자계가 발생되며 발생된 자계에 의해 전계가 발생된다. 이때 이들의 방향은 상호간에 수직으로 발생하게 된다. 그리고 도선에 전류 흐름의 변화가 빠르면 처음에 발생되었던 전계와 자계가 소멸되기 이전에 새로운 전계와 자계가 발생되고 전력선과 자력선이 도체에서 분리되면서 멀어져가는 폐곡선을 형성하면서 지속적으로 전계와 자계를 발생시키면서 전자파가 자유 공간으로 전파하게 된다. 또한 공간으로 전파된 전자파는 도체를 만나면 전기 신호로 변환된다.

지금까지 전기파와 자기파가 상호 작용에 의해 발생하고 전파되어 간다는 것을 알았다. 맥스웰은 이와 같은 현상을 4가지 공식으로 정리하였는데 간단히 정리하면 다음과 같다.

① 물체를 벗어나는 전기력선의 크기는 물체의 전기 양과 같다(가우스[Carl Friedrich Gauss] 1법칙).

② 자기는 항상 양극과 음극이 함께 있어 나가고 들어오는 자기력선이 같다(가우스 2법칙).
③ 자기파의 세기는 도선의 전류량과 도체판의 전기의 시간에 따른 변화량과 같다.
(앙페르 주회 적분 법칙)
④ 전기파의 세기는 자장의 시간에 따른 변화량과 같다(패러데이 유도법칙).

2.2.3 안테나의 방사패턴과 이득

전류를 전자파(송신)로 전자파를 전류(수신)로 변환하는 장비를 **안테나** Antenna라고 한다. 안테나는 동물의 촉각이라는 뜻으로, 귀뚜라미의 더듬이와 같이 상대방에게 공간을 이용하여 신호를 보내고 또한 상대방의 신호를 공간에서 찾아내는 역할을 한다. 안테나는 〈그림 2-10〉과 같이 전류분포를 반파장으로 할 경우 전력을 가장 세게 전파할 수 있는데 이를 위해 일반적으로 $\lambda/2$ 또는 도체판의 접지를 이용한 $\lambda/4$로 안테나를 만든다. 기지국은 $\lambda/2$, 단말기는 소형화를 위해 $\lambda/4$ 안테나를 많이 사용한다.

안테나의 송수신세기는 전파 진행에 따라 달라지는데 동일한 전파 세기의 공간을 이으면 하나의 폐곡선이 만들어진다. 이때 이 폐곡선을 **안테나의 방사패턴** Radiation Pattern이라고 한다. 안테나는 전파의 송수신세기를 원하는 방향에 따라 조정할 수 있다. 즉, 신호를 송수신할 때 360도 전체 방향으로 전파의 세기를 동일하게 송수신할 수도 있으며(무지향성 안테나), 120도 방향만 전파를 송수신할 수 있다(지향성 안테나). 이때 모든 방향이 아닌 한 방향으로 전파를 송신하면서 얻을 수 있는 이득을 **안테나 이득** Antenna Gain이라고 한다. 안테나 이득은 동일한 전력을 송신할 때 특정 기준의 안테나 세기에 대한 지향성 안테나 세기의 비율로서 정의한다. 〈그림 2-9〉 (a)와 같이 전파가 한 점에서 360도 방향으로 동일하게 전파할 때 이것을 **등방성** isotropic 전파 세기라고 하며 데시벨 단위로 세기를 나타내면 0 dBi(isotropic)라고 한다. (b)는 다이폴(dipole) 안테나를 이용하여 전파를 송수신할 때 방사패턴을 나타내고 있으며 전파의 세기가 가장 큰 지점을 dBd라고 하며 dBi보다 전파의 세기가 2.15 dB 더 크다.

일반적으로 안테나 이득은 dBi 또는 dBd를 기준으로 상대적인 전파의 세기를 나타내며, (c)와 같이 dBi를 dBd로 변환하여 나타낼 경우 dBi보다 2.15dB를 빼주면 된다. 그리고 마지막으로 안테나 방사전력은 공중선전력(Power : dBm) + 등방성 안테나 이득(Gi : dBi)으로 산출하는 EIRP(Effective Isotropically Radiated Power, 유효 등방성 복사 전력)와 공중선 전력(Power : dBm) + 반파장 다이폴 안테나 이득(Gd : dBd)으로 산출하는 ERP(Effective Radiated Power : 실효복사전력)로 나타낸다.

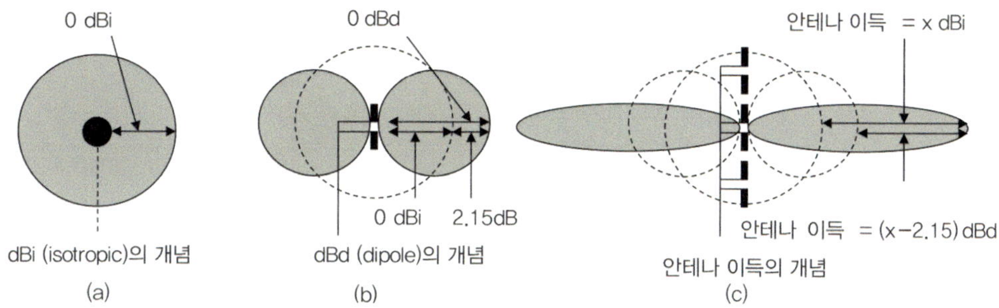

〈그림 2-11〉 안테나 이득의 개념

2.3 전파와 주파수란 무엇인가?

2.3.1 전파와 주파수 그리고 신호

(1) 전파의 정의

국제전기통신연합[ITU : International Telecommunication Union]은 전파를 '인공적 매개물 없이 공간에 전파하는 3,000 GHz보다 낮은 주파수의 전자파'라고 정의하고 있다. 여기서 인공적 매개물이란 동축케이블, 도파관과 같이 전파를 전달하기 위한 인위적인 매체를 말한다. 그러나 일반적으로 넓은 의미에서의 전파는 무선통신에 사용되는 주파수를 포함하여 적외선, 가시광선, 자외선, X선, 우주선 등을 총칭하는 것이라고 할 수 있다.

오늘날 이동통신, 방송 등에서 활발하게 이용하고 있는 전파의 존재를 최초로 예언한 사람은 영국의 물리학사 맥스웰이다. 맥스웰은 패러데이의 법칙에 변위전류를 추가하여 전계가 시간적으로 변하면 자계가 생기고, 자계는 또 전계를 발생시켜 파동(전파)이 발생한다고 1871년에 발표했다. 전파는 이미 오래전부터 존재하고 있었지만 우리 인간이 인지하지 못하고 있었을 뿐이다.

(2) 전파의 용어

우리는 전파에 대해 본격적인 이야기를 하기 전에 전파와 관련하여 일반적으로 쓰는 용어의 정의에 대해 살펴볼 필요가 있다. 전파의 모양은 일반적으로 〈그림 2-10〉과 같이 사인(sine) 또는 코사인(cosine) 파형으로 전파한다. 이러한 파형의 특징을 나타내는 용어는 다음과 같다.

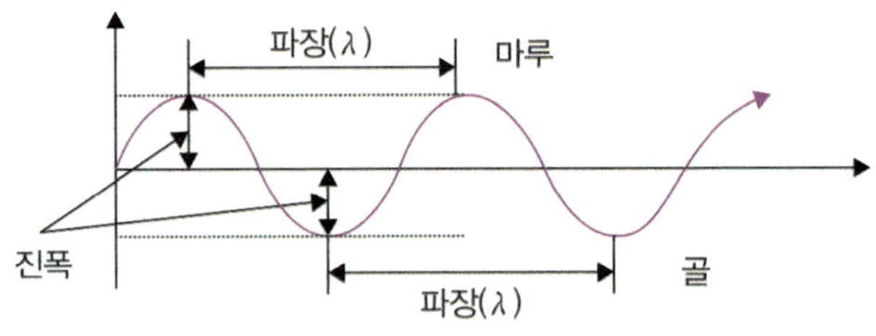

〈그림 2-12〉 전파의 용어

- 파동(wave motion) : 전파가 진행하는 움직임으로, 파도의 물결 형태와 같음
- 파장(wavelength) : 마루에서 마루까지의 거리 또는 골에서 골까지의 거리
- 마루(peak) : 파동이 진행하면서 그 위치가 변할 때 가장 높은 곳
- 골(bottom) : 변화하는 위치가 가장 낮은 곳
- 진폭(amplitude) : 마루의 높이나 골의 깊이
- 주기(period) : 한 번의 진동에 소요되는 시간, 즉 마루에서 마루 또는 골에서 골까지 이르는 데 소요되는 시간

(3) 전파와 음파의 비교

시계의 추처럼 일정하게 어떤 위치를 반복하면 이것을 파동이라고 하는데 이러한 파동 현상은 일상생활에서 쉽게 볼 수 있다. 바다의 파도나 용수철로 된 장난감 요요가 그 예시이다. 또한 고요한 호수에 돌을 던지면 원 형태의 무늬가 멀리 멀리 퍼져 나가는데 이 역시 파동 현상이다.

파동의 종류는 에너지가 위아래로 전달되는 횡파(Longitudinal Wave)와 에너지가 좌우로 전달되는 종파(Transverse Wave) 크게 두 가지로 나뉜다. 바다의 파도처럼 위아래로 물결이 높아졌다 낮아졌다 하면 횡파이며, 위아래로 진동하므로 고저파라고도 한다. 반면에 요요처럼 앞으로 나갔다 들어오고 다시 나가면 종파이며, 이를 소밀파라고도 한다. 횡파의 물결이 위아래로 진행한다는 점이 이해하기 어려울 수 있지만, 욕조에 물결을 만든 뒤 가벼운 물건을 올려놓았을 때 제자리에서 진동하는 현상을 생각하면 이해하기 쉬울 것이다.

전파는 횡파의 특징을 가지므로 전계와 자계 성분이 서로 직각을 유지하고 진동 방향과 진행 방향이 상호 직각을 이루면서 위아래로 진동한다. 전파의 전송 속도는 빛과 같아서 자유공간인 경우 전자파의 속도는 3×10^8 m/s이고, 전파가 진행하는 방향에 유전체 매질이 있으면 속도가 느려진다. 음파(Sound Wave)는 용수철 운동처럼 종파의 특징을 갖는데, 이는 소리의 압력이 공기를 통해 전달하기 때문이다. 음파는 340 m/s의 속도로 진행한다.

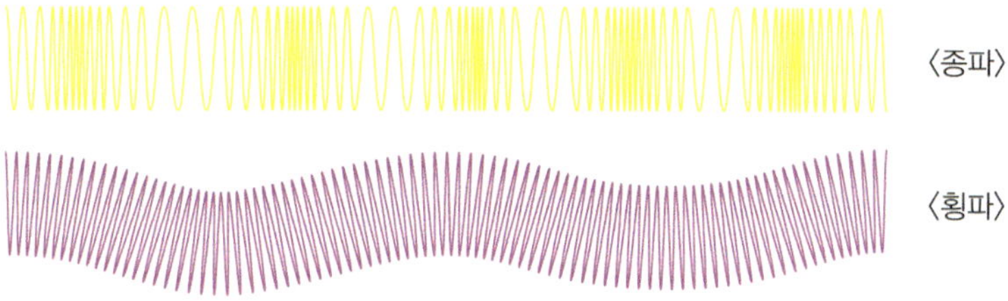

〈그림 2-13〉 종파와 횡파

(4) 주파수의 개념

주파수는 전파의 특성을 통신·의학에 이용하기 위해 파장을 기준으로 정한 이용자의 약속이다. 단위는 헤르츠(Hz)를 사용하며 1 Hz는 1초 동안 1번 진동한 것을 말한다. 예를 들어 이동전화 주파수인 800 MHz 주파수는 1초에 8억 번 진동한 것이다.

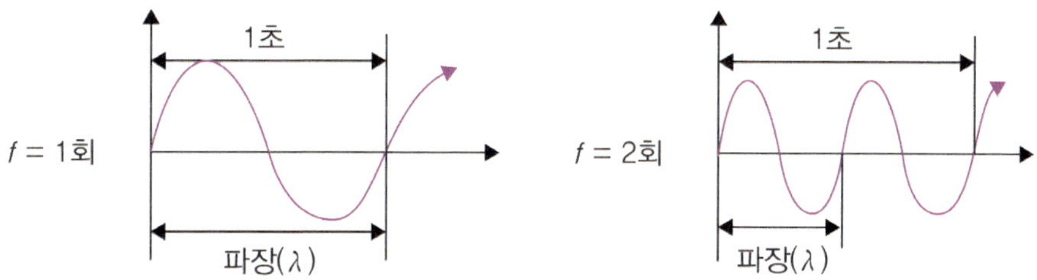

〈그림 2-14〉 주파수의 개념

전파는 〈그림 2-14〉에서 보는 바와 같이 파장과 진폭, 주기로 구성되는데, 주파수 및 파장의 관계는 다음과 같다.

$$c(\text{전파속도}) = f(\text{주파수}) \times \lambda(\text{파장}) \quad \text{또는} \quad f(\text{주파수}) = \frac{c(\text{전파속도})}{\lambda(\text{파장})} \qquad (\text{식 } 2\text{–}1)$$

여기서 c는 전파의 속도로서 빛의 속도인 3×10^8 m/s(30만 km/sec)와 같다.

만일 1초 동안 20억 개의 진동이 일어나면($f = 2 \times 10^9$ Hz), 해당 전파의 파장은 15cm가 된다. 일반적으로 안테나는 1/2 파장 또는 1/4 파장일 때 전파가 가장 잘 전파되는 성질을 가지는데, (식 2-1)에서 빛 또는 전파속도 c는 일정하므로 주파수와 파장은 반비례가 되어 주파수가 높아질수록 파장이 짧아진다. 따라서 800 MHz 대역을 이용하는 셀룰러 이동통신서비스를 위한 기지국 안테나의 길이가 1.7 GHz 대역을 이용하는 PCS 또는 2GHz 대역을 이용하는 IMT-2000을 위한 기지국 안테나의 길이보다 더 길다.

주파수는 전파통신서비스를 이해하기 위한 중요한 개념이다. 주파수와 관련하여 전파통신서비스의 특징을 이해하는 데 매우 중요한 주파수 대역과 주파수 대역폭을 정의하면 다음과 같다. 주파수 대역은 전파가 진행할 때 나타나는 일반적인 특징을 나타내며 주파수 대역폭은 정보의 전달 능력을 나타낸다. 만약 어떤 방송사가 200 MHz에서 206 MHz까지를 이용해서 방송한다고 가정한다면, 주파수 대역(Band)은 200 MHz 주파수 대역의 전파 특성을 가지고, 주파수 대역폭(Bandwidth)은 6 MHz라고 말할 수 있다.

(5) 신호의 전달

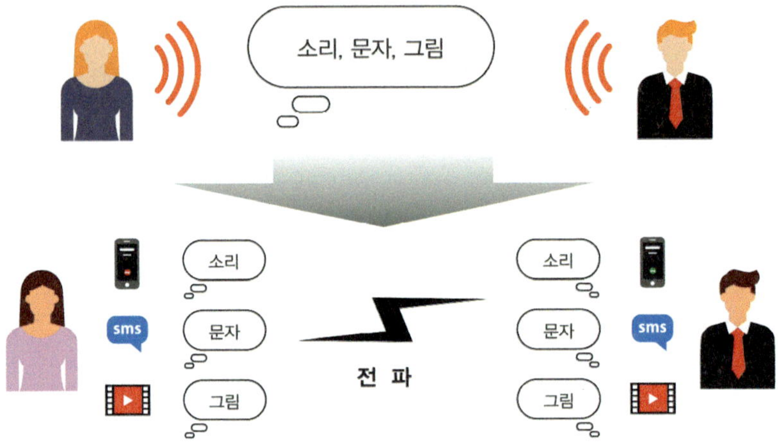

〈그림 2-15〉 신호의 전달

제1장에서 남에게 전달하고 싶은 신호가 결국 인간의 오감(청각, 시각, 촉각, 미각, 후각)에 의해 알게 된 정보를 상대방에게 전달하는 것이라는 것을 배웠다. 〈그림 2-15〉는 상사 또는 친구에게 자신의 생각을 전달하는 방법을 나타낸 것이다. 첫 번째 그림은 서로 마주 보고 있는 상황이고, 두 번째 그림은 서로 볼 수 없어 정보통신 단말로 전파를 통해 신호를 전달하는 것이다. 두 그림 모두 보내고자 하는 신호의 형태는 소리, 문자, 그림 등으로 비슷한데, 다만 중간에 전파라는 것이 매개되어 있다는 것이 다를 뿐이다.

첫 번째로 우리가 소리를 듣는다는 것은 공기에 의한 진동이 귀의 고막에 전달되어 나타나는 동작이다. 즉, 소리를 모으는 진동판과 이 진동판의 변화를 전기로 바꾸어 주는 자석 그리고 전기를 전달하는 선로만 있으면 전기의 세기를 다시 진동판에 전달하여 공기의 진동을 발생함으로써 소리를 전달할 수 있다.

두 번째로 우리가 물체를 본다는 것은 빛의 삼원색(빨간색, 녹색, 파란색)이 각각 적당한 세기로 합쳐지면서 나타나는 동작이다. 즉, 사물의 빛을 적당한 강도로 배합하면 본래의 모습을 볼 수 있다. 이 원리가 카메라의 동작이고 이것이 발전하면서 빛의 세기를 전기로 바꾸어 보내주면서 TV가 발명되었다. 오늘날 광통신은 빛의 세기를 전기의 세기로 변화시키고 전기의 세기를 다시 빛의 세기로 변화시켜 통신을 한다. 즉, 빛은 인간이 이용하는 신호의 한 요소인 것이다.

세 번째로 문자는 약속된 신호, 예를 들어 모스가 초기에 했던 신호가 있고(1) 또는 없음(0)을 전파의 존재 여부로 나타냄으로써 수신측에서 약속된 규칙에 의해 신호를 받는다. 모스 부호에서 '111'은 'S'이고 '000'은 O로 약속하여 전기 신호가 있을 때 1, 없을 때 0으로 표시하여 위험한 상황임을 알렸다.

이와 같이 인간의 오감을 상대방에게 전달하는 것이 신호의 전달이지만, 아직 소리와 영상이 대부분이다. 하지만 요즘 기술 선진국들은 로봇 연구에서 시작된 촉각, 후각, 미각의 정보처리 기술을 통신망을 이용하여 전달할 수 있는 방법을 연구하고 있다. 따라서 지금까지 신호의 전달이 소리와 영상에 국한된 사회 모습을 다시 한 번 바꿀 시대가 올 것이다.

(6) 신호와 주파수

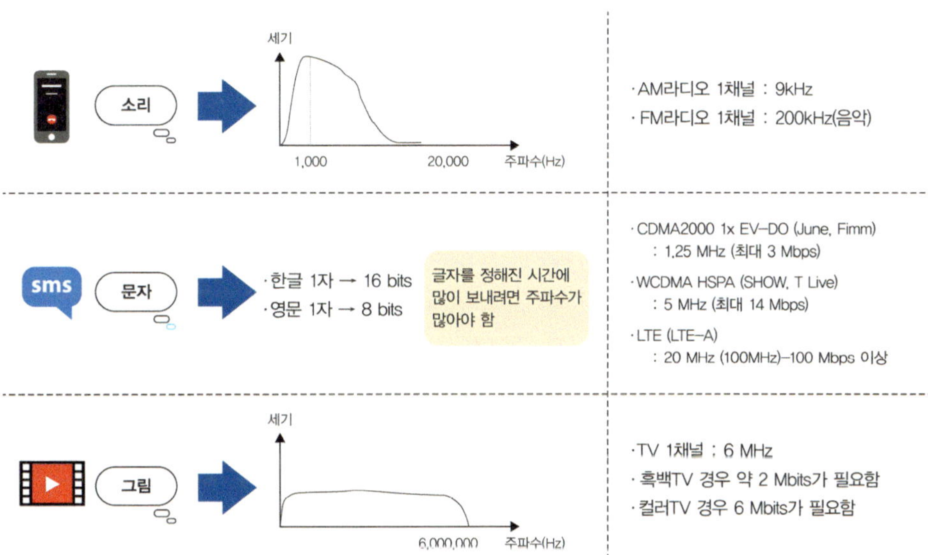

〈그림 2-16〉 신호의 전달

사람의 청각기관은 외이로부터 중이, 내이를 거쳐 뇌의 청각 중추에 이르도록 이루어져 있으며, 각 부분에서 독특한 기능을 가지고 소리를 증폭하면서 전달하고 있다. 사실 소리는 공기의 진동운동으로 귀의 여러 경로를 거쳐 뇌에서 소리로 감지하는 것이다. 사람들이 느낄 수 있는 소리의 진동수는 대략 16 ~ 2만 Hz 정도이며 이를 가청 음역이라고 한다. 이 가운데 사람들의 보통 말소리는 250 ~ 2,000 Hz 사이이고, 사람이 가장 쾌적하게 듣는 소리는 1,000 Hz 정도의 소리로, 피아노 중간 도에서 한 옥타브 정도 높은 음이다. 전문가들에 따르면 모차르트의 음악이 1,000 ~ 1,500 Hz 정도의 음을 많이 쓰고 있다고 한다. 그래서 1,000Hz 정도이고 사람의 심장 고동 수와 비슷한 1분에 70번 안팎의 박자 소리가 들리면 기분이 유쾌해진다고 한다.

소리와 주파수는 어떤 관계가 있을까? 사람이 들을 수 있는 소리가 약 0 ~ 20,000 Hz의 진동수를 가진다는 것은 1 Hz부터 20,000 Hz로 진동하는 성분을 모두 가지고 있다는 뜻이다. 진동판이 20,000 Hz까지의 소리 진동을 전기로 그대로 옮기고 다른 진동판이 전기 신호를 받아 소리로 바꾸면 우리의 뇌는 그 소리를 듣게 된다. 그런데 사람이 낼 수 있는 소리 에너지의 대부분은 약 4,000 Hz 이내에 있다. 따라서 AM 라디오의 경우 방송국 1개가 9 kHz 주파수 대역폭을 이용하여 방송을 하지만, FM 라디오의 경우 방송국 1개가 클래식 음악처럼 가청 주파수 모두를 사용하여야 하므로 20,000 Hz 이상을 포함할 수 있도록 200 kHz 주파수 대역폭을 가지고 방송을 한다.

문자와 주파수는 어떤 관계가 있을까? 문자는 한글은 글자당 16 비트, 알파벳은 8 비트면 충분하다. 8 비트는 256가지를 나타내므로 알파벳 26자를 포함하여 각종 특수 문자를 나타낼 수 있다. 이상적으로 1 Hz가 2 비트를 보낼 수 있으므로 주파수가 많으면 더 많은 글자를 보낼 수 있을 것이다. 데이터는 1.25 MHz 대역폭을 이용하는 cdma2000 1x EV-DO 시스템의 경우 최대 3 Mbps를 전송하지만, 5 MHz 대역폭을 이용하는 WCDMA HSPA 시스템의 경우 최대 14 Mbps를, 20 MHz 대역폭을 이용하는 LTE 시스템의 경우 100Mbps 이상의 데이터를 전송한다. 즉, 주파수 대역폭이 클수록 데이터 전송 능력이 커지는 것이다.

그렇다면 그림과 주파수는 어떤 관계가 있을까? 또 우리가 보는 이미지를 전달하는 데 얼마나 많은 진동수가 필요할까? 물체의 모습을 전기로 바꾸어 보내주려면 약 수 MHz가 필요하다. 그래서 TV 방송국 1채널은 약 6 MHz ~ 8 MHz로 이루어진다.

2.3.2 주파수와 통신서비스

(1) 전파의 분류

전파를 분류할 때는 앞에서 정의한 주파수와 파장으로 분류하지만 대체적으로 주파수를 사용한다. 〈표 2-1〉은 전파를 진동수의 범위를 두어 분류한 것이다. 여기에서 사용된 영어명은 세계 공통이다.

〈표 2-1〉 전자파의 주파수에 의한 명칭

명 칭	파장 범위	주파수 범위	명칭	약어 명칭
–	10,000~100,000 m	3~30 KHz	Very Low Frequency	VLF(초장파)
킬로미터파 Kilometric Wave	1,000~10,000 m	30~300 KHz	Low Frequency	LF(장파)
헥토미터파 Hectometric Wave	100~1,000 m	300~3,000 KHz	Medium Frequency	MF(중파)
데카미터파 Decametric Wave	10~100 m	3~30 MHz	High Frequency	HF(단파)
미터파 Metric Wave	1~10 m	30~300 MHz	Very High Frequency	VHF(초단파)
데시미터파 Decimetric Wave	0.1~1 m	300~3,000 MHz	Ultra High Frequency	UHF(극초단파)
센티미터파 Centimetric Wave	1~10 cm	3~30 GHz	Super High Frequency	SHF(센티파)
밀리미터파 Millimetric Wave	1~10 mm	30~300 GHz	Extremely High Frequency	EHF(밀리파)

전파는 주파수 진동수에 따라 성질이 다르게 되며 자세한 내용은 후술할 제4절에서 설명할 것이다. 주파수 대역이 다를 경우 전파하는 형태가 다르게 되므로 따라서 각각의 용도가 다르다. 실제 생활에서 접하는 많은 전파 응용이 〈그림 2-17〉과 같은 범주에서 일어난다. 넓은 의미에서 전파는 무선 통신에 사용되는 주파수를 포함하여 적외선, 가시광선, 자외선, X-선, 우주선을 총칭하지만, 좁은 의미에서는 주파수 3,000 GHz 이하의 전파를 말하며, ITU가 1947년 회의에서 정의하여 현재까지 사용하고 있다.

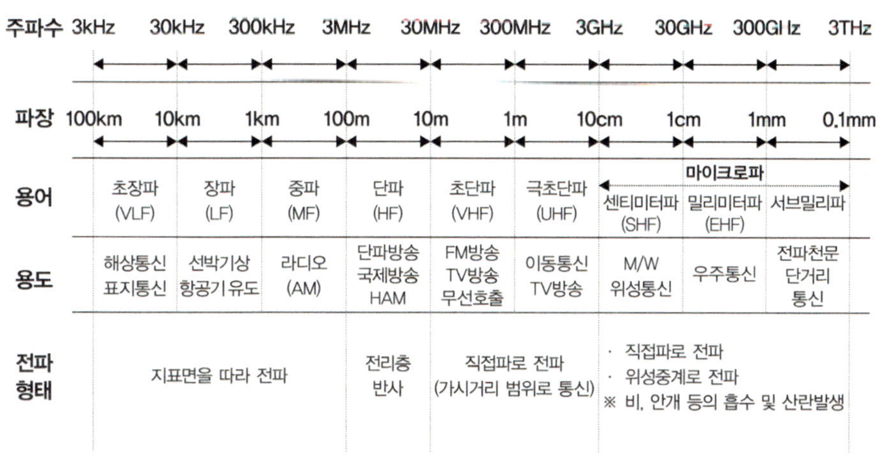

〈그림 2-17〉 전파의 주파수 분류와 용도

(2) 전파와 광파

빛은 기본적으로 전자파의 특징을 가지고 있다. 하지만 전파가 전류변화에 의해 발생하는 반면, 빛은 전자의 위치가 바뀌면서 열에너지를 생성하며 발생하는 열복사에 의해 발생하므로 전자파가 가지고 있지 않은 특징을 갖는다. 이는 광파가 횡파의 특징과 함께 입자의 특성을 동시에 갖는 원인이기도 하다. 열복사는 고온인 물체 부근에 저온인 물체가 있으면 저온 물체가 복사선의 일부를 흡수하여 열로 변하는 현상을 말한다. 예를 들어 난로 등의 발열체에 손을 가까이 대면 주위 공기가 따뜻하지 않아도 손이 더워지는 것은 이 때문이다. 또한 태양과 지구 사이의 공간이 진공 상태인데도 대량의 태양열이 지상에 도달하는 것 역시 열복사선의 형태로 열이 빛의 형태로 전달되기 때문이다.

X선도 기본적으로 전자기파의 특성을 가지고 있다. 1895년 뢴트겐[Wilhelm C.Röntgen]은 진공방전 중에 우연히 X선을 발견하였다. X선은 진공방전관을 이용하여 고전압에서 가속한 전자를 금속판에 충돌시켜 원자와 전자의 충돌에 의해 발생된다. X선은 전자기파이지만 전기장 및 자기장에 의해 진로를 굽히지 않아 전파와 다른 특징을 가지며 거울이나 렌즈에 의해 반사나 굴절이 일어나지 않아 빛과 다른 특성을 가지므로 당시 알 수 없는 정체라 하여 X선이라고 하였다.

감마선(Γ)도 기본적으로 전자기파 특성을 가지고 있다. 감마선은 원자핵의 에너지 준위 위치가 바뀌면서 방출 또는 흡수된다. 감마선은 X선과 비교하여 파장은 짧고 에너지가 크며 투과력이 매우 강하다. 감마선은 암 치료, 금속재료의 내부 결함 탐지 등 의학, 공업 분야에서 널리 이용된다.

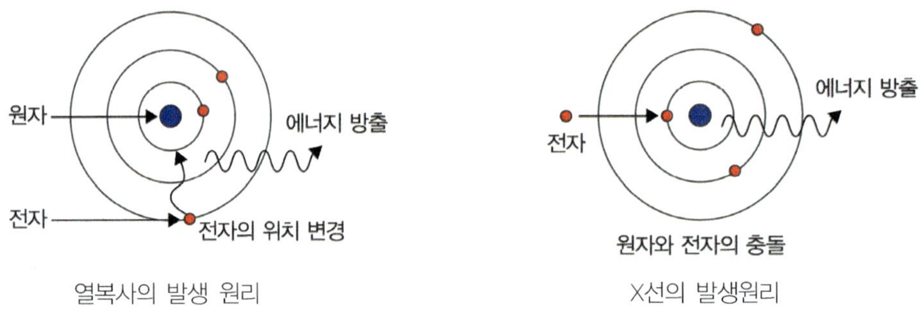

〈그림 2-18〉 열복사 및 X선의 발생원리

다양한 전자기파의 특징을 요약하면 〈표 2-2〉와 같다.

〈표 2-2〉 다양한 전자기파의 특징

종류	주파수범위	파장범위	발생 원인	용도
전파	3 kHz ~ 3,000 GHz	0.1 mm ~ 10 km	전기진동(전류변화)	전파통신용
적외선		0.1 mm ~ 780 nm	열복사 (전자의 위치 변화)	사진 건조, 의학
가시광선		380 nm ~ 780 nm		광통신
자외선		0.38 μ m~ 10 nm		살균
X선		0.1 nm ~ 10 nm	원자와 전자의 충돌	X선 사진 의료
Γ선		0.1 nm 이하	원자핵의 변화	의료, 재료검사

2.4 전파의 이해

2.4.1 전파의 성질

(1) 전파의 직진, 반사, 굴절(Direction, Reflection, Refraction)

사람들은 전파에 대해 눈에 보이지 않으므로 매우 이해하기 어려워한다. 그렇다면 전파를 눈으로 확인할 수 없을까? 최근에 컴퓨터 그래픽이 발달하여 전파의 특성을 형상화하는 경우도 있지만 그렇다고 해도 피부에 와 닿지는 않는다. 하지만 전파와 동일한 특성을 갖는 빛을 이용한다면 눈에 보이는 것처럼 이해할 수 있을 것이다. 다만 사람들은 그것이 전파의 특성과 동일하다는 것을 이해하지 못할 뿐이다. 우리 눈에 보이고 눈에 보이는 빛의 특성을 일상생활에서 살펴보면 전파의 특성을 더욱 쉽게 이해할 수 있을 것이다.

사람들은 평상시에 사물을 보면 늘 똑바로 보이므로 사물이 똑바로 보이는 것이 이상하다고 생각한 적이 없다. 하지만 물속의 젓가락을 볼 때나 수영장의 물속 또는 놀이공원의 요술 거울을 보면 똑바로 있을 것이라고 생각한 사물이 생각과 달리 똑바로 보이지 않는다. 왜 사물이 휘어지고 구부러져 보이는 것일까? 전파는 공기라는 동일한 공간을 지날 때는 똑바로 진행하지만, 물과 같이 다른 물질을 지날 때에는 똑바로 진행하지 못하고 구부러져 진행하거나 반사된다. 물속에서 바깥을 쳐다보려고 하면 보이지 않는데, 이는 빛이 구부러져 물 바깥으로 빠져 나가지 못하는 현상 때문이다. 반대로 거울 앞에 서면 자신의 모습이 거울에서 반사되어 보인다. 또 기지국이 직접 보이는 곳에서는 통화가 잘 되고 건물 뒤 또는 장애물이 많은 곳에서는 통화가 잘 되지 않는 경험을 해본 적도 있을 것이다. 사람들은 본능적으로 전파가 직진으로 진행한다는 사실을 느끼는 것이다.

이와 같이 전파는 직진하고 굴절하거나 반사되는 특성을 갖는다. 전파가 직진한다는 것은 한 지점에서 다른 지점으로 이동할 때 최단거리로 이동하는 것이라 할 수 있다. 따라서 전자파는 다른 밀도를 갖는 물질에 도달하면 〈그림 2-19〉와 같이 굴절하거나 반사한다.

직진파가 반사 또는 굴절(투과)할 때 전파의 세기는 직진파의 전파 세기(A)와 반사파의 전파 세기(B) 및 굴절파의 전파 세기(C)의 합이 같다. 직진파의 굴절 및 반사하는 방향은 네덜란드의 수학자 스넬[Willebrord Snellius]이 수학적으로 예측하였다. 전파가 직진, 반사, 굴절할 때 전파의 세기와 전파의 방향은 (식 2-2)와 같다.

$$A = B + C$$
$$n_1 \times \sin\theta = n_2 \times \sin\phi \quad \text{(식 2-2)}$$

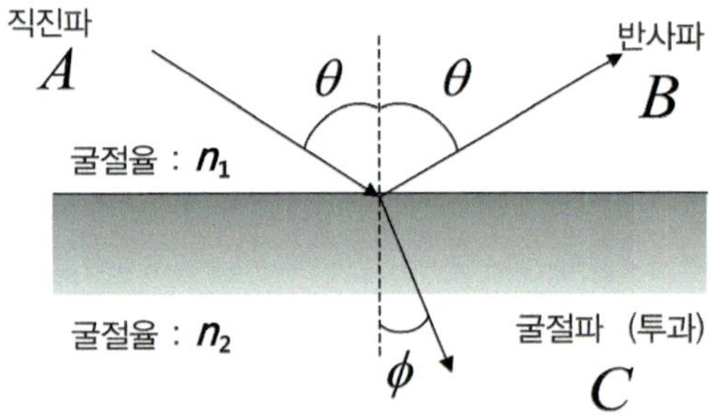

〈그림 2-19〉 전파의 직진, 반사, 굴절

전파가 다른 매질을 만나 투과할 때는 전파의 감쇠가 일어나는데, 일반적으로 콘크리트의 경우 약 1/50, 숲 또는 유리를 지날 때 약 70% 정도이며, 철판의 경우 반사율이 커서 투과 감쇠가 매우 심하다.

(2) 전파의 회절(Deflection)

전파는 빛과 같이 직진하지만, 전파가 도달할 수 없는 산이나 건물 뒷면에서도 라디오나 TV가 수신되고 휴대폰 통화도 되는 것은 전파의 회절 때문이다. 즉, 회절이란 〈그림 2-20〉과 같이 전파가 진행하다가 장애물을 만나면, 장애물을 돌아 뒤쪽까지 도달하는 현상을 말한다. 일반적으로 회절할 때 전파의 세기는 약 1/4로 감쇠한다.

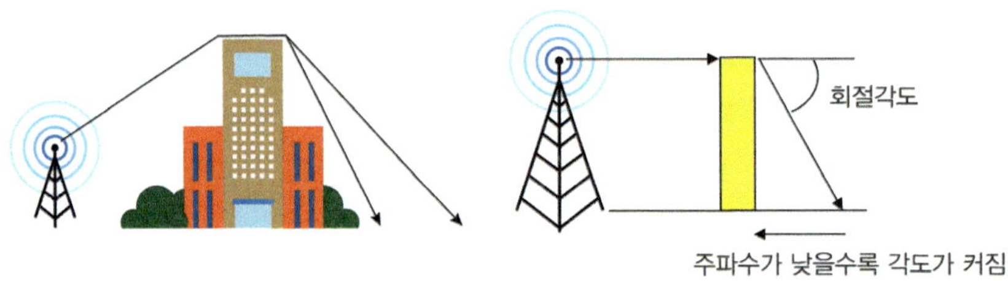

〈그림 2-20〉 전파의 회절

흔히 휴대폰을 사용할 때 건물이나 산 등에 가려져 기지국 안테나가 보이지 않는 곳에서 통화하는 경우가 훨씬 더 많다. 만약 전파가 회절성 없이 직진성만 가지고 있다면, 휴대폰 통화는 물론 이동전화의 대중화는 상당히 어려움에 봉착했을 것이다. 그러므로 전파의 회절성은 이동통신에서 없어서는 안 될 중요한 특성이라 할 수 있다.

전파의 회절각도는 주파수의 제곱근($\sqrt{f}$)에 반비례하기 때문에 주파수가 높을수록 회절각도가 작고, 낮을수록 회절각도가 크다. 이것은 다음과 같은 식으로 나타낼 수 있다.

$$\text{회절각도 } \theta \propto \frac{1}{\sqrt{f}} \qquad \text{(식 2-3)}$$

만약 800 MHz와 1.7 GHz를 비교한다면 1.7 GHz 대역은 800 MHz 주파수의 약 2배이므로 회절각도는 800 MHz의 약 70% 정도에 불과하다. 따라서 일반적으로 건물이 많은 도심환경에서 1.7 GHz 대역은 800 MHz 대역보다 전파음영지역이 많이 발생하게 된다.

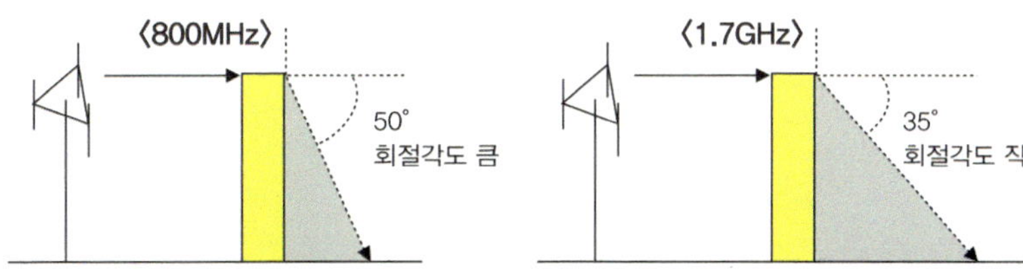

〈그림 2-21〉 800 MHz와 1.7 GHz의 회절각도 차이

주파수가 가장 높은 빛의 경우 건물 모서리에서 회절이 거의 일어나지 않기 때문에 빛이 닿지 않는 부분, 즉 음영지역이 많이 발생한다는 것을 알 수 있다.

(3) 전파의 간섭(Interference)

전파의 간섭 현상은 바다 또는 호수에서 확인될 수 있다. 두 개의 파도가 합쳐질 때 보면 어떤 파도는 훨씬 큰 파도가 만들어지지만 어떤 파도는 잔잔한 물결로 변하기도 한다. 이 현상은 수영장이나 욕조에서도 쉽게 확인할 수 있다. 이와 같이 2가지 이상의 동일한 전파가 합성될 때 이들의 모양이 일치하면 두 개의 전파가 합성되어 전파의 크기가 증가하고 모양이 반대인 경우 두 개의 전파가 상쇄되어 전파의 크기가 미약해지는 현상을 간섭이라고 한다.

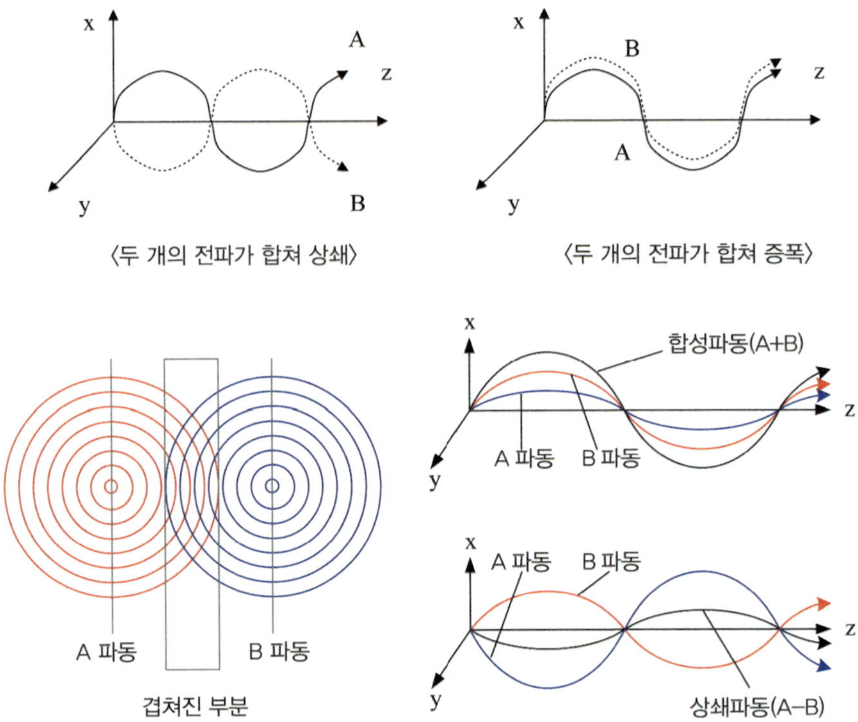

〈그림 2-22〉 전파의 간섭

(4) 전파의 편파(Polarization)

전파의 편파(Polarized Wave) 특성은 공간상의 임의 지점에서 전계 성분이 상하로만 또는 좌우로만 진동하는 경우 다른 방향에서는 전파를 확인할 수 없는 현상을 말한다. 일상생활에서 편파의 현상을 찾기 쉽지는 않지만, 어린이 장난감 등에서 이러한 현상을 확인할 수 있다. 수직으로만 진동하는 빛을 통과하는 필터와 수평으로만 통과하는 필터를 장착하여 서로 겹치면 어떤 빛도 통과하지 못한다. 필터를 돌리면 물건이 나타나는데 어린이들에게는 마치 요술처럼 보이지만 과학 지식을 이용한 장난감일 뿐이다.

전파의 진동 방향에 따라 수직 편파와 수평 편파로 나눌 수 있으며, 전계의 진동 방향과 크기 변화에 따라 선형 편파(Linear Polarized Wave), 원편파(Circular Polarized Wave), 타원 편파(Elliptical Polarized Wave)로 나눌 수 있다. 〈그림 2-23〉은 x축, y축으로만 진동하는 편파를 설명한 것이다.

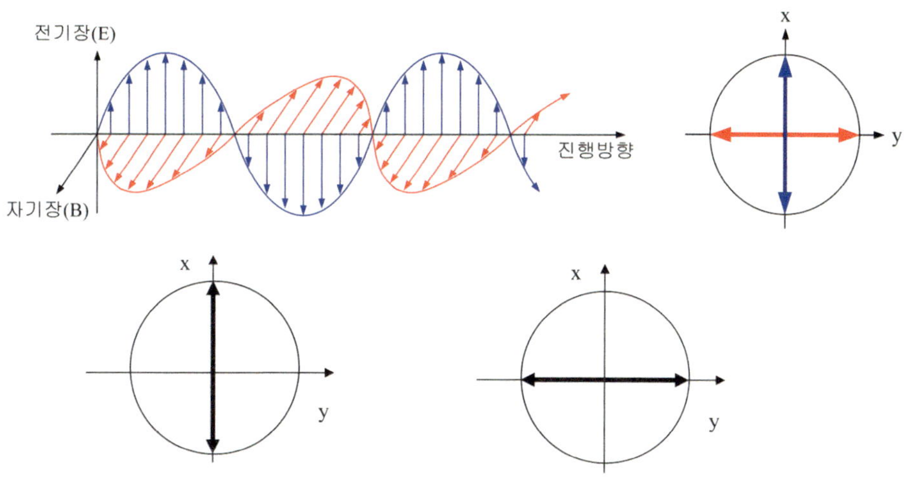

〈x 축으로만 진동〉 〈y 축으로만 진동〉

〈그림 2-23〉 전파의 편파

수직 편파는 전계 성분이 지면에 대하여 수직으로 분포하는 편파로서, 주로 대지에 수직으로 세운 안테나에서 방사될 때 발생된다. 수평 편파는 전계 성분이 지면에 대하여 수평으로 분포하는 편파로서, 주로 TV 수신용 안테나와 파라볼라 안테나에서 수신할 때 수평신호를 수신한다. 이들의 경우 전계 성분의 진동 방향과 크기 변화가 일정하므로 선형 편파 또는 직선 편파에 속한다.

전파의 전계 성분이 전파의 진행 방향과 수직한 면에서 회전하면서 그 궤적이 원을 그리는 편파를 원편파라고 하는데, 원편파는 다시 전계의 회전 방향에 따라 우편파(Right Polarized Wave)와 좌편파(Left Polarized Wave)로 나눌 수 있다. 우편파는 전계 성분의 회전 방향이 시계 방향이고, 좌편파는 회전 방향이 반시계 방향인 편파를 말한다. 마지막으로 전자파의 전계 성분이 진행 방향과 수직한 면에서 회전하면서 궤적이 타원을 그릴 때를 타원편파라고 하며, 편파의 가장 일반적인 형태이다. 선형 편파와 원편파는 타원 편파의 특수한 경우로 볼 수 있다.

(5) 전파의 감쇠

전파는 안테나에서 자유공간으로 발사되면서부터 감쇠하는 특성을 갖는다. 일정한 거리를 진행하여 전파의 세기가 줄어드는 것을 경로 손실 Path Loss이라고 하며, 경로 손실 L은 다음과 같이 정의한다.

$$L(dB) = P_t(dB) - P_r(dB) \quad (식\ 2\text{-}4)$$

여기서 P_t는 신호의 송신 전력, P_r은 신호의 수신 전력을 나타낸다.

전파 신호의 수신 전력은 진행하는 거리, 파장, 주파수에 따라 달라지며, 자유공간에서 전파의 수신 전력을 식으로 나타내면 다음과 같다.

$$P_r = \frac{P_t G_t G_r \lambda^2}{(4\pi)^2 r^2} = \frac{P_t G_t G_r c^2}{(4\pi)^2 r^2 f^2}, \quad r = \sqrt{\frac{P_t G_t G_r c^2}{(4\pi)^2 P_r f^2}} \qquad \text{(식 2–5)}$$

여기서 P_r는 전파의 수신 전력(W), P_t는 전파의 송신전력(W), G_t는 송신 안테나 이득, G_r는 수신 안테나 이득, λ는 파장(m), r는 전파의 이동거리(m), c는 전파속도(10^8 m/sec), f는 전파의 주파수(Hz)이다. 예를 들어 기지국 안테나에서 출발한 전파 신호의 세기가 P_t, 휴대전화에서 받는 전파 신호의 세기가 P_r이고 기지국과 휴대전화 사이의 거리가 r, 휴대전화에서 사용하는 파장 및 주파수는 λ, f가 된다.

자유공간의 전파경로 손실은 (식 2-5)에서 다음과 같이 구할 수 있다.

$$L_f(dB) = P_t(dB) - P_r(dB) = 20\log r + 20\log f - 138 - 10\log G_t - 10\log G_r \qquad \text{(식 2–6)}$$

신호세기는 파장의 제곱에 비례하고, 거리의 제곱에 반비례한다. 즉 송신출력이 같을 때 거리가 2배로 멀어지면 신호세기는 1/4로 줄어들고 동일거리에서 주파수가 2배 높아지면(파장이 2배 짧아지면) 신호세기가 1/4로 감소한다. 800 MHz 대역과 1.7 GHz 대역의 이동통신에서 감쇠특성을 비교한다면, 1.7 GHz 대역은 800 MHz에 비해 주파수(파장)가 약 2배 높기 때문에 동일한 송신출력의 동일지점에서의 신호세기는 1/4밖에 되지 않는다. 일반적인 여러 전파경로에 따른 전파 감쇠 현상은 〈그림 2-24〉와 같다.

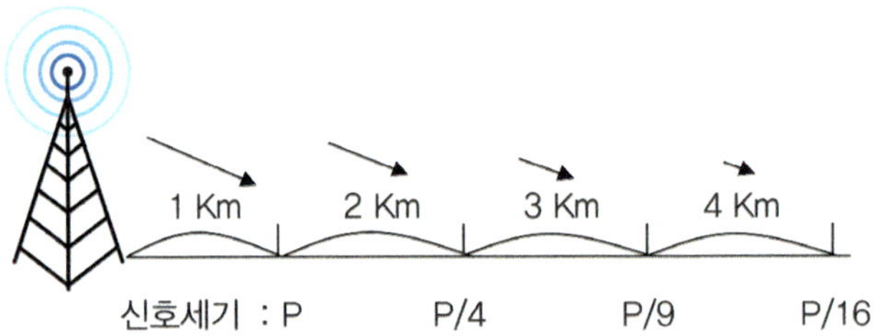

(a) 거리에 따른 신호세기 변화

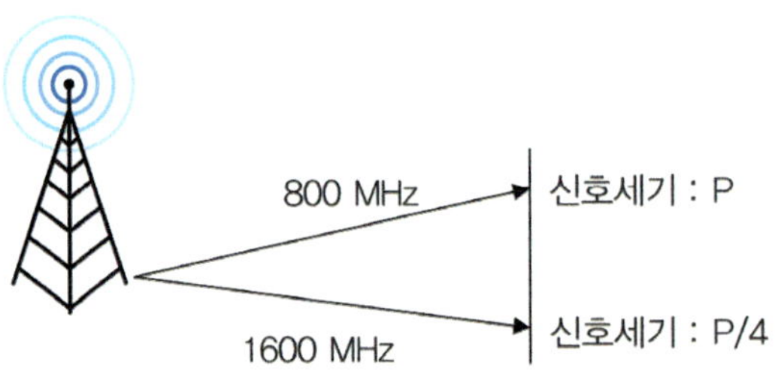

(b) 주파수에 따른 신호세기 변화

〈그림 2–24〉 거리 및 주파수에 따른 전파세기 변화

지금까지 살펴본 전파 특성을 고려한 전파 감쇠 현상을 여러 전파경로로 구분하여 나타내면 〈그림 2-25〉와 같다.

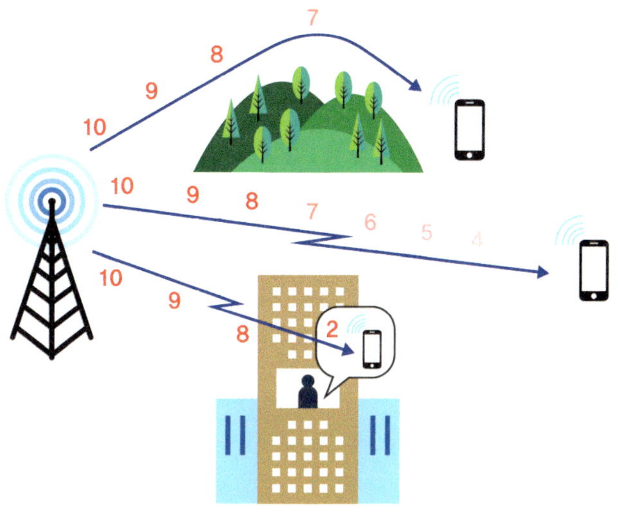

〈그림 2-25〉 여러 전파경로에 따른 전파 감쇠 현상

(6) 페이딩 특성

도로변에서 이동전화를 할 때 트럭이 지나가는 순간 통화가 끊어지는 경험을 한 적이 있을 것이다. 이는 트럭에 의해 전파가 순간적으로 약해지면서 일어나는 현상이다. 이와 같이 사람이 이동하거나 본인은 서 있는데 외부 물체가 지나갈 때 전파가 커지거나 작아지는 현상을 페이딩 Fading 현상이라고 한다. 페이딩은 '사라지다(fade)'에서 유래된 말로서 일반적으로 수신되는 전파의 세기가 시간적으로 변동하는 것을 말한다. 기지국의 송신 안테나로부터 발사된 전파가 수신 안테나까지 여러 개의 다중경로를 통해 도달하여 신호가 합쳐짐에 따라 신호세기가 수시로 변화하게 된다. 페이딩은 건물, 차량 등의 장애물에 의한 반사파와 회절파의 영향에 의해 발생하며 이러한 페이딩 현상은 건물이 밀집된 도심 환경에서 심하게 발생한다.

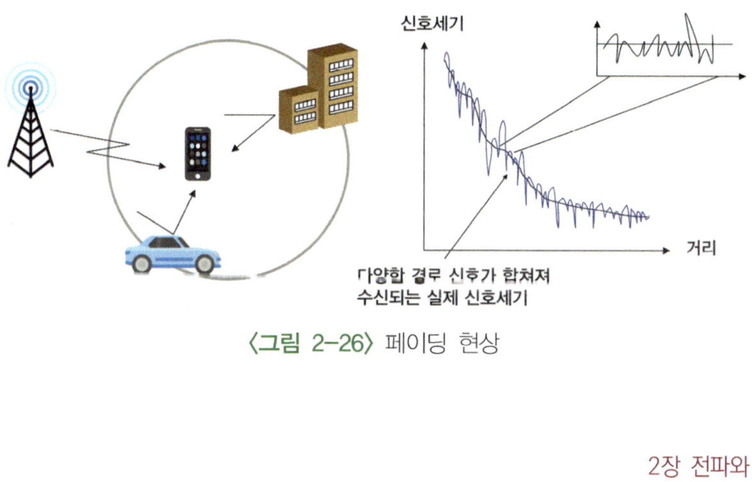

〈그림 2-26〉 페이딩 현상

이동통신이 타 고정 무선통신 시스템과 다른 가장 큰 환경상의 차이점이 바로 이 페이딩 현상이다. 이동통신의 페이딩은 기지국의 위치와 안테나 방향등에 따라 영향을 많이 받는다. 이동통신의 페이딩은 〈그림 2-26〉처럼 거리에 따라 일정하게 전파가 감쇠하지 않고 변화하는 느린 페이딩(Long term fading 또는 Log normal fading), 빠른 페이딩(Short term fading 또는 Rayleigh fading), 그리고 이 두 개가 합쳐진 성격의 혼합 페이딩(Lician fading)의 세 가지 형태가 있다.

느린 페이딩은 산, 언덕 등과 같은 지형의 굴곡에 의한 기지국 안테나의 유효높이 변화로 발생하며, 수신전계 변화의 속도가 느리고 대수 정규(log normal) 분포를 갖는다. 또한 다른 셀 사이에서 적용하는 매크로 다이버시티(macroscopic diversity)가 사용된다. 빠른 페이딩은 고층 건물, 철탑 등 인공구조물에 의해 발생하며 수신전계 변화의 속도가 신속한 페이딩의 성격을 가지며, 대도시지역의 이동통신환경에서 발생하는 페이딩을 대표하고 레일레이(Rayleigh) 분포를 갖는다. 그리고 동일 셀 내에서 적용되는 마이크로 다이버시티(microscopic diversity)가 사용된다. 마지막으로 혼합 페이딩은 반사파와 직접파가 동시에 존재하는 경우에 발생하며, 기지국과 단말기 사이에 가시경로가 확보되는 경우에 발생되고 라이시안 분포를 갖는다. 직접파가 없는 경우에는 레일레이 페이딩과 동일하다.

이러한 페이딩 현상을 극복하는 방법으로는 기지국에서 수신안테나를 2개 사용하여 도달경로가 다른 두 개의 신호를 수신하거나, 단말기에서 다중경로를 거친 여러 개 신호 가운데 시간 차이를 두고 2 ~ 3개의 신호를 수신하여 복조하는 레이크리시버 기술을 이용한다. 최근에는 여러 개의 안테나를 사용하기도 한다.

(7) 도플러 효과

도플러 효과 Doppler Effect는 송신점의 주파수와 수신점의 주파수가 정지 상태에서 동일하다가 이동할 경우 주파수가 달라지는 현상을 말한다. 이동통신에서 도플러 효과는 빠른 페이딩의 주요 원인이기도 하다. 도플러 효과가 일어나는 원인은 전파가 송수신 간에 가까워지는 방향으로 진행할 경우 파동이 진행방향으로 압축되어 이에 따라 수신 주파수가 증가하고, 반대로 송수신 간에 멀어지는 방향으로 진행할 경우 파동이 진행방향으로 확대되어 수신되는 주파수가 작아지기 때문이다. 따라서 도플러 효과에 의해 수신되는 주파수는 단말기의 이동 속도에 달라지는데 이것을 나타내면 〈그림 2-27〉과 같다.

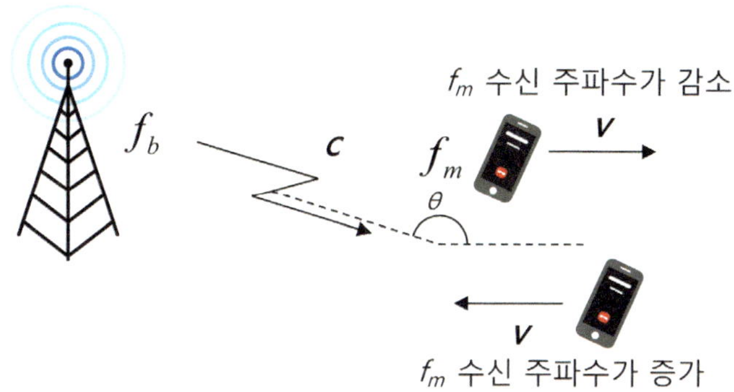

〈그림 2-27〉 도플러 효과

단말기의 이동 속도에 따른 단말기의 수신 주파수는 (식 2-7)과 같다.

$$f_m = f_b\left(1 + \frac{v\cos\theta}{c}\right) \qquad \text{(식 2–7)}$$

이때 θ는 단말기와 기지국을 잇는 직선과 단말기의 이동 방향이 이루는 각도를 나타낸다. 따라서 단말기가 기지국으로부터 수평으로 멀어지는 경우 θ는 180도이므로 (식 2-8)이 되고, 수평으로 가까워지는 경우 θ는 0도가 되어 (식 2-9)가 된다.

$$f_m = f_b\left(1 - \frac{v}{c}\right) \qquad \text{(식 2–8)}$$

$$f_m = f_b\left(1 + \frac{v}{c}\right) \qquad \text{(식 2–9)}$$

이때 f_m은 단말기의 수신 주파수, f_b는 기지국의 송신 주파수, v는 단말기 이동속도, c는 전파의 속도를 나타낸다.

또한 단말기의 이동 속도에 따른 주파수 변화량을 도플러 주파수 f_d라고 정의하고 f_d는 (식 2-10)과 같이 구할 수 있다.

$$f_d = \frac{v\cos\theta}{\lambda} = \frac{f_b \times v\cos\theta}{c} \qquad \text{(식 2–10)}$$

이때 f_d는 도플러 주파수, λ는 기지국 송신 주파수의 파장을 나타낸다.

도플러 주파수는 자동차 · 야구공 · 축구공 등의 속도를 측정하는 스피드건 제작 등에 활용될 수 있다.

2.4.2 전파의 전파(電波의 傳播)

지금까지 전파의 성질에 대해 설명하였다. 하지만 이것은 일반적인 전파의 특성이고 우리가 이용하는 생활공간에서 전파가 전파하는 현상은 구체적으로 어떤 모습일까? 실제로 우리는 옥상에 있는 TV 안테나와 위성 안테나를 통해 전파를 받거나 이동전화로 전파를 받아 소리와 그림을 보게 된다. 하지만 그러한 전파들은 동일하게 오는 것이 아니라 지구를 둘러싼 공기층(밀도가 다른 여러 물질)에 따라 다양한 경로로 전파를 수신하여 서비스를 이용하게 된다. 지구 상공에 높이 올라가면 태양에서 복사되는 자외선이나 중성자 혹은 미립자에 의해 지구 상층의 대기가 전리되어 이온화함으로써 전하입자가 밀집한 상태로 된 전리층(Ionosphere)이 존재한다. 이 공기층은 비교적 대기압이 낮은 50 ~ 400 [km] 범위의 공간에 존재한다. 전파는 이곳을 통과하면서 반사되기도 하고 굴절되기도 하고 산란되기도 하면서 이동하게 된다. 〈그림 2-28〉은 지구 위에서 다양하게 전파하는 전파의 모습을 보여주고 있다.

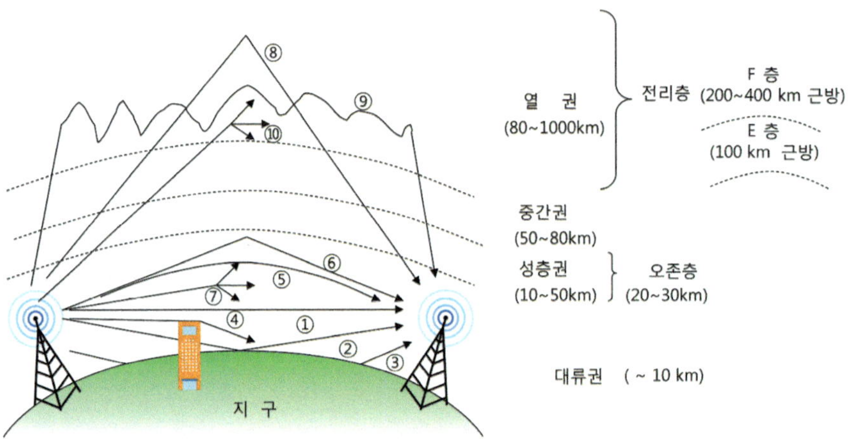

〈그림 2-28〉 전파의 다양한 전파 형태

(1) 지상파(Ground Wave)

① 직접파 : 대지면에 접촉하지 않고 직접 수신 안테나에 도달하는 전파로, 직접파의 도달거리는 가시거리(Line of Sight) 이내이다.

② 대지반사파 : 대지, 건물 등에서 반사한 후 수신 지점에 도달하는 전파이다.

③ 지표파 : 지표면을 따라 퍼지는 전파로 해면이나 수면 위에서 가장 잘 전파된다.

④ 회절파 : 대지의 융기부나 지상에 있는 전파 장애물을 넘어서 수신점에 도달하는 전파로, 큰 건물 뒤의 그늘진 곳에서 시청이 가능한 이유이다.

(2) 공간파(Sky Wave)

⑤ 대류권 굴절파 : 대류권은 위로 오를수록 공기가 희박하여 굴절율이 낮아진다. 따라서 전파가 위로 전파될수록 안쪽으로 굴절되어 광케이블의 원리처럼 지상으로 전파를 전달한다.

⑥ 대류권 반사파 : 대류권과 성층권은 서로 다른 굴절율을 가지고 있어 경계면에서 전파가 반사한다.

⑦ 대류권 산란파 : 대류권에 전파를 발사하여 대류권에 있는 불규칙한 매질에 의해 산란되어

내려오는 전파는 가시거리보다도 훨씬 먼 곳으로 전파가 전달된다.

⑧ 전리층 반사파 : E층이나 F층의 서로 다른 매질을 갖는 전리층에서 반사되어 수신점에 도달하는 전파이다.

⑨ 전리층 활행파 : 일반적으로 지구에서 위로 오를수록 매질이 희박해지나 특정 구간에서 반대 현상이 일어나 일부 구간이 매질의 밀도가 높아 전파가 이곳을 지날 때 마치 광케이블의 유리관을 통과하는 것처럼 전달되는 전파이다.

⑩ 전리층 산란파 : E층 하부의 전자밀도가 불균일하여 일어나는 산란현상에 의한 전파이다.

2.5 전파통신의 장단점

2.5.1 통신의 종류

앞서 제1장에서 통신의 역사가 모스의 전신기와 벨의 전화에서 시작되었다고 이야기하였는데, 이는 전선을 이용한 유선통신의 시작이었다. 1876년 전화의 발명 이후 유선통신은 전화에서 시작하여 PC 통신서비스, Fax, ISDN, ADSL/VDSL, 광케이블 등등으로 끊임없이 다양하게 발전하여 왔다. 초기에는 전선을 설치하면 몇 십만 명에게 서비스할 수 있었는데, 현재는 광케이블로 천만 명 이상이 전화를 이용할 수 있을 만큼 용량이 커졌다. 따라서 남는 정보통신 능력을 이용하여 소리뿐만 아니라 많은 데이터와 영상을 함께 보낼 수 있게 되었다.

전화의 발명 이후 마르코니가 전파를 이용하여 신호를 보낼 수 있게 되면서 인류는 전선에서 해방되어 신호를 보낼 수 있게 되었다. 전파를 이용한 서비스는 무선전화 · 이동전화 · 위성통신 · 무선호출 · TRS · WLL · IMT-2000 등등 수많은 전파통신서비스를 탄생시켰다.

2.5.2 유선통신과 전파통신의 장단점

유선통신과 전파통신은 끊임없이 발전해 왔다. 그렇다면 유선통신과 전파통신은 각각 어떤 장점과 단점을 가지고 있을까? 시 · 공간의 제약을 벗어나 언제든지 통신할 수 있는 이동전화를 생각하면 서로 비교도 되지 않는다고 쉽게 생각할 수 있다. 또한 약속을 잡을 때 구체적인 장소를 정하지 않고 근처에 도착하여 전화하는 요즈음의 모습이나, 태풍 · 홍수 등 재해가 발생했을 시의 긴급 구조에 이동통신이 매우 유용하게 쓰이는 경우를 생각하면 더욱 그럴 것이다.

그럼에도 불구하고 왜 모든 통신이 전파통신으로만 이루어지지 않을까? 이는 집에서 쓰는 초고속 인터넷 망을 생각하면 쉽게 이해할 수 있다. 집에서 쓰는 인터넷은 영화도 볼 수 있을 정도로 빠르며, 이동통신과 비교하였을 때 비용이 훨씬 저렴하다. 그렇기 때문에 유선통신이 없어지지 않고 계속 존재하는 것이다.

통신이 발전하면서 유선통신은 전파통신과 비교하여 수천 배 빠른 신호 전송 능력을 가지고 있었다. 이는 전파통신이 주파수라는 정보를 전송할 수 있는 자원이 기본적으로 할당된 주파수 대역폭에 비례하기 때문이고 또 장비를 만드는 데 비싸기 때문이다. 하지만 정보통신 기술이 빠르게 발전하면서 사용할 수 있는 주파수 대역폭이 넓어지고 관련 높은 주파수의 장비 기술 개발이 이루어지면서 비용이 낮아지게 되었다. 이렇게 되면 이동전화가 일반전화를 추월하였듯이 전파통신은 유선통신의 영역을 점차적으로 대체해 나갈 것으로 보인다.

유선통신과 전파통신을 철도와 비행기에 비유하여 비교하면 〈표 2-3〉와 같이 장단점을 나타낼 수 있다.

〈표 2-3〉 유선통신과 전파통신의 장단점

구 분	철도(유선통신)	비행기(전파통신)	비고
수송량	많음	적음	정보량
설치시간	오래 걸림	짧음	시스템 구축시간
재난발생	복구시간 김	재난 시 이용 가능	긴급재난 이용가능성
고장수리	오래 걸림	어렵지 않음	유지 보수
가격	저렴함	비쌈	단말기 가격

2.6 전파의 이용과 영향

2.6.1 전파의 이용

전파는 제5절에서 이야기한 통신뿐만 아니라 우리 생활에서 다양하게 이용되고 있다. 우선 가장 친근하고 밀접하게 사용되고 있는 TV, 라디오 등 방송에 이용되고 있으며, 인류에게 유익하지 않지만 전쟁 중에도 레이더, 지상 시스템과 항공 시스템의 교신 등 전파를 이용하지 않으면 전쟁을 수행하기 어려울 정도이다. 또한 마이크로파를 이용하여 전자레인지로 음식을 데우고 건축물의 수분을 가열하여 오래된 건물을 폭파하는 등 생활에 도움이 되도록 활용되기도 한다. 또한 마이크로파를 이용한 자기공명영상장치(MRI)로 인체의 곳곳을 보여주기도 한다. 자동차의 시동을 걸거나 리모컨으로 TV를 동작하는 편리함도 제공해주기도 하며, 또한 무선자동차 장난감으로 아이들에게 기쁨을 주기도 한다.

2.6.2 전파의 장애 현상

이렇게 수많은 방법으로 전파를 활용하게 되면서 서로 전파 간섭을 주어 본래의 기능을 못하게 하는 경우도 있다. 병원에서 이동전화를 쓰지 않도록 주의를 받는데, 이는 병원의 장비가 대부분 전자 장비이므로 전자파에 의한 영향을 받을 수 있기 때문이다. 만일 수술

중에 장비가 오동작을 하면 큰일이 아닐 수 없다. 또한 컴퓨터 내부도 전자 부품으로 이루어져 전자파의 영향을 받을 수 있으므로 오동작을 일으킬 수도 있다.

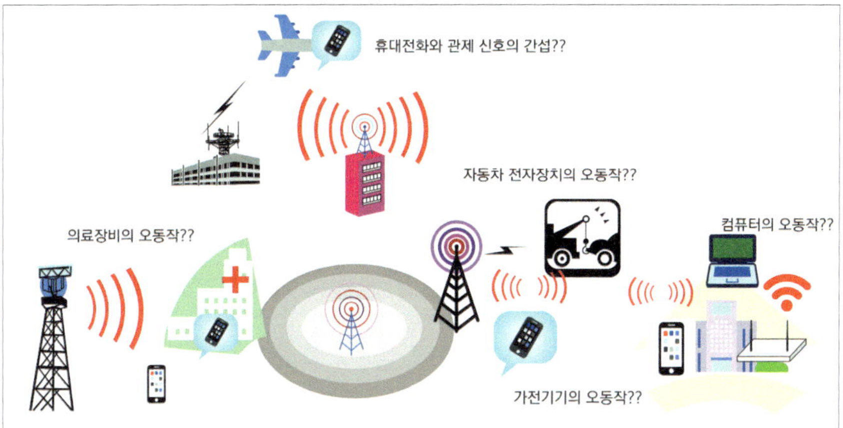

〈그림 2-29〉 전자파 장애 현상

2.6.3 전파가 인체에 미치는 영향

전기를 공급하는 변전소 및 고압선 주변, 방송 및 통신, 아플 때 이용되는 컴퓨터단층촬영(CT) 또는 자기공명영상장치(MRI) 등에 이용되는 전파 등 우리는 생활 곳곳에서 수많은 종류의 전파에 노출되어 있다. 분명한 것은 인체가 전파에 노출되어 좋을 것은 없지만 그렇다고 해서 전파가 없는 생활은 상상할 수 없다.

전파는 인체에 어떤 영향을 줄 수 있을까? ① 주파수가 낮고 강한 전파에 노출되었을 때 인체에 유도된 전류가 신경이나 근육을 자극하는 자극작용이 있다. 자극작용은 100 kHz 이하 주파수의 전자파가 유도전류에 의해 발생한다. ② 주파수가 높고 강한 세기의 전파에 노출되면 체온이 상승하여 세포나 조직에 영향을 주는 열작용이 있다. 열작용은 10 MHz ~ 10 GHz 범위에서는 전자파가 인체 내부에 흡수되어 전신에 열 스트레스를 주거나 국부적으로 가열 현상이 생길 수 있으며, 10 ~ 300 GHz 주파수 범위에서는 신체 표면에 흡수되어 가열 작용을 일으킬 수 있다. 100 kHz ~ 10 MHz 주파수 범위에서는 자극작용과 열작용이 동시에 존재한다. ③ 미약한 전자파에 장기간 노출되었을 때 발생하는 비열작용이 있다. 다만 미약한 전자파의 장기간 노출에 의한 영향은 아직까지 명확히 밝혀지고 있지 않다.

일상생활에서 많이 사용하는 휴대전화는 인체에 어떤 영향을 미칠 수 있을까? 휴대전화는 파장이 인체의 조직과 비교하여 매우 길므로 투과성이 약해 생체조직의 원자나 분자를 변형시키지 못한다. 하지만 사람의 몸이 휴대전화의 전자파를 흡수하므로 국제적으로 인체에 흡수되는 전자파의 양을 전자파의 흡수율(SAR : Specific Absorption Rate)로 제한하고 있다. 우리나라에서는 국제비전리복사방호위원회[ICNIRP : International Commission on Non-Ionizing Radiation Protection]가 정한 기준보다 낮은 1.6 W/kg으로 제한하고 있다. 일반 이동전화가 실제로 30 ~ 80 mW로 사용하고 있는 것을 고려하여 계산한 SAR은 0.4 W/kg이다. 이때 W/kg은 인체의 단위 무게에 흡수되는 전자파 에너지의 양을 가리킨다.

그렇다면 어느 정도의 전파 세기면 인체에 아무런 문제가 없을까? 이에 대한 연구는 세계적으로 활발히 진행되고 있다. 우리나라는 1996년부터 정보통신부 전파연구소에서 여러 연구기관과 함께 연구하여 2000년 말에는 전자파인체보호기준 등 전자파로부터 인체를 보호하기 위한 관련 법을 제정하였다. 또한 미국 · 일본 · 호주 · 스위스 · 캐나다 등 많은 국가들이 전자파인체보호기준을 법으로 제정하여 인체를 전자파로부터 보호하려고 노력하고 있다. 동유럽에서는 전자파가 인체에 유해한 영향을 미치지 않도록 300 MHz ~ 30 GHz에서 24시간 계속해서 노출될 경우 시간당 0.01 MegaW, 2시간 이하 노출될 경우 시간당 0.1 MegaW, 10 ~ 20분인 경우 시간당 1 MegaW 이상 노출되지 않도록 규정하고 있다. 하지만 미약 전파의 장기간 노출에 의한 인체 영향은 아직 어느 나라도 확실한 결과를 가지고 있지 않다. 가끔 신문 등에서 전자파가 인체에 미치는 영향에 대한 각국의 연구결과가 발표되지만 미약 전파의 인체 영향 실험이 장기적인 분석을 필요로 하기 때문에 확실한 결과가 보이지 않고 있다.

세계보건기구[WHO : World Health Organization]는 1996년부터 0 ~ 300 GHz 범위의 모든 주파수에 대해 주파수 대역별로 전자파 세기가 인체에 미치는 영향을 밝히기 위해 '국제 EMF(Electro Magnetic Field) 프로젝트'를 추진하고 있다. 프로젝트의 활동과 추가되는 정보는 WHO 홈페이지(http://www.who.ch/emf)에서 확인할 수 있다.

끝으로 우리가 일상생활에 많이 이용하는 전자파의 한 형태인 X-Ray는 인체에 어떤 영향을 미칠 수 있을까? X-ray는 주파수가 높고 파장이 짧아 투과성이 강해 세기가 매우 강하면 원자 또는 분자에서 전자를 분리시켜 생체조직을 변형시킴으로써 유전자 변형을 일으킬 수도 있다. 하지만 병원에서 이용되는 X-Ray 촬영 시의 X-ray 양은 1회 촬영할 때 연간허용노출량 기준 5 rem의 수백분의 1인 20~30 mrem으로 알려져 있으므로 너무 자주 사용하지 않으면 크게 문제가 되지 않는다.

CHAPTER 03

전파를 이용한 통신서비스

3.1 개요

3.1.1 통신서비스의 발전

19세기 말부터 전파를 본격적으로 통신에 이용함으로써 사람들은 시 · 공간의 제약에서 벗어나 통신을 마음껏 이용할 수 있게 되었다. 통신의 발전은 제1차 세계대전 및 제2차 세계대전을 거치면서 군사기술을 통해 발전된 기술이 차츰 민간 통신에 이용하면서 급격히 발전하였다. 특히 1980년대 이후 본격적으로 서비스가 시작된 이동통신은 2000년대 세계적으로 확산되었고, 시설 구축의 편리성 및 비용 감소라는 장점 덕분에 통신 인프라가 부족한 아프리카 동구권 등에서는 이동통신이 국가의 기간망으로 발전하였다.

한편 그동안 별개의 서비스로 존재하고 있던 방송과의 업무 영역의 경계도 점차적으로 허물어지면서 무선통신과 유선통신 그리고 방송이 융합한 전혀 새로운 형태의 서비스가 나타나고 있다. 전파통신은 시간과 공간의 제약에서 벗어난 언제, 어디서나, 누구와, 어떠한 정보도 통신이 가능하게 하고 있으며, 궁극적으로 모든 사물을 하나의 네트워크로 물리적 세계와 사이버 세계와 연결하는 방향으로 발전하고 있다. 〈그림 3-1〉은 통신서비스의 발전을 요약한 것이다.

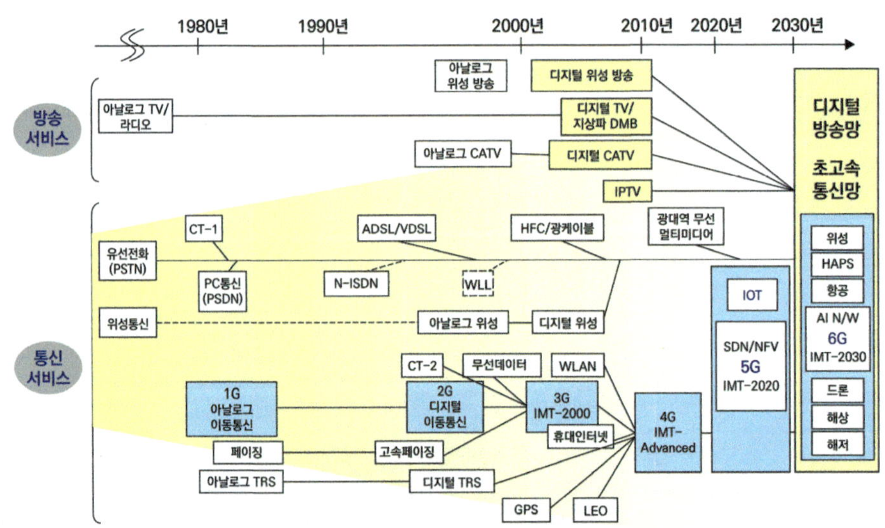

* 무선멀티미디어 : FWA, MMDS, LMDS, BWLL, LMCS 등
** 사물인터넷 : 블루투스, 무선 LAN, Z-wave, Zigbee, UWB, 홈RF 등
*** SDN/NFV : Software Defined Network / Network Function Virtualization

〈그림 3-1〉 통신서비스의 발전

3.1.2 다양한 전파통신서비스

전파통신서비스는 가입자 회선을 무선화하여 단말에 이동성을 부여한 통신서비스이다. 1900년대 초기 무선통신 실험이 성공했음에도 불구하고 많은 사람들이 이용하기에는 기술과 경제성의 제약이 있었다. 1980년대에 들어와 이동통신을 선두로 전파통신서비스가 급격히 발전하는데, 아날로그로 시작된 전파통신을 1세대 전파통신이라 할 수 있다. 1990년대에 들어와 디지털 통신으로 한 단계 발전하는데 이를 2세대 전파통신, 지역에 따라 서비스가 제한되어 있던 것을 세계적으로 확장하고 멀티미디어 서비스를 시작한 2000년대 이후를 3세대 전파통신이라고 할 수 있다. 그리고 2010년대 이후 초고속 정보통신서비스가 이루어지면서 멀티미디어 콘텐츠의 유통이 자유로워지기 시작했는데, 이를 4세대 전파통신이라고 할 수 있다. 2020년대에는 모든 사물로 연결되어 서비스를 제공하는 5세대 전파통신이 시작되었으며, 2030년대에는 상상할 수 있는 모든 공간에서 물리적 세계와 사이버 세계에 연결하여 서비스를 시도하는 6세대 전파통신이 시작될 것으로 보인다.

다양한 전파통신 기술은 커버리지(출력)와 용도에 따라 WWAN, WMAN, WLAN, WPAN, LPWAN, Mobile TV, 위성, HAPS, 드론, 광대역 고정무선통신 기술 등으로 구분할 수 있다. WWAN은 광대역 전파통신 기술로서 셀룰러 기반의 이동통신 기술은 전파통신서비스의 핵심이다. WMAN은 도심 기반의 전파통신 기술이고, WLAN은 건물 또는 밀집지역에 적용하는 전파통신 기술이며, WPAN은 개인 통신 범위를 지원하는 전파통신 기술로서 RFID, 블루투스, ZigBee 등이 있다. 이외에도 전파통신은 위성, 모바일 TV, 성층권 시스템, 고정무선접속망 등 용도에 따른 다양한 전파통신서비스가 있다.

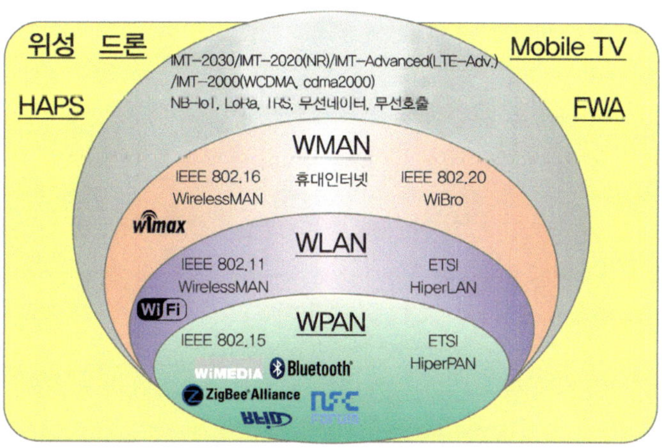

WWAN (Wireless Wide Area Network), WMAN (Wireless Metropolitan Area Network), WLAN (Wireless Local Area Network), WPAN (Wireless Personal Area Network), IEEE (Institute of Electric and Electronics Engineers, 전기전자산업회), ETSI (European Telecommunications Standards Institute), WiMAX (World Interoperability for Microwave Access), Wi-Fi (Wireless Fidelity), DSL (Digital Subscriber Line), HAPS (High Altitude Platform System),

〈그림 3-2〉 다양한 전파통신서비스

3.1.3 전파통신서비스의 비전

전파를 이용한 통신서비스는 점차적으로 디지털화하면서 서비스의 고도화를 이루어가고 유선, 무선, 방송 서비스를 융합하며 또한 전세계화하면서 모든 통신서비스의 이음새 없는 서비스로 발전하여 왔다. 〈그림 3-3〉은 공간적으로는 모든 세계로 확대되고 서비스의 형태로는 멀티미디어 서비스로 고도화된 모습을 나타낸다.

〈그림 3-3〉 전파통신서비스의 비전 - 공간 한계 극복

서비스와 공간의 한계를 극복한 전파통신서비스의 네트워크는 모든 사물로 확대되고, 통신서비스는 저속의 센서부터 저지연 초고속의 자율주행 서비스까지 다양한 서비스를 제공하는 방향으로 발전하고 있다. 다음 그림은 모든 사물로 확대된 네트워크로 인해 새로운 전파통신서비스의 형태를 나타낸 것이다.

〈그림 3-4〉 전파통신서비스의 비전 - 초연결 네트워크와 스마트 서비스

3.2 시작과 모색 : 다양한 서비스의 등장

3.2.1 이동통신

(1) 개념

이동통신이란 가입자 단말기에 이동성(Mobility)을 부여하여 가입자가 장소를 이동하였거나 이동하는 동안에도 서비스가 가능한 통신을 말한다. 무선통신의 종류에는 흔히 휴대폰이라 불리는 이동통신, 위성을 이용한 개인위성통신, CT-2라 불렸던 발신전용 휴대전화 그리고 무선호출, TRS, WLL 등이 있지만, 가입자가 장소를 이동하였거나 이동하는 동안에는 서비스를 유지하지 못하므로 이동통신서비스라고 하지 않는다.

이동통신은 아래 그림처럼 일반 공중전화망(PSTN : Public Switched Telephone Network)의 가입자회선과 교환기 간 회선을 무선으로 대체한 개념으로, 이동성을 부여하기 위해 가입자 위치정보를 관리하는 HLR(Home Location Register)이라는 시스템 구성 요소를 갖고 있다.

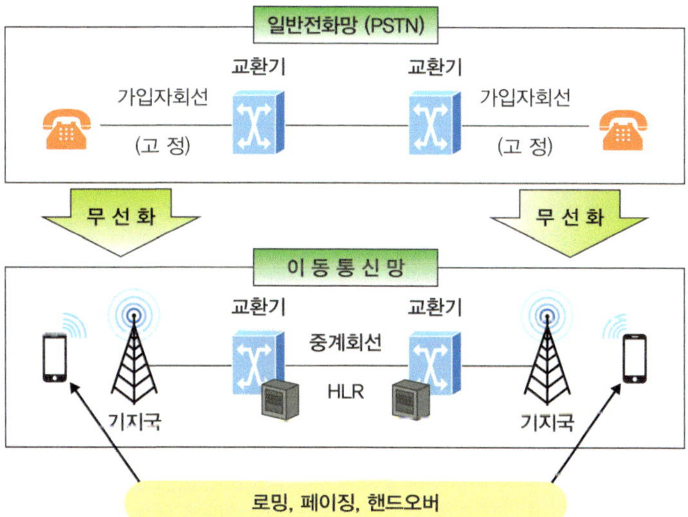

〈그림 3-5〉 일반전화망과 이동통신망의 차이점

(2) 주파수 할당

이동통신서비스는 1980년대부터 각국이 본격적으로 서비스를 시작하면서 필요에 따라 450 MHz와 800/900 MHz 주파수 대역에서 서비스를 시작하여 세계적으로 이용되는 주파수가 달랐다. 1990년대에는 이동통신서비스의 수요가 크게 늘어나 1.7/1.8 GHz 주파수 대역이 이동통신 주파수로 이용되기 시작하였다. 한편 이동통신서비스가 발전하면서 일찍부터 전 세계 이동통신 공통 주파수의 필요성을 공감하여 이동통신용 전 세계 공통 주파수 대역을 확보하는 노력으로 1992년 IMT-2000 주파수 대역을 선정하게 되었는데 이에 대한 내용은 이후 3.3.1에서 자세히 설명하기로 한다.

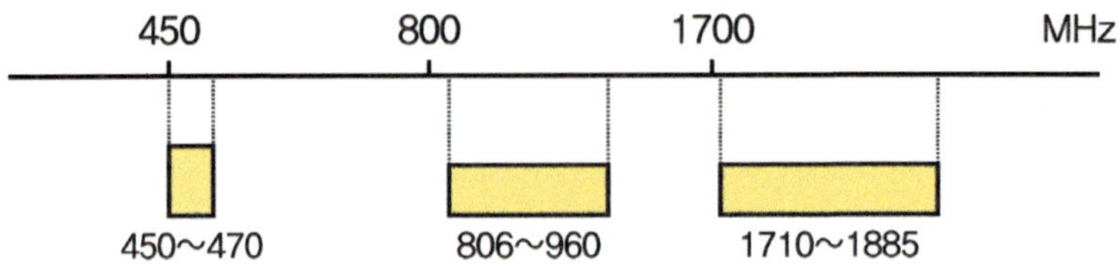

〈그림 3-6〉 초기 이동통신 주파수 할당 대역

(3) 개요

가. 서비스 배경

1970년대까지 이동통신의 형태를 가진 무선전화는 기지국의 높은 전력을 이용하여 서비스 커버리지를 최대로 넓혀 유선이 아닌 통신서비스를 제공하였지만 시간과 공간의 제약을 받지 않는 이동통신서비스라고 할 수 없었다. 1980년대 이후 여러 기지국을 지나면서 통화가 끊기지 않아 시간과 공간에 제약을 받지 않는 셀룰러 서비스를 제공하면서 이동통신서비스가 시작되었다. 이동통신은 2000년대 이후 멀티미디어 서비스 및 초고속 서비스를 제공하며 다양한 전파서비스와 통합 및 융합하는 3G/4G/5G/6G로 발전하였다.

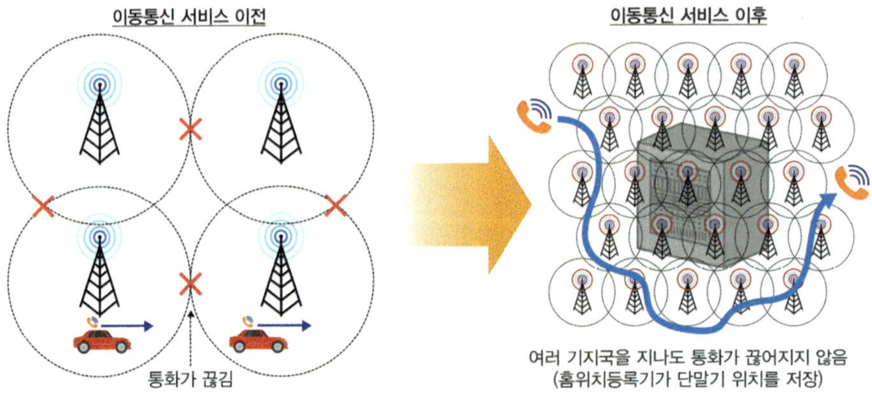

〈그림 3-7〉 셀룰러 이전과 이후 서비스 차이

나. 주요 기능

이동통신망은 가입자가 어느 곳에 위치하여도 통신망이 그 위치를 확인하고 서비스를 제공할 수 있는 특징과 유선과 달리 가입자 단말과 통신망이 무선으로 접속한다는 큰 차이점이 있다. 이와 같은 기능을 갖기 위해서는 우선 이동전화 가입자가 네트워크에 단말기의 번호와 위치 등을 저장하여야 한다. 이러한 기능을 등록 Registration이라고 한다. 이동통신은 등록 기능에 근거하여 ① 가입자가 이동(등록한 지역 밖으로 이동)해도 전화를 걸고 받을 수 있는 로밍

Roaming 기능 ② 착신 전화호의 경우 가입자가 어디에 있는지 위치를 파악하는 호출 Paging 기능 ③ 통화중인 가입자가 계속 이동을 하여도 호(Call)가 끊어지지 않는 핸드오프 Handoff 기능 등 세 가지 기능이 이루어져야 한다.

여기서는 이동통신서비스의 핵심적인 이동성과 무선접속 기술만 간략히 설명하고 구체적인 설명은 차후에 4장에서 다루기로 한다.

1) 가입자의 이동성 제공

이동전화망의 가장 큰 특징은 유선전화망과는 달리 가입자의 위치정보를 가지고 있다는 점이다. 이동전화망에서는 단말기의 이동성을 지원하기 위해 가입자의 위치 정보, 사용권한 등을 관리해야 하는데, 교환기와 연결된 HLR이라는 데이터베이스에서 관리한다. 가입자가 언제 어디서나 이동전화 서비스를 이용할 수 있도록 유선전화망과는 다른 각종 노드가 필요하며, 이들 노드 간의 정보를 주고받는 절차도 유선전화망에 비해 다양하게 발전해 왔다.

2) 단말기와 기지국 간 무선접속(Air Interface)

이동전화망과 유선전화망의 또 다른 차이점은 단말기와 교환기 간의 접속방식이다. 유선전화망은 단말기와 교환기 간에 유선으로 연결되어 있지만 이동전화망은 단말기와 기지국 간의 무선구간을 거쳐 교환기와 접속된다. 이러한 무선접속의 특징 때문에 이동통신 시스템은 다음에 언급할 위치등록, 전력제어 및 핸드오프 등과 같은 기술들이 반드시 필요하다. 이동전화 서비스가 처음 시작되었을 때는 단말기와 기지국 간에 아날로그 정보만 전송할 수 있었으나, 이후 단말기와 기지국 간의 접속방식이 디지털로 발전함에 따라 다양한 부가서비스를 제공할 수 있게 되었다.

(4) 형태

이동통신망은 지금까지 설명한 위치등록, 로밍, 호출, 핸드오프 기능이 있으면 단말기가 언제 어디서나 누구와도 통신할 수 있는 이동통신서비스를 제공할 수 있다. 여기서 이동통신 가입자가 다른 이동통신 가입자와 통신하는 서비스의 형태의 한 예를 설명한다.

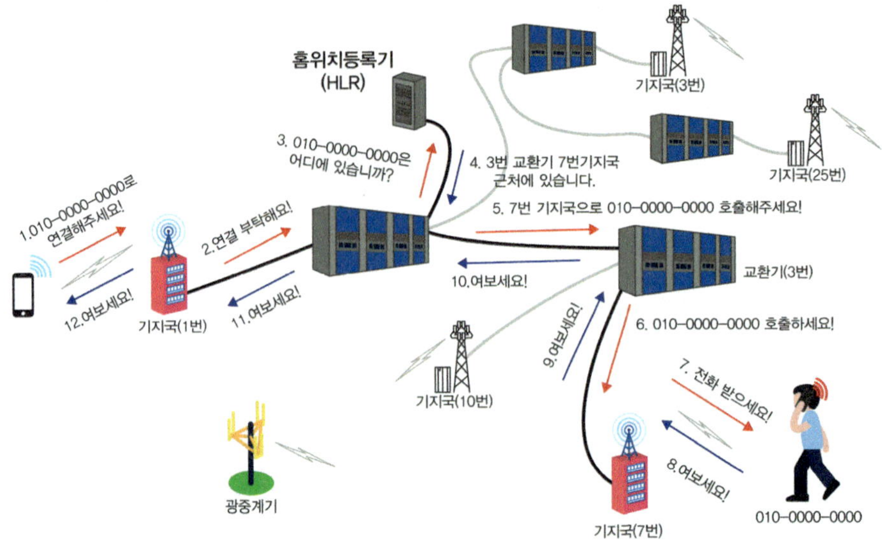

〈그림 3-8〉 서비스의 형태

① 정보를 보내고자 하는 사람은 우선 상대방의 단말기 번호를 누른다. 여기서는 통화하고자 하는 단말기의 번호를 010-0000-0000이라고 하자.

② 단말기에서 보낸 신호는 우선 기지국으로 전달되고 기지국은 교환기로 신호를 보낸다.

③ 교환기는 010-0000-0000 번호를 가진 단말기가 어디에 있는지 HLR에게 문의한다.

④ 단말기가 교환기 번호 3번, 기지국 7번에 있음을 확인한다.

⑤, ⑥ 교환기는 교환기 3번에게 신호를 보내고 교환기 3번은 다시 기지국 7번에게 신호를 보낸다.

⑦ 기지국 7번은 자신의 기지국 내에 있는 모든 단말기에게 010-0000-0000 번호 단말기를 찾는다는 호출을 송신한다.

⑧~⑫ 해당 단말기가 응답하면 신호를 보낸 단말기와 연결하여 통신하게 된다.

3.2.2 위성통신

(1) 개념

전파를 이용한 서비스 중에서 위성만큼 우리와 친숙한 서비스는 없다. 위성통신은 지상으로부터 오는 전파를 정지위성(적도 상공 35,860km)의 중계기(Transponder)를 이용하여 증폭시켜서 지상으로 송신하는 통신서비스이다. 위성은 위성통신 외에 방송, 지구 관측, 기상, 조난구조, 항행, 측지, 이동통신, 위치측정 등에 이용된다.

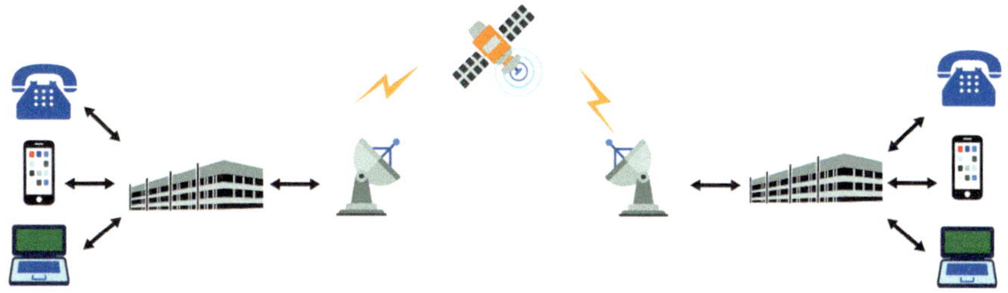

〈그림 3-9〉 위성통신의 서비스 개념

(2) 주파수 할당

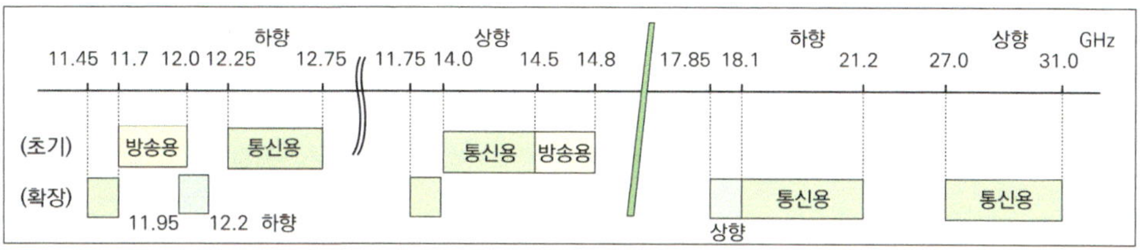

〈그림 3-10〉 국내 위성통신 주파수 할당

위성통신용 주파수는 전파의 창(radio window)이라고 불리는, 우주잡음이 적고 대기권의 강우 등에 의한 감쇄의 영향을 적게 받는 300 MHz ~ 10 GHz의 주파수 대역이 적합하지만, 주파수 사용 빈도가 높아짐에 따라 20 ~ 30 GHz 등 높은 대역을 이용하는 추세이다. 또한 위성에서 중요한 주파수 고려사항은 도플러 효과로 위성의 주기적인 이동은 위성에 도달한 신호주파수들과 지구국에 전송된 신호주파수들을 변동시키면서 수신신호 주파수가 변한다는 점이다. 6 GHz의 경우 약 13 Hz까지 변동된다.

(3) 개요

가. 서비스 배경

위성통신의 역사는 구소련이 1957년에 세계 최초로 인공위성 스푸트니크Sputnik 1호 발사에 성공함으로써 시작되었다. 본격적인 위성통신은 1963년에 세계 최초 통신위성 신컴Syncom 2호가 발사되면서 시작되었고 1965년 발사된 세계 최초 상업 위성 INTELSAT-1호 발사Early Bird에 의해 위성통신서비스가 본격적인 궤도에 이르게 되었다. 이어서 1979년 국제해상위성(INMARSAT)이 발사되어 해상 · 항공 · 이동위성 서비스를 시작하였다.

국내에서는 1995년에 최초의 국내 위성인 무궁화 위성 1, 2호가 발사되어 1996년 3월부터 서비스를 시작하였다. 1999년에는 무궁화 위성 3호가 동아시아 지역 위성으로 발사되어 2000년 1월부터 서비스를 시작하면서 무궁화 위성 3호부터는 아날로그 시대에서 디지털 시대로 넘어와 다양한 멀티미디어 서비스를 제공할 수 있는 기반을 갖추게 되었다. 이후 2006년 8월에는 무궁화 위성 2호 서비스를 대체하는 무궁화 위성 5호가 동아시아 지역 위성으로 발사되었고, 이후 2017년 10월에 5호를 대체한 5A가 발사되어 동남아시아 및 중동 지역까지 서비스를 할 수 있게 되었다. 또한 2010년 12월에 무궁화 위성 3호를 대체하여 국내 서비스를 제공하는 무궁화 위성 6호와 2017년 5월 동남아, 인도, 중동까지 글로벌한 서비스를 제공하는 무궁화 위성 7호를 발사하여 위성통신 및 방송서비스를 제공하고 있다. 한편 무궁화 위성 4호는 5호와 비슷한 시기에 사업이 추진되었으나 사업 타당성 부족 등의 이유로 2000년 8월 검토과정에서 사업계획 자체가 취소되었다.

나. 기본 원리

위성통신은 다음과 같은 원리로 통신이 이루어진다.

① 우주공간에 중계장치를 탑재한 정지위성을 발사하여 지상의 지구국으로부터 발사된 전파를 수신 증폭하여 다시 지상으로 전파를 발사한다.

② 위성을 공전주기와 지구의 자전주기를 일치하도록 발사하고 위성 안테나는 지구국 안테나로 향하도록 자세를 제어한다.

③ 120도 간격으로 3개의 통신위성(1개가 지구의 42.4% 커버)으로 전 세계(남극 · 북극 제외)를 커버 가능하다.

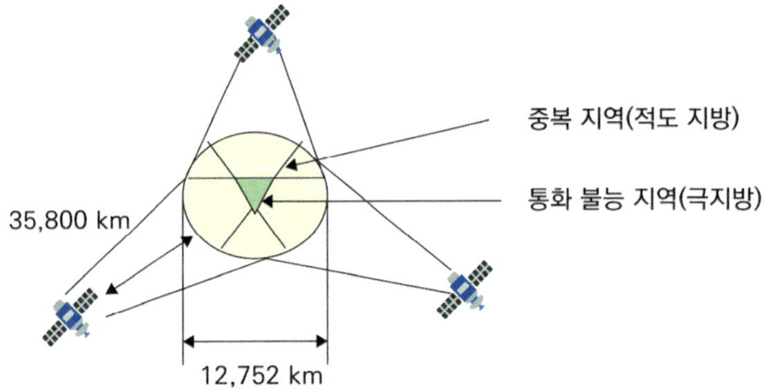

〈그림 3-11〉 위성통신의 원리

정지위성Geostationary Satellite은 적도상공 35,786 km 궤도에 위성을 띄우고 이 위성의 공전주기와 지구의 자전주기를 일치시켜 지구상에서 볼 때 마치 한 지점에 정지하고 있는 것 같은 위성으로 현재 대부분의 통신, 방송 위성이다. 만일 35,786 km보다 높은 위치에 있으면 지구의 자전 속도보다 느려져 지구의 주위를 여러 날에 걸쳐 한 번 돌 수 있는 고궤도 위성이 되고, 낮은 위치에 있으면 지구의 자전 속도보다 빨라져 지구를 하루에도 여러 번 돌 수 있는 저궤도 위성이 된다.

다. 통신위성의 분류

① 국제 위성은 전 세계 국가에 차별 없이 위성통신서비스를 제공한다.

● INTELSAT(International Telecommunication Satellite Organization)

1964년 발족하여 1965년 첫 상용통신위성인 Early bird를 발사하였고, 현재 가맹국 수는 127개국으로, 23개의 위성으로 약 1,700개소의 국제 및 국내 지구국과 연결하여 전 세계 국제전화의 2/3와 TV 중계서비스의 대부분을 점유하고 있다.

● INMARSAT(International Maritime Satellite Organization)

1979년에 발족하여 해상의 선박과 육지 또는 선박 간 해상이동통신서비스 제공 목적으로 설립된 기구로, 현재는 항공기 및 육상 이동통신서비스도 하고 있으며 GMPCS를 위한 ICO를 추진하고 있다.

● INTERSPUTNIK

러시아 및 동구권의 국제통신 및 TV 중계

② 지역 위성은 1개의 통신 위성으로 일정 지역 내 국가들 간에 공동으로 이용하는 위성으로 ASIASAT 등이 그 예이다.

③ 국내 위성은 1개의 위성으로 1개 국가만 사용한다.

(4) 시스템 구성

위성통신은 위성 발사체, 통신 위성체, 지상 장비가 있어야 한다. 위성 발사체는 작용 · 반작용의 원리를 이용하여 통신위성을 발사하는 장치이고, 통신 위성체는 안테나, 중계기 등으로 구성되는 통신부와 자세제어, 전원, 추진, 텔리미트리 등으로 구성되는 버스 시스템(Bus System)으로 구성되어 있다. 지상 장비는 정보를 송수신하는 통신 장비와 위성의 기능을 제어 및 관리하는 원격제어 시스템으로 구성된다. 시스템 구성은 다음과 같다.

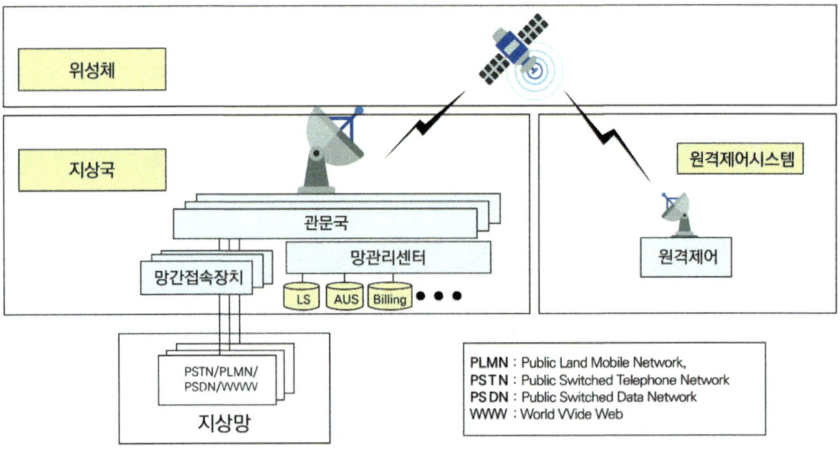

〈그림 3-12〉 위성통신망 구성도

가. 위성체

1) 통신부(Payload)

- 중계기(Transponder)

1개 이상의 중계기로 구성되어 있으며 상향링크의 신호를 수신한 후 주파수 변환하여 하향링크로 재송신한다. 중계기는 송신부, 수신부, 증폭기, 주파수 변환부로 구성되어 있다.

- 안테나부

위성체와 지구국 사이에서 전파를 송수신한다.

- 무지향성 안테나 : 지향성이 없으므로 이득은 떨어지나 명령 및 텔레메트리(TT & C) 정보 송수신을 위해 사용
- 파라볼라(parabola) 안테나 : 좁은 지역에 대한 스팟 빔(spot beam)을 만드는 데 사용
- 혼(Horn) 안테나 : 초광대역 특성이 있고, 사이드 로브가 작으며 넓은 지역을 커버하는 빔을 만드는 데 사용
- 헬리컬(Herical) 안테나 : 비교적 낮은 주파수대(UHF 등)에서 사용

국내 무궁화 위성의 중계기 규격을 나타내면 다음과 같다.

〈표 3-1〉 무궁화 위성 중계기 규격

구분			무궁화 1, 2호	무궁화 3호	무궁화 5호 (5A호)	무궁화 6호	무궁화 7호
위성 궤도 위치			동경 116도 (동경 113도)	동경 116도	동경 113도	동경 116도	동경 116도
발사 시기			1995.8.5 (1996.1.4)	1999.9.5	2006.8.22. (2017.10.31)	2010.12.29	2017.5.4
운용 현황[수명]			1999년 종료[10년] (2015년 종료[10년])	[12년]	5A는 5호 대체[15년]	3호 대체[15년]	[15년]
서비스 지역			국내	국내, 동아시아	국내, 동남아, (중동)	국내	국내, 동남아, 인도, 중동
주파수	통신	상향 하향	14.0~14.5 12.25~12.75	14.0~14.5 12.25~12.75	13.75~14.5 11.45~11.7/12.2 5~12.75	14.0~14.5 12.25~12.75	14.0~14.5 /17.85~18.1 12.25~12.75 /11.95~12.2
		상향 하향		27.0~31.0 18.1~21.2	(27.0~31.0) (18.1~21.2)		27.0~31.0 18.1~21.2
	방송	상향 하향	14.0~14.8 11.7~12.0	14.0~14.8 11.7~12.0	14.0~14.8 11.7~12.0	14.0~14.8 11.7~12.0	14.0~14.8 11.7~12.0
안테나	송수신 이득 (dB)	통신 방송	41.4/42 40.6/41.2				
중계기	개수 (ka대역)	통신 방송	12개 3개	24개(3개) 6개	24개(12개-군용)	24개(3개) 6개	24개(3개) 6개
	대역폭 (MHz)	통신 방송	36 27	36(200) 27	54(36)	36 27	54(200) 27
	TWTA 출력 (W)	통신 방송	14 120				
	EIRP (dBW)	통신 방송	50.2 59.4	50.2(55) 59.4	(54.5/50)		
	G/T (dB/K)	통신 방송	13.5 13	13.5(9.4) 13	(12/4)		
기 타			위성/방송 서비스	위성인터넷서비스 (중계기당 : 155 Mbps) 디지털위성방송 시작	민간/군용 위성 Ka밴드 12기 약 500 Mbps	HD급 위성방송 3D 방송	LTE 중계기 UHD 위성방송 Ka밴드 가변빔

2) 버스 시스템(Bus System)

● 명령 및 텔레메트리(TT & C : Tracking Telemetry & Control)

위성체의 자세, 궤도 등에 대한 데이터를 지상의 관제소에 보내는 텔레메트리와 지상에서 그 데이터를 받아 위성이 취할 적절한 조치를 명령토록 하는 명령신호를 수신한다. TT&C 채널은 대체로 주 중계기에 비해 정보전달 횟수가 적으며 낮은 주파수대가 사용된다. 주요 기능으로는 위치제어, 자세 제어, 정상 기능 검사, 빔 중심을 조정한다.

● 전력계

- 전원 발생부 : 태양전지 판넬로 전원을 생성하며 배터리 전원과 연결되어 있다. 원통형과 날개형이 있다.
- 전원 공급부 : 전원 공급기에서 공급되는 전력의 변동을 보상하고 각 전자장치에 요구하는 전압으로 변환하며 공급한다.

● 자세 제어 및 추진계

- 자세 제어계 : 위성의 궤도상 위치 및 자세를 제어한다.
- 추진계 : 분사장치와 연료탱크 등으로 구성되어 위성의 궤도 및 자세 수정기능을 수행한다.

● 열제어계 및 구체계

- 열제어계 : 위성 각 부품의 열적 안정을 위한 장치
- 구체계 : 각 기기들을 유지하는 기본 구조체이다.

나. 지상장비(Ground Segment)

1) 관제소

위성의 기능을 제어, 관리하며 특히 기상조건, 주변 환경을 고려한다. 관제소는 주관제소, 부관제소로 구분된다. 무궁화 위성의 경우 주관제소는 용인에 있고, 부관제소는 대전에 있다. 관제소는 위성 관제소, 위성 제어 센터, 위성망 제어 센터로 구성된다.

2) 지구국

음성, 비음성 등의 정보를 접속하여 송수신하며 통신시스템, 전송 시스템, 전원시스템, 통제 센터로 구성된다.

(5) 위성통신의 통신 방식

가. 다중접속 방식

위성통신은 많은 지상의 지구국이 한 개의 위성을 공유하며 자원을 사용하는 것이므로 위성에 접속하는 방식에 따라 효율이 달라진다. 다원접속은 여러 개의 지구국에 하나의 통신위성을 거쳐 동시에 필요한 통신로를 설정하는 것으로, 한정된 가용주파수를 많은 지구국들이 사용하여 주어진 시간에 많은 정보를 전달하여 중계기의 활용을 높이는 기술이다. 다중접속 방식으로 FDMA, TDMA, SDMA, CDMA 등이 있으며, 선정된 다중접속기술의 자원을 각 지구국에 할당하는 방식으로 PAMA, DAMA, RAMA가 있다.

● FDMA(Frequency Division Multiple Access)

중계기의 주파수 대역폭을 분할하여 사용하는 방법으로, 지구국 장비와 동기가 간단하지만 간섭에 약하고 중계기 이용효율이 제한되어 있으며 속도가 다른 디지털 신호전송이 어렵다.

- MCPC(Multiple Channel per Carrier) = (FDM/FM/FDMA)

  : 하나의 반송파로 많은 채널을 전송

- SCPC(Single Channel Per Carrier)

  : 하나의 반송파에 하나의 채널만을 전송하는 방식으로, 낮은 트래픽을 갖고 많은 지구국을 갖는 위성통신망에 적합하며 INTELSAT 통신망에서 사용되고 있다. 채널할당 방식으로 PAMA 방식과 DAMA 방식이 있는데, DAMA 방식으로 INTELSAT에서 SPADE 방식이 사용된다.

● TDMA(Time Division Multiple Access)

시간적으로 분할된 버스트(burst)를 위성 중계기에서 중첩되지 않도록 사이사이에 삽입시켜 여러 지상국들이 위성중계기를 공유하는 방식이다. 장점은 상호변조에 의한 간섭이 없고 각종 속도의 디지털 신호의 전송이 용이하며, 회선용량 변경 시 유연성이 있고 중계기 송신전력 및 대역의 이용효율이 높다. TDMA는 QPSK 변조방식을 사용한다. 단점으로는 간섭을 피하기 위한 동기가 필요하고 신호처리가 복잡하다.

● SDMA(Space Division Multiple Access)

통신영역을 분할하여 한정된 자원을 반복하여 이용하는 방식으로, 스팟 빔을 이용하여 지구국의 수신안테나 크기를 줄일 수 있다. 위성체 구조가 복잡하고 정확한 빔의 지향성이 요구된다.

● CDMA(Code Division Multiple Access)

정해진 시간 대역 내에서 각 시간 대역마다 주파수 대역을 달리하여 전송하는 방식으로, CDMA를 위한 기술로 스펙트럼 확산 기술인 DS(Direct Sequence), FH(Frequency Hopping)를 이용한다. 간섭에 매우 강하고 용량 증가가 가능하지만, 넓은 대역폭의 사용으로 주파수 이용효율이 낮아진다.

나. 회선할당방식

● 사전할당 다중접속(PAMA : Pre Assignment Multiple Access)

사전에 할당하여 반영구적으로 주어진 슬롯 사용(고정 할당 방식)

● 요구할당 다중접속(DAMA : Demand Assignment Multiple Access)

위성중계기의 자원을 많은 지구국들이 이용할 수 있도록 이용을 원하는 시간에만 사용하는 방법(INTELSAT의 SPADE)

● 임의할당 다중접속(RAMA : Random Assignment Multiple Access)

전송 정보가 발생할 때 임의 슬롯으로 송신하는 방식(ALOHA)

(6) 주요 서비스

가. 위성통신의 장단점

위성통신서비스의 장점은 ① 한 지점에서 다수지점으로 동시에 정보를 전달하고(동보성), ② 커버하는 지역이 넓으며(광역성), ③ 지리적인 장애에 무관하게 통신회선을 구성할 수 있고 또 지구국 설치만으로 통신이 가능하므로 신속하게 망구성이 가능하고, ④ 지상의 재해에 영향이 적으며(내재해성), ⑤ 원거리 통신의 경제성이 있다는 점이다.

반면에 단점은 ① 큰 규모의 지구국이 필요하고, ② 위성체 고장 시 수리가 불가하고, ③ 여건에 따라 전파 경로 장애가 순간적으로 발생 가능하고, ④ 위성까지 전파 왕복시간만큼 전송지연이 발생(0.27초)하고, ⑤ 수명이 10년 정도로 짧다는 점이다.

특징으로는 경쟁 통신회선인 광케이블과 비교하였을 때 ① 인구가 산재(sparse)한 경우에 활용할 수 있고, ② 모바일(Mobile) 통신이 가능하고, ③ 방송(Broadcast)이 가능하고, ④ 재해 지역에 망을 신속히 구성할 수 있다는 특징이 있다.

나. 무궁화 위성 서비스

1995년 8월 발사된 무궁화 위성 1호는 정상궤도에 진입하지 못한 관계로 당초 10년이었던 수명이 4년 5개월로 단축되어 1999년 하반기에 종료되었다. 이에 중단 없는 서비스의 계속적인 제공과 1, 2호 위성의 용량을 초과하는 초과수요에 대처하기 위해 무궁화 3호가 발사되었다. 무궁화 3호기는 수명이 12년 이상으로 설계되어 있고 33기의 중계기를 탑재하여 1, 2호 위성에서 제공되던 서비스를 모두 포함하고 있으며, 가변 빔 Ku 대역 안테나로 2000년 시드니 올림픽, 월드컵 중계 등 국내와 아시아 지역 간 통신서비스를 제공하고 또한 Ka 대역 중계기로 위성 멀티미디어 서비스, HDTV 서비스, 155 Mbps까지 전송할 수 있는 초고속망 서비스 등을 제공하도록 하였다. 〈표 3-2〉는 3호기에서 제공할 수 있는 서비스를 설명하고 있다.

〈표 3-2〉 무궁화 위성의 제공 서비스

제공서비스		서비스 개요	비고
초기 위성 서비스 (1, 2호)	위성고정비디오	고품질 영상서비스 동시 전송 (기업 사내방송, 설교 방송, 경마중계, 원격강의 등)	140 MHz
	CATV 프로그램 분배	CATV 프로그램 중계 (콘텐츠 공급자로부터 방송국까지)	180 MHz
	뉴스 현장 중계	차량 및 휴대형 위성이동중계 (Satellite News Gathering)	27 MHz
	VSAT (저속 데이터 전용망)	본사(Hub지구국)와 지사(소형 지구국) 간 저속 통신	4.5 MHz
	TSAT (고속 데이터 전용망)	본사와 지사 간 고속 통신망 서비스 제공	18 MHz
	위성 이동데이터	공공기관, 기업체 등에서 이동체(차량 · 선박)의 위치 확인 및 저속의 데이터 통신	8.5 MHz
	국간 중계망	도서 지역 국간 중계용	36 MHz
	위성방송	위성방송으로 전국적인 난시청 해소	27 MHz
	중계기 임대서비스	통신 및 방송용 중계기 임대	291 MHz
디지털 통신위성 서비스 (3호 이후)	위성 인터넷	초고속 위성 인터넷 – 약 155 Mbps/중계기	
	양방향 멀티미디어	양방향 멀티미디어(대칭, 비대칭)	
	지역위성통신서비스	동아시아, 동남아, 인도, 중동 등	
	고화질 위성방송	디지털 TV → HDTV → UHDTV, 3DTV	

3.2.3 주파수 공용통신

(1) 개념

가끔 택시를 타면 어디에서 손님이 기다리는지 계속해서 위치를 확인하여 주는 단말기를 볼 수 있다. 이와 같은 손님을 기다리지 않고 찾아가서 태울 수 있는 이 시스템 방식이 바로 주파수 공용통신 시스템 TRS : Trunked Radio System이다. 이러한 서비스는 이동전화가 특정한 주파수를 독점하는 반면에 여러 택시기사가 주파수를 나누어 서비스를 받음으로써 주파수를 효율적으로 이용할 수 있는 장점이 있다. TRS는 한정된 주파수를 효율적으로 이용하기 위하여 통화시간을 제한하는 방법 등으로 주파수를 다수의 가입자가 공동으로 이용하는 통신방식으로 무선채널을 가입자에게 항상 할당하지 않고 통화할 때만 할당했다가 통화가 종료되면 다른 가입자가 사용할 수 있도록 하는 방식이다.

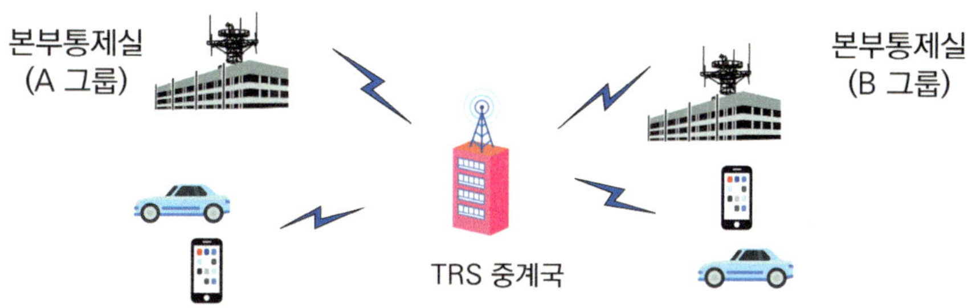

〈그림 3-13〉 TRS 서비스 개념

(2) 주파수 할당

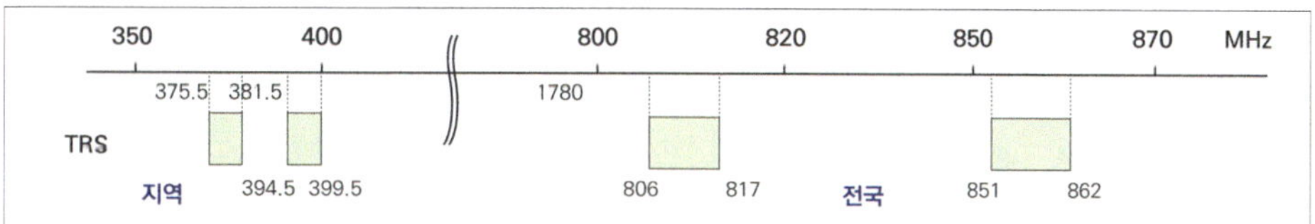

〈그림 3-14〉 TRS의 주파수 할당

TRS용 주파수는 300 MHz 대역과 800 MHz 대역이 있는데, 800 MHz 대역은 주로 통신사업자가 사업용(811~817 / 856~862 MHz)으로 사용한다. 300 MHz 대역은 주로 경찰 등 공공기관과 기업 등에서 자가망 구축용(376.5~381.5/394~399.9 MHz)으로 이용된다.

(3) 개요

TRS 서비스는 1960년대 미국에서 무선통신서비스에 대한 수요가 폭증하면서 나타난 주파수 부족 현상을 해결하기 위한 수단으로 개발되어 1977년 8월부터 미국에서 상업용으로 본격적으로 이용되기 시작했다. 국내 TRS 서비스는 1985년 아날로그 방식의 TRS 서비스를 제공하다가 1997년 하반기부터 디지털 방식으로 제공하고 있다. 1988년 서울 올림픽 기간 동안 각국의 보도기관을 위한 통신지원용으로 10개의 TRS 채널을 운용하면서 본격적인 국내 TRS서비스가 시작되었으며, 현재는 초기의 아날로그 TRS시스템을 거쳐 디지털 TRS 서비스를 전국사업자인 KT파워텔과 일부 지역사업자들이 서비스를 하고 있다. 아울러 상업용 서비스 업체 외에 일부 대기업이나 경찰청 등 국가기관 등에서 비상재난통신망으로서 TRS망을 구축 활용하고 있다.

초기의 아날로그 TRS 시스템은 낮은 주파수 사용효율, 잡음 및 보안성의 취약, 단말기의 대형 및 중량화로 인한 휴대 불편 등 여러 문제점을 가지고 있었다. 이에 따라 디지털 기술발전으로 인한 상기의 문제점들을 개선한 디지털 TRS 시스템이 개발되었으며, 전송방식으로는 TDMA/FDD 방식을 이용하고 디지털 기술을 이용한 음성압축코덱을 활용하여 통화품질 및 통신보안성과 주파수 이용효율을 크게 향상시켰다.

디지털 TRS의 가장 큰 특징으로는 일대다(Point to Multipoint) 그룹무전통화(Dispatch)라고 할 수 있다. 사용자들은 유사한 목적을 가진 여러 개의 그룹으로 구성되며, 그룹화된 사용자들이 지정된 무선채널을 공동으로 이용함으로써 시스템 및 주파수 효율을 극대화할 수 있다. 또한 이전 아날로그 TRS 시스템에서는 자기채널 개념이 있어 유휴채널이 존재해도 사용하지 못했으나, 디지털 시스템에서는 유휴채널 발생 시 해당 채널로 즉시통화가 가능하다. 통화폭주 시에도 대기(queue) 시스템 도입으로 채널예약 효과에 의해 유휴채널이 발생하면 자동적으로 통화가 가능하다.

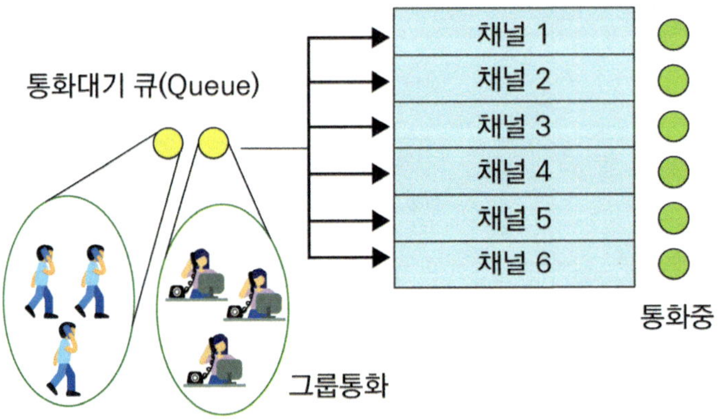

〈그림 3-15〉 디지털 TRS의 통화 대기(queue) 시스템 구성도

통화권 확장을 위해서 기지국과 해당 시스템만을 증설하면 되므로 망 구축에 용이하며, 동일한 채널로 부가장비 없이 음성 및 데이터의 처리가 가능하여 다양한 데이터 서비스 제공이 가능하다.

TRS 서비스의 특징은 다음과 같다.

① 채널 사용자 수의 극대화를 위해 통화시간을 1 ~ 3분으로 제한함

② 일대 다수의 통화가 가능한 지령(Dispatch) 서비스 기능
③ 그룹 호출(Group Call) 가능(개별, 선별, 일제 호출)
④ 통신방식은 반이중(half duplex) 방식
⑤ 서비스 통달거리가 넓음(최대 50 km)
⑥ 부가서비스로 일반전화 접속 서비스 제공함
⑦ 소규모 단체에서 대규모 업체까지 자체 통신망으로 활용 가능함
⑧ 지역단위 이동통신서비스에 적합

(4) 구성

디지털 TRS망은 서비스 목적에 따라 무전시스템을 기반으로 이동전화시스템과 데이터시스템을 부가적으로 구성 가능하며, 해당 시스템으로 연결되는 기지국은 각각의 시스템을 공동으로 사용한다. 무전시스템은 패킷교환방식이며, 이동전화교환기와 유사한 무전교환기와 그룹통화를 위한 패킷복사기, 그리고 이러한 장비들과 기지국 간의 패킷통신을 상호 연결시켜주는 광역패킷스위치로 구성된다. 이동전화시스템은 회선연결방식이다. 데이터시스템은 타 인터넷망과의 연결을 위한 게이트웨이와 광역패킷 스위치로 구성된다. 다음 그림은 TRS망의 시스템 구성도를 나타낸다.

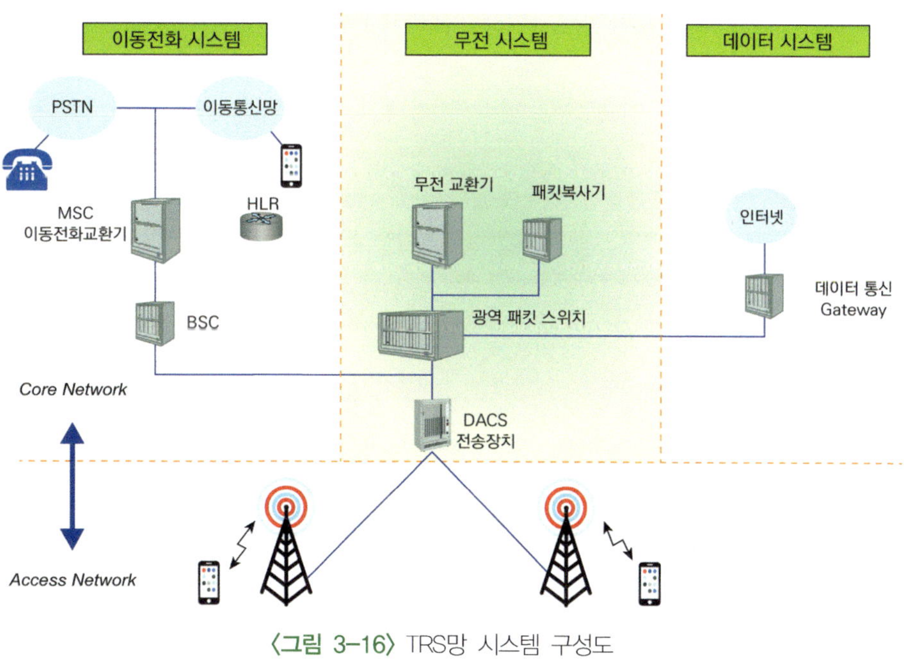

〈그림 3-16〉 TRS망 시스템 구성도

디지털 TRS 시스템은 무전교환기, 패킷복사기, 광역패킷스위치, 디지털 회선 분배 장비(DACS : Digital Access and Cross-connect Switch), 이동전화교환기, 기지국 제어기(BSC :

Base Station Controller), 홈위치 등록기(HLR : Home Location Register), 가입자 위치 등록기(VLR : Visitor Location Register), 데이터통신 게이트웨이, 기지국(BTS : Base Transceiver System), 이동 단말기 등으로 구성된다. 그리고 운용보전센터(OMC : Operation&Maintenance Center), 인증센터(AUC : Authentication Center) 등이 추가된다. 각각의 시스템의 기능은 다음과 같다.

① 무전교환기 : TRS 무전전화 교환서비스 제공
② 패킷 복사기 : 그룹통화를 위한 패킷 복사 기능 제공
③ 광역 패킷 교환기 : 무전전화 통화 접속점 제공, 음성 및 패킷 교환 제공
④ 디지털 회선 분배 장비 : 전화 및 디스패치 경로 설정
⑤ 이동전화 교환시스템 : 이동전화 교환 기능
⑥ 기지국 제어기: 무선채널 관리, 기지국 제어, 핸드오버 수행, 디스패치 경로 제공
⑦ 홈위치 등록기 : 모든 가입자의 마스터 데이터베이스 수록
⑧ 가입자 위치 등록기 : 신속한 호처리를 위해 가입자의 위치를 임시적으로 저장
⑨ 데이터통신 게이트웨이 : 타 인터넷망과 연결
⑩ 기지국 : 단말기와 무선 링크 형성, 전화 및 디스패치 트래픽 분리
⑪ 이동 단말기
⑫ 운용보전센터 : 무선망 구성요소를 제어 및 감시
⑬ 인증센터 : 단말기의 인증키와 보안에 관계된 코드 생성

디지털 TRS 방식의 하나인 TDMA 방식의 기술 규격을 다음 표에 나타내었다.

〈표 3-3〉 디지털 TRS 시스템 기술 규격

구분	주요 규격
기술방식	• TDMA 동기 방식 (iDEN)
최대출력	• 기지국 : 70 Watts (48.5 dBM)/CH • 단말기 : 600 mWatt (28 dBM)
최고 전송속도	• SR 9.8 : 44 Kbps • SR 12.0 : 132 Kbps
기준 용량	• 무전통화 동시접속 채널 수 : 6통화로/CH • 이동전화 동시접속 채널 수 : 3통화로/CH, 6통화로/CH
수신감도	• 기지국 : −108 dBM(with 8%BER) • 단말기 : −103 dBM
주파수 채널 간격	• 25 kHz

(5) 전망

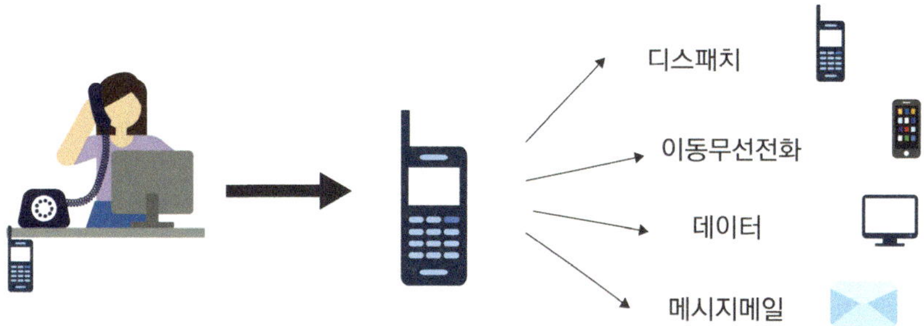

〈그림 3-17〉 TRS 서비스 전망

TRS 서비스는 이동전화와는 다른 독특한 영역에서 서비스를 제공하고 있다. 서비스 개념에서 설명하였듯이 짧은 메시지만을 전달하여 주파수를 공유하는데 이는 경찰 · 소방 · 의료 · 철도 등의 공공시스템과 운수업 · 유통업 · 건설업 · 서비스업 등의 사설시스템에서 유용하다. 이동통신의 급속한 보급에도 불구하고 고유의 시장을 유지하며 여전히 20여 만 명의 가입자를 유지하고 있다.

3.2.4 무선데이터

(1) 개념

무선데이터는 이동국의 가입자가 무선 단말장치를 이용하여 무선통신망을 통해 가입자의 서버 또는 단말기 등과 양방향으로 데이터를 통신하는 서비스이다. 무선데이터는 현재 상/하향 각각 2 MHz씩 총 4 MHz 대역을 활용하고 있으며, 이동전화사업자가 무선데이터(SMS 등) 부가서비스를 제공한 시점 이후 크게 활성화되지 못했다. 그러나 최근 다양한 정보통신 수요를 바탕으로 현재 이동전화사업자가 서비스를 하기에는 투자비 및 통신방식에서 비효율적인 서비스 등에서 차별화를 이루어 틈새시장을 형성하고 있다. 따라서 서비스도 틈새시장에 적합한 무선데이터 서비스를 개발하고 있는데, 일반적인 서비스 개념도는 〈그림 3-18〉과 같다.

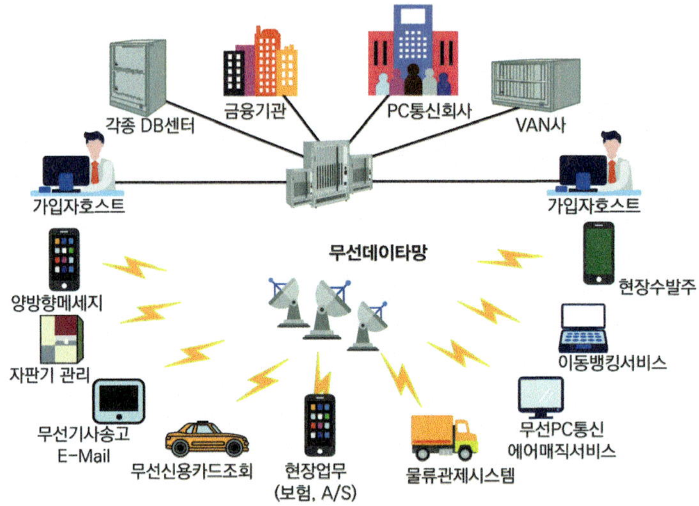

〈그림 3-18〉 무선데이터 서비스 개념도

(2) 주파수 할당

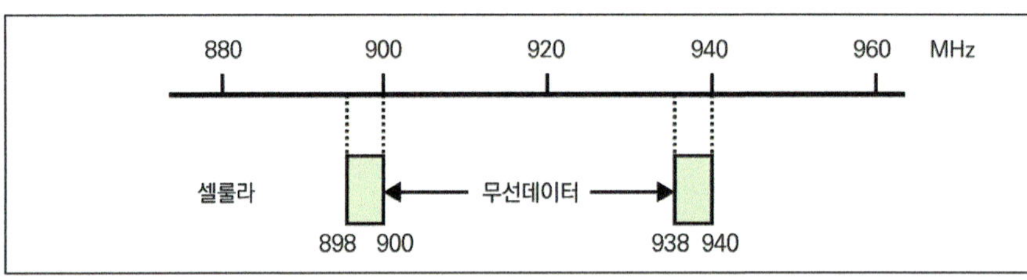

〈그림 3-19〉 무선데이터의 주파수 할당

(3) 개요

무선데이터 서비스는 1986년 패킷 스위치 방식의 양방향 무선 데이터 전용망 서비스(스웨덴 모비텍스)가 시작되었다. 이후 1994년 아날로그 셀룰러망을 이용한 CDPD 무선데이터 서비스를 시작하였다. 우리나라에서는 1997년에 미국 모토로라[Motorola]사의 DADA TAC 시스템(1990년 사용)을 이용하여 서비스를 시작하였다.

무선데이터의 서비스 특징은 다음과 같다.

① 패킷망 특성에 의해 짧은 메시지를 전송하는 데 유리하다(각종 지시 및 검색 등).

② 호접속 절차가 불필요하여 신속한 데이터 접속에 적합하다(데이터 헤더 내에 목적지, 발신지 ID 포함).

③ Push, Broadcasting 및 그룹 기능이 우수하다(Push, 가상 사설 무선 데이터망 구현 용이).

④ 채널당 단말기 수용 능력이 우수하다(약 2,500 단말).

⑤ 셀 반경이 기지국당 수 km 정도이며 채널당 대역폭은 12.5 kHz이다(9.6 Kbps).

(4) 구성

시스템은 이동통신 시스템과 비슷한데 교환기, 기지국 제어기, 기지국, 라우터 등으로 구성되어 있으며 구성도는 다음 그림과 같다.

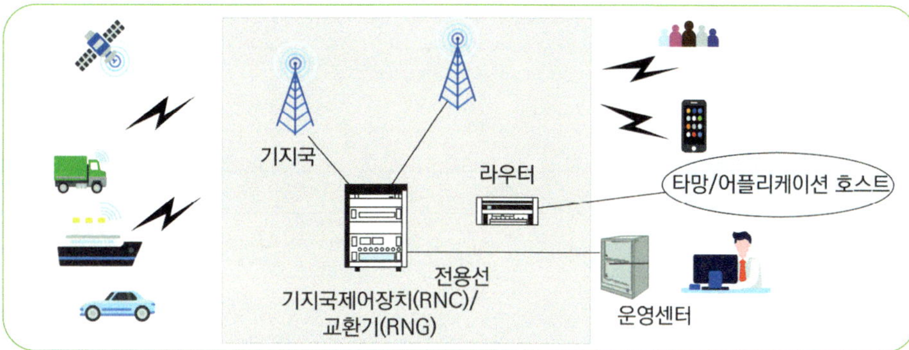

〈그림 3-20〉 무선 데이터 시스템 구성도

1) 교환기(RNG : Radio Network Gateway)

기지국 제어장비(RNC), 망관리 시스템 및 응용서비스를 제공하는 서비스 호스트 등과 접속하며, 무선단말기의 인증을 수행하여 이용자가 서비스를 제공 받을 수 있도록 함

2) 기지국 제어기(RNC : Radio Network Controller)

교환 장비와 기지국 사이에 위치하여 단말기의 통신을 지원하며, 기지국의 동작을 통제하는 기능

3) 기지국

단말기로부터 수신된 메시지를 기지국 제어장비로 전송하고, 기지국 제어장비로부터 메시지를 각 단말기로 전송하는 무선 송수신 시스템

4) 라우터(타망 접속장비)

범용적으로 사용되는 다양한 프로토콜 TCP/IP 또는 X.25 등을 사용하는 원거리에 설치된 응용시스템과 교환기 사이에 접속을 중계함

〈표 3-4〉 무선데이터 시스템 기술 규격

구분	설명
기술방식	• FDMA (RD-LAP)
최대출력	• 기지국 : 12 Watts (40.8 dBM)/FA • 단말기 : 3 Watt (34.8 dBM)
최고 전송속도	• 9.6 Kbps
기준 용량	• 964 Kbyte / Hr / FA
수신감도	• 기지국 : -117 dBM • 단말기 : -104 dBM
주파수 채널 간격	• 12.5 kHz

(5) 전망

무선데이터는 이동통신의 서비스가 음성에서 데이터로 변화하면서 1999년 이후 경쟁력을 잃었으나 기존 주력시장을 개인시장에서 기업시장 쪽으로 전환하고, 이동통신 틈새시장을 이용하여 가입자 수는 수만 명 수준에서 유지하고 있다.

문자 정보 통신
• 단말기/시스템 사이의 양방향 문자 통신 및 SMS • 각종 콘텐츠 제공(주식 · 관광 · 날씨 · 스케줄 · 교육 · 무선결재 등 문자 정보)

모바일 오피스
• 기기 원격 검침 및 제어, 사내 ERP 시스템 이동 중 활용 • 문자 통신 기능을 활용한 사용자 대상 정보 공유

위치 정보 서비스
• GPS 및 전자 지도를 응용한 위치 추적 정보 제공 • 물류 관리 및 교통관제 서비스

〈그림 3-21〉 무선데이터 서비스 전망

3.2.5 무선호출(Paging)

(1) 개념

무선호출서비스란 공중통신망과 무선호출 시스템을 이용하여 무선호출기를 휴대한 가입자에게 호출이나 데이터 전송 서비스를 제공하는 무선통신서비스이다.

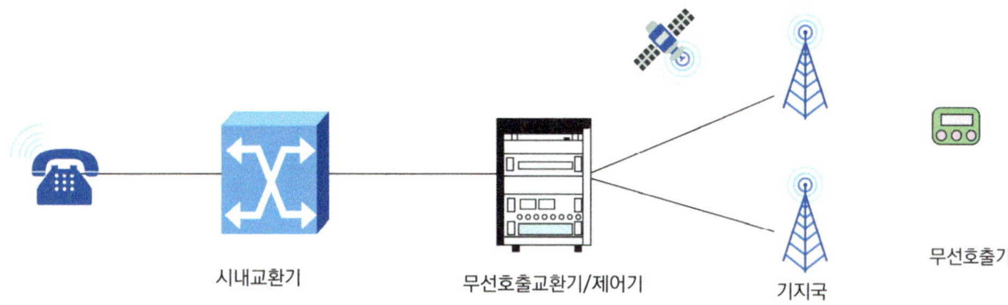

〈그림 3-22〉 무선호출의 서비스 개념

서비스 절차는 다음과 같다.

① 무선호출기에는 개별호출번호가 부여되어 있고 전화로 다이얼하면 시내교환기를 경유하여 무선호출 중앙기지국으로 연결한다.

② 중앙기지국은 호출번호와 등록한 서비스를 점검한 뒤 주변 기지국에 호출번호를 전송한다.

③ 중앙기지국을 포함한 서비스 지역 내의 모든 기지국들은 호출음과 메시지를 전송코드로 변환하여 호출번호와 함께 일제히 전파를 송출한다.

④ 해당 무선호출기는 수신된 코드를 변환하여 자신의 식별번호와 일치하면 가입자에게 호출이 있음을 알리는 경보음이나 수신된 메시지를 나타낸다.

(2) 주파수 할당

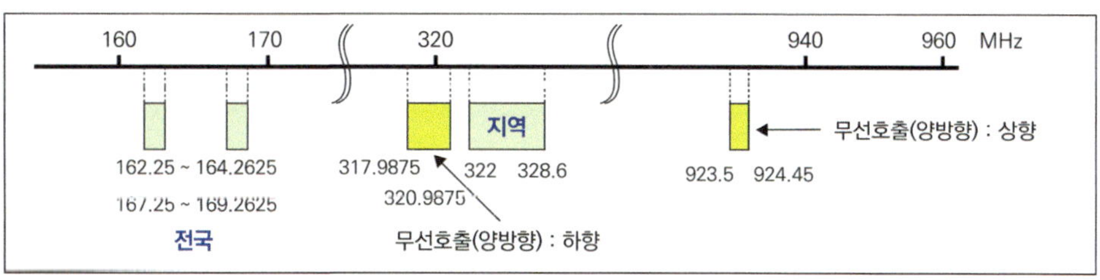

〈그림 3-23〉 무선호출의 주파수 할당

무선호출 주파수는 160 MHz 대역과 제2사업자 출현으로 320 MHz 대역을 그리고 양방향 무선호출 사업자에게 300, 900 MHz 주파수를 추가 할당하였다.

(3) 개요

무선호출은 1975년 영국에서 개발되어 ITU의 표준으로 채택된 POCSAG(Post Office Code Standardization Advisory Group) 방식으로 표준화되었다. 무선호출 기술방식은 1950년 미국의 발명가 알그로스가 무선호출 시스템을 개발하여 시작된 이래로 1974년 신호음 처리 방식(Tone Only) 방식, 1980년대의 숫자표시 방식, 1990년대의 문자표시 및 음성호출 방식(POCSAG),

2000년대의 양방향 문자호출 방식으로 지속적으로 진화해 왔다. 국내의 경우 한국통신이 1982년 NEC 방식으로 시작하여 미국의 Golay 방식, 영국의 POCSAG 방식을 사용하다 1990년 POCSAG 방식으로 통일되었다.

무선호출서비스의 고속화 추진은 무선호출 가입자 증가에 따른 주파수 부족 해결(기존 POCSAG 1,200 bps에 비하여 1CH당 4배 이상의 가입자 수용 가능) 및 무선호출서비스를 이용한 데이터 전송을 효율적으로 수행하기 위한 해결방안으로 제시되었다. 1997년에는 고속 무선호출 프로토콜로, 모토로라가 개발한 전송속도 단방향 고속무선호출서비스 방식인 FLEX, ERMES(European Radio Messaging System), APOC(Advanced Paging Operators Code) 등 여러 방식이 있었으나 단방향 무선호출의 국내표준으로 사업자 간 합의에 의해 FLEX가 채택되어 고속무선호출서비스가 시작되었다. 현재 국내 무선호출은 전국사업자이며 단방향 사업자인 리얼텔레콤은 FLEX 방식의 서비스와 다수의 POCSAG 채널을 FLEX 방식의 단일 채널로 묶어 사용하는 다채널 시스템을 운용하고 있다.

무선호출의 양방향서비스는 미국의 모토로라사에서 고속프로토콜인 FLEX를 근간으로 하여 양방향 메시지를 전송하는 양방향 프로토콜인 ReFLEX 개발과 아울러 송수신 메시지를 최대 120개까지 입력 및 저장할 수 있는 Tango라는 양방향 무선 호출 단말기를 개발 완료하여 1995년 9월부터 미국의 스카이텔이 상용화를 개시하였다. 또한 모토로라는 선형변조(Linear Modulation)의 새로운 고속음성 및 데이터 전송을 가능케 하는 inFLEXion 프로토콜을 개발하였으며, 이를 이용한 고속음성페이징 단말기인 Tenor를 출시하였다. 국내에서는 양방향 무선호출사업자인 서울이동통신에서 양방향 무선호출 프로토콜 및 관련 시스템을 독자적으로 개발하여 2000년 8월 상용화를 실시하였다.

(4) 양방향 무선호출서비스

가. 개요

기존 단방향 무선호출에서의 핵심사항인 휴대가 용이한 소형 단말기로 높은 수신율, 저가의 요금, 저전력 소모 등의 무선호출 고유의 특성을 유지하면서, 순방향으로는 다양한 메시지(압축음성, 문자, E-mail 등)를 단말기로 전송할 수 있고, 역방향으로는 수신여부 확인을 위한 매우 간단한 메시지 등을 전송할 수 있도록 언제 어디에 있더라도 다양한 개인 메시지를 통신할 수 있는 서비스이다.

나. 주요 서비스

양방향 무선호출서비스로는 전달 보장형 무선호출, 데이터 메시지 서비스로 문자호출과 간단한 응답, 무선 E-mail, 음성호출서비스로 압축 음성 메시지 전달 및 수신 확인, 기타 부가서비스로 동시 전송 이용 등 다양한 콘텐츠 정보서비스, 호출 단말기 간 간단한 메시징, 원격검침, 감시 및 방범·방재 등이 있다. 무선호출사업자 중에서 서울이동통신이 기술 경쟁력을 높이기 위해 900 MHz 대역을 이용하여 해당 사업구역인 서울 · 인천 · 경기지역에서 1999년 6월 18일 정보통신부로부터 사업권을 취득하고 IMS(Internet Messaging Service)라는 이름으로 양방향 서비스를 제공하였다.

다. 양방향 무선호출의 주파수 할당

양방향 무선호출의 주파수 사용은 기지국 송신으로는 120개의 채널이 320MHz대역에 할당이 되었고, 수신으로는 920 MHz대역에 72채널이 다음 표와 같이 할당되었다.

〈표 3-5〉 양방향 페이저 주파수 할당현황

구분	주파수	채널 간격	전파형식	공중선전력
기지국송신	318.000 MHZ(1채널) ~ 320.975 MHZ(120채널)	25 KHz	16K0F(G)1D, 16K0F(G)2D, 16K0F(G)1E, 16K0F(G)2E, 16K0F(G)7W 중 1 이상	150w 이하
기지국수신	923.5625 MHz(1채널) ~ 924.4500 MHz(72채널)	12.5 kHz	8K50F(G)1D, 8K50F(G)2D, 8K50F(G)1E, 8K50F(G)2E, 8K50F(G)7W 중 1 이상	1w 이하

(5) 시스템 구성

무선호출서비스를 구현하는 시스템의 발전 단계를 요약하면 다음과 같다.

〈표 3-6〉 무선호출서비스 발전단계

구분		1970-80년대	1990년대	2000년대
주요변화		단순한 호출	서비스 다양화	멀티미디어화
호출방식		70년대 : 톤(tone) 80년대 : 숫자 표시	문자 표시 음성호출 VMS, 광역서비스	양방향 문자호출
전송속도	순방향	512 bps	1,200bps, 6,400bps	6,400 bps 이상
	역방향			800-9600 bps
프로토콜		저속POCSAG	저속POCSAG 고속FLEX, ERMES	ReFLEX, InFLEXion 등 양방향 프로토콜

무선호출 시스템의 구성도는 다음 그림과 같다.

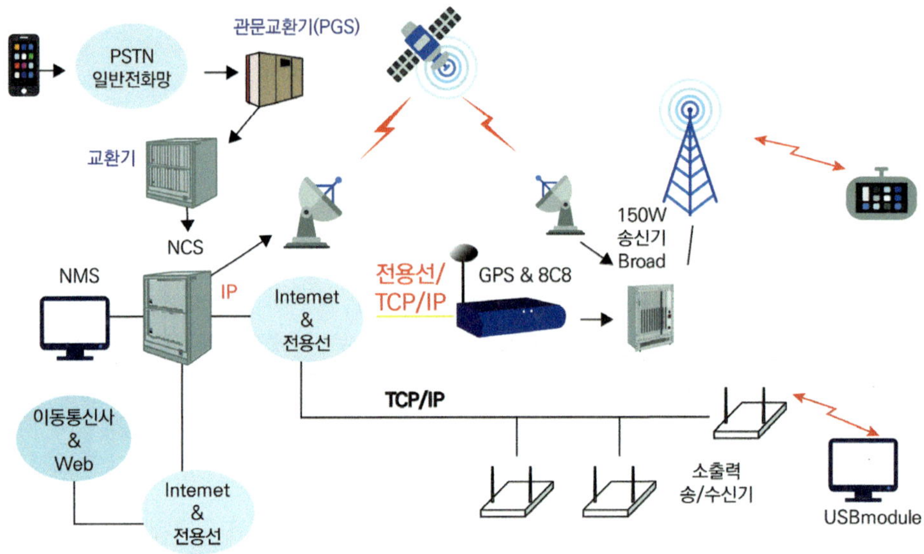

〈그림 3-24〉 무선호출 시스템의 구성도

(6) 전망

무선호출은 고유의 동보전송 방식을 이용하여 타 이동통신서비스에 비해 탁월한 수신 커버리지와 휴대의 용이성, 저가의 서비스 요금을 내세워 1998년 말 국내 가입자가 1,500만 명을 넘어섰었다. 1990년대 말 이동통신서비스의 활성화로 인해 경쟁력이 떨어졌지만, 현재는 이동통신의 틈새시장을 이용하여 가입자 수를 수만 명 수준으로 유지하고 있다.

3.2.6 무선가입자망

(1) 개념

무선가입자망 WLL : Wireless Local Loop 서비스는 기존 전화선을 이용하되 기존 유선가입자 선로의 마지막 1 마일(last 1 mile)을 무선통신으로 대체하는 망이다.

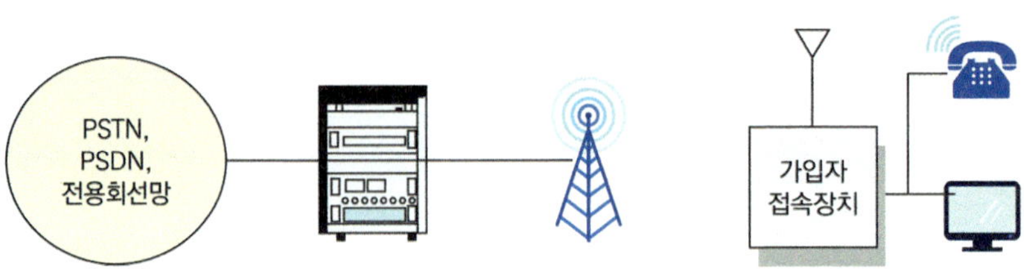

〈그림 3-25〉 WLL의 서비스 개념

(2) 주파수 할당

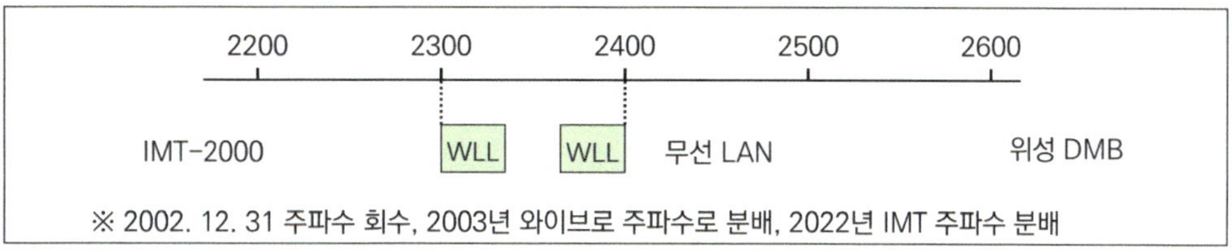

〈그림 3-26〉 WLL의 주파수 할당

WLL 주파수는 1995년 가입자 회선용으로 할당되었다. 그러나 서비스의 부진으로 인해 사업 활성화에 실패하여 2002년 12월 31일 정보통신부가 주파수를 회수하였다.

(3) 특징

인구가 적은 지역의 전화 개설을 위한 방안으로 1970년대 초 미국, 스웨덴에서 아날로그 방식의 WLL을 개발하였으나 통화품질, 가격 등이 유선전화보다 취약하여 실패하였다. 이후 디지털 방식의 WLL이 개발되어 통화품질이 향상되고 가격의 하락으로 일부 지역에서는 유선과 경쟁할 수 있을 정도로 비용이 낮아졌다. 1996년 5월에 영국의 이오니카[Ionica]에서 서비스를 시작하였고 일본도 PHS의 부가 서비스로 제공하였다. 하지만 국내에서는 1990년대 디지털 방식 개발(CDMA 방식)로 인해 시장이 활성화되지 않아 실패하였다.

유선전화망과 비교하였을 때 광대역 지역의 경우 유선 가입자의 회선망구축 비용 및 유지보수 비용이 저렴하고 망구축 기간이 짧고 긴급 회선 구성에 유리하다. 하지만 유선보다 품질이 떨어지는 단점이 있다. 또한 이동전화와 비교하면 전파장애가 없는 높은 지점에 안테나가 설치되어 다중경로 페이딩에 의한 전송손실이 적을 수 있고 기지국 반경은 기지국 중심으로 약 2 ~ 6 km 넓으므로 기지국 숫자를 줄일 수 있으나 이동성을 갖지 못한다는 단점이 있다.

국내의 WLL 시스템 기술방식은 셀룰러와 같은 CDMA 방식을 사용하였으며 이동성 및 핸드오프 기능을 축소하여 개발하였다.

(4) 전망

국내는 유선 및 이동전화가 매우 발달하여 실패하였으나, 유선전화를 시설하기에 땅이 넓은 미국 · 중국 · 동남아 · 러시아 · 아프리카 등에서 케이블 사업자 및 유선사업자의 보완재로서 시장을 형성하고 있다.

3.2.7 무선전화

(1) 개념

무선전화 CT : Cordless Telephone는 셀룰러와 달리 저출력의 소형단말기를 통하여 보행 또는 저속으로 이동하는 가입자에게 음성통화서비스를 제공하는 것을 목적으로 한다. CT1 서비스는 일반 가정집의 무선전화를 말하는데, 즉 일반 유선전화를 가정 또는 사무실 내에서 이동하며 통화할 수 있는 서비스이다. CT2 서비스는 한때 우리나라에서도 시티폰이라는 브랜드로 서비스되었던 발신 전용서비스이다. 무선전화는 CT1, CT2, CT3 등 점차 진화하였으나 개념적으로 셀룰러와 유사해지면서 요금, 장비가격, 망운용 비용 등 모든 측면에서 경쟁력을 상실하였다.

(2) 주파수 할당

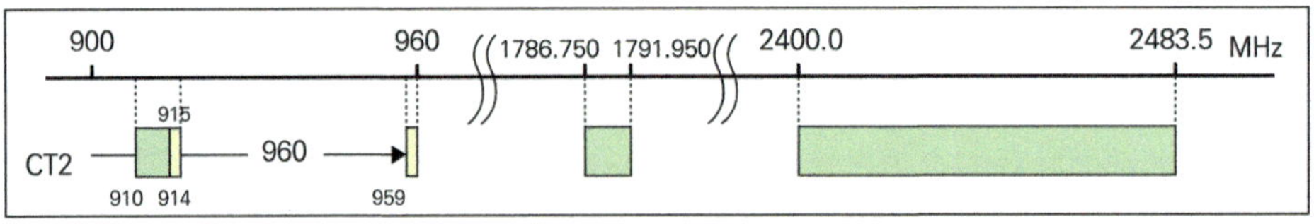

〈그림 3-27〉 무선전화의 주파수 할당

무선전화서비스 가운데 CT1 서비스는 지금도 일반 가정집에서 활발히 서비스되고 있다. CT1은 기존의 주파수(914 ~ 915 / 959 ~ 960 MHz)를 2013년 12월 31일까지 사용하였다가 DCP(Digital Cordless Phone)로 전환하면서 2006년 10월 18일부터 새로운 주파수(1786.750 ~ 1791.950 MHz 및 2400.0 ~ 2483.5 MHz)를 할당하였다. 반면에 CT2 서비스는 1997년 3월 사업을 시작하였으나 시장이 형성되지 않아 1999년 11월에 사업을 중단하였다.

(3) 특징

CT2 서비스의 특징은 ① 핸드오버와 착신통화가 불가능하고, ② 저속의 이동가입자만 서비스를 이용할 수 있고, ③ FDMA/TDD 방식의 기술 표준을 이용하였으며, ④ 기지국의 반경이 200 ~ 300 m로 서비스를 제공하는 지역이 좁아서 많은 기지국이 요구된다는 점이다. 하지만 이동성을 가질 수 없는 시스템의 특징(착신 및 핸드오프 불가)으로 인하여 셀룰러와의 서비스 경쟁에 뒤처질 수밖에 없었다.

3.3 통합과 융합 : 새로운 서비스의 도전

3.3.1 차세대 이동통신(3G / 4G / 5G / 6G)

(1) 개요

1980년대에 시작된 이동통신은 전 세계적으로 다양한 주파수와 시스템으로 서비스를 시작하였다. 하지만 주파수가 다르고 시스템이 달라 누구와도 언제 어디서나 서비스를 받고자 하는 이동통신의 목적에는 공간적으로 제약되었다. ITU는 세계 공통 주파수와 표준 규격에 기반한 이동통신을 위해 1985년 FPLMTS(Future Public Land Mobile Telecommunication System)에 관한 연구를 시작하였다. 2000년 3세대 이동통신인 IMT-2000 서비스는 2 GHz 주파수 대역의 세계 공통 주파수와 5개의 공통 표준을 기반으로 서비스를 시작하였다. IMT-2000 서비스는 이동통신의 목표인 언제(anywhen), 어디서나(anywhere), 누구와도(anywho) 통신을 할 수 있도록 하면서 공간적인 한계를 극복하였다. 2012년 4세대 이동통신인 IMT-Advanced 규격 완성 및 서비스가 본격적으로 시작되었는데 모든 정보를 언제, 어디서나, 누구와도 통신할 수 있도록 하였다(anywhen, anywhere, anywho, any contents). 2015년에는 5세대 이동통신인 IMT-2020의 비전을 완성하고 규격 개발을 시작하였는데 네트워크를 모든 사물까지 확장하여(anywhen, anywhere, anywho, any contents, anything) 서비스한다. 2023년에는 6세대 이동통신인 IMT-2030의 비전을 완성하고 규격 개발을 시작할 예정인데, 오감 정보를 실시간으로 모든 물리적 세계 및 사이버 세계와 통신을 시작한다(anywhen, anywhere, anywho, any contents, anything, any world). 다음 그림은 ITU의 이동통신 개발 과정을 요약한 것이다.

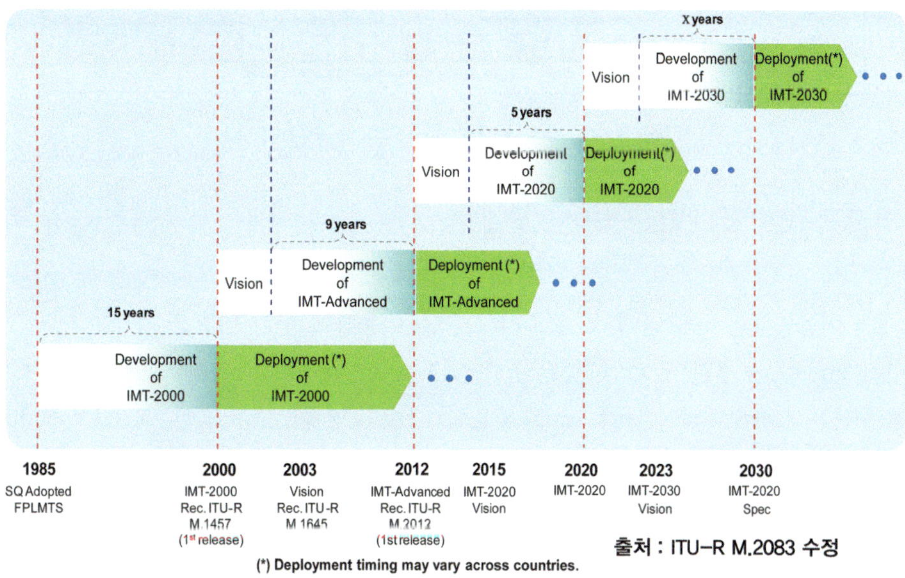

출처 : ITU-R M.2083 수정

〈그림 3-28〉 차세대 이동통신서비스 개발

(2) 주파수 할당

1990년대 이전에는 각 지역 또는 국가별로 이동통신 주파수를 분배하여 사용하였으나, 이동통신이 세계적으로 이용되면서 1990년대 이후에는 공통 주파수를 이용하고자 노력하였다. 이 결과로 ITU는 1992년 WARC-92에서 세계적으로 사용할 IMT-2000 서비스용 230 MHz를 분배하였고, 이후 2000년에 WRC-2000에서 기존 2세대 이동통신용 주파수를 포함하여 추가 IMT-2000 주파수를 분배하고 2007년 WRC-07에서 IMT-Advanced용 주파수를 추가 분배하였다. 이후 2015년 WRC-15에서 6 GHz 이하 주파수 대역에서 추가 주파수를 분배하고, WRC-19에서 6 GHz 이상 주파수에서 추가 주파수를 분배하였다.

다음 그림은 지금까지 분배된 IMT 용도로 분배된 이동통신 주파수와 국내 주파수 할당 내용을 요약한 것이다. 현재 국내 이동통신 주파수 할당 현황의 상세한 내용은 〈부록〉에 나타내었다.

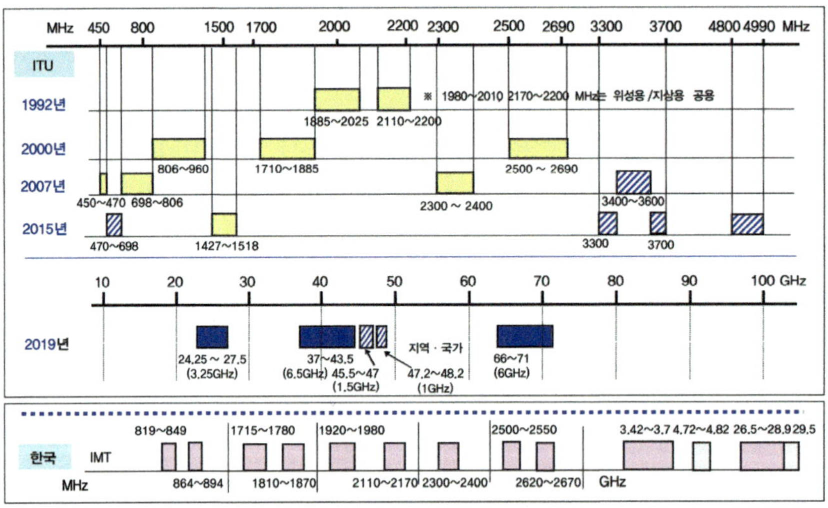

〈그림 3-29〉 국내외 이동통신서비스 주파수 할당

(3) 이동통신의 세대별 서비스 개념

가. 개요

제1세대 이동통신은 1980년대 초 셀룰러 기술을 이용하여 무선 단말을 가지고 언제(When), 어디서나(Where), 누구와도(Who) 통화할 수 있도록 한 아날로그 이동통신서비스이다. 제1세대 이동통신은 AMPS(미국, 한국), NMT(북유럽), TACS(영국), JTACS(일본), Radiocomm2000 (프랑스), C-45(독일), RTMS(이탈리아) 등 여러 국가에서 개발하여 다양하였다. 각 시스템은 서로 기술 규격이 달라 로밍이 이루어지지 않았고 아날로그 방식이어서 음성 통화만 할 수 있었다.

제2세대 이동통신은 1990년 초 디지털 통신 방식의 이동통신 기술을 이용하여 음성뿐만 아니라 문자 등을 통신할 수 있는 디지털 이동통신서비스이다. 하지만 여전히 GSM(유럽), IS-95A(미국, 한국), TDMA(미국), PDC(일본) 등 여러 시스템이 개발되어 로밍에 한계가 있고, 서비스의 종류도 음성, 문자메시지 등에 국한되었다. 따라서 ITU는 1990년대 초반부터 각국 정부, 기술 표준화단체, 산업체와 함께 전 세계가 동일한 이동통신시스템을 가지고 동일한 서비스를 제공할 수 있는 환경을 구축하고, 2000년 3세대 이동통신인 IMT-2000, 2010년 4세대 이동통신인 INT-Advanced, 2020년 5세대 이동통신인 IMT-2020 서비스를 개발하였다. 이 절에서는 ITU가 개발한 3세대, 4세대, 5세대, 6세대 이동통신서비스의 핵심 개념만을 소개한다.

나. 3세대 이동통신

3세대 이동통신 IMT-2000 서비스의 개념은 세계에 어디서나 이동통신이 가능토록 하는 멀티미디어 이동통신서비스로서 ① 다양한 무선 환경에서 서비스 · 개인 · 단말의 이동성을 제공하고, ② 광대역 통신망에 의한 멀티미디어 서비스를 제공하는 것이다. IMT-2000 서비스는 멀티미디어 서비스 제공을 위해 고속 이동 시 144 kbps, 보행 시 384 kbps, 정지 시 2 Mbps까지 데이터 전송속도를 제공함으로써 음성 서비스, 고속데이터 서비스, 동영상 서비스를 제공할 수 있게 되었다.

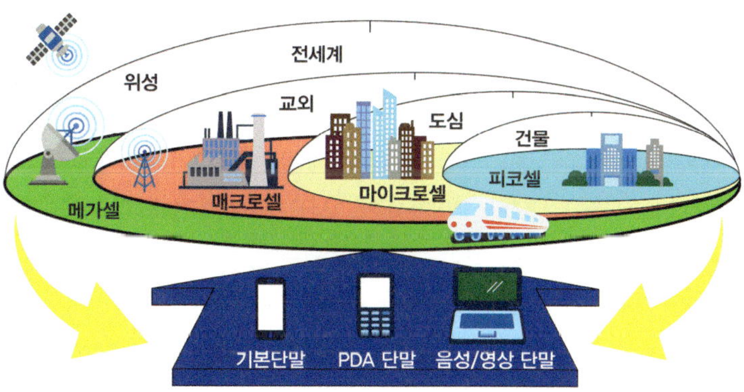

〈그림 3-30〉 IMT-2000 서비스 개념

다. 4세대 이동통신

4세대 이동통신 IMT-Advanced 서비스의 개념은 언제, 어디서나, 누구에게나 초고속 정보 접속으로 멀티미디어 서비스를 보편적으로 제공하는 이동통신서비스이다. IMT-Advanced는 광대역 서비스와 동일한 무선멀티미디어 품질(ADSL/VDSL)을 요구하고 있으며 보행 중 초고속 무선접속(1 Gbps)과 이동 중 고속 무선접속(100 Mbps) 서비스를 제공한다. 100 Mbps는 현재 IMT-2000 서비스가 2 Mbps를 목표로 하고 있으므로 IMT-2000보다 약 50배의 빠른 속도를 의미한다. 이동통신시스템의 최대 속도는 실제사용자, 트래픽 특성, 서비스 파라미터, 서비스 실시 시나리오, 스펙트럼, 간섭 등에 영향을 받을 수 있는데 최대속도는 동일한 무선 자원에 연결된 모든 사용자들의 전송률의 합을 말한다. 또한 IMT-Advanced는 셀룰러 시스템, 무선랜, 방송 등의 융합 서비스인데 다른 통신서비스와 상호 연동하여 서로 다른 시스템에서 유사한 서비스를 받을 수 있도록 한다. 이러한 상호 연동은 서로 다른 시스템 간에 사용되는 공통의 콘텐츠 개발이 활발히 이루어지고, 사용자는 쉽고 저렴하게 또 효율적으로 서비스를 제공받을 수 있다.

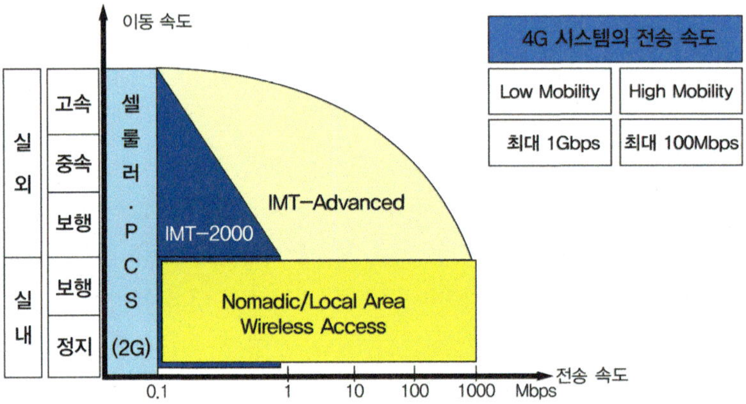

〈그림 3-31〉 IMT-Advanced 서비스 개념

라. 5세대 이동통신

5세대 이동통신 IMT-2020 서비스는 통신의 범위를 사람 중심에서 모든 사물로 확대하고, 정보를 장소와 시간에 제약 받지 않고 현재와 동일하게 경험할 수 있는 차세대 이동통신서비스이다. 3G/4G 이동통신서비스는 네트워크와 단말 간의 속도를 높여 멀티미디어 서비스 제공 능력을 높이는 것이 주요 목표인 것인데 비하여, IMT-2020 서비스는 전송속도를 4G보다 20배 이상 높인 20 Gbps로 전송 속도를 높이는 것 외에도 대규모의 사물과 통신할 수 있는 능력(1,000,000/km^2)과 단말과 네트워크 사이 지연 시간을 1ms 이내로 통신하는 능력을 주요 기술로 제시하고 있다. IMT-2020 서비스 개념을 정리하면 다음과 같다.

① 데이터 전송 속도를 20 Gbps까지 높이면 5세대 이동통신에서는 간단한 센서부터 3D 영상 서비스까지 다양한 서비스가 제공되며 또한 초고속의 무선멀티미디어 서비스를 제공할 것이다.

② 지연 시간 단축 및 높은 신뢰도를 요구하는 것은 원격건강 관리, 원격의료 진단, 원격 공장 제어, 자율주행차량 등 사람의 실시간 통신 환경을 고려하기 때문이다.

③ 5세대 이동통신서비스는 네트워크의 범위를 사람에서 사물로 확대하면서 기존 ICT 인프라를 넘어 사회의 인프라로서 역할이 확대될 것이다. 5세대 이동통신 네트워크는 다양한 서비스 생성 · 전달 · 유통을 지원하는 핵심 인프라가 되어 다른 산업과 연계한 새로운 ICT 시장을 만들고 시 · 공간의 제약 없이 모든 사물과 모든 콘텐츠를 통신하면서 새로운 서비스의 기회를 만들어 갈 것이다.

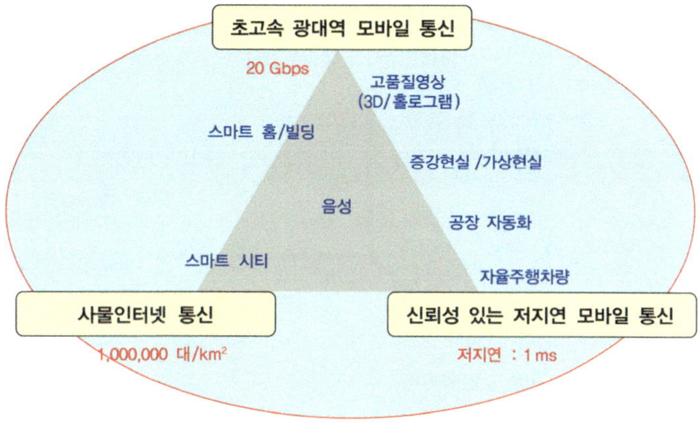

〈그림 3-32〉 IMT-2020 서비스 개념

마. 6세대 이동통신

6세대 이동통신서비스 IMT-2030는 오감정보를 실시간으로 상상할 수 있는 물리적 세계 및 사이버 세계와 제약 받지 않고 통신할 수 있는 차세대 이동통신서비스이다. 6세대 이동통신은 시간적으로 오감 정보를 실시간으로 통신할 수 있고, 공간적으로 지상에서 이루어지는 이동통신서비스를 항공과 해양과 연결하여 인간이 활동하는 모든 영역으로 확대하고 이를 위해 사용할 수 있는 모든 주파수를 활용할 수 있도록 기술을 개발한다. 또한 디지털 기술 기반으로 구현하는 사이버 세계도 독자적인 가상세계와 실제세계와 가상세계가 결합한 혼합세계 등 어느 세계(Any world)와도 통신할 수 있는 차세대 이동통신서비스이다. IMT-2030 서비스는 전송속도를 5G와 비교하여 50배 이상 높인 1 Tbps로 전송 속도를 높이는 것 외에도 대규모의 사물과 통신할 수 있는 능력(10,000,000/km^2)과 단말과 네트워크 사이 지연 시간을 0.025 ms 이내로 통신하는 능력을 주요 기술로 제시하고 있다. IMT-2030 서비스 개념을 정리하면 다음과 같다.

① 데이터 전송 속도를 1 Tbps, 지연 시간을 0.025 ms 이내로 낮추면 홀로그램 영상 통신, 메타버스, 원격 의료 수술, 원격 실감 교육, 촉각 인터넷(Tactile internet), e-taste, e-smell 등 오감 정보를 실시간으로 통신할 수 있다.

② 초고품질 영상 데이터 전송을 위해 테라헤르츠, 가시광선 등의 초광대역 주파수 이용기술과 해저 통신 등을 위한 초장파 주파수 이용 기술 등으로 모든 주파수 대역을 활용한다.

③ 미래의 우리는 물리적 세계와 사이버 세계에서 머무르는 시간에 따라 연결해야 할지 모른다. 즉, 인간관계는 물리적 세계에서 맺는 관계와 사이버 세계에서 맺는 관계가 존재할 수도 있을 것이다. 6세대 이동통신은 이러한 실제/가상 세계를 언제든지 연결할 수 있도록 만들어 갈 것이다.

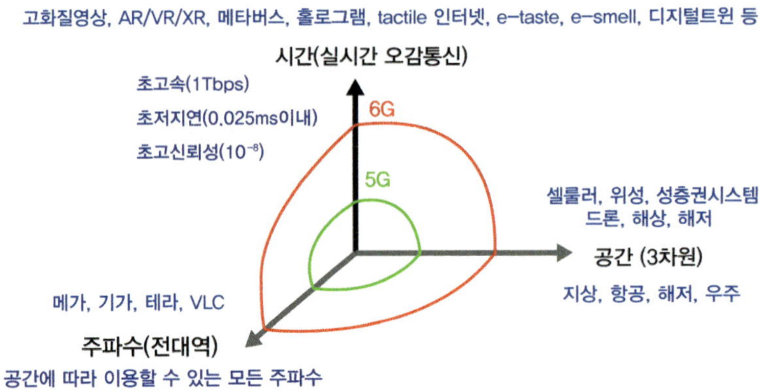

〈그림 3-33〉 IMT-2030 서비스 개념

3.3.2 무선랜

(1) 개요

무선랜은 기존 LAN 시스템에서 교환망과 단말 사이를 무선으로 접속하는 시스템으로, 옥내 또는 옥외 환경에서 유선 케이블 대신 전파를 사용하여 허브에서 각 단말(PC, 노트북, 스마트폰, 태블릿 PC 등)까지 네트워크 환경을 구축해 주는 근거리 이동통신 기술을 말한다.

또한 무선랜은 IEEE 802.11a/b/g/n/ac/ad/ax/be 표준 규격을 따르는 기술을 의미하며, Wi-Fi Wireless Fidelity라는 용어로도 널리 불리고 있다. Wi-Fi는 무선랜 장비의 상호 호환성을 인증해 주는 단체인 Wi-Fi Alliance의 인증프로그램 명칭이었으나, 무선랜을 지칭하는 고유명사로 되었다. 노트북, 스마트폰, 태블릿, 프린터 등 다양한 단말에 널리 탑재되어 이용되고 있다.

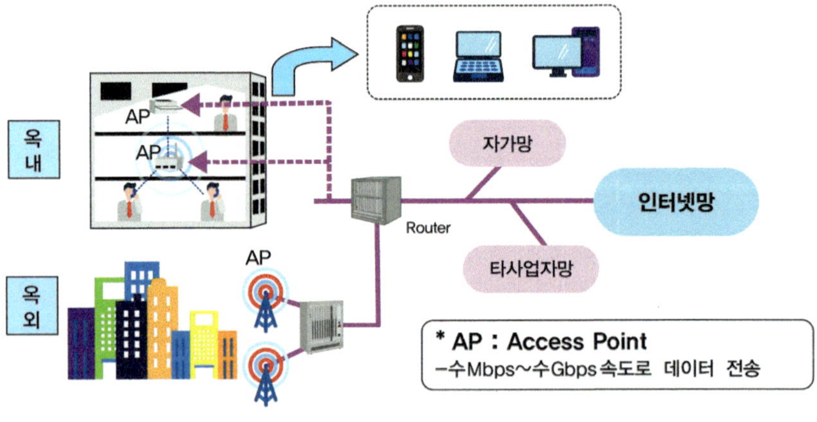

〈그림 3-34〉 무선랜 서비스의 개념

상기 그림에서 보는 바와 같이 무선랜 서비스는 무선구간과 유선구간이 복합된 유무선 통합 서비스라고 볼 수 있으며 무선랜 영역, 인터넷 백본 접속구간, 인터넷 백본으로 구성되어 있다. AP(Access Point)가 무선단말기와 데이터를 주고받는 기지국 역할을 하며 인터넷 백본 접속구간은 전용회선(유 · 무선), xDSL, 케이블모뎀 등 경우에 따라 다양하게 구성될 수 있다.

(2) 주파수 할당

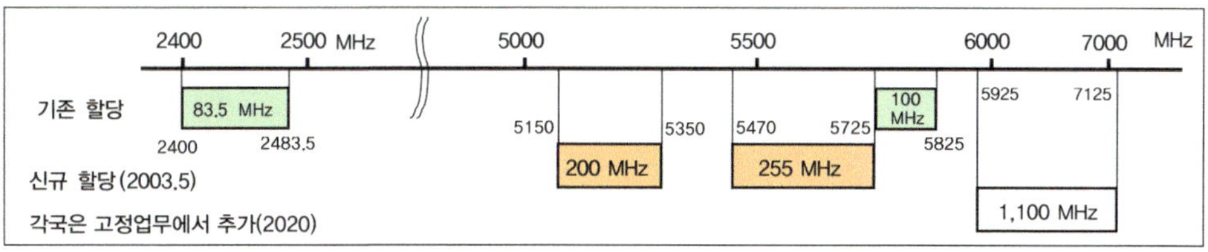

※ 5150~5250MHz(실내)[Max eirp 200mW, eirp 10mW/MHz]
5250~5350MHz(실내외), 5470~5725MHz(실내외)[Max eirp 1W, eirp 50mW/MHz]
5925~7125MHz : [Max eirp 250mW/MHz, Min. eirp 25mW/MHz]

(a) 국제 무선랜 주파수 분배 현황

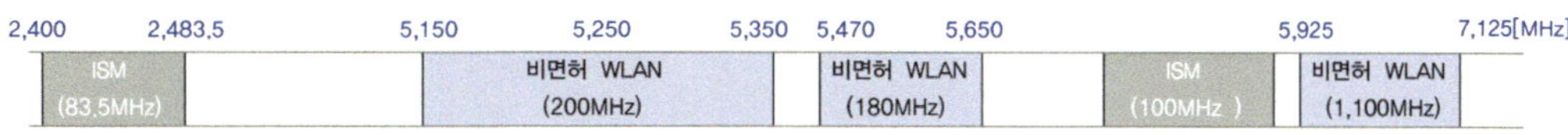

(b) 국내 무선랜 주파수 분배 현황

〈그림 3-35〉 무선랜 서비스의 주파수 분배 현황

국제 무선랜 주파수는 ISM 주파수 대역(2400 ~ 2483.5 MHz)에서 다른 서비스와 공유하도록 분배하였는데 WRC-03(2003년 5월) 회의에서 무선접속시스템용(WAS)으로 455 MHz 주파수를 추가 분배하였다. 무선랜 주파수 수요가 지속적으로 증가하면서 각국은 2020년 이후 고정업무로 할당된 5925 ~ 7125MHz 주파수 대역에서 무선랜 주파수를 추가적으로 할당하기 시작하였다. 국내 무선랜 주파수 분배는 2001년 6월 26일 2.4 GHz ISM 주파수 대역(83.5 MHz : 2400 ~ 2483.5 MHz)에서 무선랜 서비스를 허용하였다. 이후 2004년 11월 3일 5 GHz 주파수 대역에서 무선접속시스템(WAS)용으로 380 MHz(5150 ~ 5350, 5470 ~ 5650 MHz)를 추가로 분배하였다. 우리나라도 각국의 무선랜 주파수 할당 동향을 고려하여 2020년 10월 5925 ~ 7125 MHz 주파수 대역을 무선랜 주파수로 추가 할당하였다.

무선랜 주파수의 채널 계획은 2.4 GHz 대역은 22 MHz 단위로 14개의 채널을 정의하고 5 MHz 단위로 겹쳐 사용하고 있다. 1, 6, 11번 채널은 간섭을 상호 완전히 피하도록 배치하였다. 중심주파수로부터 ±11 MHz 지점은 중심주파수의 최대 전력으로부터 20 dB 이상 감소하도록 하여 채널 간 간섭을 제한하고 있다. 5 GHz 주파수 채널 계획은 5 MHz 단위로 채널번호를 설정하고 34번, 38번 등과 같이 20 MHz 간격으로 겹치지 않게 채널을 설정하여 사용하고 있다.

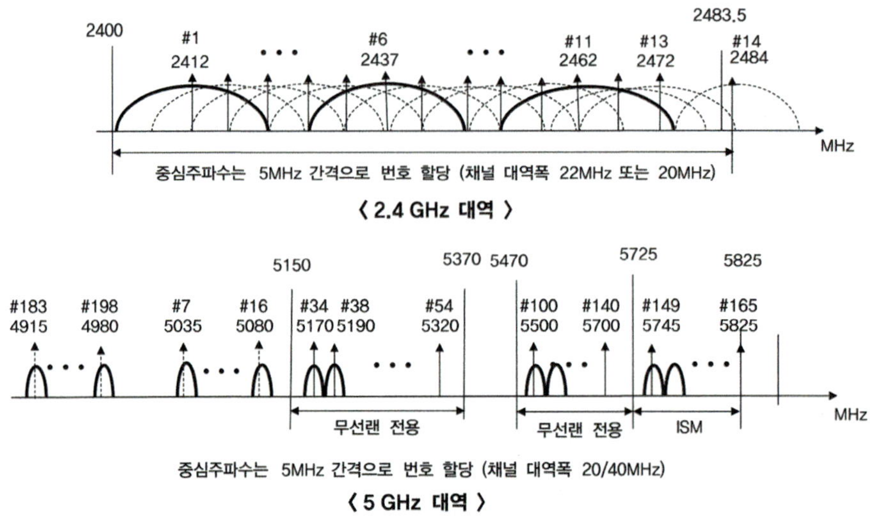

〈그림 3-36〉 무선랜 주파수의 채널 계획

(3) 특징

무선랜 서비스는 2000년대 중반 이후 가정 및 SOHO(Small Office Home Office)에서 이용이 일반화되었다. 무선랜 서비스가 일반 사용자들에게 익숙해지면서 호텔 · 공항 · 지하철 등 공공 시설에서 자체적으로 무선랜 기지국을 세워 무료 서비스를 제공하기 시작하였다. 2010년대 이후 유무선 통합서비스의 핵심 역할로 부각되었다.

통신 사업자들(KT, SKT, LGU+)은 도심 밀집지역, 지하철 등 통화량 밀집지역을 중심으로 경쟁적으로 서비스 영역을 확대하면서 무선랜 기술과 셀룰러 기술을 통합하였다.

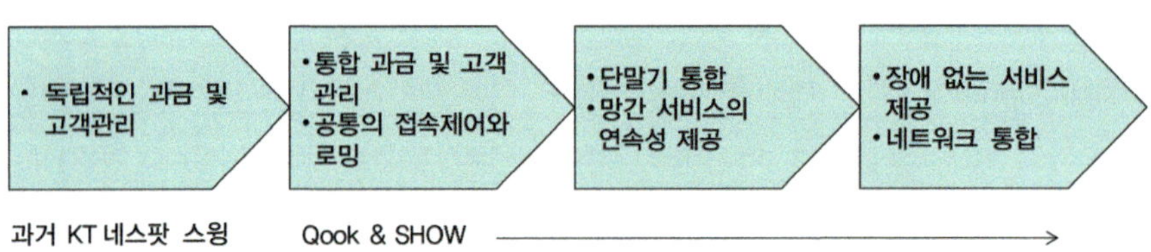

〈그림 3-37〉 무선랜 기술과 셀룰러 기술에 통합 과정

(4) 특징

가. 시스템 구성

무선랜 시스템은 유선랜의 허브(Hub) 역할, 원거리 중계전송용 브릿지(Bridge) 역할, 셀룰러 브릿지 역할 등의 역할을 수행한다.

유선랜의 허브는 무선랜카드를 장착한 이동단말과 유선망과의 무선접속을 수행하는데, 보통 AP당 20대 ~ 30대 단말을 접속할 수 있다. 서비스 커버리지는 약 20 ~ 150 m(출력 50 mW 기준)이다. 그림으로 나타내면 다음과 같다.

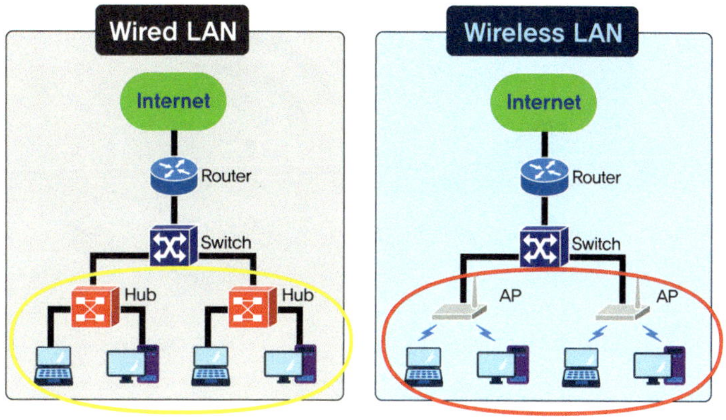

〈그림 3-38〉 유선랜의 허브 역할

원거리 중계전송용 브릿지 역할은 두 개의 건물 사이를 1 : 1 혹은 1 : N 연결하는 데 외부의 고이득 안테나(External high gain antenna)가 필요하다. 이를 그림으로 나타내면 다음과 같다.

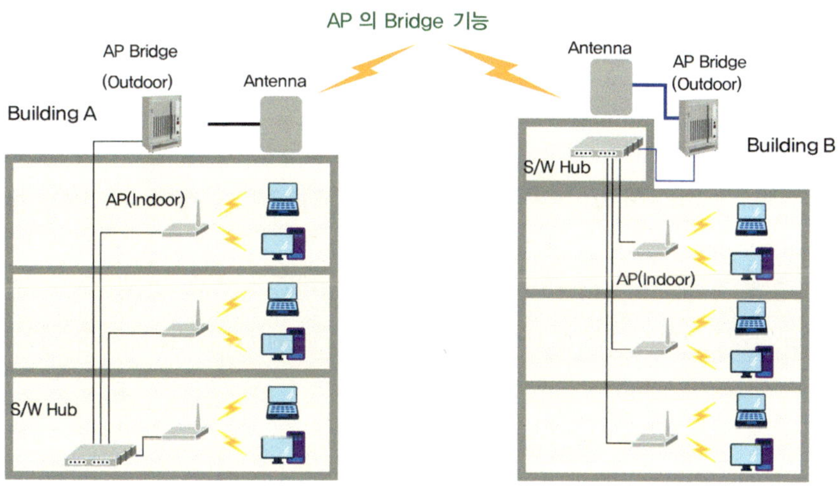

〈그림 3-39〉 원거리 중계전송용 브릿지 역할

셀룰러 브릿지 역할은 일반 무선랜 AP에 연결되는 인터넷 회선(유선)을 셀룰러(5G / 와이브로)로 대체한 소형 휴대용 무선랜 AP이다. 최근 지하철에 5G 기지국을 설치하고 5G 신호를 받아 무선랜 신호로 변환하여 와이파이 서비스를 제공한다. 또한 이용자가 휴대하면서 어디서든 자신의 무선랜 단말을 이용할 수 있다. 셀룰러 브릿지의 예로 SKT의 와이브로 브릿지, KT의 에그(Egg) 등이 있었으며 실제 장비는 다음 그림과 같다.

〈 SK텔레콤 와이브로 브릿지 〉 〈 KT 에그(Egg) 〉

〈그림 3-40〉 셀룰러 브릿지 역할

나. 시스템 규격

IEEE는 초기에는 CDMA를 기반하여 2.4 GHz 대역을 사용하여 2 Mbps까지 전송할 수 있는 기존의 802.11, 기존 변복조 기술을 일부 변경하여 11 Mbps까지 전송할 수 있는 802.11b를 표준화하였다. 이후 고속 데이터를 위해 OFDM을 이용하여 5 GHz 대역에서 54 Mbps까지 전송할 수 있는 802.11a, 2.4 GHz 대역에서 5 GHz의 무선랜 기술을 적용하여 54 Mbps까지 전송속도를 높인 802.11g, 채널 대역폭과 다중안테나 기술을 적용하여 600 Mbps까지 전송속도를 높인 802.11n, 채널 대역폭을 넓혀 전송속도를 1.3 Gbps까지 전송속도를 높인 802.11ac, 60 GHz 주파수 대역에서 초광대역 채널로 7 Gbps까지 전송속도를 높인 802.11ad, 7 GHz로 확대된 대역(5925 ~ 7125 MHz)에서 전송속도를 9.6 Gbps까지 전송속도를 높인 802.11ax를 표준화하고, 60 GHz 주파수 대역에서 초광대역 채널로 30 Gbps까지 전송속도를 높인 802.11be 등을 표준화할 예정이다. 무선랜 시스템의 출력은 10 mW ~ 200 mW 수준의 소출력으로 서비스 반경은 약 200 m 이내이고 국내의 경우 10 mW/MHz로 정해져 있다.

<표 3-7> 무선랜의 표준

구분	IEEE 표준							
	802.11	802.11b	802.11a	802.11g	802.11n [Wi-Fi 4]	802.11ac [Wi-Fi 5]	802.11ax [Wi-Fi 6/6E]	802.11be (Wi-Gig) [Wi-Fi 7]
주파수대역(GHz)	2.4	2.4	5	2.4	2.4/5	5	2.4/5/6	60
채널 대역폭(MHz)	22	22	20	20	20/40	20, 40, 80, 160	20, 40, 80, 160	320
변조방식	~4GFSK	~QPSK	~64QAM	~64QAM	~64QAM	~256QAM	~1,024QAM	~4,096QAM
무선 접속방식	FHSS/DSSS	DSSS	OFDM	OFDM	OFDM	OFDM	OFDM	OFDM
안테나송수신	1×1	1×1	1×1	1×1	4×4	8×8 (down only)	8×8 (down/up)	16×16
전송 속도(Mbps)	2	11	54	54	~600/40MHz /4안테나	~867/160MHz /1안테나	~1200/160MHz/ 1안테나	[30,000]
전력(실내/실외)(W)	0.2 / –	0.2 / –	0.2 / 1	0.2 / –	0.2 / 1	0.2 / –	0.2 / –	
거리(실내/실외)(m)	20 / 100	35 / 140	35 / 140	38 / 120	70 / 250	35 / –	35 / –	
승인시기	1997.6	1999.9	1999.9	2003.6	2009.10	2013.12	2012.12	2024년 초
기타 표준화 내용	• 802.11af(white-Fi) : 700MHz 대역 TV white space(2014.2) – 채널 6, 7, 8MHz(약 20~30Mbps) • 802.11ah : 1GHz 미만 비면허대역(2016.3) • 802.11e : QoS 보장을 위한 MAC 강화(2005) • 802.11p : WAVE 규격(차량 무선 액세스)(2010.7) • 802.11i : 보안을 위한 MAC 강화(2004.6)							
매체접근제어 (MAC)	CSMA/CA(Carrier Sense Multiple Access / Collision Avoidance)							

다. 무선 기술

1) 다중접속 방식에 의한 분류

무선랜의 다중접속 방식은 초기 802.11에서 CDMA 방식인 FHSS(Frequency Hopping Spread Spectrum), DSSS(Direct Sequence Spread Spectrum)이 함께 이용되었다가 802.11b에서 개선된 DSSS로 통일되어 표준화되고 802.11a/g/n/ac/ad 등에서는 고속의 데이터 전송에 적합한 OFDM(Orthogonal Frequency Division Multiplexing) 방법이 적용되었다.

● FHSS(기본 개념은 이후 제5장에서 자세히 설명)

정보를 송신할 때 수시로 주파수 대역을 변경하여 송신함으로써 원하지 않는 상대방이 주파수 대역의 변경 순서를 알지 못하면 수신하지 못하도록 하는 방법이다.

주요 특징은 다음과 같다. ① 주기적으로 주파수 도약하며 특정주파수에 신호가 존재한다. ② 전력 소모가 적으며 페이딩에 약하다. ③ 빠른 주파수 합성기가 필요하다. ④ 전송속도는 1 ~ 2 Mbps이다. ⑤ 변조방법은 2GFSK(1 Mbps), 4GFSK(2 Mbps)를 이용한다. ⑥ 도약 시퀀스는 22 patterns/set을 이용한다. ⑦ 도약 채널수는 79 채널이다.

● DSSS(기본 개념은 이후 제5장에서 자세히 설명)

데이터로 변조된 반송파를 확산 부호(PN)를 이용하여 다시 변조하여 스펙트럼대역을 확산시켜 전송하고 수신측에서 역확산 부호를 이용하여 복조하는 방식이다.

이 방식의 주요 특징은 다음과 같다. ① 기저대역(baseband)에서 확산되어 확산대역에 신호가 존재한다. ② 간섭에 강하고 보완성이 높다. ③ 전력소모가 크고 페이딩에 강하다. ④ 변조방법은 초기 BPSK(1 Mbps), QPSK(2 Mbps)를 이용하였다가 802.11b에서는 CCK(Complementary Code Keying)라는 다중 위상 코드를 갖는 sequence와 함께 사용하는 QPSK 방식(5.5, 11 Mbps)을 사용한다. ⑤ 확산코드는 Barker sequence(11 chip)와 CCK(8 chip)를 이용한다.

● OFDM(기본 개념은 이후 제7장에서 자세히 설명)

802.11a/g/n/ac/ad 등에서는 무선접속 방식으로 고속 데이터 전송에 적합한 OFDM 방식을 이용한다. OFDM은 상호 직교성을 갖는 다수의 부반송파를 이용해 전송대역을 여러 개의 대역폭이 작은 부채널로 나누어 병렬로 전송한다.

이 방식의 주요 특징은 다음과 같다. ① 주파수 측면에서 여러 개의 부채널을 겹쳐 보내므로 주파수 효율을 높인다. ② 각각의 주파수는 균일한 페이딩을 겪게 되어 다중 경로 페이딩의 영향을 덜 받는다. ③ 주파수 및 시간 동기에 대해 매우 민감하다. ④ 변조방법은 802.11b에서 적용한 BPSK, QPSK뿐만 아니라 16QAM, 64QAM, 256QAM까지 높은 전송 효율을 갖는 다양한 변조방식을 이용한다.

2) 데이터 전송 방식

저속의 LAN에서는 ALOHA 방식이 사용되고 고속의 LAN에서는 IEEE 802.3 표준인 CSMA/CD(Carrier Sense Multiple Access / Collision Detection), IEEE 802.4 표준인 토큰 버스, IEEE 802.5 표준인 토큰링 방식이 사용된다. IEEE 802.11은 무선랜을 위한 새로운 망접속 방식을 정의하고 있는데, 유선랜과의 호환성을 위해 IEEE 802.3 표준인 CSMA/CD와 유사한 방식으로 프로토콜을 개발하였으며 이를 CSMA/CA(Carrier Sense Multiple Access / Collision Avoidance) 방식이라 한다.

● ALOHA 방식

무선 LAN의 다중접속 프로토콜 중에서 가장 기본이 되며 일부 수정하여 유선 LAN에 적용한 것이 이더넷이다. ALOHANET은 미국의 하와이 대학교에서 1970년부터 사용한 무선으로 데이터를 교환한 최초의 패킷 통신망이다. ALOHA는 전송할 패킷이 생기면 즉시 채널로 송신하고 일정한 시간이 지난 후에도 응답(ACK)이 없으면 재송출하는 방법으로 이더넷과 같이 채널상태를 계속 감지하는 기능은 없다. 패킷 전송 시점에 따라 다음 두 가지 방식이 있다.

① pure ALOHA : 아무 때나 패킷을 전송할 수 있으며 최대 효율은 18%이다.

② Slotted ALOHA : 각 노드에서 패킷 전송을 특정 슬롯 시간으로 제한한 방법으로 36%의 최대 효율을 갖는다.

● CSMA/CA 방식

분산제어방식으로 다른 노드가 전파를 전송하고 있는지 확인한 후 전송하는 노드가 없는 경우 데이터를 송출하는 방식이다. 이 방식은 패킷의 오버헤드가 적으나 전송데이터 충돌을 처리할 수 있는 제어방법이 필요하다. 따라서 이더넷의 CSMA/CD에서는 송출 패킷의 충돌을 감지하나 전파에서는 충돌 여부를 알 수 없으므로 CSMA/CA라는 단순화된 방법을 사용한다. 이 방식은 항상 전파가 전송되고 있는가를 감지해야 하므로 전력소비가 많으나 저렴한 가격으로 무선 LAN을 구성할 수 있다.

CSMA/CA 방식의 동작원리는 다음과 같다. ① 데이터를 전송할 단말은 무선 링크가 사용하고 있는지를 먼저 확인한다. 만약 링크가 사용 중이면 불규칙적인 시간 동안 대기한 후 다시 시도한다. 이후 무선 링크가 사용되지 않음이 판단되면 RTS(Request To Send)라는 제어 메시지를 송신한다. RTS 메시지에는 수신측 주소와 전송시간이 적혀 있는데 이를 통하여 무선 링크를 사용하고자 하는 주변 단말들은 얼마동안 기다려야 하는지 예측할 수 있다. ② RTS를 받은 단말은 충돌 위험이 없을 경우에만 CTS(Clear To Send)라는 메시지를 송신 단말에 전송한다. ③ CTS를 받은 RTS 메시지의 송신 단말은 충돌에 대한 걱정 없이 데이터를 보낸다. ④ 데이터에 대한 ACK 신호를 받지 못하면 일정 수만큼 데이터를 재전송한다.

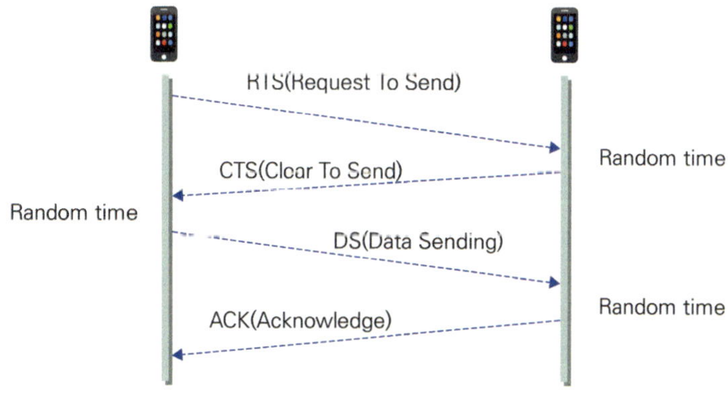

〈그림 3-41〉 CSMA/CA 망접속 절차

라. 무선랜의 기술적 과제

● 서비스 품질의 모니터링

현재의 무선랜은 2.4 GHz의 ISM 대역을 이용하므로 함께 대역을 이용하는 다른 무선기기 혹은 전파기기와 혼신이 발생할 가능성이 있다. 따라서 개방형 주파수 대역을 이용하는 무선랜 서비스에 대해서는 안정적 통신환경 마련이 필요하다.

● 소출력 무선기기에 대한 관리

무선랜 기기는 소출력으로 별도의 무선국허가 등의 관리절차가 없으므로, 규제 방법은 형식 검정 및 형식등록에 국한된다. 따라서 시장에 출시하기 이전과 이후 단계에 대해 철저한 관리가 필요하다.

● 보안문제의 해결

1997년 무선랜 도입과 함께 적용된 IEEE 802.11 WEP(Wired Equivalent Privacy) 보안체계는 많은 약점이 있어 2003년에 WPA(WiFi Protected Access), 2004년에 WPA2로 보안 체계를 강화하였다. 하지만 IEEE는 무선 구간의 보안 체계의 중요성이 커져가고 있음을 반영하여 보안 연구 그룹을 구성하여 지속적으로 보안 체계를 강화해 나가고 있다.

(5) 전망

무선랜은 다양한 형태로 통신서비스를 제공하고 있다. ① 학교 · 병원 · 기업 등의 특정 공동 작업 공간에서 인터넷 접속을 제공한다. ② 호텔 · 공항 · 식당 · 대학 등 인구밀집도가 높은 공공장소(Hot Spot)에서 이동 사용자의 인터넷 접속을 제공한다. ③ 가정 · SOHO 등의 고정된 장소에서 인터넷 접속을 제공한다.

무선랜은 IP계층을 용이하게 지원하기 때문에 All-IP망을 기반으로 개발된 4세대 이동통신과의 통합과 융합 서비스 제공이 용이하였다. 2010년 이후 4세대 이동통신망과 통합 연동되면서 무선랜은 유무선통합서비스(FMC)의 핵심 기술이 되었다. 무선랜은 5세대 이동통신에서 다양한 전파환경의 IoT 서비스 환경을 구축하는 네트워크 기술로 발전할 것이다.

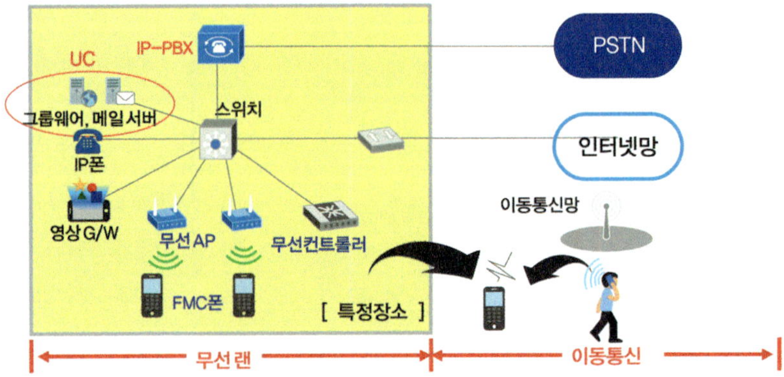

〈그림 3-42〉 무선랜의 서비스 전망

3.3.3 위치기반서비스

(1) 개요

위치기반서비스는 무선통신기술과 위치측정기술을 이용하여 사람과 사물의 변경되는 위치를 정확히 측정하여 특정 정보를 사람과 사물에게 콘텐츠를 제공하는 서비스이다.

무선통신서비스의 이동성과 멀티미디어화가 강화되면서 긴급 구조, 차량 확인, 미아 찾기, 주문 배달, 증강현실에 의한 소셜 게임, 자산 관리, 공정 관리, 자율주행 등 사람과 사물의 위치에 기반한 서비스가 다양한 산업 분야로 확대되고 있다.

가. 위치기반서비스를 위한 위치 측정 공간 확대

가시환경(Line of Sight)와 비가시 환경(Non LoS)뿐만 아니라 실외, 실내 등 다양한 전파환경에 적합한 기술을 이용한다.

1) GNSS 기반 기술(GPS, 갈릴레오, GLONASS, BeiDou)
   광역 위치 측정이 가능하나 실내 측정 불가
2) 이동통신기반 기술
   5G, MIMO 기술, 밀집도, 광대역 등으로 위치 및 방향의 정확도가 높아짐
3) 무선랜(WLAN/WiFi) 기반 기술
   근거리 실내통신으로 실내 위치 측정
4) RFID(Radio Frequency Identification)기반 기술
5) 블루투스 기반 기술
   근거리 실내통신으로 실내 위치 측정 : 측정 오차가 수십 cm, 배열안테나 사용
6) UWB 기반 기술
   근거리 실내 통신으로 실내 위치 측정 : 측정 오차가 수 cm, 높은 시설비
7) 적외선 기반 기술
   근거리 실내 통신으로 실내 위치 측정 : 측정 오차가 수 cm, 높은 시설비

나. 위치측정의 정확도를 높이는 측위 기술

1) RSSI(Received Signal Strength Indicator) 기술 : 실내 측위 기술에 활용
2) TOA(Time of Arrival) 기술 : 실내 측위 기술에 활용
3) TDoA(Time Difference of Arrival) 기술 : 실내 측위 기술에 활용
4) AoA(Angle of Arrival) 기술 : 실내 측위 기술에 활용
5) Sensor 기술 : 이동하는 사물(스마트폰, 자율자동차 등) 내부에 관성항법시스템(INS : Inertial Navigation System), 영상(Camera Vision), 지자기센서 등을 갖추고 GNSS와 같은 시스템과 융합하여 위치 측정의 정확도를 높임

6) 인공지능과 융합한 측위 기술

관성항법시스템, 실내 전파 특징 데이터(핑거프린트), 영상(Camera Vision) 측정 데이터 등을 기계 학습과 연계하여 정확도를 높임

다. 다양한 위치 측정 환경

1) 관성항법시스템
- 가속도, 자이로(방향), 지자계를 이용하여 시작점으로부터 3차원 공간 변경 위치 측정

2) GNSS 위성을 이용하여 위치 측정

3) 이동통신 기지국에 저장된 단말의 위치정보 등을 이용

4) 삼각 측정법으로 위치 측정
- 전파를 이용하여 3곳에서 같은 거리의 접점으로 위치 측정

5) 실내에서는 Cell ID, RSSI, ToA, TDoA, AoA, 핑거 프린트 등을 이용하여 위치 측정

라. 서비스 개념도

위치기반서비스는 크게 측위기술(LDT : Location Determination Technology), 위치처리 플랫폼(LEP : Location Enabled Platform), 위치 응용 프로그램(LAP : Location Application Program) 등 3가지로 나누어진다.

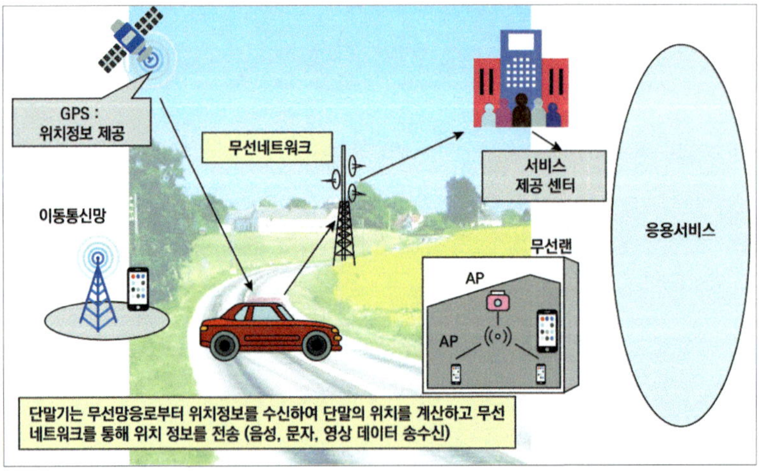

〈그림 3-43〉 위치기반서비스 개념도

(2) 국제항행위성시스템(GNSS)

위성을 이용한 위치측정방법 GNSS : Global Navigation Satellite System은 세계적으로 운용할 수 있는 미국, 러시아, 중국, 유럽의 4개 시스템과 자국에서 운용할 수 있는 인도(NavIC)와 일본(QZSS)의 2개 시스템이 있다. 세계적인 시스템의 통신 방식 중 GPS, 베이두, 갈릴레오

시스템은 CDMA 방식이고, 글로나스는 FDMA&CDMA 방식이며, 인도 및 일본의 시스템의 통신 방식도 CDMA 방식이다.

① 미국의 GPS

1978년 첫 번째 위성을 발사하여 1994년부터 전 세계적으로 이용. 24개 계획 총 30개 운용

② 러시아의 글로나스[GLONASS]

1982년 첫 발사하여 1995년 완료. 총 24개 위성 운용

③ 중국의 베이두[BeiDou]

2000년 BDS-1 첫 번째 위성 발사, 2011년 BDS-2 서비스 시작, 2018년 12월 BDS-3 글로벌 서비스 시작, 2020년 6월 BDS-3 완성(총 30개 MEO 위성, 5개 GEO 위성 중 MEO 24개, GEO 3개 운용 - 8개는 예비)

④ 유럽의 갈릴레오 시스템[Galileo Positioning System]

2002년 민간용으로 계획 수립, 2011년부터 위성을 총 30개(예비위성 6개 포함)를 발사하는 계획. 2016년부터 서비스 시작, 2021년 완료(총 24개 위성 운용 - 6개는 예비)

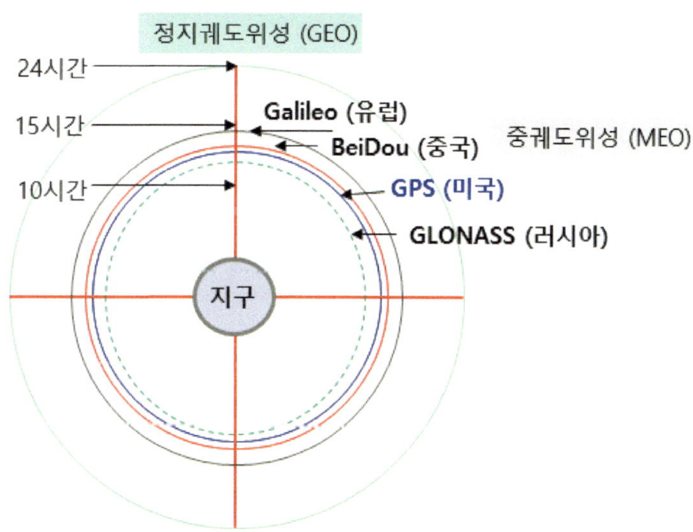

〈그림 3-44〉 세계적인 GNSS 시스템

(3) GPS(Global Position System)

가. 개요

1973년부터 미국 공군의 주도로 개발이 시작되었으며, 1978년에 NAVSTAR(NAVigation System with Timing and Raging)라고 불리는 첫 번째 GPS 위성이 발사되었고, 1985년까지 총 11개의 1세대 실험용 위성(Block Ⅰ)이 발사되었다. 이어서 1989년부터 2세대 실험위성(Block Ⅱ)이 발사되기 시작하여 1995년부터 총 24개의 2세대 GPS 위성이 지구 주위를 돌고

있는 위성항법시스템이다.

NAVSTAR GPS는 20,183 km 상공의 24개 위성이 12시간 주기로 지구 궤도를 운행하는 것을 이용하여 범세계적으로 위치를 결정할 수 있는 측위 시스템으로, 텔레매틱스처럼 실외 환경에서의 응용서비스에 적합하다.

GPS는 위성부(space segment), 제어부(control segment), 그리고 사용자부(user segment)로 구성된다. 제어부는 GPS 위성의 각종 상태를 관측하고 제어하는 역할을 수행하는 지상 시설로서 1개의 주제어국과 백업 제어국, 그리고 5개의 관제국으로 구성되어 있다. 위성부는 〈그림 3-43〉과 같이 55°의 경사각을 갖는 6개의 궤도상에 분포하고 있고, 전 세계 어디서나 항상 4개 이상의 위성이 보이도록 구성되어 있으며 일반적인 가시위성의 개수는 6 ~ 8개이다. 또한 위성부는 L1, L2 두 개의 반송파를 이용하여 신호를 송신하고 있으며, 일반적인 상용 수신기에서 사용하는 신호는 L1(1575.42 MHz) C/A코드신호로서 PRN(pseudo-random noise) code로 1.023 MHz로 주파수확산(spread spectrum)되어 있어 재밍(jamming)에 강하다. 군사용인 경우 L1(1575.42 MHz) C/A코드신호 및 L2(1227.6 MHz) P code 두 개를 모두 사용하여 보다 정확한 위치측정이 가능하다.

GPS는 각 위성에서 발사된 전파의 진행 시간을 측정하여 위치를 구하는 TOA(time-of-arrival) 방식으로 측정할 수 있도록 설계되어 있으며, 위치나 속도정보뿐만 아니라 정확도 100 ns 이하의 정밀한 시각정보를 제공할 수 있다. 최근 GPS 수신기는 8 ~ 16개의 채널을 가지고 있어서 여러 개의 위성에 대한 추적을 동시에 수행할 수 있도록 되어 있고 주파수 추적 및 코드 추적을 2차원적으로 수행한다. 신호 추적이 성공적으로 이루어지면 위성에서 제공하는 항법메시지로부터 각종 위성정보를 획득한다. 이와 같이 구한 위성정보와 신호 추적 시 얻은 의사거리 및 의사거리 변화율을 항법 프로세스에 전달하고 위치 및 속도를 구하게 된다.

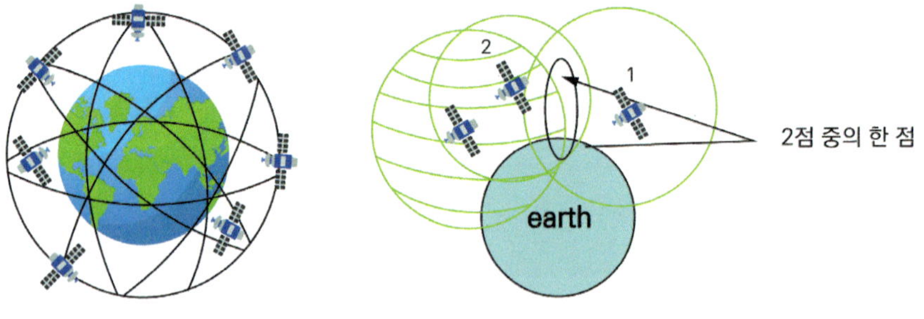

〈그림 3-45〉 GPS의 원리

GPS로부터 위치를 측정하는 방법은 다음과 같다. 수신기로 GPS 신호를 받아 위성이 보낸 위치와 속도 그리고 시간을 확인하고 자신의 위치와 속도와 시간을 비교한다. 전파는 빛의 속도로 이동하므로 시간차를 통해 위성 궤도 중심으로 거리를 나타내면, 상기 그림과 같이 구 모양이 나오고 여러 위성으로부터 데이터를 받으면 여러 개의 구면이 서로 겹쳐 보인다.

이때 서로 3개의 위성이 만나는 점은 2개가 나오는데 지면에 있다고 가정하면 3개로서 추정할 수 있다. 하지만 자신의 위치가 3차원 공간에 있다면 4개의 위성이 필요하게 된다. 4개 이상의 의사거리 및 도플러 측정치가 얻어지는 경우 최소자승법이나 칼만 필터 등을 이용하면 위치, 속도, 시각추정치를 얻을 수 있다. 한편 2~3개의 위성으로부터 전파가 수신되는 경우에도 수신기 시계 바이어스나 고도를 고정시킴으로써 측위가 가능하며, 이러한 경우에는 측위 정확도가 저하된다. 한편 GPS 신호로부터 의사거리를 구할 때 위성시계 오차, 위성궤도 오차, 대기층 지연, 다중경로, 수신기 잡음 등에 의해 25 m 정도의 수평오차가 발생한다. 이와 같은 오차를 줄이기 위해 지상에 위치하여 보정하는 지구국(기준국)을 설치하여 오차를 보정하는데, 이것을 DGPS Differential GPS라고 한다. 기준국은 위도와 경도를 이미 알고 있어 4개의 위성으로부터 신호를 수신하여 얻어진 위치 정보와 자신의 실제 위치 정보를 비교하여 오차를 확인할 수 있다. 기준국이 오차 정보를 같은 위성들로부터 위치정보를 수신한 GPS 수신기에 전달하여 오차를 보정한다.

나. GPS의 주파수 할당

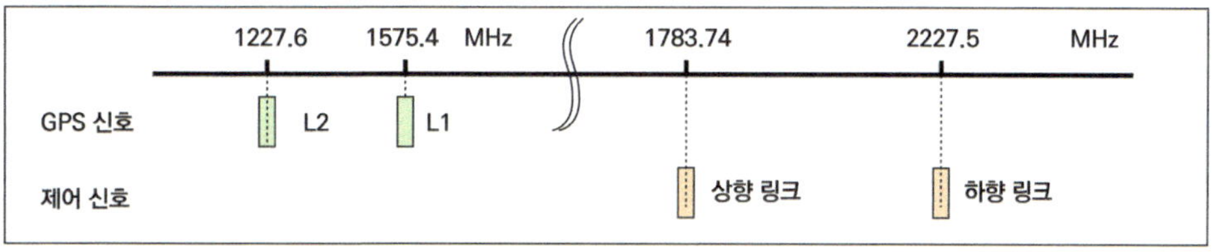

〈그림 3-46〉 GPS 주파수 할당

다. GPS 시스템 구성

GPS 망의 구성도를 나타내면 다음 그림과 같다.

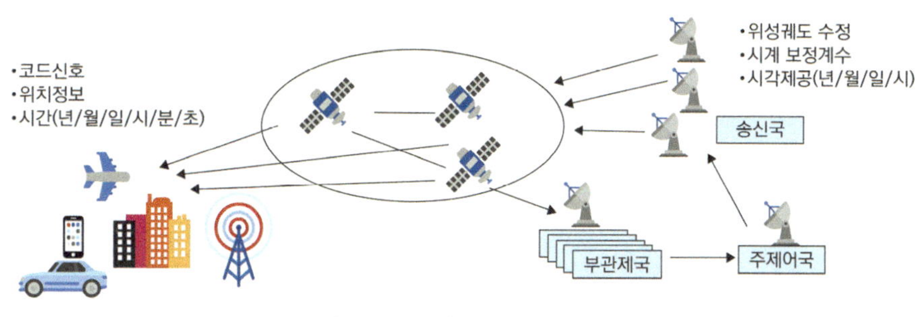

〈그림 3-47〉 GPS 시스템

우주 부분은 20,183 km 상공에 경사각 55도, 궤도 이심율 0.003의 타원으로 총 24개(3개 예비)로 구성하고 세슘, 루비듐 시계를 각 2개씩 장착하여 정밀 시각을 유지하고 있다. 그리고

PRN(Pseudo Random Noise) 코드를 발생하여 위성 구분한다. 현재 운용 중인 Block II는 1,667 kg에 7.5년의 수명을 가지고 있으며, 2개의 태양 전지판으로 600 W의 전력을 생산할 수 있다.

사용자 부분은 GPS 수신기, 안테나, S/W로 구성되어 위성 신호를 추적하여 위치, 속도, 시각을 측정한다. GPS 수신부는 고주파를 저주파로 변환하는 고주파부, 스펙트럼 확산된 신호를 원래의 신호로 복원하는 신호처리부, 내비게이션 메시지, C/A code, 시간을 사용자의 목적에 따라 위치, 속도, 시간으로 나타내는 마이크로 컴퓨터로 구성된다. 수신기는 C/A(1.023 MHz)와 P-code(10.23 MHz)를 만들어 위성으로부터 수신된 코드와 저장된 코드를 비교하여 동조한다.

제어 부분은 주 관제국(MCS : Master Control System), 부 관제국(MS : Monitor Station), 지상 송신국(GA : up-link Ground Antenna)으로 구성되어 있다. 미국의 콜로라도 스프링스(Colorado Springs) 팔콘 공군기지에 위치한 주 관제국은 GPS 전체 시스템을 관리, 통제하고 부 관제국으로부터 자료를 받아 궤도 유지에 필요한 자료처리와 항법메시지를 만든다. 5개의 부 관제국은 모든 GPS 위성 추적 및 위성까지의 거리와 거리 변화율을 측정하고 이 데이터는 주 관제국으로 보내진다. 3개의 지상송신국은 위성과 S-band(uplink 1783.74 MHz, downlink 2227.5 MHz)로 통신하고 위성 제어신호와 주 관제국의 항법메시지를 위성으로 보낸다. Block II 위성은 위성 간의 전송도 가능하고 주 관제국에서 직접 위성으로 정보를 송신한다. GPS 서비스에는 일반인에게 제공되는 SPS(Standard Positioning Service)와, 군사용으로 개발되어 암호화시킨 PPS(Precise Positioning Service)가 있다. SPS는 당초 미국 국방성에 의해 일반인 서비스의 정확도를 떨어뜨리기 위해 SA(Selective Availability)를 사용하였으나 2002년 해제함으로써 당초 100 m 정도였던 정확도가 25 m 정도로 줄게 되었다.

라. GPS를 이용한 서비스

GPS 응용서비스로 이동체 위치 파악 및 원격 감시를 이용한 텔레매틱스, 교통상황 및 도로상태 파악, 교정시설인 교량 · 댐 · 수원지 등의 감시, 희귀동물(곰 · 호랑이 등) 추적감시로 밀렵 예방 등이 있다.

(4) 위치측정기술의 종류

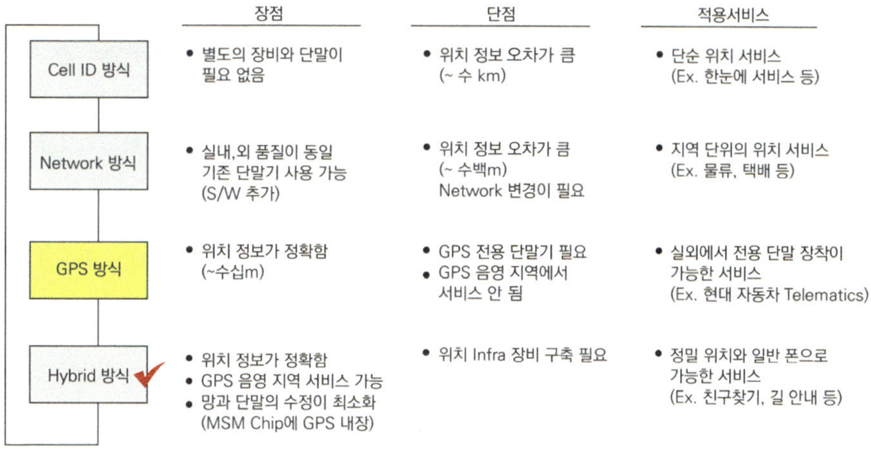

〈그림 3-48〉 위치측정기술의 비교

가. Cell ID 방식

Cell ID 방식은 통화할 때 저장된 위치 등록된 정보를 기반으로 해당 접속 기지국의 ID를 확인하는 방법이다. 이러한 방법은 위치오차가 매우 크다.

나. 네트워크 방식

네트워크 방식은 기지국들이 송수신하는 신호를 이용하여 삼각법으로 위치를 구하는 방법이다. 무선망측위는 위치를 계산하는 주체에 따라 자가측위(self positioning)와 원격측위(remote positioning)로 구분하는데, 자가측위는 순방향 링크를 이용하여 사용자가 위치를 구하는데 반해, 원격측위는 역방향 링크를 이용하여 각 기지국에서 전파를 수신한 후 특정 측위서버로 보내어 위치를 알아내는 방법이다.

무선망측위는 사용하는 측정치에 따라 AoA(angel of arrival), ToA(time of arrival), TDoA(time difference of arrival)로 구분한다. AOA는 전파가 수신되는 각도를 구하기 위하여 배열 안테나(array antenna)가 필요하며, 원격측위 방식에 주로 이용된다. ToA나 TDoA 측위를 위해서는 기지국 간의 시각 동기가 필요하며, 이동통신망의 경우 이미 GPS를 이용하여 기지국 간의 동기가 되어 있다.

무선망측위는 무선망의 송수신 전력이 크기 때문에 실내에서도 측위가 가능하다는 장점이 있지만, NLoS 오차가 커서 GPS보다 위치 정확도가 떨어진다는 단점이 있다. 또한 ToA나 TDoA를 이용하는 2차원 측위를 위해서는 3개 이상의 기지국 신호를 수신할 수 있는 능력을 제공하기 위해서 기지국의 증설이나 기지국 신호의 전력증대 및 버스트 신호의 이용 등이 필요하다는 문제점이 있다.

다. GPS 방식

GPS로 이용한 위치 측정 방식은 앞에서 설명하였다. 한 가지 추가할 것은 GPS 위치 측정 방식은 지하로 들어가는 등 위성이 보이지 않는 곳으로 들어가면 위치측정이 곤란하다는 것이다. 그래서 이동통신 업체는 기존의 이동통신망과 GPS망을 결합한 하이브리드 방식을 선호하고 있다.

라. 하이브리드(Hybrid) 방식

일반적인 GPS 수신기는 실내에서는 측위가 불가능하지만 하이브리드(일명 Assisted GPS) 기술을 이용하면 비록 실시간은 아니어도 실내에서도 정지상태의 위치를 구할 수 있다. GPS의 PRN 코드가 1 ms의 주기성을 갖는다는 사실을 이용하여 스냅샷 메모리(snapshot memory)에 수백, 수천 ms의 신호를 저장한 후 여러 주기 동안의 신호를 더함으로써 민감도를 향상시킬 수 있다. 이러한 민감도 향상 및 계산 시간 감소를 위해서는 다음 그림과 같이 무선통신망을 이용하여 위치 서버에 연결된 PDE(position determination equipment)와의 통신이 필요하며, 통신망으로부터 시각 및 주파수 도움을 받는 것이 유리하다.

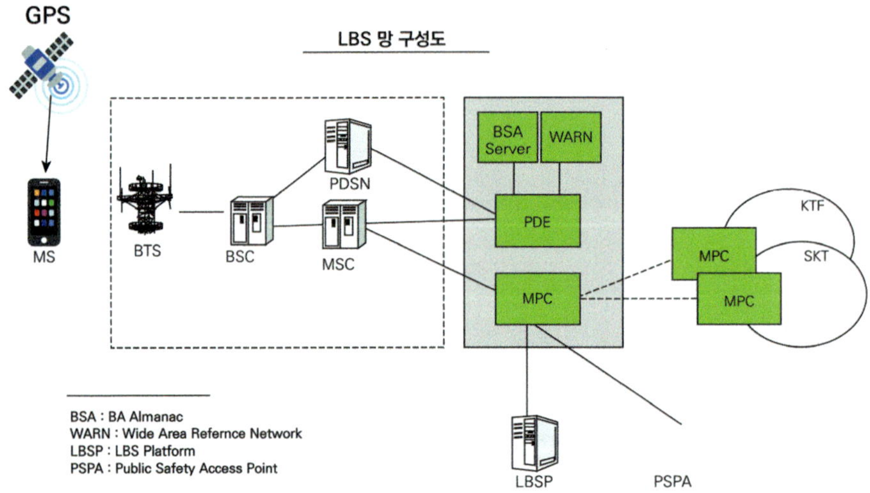

〈그림 3-49〉 위치기반 시스템 구성

(5) 형태

위치기반서비스 형태를 Cell ID 방식과 하이브리드 방식을 비교하면 제공할 수 있는 서비스의 차이를 확인할 수 있다.

〈표 3-8〉 위치기반서비스 형태

구분	서비스	내용	Cell ID	Hybrid
정보	위치알림	내 위치를 간단한 메시지와 지도로 송신	△	⊙
	친구 찾기	찾고자 하는 상대 위치를 확인(나와의 거리)	△	⊙
	Yellow page	고객이 있는 지역의 정보를 제공	△	⊙
안전	E911	위급상황에 단말의 위치를 송신	X	○
	안전운행	차량도난 손상 시 고객위치를 지도로 송신	X	○
	Kids phone	어린이나 노약자들의 위치확인 정보	X	○
상업	광고 / Coupon	특정지역에 있는 고객에게 Coupon 및 사용처 위치정보 제공	X	○
	주문 / 배달	고객에 가장 가까운 가맹점 점포 연결	△	⊙
오락	미팅	이상형 등록 후 Match되는 단말이 일정거리 있을 때 연결	X	⊙
	동호회	관심분야 등록 후 특정지역 번개팅 연결	△	○
	게임	위치와 연관된 Network 게임	△	⊙
추적	Navigation	원하는 Routing 정보를 지도와 제공	X	⊙
	콜택시	가장 가까운 빈 Taxi와 연결	○	⊙
	물류 / 택배	가까운 자원 연결로 효율적인사용	○	⊙
과금	LS 과금	사용자 지정지역에서의 요금할인	○	○
	Event 과금	특정지역, 특정시간대의 요금 할인	○	⊙

3.3.4 지상파 디지털멀티미디어 방송(T-DMB)

(1) 개요

지상파 DMB Terrestrial Digital Multimedia Broadcasting는 단말기 및 압축기술 등의 급속한 발전에 따라 이동 중 차량 및 휴대용 단말기로 다채널의 음성 및 멀티미디어 서비스를 청취/시청할 수 있는 지상 이동 멀티미디어 방송 서비스이다.

ITU는 1992년 지상 DMB의 시스템 요구사항 권고를 채택하고(ITU-R BS.774), 1994년에는 DMB 시스템 권고(ITU-R BS.1114)를 채택하였다. 현재의 지상파 DMB 시스템 요구사항 및 규격안은 각각 권고안 ITU-R BS.774-2, ITU-R BS.1114-2에 있으며 방송 신호 특성 기준은 보고서 ITU-R BS.1203-1에 규정하고 있다.

〈그림 3-50〉 지상파 DMB 서비스 개념

(2) 주파수 할당

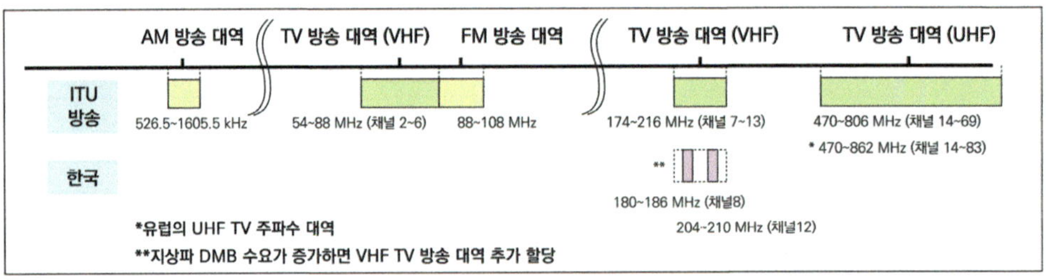

〈그림 3-51〉 지상파 DMB 주파수 할당

세계적으로 지상파 DMB 서비스를 위한 주파수 할당은 기존 아날로그 방송인 AM 라디오, FM 라디오, VHF TV, UHF TV 등이 디지털로 전환하면서 기존 라디오 방송(AM, FM) 주파수의 기능을 오디오 방송에서 데이터 및 정지 화상 기능까지 확대한 지상파 DMB 서비스용으로 변환하거나 기존 아날로그 TV 방송을 디지털로 전환하면서 일부 여유 있는 주파수를 지상파 DMB 전용 주파수로 할당하는 방향으로 진행하였다.

우리나라의 경우 2012년까지 아날로그 TV를 디지털 TV로 전환하면서 UHF 대역(470 ~ 752 MHz)으로 전환하였다. 디지털 전환이 끝난 후 사용되지 않는 VHF TV 주파수(174 ~ 216 MHz)는 일부 지상파 DMB로 분배되었다. TV 1채널(6 MHz)에는 한 사업자에게 1.536 MHz씩 주파수를 할당함으로써 3개 사업자가 이용할 수 있다. 현재 우리나라는 채널 8, 12번을 우선 할당하였으며 수요에 따라 단계적으로 추가 할당할 예정이다. 따라서 1개 채널당 3개 사업자씩 서비스를 할 수 있으므로 2개 채널을 할당한 수도권의 경우 6개 사업자가 있다.

(3) 특징

지상파 DMB 서비스는 기존 아날로그 라디오 방송 서비스를 디지털 라디오 방송 서비스로 개발로부터 시작되었다. 유럽의 디지털 오디오 방송 규격인 'Eureka-147'이 1988 ~ 1994년에 걸쳐 표준화되고 1997년에 차량 및 가정용, 1999년에는 휴대용 수신기가 개발되었으며, 미국은 1990년대에 DAB 표준화를 추진하여 기존 AM, FM 방송의 자연스러운 진화를 위해 기존 방송 채널을 이용한 IBOC(In-Band On-Channel) 방식으로 2002년 하반기부터 서비스를 하고 있다.

2000년대 이후 정보통신 기술이 발전하면서 기존의 디지털 음성서비스를 동영상, 데이터 방송 서비스까지 확대한 지상파 DMB 기술 개발이 본격화됨에 따라 기존 유럽의 DAB 표준을 기반으로 하여 우리나라가 DMB 기술로 발전시킨 DMB-T(Digital Multimedia Broadcasting - Terrestrial), 유럽의 지상파 디지털 TV 기술인 DVB 기술을 이용하여 모바일 TV로 발전시킨 DVB-H(Digital Video Broadcasting - Handheld), 미국의 퀄컴이 셀룰러 망과 연계하여 개발한 모바일 방송 서비스인 MediaFLO, 일본의 DMB인 ISDB-T, IPwireless 사가 셀룰러망인 UMTS 망을 이용한 TDTV 등이 개발되었다. 이와 같은 모바일 방송 서비스는 기존 셀룰러 시스템에서 제공하는 방송서비스와 경쟁/보완 관계이다.

〈표 3-9〉 디양한 지상파 DMB 시스템

구분	지상파 DMB (DMB-T)	DVB-H	Media FLO	ISDB-T	TDTV
주파수 대역	180~186, 204~210 MHz	470~862 MHz	716~722 MHz	470~750 MHz	1900~2010 MHz
대역폭	1536 MHz	6,7,8 MHz	(5), 6, (7,8) MHz	6 MHz (430 KHz)	5, 10 MHz
주파수 효율	1.8 Mbps/1.536 MHz (0.5~1.1 bps/Hz)	10 Mbpo/6 MHz	11.2 Mbps/6 MHz (0.47~1.87 bps/Hz)	312~624/430 KHz	5.32 Mbps (1km) 4.90 Mbps (2km)
서비스 환경	고속이동수신	고속이동수신	고속이동수신 3G N/W과 연동	고속이동수신	고속이동수신 추가 투자 비용 없음
주요 기술	• OFDM(갭필러 포함) • RS, CC • DQPSK • 오디오코딩 : MPEG layer2(MUSIAM)과 MPEG4 BSAC • 비디오코딩 : MPEG4AVC(H.264)	• OFDM/TDM • RS, CC • QPSK, QAM(16, 64)	• OFDM/TDM • Turbo, RS • QPSK, QAM(16) • 오디오코딩 : MPEG4HE-AAC3 • 비디오코딩 : H.264(QVGA)	• OFDM • RS, CC • DQPSK/QPSK/QAM (16,64) • 오디오코딩 : MPEG-2AAC	• UMTS(WCDMA) • TD-CDMA
주요 서비스	• 멀티미디어방송 - 단순 프로그램 선택 - 업로드 이용 다운로드 • 2비디오(548kbps) +1데이터	• 멀티미디어방송 - 단순 프로그램 선택 - 업로드 이용 다운로드 • 20~30비디오 (256kbps)	• 멀티미디어방송 - 단순 프로그램 선택 - 업로드 이용 다운로드 • 19비디오(14.5)	• 멀티미디어방송 - 단순 프로그램 선택 - 업로드 이용 다운로드 • 13비디오(6 MHz 대역에 13개 430 KHz)	• 멀티미디어방송 - 단순 프로그램 선택 - 업로드 이용 다운로드 • 50개 채널 (고화질 15개)
기술개발	ETRI, 삼성전자, LG전자	노키아	퀄컴	NTT, KDDI	IPwireless
표준완성	1995(DAB) /2005.6(DMB), ETSI	2004.11(ETSI)	2004	1999.11	
상용시기	2005.12	2006.5	2007.1 (2011.3 중단)	2006.4	2006 하반기 (시범)

* CC : Convolutional Code, RS : Reed Solomon code, CTC : Convolutional Turbo Code

우리나라는 오디오 서비스를 위한 전송 규격으로 유럽의 Eureka-147을 채택하고 비디오 전송 규격으로 MPEC-4의 비디오 및 음성 압축 기술을 적용한 규격을 추가하여 DMB-T 규격을 표준화하였다.

지상파 DMB는 기존의 방송 서비스를 공동고정 시청/청취 방송에서 개인 이동멀티미디어 방송으로 발전시켰다. 개인 멀티미디어 방송 서비스는 7인치 정도의 소형 TV, PDA(Personal Digital Assistant), 휴대전화를 이용하여 CD 수준의 음성 서비스, 이동 TV 서비스, 증권 정보 · 교통 정보 · 날씨 정보 등의 데이터 방송 서비스 등을 제공 받을 수 있으며 이동통신과 결합된 양방향 디지털 서비스 및 복합적인 단말기 시장을 활성화시킬 것으로 예상된다.

DMB는 DAB(Digital Audio Broadcasting), DSB(Digital Sound Broadcasting), DRB(Digital Radio Broadcasting), DAR(Digital Audio Broadcasting) 등으로도 불리며, 일본에서는 이동체 디지털 음성방송이라고 불린다. 지상파 DMB의 서비스 구성도는 다음과 같다.

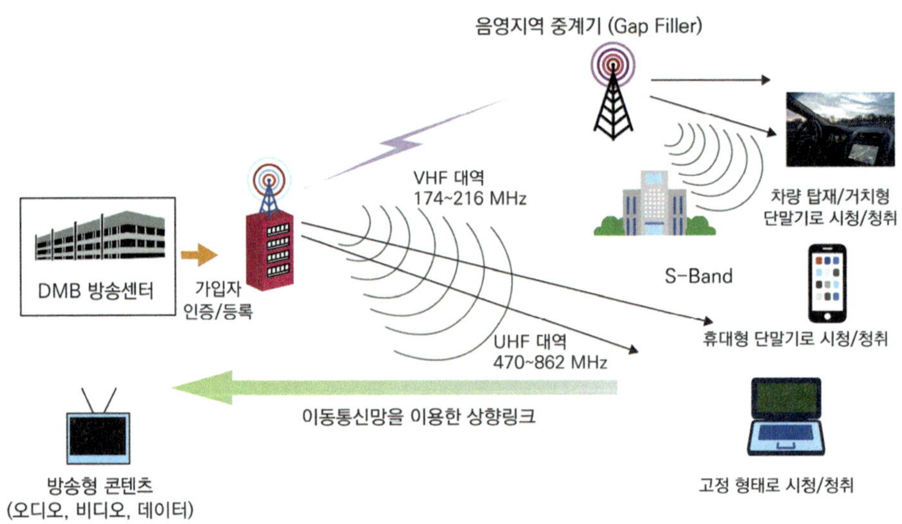

〈그림 3-52〉 지상파 DMB 서비스 구성도

(4) 전망

우리나라는 수도권에 6개 지상파 DMB 사업자를 선정하고 2006년 5월부터 서비스를 제공하고 있다. 6개 지상파 DMB 방송사는 각각 비디오 1 ~ 2채널, 오디오 1 ~ 3채널, 데이터 1 ~ 3채널로 제한된 채널을 가지고 서비스 경쟁을 하고 있으며 이동통신망과 결합하여 저렴한 이동 방송을 제공하고 있다. 지상파 DMB는 방송국당 약 1.8 Mbps의 데이터 전송 용량을 가지고 영상/음성/데이터 방송 채널을 나누어 구성하며, 다음 그림은 초기 지상파 DMB 채널 구성안을 나타내고 있다. 이후 영상 서비스의 수요를 고려하여 방송국에 따라 영상 채널을 2개로 늘리고 오디오 방송 또는 데이터 방송 채널을 축소하였다.

구분		지상파 DMB 방송자					
		KBS	MBC	SBS	YTN-DMB	KDMB	KMMB
Video	채널수	1개	1개	1개	1개	1개	2개
	전송속도 (kbps)	548	548	544	512	548	512
Audio	채널수	3개	3개	3개	2개	2개	-
	전송속도 (kbps)	128	128	128	160	128	-
DATA	채널수	1개	1개	3개	1개	1개	1개
	전송속도 (kbps)	220	220	96(2)/32(1)	320	348	128

〈그림 3-53〉 초기 지상파 DMB 서비스 채널 구성

3.3.5 위성 디지털멀티미디어 방송(S-DMB)

(1) 개요

위성 DMB Satellite Digital Multimedia Broadcasting는 단말기 및 압축기술 등의 급속한 발전에 따라 이동 중 차량 및 휴대용 단말기로 다채널의 음성 및 멀티미디어 서비스를 청취/시청할 수 있는 위성 이동 멀티미디어 방송 서비스이다.

ITU는 DMB를 방송위성의 오디오 방송용으로 할당된 1400 ~ 2700 MHz대역에서의 차량, 휴대용 및 고정형 수신기에 대한 디지털 위성방송을 제공하는 시스템(ITU-R BO.1130-4에 의거)으로 정의하고 있다. 당초 오디오로 정의하였던 서비스는 시대의 변화에 따라 디지털오디오 방송 외에 '오디오 방송 프로그램과 관련된 데이터 서비스' 및 '부가 데이터 서비스'를 제공(ITU-R BO.789에 의거)하도록 하였으며 영상서비스도 추가하게 되었다. 위성 방송 신호 특성 기준은 보고서 ITU-R 955-3에 규정하고 있다.

〈그림 3-54〉 위성 DMB 서비스 개념

(2) 주파수 할당

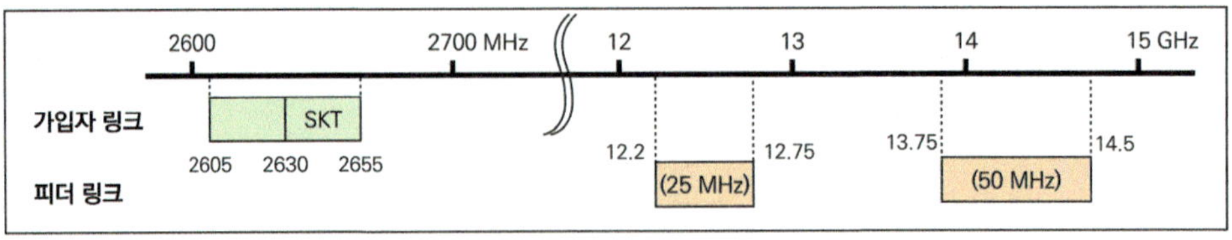

※ 피더 링크는 할당 대역 중 일부 대역 사용
※ SKT 위성 DMB 자회사인 TU 미디어는 2012. 8월 사업 종료 후 주파수 반납하고 이동통신용으로 재분배

〈그림 3-55〉 우리나라의 위성 DMB 주파수 할당

ITU는 1992년 WARC-92 회의에서 위성 DAB용 주파수로 L밴드(1452 ~ 1492 MHz) 및 S밴드(2310 ~ 2360 / 2530 ~ 2655 MHz) 대역을 분배하였다. 이후 2003년 WRC-03에서 2605 ~ 2630 MHz가 우리나라에서 위성 DMB용으로 사용할 수 있게 되었다. SKT 위성 DMB 자회사인 TU 미디어는 2004년 위성을 발사하여 2005년부터 서비스를 시작하였으나 2012년 8월 사업 종료 후 주파수를 반납하였다.

(3) 특징

위성 DMB는 위성을 이용하여 이동 중에 무지향성 수신안테나를 장착한 개인 휴대 단말기나 차량용 터미널로 다양한 멀티미디어 콘텐츠를 전송받을 수 있는 서비스이다. 기존의 고정수신 위성라디오 방송과는 차별화된 이동서비스를 제공하며, 이를 위해서는 별도의 L-Band 또는 S-Band 등을 통해 단말로 송신하는 위성이 필요하다. 이동 중에 수신이 가능한 콘텐츠로는 다채널 오디오 방송 · 교통 정보 · 차량위치 정보 · 날씨 정보 등 다양한 멀티미디어 서비스 등이 있다.

위성의 LOS(Line Of Sight)를 벗어나는 도심 내의 지역(In-Building, 지하 등)에서 서비스를 제공하기 위해서는 지상 중계기(Gap-Filler)가 필요하다. 이동 중에 무지향성 수신안테나를 이용하는 경우 수신기에서 수신이 가능해야 하므로, 기존의 고정수신용 위성에 비해서 위성의 송신출력이 좀 더 커져야 한다.

위성 DAB 서비스 시장은 기존의 방송시장과는 다른 욕구를 지닌 소비자층을 대상으로 하는데, 기존의 방송시장과 달리 비용을 지불하고서라도 본인이 원하는 시간과 장소에서 언제든지 멀티미디어 콘텐츠를 이용하려는 소비자를 대상으로 한다. 위성 DMB를 이용할 수 있는 환경은 출퇴근 / 장거리 여행 등 이동 중인 경우, 반드시 보고 싶은 프로그램을 외부에서 실시간으로 시청하는 경우, 고품질의 음악 콘텐츠를 필요로 하는 경우, 교통정보 등 중요한 데이터 정보를 필요로 하는 경우 등이다.

위성 DAB의 경쟁 서비스와 비교하여 기술적인 측면에서의 장점은 다음과 같다. ① 디지털화에 의해 음악 콘텐츠의 경우 CD급 음질을 제공할 수 있다. ② 이동하면서 수신이 가능하다. ③ 공동채널 중계기를 사용하므로 난청 해소나 가청범위의 확대가 가능하다. ④ 단일 주파수 방송망을 구성할 수 있다. ⑤ 방송망 안의 모든 송신기들이 동일한 주파수를 사용하는 방송망의 구성이 가능하므로 관리가 용이하다.

위성 DMB의 서비스 구성도는 다음 그림과 같다.

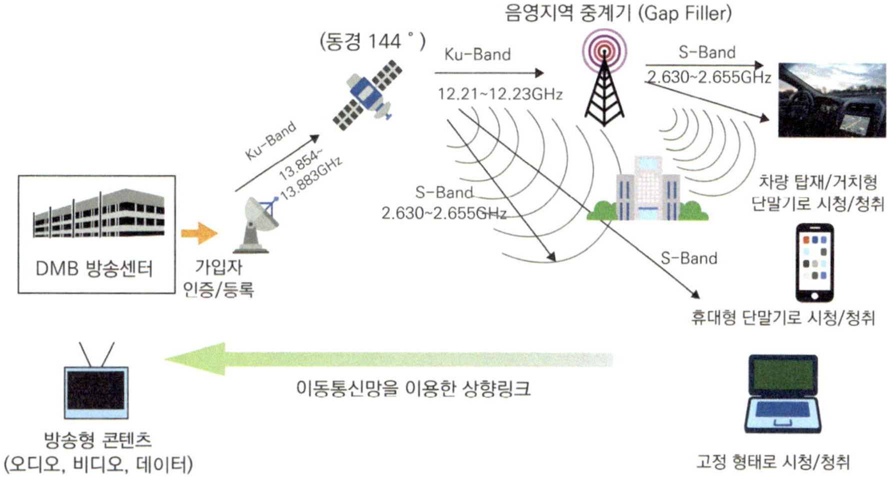

〈그림 3-56〉 위성 DMB 서비스 구성도

위성 DMB의 시스템 구성 요소인 지상중계기, 수신기, 융합 단말기의 형태는 다음 그림과 같다.

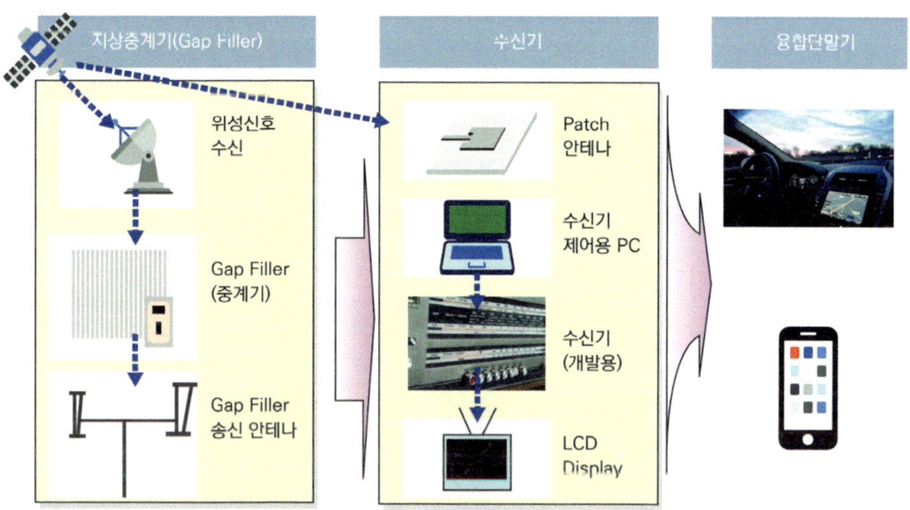

〈그림 3-57〉 위성 DMB 시스템 구성 요소

(4) 전망

위성 DMB 서비스는 휴대폰이 융합된 단말기로 음악 및 Talk, 뉴스 등 전문화된 다양한 장르와 모바일 환경에 적합한 특화된 콘텐츠를 중심으로 2005년부터 서비스하였다. 그러나 위성체 발사 비용 등 과다한 운용 비용 지출과 지상파·IPTV·케이블방송·통신사업자의 모바일 방송 서비스와의 경쟁으로 2012년에 사업을 포기하였다.

구분		채널 및 장르	비 고
Video	지상파 재송신	KBS1, KBS2, MBC, SBS	수용자 Needs 충족 및 상품성 제고
	일반 채널	뉴스, 스포츠, 오락, 드라마, 뮤직비디오	속도/대상/이용 상황별로 장르 안배
	유료 채널	최신영화, 성인, 교육 등	시간대별 분할 편성
Audio	음악	가요, POP, 재즈 등	장르별 전문편성, 노래 정보 제공 등으로 차별화
	음성	지상파 재송신, 교육(영어/일어 등), 외국어뉴스 등	정보성/교육성 강화
DATA (3개)	문자 / 정지 화상	뉴스/증권, 교통/날씨, 생활정보/쇼핑 등	선택형/독립형 데이터방송
		부가서비스 : 다운로드서비스(게임 등) 교통정보 연계서비스 등	유휴시간을 활용한 다운로드 서비스

〈그림 3-58〉 초기 위성 DMB 서비스 계획

3.3.6 휴대 인터넷 서비스

(1) 개요

휴대 인터넷 서비스는 언제 어디서나 정지 및 이동 중에 고속으로 무선인터넷 접속이 가능한 것으로서 다음 내용을 만족하는 서비스로 정의한다. ① 언제, 어디서나 실내·외에서 인터넷 접속이 가능하고, ② 정지 및 이동 중에 정지 또는 중저속 이동성 보장(〈60 km/h)이 되어야 하며, ③ 고속으로 초고속 인터넷의 전송속도(가입자당 1 Mbps 이상)가 지원되어야 한다.

이러한 개념을 속도와 서비스 지역으로 나누어 나타내면 다음 그림과 같다. 서비스 커버리지는 도심지역 이동전화 기지국 커버리지는 500 m 내외이므로 이동전화 기지국과 동일 위치 설치가 가능하며, 핸드오버 기능이 보장되어야 한다.

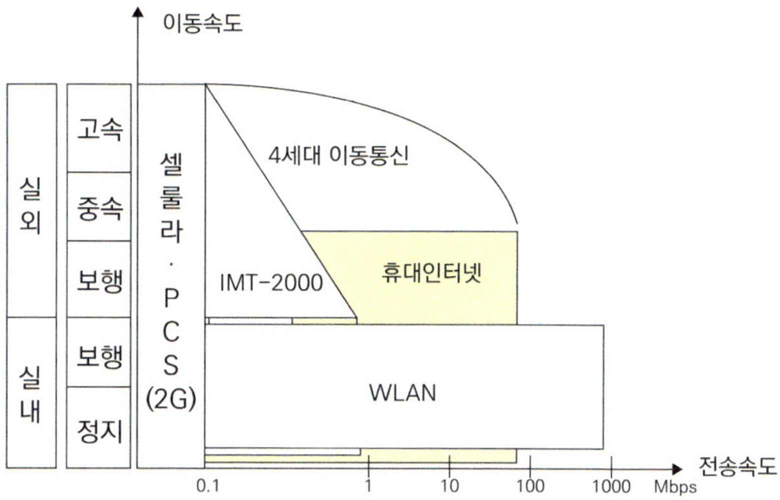

〈그림 3-59〉 휴대 인터넷의 서비스 위치

(2) 주파수 할당

휴대 인터넷을 위한 주파수 대역은 다음 그림과 같이 서비스가 활성화되지 못하여 회수된 WLL 주파수 대역을 포함하여 2002년 12월에 할당되어 서비스를 하였다. 그러나 세계적으로 이동통신이 단일 표준화되고 와이브로의 차별성이 없어짐에 따라 2021년에 사업을 포기하면서 IMT 주파수로 재분배되었다.

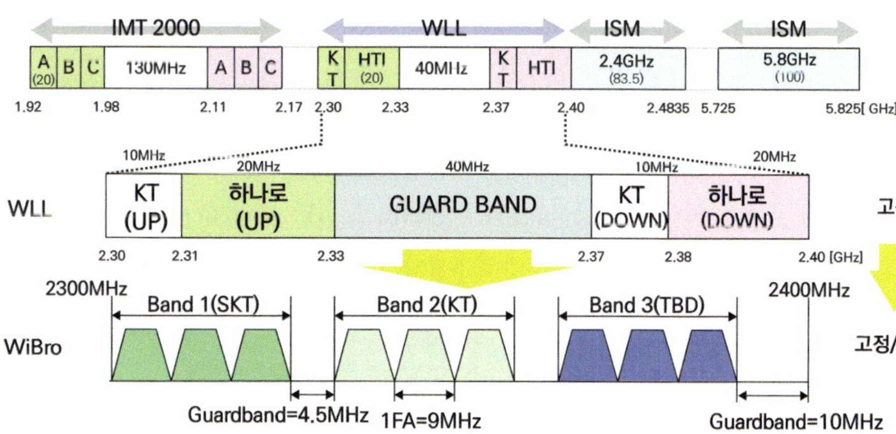

〈그림 3-60〉 휴대 인터넷의 주파수 할당

(3) 특징

휴대 인터넷 서비스의 주요 특징은 다음과 같다. ① 통신 시장은 회선기반 음성서비스에서 IP기반 데이터 서비스 중심으로, 유선통신 기반에서 무선통신 기반의 데이터 서비스로 변화하고 있으며, 휴대 인터넷은 무선망과 인터넷이 통합되어 언제, 어디서든 자유로이 인터넷을 접속하여 이용할 수 있는 서비스이다. ② 휴대 인터넷은 IP기반 데이터 서비스로서, 유선 초고속 인터넷보다 전송속도가 느리지만 단말 이동성을 보장하며, 이동통신보다 서비스 요금은 저렴하면서 전송속도가 더 빠른 것이다.

휴대 인터넷 서비스는 기존 이동통신과는 달리 유선 인터넷 브라우저 환경을 이용하므로 기존 유선 인터넷 콘텐츠 활용이 가능하며, 제공 속도 차별화로 가입자당 1 Mbps 이상의 서비스 제공이 가능하므로 단순한 문자 데이터 서비스나 중·저속 데이터 서비스에서 고속 데이터 서비스로 진화된 유형의 서비스가 제공될 것으로 기대된다. IMT-2000과 휴대 인터넷을 서비스 측면에서 비교하여 〈표 3-10〉에 나타내었다.

〈표 3-10〉 IMT-2000과 휴대 인터넷의 서비스 측면에서 비교

<table>
<tr><th>구 분</th><th>문자기반 서비스</th><th>일반적인
멀티미디어서비스</th><th>고품질
멀티미디어서비스</th></tr>
<tr><td>EV-DO</td><td rowspan="3">E-mail, SMS, 뉴스,
채팅 등</td><td rowspan="3">영화 및 음악 스트리밍,
MMS, 게임,
중속 데이터 전송 등</td><td>-</td></tr>
<tr><td>WCDMA</td><td>영상전화</td></tr>
<tr><td>휴대 인터넷</td><td>고품질 VOD, 고속 데이터
다운로드 등</td></tr>
</table>

(4) 다양한 휴대 인터넷 시스템

휴대 인터넷 서비스를 구현하기 위한 기술로 검토된 것은 광대역 무선가입자망 기술의 개념에서 출발한 Wireless MAN(Metropolitan Network)이다. 이 기술은 도심 및 부도심지에서 고정수신 안테나와 가입자 장치(Subscriber Station)을 이용하여 10 ~ 66 GHz 대역의 Line-of-Sight 통신환경에서의 서비스를 제공하기 위한 시스템이다. IEEE는 802.16 작업반(Working Group)을 결성하여 상용케이블모뎀의 표준규격인 DOCSIS(Data-Over-Cable Service Interface Specification)를 근간으로 10 ~ 66 GHz 대역의 LOS 환경의 규격을 개발하였으며, IEEE Std.802.16-2001로 승인하였다. 이후 도심지 등에서의 Non-Line-of-Sight 사용자 환경에서의 서비스를 제공하기 위하여 2 ~ 11 GHz 대역에서의 새로운 규격을 개발하여 IEEE 802.16a (IEEE Std. 802.16-2003)를 표준화하였다. 이 규격은 개선될 여지가 많았으며 이후 시스템간 호환성을 위한 프로파일을 정의한 IEEE Std.802.16c-2002 규격을 포함하여 다수의 모드들을 그대로 유지하면서 이들 규격을 하나로 통합하고 성능 개선 및 규격의 불명료성을 해소, 망구축의 용이성을 위한 수정 및 보완작업을 하여 2004년 10월 IEEE Std. 802.16-2004 규격을 승인하고 발간하였다. 그러나 스펙의 오류를 제품구현 단계에서 심각한 오류를 수정·보완하기 위한 새로운 규격인 IEEE 802.16-2004/Cor1을 2005년에 승인하였다.

한편 고정 광대역 무선통신 시스템(FBWA)인 IEEE 802.16-2004 시스템을 기본 표준규격으로 하여 이동성 기능을 추가한 IEEE 802.16e 시스템이 2005년 12월 표준화되었다. TGe 표준화 범위는 2 ~ 6 GHz 대역에서 면허 대역에서의 이동성을 지원하기 위한 규격을 개발하는 것이었

다. IEEE802.20 MBWA(Mobile BWA)는 IEEE802.16의 Mobility Study Group에서 이동성을 개정하기 위해서 제기되었던 문제가 별도의 독립적인 WG으로 탄생하여 802.16e와는 별도의 표준화를 진행하였다. 국내에서도 802.16e와 같이 이동성을 가지면서 802.16e와 호환성을 갖는 휴대 인터넷 시스템인 와이브로를 표준화하였다. 802.16m은 기존 802.16 표준 기반의 단말 및 기지국 장비와 상호 호환성을 유지하면서 IMT-Advanced 요구사항을 만족시키는 표준을 2009년 11월에 종료하고 2011년 WRC-11에서 IMT-Advanced 기술로 승인되었다.

〈표 3-11〉 다양한 휴대 인터넷 시스템

구분	802.16	802.16a	802.16-2004	802.16e-2005/cor	802.20	Wibro
주파수 대역	10 ~ 66 GHz	2 ~ 11 GHz	2 ~ 11 GHz	2 ~ 6 GHz	~ 3.5 GHz	2.3 ~ 2..4 GHz
대역폭		1.5~28	1.5~28	1.5~28	1.25/5	9
주파수 효율		4.8~21.6 Mbps (BW : 7 MHz)	4.8~21.6 Mbps (BW : 7 MHz)	4.8~21.6 Mbps (BW : 7 MHz)	(4M/800k)/ (16M/3.2M)	30 Mbps (BW : 9 MHz)
서비스 환경	고정(~ 수 km) LOS	고정(~ 수 km) LOS	고정(~ 수 km)	이동(~ 수 km) ~ 60 km/h	이동(~ 수 km) ~ 250 km/h	이동(도심 : 1km, 기타 : 5km) ~ 60 km/h
주요 기술	BPSK, QPSK, QAM (16, 64, 256) CC+RS TDMA/TDM TDD/FDD	QPSK, QAM (16, 64) CC+RS OFDMA/OFDM(SC) TDD/FDD	QPSK, QAM (16, 64) CC+RS OFDMA/OFDM(SC) TDD/FDD	QPSK, QAM (16, 64) CC+RS OFDMA/OFDM(SC) TDD/FDD HO, TPC, PS	QAM (16) CC+RS OFDMA TDD/FDD LDPC	QPSK, QAM (16, 64) CC+CTC OFDMA/OFDM TDD
주요 서비스	고속무선인터넷 접속, XoD	고속무선인터넷 접속, XoD	고속무선인터넷 접속, XoD	고속무선인터넷 접속, XoD	고속무선인터넷 접속, XoD	고속무선인터넷 접속, XoD
표준완성	2002.4	2003.4	2004.10	2005.12	2008	2004.6
상용시기	2004	2005	2005	2007		2006

* CC : Convolutional Code, RS : Reed Solomon code, CTC : Convolutional Turbo Code, SC : Single Carrier

(5) 전망

휴대 인터넷 서비스는 4세대 이동통신이 서비스되기 전에 무선인터넷 신규 수요를 창출하는 중간단계의 기술로서 4세대 이동통신이 본격화되면서 셀룰러 이동통신에 역할이 통합되었다.

3.3.7 고정 광대역무선멀티미디어

(1) 개요

고정 광대역무선멀티미디어 서비스는 통신망과 가입자 또는 무선랜을 연결하는 광대역의 무선 링크와 무선 가입자 접속을 의미한다. 무선 인터넷 서비스의 활성화는 가입자들로 하여금 더욱 빠른 인터넷 접속 및 고속 데이터 서비스를 원하고 있다. 정보통신 선진국들은 이러한 고객의 흐름을 기존의 통신망 및 기존의 낮은 주파수 대역에서는 한계가 있음을 인식하고 높은 주파수 대역에서 광대역 고속 데이터 시스템을 구현하고자 노력하고 있다. 이러한 시스템의 개발 목적은 낮은 가격에 높은 용량을 무선 링크를 제공하기 위함이다.

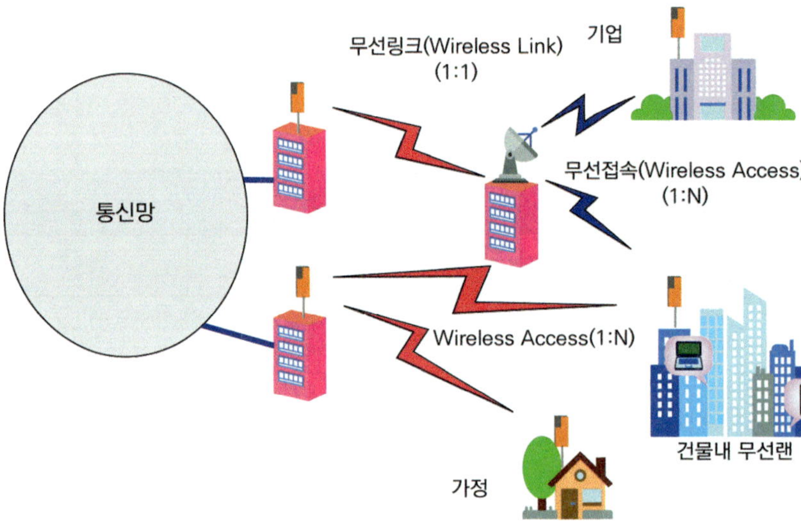

〈그림 3-61〉 고정 광대역무선멀티미디어 서비스 개념

(2) 주파수 할당

고정 광대역무선멀티미디어 서비스는 링크용이므로 가능한 넓은 대역폭을 이용하여야 한다. 후보 주파수 대역은 다음 표와 같다.

〈표 3-12〉 고정 광대역무선멀티미디어 서비스의 주파수 할당

구 분	사용 주파수	용 도	서비스 명칭
10 GHz	• 10.15 ~ 10.65 • 14.8 ~ 15.35 • 17.1 ~ 17.3	무선 멀티미디어 고정통신 M/W 중계 초고속 무선 중계 링크	Hyper link(유럽)
20 GHz	• 25.5 ~ 27.5 • 27.5 ~ 28.35	광대역 무선 멀티미디어 성층권 통신	B-WLL/무선 CATV HAPS
30 GHz	• 31 ~ 31.3 • 31.8 ~ 33.4 • 37 ~ 40	성층권 통신 고정통신(중계) M/W 중계	HAPS HDFS
40 GHz	• 47.2 ~ 48.2	성층권 통신	HAPS
50 GHz	• 51.4 ~ 52.6 • 55.78 ~ 59	고정통신(중계) 고정통신(중계)	HDFS HDFS
60 GHz	• 59 ~ 66	단거리용 초고속 무선접속망	HDFS(LAN/MAN)

(3) 특징

가. 개요

고정 광대역무선멀티미디어 서비스의 일반적인 특징을 요약하면 다음과 같다.

o 광대역 : 사업자당 수백 MHz
o 고정 서비스 : 일대일, 일대다 전송
o 전파특성 : LOS(Line of Sight) 요구
o 서비스 반경 : 1 ~ 5 km 반경의 밀집지역
o 서비스 제공 : 데이터, 음성, 방송, 멀티미디어 통합전송

나. 유럽

유럽은 무선랜의 보급이 증대되면서 낮은 가격에 높은 용량을 무선 링크를 요구하는 시장의 요구에 부응키 위해 25 Mbps 이상의 광대역 무선 액세스를 제공하는 유럽 표준안을 다음과 같이 3가지로 구분하여 개발하였다. ① HIPERLAN은 실내에서 이동성이 지원되는 휴대용 컴퓨터와 광대역 망간의 고속 통신과 멀티미디어 응용을 지원하기 위한 것으로 25 Mbps의 전송 속도로 200 m 정도의 근거리 무선용이므로 주로 실내 또는 컴퍼스용으로 표준화하였고, ② HIPERACCESS는 점대다점(Point to Multipoint) 방식으로 고정 가입자에게 광대역 전송과 응용을 지원하는 용도로 표준화하였으나 사용 주파수 대역이 5 GHz 대역으로 IEEE 802.11 표준과 유사하다.

고정 광대역무선멀티미디어 특징을 갖는 표준은 HIPERLINK로서 초고속 무선 일대일 고정 링크 연결할 수 있는 일종의 백본망으로서 155 Mbps 이상의 전송률을 지원한다. 다음 표는 3가지 표준을 비교한 것이다.

다. 미국

미국은 CATV의 여러 방송 채널을 무선으로 전송하는 데 요구되는 광대역고정무선멀티미디어 서비스를 위해 MMDS, LMDS 방식을 개발하였다. 나아가 양방향 서비스를 위해 LMCS를 개발하였다. 이와 함께 미국은 IEEE 802.16을 중심으로 고정무선접속망의 광대역 서비스를 표준화하였다.

(4) 구성

고정 광대역무선멀티미디어 서비스는 일반적으로 일대일, 일대다, 링크용 등으로 시스템을 구축한다. 일반적인 망구성은 다음 그림과 같다.

※ **다양한 고정 광대역 무선 멀티미디어 기술 명칭**

- MMDS : Multipoint Multichannel Distribution System
- LMDS : Local Multipoint Distribution System
- LMCS : Local Multipoint Communication System
- B-WLL : Broadband Wireless Local Loop
- FWA : Fixed Wireless Access
- BMWS : Broadband Multimedia Wireless System
- BFWA : Broadband Fixed Wireless Access

〈그림 3-62〉 고정 광대역무선멀티미디어 시스템 구성

(5) 전망

고정 광대역무선멀티미디어망은 가입자망이 초고속화하면서 기간망(Backbone)을 경제적으로 확장해야 하는 환경에서 유선으로 망구축이 어려운 도심 환경에서 도입될 수 있을 것으로 보인다.

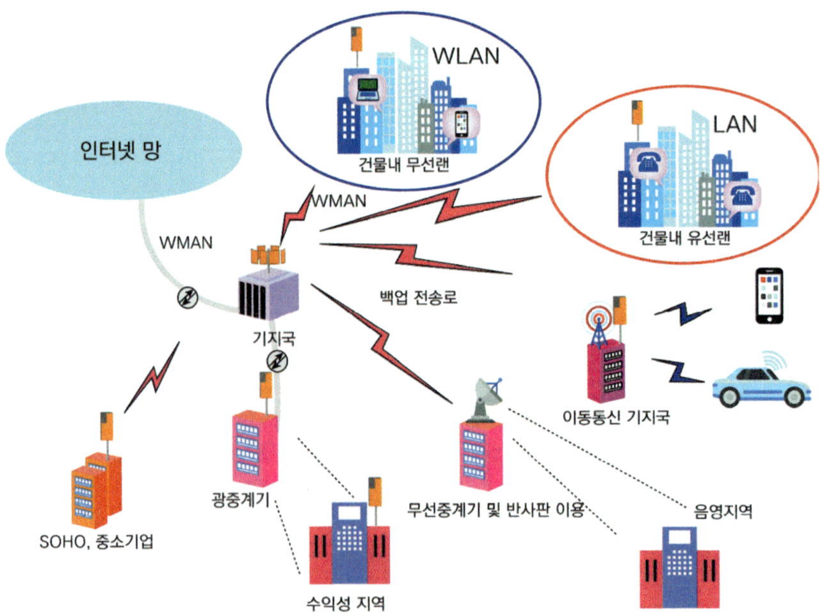

〈그림 3-63〉 고정 광대역무선멀티미디어 서비스

3.4 초연결 네트워크 : 모든 사물과 공간의 연결

3.4.1 사물인터넷(IoT)

(1) 개요

가. 서비스 배경

인터넷은 인간의 지식 · 정보를 저장 및 공유하고 검색을 이용하여 인간의 보편적 지식 역량을 높였다. 모바일은 인간이 지식을 얻고 실행하는 데 개인화된 단말을 이용하여 시간과 공간의 제약을 극복하였다. IoT(사물인터넷)은 인간이 생성/저장/처리하는 삶의 형태를 사물까지 인터넷을 확장하여 사물로 얻어지는 정보의 생성/저장/처리 기능을 자동화함으로써 모든 삶의 형태를 최적화하려고 한다. 최근 인터넷망에 기반한 네트워크가 사람뿐만 아니라 모든 사물까지 포함하여 확장되면서 ICT 기반의 산업뿐만 아니라 모든 산업 분야에 큰 변화를 주고 있다.

IoT의 초기 형태는 1980년대 컴퓨터로 인터넷에 연결된 기계 또는 가전의 제어 개념에서 출발하였는데, 1999년 MIT의 Auto-ID 센터에서 RFID 기술과 센싱 기술을 이용하여 전자상품코드(Electronic Product Code) 기술을 개발하면서, 사물인터넷의 보편화가 이루어지기 시작하였다. RFID를 이용한 신속한 물류관리 시스템은 효율적인 물류 체계를 구축하는 데 중요한 역할을 하였다. 이후 RF 기술과 센싱 기술을 이용하여 원격관리가 가능해지면서 감시, 보안, 식품 관리 등 다양한 산업 분야에서 응용되었다. 2010년대부터 위치측정 기술이 정밀해지면서 위치기반서비스 산업이 택배 · 배달 · 애완견 관리 · 주차 관리 등의 응용서비스에 다양하게 활용되기 시작하였다. 이와 같이 사물이 네트워크에 연결되면서 응용 서비스가 다양하게 확장되었는데 최근 사물의 네트워크 단말 기능(소형화 · 저전력 · 정보처리 능력 · 위치 정보)이 증가하고 네트워크는 대규모의 데이터 수집 및 처리 기술(클라우드 및 빅데이터 운용)이 발전하면서 모든 물리적 사물과 가상 사물(정보 대상)이 네트워크로 연결되어 가고 있다. 모든 사물이 네트워크로 연결되면서 ICT 기술은 경제 · 사회 활동의 인프라로서 모든 산업과 융합된 새로운 서비스를 만들어 내는 기반이 되고 있다. 미국의 컨설팅사인 가트너[Gartner]는 사물인터넷의 단말 수가 2009년 9억 개에서 2020년 260억 개로 증가할 것(2013년 12월)으로, ABI 리서치사는 2020년 300억 개(2013년 5월)로 증가할 것으로 예측하고 있다.

이와 같이 사물인터넷의 단말 수가 급증하면서 모든 단말의 정보가 언제, 어디서나 신뢰성 있게 전달되어야 한다. 이를 위해서는 다양한 위치에서 무선으로 정보를 전달해야 하는데 셀룰러, LPWAN, WLAN, 블루투스, ZigBee, RFID 등 다양한 무선 환경에 적합한 무선 기술이 신뢰성 있게 전달되기 위해서는 원활한 주파수 자원의 활용이 중요하다.

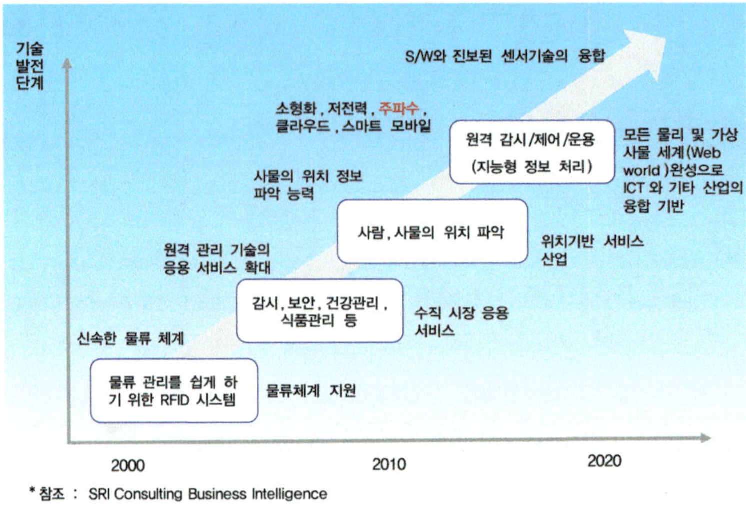

〈그림 3-64〉 IoT 개념의 발전

나. 개념

사물인터넷은 모든 사물(물리 및 가상 세계의 대상)을 인터넷으로 연결하여 다양한 정보를 감시/제어/수집/저장/처리하는 지능형 서비스를 제공하는 정보화 사회의 글로벌 인프라로 정의된다.

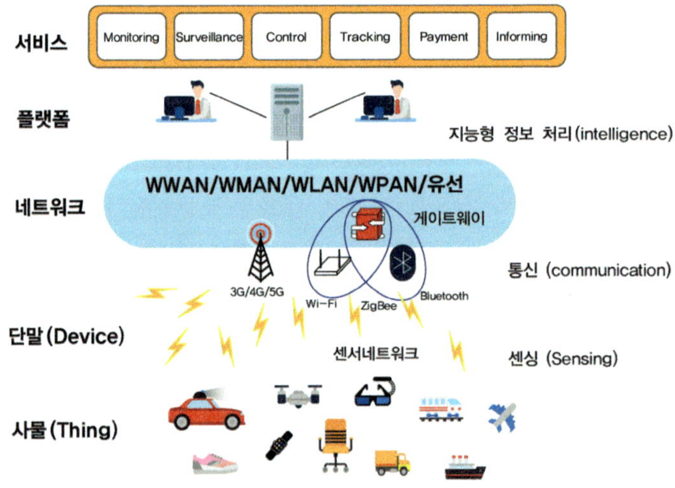

〈그림 3-65〉 IoT의 서비스 개념

IoT은 모든 사물의 지능형 서비스를 제공하기 위해 네트워크, 플랫폼을 갖추고 수많은 단말의 정보를 받아 서비스를 제공한다. 이때 단말(Device)과 사물(Thing)은 다음과 같이 구분할 수 있다.

단말은 통신 능력을 기본적으로 가지고 다음과 같이 선택 사항에 따라 역할이 달라진다.

① 데이터를 수집/저장/처리하는 단말, ② 사물을 감시 제어하는 단말, ③ 사물의 기능과 결합된 단말 등으로 구분된다. 사물은 센서와 같이 물리 세계의 대상이 될 수도 있고 카카오톡과 같이 가상(정보) 세계의 대상이 될 수도 있다. 다음 그림은 IoT 서비스 개념의 사례이다.

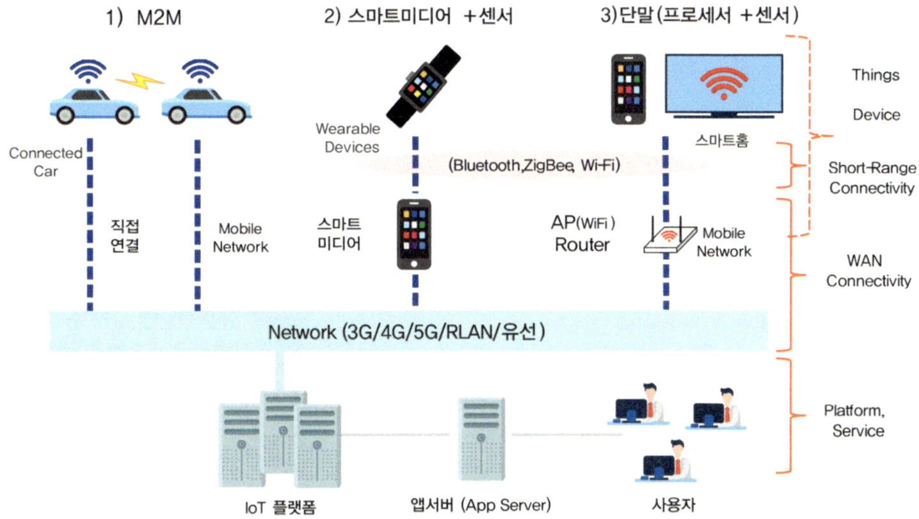

〈그림 3-66〉 IoT의 서비스 개념 사례

(2) IoT 서비스 응용

가. 개요

IoT는 개인, 산업, 공공 분야 모든 것에 적용될 수 있다. 사물인터넷 기술은 기본적으로 ICT 기술이지만, 다른 산업의 자동화를 촉진하는 융합산업의 기반 기술로서 미래 산업의 중심이 되고 있다. 예를 들어 자동차 산업에는 차량 운전의 안전성을 지원하는 자율주행차량에 활용되고, 산업 측면으로는 센서 및 컴퓨터 기능이 지원되는 자동차 구조의 핵심 기술이 되며, 공공분야에서는 자동차 트래킹 및 도로 교통 정보를 결합한 교통관리시스템 운영에 활용되고 있다. IoT에 기반한 서비스 응용은 가정, 차, 환경, 농장, 의료 등 모든 산업 분야에 적용된다. 다음 그림은 IoT에 의해 응용되는 산업을 공공, 개인 분야로 나누어 요약한 것이다.

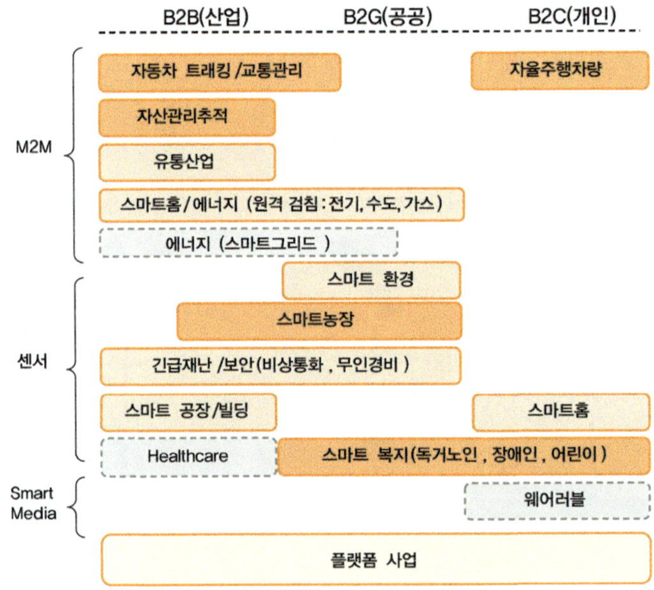

〈그림 3-67〉 IoT 서비스 응용 분야

나. 스마트홈

스마트홈 Smart Home은 스마트 미디어를 이용하여 TV, 에어컨, 난방기기, 냉장고, 음향기기, 전등 등에 원격으로 접속하여 제어할 수 있고, 보안 시스템과 화재 경보 제어 등 홈자동화 시스템으로 무선 기술(블루투스, ZigBee, Z-wave, WLAN 등)과 유선 기술(이더넷, 홈 PNA, 전력선 통신 [PLC], IEEE1394 등)이 있는데, 스마트홈은 이전에 지은 건축물에서 유선 네트워크를 구축하는 것이 어려우므로 무선기술을 이용하는 것이 편리하고 경제적이다.

스마트홈 서비스는 가정 내부와 외부는 홈 게이트웨이(또는 홈 서버)라는 장비를 통하여 연결되며 유무선 솔루션이 통합되어 운영된다. 가정 외부는 서비스를 제작하는 서비스 공급자와 운영과 공급을 하는 서비스 포탈 부분, 엔터테인먼트 부분, 정보 부분 등으로 구성된다. 스마트홈에 연결된 장비는 접속된 네트워크가 낮은 요금일 때를 알림으로써 세탁기와 건조기를 자동으로 작동시킨다. 회사에서 자신의 집을 모니터링하여 퇴근하기 전에 미리 집안 온도를 쾌적하게 조정하거나 교향곡도 틀어 놓을 수 있고, 밥솥에선 따뜻한 밥이 지어졌음을 알리는 신호가 수신하고 가습기는 기상청과 네트워크로 연결되어서 최상의 습도를 유지해 줄 수 있을 것이다. 그리고 원격지에서 가정의 보안 카메라를 작동시켜 가정의 안전을 확인할 수 있다.

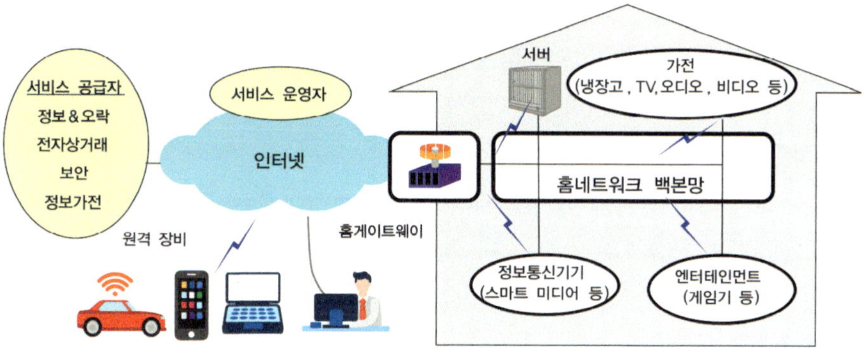

〈그림 3-68〉 스마트홈 서비스 개념

다. 스마트 자원

스마트 자원 Smart Resource은 IoT를 이용하여 전기, 물, 가스 등 자원 활용의 효율성, 신뢰성, 경제성, 지속성을 높일 수 있도록 한다.

스마트 그리드 Smart Grid는 통신 기술을 이용하여 소비자와 공급자의 관련 정보를 수집하고 분석함으로써 전기를 효율적으로 관리하는 시스템이다. 이를 위해 양방향 통신 시스템에 의해 자동적으로 정보를 수신할 수 있는 스마트 미터링 시스템을 이용한다. 스마트 가스, 스마트 수도 공급 시스템도 스마트 그리드와 같이 관련 정보를 수집하여 게이트웨이와 클라우드 서버를 통해 분석하고 최적의 공급 시스템을 제공한다.

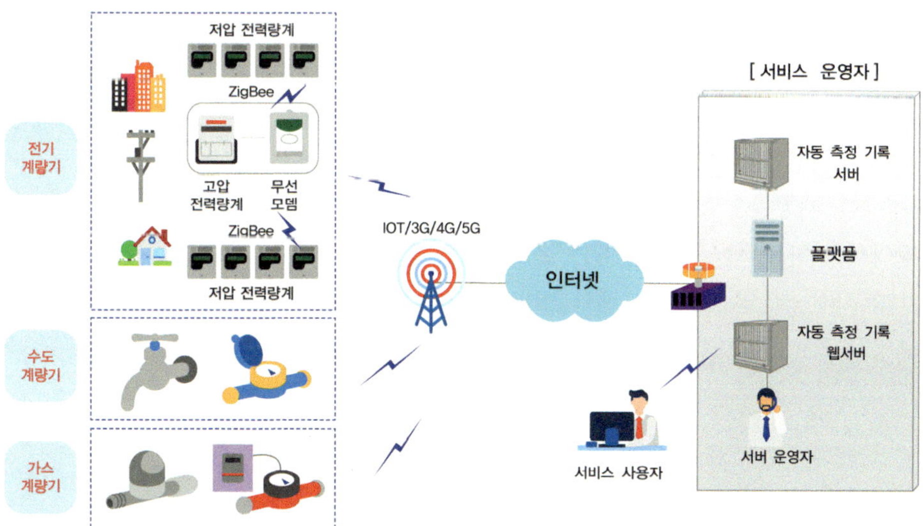

〈그림 3-69〉 스마트 자원 서비스 개념

라. 스마트 카

스마트 카 Smart Car는 IoT를 이용하여 도로정보, 운전 환경 정보를 수집하여 교통제어 시스템의 게이트웨이 및 클라우드 서비에서 정보를 분석하고 다시 차량에 관련 정보를 제공함으로써 안전한 차량 운행을 지원한다.

스마트 카는 통신에 연결되어 있어 **커넥티드 카** Connected Car라고도 한다. 자동차가 도로정보에 의한 최적 경로, 자동차의 안전 상태 진단, 안전 운행 환경 정보를 송수신할 수 있으며, 기술의 발전에 따라 무인 주행 차량 서비스도 지원할 수 있다.

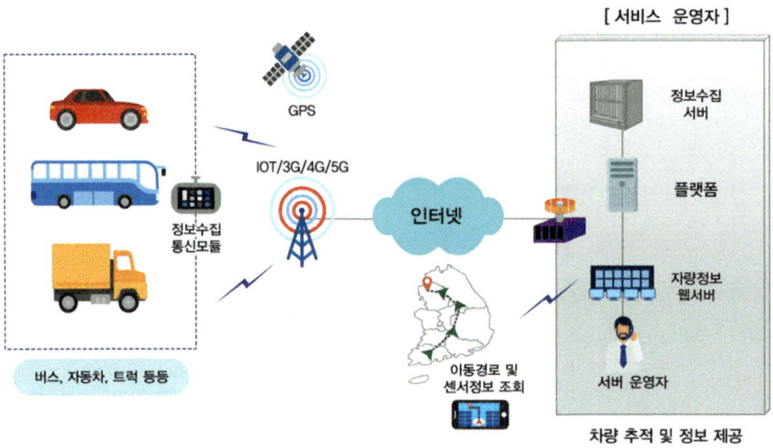

〈그림 3-70〉 스마트 카 서비스 개념

마. 스마트 농장

스마트 농장 Smart Farm은 IoT를 이용하여 작물 정보, 식품 안전, 기후 감시, 농장 정보를 수집하여 농장 관리 시스템의 게이트웨이 및 클라우드 서버에서 정보를 분석하고 운영자에게 관련 정보를 제공함으로써 생산성, 안전성, 효율성을 높인다.

농장의 비닐하우스를 운영할 때는 온도 조절, 물의 공급, 문의 개폐 등 여러 가지의 관리 작업이 요구되는데, 영상과 정보 센서를 통해 원격 관리함으로써 농장 일의 업무를 쉽게 그리고 신속하게 처리할 수 있다.

〈그림 3-71〉 스마트 농장 서비스 개념

바. 스마트 환경 / 재해

스마트 환경 / 재해 Smart Environment/Disaster는 IoT를 이용하여 재난 및 기후 정보 등을 수집하여 재난관리 시스템의 게이트웨이 및 클라우드 서버에서 정보를 분석하고 운영자에게 관련 정보를 제공함으로써 재난 대비를 신속하게 처리할 수 있도록 한다.

스마트 환경의 자연 재해 뿐만 아니라 공장의 오폐수 불법 폐기 등 사람들에 의해 이루어지는 환경오염도 상시적으로 감시 제어할 수 있으므로 환경 관리의 신속성, 안전성, 경제성을 높일 수 있다.

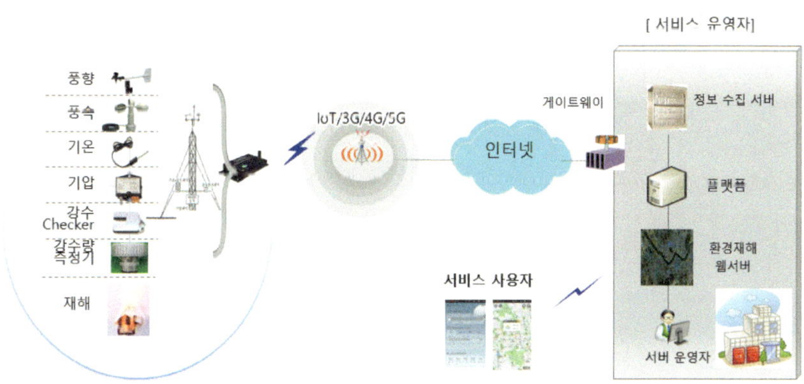

〈그림 3-72〉 스마트 환경 / 재해 서비스 개념

사. 스마트 빌딩

스마트 빌딩 Smart Building은 IoT를 이용하여 빌딩의 자원정보를 수집하여 빌딩 시스템의 게이트웨이 및 클라우드 서버에서 정보를 분석하고 운영자에게 관련 정보를 제공함으로써 빌딩 자원 활용을 최적화할 수 있도록 한다.

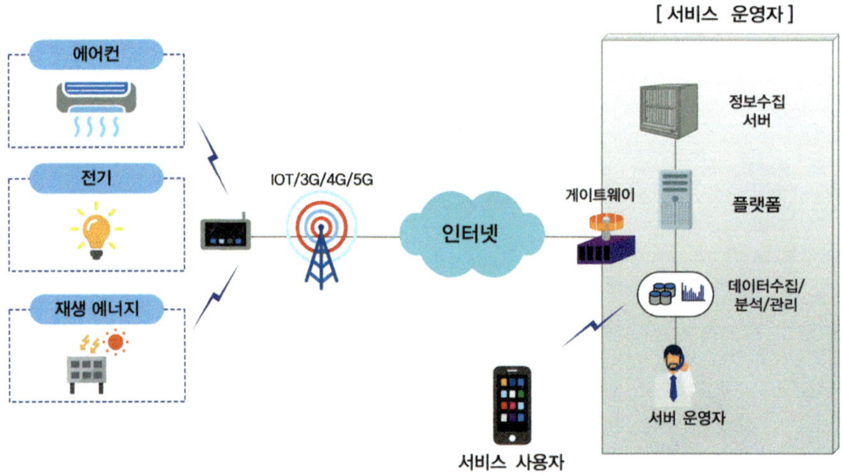

〈그림 3-73〉 스마트 빌딩 / 시티 서비스 개념

아. 스마트 도시

스마트 도시 Smart City는 IoT를 이용하여 도시의 자원정보를 수집하여 도시관리 시스템의 게이트웨이 및 클라우드 서버에서 정보를 분석하고 운영자에게 관련 정보를 제공함으로써 도시 자원 활용을 최적화할 수 있도록 한다.

도시의 경우 교통 정보, 주차장 정보, 가로등 정보, 기후 정보, 전기 정보, 상수도 정보 등 도시를 관리하는데 필요한 공공 정보를 클라우드 서버를 통해 최적화함으로써 자원을 효율적으로 이용할 수 있다.

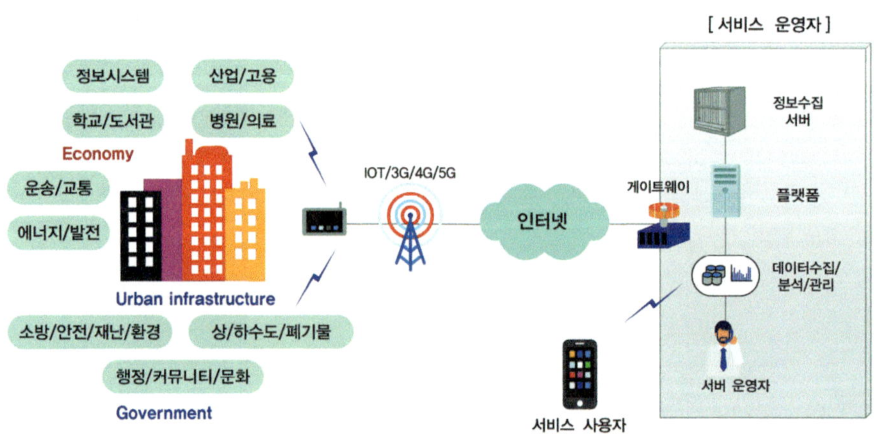

〈그림 3-74〉 스마트 도시 서비스 개념

자. 스마트 건강 / 의료

스마트 건강 / 의료 Smart Health/Medical는 IoT를 이용하여 입원환자 또는 일반 사람들의 긴급 의료 및 건강 관련 서비스를 효율적이고 경제적으로 제공할 수 있다.

병원에서는 입원환자의 생리적인 정보를 센서를 통해 수집하고 수집된 정보는 게이트웨이와 클라우드 서버에 의해 분석되고 저장된다. 생리적인 정보는 환자를 담당하는 의료인에게 제공되어 추가적으로 분석되고 관리된다. 이와 같은 의료 시스템은 환자의 건강을 실시간적으로 감시·처리할 수 있고 긴급한 의료 상황을 방지하여 의료비용을 낮출 수 있다.

또한 입원할 정도가 아니지만 고혈압, 당뇨 등 긴급한 의료 상황이 벌어질 수 있는 예비환자들이 일상생활에서 건강 상태를 원격 감시하여 신속히 처리할 수 있도록 현재 건강 상태를 게이트웨이와 클라우드 서버에서 확인하고 응급조치를 취할 수 있도록 시스템을 제공하여 개인의 건강을 관리할 수 있다.

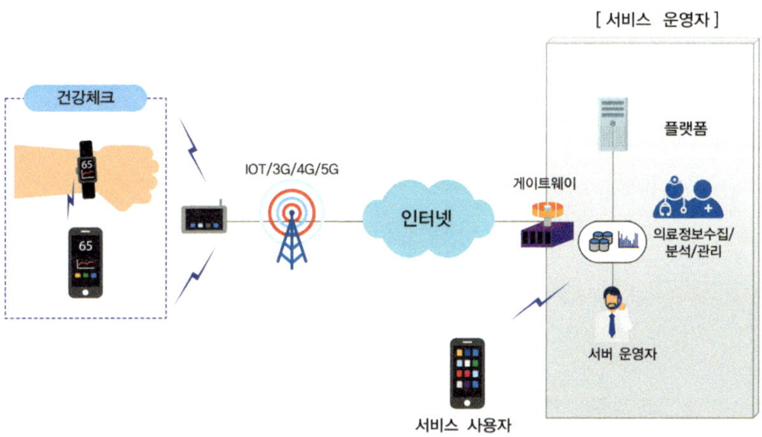

〈그림 3-75〉 스마트 건강/의료 서비스 개념

차. 스마트 공장

스마트 공장 Smart Factory는 IoT를 이용하여 공장의 자원정보를 수집하여 공장 관리 시스템의 게이트웨이 및 클라우드 서버에서 정보를 분석하고 운영사에게 관련 정보를 제공함으로써 공장 자원 활용을 최적화할 수 있도록 한다.

공장의 경우 수많은 부품·제품·로봇·인간 등이 가상/물리적인 시스템의 공간에서 통신하면서 협력하여 작업을 수행한다. IoT는 클라우드 서버와 함께 수많은 가상/물리적인 시스템의 통신을 효율적으로 운영함으로써 공장 자원을 최적화하여 높은 생산성을 제공한다.

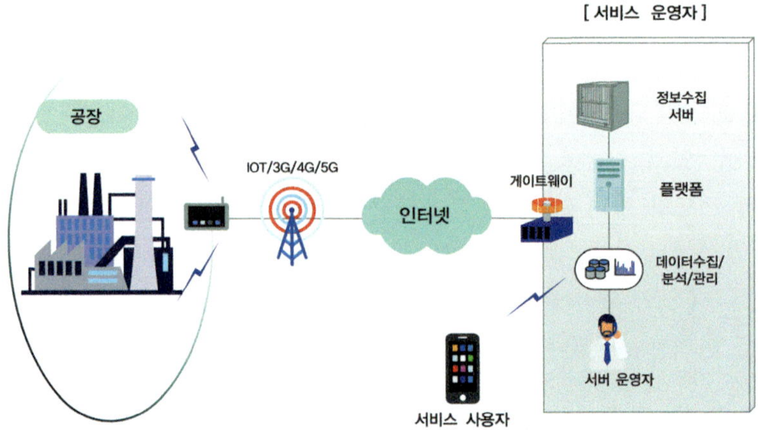

〈그림 3-76〉 스마트 공장 서비스 개념

(3) IoT 기술

IoT 기술은 사물(디바이스 등), 네트워크(유선과 무선), 플랫폼(서버), 응용서비스로 구분될 수 있다. 사물은 물리적인 사물과 가상적인 사물 모두를 포함하고 있으며, 네트워크는 언제(Any Time), 어디서나(Any Space) 사물과 통신을 할 수 있도록 유선 및 무선과 항상 연결되어 있어야 한다. 플랫폼은 응용서비스와 연계하여 서비스를 제공할 수 있도록 데이터를 수집/저장/처리할 수 있는 기능을 제공한다. IoT의 네트워크 개념은 다음과 같다.

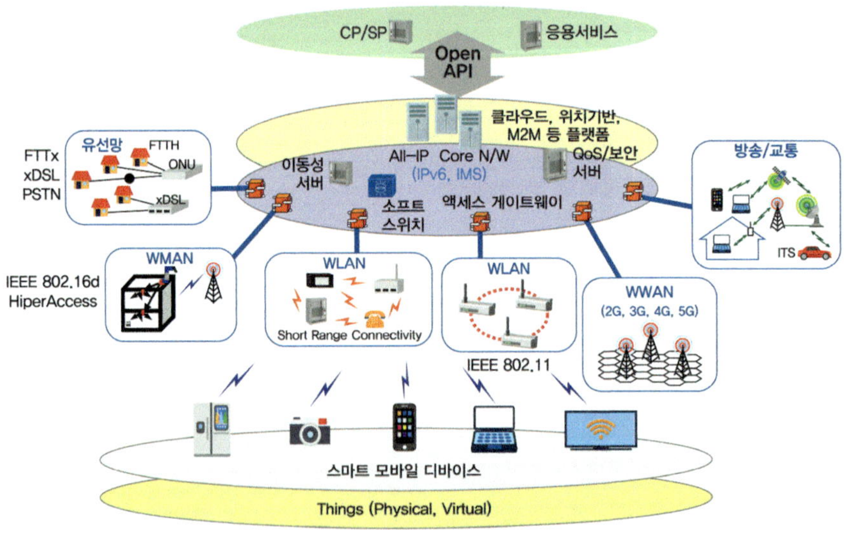

〈그림 3-77〉 IoT 네트워크의 개념

사물/단말 구성요소는 스마트폰 이외에도 웨어러블 단말, 각종 센서, 스마트 가전, 로봇 등을 포함한다. 네트워크는 이동통신을 비롯하여 단말/사물을 네트워크에 연결하는 모든 유무선망을 포함한다. 플랫폼은 사물/단말로부터 획득된 모든 데이터를 저장하고 제어/처리하는 서비스를 위한 인프라이다. 끝으로 플랫폼에 저장된 데이터를 활용하여 다양한 응용서비스가 이루어진다.

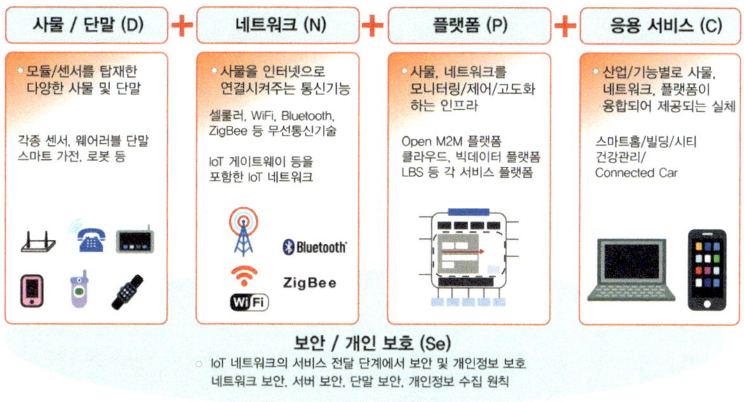

〈그림 3-78〉 IoT 네트워크의 구성 요소

IoT는 유선, WPAN, WLAN, WWAN 등 모든 유무선 네트워크 통신 기술의 지원으로 모든 사물이 네트워크에 접속하게 되는데 네트워크 통신 기술의 프로토콜을 요약하면 다음과 같다.

〈표 3-13〉 OSI 모델과 IoT 네트워크 프로토콜

OSI 모델		유선	WLAN	WPAN	WWAN
layer 7	애플리케이션 계층	HTTP/FTP/ SMTP 등	HTTP/FTP/ SMTP 등	CoAP	HTTP/FTP/ SMTP 등
layer 4	트랜스포트 계층	TCP/UDP	TCP/UDP	UDP	TCP/UDP
layer 3	네트워크 계층	IPv4/IPv6	IPv4/IPv6	6LoWPAN	IP
layer 2	데이터링크 계층	802.3 Ethernet (CSMA/CD)	802.11 WLAN (CSMA/CA)	802.15.4	3G/4G/5G
layer 1	물리계층	동축케이블 /광케이블	무선	무선	무선

※ CoAP : Constrained Application Protocol, 6LoWPAN : IPv6 Low power WPAN

IoT의 서비스를 구현하기 위해서는 모든 사물이 공간의 제약 없이 끊김 없는 통신 시스템을 구축하여야 한다. 모든 사물은 건물 · 농장 · 도로 · 가정집 · 아파트 · 선박 · 비행기 등 모든 공간에서 위치할 수 있다. 또한 각각의 공간은 다양한 전파환경을 가지고 있으므로, 사물을 네트워크에 접속하는 무선 기술은 장비 가격, 전송속도, 전송거리, 정보관리 등등 다양한 요소에 따라 다양한 시스템이 있을 수 있다. 다음 그림은 전송거리와 전송속도에 따라 서비스를 제공하는 다양한 무선전송기술을 나타내고 있다.

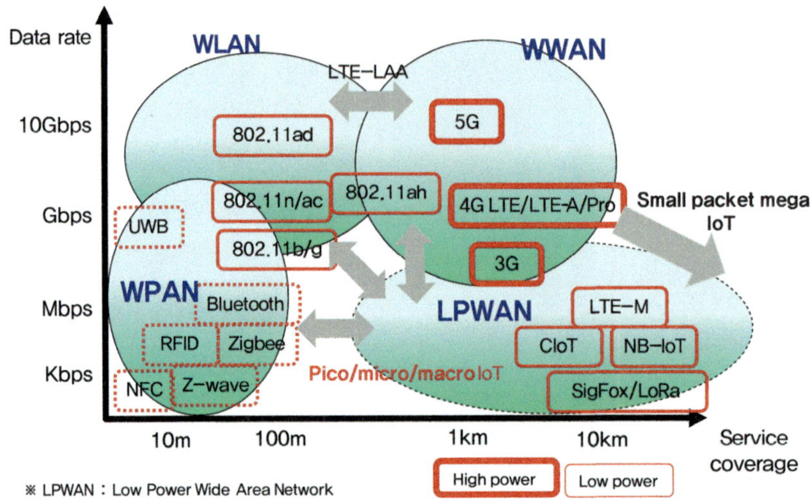

※ RFID, NFC : ISO/IEC표준, WLAN : IEEE802.11 (802.11g/a/n/ac/ad 등), 블루투스 : IEEE 802.15.1
ZigBee : IEEE 802.15.4, Z wave : Z wave Alliance, UWB : IEEE 802.15.3, IrDA : Infrared Data Association

〈그림 3-79〉 다양한 IoT 무선 기술

무선전송기술은 지속적으로 발전하고 있으므로 진화 형태에 따라 IoT의 기술은 함께 변화할 것이지만, 모든 공간에서 끊김 없이 서비스를 제공하기 위해서는 서비스 영역, 전송속도, 전송 거리 등에 따라 다양한 무선 기술을 상호 연동하여야만 최적화된 네트워크를 구축할 수 있을 것이다. IoT 기술은 WWAN 기술인 3G / 4G / 5G 등의 셀룰러 기술을 응용하여 IoT 서비스에 적합하도록 개발된 LPWAN 기술인 NB-IoT 및 LoRa, WMAN/WLAN 기술인 무선랜, 저전력 소형화로 센서 정보 수집에 경제적인 WPAN 기술인 RFID, 블루투스, ZigBee, Z-wave, UWB, NFC 기술 등 사물을 통신망에 연결하는 모든 무선 기술이라고 할 수 있다.

LPWAN 기술은 IoT 네트워크의 매크로 지역을 경제성 있게 구축할 수 있는 핵심 기술이다. 다음 표는 주요 LPWAN 기술을 비교하였다.

〈표 3-14〉 LPWAN 기술 비교

구분	WAN	LPWAN					
	LTE 계열 기술					LPWAN 전용 기술	
	Rel 8	LTE M		EC GSM	IoT NB-IoT		
	Rel 8 (CAT-1)	Rel 8 (CAT-0)	Rel 8 (CAT M1/M2)	Rel 13	Rel 13/14 (NB1/NB2)	SigFox	LoRa
DL/UL 최고속도 (Mbps)	10/5	1/1	M1 : 1/1 M2 : 4/7	2/2	NB1 : 22/66 NB2 : 127/159 (kbps)	0.1~0.6 (kbps)	0.25~5(50) (kbps)
MIMO	2	no	no	1-2	no	no	no
다중접속	OFDM	OFDM	OFDM	TDMA/FDMA	OFDM	FDMA	FDMA +CDMA
변조	PSK, QAM	PSK, QAM	PSK, QAM	GMSK, 8PSK	PSK	DBPSK, GFSK	CSS(SF7~12) +FSK
DL/UL duplex	Full	Full/Half	Full/Half	Half FDD	Half FDD		Half FDD
대역폭(MHz)	20	20/100RB	M1 : 1.4(6RB) M2 : 5(25RB)	0.2	0.2 or 0.18	0.1 (채널간격 0.2)	0.125/0.5 (채널간격 0.2/0.6)
UE 최대출력 (dBm) *( )는 선택사항	23	23	20/23	23/33	NB1 : 20/23 NB2 : 14/20/23	~14	900MHz : ~20(30) 기타 : ~14(20)
부반송파 간격 (kHz)	15	15	15	3.75(x48)	DL 15 UL 3.5, 15	100	125/250(유럽) 125/500(미국)
LTE호환성	Yes	Yes	Yes	No	No	No	No
동작주파수 대역	LTE 인밴드	LTE 인밴드	LTE 인밴드	LTE 인밴드	LTE 인밴드 or 가드밴드	1GHz 이하 ISM 대역	1GHz 이하 ISM 대역
예상 모뎀가격	80%	20%	20%	10%	10%	10%	10%
커버리지 확장	0 dB	0 dB	〉15 dB	〉20 dB	〉20 dB	-138dBm	-138dBm
ACK	Yes	Yes	Yes	Yes	Yes	No	Yes
Power Saving	DRX	DRX	I/C-DRX	I-DRX	I/C-DRX		DRX
Latency(ms)	50-100	Not deployed	10-20	700-2,000	1,600-10,000		

(4) 5G와 IoT 융합

가. 5G mobile IoT 구현 개념

5G NR 기술은 대규모 단말 수용을 이용한 mobile IoT 구현을 위해 무선접속 규격을 개선할 뿐만 아니라 5G NR 반송파 주파수 대역폭에서 기존 IoT 기술인 LTE-M과 NB-IoT 기술이 동일 주파수 대역 안에서 공존하여 운영될 수 있도록 하였다.

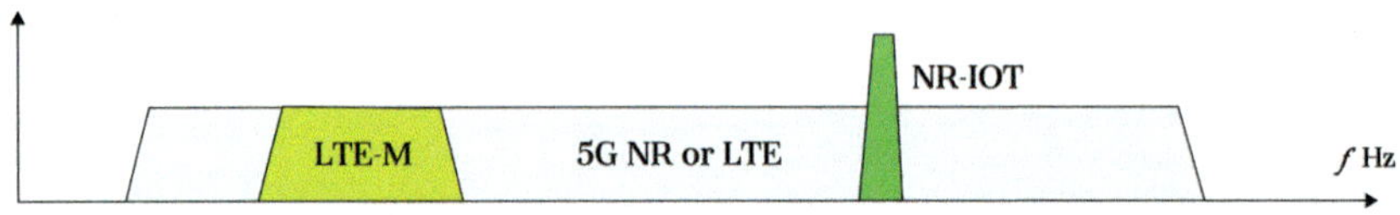

〈그림 3-80〉 5G NR과 mobile IoT 기술의 주파수 활용

5G NR의 변조 및 프레임 구조는 LTE와 호환이 되도록 구성되어 있다. 따라서 5G NR의 듀플렉스 주파수 구조는 LTE 기반의 LTE-M과 NB-IoT의 서브 캐리어와 호환되도록 구성되어 있다. 그래서 5G NR 단말기는 LTE-M과 NB-IoT의 신호에 의한 무선 자원을 공유하는 Forward Compatibility를 지원할 수 있다.

또한 5G NR은 기존 LTE-M과 NB-IoT에서 지원하기 어려운 IoT 서비스를 지원할 수 있도록 기술들을 개선하였다. 예를 들어 고신뢰 저지연 특징에 민감한 산업용 IoT 서비스를 위해 ① 데이터 복제 및 멀티 접속 개선, ② UL/DL 단말 우선권/멀티플렉싱, ③ 정확한 시간 전달을 위한 시민감 네트워크(Time Sensitive Networking 지원), ④ 시민감 트래픽 형태에 적합한 QoS 스케쥴링 개선, ⑤ 이더넷 헤더 압축 등을 포함하고 있다.

나. LTE-M

1) 개요

LTE-M Machine Type Communications은 2013년 9월 3GPP Rel-12 표준으로 개발된 IoT 무선 데이터 통신 기술로서, eMTC는 Rel-13/14/15에서 지속적으로 Position, DRX, Multicast, 전력/지연시간을 개선하였다. LTE-M은 무선접속 방식(DL OFDM, UL SC-FDMA)을 포함하여 LTE 무선 기술 방식을 이용한다.

2) 주요 특징

- 단말 배터리 수명 : 5 W 배터리로 10년 시상 동작(트래픽과 커버리지에 따라)
- 낮은 단말 가격
- 서비스 영역 : 최대 감쇄가 155.7 dB 이상
- 가변 데이터 속도 : 서비스 영역에 따라 1 Mbps까지
- FDD, TDD and half duplex (HD) 지원
- 기존 LTE 주파수 대역에서 시스템 구축 가능
- 기존 LTE 주파수 대역에서 LTE 서비스와 공존
- 기존 LTE 기지국에서 소프트웨어 변경으로 서비스 가능

3) 주요 기술

● 시스템의 주요 규격

- 1.08 MHz의 협대역 주파수 대역폭 운용
- 주파수 다이버시티를 위한 협대역 동조 주파수 호핑
- 광대역 서비스 커버리지 개선을 위한 TTI bundling/repetition
- 단말기 전력을 20 dBm까지 설정
- 비용 축소(no wideband control channel, reduced TM support, reduced HARQ)

● 시스템의 주요 특징

- 정밀한 위치 측정 지원(Enhanced-CID and OTDOA)
- 멀티캐스트 지원(SC-PTM)
- 주파수 대역 사이 측정을 이용한 이동성
- 높은 데이터 속도(5 MHz)
- HD-FDD에서 CE(Coverage Enhancement) mode A로 HARQ-ACK bundling
- 높은 UL 전송속도를 위해 최대 2984 비트 TBS(Trandport Block Size) 지원
- 음성 및 오디오 스트리밍 서비스 등을 지원하기 위해 CE mode A 접속 모드(connected-mode)에서 PDSCH/PUSCH 채널 대역폭을 확장
- FD-FDD에서 CE mode A로 10개 이상의 DL HARQ processes
- VoLTE(Voice over LTE) 지원

다. NB-IoT

1) 개요

NB-IoT Narrowband IoT는 2016년 6월 3GPP Rel-13 표준으로 개발된 IoT 무선 데이터 통신 기술로서 Position, DRX, Multicast, 전력/지연시간을 개선하였다. NB-IoT는 LTE 대역의 가드 밴드/인밴드와 비면허 주파수 대역에서 이용할 수 있다. NB-IoT는 무선접속 방식(다운링크 OFDM, 업링크 SC-FDMA)을 포함하여 대부분의 LTE 무선 기술 방식을 이용한다.

2) 주요 특징

- 단말 배터리 사용 시간 : 10년 이상
- 낮은 단말 가격
- 서비스 영역 : LTE 기지국과 동일 장소 운용하면 약 3 ~ 4 km, 독립 운용 시 확장
- 네트워크 용량 : 가구당 40, 셀당 55,000대
- NB-IoT 운용 주파수 대역

〈표 3-15〉 NB-IoT 운용 주파수 대역

NB-IOT Operating Band	Uplink(UL) operating band BS receive UE transmit	Downlink(DL) operating band BS transmit UE receive	Duplex Mode
	$F_{UL\text{-}low}$ – $F_{UL\text{-}high}$	$F_{DL\text{-}low}$ – $F_{DL\text{-}high}$	
1	1920 MHz – 1980 MHz	2110 MHz – 2170 MHz	HD-FDD
3	1710 MHz – 1785 MHz	1805 MHz – 1880 MHz	HD-FDD
5	824 MHz – 849 MHz	869 MHz – 894 MHz	HD-FDD
8	880 MHz – 915 MHz	925 MHz – 960 MHz	HD-FDD
12	699 MHz – 716 MHz	729 MHz – 746 MHz	HD-FDD
13	777 MHz – 787 MHz	746 MHz – 756 MHz	HD-FDD
17	704 MHz – 716 MHz	734 MHz – 746 MHz	HD-FDD
19	830 MHz – 845 MHz	875 MHz – 890 MHz	HD-FDD
20	832 MHz – 862 MHz	791 MHz – 821 MHz	HD-FDD
26	814 MHz – 849 MHz	859 MHz – 894 MHz	HD-FDD
28	703 MHz – 748 MHz	758 MHz – 803 MHz	HD-FDD

출처 : 3GPP 36.802, 36.104, 36.211

3) 시스템 운용 모드

① 독립형 / 가드밴드형 / 인밴드형

NB-IoT의 운용방식은 독립형 / 가드밴드형 / 인밴드형이 있다. 독립형은 주로 비면허대역에서 독립적으로 운용할 수 있으며 채널 대역폭은 200kHz를 이용하는 방식이다. 가드밴드와 인밴드형은 LTE 대역의 가드밴드 또는 인밴드의 1개의 RB를 이용하는 방식이다.

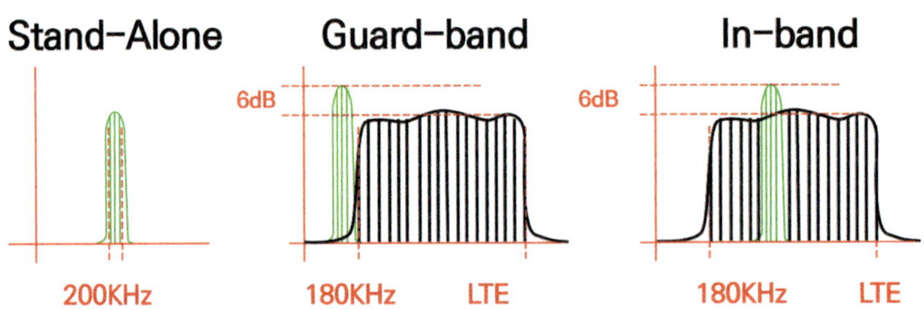

〈그림 3-81〉 시스템 운용 모드

② 인밴드 NB-IoT 주파수 배치

NB-IoT의 인밴드형 운용방식은 기존 LTE 시스템 사용 대역폭에 따라 NB-IoT의 주파수 대역이 지정되어 있다. 다음 그림은 LTE 대역폭에 따른 NB-IoT 주파수 할당 표와 10MHz 대역폭의 경우 예를 나타내고 있다.

- **LTE BW에 따른 NB-IoT할당 표**

LTE 대역폭	3 MHz	5 MHz	10 MHz	15 MHz	20 MHz
NB-IoT 동기화를 위한 LTE PRB 인덱스	2, 12	2, 7, 17, 22	4, 9, 14, 19, 30, 35, 40, 45	2, 7, 12, 17, 22, 27, 32, 42, 47, 52, 57, 62, 67, 72	4, 9, 14, 19, 24, 29, 34, 39, 44, 55, 60, 65, 70. 75, 80, 85, 90, 95

- **BW 10MHz (50 PRBs) 일 때**

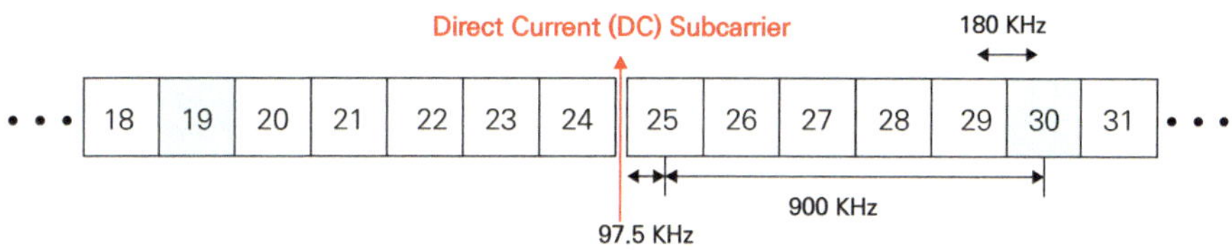

〈그림 3-82〉 인밴드 NB-IoT 주파수 배치

4) 주요 기술

① 채널 구조

NB-IoT의 역할은 LTE와 유사하다. 다만 LTE와 구분하기 위해 LTE 채널에 N을 추가하여 구분하였다.

○ 하향링크 채널

- NPDSH(Narrowband Physical Downlink Shared Channel) : QPSK
- NPBCH(Narrowband Physical Broadcast Channel) : QPSK
- NPDCCH(Narrowband Physical Downlink Control Channel) : QPSK
- NRS(Narrowband reference signal) : 서브프레임 0, 4, and 9
- NSS(Narrowband synchronization signal) : NPSS 및 NSSS

○ 상향링크 채널

- NPUSCH(Narrowband Physical Uplink Shared Channel) : BPSK, QPSK
- NPRACH(Narrowband Physical Random Access Channel)
- NDRS(Narrowband demodulation reference signal)

② 프레임 구조

NB-IoT의 채널은 10 ms 프레임의 각 서브프레임별로 할당되어 동기, 방송, 데이터 메시지를 전송한다.

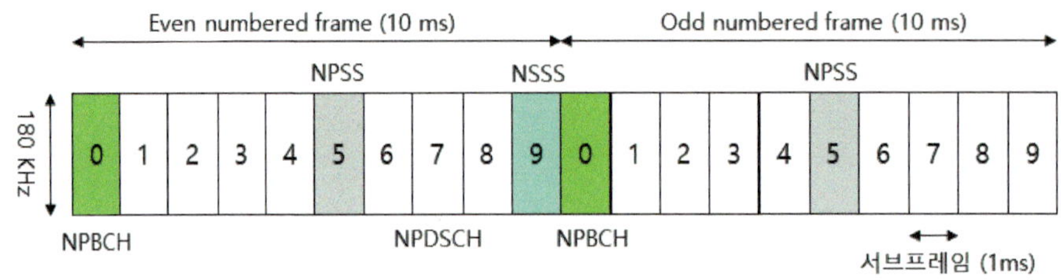

✓ NPSS (Narrowband Primary Synchronization Signal) : 동기 신호
✓ NSSS (Narrowband Secondary Synchronization Signal) : PCI (Physical Cell ID)

〈그림 3-83〉 다운링크 물리 채널 시간 영역 다중화

③ PSM(Power Saving Mode)

NB-IoT는 단말의 에너지 절약을 위해 PSM 방식을 이용한다. PSM은 전력을 종료한 것과 같이 착신 서비스 중단 상태이나 단말이 활동(Active)할 때 재설정 없이 즉시 네트워크에 연결하는 방식이다. PSM 모드에서 전력을 거의 사용하지 않는다.

④ eDRX(enhanced Discontinous Reception)

NB-IoT는 단말의 에너지 절약을 위해 착신 데이터 수신 시간 주기를 기존 LTE보다 길게 연장한 eDRX 방식을 사용한다. eDRX는 C-DRX(Connected DRX)에서는 5.12/10.24초까지 연장하고 I-DRX(Idle-DRX)인 경우에는 최대 3시간까지 연장할 수 있다.

(5) LoRa

가. 개요

LoRa Long Range는 2012년 프랑스의 시끌레오 드 그랑노블(Cycleo de Grenoble)에 의해 개발되고 셈텍Semtech이 소유한 IoT 무선 데이터 통신 기술이다. 1GHz 이하 비면허 주파수 대역(169, 433, 868, 915 MHz 대역)에서 이용되므로 주파수 사용 비용이 무료이다.

LoRa 기술은 LoRa 물리계층(Physical layer)과 LoRaWAN 상위계층(MAC)으로 구분된다. LoRa 물리계층은 단말노드와 게이트웨이 통신 링크의 변조 기술을 정의하고, LoRaWAN은 망구조와 프로토콜을 정의하는데 2015년에 규격이 완성되었다.

LoRaWAN의 주요 특징을 요약하면 다음과 같다.

- 단말의 배터리 사용 기간 : 10년 이상
- 서비스 커버리지 : 약 15 ~ 18 km
- 네트워크 용량 : GW당 약 100만 대의 단말 수용 가능
- 비용 : 주파수-비면허대역으로 무료, 네트워크-GW는 WiFi와 유사
  단말-모듈 2$

LoRa 기술은 다양한 비면허 주파수 대역 위에 LoRa 변조 방식 기술을 이용하여 단말과 GW 사이에서 접속하고, GW는 LoRaWAN MAC 기술을 이용하여 네트워크 서버 및 응용 서버와 통신을 한다. 이때 MAC은 단말의 서비스 유형에 따라 3가지 유형으로 관리한다.

Application				
LoRa MAC				
MAC option				
Class A (Baseline)		Class A (Baseline)		Class A (Baseline)
LoRa Modulation				
Regional ISM Band				
EU868 UL : 125/250kHz DL : 125kHz	EU433	US915 UL : 125/500kHz DL : 500 kHz	AS430	-

출처 : LoRa Alliance

〈그림 3-84〉 LoRa 기술 개요

나. 시스템 구성

각 시스템 구성 요소의 기능은 다음과 같다.

- 단말노드 : 여러 게이트웨이와 비동기 모드 송수신, 가변데이터속도
- 게이트웨이 : 단말로부터 오는 패킷을 네트워크 서버로 송신
- 네트워크 서버 : 게이트웨이로부터 오는 패킷을 필터링, 보안체크하여 응용서버로 전달
- 응용서버 : 네트워크 서버로부터 패킷을 송수신하여 데이터 수집 및 분석

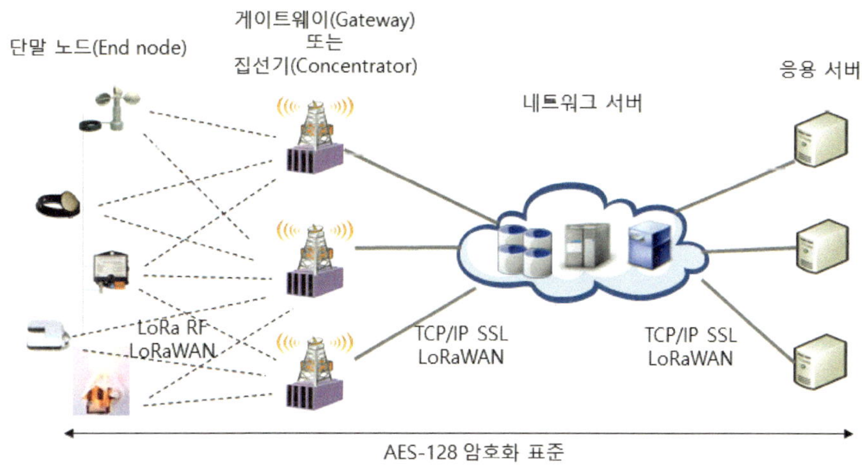

〈그림 3-85〉 LoRa 시스템 구성

다. 주요 기술 특징

1) LoRa 변조 기술

LoRa는 변조 방식으로 CSS Chirp Spread Spectrum 변조 방식을 사용하는데, 확산 인자(Spreading Factor)는 7 ~ 12를 사용한다. LoRa 변조 기술은 대역 확산 방식으로 직교성이 높아져 간섭을 최소화하고 낮은 전력을 송신하지만 대역폭이 좁아 낮은 데이터 전송속도 응용서비스에 적합하다.

2) 단말 운용 방식

LoRa는 단말의 에너지 절약을 위해 단말 특성에 맞게 가변데이터속도(Adaptive Data Rate)로 운용되는데 데이터 속도는 0.25~50 kbps이다.

단말 운용 모드는 다음 3가지 유형의 단말로 운용되며 네트워크에서 단말의 유형을 인지하고 관리한다.

- Class A : 업링크 송신 후 2개의 다운링크 윈도우로 메시지 수신(알로하 프로토콜의 비동기 모드 방식). 에너지 효율성이 매우 좋음
- Class B : 다운링크의 비콘을 이용하고 추가적으로 특정 타임 슬롯으로 메시지 수신
- Class C : 다운링크를 항상 개방하여 메시지 수신. 에너지 효율성 나쁨

3) 네트워크 운용 방식

네트워크 서버는 ADR 방식으로 단말의 데이터 전송률, GW의 단말 수용 수를 가변적으로 관리하여 네트워크 용량을 최대화하고 단말의 배터리 수명을 연장한다. 네트워크 서버는 GW로부터 중복 메시지를 수신하여 적합한 1개 메시지만 선택하여 전송한다. 네트워크 서버와 응용 서버 간에 AES-128 암호화 표준 기술로 네트워크 세션 키(NwkSkey)와 응용 세션 키(AppSkey)를 생성하여 메시지 보안을 보장한다.

(6) 다양한 WPAN 기술

가. 무선식별(RFID)

1) 개요

RFID Radio Frequency IDentification는 가로, 세로 2mm보다 작은 초소형의 무선 통신 IC와 안테나로 구성된 무선 IC 태그(Tag)와 전파를 이용하여 무선 IC 태그의 정보를 알아내는 무선 IC 리더기를 이용하여 접촉하지 않고 태그/리더 간 통신을 하는 시스템이다. RFID는 리더기로 읽은 정보를 네트워크와 연결하여 통신함으로써 초기 사물 인터넷 기술의 기본 개념을 제시하고 있다. RFID 태그는 무선 IC 태그, 전자태그, 스마트 태그 등으로도 표현된다.

기존의 네트워크는 서비스, 네트워크, 접속망, 단말을 연결하여 정보를 주고받는 형태였다. 그런데 모든 사물, 환경, 사람에게 정보를 담은 태그를 붙이고 이에 대한 정보를 네트워크에

연결된 단말에서 읽을 수만 있다면 기존의 네트워크는 사람이 인지하고 싶어 하는 모든 물리적인 공간으로 확대할 수 있을 것이다. 즉, 네트워크에 접속된 유선 또는 무선 단말기는 RFID 태그의 정보를 읽어 통신망에 보내고 통신망의 정보를 RFID에 전달함으로써 할인매장의 물건, 공장의 압력 및 온도, 심지어 사람의 이동 정보도 네트워크에서 알 수 있도록 한다. 〈그림 3-92〉는 언제 어디서나 원하는 모든 정보를 얻을 수 있는 사물 인터넷 네트워크의 기본 개념을 제시한 RFID 시스템을 나타내고 있다.

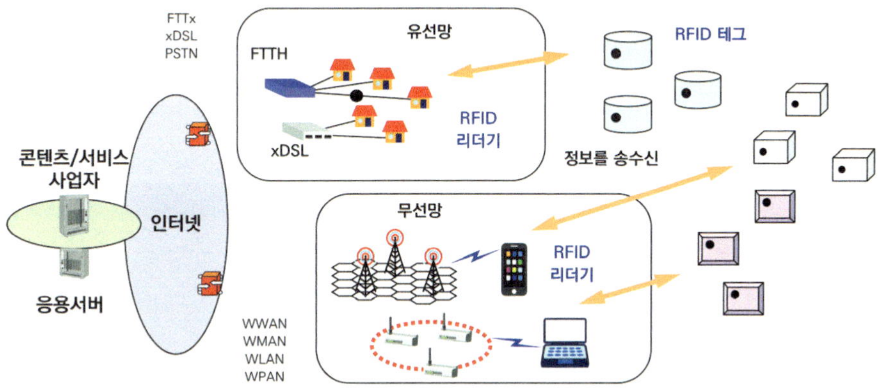

〈그림 3-86〉 RFID 시스템을 이용한 서비스 개념

RFID는 제2차 세계대전 중에 영국이 자국의 전투기를 식별하기 위해 개발하여 사용한 것이 최초의 도입사례로 알려져 있으나, 태그 비용이 너무 고가여서 실용화가 어려웠다. RFID 명칭의 특허가 1983년 처음 나온 이후 1980년대에 제조현장에서 물류관리 자동화 등에 응용되기 시작하였고, 1990년대 중반부터는 각 응용분야에 대해 국제표준기구(International Standard Organization)에서 국제표준화가 논의되어 본격적으로 실용화가 시작되었다. 무선 IC 태그는 기존의 자기 정보를 이용한 접촉식 카드 대신에 비접촉 IC 카드를 상용화하면서 시작되었다. ISO/IEC는 비접촉형 IC 카드의 표준화를 1990년대 후반부터 논의하여 2000년 ~ 2001년 관련규격(ISO/IEC 14443 시리즈)을 모두 제정하였으며, 우리나라에서도 교통카드 및 출입카드 등이 일반적으로 널리 사용되었다. RFID는 전자유도 방식에 의한 비접촉형 IC 카드의 상용화를 시작으로 전자기파 방식에 의한 RFID 시스템을 구현함으로써 태그와 리더 간의 거리를 확대하고 무선 IC 태그의 발전으로 대용량의 정보를 저장할 수 있게 되었다. ISO/IEC는 전자기파 방식이 적용된 RFID용 주파수가 확대되면서 각 주파수 대역별 무선접속 규격(ISO/IEC 18000 시리즈)을 완성하였다. 무선 IC에 정보를 저장할 뿐만 아니라 기록도 할 수 있어 기존의 바코드 기능을 대체함과 동시에 새로운 응용 서비스에 활용되고 있다.

1999년 MIT가 중심이 된 AUTO-ID 센터는 무선 IC 태그의 유일성을 가질 수 있는 EPC(Electronic Product Code) 네트워크를 연구하기 시작하였다. 2003년에는 AUTO-ID 센터는 RFID 표준화와 함께 사물인터넷의 기반이 되는 EPC 네트워크를 구축하기 위한 연구기관인

AUTO-ID Labs과 세계적인 EPC 네트워크를 구축하는 EPCGlobal 기구로 대체되었다.

RFID 태그는 일반 바코드처럼 고유번호(Unique ID)를 가지고 있어 RFID 태그와 리더의 관계는 바코드와 바코드 리더 사이의 관계와 개념이 거의 동일하다. 바코드는 종이가 찢어지거나 오염될 수 있어서 주변 환경에 의해 사용에 제한을 받지만, RFID 태그는 마이크로칩의 형태로 반영구적이며 주변 환경에 독립적이므로 이 점이 일반 바코드와의 가장 큰 차별요소라 할 수 있다. 또한 RFID 시스템은 비접촉 읽기가 가능하며 바코드 라벨이 불가능한 제조 공정과 불리한 환경에서 효과적이다. 움직이는 객체를 추적하는 능력 때문에 RFID는 가축 식별이나 자동화된 운반 장치 식별 시스템을 포함하는 넓은 범위의 시장에서 그 위치를 확립하고 있다. RFID와 바코드의 기능을 비교하면 다음 표와 같다.

〈표 3-16〉 바코드와 RFID 특성 비교

구 분	바코드	RFID
인식방법	광학식(Read Only)	무 선(Read/Write)
정 보 량	수십 단어	수천 단어
인식거리	최대 수십 cm	최대 100 m
인식속도	개별 스캐닝	최대 200개
관리레벨	상품그룹	개개 상품
가 격	라벨인쇄 10원 미만	태그 수백 원

2) 주파수 할당

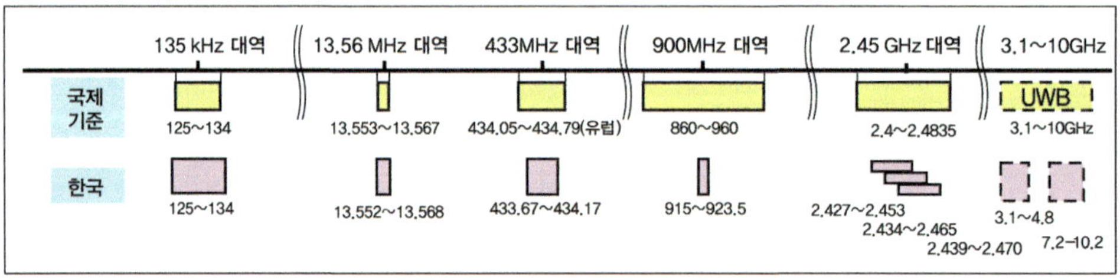

〈그림 3-87〉 RFID 주파수 할당

13.56 MHz 대역은 일본 및 유럽 등의 사용이 증가되고 있으며 우리나라에서는 2006년 8월 기술기준이 고시되어 사용되고 있다(전파연구소 고시 제2006-84호). 433 MHz 대역은 유럽, 미국 등에서도 사용 중이며 우리나라는 2004년 12월 항만 · 컨테이너 관리에 한하여 사용되고 있다(정보통신부 고시 제2004-69호). 860 ~ 96 0MHz 대역은 미국, 유럽, 일본 등이 사용 중이나 각국의 사용 대역이 다르다. 미국의 경우 902 ~ 928 MHz 대역으로 비교적 많은 주파수를 사용하는 반면, 유럽은 868 ~ 870 MHz 대역만을 사용하고 있다. 우리나라의 경우 2004년 7월에 분배 고시(정보통신부 제2004-34호)되어 사용하다가, 900 MHz 주파수 대역에서 이동통

신용 주파수를 확보하기 위해 2009년 11월에 재분배 고시를 하여 사용하고 있다. 2.45 GHz 대역은 미국, 유럽, 일본 등이 사용 중이며 우리나라는 비면허대역으로 이동체 식별용 특정 소출력에 사용할 수 있다.

3) 주파수 대역별 특징과 응용 서비스

RFID는 135 kHz 대역, 13.56 MHz 대역, 433 MHz 대역, 860~960 MHz, 2.45 GHz 대역, 3-10GHz UWB 대역 등 여러 무선 주파수대에서 동작하는 시스템으로 각각 ISO/IEC 18000 시리즈로 무선접속규격이 표준화되어 상용화되었다. 특히 13.56 MHz 대역의 무선접속규격 18000-3은 NFC 무선접속규격과 같이 사용된다. NFC는 1997년 처음 사용되고 2004년 NFC 포럼이 만들어진 이후 교통카드 · 신용카드 · 여권 등에서 사용되기 시작하였고 스마트 모바일 기기와 결합하면서 서비스 응용 범위가 확대되고 있다. 다음 표는 주파수 대역별 기술 특징과 응용 서비스를 나타내고 있다.

RFID 기술을 이용한 서비스는 다양한 산업 분야에서 활용되었다. ① 자동 요금 징수, 자동 주차 요금 지불, 사용자 부재 시 위치 추적 등 자동차 분야 ② 태그를 동물의 목걸이에 이식하거나 붙여 애완동물 식별 ③ 박물관 · 가정 등의 출입 및 귀중품의 관리를 위한 보안 시스템 분야 ④ 스마트 기기를 이용한 운송 화물차의 화물의 자동 위치를 파악하는 배송 분야 ⑤ GPS 수신기와 셀룰러 통신망의 위치 기반 기능으로 자동화 및 전체 화물 추적을 가능하게 하여 물류 시스템의 효율 증대 ⑥ 생산품 관리 ⑦ 세탁기 안에 태그가 붙은 세탁물의 정보를 활용하여 세탁기를 제어하는 등 일상생활 ⑧ 슈퍼마켓 · 냉장고 등의 상품 재고를 관리하는 물품 관리 시스템 ⑨ 태그를 부착하여 도서관의 도서나 비디오테이프 등의 자동 목록 제어 시스템 ⑩ 스마트 약제함과 결합된 약이나 약통에 있는 태그를 이용하여 병원과 양로원에서 약 소비에 대한 감시와 제어

〈표 3-17〉 주파수 대역별 기술 특징과 응용서비스

주파수 대역	용도	전송거리/ 전송 속도	특징 / 무선 접속표준	응용 분야	국내 현황
135kHz	ISM (비면허)	10cm/저속	• 물, 금속 환경에서 강함 • 동시 다량 판독 안 됨 • 표준 : ISO/IEC18000-2	• 출입통제/보완 • 동물 인식/추적 • 차량원격 시동	
13.56 MHz	ISM (비면허)	10~20cm/ 106, 212, 424(kbps)	• 물에 강함, 금속에 약함 • 초당 50Tag 읽음 • 표준 : ISO/IEC18000-3(NFC)	• 재사용 용기 • 스마트카드(교통), 여권 • 도서관, 공장재고관리	2006년 8월 고시 (전파연구소 고시 제 2006-84호)
433 MHz	단거리 단말용	1~100m/ 중속	• 컨테이너 집하장, 항구 등으로 제한 • 표준 : ISO/IEC18000-7	• 컨테이너 관리	2004년 12월 고시 (정보통신부 고시 제 2004-69호)
900 MHz	ISM	1~12m/ 중속-고속	• 금속 환경에 적합, 물에 있는 환경에서 반사 • 초당 50 Tag 읽음 • 표준 : ISO/IEC18000-6(복수)	• 유통물류 분야	2004년 7월 고시 (정보통신부 제2004-34호) 2009년 11월 재분재 고시
2.45 GHz	ISM (비면허)	1~2m/ 고속	• 태그 사이즈가 작아서 유리 • 금속환경에 적합, 물이 있는 환경에서 반사 • 초당 50 태그를 읽음 • 표준 : ISO/IEC18000-4 (WLAN 또는 블루투스)	• 상품 관리 • 차량 통제	
3.1~10 GHz	UWB	~200m/ 고속	• 능동태그(또는 반 능동태그) • ISO/IEC 표준 정의 안 됨 • UWB 기술	• 고속 근거리 무선 접속망 • 이동체 추적 시스템 • 자동차용 센서 • 건축물 영상 검사장치	2010년 12월 고시 (방통위 2010-49호)

4) 기술 특징

① 시스템 구성

RFID는 리더기(Interrogator), 안테나, 태그(Transponder) 등으로 구성된다. 수동 태그 시스템의 리더기는 RF 캐리어신호를 태그에 송신하고 태그는 RF 신호가 들어오면 진폭 또는 위상 변조하여 태그에 저장된 데이터를 캐리어 주파수 신호로 변조하여 리더기에 송신한다. 리더기는 수신된 변조신호를 복호하여 태그 정보를 해독한다. 리더기는 정보통신망의 단말에 연결되어 운용되며 정보통신망은 응용 목적에 따라 RFID 시스템을 제어한다.

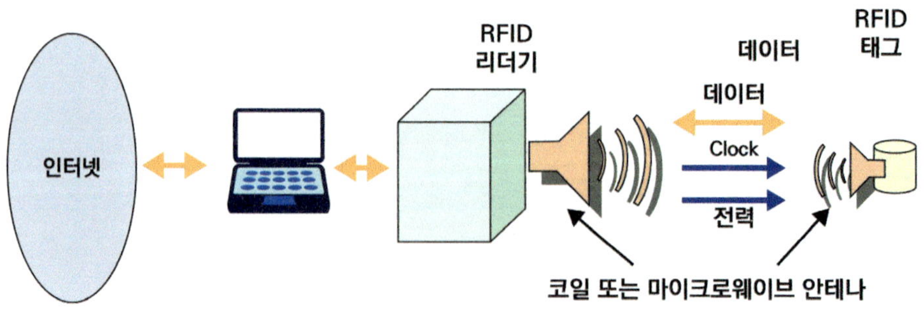

〈그림 3-88〉 RFID 시스템의 구성

② 무선신호 전달 방법

RFID 시스템에서 리더기와 태그 사이에 통신하는 과정에서 무선 신호를 전달하는 방법은 다음 그림과 같이 상호 유도(Inductively coupled) 방식과 전자기파(Electromagnetic wave) 방식의 두 가지가 있다. 상호 유도 방식은 코일 안테나를 이용하여 근거리(수십 cm 이내) 통신 방식에 이용된다. 135 kHz, 13.56 MHz 주파수 대역 등 낮은 주파수 대역의 RFID 시스템에서 이용된다. 상호 유도 방식의 태그는 거의 수동으로 작동된다. 전자기파 방식은 고주파 안테나를 이용하여 중장거리용 통신 방식에 이용된다. 433, 900 MHz, 2.4 GHz 주파수 대역 등 높은 주파수 대역의 RFID 시스템에서 이용된다.

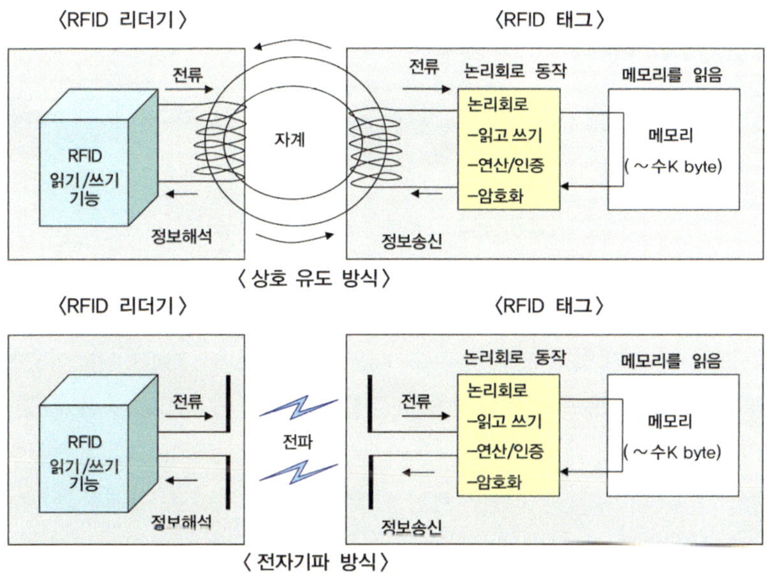

〈그림 3-89〉 RFID 시스템의 무선 통신 접속 방식

나. 블루투스

1) 개요

1994년 스웨덴의 통신장비 제조사인 에릭슨Ericsson은 휴대용 단말기와 주변 기기 사이에 RS-232C 케이블을 대체할 수 있는 전력 소모량이 작고 값이 싼 무선접속규격을 연구하기 시작하였다. 블루투스의 목적은 휴대용 단말기와 컴퓨터, 헤드셋, 컴퓨터 주변 기기에서 선을 제거하는 것이다. 1998년 에릭슨, 노키아, IBM, 도시바, 인텔 등이 블루투스 SIG(Bluetooth Special Interest Group)를 구성하고 근거리 통신, 일대다 통신, 저전력 소모, 저가격을 특징으로 하는 블루투스 규격을 제정하였다.

블루투스 Bluetooth는 '파란 이빨'이란 뜻으로, 이는 10세기에 덴마크와 노르웨이를 통일했던 바이킹 지도자인 하랄 1세 블로탄Harald Blåtand의 별명이기도 하다. 블루투스는 서로 다른 기기들을 선이 없이 연결하겠다는 뜻과 경쟁관계에 있는 통신 표준을 제치고 세계 표준을 주도하겠다는 뜻을 함께 담고 있었다. IEEE는 WPAN 계열의 기술을 표준화하는 IEEE 802.15 규격 가운데 블루투스를 IEEE 802.15.1로 표준화하였다.

블루투스는 단말기와 헤드셋, 프린터, 컴퓨터 등 주변 기기 및 다른 단말기와 데이터를 송수신하는 단거리 무선 접속 기술이다. 블루투스는 네트워크에 접속하여 데이터를 송수신하는 기능, 스마트 미디어 기기와 주변 기기를 무선화하는 기능, 스마트 미디어 단말사이 가상망을 구성하는 기능을 수행할 수 있다.

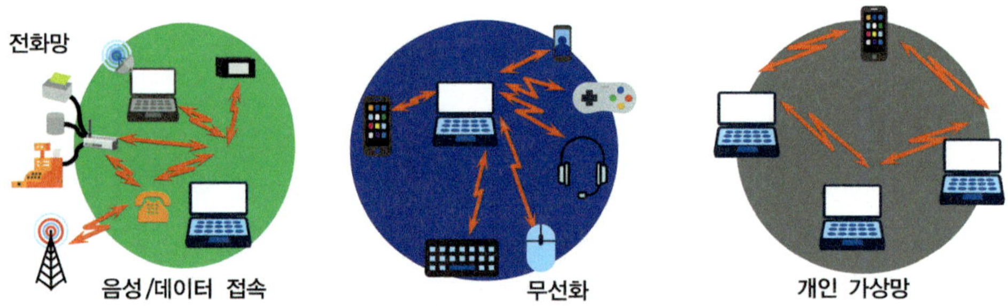

〈그림 3-90〉 블루투스의 서비스 응용

2) 주파수 할당 현황 및 채널 계획

블루투스는 2.4 GHz 대역의 ISM 주파수 대역(2400 ~ 2483.5 MHz)을 이용하여 서비스를 제공하고 있다. 2.4 GHz 대역은 전자레인지(중심주파수 2.45 GHz), 무선랜, ZigBee 등 다른 서비스와 공유하여 사용하고 있다.

블루투스는 3.0 규격까지는 1 MHz 채널 대역폭 79개 채널로 설계하고, 4.0 규격부터는 2 MHz 채널 대역폭 39개 채널로 설계하였다. 상위대역에 3.5 MHz, 하위대역에 2 MHz를 보호대역으로 설정하였다.

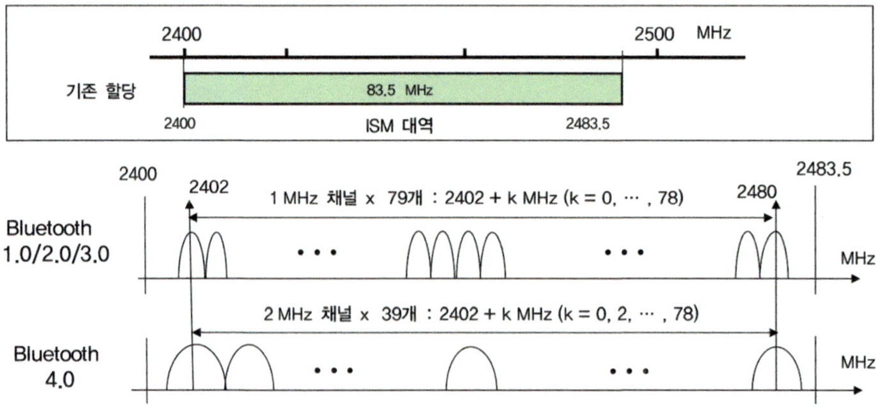

〈그림 3-91〉 블루투스의 주파수 현황

3) 특징

블루투스 패킷 네트워크로 마스터 - 슬레이브 구조로 1개 마스터와 7개의 슬레이브로 구성되는데 이를 피코넷 Piconet이라고 한다. 여러 피코넷이 네트워크 구조를 확장할 수 있는데 이것을 스캐터넷 Scatternet이라고 한다. 이때 하나의 피코넷에서 마스터 단말은 다른 피코넷의 슬레이브가 될 수 있다.

블루투스는 TDD 시스템으로 마스터는 짝수 슬롯, 슬레이브는 홀수 슬롯에서 데이터를 송신한다. 송수신 1쌍 슬롯은 1250 ㎲이고 1개 슬롯 시간은 625 ㎲가 된다. 패킷 길이는 1, 3, 5 슬롯으로 가변적으로 송신할 수 있다.

블루투스의 물리계층은 주파수 호핑 대역 확산 방식(Frequency Hopping Spread Spectrum) / TDD 방식(79 채널, 1600 hop/초)을 이용한다. 블루투스의 기본 규격과 기술 특징은 다음 표와 같다.

〈표 3-18〉 블루투스 기술의 주요 특징

구분	IEEE 표준(802.15.1)			
	ver. 1.0 ~	ver. 2.0 ~	ver. 3.0 ~	ver. 4.0 ~
주파수대역(GHz)	2.4 ~ 2.483.5 (ISM 대역)			
채널 대역폭(MHz)	1	1	1	2
변조방식	GFSK	π/4-DQPSK, 8DQPSK	π/4-DQPSK, 8DQPSK	π/4-DQPSK, 8DQPSK
무선 접속방식	FHSS / TDD	FHSS / TDD	FHSS / TDD	FHSS / TDD
전송 속도(Mbps)	1	3	24	24
전송거리/전송전력	class1 : 2~3m/1mW, class2 : 10m/2.5mW, class3 : 최대 100m/100mW			
최대 단말 연결(대수)	8	8	8	8
승인시기	1998(02.05 개정)	2004(07 개정)	2009.4	2010.6 (13, 14 개정)
매체접근제어(MAC)	• LMP(Link Management Protocol)			
	• FHSS는 1600/초 속도로 호핑			

다. ZigBee

1) 개요

ZigBee는 WPAN 네트워크를 구축하는 기술로서 저속, 저전력, 저가격으로 무선 데이터를 송수신하는 단거리 무선 접속 기술이다. ZigBee는 ① 전등제어, 난방/보일러 제어, 보안, 원격검침, 정보기기 제어 등의 스마트홈 네트워킹, ② 건강 체크, 공장의 에너지 관리, 온도 및 습도 센서 등의 무선 센서 네트워크, ③ 빌딩제어, 공장의 공정관리 등 무선 자동화 시스템 등을 수행할 수 있다.

ZigBee는 1990년대 말 무선 통합 리모컨, 가전기기 컨트롤러, 빌딩제어 등과 같은 저속·저전력·저가격의 새로운 무선전송기술로서 개발되기 시작하였다. 2002년 ZigBee Alliance가 구성되어 표준화를 추진하였고 2004년 12월 표준 승인이 된 후 2005년 6월 1.0 버전이 발표되었다. 2006년 9월 기존 규격을 개정한 2006년 표준이 발표되었다. IEEE는 ZigBee의 표준 가운데 물리 계층과 매체접근제어 계층을 IEEE 802.15.4로 표준화하였다. ZigBee 표준은 단일 표준이 아니라 응용서비스에 따라 상위 계층까지 포함하여 표준화를 한다. 즉, ZigBee Smart Emergency 2.0, Home Automation 1.0과 같이 여러 개의 표준으로 구성되어 있다.

2) 주파수 할당 현황 및 채널 계획

ZigBee의 사용 주파수는 세계적으로 868 MHz 표준(868 ~ 868.6 : 유럽), 915 MHz 대역(902 ~ 928 : 미국), 2.4 GHz 대역(2400 ~ 2483.5 MHz : 세계적으로 이용)이 할당되었으며 우리나라는 2400 ~ 2483.5 MHz를 무선데이터 통신용 특정 소출력 무선기기용으로 사용하고 있다. 2.4 GHz 대역은 5 MHz 간격으로 16개 채널을 구성하되 채널 대역폭은 2 MHz로 채널을 설계하였다.

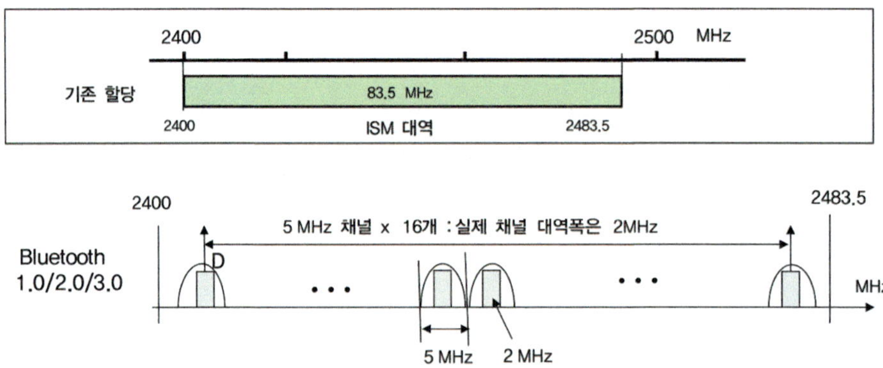

〈그림 3-92〉 ZigBee의 주파수 현황

3) 특징

ZigBee 시스템의 구조는 트리 또는 메쉬 구조로 구성된다. ZigBee 단말의 구성은 다음의 3가지로 구분된다.

① Zigbee Coordinator(ZC) : 1개의 네트워크에서 1개만 존재하여 전체 노드를 관리하고 주소를 할당

② ZigBee Router(ZR) : 서비스 영역을 확대하고 자신의 네트워크 노드를 관리 및 메시지 전달

③ ZigBee End Device(ZED) : 센싱 정보를 라우터와 연결하여 송수신

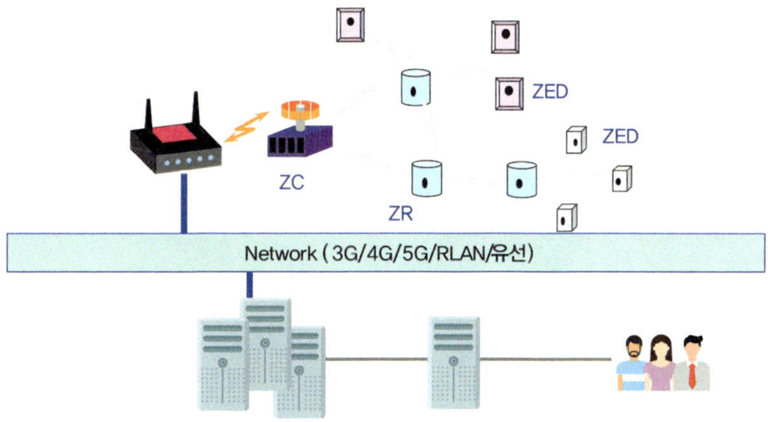

〈그림 3-93〉 ZigBee 시스템의 구성

ZigBee의 물리계층은 직접 대역 확산 방식(Direct Sequence Spread Spectrum)의 무선접속 방식을 이용하고 있으며 변조방식은 BPSK, OQPSK 등이 이용되고 있다. 무선접속 시간은 30ms 이내로 매우 빠른 접속으로 센서 네트워크에 적합하며 단말은 매우 적은 전력을 소비하므로 별도의 전력을 공급하지 않아도 수개월 이상 사용할 수 있다.

〈표 3-19〉 ZigBee 기술의 주요 특징

구분	IEEE 표준 (802.15.4)		
	802.15.4-2003	802.15.4-2006	2007
주파수대역(GHz)	748 MHz대역(중국), 868 MHz대역(유럽), 902~928 MHz대역(미국), 2.4 GHz대역		
채널 대역폭(MHz)	2	2	2
변조방식	BPSK(800, 900 MHz 대역), OQPSK(2.4 GHz 대역)		
무선 접속방식	DSSS	DSSS	DSSS
전송 속도(kbps)	20(868 MHz대역), 30(915 MHz대역), 250(2.4 GHz대역)		
전송전력 / 전송거리	1~100mW / 10~20m		
최대 단말 연결(대수)	8		
승인시기	2004.12	2006	2007.11
매체접근제어(MAC)	• CSMA/CA(Carrier Sense Multiple Access / Collision Avoidance)		
비고	• 128비트 암호화키 사용 / 무선 접속 시간 30ms		

라. Z-wave

1) 개요

WPAN 네트워크를 구축하는 기술로서 가정에서 스마트홈을 위해 가정의 정보기기, 가전기기, 생활기기를 제어할 수 있는 단거리 무선 접속 기술이다.

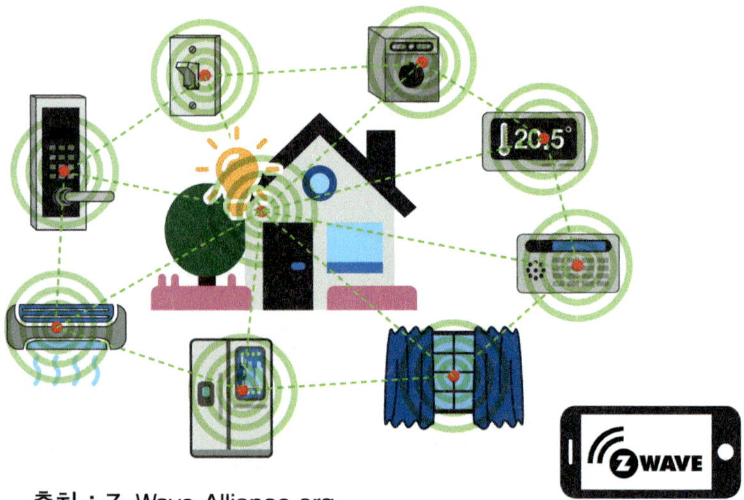

출처 : Z-Wave Alliance.org

〈그림 3-94〉 ZigBee 시스템의 개념

1999년에 설립된 덴마크의 기업 젠시스Zensys가 물리계층과 데이터링크 계층을 ITU-T G.9959 표준에 따르고 상위계층을 포함하여 개발하였다. 2005년 Z-wave Alliance가 구성되어 Z-wave 표준 및 기술 확산을 주도하였고 2015년에는 300여개 이상 업체가 참여하였다. 2008년 미국의 Sigma Design이 Zen-sys를 인수하였다. 우리나라는 2013년 12월 Z-wave 용으로 919.7 MHz, 921.7 MHz 및 923.1 MHz를 할당하였다.

2) 특징

Z-wave 네트워크는 메쉬 구조로 구성되고 제어기(controller)와 단말(device)로 구성되어 있다. 네트워크는 4바이트(32비트)로 구성되는 네트워크 ID와 1바이트(8비트)로 구성되는 Node ID로 단말을 확인하며 네트워크 ID가 다를 경우 통신이 이루어지지 않는다. Z-wave 단말은 전체 시간의 0.1%만 전력을 사용한다.

〈표 3-20〉 Z-wave 기술의 주요 특징

구분	Z-wave alliance
주파수대역(GHz)	유럽 : 868 MHz대역, 900 MHz대역(ISM), 한국 : 919.7, 921.7, 923.1MHz
채널 대역폭(MHz)	2
변조방식	FSK / GFSK
무선 접속방식	-
전송 속도(kbps)	100
전송전력 / 전송거리	- / 30cm
최대 단말 연결(대수)	232(실질적으로 10개)
기술 개발 시기	2000년대 초반
매체접근제어(MAC)	• ITU-T G.9959(1 GHz 미만 근거리 무선 기술 규격 정의 : PHY, MAC, LLC)
비고	• 전체 시간의 0.1%만 전력을 사용 • 전력은 각국의 기술 기준에 따라 정해지며 국내 ISM대역은 10dBm 적용)

마. UWB

1) 개요

UWB Ultra Wide Band는 WPAN 네트워크를 구축하는 기술로서 매우 낮은 전력과 수백 MHz의 초광대역으로 통신하는 단거리 무선 접속 기술이다. UWB는 초광대역으로 신호를 확산시킴에 따라 단위 Hz당 전력밀도는 현저하게 낮아지기 때문에 타 시스템에 전파간섭을 주지 않고 주파수를 상호 공유할 수 있는 획기적인 통신 방식이다. UWB는 수 GHz대의 초 광대역을 사용할 수 있으므로 500 Mbps ~ 1 Gbps의 초고속 데이터를 전송할 수 있다. 또한 빠른 전송속도에도 불구하고 전력소모량은 휴대폰과 무선랜(WLAN) 제품이 필요로 하는 전력량의 100분의 1 수준밖에 안 된다는 장점을 갖고 있다. 따라서 IoT의 저전력 초고속 데이터 서비스에 이용될 수 있는 무선기술이다. UWB는 통신 외에도 이동체 추적 시스템, 자동차용 센서, 건축물 영상 검사장치, 매몰자 영상 탐지 레이더 등에서 이용된다.

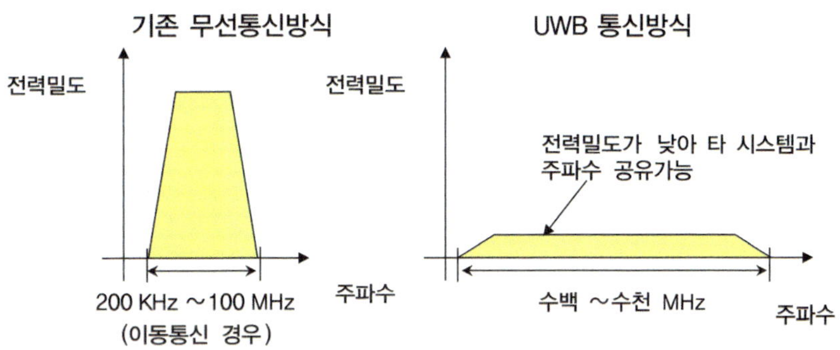

〈그림 3-95〉 기존 무선통신과 UWB 방식의 비교

UWB는 미국 국방부가 군사적 목적으로 개발한 무선기술이다. FCC는 당초 군사적 목적으로 개발되었을 뿐만 아니라 사용주파수 대역이 넓어 다른 GPS나 이동통신네트워크 등과 충돌 현상을 일으킬 수 있다는 점 때문에 상업적인 이용이 금지되었다. 하지만 주파수 대역이 광대역이면서도 단속적으로 데이터를 전송할 수 있는 UWB의 특성 때문에 주파수 부족 현상을 해결할 수 있는 데다가 미국 군사연구소들과 관련 업체들이 UWB 원천 기술을 대부분 소유하고 있어 무선통신 시장에서 미국의 입지를 더욱 확대할 수 있다는 점 때문에 FCC는 2003년 2월 이 기술의 상업적 이용을 허용하기에 이르렀다. UWB는 IEEE 802.15.3a에서 표준화가 진행되었으나 합의가 이루어지지 않아 2006년 해산되고 WiMedia와 UWB Forum에서 각각의 기술을 제안하였다.

2) 주파수 할당

ITU는 UWB 주파수 용도로 3.1 ~ 10.6 GHz 대역을 허용전력 -41.3 dBm/MHz 조건으로 분배하였다. 주파수 채널 대역폭은 캐리어 주파수의 20% 또는 500 MHz 이상 주파수 가운데 작은 것을 이용한다. 국내에서는 3.1 ~ 4.8, 7.2 ~ 10.2 GHz 대역에서 -41.3 dBm/MHz 조건으로 할당하였다.

3) 특징

IEEE는 WPAN용으로 USB, IEEE1394, 고속 블루투스, IP 패킷 전송에 적합한 기술을 개발하였다. MAC 계층 기술은 2.4 GHz 고속 WPAN 규격인 IEEE 802.15.3에서 정의한 규격을 따르는데, PNC(Pico Net Coordinator) 제어, fast connection, Ad-hoc Network, QoS, Security, CSMA/CA(Carrier Sense Multiple Access/Collsion Avoidance), Slotted-ALOHA와 TDMA 데이터 전송 등을 다루고 있다. 그리고 물리계층(PHY 계층) 기술은 IEEE 802.15.3a에서 정의하며 새로운 무선접속기술을 개발하였다. 그러나 모토로라 중심의 UWB Forum에서 제안하는 DS-CDMA(Direct Sequence-CDMA) 기술과 인텔 중심의 WiMedia이 제안하는 MB-OFDM(Multi Band-OFDM) 기술이 표준안 도출에 성공하지 못하여 IEEE 802.15.3a는 2006년 1월 활동을 중단하였다. 두 개의 제안된 기술 규격은 다음과 같다.

〈표 3-21〉 UWB 물리계층 기술 비교

구분	MB-OFDM	DS-CDMA
주파수 운용	- 14개(대역폭 : 528 MHz/채널) - 3개(의무) : 3168~4752 MHz	2개 대역폭 : 2 GHz, 4.8 GHz - Single band : 3.1~4.9 GHz - Dual band : 3.1~4.9/6.2~9.7 GHz
변조	OFDM(128 point FFT)/QPSK	CDMA/BPSK 또는 4-BOK
채널코딩	Convolutional Code	Convolutional Code
다중접속	FDM/TF-Interleaving	FDM/CDM/TDM
데이터 전송률	53.3~480 Mbps	27.5~1.32 Gbps
전송거리	60cm / 500 MHz	33cm / 1.3 GHz
피코넷 수	4~16개	6~12개
회로 복잡 요인	FFT/IFFT 구조	Rake Receiver 구조
주요 특징	Peak to Average Ratio 문제	채널, 타 시스템 간 간섭에 강함
제안사	인텔 등(www.wimedia.org)	모토로라 등(www.uwb-forum.org)

UWB의 장점으로는 수신기 입장에서 보면, 광대역으로 분포된 에너지를 수신하여 신호를 검출하므로 협대역 통신신호에 의한 간섭에 대하여 그 내성이 매우 좋으며, 신호의 펄스폭이 매우 좁기 때문에 다중전파경로에 의한 신호의 퍼짐 현상이나 신호의 중첩 현상을 피할 수 있다. 그리고 UWB 신호의 전력밀도가 매우 낮기 때문에 기존의 협대역 통신 시스템에서는 잡음으로 나타나므로 보안통신에도 적합하고, 광대역으로 분포된 에너지로부터 해당 신호를 추출하기 때문에 매우 높은 처리이득을 갖는다. 또한 펄스 신호를 무변조로 발사하므로 반송파 발진기가 필요 없고, 고출력 통신을 행하지 않을 경우에는 선형증폭기도 필요 없으며, 중간주파 수단(IF)도 사용하지 않으므로 시스템이 간단하다.

단점으로는 대부분 펄스위치변조방식을 사용하는 것이 고려되고 있기 때문에 송수신에 매우 정확한 시간동기가 요구되며, 매우 넓은 대역에 걸쳐 신호가 분산되므로 타 통신에 간섭을 줄 수 있다. 또한 평균 전력은 작아도 피크 전력이 커서 임펄스적 전자파 유기 등으로 인해 타 장비에 간섭 또는 장애를 일으킬 수 있으며, 광대역 주파수 특성이 우수한 특수 안테나를 사용하여야 한다.

바. 적외선 통신

1) 개요

적외선 통신 IrDA은 WPAN 네트워크를 구축하는 기술로서 적외선 대역을 이용하여 1m 이내 정보 기기의 데이터를 송수신하는 단거리 무선 전송 기술이다. 적외선 통신은 가정 및 사무실에서 스마트미디어와 컴퓨터, 컴퓨터와 프린터, 스마트미디어와 디지털 카메라 등에서 파일 및 이미지 전송 등에 이용된다. 적외선 통신은 1993년 정보통신기기 제조업체들은 노트북 컴퓨터 및 휴대정보 단말기 사이에 데이터를 시리얼로 전송하도록 필요한 하드웨어와 소프트웨어의 표준화를 위해 IrDA라는 민간 표준화 단체를 설립하였다. 이 단체의 명칭을 따서 적외선 통신을 IrDA로 명명하게 되었다.

2) 특징

적외선 통신 방식의 주요 기술의 특징은 다음과 같다.

- 사용 주파수 : 850 – 900 nm (적외선 대역)
- 전송속도 : ~ 1 Gbps
- 전송거리 : ~ 1 m
- 프레임 길이 : 64 Byte ~ 64 kByte
- 통신방식 : 반이중방식(Half Duplex)

3.4.2 저궤도 위성통신

(1) 개요

GMPCS Global Mobile Personal Communications System로 불리며, 고도 약 2,000 km 이하에서 수십 ~ 수백 개의 위성을 발사하여 지구 전 지역에서 음성 · 데이터 · 영상 · 위치정보 등을 제공하는 서비스이다.

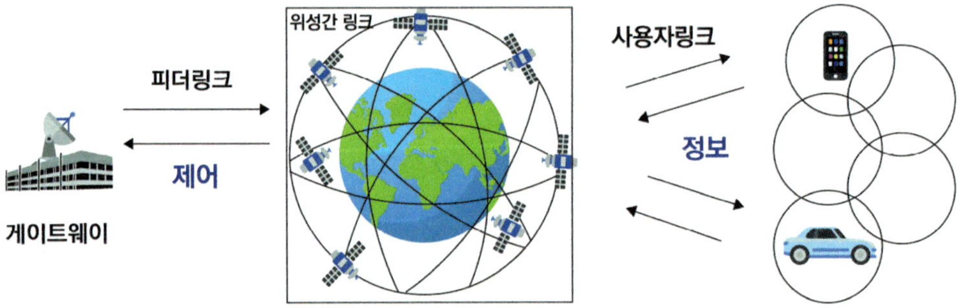

〈그림 3-96〉 GMPCS의 서비스 개념

(2) 특징

정지 위성을 이용하는 경우에는 전파의 왕복 지연 시간으로 음성과 같은 실시간 통신서비스에 많은 지장을 주며 원거리 전파에 의한 전파의 감쇠 현상으로 인해 고출력, 대형 송수신 안테나가 필요해지는 단점이 발생한다. 이를 해결하기 위하여 위성의 고도를 약 2,000 km 이내로 낮추어 전파 지연 시간을 최소화하면서 소형 · 소출력의 안테나를 사용할 수 있기 위하여 등장한 위성 통신 방식이 저궤도 위성통신 LEO Satellite Communication이다.

저궤도 위성은 다음과 같은 특징을 가지고 있다. ① 고도가 낮아 전송 지연 시간이 짧다. ② 경로 손실이 작아 단말기의 소형화 · 경량화 · 저출력화가 가능하다. ③ 서비스 영역이 전 세계로 지역 제한이 없다. ④ 지역에 상관없이 재해, 재난구조 등 긴급 서비스에 이용 가능하다.

기술적으로는 다음과 같은 특징이 있다. ① 위성의 이동에 의한 도플러 주파수 편이의 보상이 필요하다. ② 위성 · 기지국 · 이동국에 대한 추적 기능이 필요하다. ③ 복수개의 위성이 필요하다. ④ 위성 교체 제어 기능을 위하여 위성체간 통신 기능이 필요하다.

(3) 종류

저궤도 위성통신서비스는 서비스 종류에 따라 구분할 수 있다.

① 초고속인터넷 서비스를 제공하는 글로벌 광대역 위성통신서비스이다. 텔레데식[Teledesic]은 1990년대 글로벌 광대역 위성 서비스를 최초로 계획한 서비스이다. 1994년 MS사와 McCaw가 합작한 회사로 90억 달러를 투자하여 지상 1,400 km 상공에 288기(당초에는 고도 700 km에 840기)의 위성을 배치하여 초고속 정보 통신망을 우주공간에 구축하려고 계획하였다. 하지만 경제성 문제로 2002년 사업을 중단하였다. 2012년 설립된 월드뷰[World Vu]사의 원웹[One web]은 영국 정부와 인도 사업자 바티[Bahti]사의 투자로 최초로 초고속인터넷 서비스를 시도하게 되었다. 또한 스페이스 엑스[Space X]사도 구글 등의 투자를 받아 2020년부터 서비스를 시작하였다. 이외에도 캐나다의 텔샛[Telsat]과 중국의 6G 연동 저궤도 이동위성서비스를 추진하고 있다.

② 음성/서비스를 제공하는 글로벌 개인통신 위성통신서비스로 중형급(500 ~ 1,000 kg) 위성을 이용하여 서비스를 제공한다. 이리듐[Iridium]은 미국의 모토로라사에 의해 제안되어 2005년까지 780 km 상공에 66기의 위성을 배치해 세계적으로 이동통신서비스를 제공하는 시스템으로 계획하였다. 주요 특징으로는 각 위성에 동일 궤도상의 전후좌우의 위성 간을 연결하는 4개의 안테나를 두어 25 Mbps 속도의 위성 간 링크를 구성하였다. 하지만 수익성 악화로 2001년 서비스를 중단하였다가 2017년부터 2세대 위성 사업을 추진하고 있다.

글로벌스타[Globalstar]는 미국의 위성체 제작사인 로랄[Loral]사와 통신장비 제조업체인 퀄컴사 주축으로 추진되며 지구 1,414 km 상공 8개의 궤도면에 48기 위성을 발사하여 음성전화, 무선데이터 등의 이동통신서비스를 제공하였다. 주요 특징으로는 다중접속 방법으로 CDMA를 선택하였고, 호손실을 줄이기 위해 소프트 핸드오프 방법이 사용된다는 점이다. 글로벌스타는 궤도를 양극에서 어느 정도 경사시킴으로써 비교적 인구가 많은 지역을 중심으로 커버하고 기존의 국제전화망을 최대한 이용하는 경제적인 시스템을 구축하고자 하였다. 오브콤[Orbcomm]은 저궤도상에서 저속 데이터 통신, 위치 정보 등의 목적으로 운용되는 1 GHz 대역 이하의 위성 시스템이다.

③ IoT 서비스를 제공하는 글로벌 IoT 위성통신서비스로 마이크로 위성(100 kg 이하)을 이용하여 서비스를 제공한다. 미국 스파이어[Spire], 캐나다 케플러[Kepler], 호주 플릿[Fleet], 영국 라쿠나 스페이스[Lacuna space], 프랑스 유텔셋[Eutelsat] 등이 서비스를 준비 중이다.

④ 국제해상위성(INMARSAT)은 IMT 위성 주파수 내역(1980-2010, 2170 2200 MHz)에서 고도 10,335 km에 12개(예비 2개) 위성을 이용하여 세계 200여개 관문국을 설치하여 음성 및 데이터의 GMPCS 서비스 계획을 세우고 ITU에 기술 규격을 제시하고 있지만 실제 위성망

구축은 이루어지지 않고 있다. 주요 특징으로는 중궤도를 채택하고 있으며 핸드오프가 적은 특징을 갖는다. 신호 프로토콜은 유럽의 이동통신망에 기반을 두고 있다.

〈표 3-22〉 저궤도 이동위성 서비스 비교

구분	이리듐	글로벌스타	오브콤 (Orbcomm)	텔레데식 (Teledesic)	원웹 (One web)	스타링크 (Starlink)
사업주체 (투자자)	모토로라	퀄컴, 로랄	Orbital Science	텔레데식 (MS, McCaw)	World Vu (영국, 인도)	Space X (Google)
위성 수 (예비)	66(6)	48(8)	29	288 *(840)	650	4,408
주파수 (GHz)	1.61~1.6265	1.61~1.6265 2.4835~2.5	0.137-0.138 0.148-0.15005	18.8~19.3 28.7~29.1	Ku(사용자) Ka(링크)	Ku(사용자) Ka(링크)
고도(km)	780	1,414	775	1,400 *(700)	1,200	540~570
기술방식	TDMA/TDD	CDMA/FDD	TDMA/TDD		SC-TDM/ SC-FDMA	
서비스 종류	음성, 데이터	음성, 데이터, Wifi hotspot	하향/상향 4.8/2.4 Kbps	하향/상향 720/100 Mbps	글로벌인터넷 (위성당 2.17 Gbps)	글로벌인터넷
서비스	1998.9	1998	2000	-	2021	2020
비고	사업 중단 (2001) 2017년 이후 2세대 진행	2010-2013 2세대 24개	데이터 저장 후 서비스 커버리지 진입 시 전송	사업 중단 (2002)	400 Mbps, 32 ms 지연 서비스 시연	2020.11 150 Mbps 시연 2021.12 1,944개 발사

(4) 시스템 구성

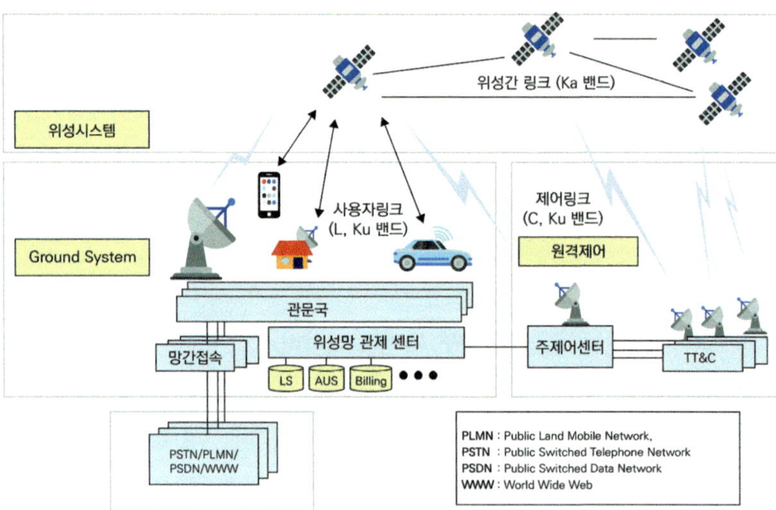

〈그림 3-97〉 GMPCS의 시스템 구성

(5) 전망

1990년대 말 서비스가 시작된 저궤도 위성통신서비스는 당초 밀도가 적은 지역의 이동통신 서비스를 위해 위성이동서비스를 개발하였으나, 지상 이동통신이 디지털 통신 기술의 발전으로 급성장하면서 경쟁력이 떨어져 수익이 악화되어 대부분 실패하였다.

2020년대 들어 위성 발사 비용의 하락과 인터넷 서비스 및 IoT 서비스의 수요 확대로 저궤도 이동위성서비스가 활발히 이루어지고 있다. 이러한 상황은 지상에서 6G 이동통신이 모든 공간과 연결하는 추세에 맞추어 향후 저궤도 위성통신서비스 역시 6G 이동통신서비스와 연동하여 공간의 연결성을 높이는 데 기여할 것으로 보인다.

국내 이동위성 가입자는 2021년 10월 약 11,000명 수준으로 완만히 감소하고 있으나, 미국 Space X사의 Starlink 가입자는 크게 성장하는 추세이다.

3.4.3 성층권 시스템

(1) 개요

단순한 장거리 통신에서부터 점차적으로 다양하고 복잡해지는 통신서비스 사용자의 요구사항에 따라 현대 무선통신 시스템은 1890년대의 지상 송전탑을 이용한 무선통신을 시작으로 1960년대의 정지궤도 위성통신, 1990년대의 저궤도 이동위성통신을 개발하였다. 또한 고속의 멀티미디어 서비스를 제공할 수 있는 방안으로 성층권에 통신 중계기를 탑재한 비행선을 체공시켜 고속의 무선 통신 인프라를 구축하는 성층권 시스템HAPS : High Altitude Platform System을 추진하였다.

WRC-2000회의를 계기로 성층권 시스템용 주파수가 새롭게 분배됨에 따라 정보통신 인프라가 취약한 후진국 및 개발도상국뿐만 아니라 여러 선진국들을 중심으로 성층권 비행선을 이용한 통신 및 무선응용 서비스의 활용에 대해서 관심이 점점 높아졌다. 성층권에 무선중계기를 구축하여 통신에 이용하는 개념은 이미 오래 전부터 제안되어 왔지만 구현상 기술적 난이도가 높고, 타 통신방식에 비해 경제성이 낮아 그동안 현실화되지 못했다. 그러나 최근 초경량 피복 재료, 고효율의 태양 전지 및 연료 전지, 강화 폴리에스터, 고정밀 GPS 항법 시스템과 같은 신기술 개발과 함께 모든 공간에서 통신이 이루어지는 것을 목표로 한 6G 이동통신과 연동하는 무선통신 시스템으로서 성층권 시스템이 주요한 역할을 할 것으로 보인다.

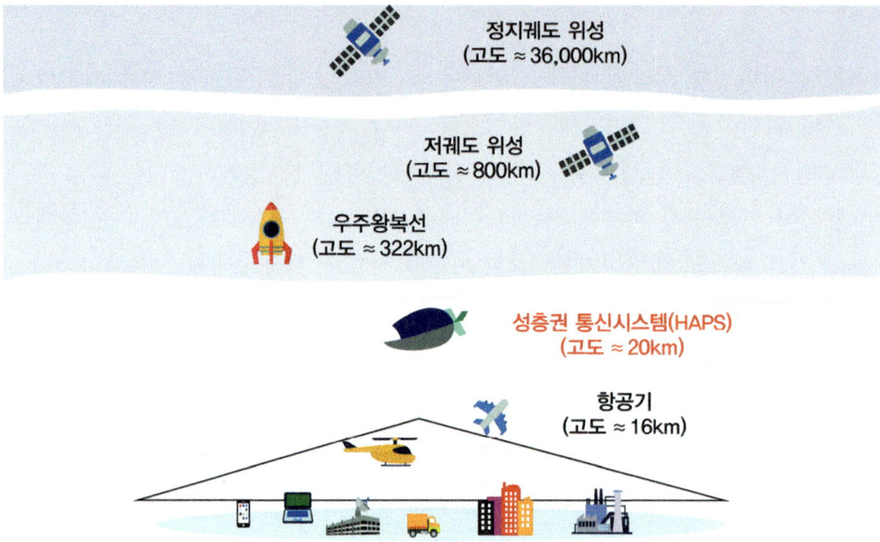

〈그림 3-98〉 성층권 시스템의 개념도

(2) 주파수 할당

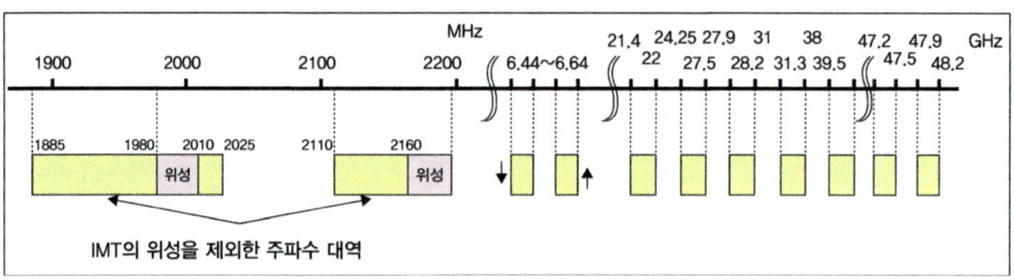

〈그림 3-99〉 성층권 시스템의 주파수 할당

ITU는 WRC-19에서 HAPS용 주파수 6 GHz 이상 고정업무 대역에서 신규 할당 또는 지역 할당된 기대역을 전 세계 대역으로 할당하여 HAPS 활용 가능성을 높였다.

〈표 3-23〉 ITU의 HAPS 주파수 할당 현황

주파수 대역	지정 현황	비 고
6440-6520 MHz(하향)	현행 유지(No Change)	기지정 대역
6560-6640 MHz(상향)	현행 유지(No Change)	기지정 대역
21.4-22 GHz	제2지역	신규 대역
24.25-27.5 GHz	제2지역	신규 대역
27.9-28.2 GHz	현행 유지(중국 추가 24개국)	기지정 대역
31-31.3 GHz	전 세계로 확대	기지정 대역
38-39.5 GHz	전 세계	신규 대역
47.2-47.5/47.9-48.2 GHz	전 세계로 확대	기지정 대역

또한 ITU는 2019년 WRC-19에서 2.7 GHz 이하 IMT 대역(694 ~ 960, 1,710 ~ 1,850, 2,500 ~ 2,690 MHz)에서 이동통신 기지국용으로 지상시스템과 공유 가능한지 WRC-23에서 검토하기로 하였다.

(3) 특징

성층권 시스템은 대류권(Troposphere)과 중간권(Mesosphere) 사이의 성층권(Stratosphere, 지상 약 20 ~ 30 km 상공)에 통신 탑재체를 싣고 있는 비행선을 인구 밀집 지역과 같이 서비스 수요가 많은 지상의 일정 위치 상공에 체류시켜 서비스 대상 지역에 각종 무선통신서비스를 제공한다.

비행선이 체공하게 될 성층권은 기상 조건이 비교적 안정되어 있고, 항공관제 영역보다 높은 곳에 위치하며, 필요할 경우 비행선을 착륙시켜 유지 보수할 수 있다는 장점을 보유하고 있다. 또한 제한 사항으로는 환경오염 방지를 위해 연소에 의한 추진이 금지되어 있다는 점을 들 수 있다.

성층권 시스템은 다음 그림과 같이 직경 약 150 ~ 250 m 정도의 크기로 약 1 ton 정도의 탑재체를 싣고 있으며, 내부의 헬륨 가스를 사용하여 정점 체공을 위한 부력을 얻고, 성층권에서 바람 등의 영향에 대해 자세 및 위치를 제어하기 위해 전동기로 구동되는 프로펠러를 사용한다. 성층권 비행선에 요구되는 전력은 낮에는 비행선 표면에 장착된 태양 전지를 사용하고, 밤에는 내부에 장착된 연료 전지를 이용한다.

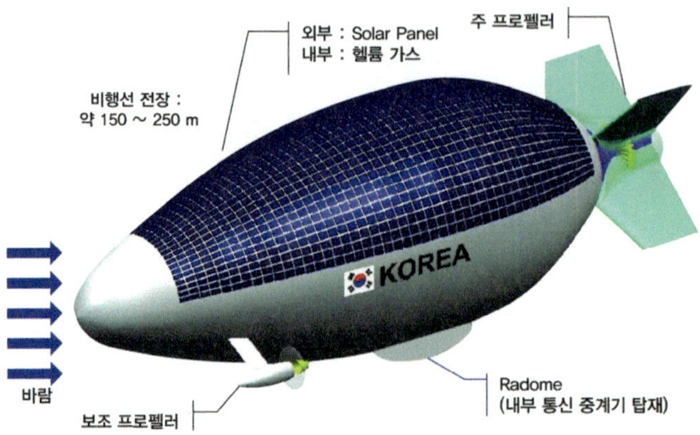

〈그림 3-100〉 성층권 시스템 개념도

성층권 시스템은 광역성 · 동보성 · 망 구성의 유연성 · 광대역성 등 위성 통신의 장점을 보유하면서 수요에 따른 적기 공급 · 시설의 유지보수 용이 · 짧은 전송 거리로 인한 단말의 소형화 · 저전력화 · 짧은 전송 지연 시간 등 지상 이동통신의 장점도 함께 보유한 시스템이다.

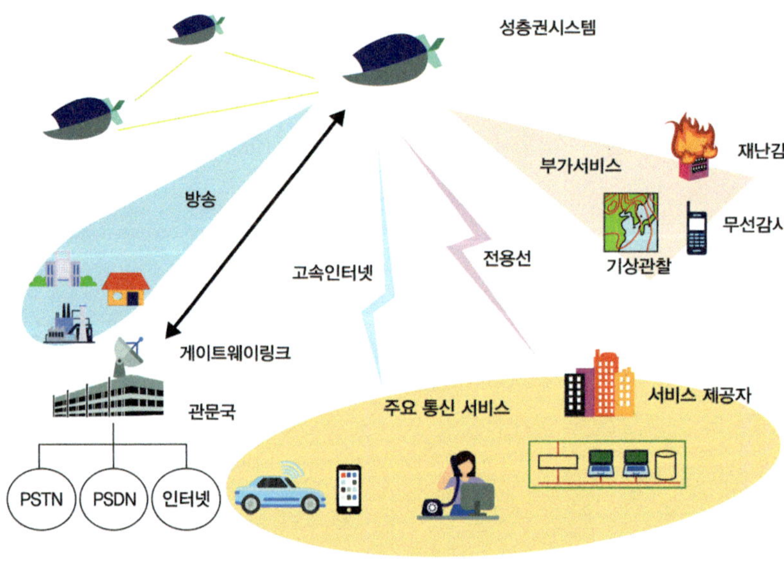

〈그림 3-101〉 성층권 시스템의 서비스 특징

성층권 시스템은 기존의 정지궤도 위성 및 저궤도 위성에 비해 낮은 전송 손실, 짧은 시간 지연, 가시거리 확보가 쉽다는 점 등의 다양한 장점을 가지므로 일반 사용자의 복잡한 서비스 욕구를 만족시킬 수 있다.

성층권 시스템을 이용한 통신 및 무선응용 시스템은 성층권(약 20.6 km 고도) 대역에서 플랫폼 유지 기술로 고정 위치된 하나 혹은 그 이상의 성층권 시스템 통신장비와 하나 혹은 그 이상의 지상 교환/제어국, 다수의 고정/이동 가입자 접속 터미널로 구성된다. 즉, 성층권영역에 정점 체공하여 통신 탑재체를 탑재하는 비행선 탑재 중계기 시스템, 지상 시스템 및 비행선 관제 시스템으로 구성된다. 지상부는 사용자 시스템, 관문국 및 성층권 시스템 관리국으로 구성되며 관문국은 기존 지상 시스템부와 상호 연동하여 가입자와 비가입자 간 통신 연결을 위한 시스템 망 및 인터넷 서비스 노드 등을 제공한다.

비행선 탑재 중계기 시스템은 커버리지에 위치하는 사용자와 관문국으로부터 데이터를 수신하고, 지정된 장소로 재전송하며 비행선간 통신링크를 통하여 커버리지 외에 위치하는 사용자 혹은 관문국으로 데이터의 송신 혹은 수신하는 기능을 수행한다.

지상부는 사용자 시스템, 관문국 및 성층권 시스템망 관리국으로 구성된다. 사용자 시스템은 성층권 시스템 서비스를 이용하기 위해 필요한 하드웨어 및 소프트웨어 모두를 포함하며 이동단말, 고정단말로 이루어진다. 관문국은 PSTN, 인터넷망과 같은 지상망 및 전용망과 연동하도록 구성된다. 성층권 시스템 망관리국은 주로 과금과 관련된 기능을 수행한다.

각 비행선을 위한 전용의 지역 관제국(TT&C Station)이 존재하며, 이 지역 관제국들은 명령 송신 및 원격측정 데이터 수신을 담당하고, 운용계획, 명령의 생성, 데이터의 분석 등은 중앙 관제국에서 담당한다.

(4) 전망

성층권 시스템의 서비스 응용분야는 다음 그림과 같이 고정통신서비스, 이동통신서비스, 방송 서비스와 무선응용(관측/탐사/감시/측위) 서비스 분야 등이다. 구글은 모바일 인터넷 접속을 위해 2011년부터 성층권 시스템(project loon)을 연구하기 시작하였으나 2021년 1월 프로젝트를 중단하였다.

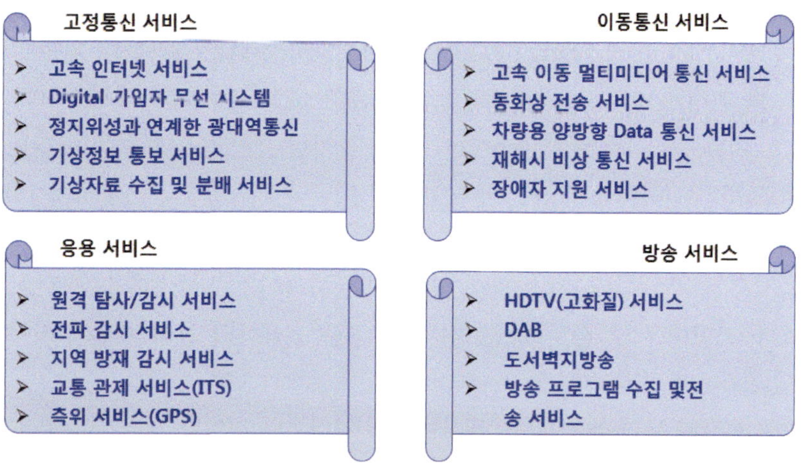

〈그림 3-102〉 성층권 시스템의 서비스

성층권 시스템은 초공간서비스를 목표로 하는 6G 이동통신과 연동하여 메가셀을 제공하고 3차원 공간의 서비스를 제공하는 HIBS(HAPS IMT Base Station)로 활용할 수 있다. HIBS의 이용 주파수는 기존 IMT 주파수를 공유하여 서비스를 제공한다. HIBS의 서비스 커버리지는 인구밀도가 적은 지역의 메가셀, 3차원 공간, 전원 등 설치가 어려운 장소 등으로 확대할 수 있다. HIBS는 3차원 공간의 IoT, 긴급 재난, 이벤트, 트래픽 오프로딩 등의 서비스를 제공할 수 있다.

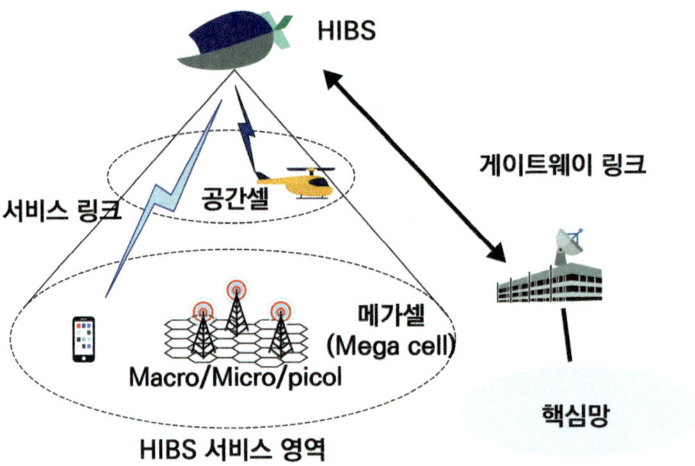

〈그림 3-103〉 HIBS 서비스 개념도

3.4.4 무인항공기(드론)

(1) 개요

무인항공기 UAV : Unmanned Aerial Vehicle는 조종사 없이 전파를 이용하여 자동 비행 및 원격 조종이 가능한 비행체이다.

기본적으로 전파를 이용하여 조종사 없이 항공기, 차량, 선박을 조종하는 원리는 같다. 최초로 원격제어로 무인 이동체를 조정한 때는 1898년 니콜라 테슬라[Nikola Tesla]가 뉴욕 매디슨 스퀘어 가든 전시회에서 선박을 조종한 것이다. 1940년대 대공포 사격용 무인 표적기 등이 개발되고, 1950년대 감시용 드론 개발에 이어 1960년대 감시와 공격이 가능한 전투용 드론으로 개발되기 시작하였고, 1990년대 이후 감시용 호크아이, 공격용 프레데터 등이 개발되어 무인항공기를 대표하고 있다.

군사용으로 시작된 무인항공기라는 용어는 2010년대부터 다양한 민간분야에 응용되기 시작하였는데, 최근에는 주로 벌들이 '왱왱거리는 소리'에서 유래된 **드론** Drone이라는 용어가 자주 사용되고 있다.

(2) 주파수 할당

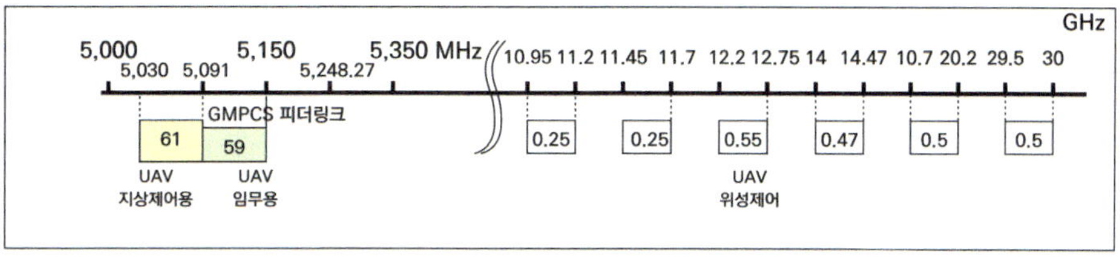

〈그림 3-104〉 무인항공기의 주파수 할당

ITU는 2012년 WRC-12에서 5030 ~ 5091 MHz를 무인항공기 전용의 제어용 주파수로 분배하였다. 무인항공기 전용의 임무용 주파수는 국가별로 분배하여 각국이 상이하다. 국내 무인항공기용 주파수는 분배는 중대형 무인항공기 지상 제어용 주파수의 경우 국제 분배 기준에 따라 2012년 5030 ~ 5091 MHz 대역을 분배하였다. 소형 무인항공기 지상 제어용 주파수는 2.4 GHz와 5 GHz 대역 비면허 주파수를 이용하고 있다. 무인항공기 임무용(영상전송 등)으로 2016년 10월 5091 ~ 5150 MHz 대역 59 MHz 폭을 공급하였다. 무인항공기의 장거리용 제어를 위해 신규 주파수 운용 방안(수 km 이상이 가능하도록 저대역인 433 MHz 주파수 대역 등, 현재 출력 제한을 높이는 고출력 허용 등)을 검토할 필요가 있다.

(3) 특징

무인항공기는 초창기 군용으로 시작하였으나 최근 항공과 정보통신 융합기술 특성을 바탕으로 다양한 민간 분야에 적용되어 다양하게 발전하고 있다. 최초의 드론은 소형 무인항공기와 중대형 민수 군용 무인항공기를 통칭하였으나, 최근에는 자율비행이 가능한 25 kg 이하의 멀티콥터를 지칭한다. 대표적인 무인 조종기인 RC(Remote Control)와 달리 드론은 사전 입력된 프로그램에 따라 비행체의 위치와 속도, 자세를 측정하여 스스로 외부환경을 인식한 후 최적의 경로로 이동하는 높은 수준의 자율성을 가지는 것이 특징이다.

무인항공기는 3차원 공간에서 움직이는 이동단말로서 기존 통신시스템에서 지역 또는 이동성의 제한으로 제공할 수 없는 통신서비스를 제공할 수 있다.

무인항공기 서비스를 위한 핵심 기능은 다음과 같다.

① 통신기술 : 이동체를 원격으로 제어하고 정보를 송수신할 수 있는 통신 시스템 구성
② 자율조종기술 : 이동체가 목적에 맞게 이동하고 기능할 수 있도록 프로그램 관리하는 AI 기반 컴퓨팅 기술과 위치를 정확한 측정하여 데이터를 제공하는 정밀항법기술
③ 이동기술 : 장기 운행이 가능하도록 효율적인 추진장치와 배터리
④ 탐지 및 인지 기술 : 정밀한 정보 수집을 위한 센서기술과 획득된 정보 신호의 인식 기술

이동통신사업자는 이동통신 네트워크와 연결하여 무인항공기를 제어하고 무인항공기로부터 획득한 정보를 다양한 산업에 응용할 수 있을 것이다.

(4) 구성

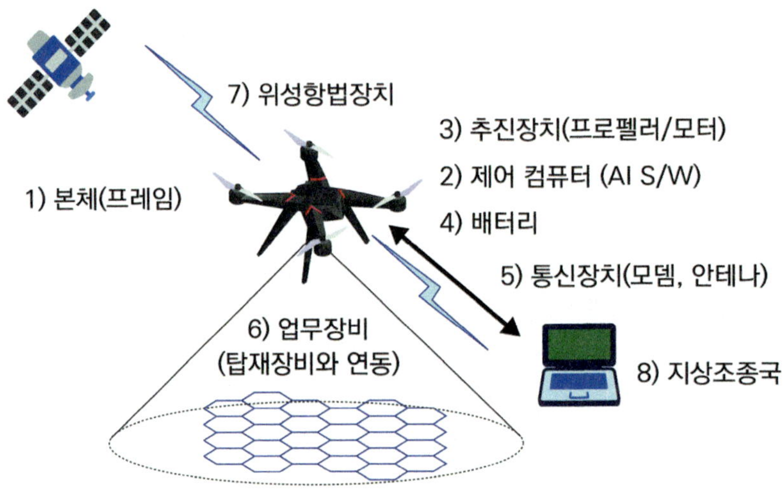

〈그림 3-105〉 무인항공기의 시스템 구성

무인항공기의 시스템 기본구성은 본체, 제어 컴퓨터(AI S/W), 추진장치, 배터리, 통신장비, 임무장비, 항법장치, 지상 조종국 등으로 구분될 수 있다.

1) 본체는 드론 골격을 형성하는 기체, 프레임이다.
2) 제어 컴퓨터는 드론의 운동과 내부 장비를 컨트롤하는 컴퓨터 본체와 AI S/W 기반 비행 제어 프로그램 등을 포함한다.
3) 추진장치는 드론의 추진을 발생시키는 프로펠러, 전기모터 등을 포함한다.
4) 배터리는 에너지를 공급하는 동력을 제공한다.
5) 통신장비는 안테나, 통신모뎀 등 조종사와 무선으로 통신해 조종 신호, 촬영 영상 등 정보를 교환하는 장비이다.
6) 임무장비는 드론의 목적에 맞는 각종 센서 등 탑재장비를 연결하며 외부 정보를 획득하는 장비이다.
7) 위성항법장비는 GPS 안테나, 위치센서, 자기센서 등 드론의 위치와 비행 상태 등을 감지하여 제어 컴퓨터에 전달한다.
8) 지상 조종국은 지상에서 드론과 연결하여 드론을 제어하는 장비이다.

(5) 전망

이전에는 무인항공기는 군사용으로 표적 장치 · 감시 · 전투용으로 이용되었으나, 최근 정보통신 융합 기술 발전과 함께 공공, 민간 등 산업 분야에서 응용되고 있다.

무선항공기는 초공간서비스를 목표로 하는 6G 이동통신과 연동하여 3차원 공간의 서비스를 위한 단말로서 활용될 수 있다. 저궤도위성과 HAPS와 연동하여 3차원 공간의 이동셀 또는 이동단말로서 특정 지역의 정보를 집중적으로 전달할 수 있다. 즉, 저궤도 위성통신, HAPS가 지역적으로 서비스가 고정되어 있는 것과 비교하여 무선항공기는 3차원 공간의 이동서비스를 제공할 수 있다. 따라서 3차원 공간의 이동서비스를 활용하여 산림 감시 · 3D 공간정보 · 도시재개발 · 재해재난 감시 · 대기해양오염 측정/감시/탐사 · 어군 탐지 · 농약 살포 · 항공 촬영 · 시설관리 등의 서비스를 제공할 수 있다.

무인항공기 서비스는 정보통신 융합산업으로 택배 · 유인운송 · 화물운송 · 농업 · 건축업 · 보험업 · 부동산업 · 미디어 · 공공 산업 등 다양한 분야에서 사용될 것으로 보이며, 개인이 방송용 사진 · 비디오 촬영 등에 활용될 것으로 예상된다.

3.4.5 지능형 교통 시스템

(1) 개요

지능형 교통 시스템ITS : Intelligent Transport System은 도로, 차량, 신호 시스템 등 기존 교통체계의 구성 요소에 정보통신기술을 구현하여 교통 체계의 운영 효율성을 높이는 차세대 교통시스템이다.

수십 년 전부터 자동차 증가, 도시화, 인구밀집도 증가 등으로 교통 혼잡도가 증가하면서 교통체계의 효율성 저하로 이동시간 증가, 대기 오염, 연료 소비 증가 등이 발생하였다. 새로운 정보통신기술과 결합한 교통체계는 다양한 교통수단(자동차 · 오토바이 · 자전거 · 기차 · 비행기 · 배 등)을 이용하여 사람과 상품을 안전하고 효율적으로 이동할 수 있도록 실시간으로 교통 체계를 시뮬레이션하여 교통체계의 효율성을 높일 수 있다.

1999년 10월 미국 FCC가 DSRC(Dedicated Short Rage Communication)용으로 5.9 GHz 대역을 할당하면서 지능형 교통 시스템이 시작되었고, IEEE는 2010년 와이파이 기술의 응용으로 WAVE(Wireless access in vehicular environments)를 IEEE 802.11p표준으로 개발하였으며, 3GPP는 2017년 이동통신 기술의 응용으로 LTE 기반 C-V2X를 개발하였고 이후 5G 기술 표준에도 5G 기반 C-V2X를 개발하였다.

(2) 주파수 할당

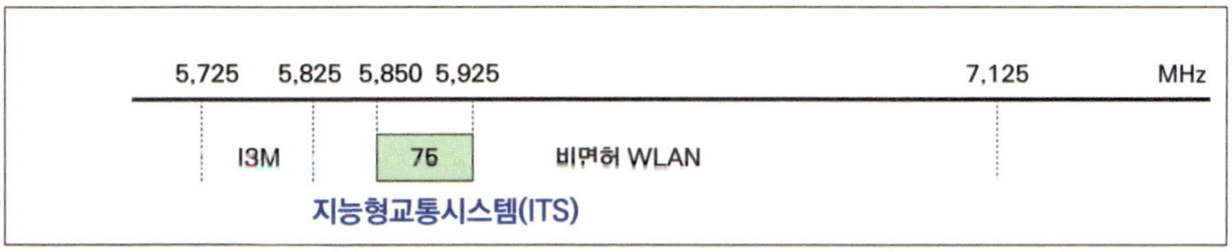

〈그림 3-106〉 지능형 교통 시스템의 주파수 할당

5.9 GHz 주파수 대역은 용도 및 ITS 시스템에 따라 각국이 다양하게 이용하고 있다. 미국의 경우 DSRC로 할당된 75 MHz 대역 가운데 30 MHz를 2020년 C-V2X로 할당하였고 유럽은 2019년 5.9 GHz ITS용 30 MHz를 WAVE와 C-V2X에 대해 기술중립성을 유지하고 있다. 국내의 경우 WAVE와 C-V2X 2개 방식을 시범 서비스한 후 2024년 단일 표준으로 추진할 예정이다.

(3) 특징

지능형 교통 시스템은 모든 교통체계로부터 정보를 수집하고, 수집된 정보를 처리하여 교통정보가 필요한 대상에게 제공하여 주는 3단계 절차로 이루어진다. 첫 번째 정보수집 단계에서는 현장에서 센서, 신호 인지 수단 등을 이용하여 교통정보를 수집한 후 다양한 통신수단을 이용하여 교통정보관리센터로 전송한다. 두 번째 단계에서는 정보처리단계로 수집된 교통정보를 가공하고 필요한 교통체계 제어 및 관리 기능을 수행한다. 세 번째 단계인 정보제공 단계에서는 교통정보관리센터가 교통정보를 필요로 하는 매체, 단말 등에 가공된 교통정보를 제공한다.

기존의 ITS 시스템인 DSRC는 성능이 개선된 차세대 ITS 시스템으로 IEEE의 와이파이 기술에 기반한 WAVE 기술과 3GPP의 LTE 기반의 C-V2X 기술이 개발되었는데 서비스 커버리지, 데이터 전송속도 등과 같은 시스템 성능에서 유사하지만, C-V2X는 셀룰러 네트워크와의 인터페이스로 네트워크 구종에서 차이가 있다. 다음 표는 기존 ITS 시스템과 차세대 ITS 시스템을 비교하였다.

〈표 3-24〉 지능형 교통 시스템의 기술 비교

구 분	기존 ITS	차세대 ITS	
시스템	DSRC	WAVE(IEEE 802.11p)	C-V2X(3GPP Rel.14)
서비스 커버리지	~100 m	~1,000 m	~1,000 m
데이터 전송속도	~1 Mbps	~27 Mbps(LTE 기준)	~27 Mbps(LTE 기준)
패킷 길이	~100 바이트	~2,000 바이트	~2,000 바이트
지연시간		~0.1초(V2P는 ~1초)	~0.1초(V2P는 ~1초)
인터페이스	V2I	V2I, V2V, V2P	V2I, V2V, V2P, V2N

(4) 구성

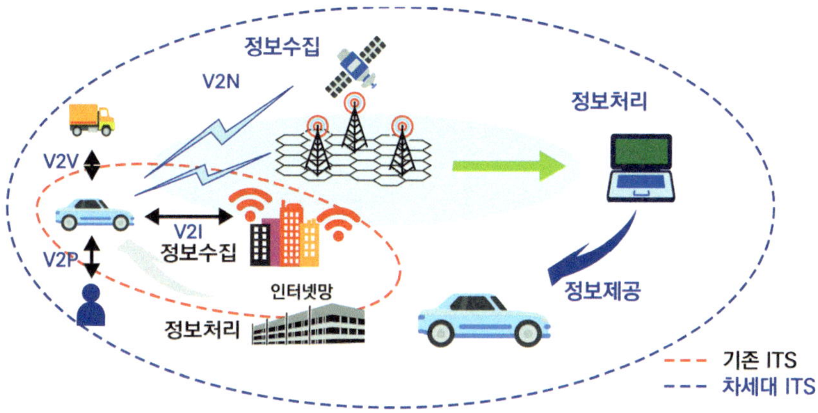

〈그림 3-107〉 지능형 교통 시스템 구성도

상기 시스템 구성도에서 큰 타원은 차세대 ITS의 시스템 구성 영역을 나타내고, 작은 타원은 기존 ITS 시스템의 영역을 나타낸다. 기존 ITS는 V2I 영역만 있어 차량과 도로변 장비(RSU : Road Side Unit)하고만 통신하고 V2V, V2P, V2N의 통신은 이루어지지 않는다. 차세대 ITS 시스템에서 와이파이를 기반한 WAVE는 V2N 통신이 제한된다.

C-V2X 차세대 ITS 시스템의 구성은 3GPP의 이동통신 시스템 규격을 이용하여 구성요소 사이에서 인터페이스를 정의한다. 모든 교통정보는 차량이 차량 · 도로변 장비 · 보행자들로부터 교통정보를 수집하고 제어정보를 보내거나 네트워크를 통해 교통관제센터에 수집된 정보를 전송하고 다시 교통관제센터로부터 제어 정보를 받아 차량 · 도로변 장비 · 보행자에게 정보를 송신한다. 각 구성요소의 인터페이스 규격은 3GPP에서 정의한 기술 규격을 적용한다.

- V2I(Vehicle to Infrastructure) : PC5 I/F - 차량과 RSU의 사이드링크 규격
- V2P(Vehicle to Pedestrians) : PC5 I/F - 차량과 보행자의 사이드링크 규격
- V2V(Vehicle to Vehicle) : PC5 I/F - 차량과 차량의 사이드링크 규격
- V2N(Vehicle to Network) : Uu I/F - 기지국과 단말 규격

(5) 전망

차세대교통시스템은 4차 산업혁명 시대의 핵심 기술인 이동통신(5G, 6G, …), IoT, 빅데이터, 인공지능 기술을 활용하여 교통체계의 효율성을 높이는 지능형 교통 시스템으로 발전하고 있다.

전망은 다음과 같다.

① 지능형 교통 시스템은 기존 교통체계에서 발생하는 교통 혼잡, 대기오염, 연료 소비 등의

문제점을 해결할 뿐만 아니라 자율주행차 등 새로운 교통수단을 안전하게 수용할 수 있는 인프라를 제공할 것으로 전망된다.

② 이동통신, IoT, 인공지능 등 첨단기술을 활용하여 양방향 통신 및 정보처리를 통해 실시간 교통정보 수집 및 제공되는 정보의 정확성을 높임으로써 자동차 역주행 발생, 노면 상태 변화(갑작스러운 결빙) 등과 같은 돌발 상황에 대한 안전한 교통체계 시스템을 구축하는 방향으로 전망된다.

③ 수많은 센서로부터 수집되는 빅데이터와 인공지능 기술이 개인의 상황에 맞는 맞춤형으로 서비스를 제공할 수 있을 것으로 전망된다.

CHAPTER 04

셀룰러 이동통신

4.1 개요

4.1.1 셀룰러 이동통신 시스템이란 무엇인가?

셀룰러 이동통신 시스템 Cellular System을 정의하기 전에 우선 셀룰러 개념을 정의하자. 셀룰러는 〈그림 4-1〉에 나타낸 것과 같이 적절한 안테나 높이의 저전력 송신기에 의해 각각 서비스되는 많은 작은 구역(cell)들로 서비스 지역을 나누는 것을 말한다.

〈그림 4-1〉 셀룰러의 개념

셀룰러 이동통신 시스템은 '단말기가 기지국에서 다른 기지국으로 이동해도 통화가 가능한 시스템'으로 정의된다. 초기의 차량 전화 서비스는 광역방식으로 하나의 고정국으로 넓은 서비스 지역을 모두 커버하는 광역 Zone 방식(High power, Large cell)을 사용하였다. 이 경우에도 〈그림 4-1〉과 같이 셀룰러 모양을 가질 것이다(전력이 무한대로 크지 않기 때문에 결국에는 새로운 기지국을 찾아야 한다). 하지만 모양만 셀룰러라고 해서 셀룰러 이동통신 시스템이라고 하지 않는다. 앞에서 정의한 셀룰러 이동통신 시스템에 적합한 시스템은 그 후 가입자의 증가로 주파수의 효율적인 사용을 위한 셀룰러 방식의 AMPS가 시작되면서 셀룰러 방식의 이동통신 시스템이 시작되었다.

셀룰러 이동통신 시스템은 가입자 단말기에 이동성을 부여하여 가입자가 장소를 이동하였거나 이동중인 경우에도 서비스가 가능한 통신을 말한다. 따라서 무선 CATV나 WLL과 같이 가입자가 이동성을 갖지 못하는 서비스는 비록 전파를 이용하는 무선통신이라고 해도 이동통신으로 분류하지 않는다. 일반 공중전화망(PSTN)의 가입자회선과 교환기 간 회선을 무선으로 대체한 개념으로, 이동성을 부여하기 위해 가입자 위치정보를 관리하는 HLR은 반드시 있어야 한다. 셀룰러 이동통신 시스템의 개념은 〈그림 4-2〉와 같다.

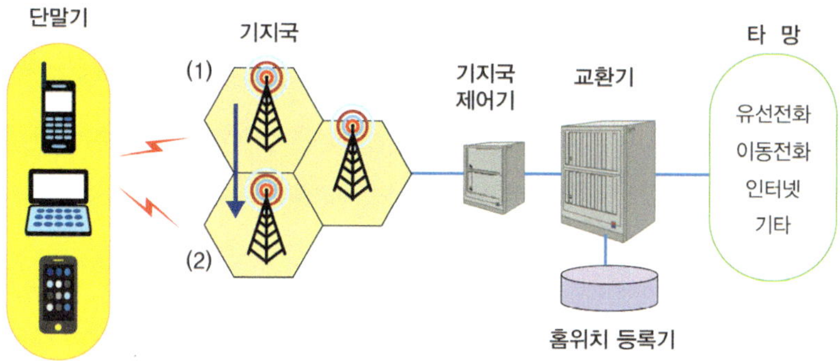

〈그림 4-2〉 셀룰러 이동통신 시스템의 개념

초기 셀룰러 이동통신 시스템은 대략 3 kHz의 유효 대역폭을 가지는 목소리를 전달하기 위해 120 kHz의 스펙트럼을 사용하는 비효율적인 시스템이었다. 점차적으로 기술이 발전하면서 30 kHz로 감소하였고 디지털시스템이 도입되면서 약 10배 이상의 용량을 갖는 시스템이 개발되면서 이동통신이 비약적으로 발전하였다.

4.1.2 셀의 정의

셀 Cell은 한 개의 기지국이 이동통신서비스를 제공할 수 있는 영역을 말한다. 〈그림 4-3〉에서와 같이 일반적으로 기지국 1개가 한 개의 셀을 형성한다. 즉, 셀룰러 방식은 전체 서비스 영역을 셀이라 불리는 다수의 소존으로 나눈 후 각 셀마다 하나의 고정국을 두고 그 고정국의 송신출력이 해당 셀만을 커버하도록 한다.

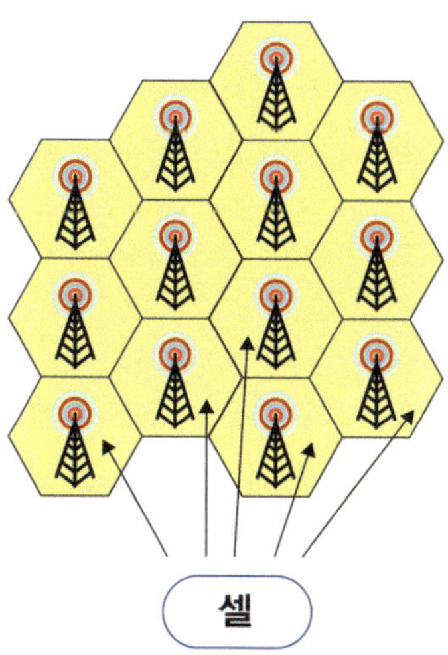

〈그림 4-3〉 셀의 정의

4.1.3 주파수 재사용

전파의 세기는 거리가 멀어질수록 점점 약해지므로 일정 거리 이상 떨어진 두 셀에서는 서로 간섭이 적어 동일한 주파수 채널을 사용할 수 있다. 이러한 원리에 의해 하나의 주파수를 동시에 여러 지역에서 다시 사용할 수 있으며 이에 따라 가입자 용량이 증가하는데, 이를 **주파수 재사용** Frequency reuse이라 한다. 〈그림 4-4〉는 주파수 재사용의 개념을 나타내고 있다. 이때 주파수를 재사용하는 비율을 주파수 재사용율이라고 한다. 〈그림 4-4〉와 같이 1번 주파수부터 7번까지 다른 주파수를 사용하다가 8번째 셀에서 동일한 주파수를 다시 사용하면 '주파수 재사용율 7'이라 한다.

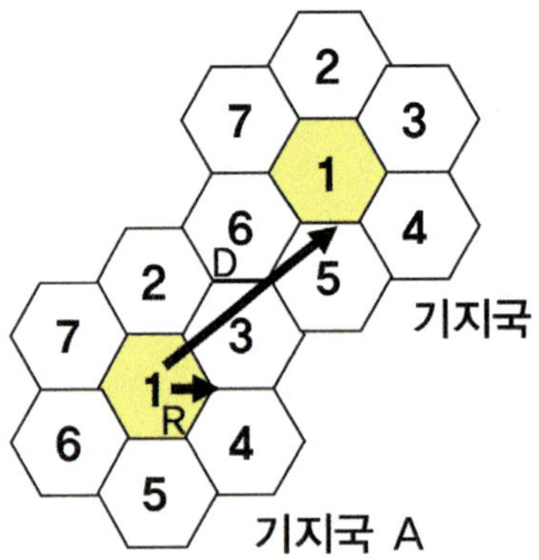

〈그림 4-4〉 주파수 재사용의 개념

주파수 재사용율이 높을수록 주파수를 재사용할 수 있는 거리가 멀어지고 가입자를 수용할 수 있는 용량이 작아지며, 반대로 주파수 재사용율이 낮을수록 주파수를 재사용할 수 있는 거리가 작아져서 가입자를 수용할 수 있는 용량이 증가한다. 이때 현재 셀의 주파수를 재사용하는 셀의 거리와 현재 서비스를 제공하는 셀의 반경의 비율을 Q 팩터라고 하고, 다음과 같이 정의한다.

$$Q = D/R = \sqrt{3N} \qquad \text{(식 4-1)}$$

여기서 N은 cluster size, R은 셀반경, D는 동일채널 사이의 거리이다. N이 작아지면 주파수 재사용율이 증가하여 용량은 커지지만 Q 팩터가 작아져 동일한 주파수를 사용하는 다른 셀로부터의 간섭이 커진다. 반대로 N이 커지면 용량은 작아지나 Q가 커지므로 간섭은 작아진다.

주파수 재사용 셀의 거리는 주파수 재사용율에 따라 다음과 같이 구할 수 있다.

$$D = \sqrt{3N} \times R \qquad \text{(식 4-2)}$$

일반적으로 전파의 세기는 거리가 길어짐에 따라 감소한다. 따라서 다른 기지국까지의 거리 D가 자기가 속한 셀의 거리 R과 비교하여 크면 클수록 다른 기지국으로부터 오는 간섭 신호가 작아진다. 그러므로 Q 팩터가 클수록 신호 대 잡음비(S/N : Signal to Noise ratio)는 좋아진다. 이때 전파의 세기는 거리에 따라 자유공간인 경우 거리의 제곱에 반비례하지만 지표면의 이동통신 환경에서는 반사, 간섭, 회절, 투과 등의 전파의 성질로 약 3~4 제곱에 반비례하는데, 매크로셀 환경에서는 일반적으로 4제곱을 적용한다.

예를 들어 아날로그 이동전화 시스템인 AMPS의 경우 전화 품질이 양호한 신호 대 잡음비는 18dB 정도이다. 만일 주파수 재사용율 N = 7로 이동통신망을 설계하면 전파감쇠가 거리 4제곱에 반비례할 때 신호 대 잡음비는 Q 팩터인 $\sqrt{21}$ 의 4제곱인 441이 되고 인근 간섭셀이 6개이므로 73.5(약 18.67 dB)이 되므로 양호한 품질을 유지할 수 있다. GSM 시스템의 경우 신호 대 잡음 간섭비가 약 11 dB이면 양호한 품질을 유지할 수 있는데 주파수 재사용율 N = 4를 사용하면 약 15.56 dB가 되어 요구하는 신호 대 잡음비를 만족할 수 있다.

4.1.4 셀 분할

셀 분할 Cell Splitting은 가입자 수가 증가하여 한 셀에서 서비스 받을 수 있는 최대 가입자 수를 초과할 경우 셀을 보다 작은 크기의 셀들로 분할하여 가입자 수용 용량을 늘리는 방법이다. 이 경우 동일채널 간섭을 최소화하기 위해 기지국의 송신출력을 감소시켜야 한다. 〈그림 4-5〉는 셀 분할의 개념을 나타낸 것이다.

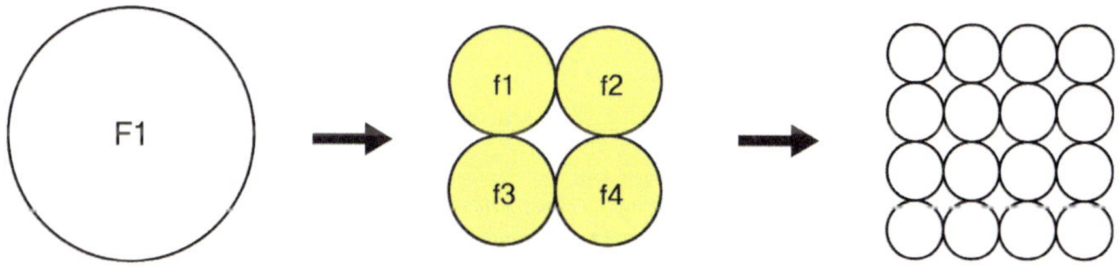

〈그림 4-5〉 셀 분할의 개념

셀 분할을 하면 나타나는 효과로는 반시름이 반으로 줄면 주파수 효율은 4배로 증가한다. 도심지역에서는 반경 1 km 이내의 소형 셀로 분할하여 통화량이 많은 경우에 대비하고 소도시 지역 셀 분할이 여러 번 시행될 경우 작은 크기의 셀들로 구성된 도심지역에서는 동일채널간섭이 심각한 문제가 될 수 있는데, 이때 기지국에서 60° 또는 120° 의 방향성(directional) 안테나를 사용하여 셀을 6섹터 또는 3섹터로 재분할하여 채널을 할당할 수 있다. 그러나 셀의 섹터화를 통하여 기지국을 증설하지 않고 주파수 재사용 비율을 높일 수 있지만 핸드오프 증가로 인한 품질 저하가 일어날 수 있다.

4.1.5 셀의 형태

셀의 형태 Cell Pattern는 한 기지국이 서비스하는 셀의 전파 형태를 도형으로 표현한 것이다.

〈그림 4-6〉과 같이 전파의 전파 형태를 여러 가지 도형으로 표현할 수 있다. 일반적으로 원형은 일반적인 전파의 전파 형태를 가장 잘 나타낸다. 하지만 이동통신망을 새로 구축할 때 서비스 면적을 계산하는 경우에는 육각형이 가장 바람직하다.

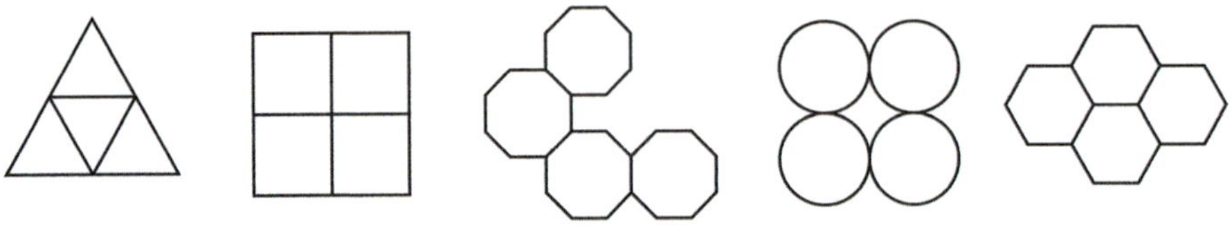

〈그림 4-6〉 셀의 형태

육각형 구조의 셀이 적합한 이유는 겹치는 부분이 없어 전파가 미치지 못하는 사각지대가 없으므로 적절한 기지국 숫자를 예측하는 데 적합하다.

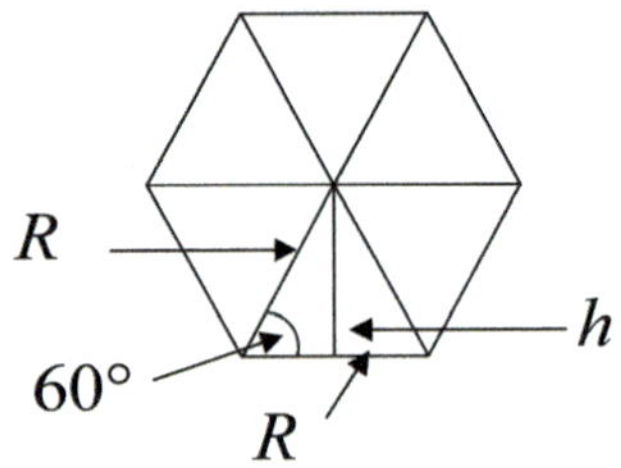

〈그림 4-7〉 육각형 셀의 면적

〈그림 4-7〉로부터 정삼각형의 면적을 구한 후 6을 곱하면 정육각형의 면적을 구할 수 있다. 따라서 정육각형의 면적(S)은 다음과 같이 구해진다.

$$S=\left(R\times R\sin60^{o}\times\frac{1}{2}\right)\times6=\frac{3\sqrt{3}}{2}R^{2} \qquad (식\ 4\text{-}3)$$

4.1.6 채널 구조

채널 Channel은 기지국과 단말기가 서로의 신호를 전달하는 길이다. 기지국에서 이동국 방향의 채널을 순방향 링크(Forward link) 또는 하향 링크(Downlink)라고 하고, 이동국에서 기지국 방향의 채널을 역방향 링크(Reverse link), 상향 링크(Uplink)라고 한다. 기지국과 이동국 사이의 전송방향을 구분하는 방식에는 주파수 대역을 달리하는 FDD(Frequency division duplex) 방식과 동일주파수를 시간으로 나누어 사용하는 TDD(Time Division Duplex) 방식이 있다.

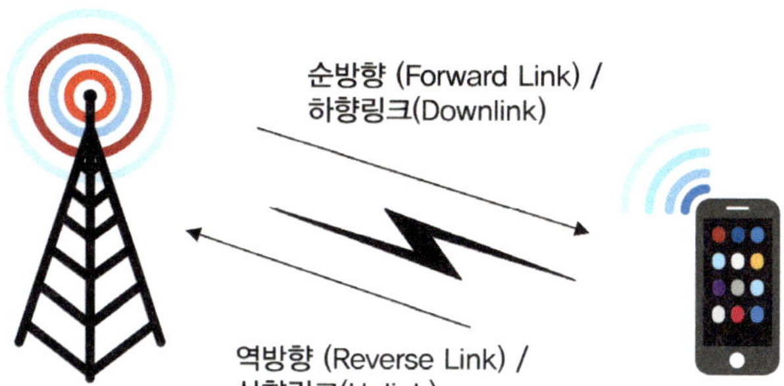

〈그림 4-8〉 채널 구조

- RF(Radio Frequency : 무선 주파수)

전파를 이용하여 신호를 송수신하기 위해 할당된 주파수 영역

- 채널(Channel)

이동단말기와 기지국 간에 통화가 되는 특정 주파수(주파수를 나누어 할당)

(1) 제어채널 : 통화하기 전 신호를 주고받는 채널(통화 채널 준비)

(2) 통화채널 : 음성 및 데이터 신호가 전달되는 채널

- 1채널 대역폭(예)

아날로그(30 kHz), cdma2000(1.25 MHz), WCDMA(5 MHz), WiBro(10 MHz), LTE(20 MHz), LTE-Advanced(100 MHz), NR(400 MHz)

4.2 셀룰러 엔지니어링

4.2.1 전파 예측 모델

(1) 전파 예측 모델링

셀룰러 엔지니어링에서 가장 중요한 것은 기지국에서 보낸 전파신호를 단말기에서 어느 정도의 세기로 받을 수 있는가 하는 것이다. 이와 같이 단말기에서 수신할 수 있는 전파의 세기를 예측하는 것을 **전파 예측 모델링** Propagation Prediction Modeling이라고 한다.

전파 예측 모델링은 우선 셀의 크기에 따라 그리고 각 나라마다 지역마다 다르다. 셀의 크기는 도심, 부도심, 교외 지역 등 서비스 지역에 따라 나누어 생각할 수 있다. 서비스 지역 및 셀 반경에 따른 셀의 정의는 〈표 4-1〉와 같이 정의될 수 있다.

〈표 4-1〉 셀의 종류

구분	서비스 반경(km)	안테나 높이	적용 지역	전파 특성
메가셀	반경 100~500	지상 10 m	넓은 지역(위성통신)	직접파
매크로셀	반경 1~35	지상 20~60 m	교외지역	산란, 회절
마이크로셀	반경~1	건물 옥상 위 6 m	도심지역	페이딩
피코셀	반경~0.05	지상/지하 3 m 이내	건물 밀집 및 지하건물	멀티패스 많음

전파 예측 모델링의 방법은 크게 3가지로 구분된다. ① 실험적인 모델링 방법으로 경로 손실에 대해 환경 분석하고 수식적으로 예측한 후 다시 직접 실험을 하여 수정함으로써 최종적인 전파 세기를 예측하는 방법이다. 이 방법은 매크로 환경, Non Line of Sight(NLOS) 환경에 적합하다. ② 도식적인 모델링 방법으로 일반적으로 기하학 이론(GTD/UTD : Geometric Theory and Uniform Theory of Diffraction)을 이용하여 전파의 세기를 예측하는 방법으로, ray tracing이 대표적인 방법이다. 도심 및 Indoor, 자세한 환경 정보, Non LOS, LOS 환경에 적합하다. ③ 반실험적 또는 반 도식적인 모델링 방법으로 상기의 두 가지 방법을 혼합하는 방법으로, 매크로 및 마이크로 환경, Non LOS, LOS 환경에 적합하다.

(2) 전파 모델링 파라미터

일반적으로 셀룰러망을 설계할 때 우선 실험적인 방법으로 매크로 환경을 설계하는데, 전파는 전파되면서 다양한 이유로 전파의 감쇠가 이루어진다. 전파가 감쇠되는 것은 환경마다 다를 것이고 따라서 각 환경에 맞는 파라미터를 설정하여 예상되는 전파의 감쇠를 예상하는 것이 중요하다. 〈표 4-2〉는 일반적인 전파 예측 모델링 파라미터를 나열한 것이다.

〈표 4-2〉 전파 예측 모델링 파라미터

예측모델명	입력파라미터									경로파라미터							출력파라미터			
	안테나 높이				지형데이터	건물데이터	가로수형태	언덕형태	거리	자유공간	지표면 회절	지표면 반사	언덕의 회절	언덕의 반사	대기굴절률	건물투과	손실편차	위치변화	시간페이딩	전송손실중앙치
	평균지형높이	도로높이	유효높이	이동체																
모델N																				

(3) 전파 모델링의 종류

제2장에서 설명한 자유 공간의 전파 경로 손실은 실제 이동통신서비스 환경과는 많이 다르다. 전파 예측 모델링 파라미터에서 설명한 것처럼 서비스 환경에 따라 다양한 감쇠 요인이 존재한다. 서비스 환경에 따라 전파 경로 손실 산출 방법이 달라지는데 지금까지 연구된 실험적인 방법의 전파예측 모델의 종류는 다음과 같다.

〈표 4-3〉 전파 예측 모델의 종류

모델명	주요 파라미터	실험지역	주파수대역 (MHz)	발표연도
Allsebrook	지형, 건물, 조정값	영국 도시	75~450	1977
Okumura-Hada	도시, 교회, 개활지별 조정값 변화	일본 도쿄	150, 450, 900	1968
Ibrahim and Parsons	건물 점유율, 도심율을 조정값 반영	영국 런던	168, 445, 900	1983
McGreen and Griffiths	도시, 교외, 개활지별 조정값 변화	평지 지역	-	1985
Atefi and Parsons	회절 손실 팩터 추가	-	-	1986
Ikegami	특정한 도시 환경에 적합(GTD 방법 활용)	-	-	1984
Walfisch and Bertoni	질서 있는 도심 및 교외 지역 안테나가 건물 위 설치	유럽 도시	800~2000	1988
COST 231-Walfisch Igegami	유럽 도시 환경에 맞게 수정	유럽 도시	800~2000	1991
COST-231 Hada	Okumura-Hada 모델을 주파수에 맞게 조정	일본 도쿄	1500~2000	1991
Xia and Bertoni	Walfisch and Bertoni 모델에서 지붕 아래 안테나 반영	유럽 도시	800~2000	1992
Lee	도시별 조정값, 주파수 감쇠 변수 변화	필라델피아, 뉴욕, 도쿄	450 이하 450 이상	1993
Sakagami-kuuboi	건물 등 상세 정보 활용	-	450~2200	1997
IMT-Advanced 채널	도로폭, 건물 높이 등 5개 4G 환경 (11개 모델) 환경별로 LOS, NLOS	전 세계	2000~6000 (교외: 450~6000)	2009
IMT 2020 채널	투과손실, 3D 환경 등 6개 5G 환경 (24개 모델) 환경별로 LOS, NLOS, 주파수 특성 2개 모델	전 세계	A모델 : 0.5~6, 6~100 GHz B모델 : 0.5~100 GHz	2017

전파 예측 모델은 위에서 정의한 셀의 형태에 따라 구분할 수 있는데 매크로셀의 경우 Lee, 오쿠무라 하다(Okumura-Hata), Cost-231 하다(Cost-231 Hata), Longley-Rice 등의 모델이 적합하며, 마이크로셀은 Lee · Cost-231 · 통계적 모델 · JTC · Ray-tracing 등이, 피코셀은 통계적 모델 · JTC · Ray Tracing 모델이 적합하다.

우리나라는 1980년대 1세대 아날로그 및 1990년대 2세대 디지털이동통신망을 설계할 때 800 MHz 대역을 이용하므로 우리나라와 비슷한 전파환경으로 모델링한 오쿠무라-하다 모델을 이용하였다. 물론 실험적인 모델이므로 환경에 따라 초기 시뮬레이션 값과 실제 측정값을 비교하여 일부 파라미터를 조정할 수 있다.

오쿠무라-하다 모델의 경로손실 예측 값은 다음과 같다.

1) 도심(Urban)

$$L_u = 69.55 + 26.15\log f - 13.82\log h_t - a(h_m) + (44.9 - 6.55\log h_t)\log r \qquad (\text{식 4-4})$$

여기서, f(주파수) : 150≤f≤1500 MHz, ht(송신안테나 높이) : 30 m≤ ht ≤ 200 m, hm(수신안테나 높이) : 1 m≤hm≤10 m, r(송수신점 간 거리) : 1 km≤r≤20 km이다.

이때 a(hm)은 중소도시와 대도시의 경우 다음과 같이 다르게 적용한다.

중소도시 $a(h_m) = (1.1\log f - 0.7)hm - (1.56\log f - 0.8)$ (식 4-5)

대도시 $a(h_m) = 8.29(\log 1.54h_m)^2 - 1.1$ (f ≤300MHz) (식 4-6)

$a(h_m) = 3.2(\log 11.75h_m)^2 - 4.97$ (f ≥300MHz) (식 4-7)

2) 부도심(Suburban)

$$L_{su} = L_u - 2\left[\log\left(\frac{f}{28}\right)\right]^2 - 5.4 \qquad (\text{식 4-8})$$

3) 교외(Rural)

$$L_r = L_u - 4.78\log^2 f + 18.33\log f - 40.94 \qquad (\text{식 4-9})$$

또한 PCS 및 IMT-2000 이동통신은 COST-231 하다 모델을 적용하는 것이 바람직한 것으로 보인다. COST-231 하다 모델의 경로손실 예측 값은 다음과 같다.

$$L_u = 46.3 + 33.9\log f - 1.82\log h_t - a(h_m) + (44.9 - 6.55\log h_t)\log r + C_M \qquad (\text{식 4-10})$$

여기서 f(주파수)는 1500≤ f ≤2000 MHz, CM은 도심에서 3 dB, 기타 지역에서는 0 dB이다.

ITU는 4G 이동통신인 IMT-Advanced 시스템을 개발하기 위해 다양한 4G 이동통신서비스 환경에 적합한 11개의 IMT-Advanced 채널모델을 개발하였다.

환경	도심 매크로 (UMa)	도심 마이크로 (UMi)	부도심 매크로 (SMa) (선택사항)	실내/핫스팟 (InH)	교외 매크로 (RMa)
모델	LOS	LOS	LOS	LOS	LOD
	NLOS	NLOS	NLOS	NLOS	NLOS
		Outdoor to indoor			

IMT-Advanced 채널모델은 도심 매크로셀(Urban Macro Cell), 도심 마이크로셀(Urban Micro Cell), 부도심 매크로셀(Suburban Macro Cell), 교외 매크로셀(Rural Macro Cell), 실내/핫스팟셀(Indoor/Hotspot Cell) 환경으로 구분되고, 각각의 환경은 다시 가시환경(Line of Sight), 비가시환경(Non Line of Sight)으로 구분된다(도심 마이크로셀의 경우 실외/실내 환경 추가). 채널모델의 적용 주파수 대역은 2~6 GHz 주파수 대역인데 교외 매크로셀 환경은 450 MHz까지 적용할 수 있다.

여기서 여러 채널 모델 가운데 2가지의 예만 나타내면 다음과 같다.

1) 도심 마이크로셀(비가시환경) - 정육각형셀 환경

$$PL\_umi = 36.7\ \log_{10}(d) + 22.7 + 26\ \log_{10}(f_c) \qquad (식\ 4\text{-}11)$$

여기서,

- 적용 거리 : 10m 〈 d 〈 2,000m
- 기지국 높이 : $h_{BS} = 10m$
- 단말기 높이 : $h_{UT} = 1 \sim 2.5m$

2) 부도심 매크로셀(비가시환경)

$$PL\_sum = 161.04 - 7.1\ \log_{10}(W) + 7.5\ \log_{10}(h) - (24.37 - 3.7(h/h_{BS})^2)\log10(h_{BS}) + (43.42 - 3.1\ \log_{10}(h_{BS}))\ (\log_{10}(d) -3) + 20\ \log_{10}(f_c) - (3.2\ (\log_{10}(11.75h_{UT}))^2 - 4.97) \qquad (식\ 4\text{-}12)$$

여기서,

- 적용 거리 : 10m 〈 d 〈 5,000m,
- 기지국 높이 : 10m 〈 h_{BS} 〈 150m
- 단말 높이 : 1m 〈 h_{UT} 〈 10m
- 도로 폭 : 5m 〈 W 〈 50m
- 건물 높이 : 5m 〈 h 〈 50m

ITU는 5G 이동통신인 IMT-2020 시스템을 개발하기 위해 높은 주파수 대역과 5G 이동통신서비스 환경에 적합한 24개의 IMT-2020 채널모델을 개발하였다.

환경		실내 핫스팟 –eMBB	도심 매크로 –eMBB	도심 마이크로 –eMBB	교외 –eMBB	도심 매크로 –mMTC	도심 매크로 –URLLC
모델	A 모델	LOS, NLOS	LOS, NLOS	LOS, NLOS	LOS, NLOS	LOS, NLOS	LOS, NLOS
	B 모델	LOS, NLOS	LOS, NLOS	LOS, NLOS	LOS, NLOS	LOS, NLOS	LOS, NLOS

※ A 모델 : 전파손실이 1) 0.5 ~ 6GHz 대역과 2) 6 ~ 100GHz 대역으로 별도의 공식으로 계산됨
B 모델 : 전파손실이 0.5 ~ 100GHz 대역에서 1개의 공식으로 계산됨

IMT-2020 채널모델은 초고속데이터통신에 적합한 실내 핫스팟셀(Indoor hotspot), 도심 매크로셀(Urban Macro Cell), 도심 마이크로셀(Urban Micro Cell), 교외 매크로셀(Rural Macro Cell) 환경과 대규모 단말 통신에 적합한 도심 매크로셀 그리고 고신뢰저지연 환경에 적합한 도심 매크로셀 환경 등 총 6개의 전파환경에서 다시 가시환경(Line of Sight), 비가시환경(Non Line of Sight)으로 구분하고 주파수 대역에 따라 2개의 모델을 적용하여 총 24개의 채널모델을 개발하였다. 여기서 여러 채널 모델 가운데 2가지의 예만 나타내면 다음과 같다.

① 도심 마이크로셀(가시환경) - B모델

$$PL_{\_Uma\text{-}LOS} = PL_1 \quad 10m \leq d_{2D} \leq d'_{BP},$$

$$= PL_2 \quad d'_{BP} \leq d_{2D} \leq 5km$$

$$PL_1 = 28.0 + 22\log_{10}(d_{3D}) + 20\log_{10}(f_c), \ \ SF = 4dB$$

$$PL_2 = 40\log_{10}(d_{3D}) + 28.0 + 20\log_{10}(f_c) - 9\log_{10}((d'_{BP})^2 + (h_{BS} - h_{UT})^2), \ \ SF = 4dB$$

여기서, $h_{BS} = 25m$, $1.5m \leq h_{UT} \leq 22.5m$ (식 4-13)

② 도심 마이크로셀(비가시환경) - B 모델

$$PL_{\_Uma\text{-}NLOS} = \max(PL_{\_Uma\text{-}LOS},\ PL'_{\_Uma\text{-}NLOS}) \ \text{for} \ 10m \leq d_{2D} \leq 5km$$

$$PL'_{Uma\text{-}NLOS} = 13.54 + 39.08\log_{10}(d_{3D}) + 20\log_{10}(f_c) - 0.6(h_{UT} - 1.5), \ \ SF = 6dB$$

$$optional \ \ PL = 32.4 + 20\log_{10}(f_c) + 30\log_{10}(d_{3D}), \ \ SF = 7.8dB$$

여기서, $h_{BS} = 25m$, $1.5m \leq h_{UT} \leq 22.5m$ (식 4-14)

다음 그림은 실제로 전파 예측 모델을 이용하여 셀룰러 이동통신망을 설계한 것이다. 실제 셀의 모양은 원형도 아니고 육각형도 아닌 전파 방향에 따라 다양하게 나타날 수 있음을 알 수 있다. 적색 선의 홀(Hole)은 전파 음영지역으로 이를 보완하기 위해서는 송수신전력 및 기지국의 위치 등을 조정하여야 한다.

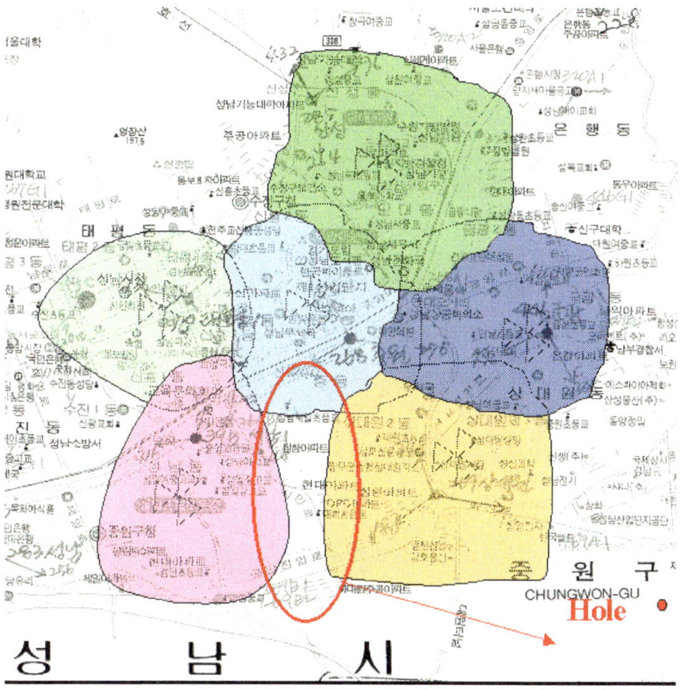

〈그림 4-9〉 전파 예측 모델을 이용한 셀룰러 이동통신망

4.2.2 위치 등록

단말기가 이동하여도 네트워크가 단말기의 위치를 파악할 수 있도록 하는 것을 위치 등록 Location Registration이라고 한다. 〈그림 4-10〉과 같이 단말기가 교환기 A에서 교환기 B로 이동하면 단말기의 새로운 위치를 각 교환기와 연결된 홈위치 등록기에 저장하게 된다. 홈위치 등록기는 단말기의 가입자 · 번호 · 위치 등을 저장한 데이터베이스이다.

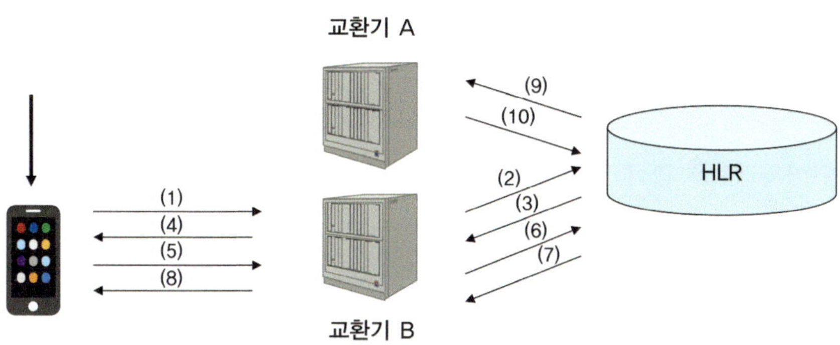

(1), (2) : 위치 갱신 요청
(5), (6) : 인증 완료 통보
(9) : 가입자 정보 삭제 요청
(3), (4) : 인증 수행 요청
(7), (8) : 위치 갱신 완료 통보
(10) : 가입자 삭제 완료 통보

〈그림 4-10〉 위치 등록 방법

4.2.3 로밍

단말기가 다른 이동통신 교환기 서비스 영역 또는 다른 사업자 영역으로 이동하여도 통화가 가능하도록 하는 기능을 로밍 Roaming이라고 한다. 로밍은 동일사업자 내 시스템 간 로밍, 사업자간 로밍, 국제로밍으로 구분된다.

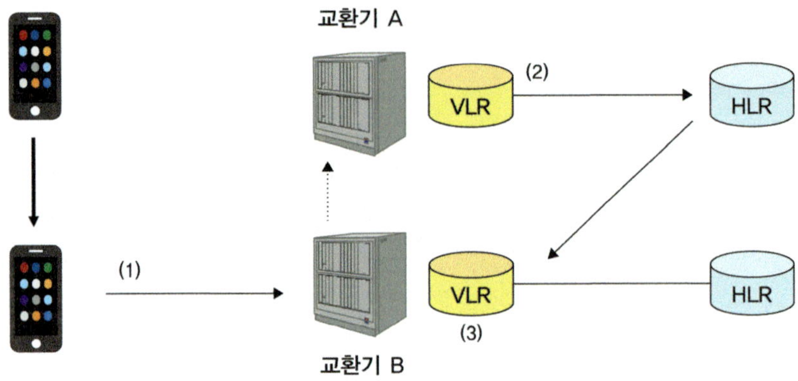

(1) : 단말기가 A 교환기 영역에서 B 교환기 영역으로 이동
(2) : 이동 가입자 정보 질의
(3) : A 교환국 HLR으로부터 정보 수신하여 VLR에 저장 (호처리시 HLR로 재질의 번거로움 피함)

〈그림 4-11〉 로밍 방법

4.2.4 호출

단말기는 교환국에 항상 자신의 위치를 등록하는데 이를 근거로 이동전화를 찾는 요청이 있을 때 해당 기지국으로 단말기를 찾는다. 하지만 교환국은 단말기가 항상 이동하고 있으므로 해당 기지국뿐만 아니라 인근 기지국까지 일제히 호출을 하게 하는데, 이를 일제 호출 Paging이라고 한다. 교환국에서 일제 호출을 할 경우 모든 기지국이 단말기를 호출하면 트래픽이 과다하게 발생하므로 단말기가 이동할 가능성이 높은 일정한 범위의 기지국들에게만 일제 호출을 하게 한다. 그림에서 호출 범위1의 경우 트래픽이 많이 발생하지 않지만 호출하는 기지국 수가 적어 단말기가 빠르게 이동할 경우 찾지 못 할 가능성이 높아진다. 반면 호출 범위 2의 경우 호출 기지국수가 많아 트래픽이 많아지지만 단말기를 찾을 확률은 높아진다.

일제 호출은 일정한 호출영역(Paging Zone)을 호출하게 되는데 호출영역은 하나의 호출영역 형성하는 몇 개의 기지국으로 정의할 수 있다. 단말기는 Idle 상태에서 Zone이 변경될 때마다 위치등록을 하고 또한 기지국이나 섹터 이동 시 저장된 시스템 파라미터 메시지와 새로운 메시지를 비교하여 호출영역 정보가 자신이 가지고 있는 것이 다를 경우에도 자동으로 위치 등록(지역기준 위치 등록)한다. 일반적으로 1차 호출에 일정 시간 동안(약 10초) 응답이 없을 경우, 2차 호출 영역을 확대하여 2차 호출을 시도하는데 가입자가 들어 있는 MSC 전체의 모든 기지국을 호출할 경우 약 80% 성공률을 보인다.

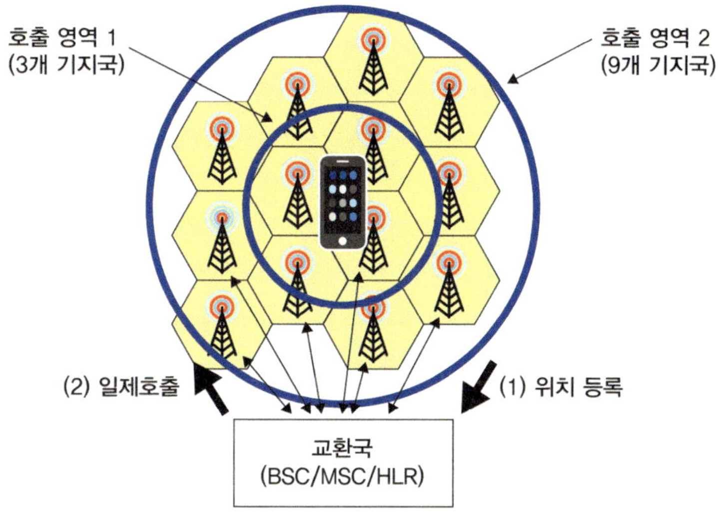

〈그림 4-12〉 위치 등록 및 일제 호출

4.2.5 핸드오프

단말기가 통화 중 현재의 셀로부터 이웃한 셀로 이동하여도 통화를 계속 유지하도록 하는 기능을 핸드오프 Hand off라고 한다. 〈그림 4-13〉과 같이 자동차가 기지국을 계속 바꾸어도 전화가 끊어지지 않고 계속 통화를 할 수 있는 이유는 교환기 간 또는 기지국 간에 차량에 있는 이동전화 단말기의 정보를 넘겨주기 때문이다.

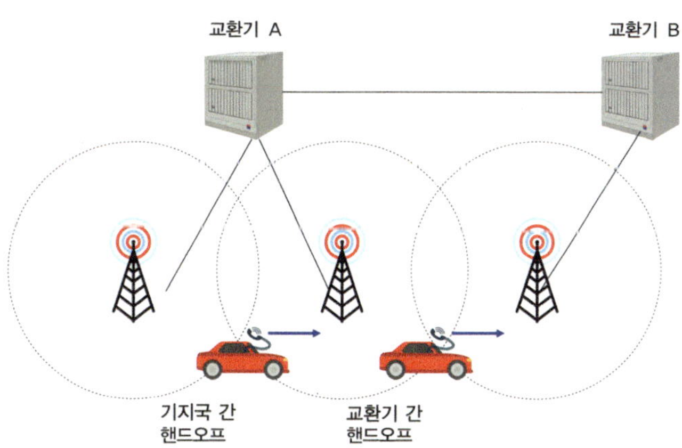

〈그림 4-13〉 핸드오프 개념

단말기는 현재의 기지국에서 보내오는 전파의 신호가 매우 미약할 때 인근의 강한 신호를 보내는 기지국으로 이동하게 된다. 핸드오버를 위한 약한 신호의 기준은 여러 가지가 있을 수 있는데 일반적으로 수신신호의 세기가 작거나(절대 값) 신호 대 잡음비가 낮을 경우(상대 값) 또는 디지털 시스템의 경우 BER(Bit Error Rate), FER(Frame Error Rate)의 기준을 정해

놓고 핸드오프를 한다. 일반적인 핸드오프의 방법은 〈그림 4-14〉와 같다.

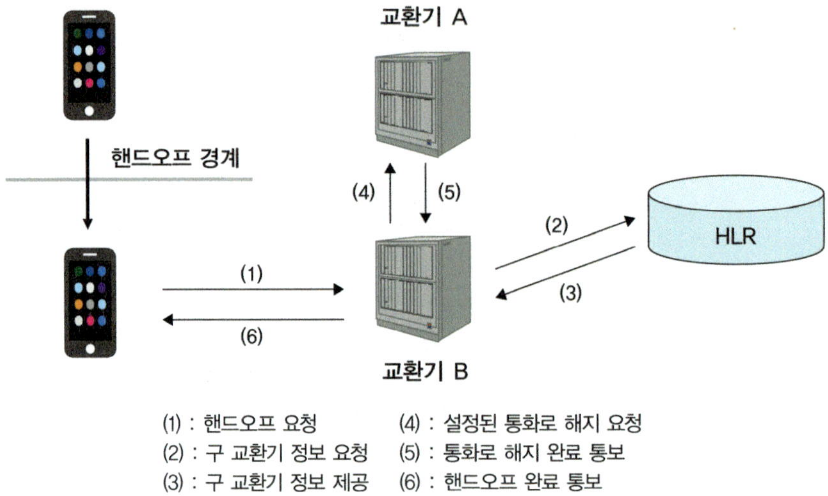

〈그림 4-14〉 핸드오프 방법

4.2.6 전력제어

전파는 거리에 따라 감쇄하므로 기지국 가까이에 있는 단말기의 전파 수신 신호의 크기가 멀리 있는 단말기보다 더 크다. 따라서 가까이 있는 경우에는 필요 이상으로 전파를 세게 할 필요가 없기에 가까이 있는 단말기는 전파를 약하게 발사한다. 이와 같이 단말기가 기지국에 가까이 가면 출력을 낮추고 멀리 가면 출력을 높이는 것을 전력제어 Power Control라 한다.

2000년 이전에 사용하였던 아날로그 시스템은 4 dB 간격으로 7단계로 전파세기를 조정할 수 있었으나 CDMA 이동통신 시스템은 0.5 dB 간격으로 80 dB 범위로 조정이 가능하다. 또한 유럽의 디지털 이동통신 방식인 GSM 2 dB 간격으로 16단계로 조정한다.

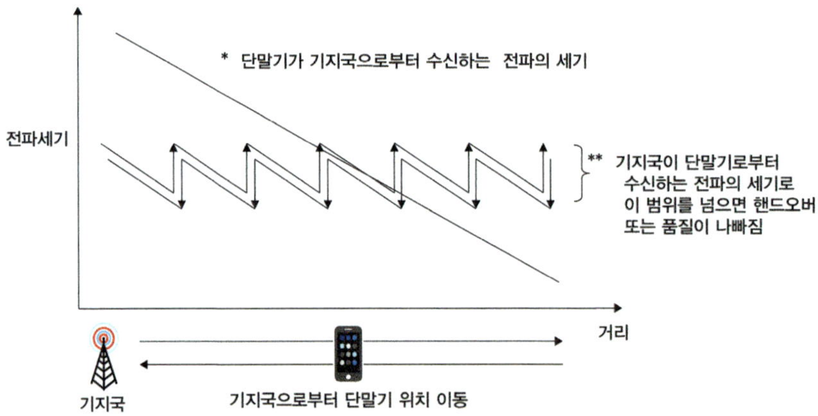

〈그림 4-15〉 전력제어 개념

전력제어가 잘 이루어지지 않으면 순방향 링크와 역방향 링크의 셀 영역이 일치하지 않아 서비스 품질을 저하시킬 수 있다.

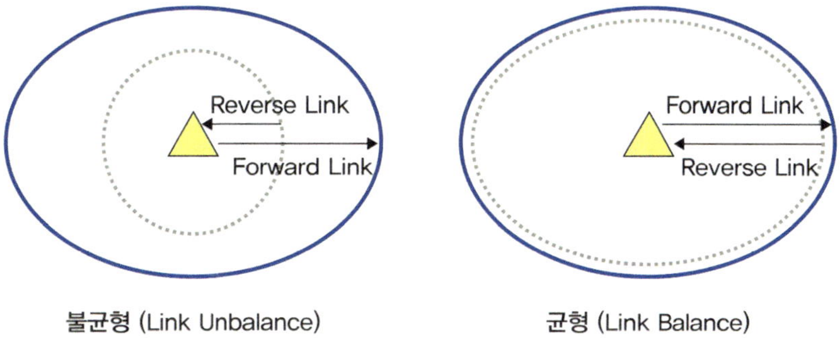

〈그림 4-16〉 전력제어에 의한 셀 영역 일치

4.2.7 다이버시티

두 개 이상의 독립된 전파경로를 통해 전송된 여러 개의 수신신호 가운데 가장 양호한 특성을 가진 신호를 이용하는 방법을 다이버시티 Diversity라고 한다. 다이버시티는 각각 다르게 전달되는 자신의 신호를 다양한 방법으로 수신하는 브랜치 구성법과 다양한 수신 신호 가운데 최적의 신호를 구하는 합성법이 함께 수행되어야 한다.

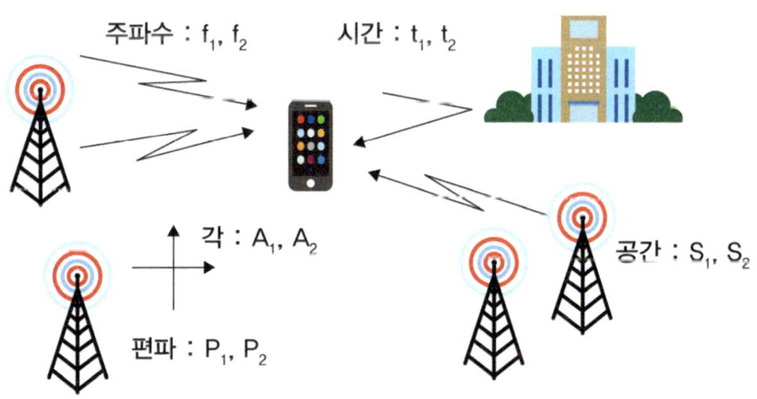

〈그림 4-17〉 다이버시티 개념

브랜치 구성법은 신호가 전파되면서 공간, 주파수, 시간, 편파, 각 등에 따라 분리되어 전달되는 특성을 주목하고 위의 각각의 특성에 맞게 분리된 신호를 적합한 방법으로 수신하는 것으로, 다음과 같은 방법으로 수신한다.

1) 공간(Space) : 2개 이상의 수신 안테나를 이용(수평 방식, 수직 방식)
2) 주파수(Frequency) : 한 개의 신호를 두 개의 주파수로 나누어 송신하고 수신측에서 합성

3) 시간(Time) : 일정한 시간을 두고 동일 신호를 송신하고 수신측에서 합성
4) 편파(Polarization) : 2개의 안테나를 수직/수평 편파로 분리하여 수신
5) 각도(Angle) : 2개의 안테나의 지향각을 달리하여 수신(이동 수신국에 적합)

각각 다르게 전달되는 신호를 브랜치 구성법을 통해 여러 개의 수신기로 신호를 수신하고 이를 합성하는 방법에는 다음과 같이 3가지 방법이 있다.
1) 선택 합성법 : 여러 신호에서 가장 양호한 신호를 선택(약 2.2 dB 이득)
2) 등이득 합성법 : 모든 신호에 동일한 가중치를 두어 합성(약 2.6 dB)
3) 최대비 합성법 : 상대적으로 S/N 비가 높아 양호한 신호에 대해 높은 가중치를 두어 합성하는 방법으로 CDMA 이동통신에서 이용(약 3 dB)

4.2.8 간섭

(1) 동일채널간섭

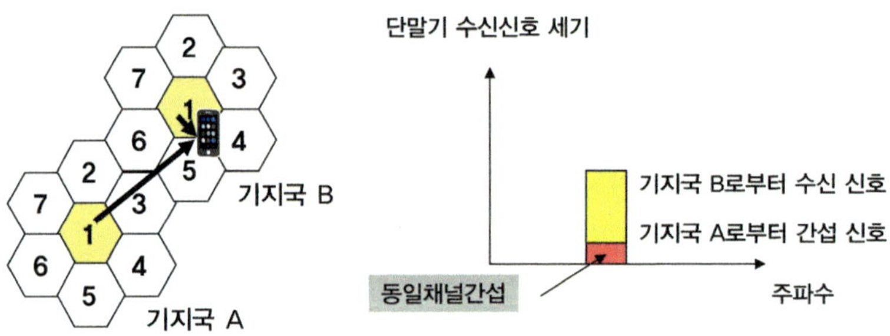

〈그림 4-18〉 동일채널간섭

〈그림 4-17〉과 같이 기지국B에서 사용되는 단말기가 동일 주파수를 사용하는 기지국 A로부터 신호를 받게 되면 동일 주파수에서 간섭이 일어나는데 이것을 동일채널간섭 Co-channel Interference이라고 한다. 동일채널간섭은 제한된 주파수 대역을 효율적으로 사용하기 위해 주파수를 재사용함으로써 발생한다. 동일한 주파수를 사용하는 인접셀로부터 주파수 재사용 거리 D는 (식 4-2)의 다음 식과 같다.

$$D = \sqrt{3N} \times R \qquad \text{(식 4-15)}$$

여기서 N은 Cluster size, R은 셀의 반경이다.

N 값이 적을수록 주파수 재사용 거리가 짧아져서 채널수가 증가한다. CDMA의 경우 N = 1이 되어 용량이 급격히 증가한다. D가 감소하면 N이 감소하여 주파수 재사용 효율이 개선되지만 간섭이 증가한다. 셀룰러 시스템에서 통화 가능한 동일채널 간의 크기는 신호 대 잡음비

로 표시된다. 기존 아날로그 방식인 AMPS 시스템에서는 페이딩을 고려하여 S/N이 18 dB 이상, 유럽의 디지털 이동통신 방식인 GSM에서는 11 dB 이상을 기준(주파수 호핑 기술 적용 시 9 dB)으로 설정하였다.

(2) 인접채널간섭

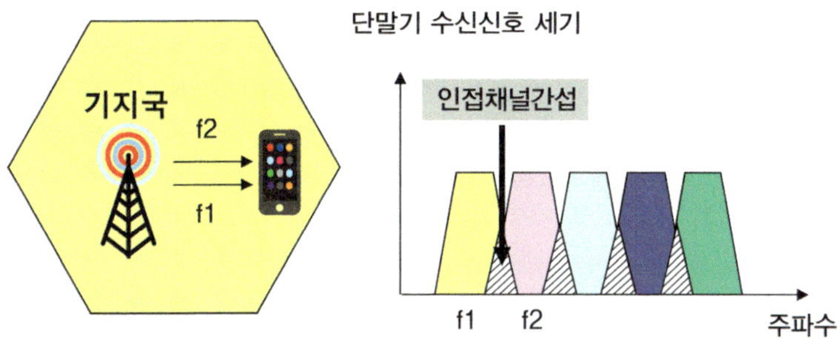

〈그림 4-19〉 인접채널간섭

〈그림 4-18〉과 같이 기지국으로부터 단말기가 f1 신호를 수신할 때 인접한 f2 신호가 f1 주파수로 넘어와서 f1 신호를 간섭하는 것을 **인접채널간섭** Adjacent Channel Interference이라고 하며 자기신호 대 간섭신호의 비율을 ACIR(Adjacent Channel Interference Ratio)라고 한다.

인접채널 간섭 양은 다음과 같이 송신할 때와 수신할 때 두 개의 인접채널 간섭을 병렬합으로 구한다. ① 송신할 때 ACLR(Adjacent Channel Leakage Ratio)로서 신호를 송신할 때 인접채널로 유출되는 인접채널 간섭신호에 대한 자신의 채널 신호 전력세기 비율이다. ② 수신할 때 ACS(Adjacent Channel Selectivity)로서 신호를 수신할 때 인접채널의 신호를 허용할 수 있는 인접채널 간섭 신호에 대한 자신의 채널 신호의 전력세기 비율이다. 인접채널간섭은 일반적으로 동일 셀에서 발생하는 간섭으로 동일 셀에 할당된 무선주파수 그룹의 채널 사이의 간격을 가능한 멀리 분리시켜 방지할 수 있다. ACIR을 ACLR과 ACS로 구하면 (식 4-16)과 같다.

$$ACIR(dB) = \frac{1}{\frac{1}{ACLR} + \frac{1}{ACS}} \qquad \text{(식 4-16)}$$

인접채널간섭 형태 가운데 가까이 있는 단말기의 전력이 멀리서 오는 단말기의 신호를 방해하는 것을 **근원간섭** near far interference 문제라고 한다. 근원간섭문제는 주파수 재사용 패턴 N=1인 CDMA 시스템과 같이 여러 단말기가 동일한 주파수를 사용하는 경우 발생하므로 정확한 전력제어로 해결해야 한다. 근원간섭문제는 제5장 디지털 이동통신에서 추가적으로 설명하고자 한다. 인접채널 간섭을 줄이기 위해 채널할당, 필터특성, 근원비율감소(전력제어) 등으로 줄일 수 있다.

4.2.9 통화품질 측정 방법

사업자가 망을 운용할 때 고객이 만족하는 통화품질을 유지하는 것이 가장 중요한데 통화품질에 대해 고객이 만족할 수 있는 통화품질 설정 기준에는 주관적인 방법과 개관적인 통계데이터 방법이 있다.

주관적(Subjective)인 방법으로는 MOS(Mean Opinion Score)를 가장 많이 사용하는데, 고객들에게 직접 5단계의 평가(Excellent/Good/Fair/Poor/Unsatisfactory)를 채점하는 방식으로 유선전화는 4.3, 이동전화는 4 이상을 요구하고 있다. 다른 방법으로는 DRT(Diagnostic Rhyme Test)인데 이것은 단어요해도(intelligibility) 시험 중 하나로 자음이 다른 단어들을 구분하게 하여 그 결과를 평가하는 방법이며, 직접 통화품질을 나타낼 수 있는 장점이 있으나 측정에 많은 시간과 노력이 소모된다.

객관적(objective)인 방법으로 아날로그에서는 SINAD(Signal Interference Noise And Distortion)(전체출력/간섭과 잡음에 의한 왜곡 전력)을 많이 사용하였으나 디지털 이동통신에서는 송신한 정보 데이터 가운데 몇 개의 비트, 프레임 또는 Packet이 에러가 발생했는지를 측정하는 BER(Bit Error Rate), FER(Frame Error Rate), PER(Packet Error Rate)을 많이 사용한다. 특히 이동통신에서는 버스트 에러가 많이 발생하므로 FER, PER이 특히 중요하다.

4.2.10 기지국 엔지니어링

이동통신망은 우선 기지국의 형태를 선정하여야 하는데 기지국의 형태를 구성하는 방법에는 전파가 360° 전 방향으로 전파하는 옴니 기지국과 180°씩 전파하는 2섹터 기지국, 120°씩 전파하는 3섹터 기지국, 60°씩 전파하는 6섹터 기지국 등이 있다. 옴니 기지국은 인구밀도가 낮은 개활지 지역 등에 적합하고 2섹터 기지국은 고속도로 등 일직선 서비스 지역에 적합하며, 3섹터 기지국은 인구밀도가 높은 도심 지역 등에 적합하다. 6섹터 기지국은 인구밀도가 매우 높고 기지국 장소 선정이 어려운 지역에 적합하다. 기지국 형태가 삼각형 모양인 이유는 육각형 셀의 전파를 잘 받기 위함이다.

이동통신망을 설계할 때 다음으로 중요한 것은 기지국의 위치 선정이다. 기지국의 위치는 커버리지와 간섭의 양과 밀접하다. 따라서 셀 경계지역에서의 수신신호 레벨을 선정한 후 셀간 의 중복지역이 비슷하도록 조정하여야 한다. 안테나의 높이는 너무 높으면 셀 내의 수신신호가 감소되고 다른 셀에 간섭을 일으키고, 낮으면 커버리지에 문제를 일으킬 수 있다. 서비스 커버리지와 간섭은 상호 trade off 관계가 있다. 즉 기지국 송신 출력을 증가하면 커버리지는 넓어지거나 간섭을 증가하므로 시스템 파라미터들의 적절한 조정이 요구된다.

커버리지 확대 방법은 ① 송신출력을 크게 하거나 안테나의 높이 및 이득을 조정한다. ② 수신기의 감도를 높인다. ③ 기지국의 위치를 적절히 선정한다. 간섭을 감소하는 방법으로는 ① 주파수 계획을 잘 수립하고 ② 지형에 맞는 안테나를 선택한 후 틸팅 높이 등을 조정한다.

③ 송신출력을 감소시킨다. 통화량을 증가시키는 방법으로는 셀 분할, 기지국 채널 증설, 주파수 추가 등이 있다. 음영 지역 해소 방법으로는 중계기를 사용하거나 기지국 재배치 등을 수행한다.

4.3 셀룰러 시스템의 구성

4.3.1 개요

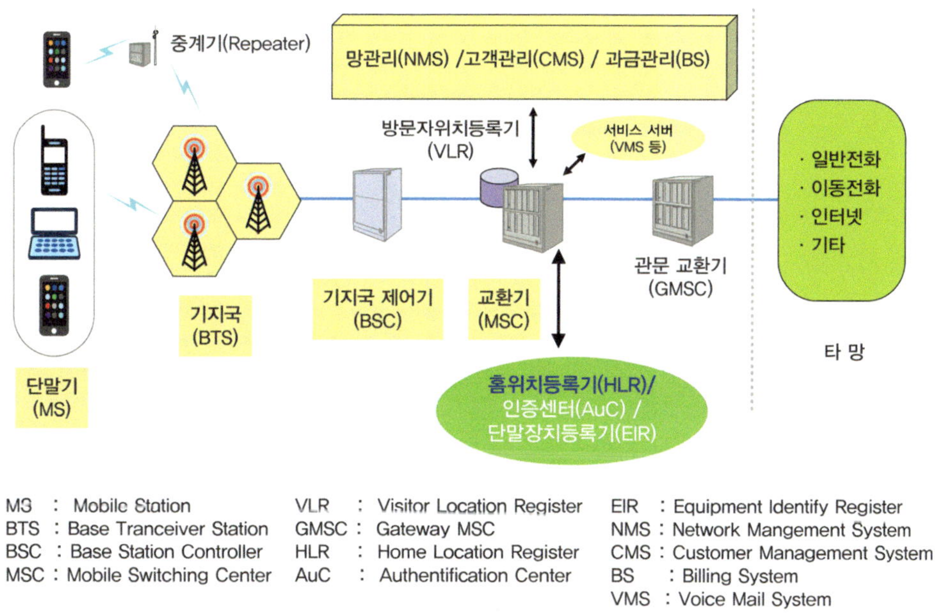

〈그림 4-20〉 이동통신 시스템 구성도

이동통신 시스템은 크게 단말기(MS), 기지국(BTS), 기지국 제어장치(BSC), 교환기(MSC), 홈위치등록기(HLR) 등으로 구성된다. 이동통신 시스템은 셀룰러 개념이 적용되었기 때문에 여러 개의 셀들을 관리하는 BSC 그리고 다수의 BSC를 연결하는 MSC 등으로 전체 시스템들이 계층적 구조로 되어 있다. 관문교환기(GMSC)는 교환기와 호를 교환하는 동일한 기능을 갖지만 주로 타망과 접속하여 다른 회사의 가입자와의 통화하는 데 이용된다. 또한 HLR은 이동하는 단말기의 위치를 파악하여 MSC에게 알려줌으로써 쉽게 이동하는 단말기를 찾아 통신이 이루어지도록 한다. 한편 높은 품질의 이동통신서비스가 이루어질 수 있도록 시스템의 고장 등을 파악하는 망관리 장비, 고객의 요구를 관리하는 고객관리 장비, 서비스 요금을 부과하는 과금 장비 등이 포함된다.

4.2.2 단말기

(1) 단말기 H/W

일반적인 이동전화 단말기는 〈그림 4-21〉처럼 크게 무선대역처리부(RF, Radio Frequency)와 기저대역(baseband) 처리부로 구분할 수 있으며, 세부적으로 송수신 신호를 분리해주는 듀플렉서(duplexer), 고주파 및 중간주파수 처리부, 기저대역 처리부(Main Chip), 메모리를 비롯한 외부 장치 등으로 구분된다.

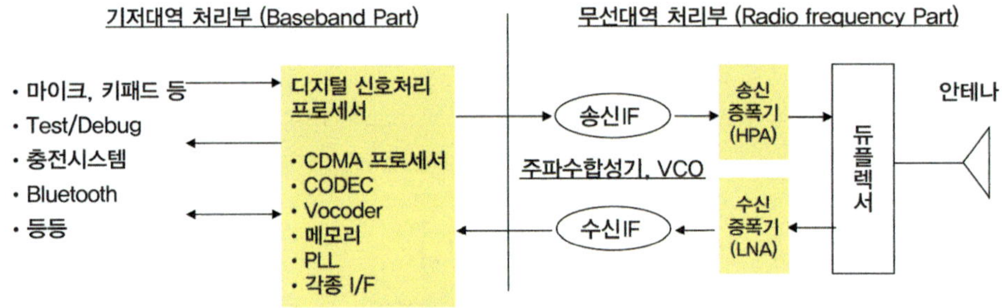

〈그림 4-21〉 일반적인 단말기 구조

CDMA 단말기를 보다 더 상세하게 설명하면 〈그림 4-22〉에서 보는 것과 같이 고주파 및 중간주파수 처리부, BBA(Baseband Analog), MSM(Mobile Station Modem), 외부 메모리, CODEC(Coder-Decoder), LCD 관련 부분 등으로 구분된다.

일반적으로 CDMA 단말기는 필터 등 수동소자들에서의 신호처리를 쉽게 하기 위하여 최종 전파 발사 주파수(800 MHz 대역, 1.7 GHz 대역)를 두 단계에 걸쳐서 주파수를 낮추게 된다. 이 두 단계의 주파수를 중간주파수 IF : Intermediate Frequency라고 하고 제1중간 주파수대역은 100 MHz 대역이며, 제2중간 주파수 대역은 약 5 MHz 정도가 된다.

여기에서 800 MHz 또는 1.7 GHz 대역을 처리하는 RF 부분, RF 주파수 대역을 낮은 주파수 대역으로 낮추는 1차 IF 처리부, 2차 IF 처리와 CPU에서 처리 가능한 주파수 대역으로 낮추어서 디지털 정보인 비트열로 만드는 BBA 부분, 무선접속 방식에 정의된 프로토콜을 처리하는 MSM, 그리고 디지털 신호를 음성으로 변환하거나 반대의 기능을 수행하는 CODEC이 있다.

ABB는 IC(Integrated Circuit)로 구성되어 있으며 두 번째 중간주파수인 2차 IF 처리, A/D(Analog to Digital) 또는 D/A 변환기가 포함되어 있다.

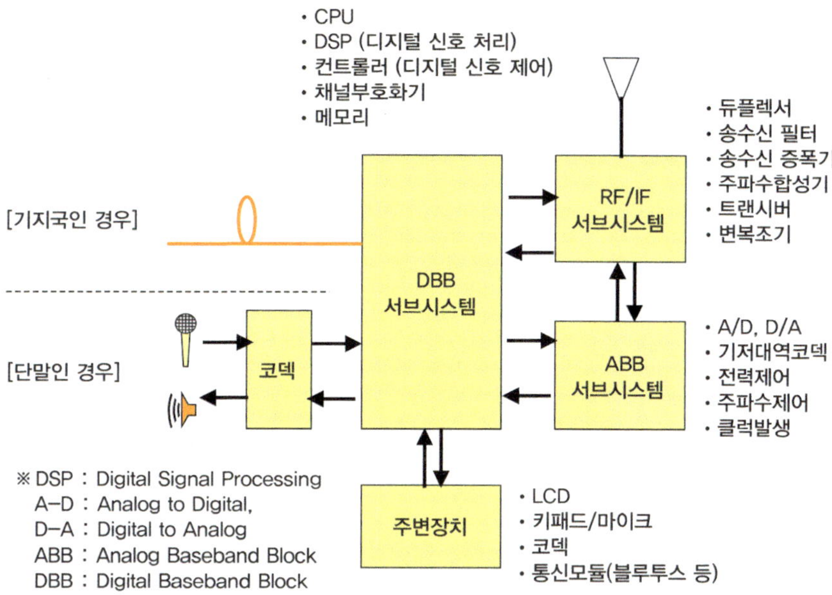

〈그림 4-22〉 기능별 단말기 세부 구조

단말기의 전력 세기는 아날로그의 경우 차량(3 W), 포터블(1.2 W), 휴대전화(0.6 W) 등으로 구분하여 사용하였으나 디지털의 경우에는 대부분 휴대전화로 사용하고 있다. 디지털 이동통신의 전력세기는 셀 반경 및 주파수 대역에 따라 다양한 전력을 사용하나 전력 제어 등 전력사용을 효율화하여 평균 소비전력이 매우 낮다.

단말기는 통화를 하기 위한 기능 이외에도 이동통신시스템의 환경을 감시하여 각종 데이터를 저장하여 분석할 수 있는 기능을 제공하고 있다. 이를 단말기의 진단 감시 DM : Diagnostic Monitoring 기능이라고 하며 저장할 수 있는 데이터는 다음과 같다.

- 단말기 고유번호 및 소프트웨어 상태 : ESN, 프로토콜 버전
- 주파수/시스템 환경 : 주파수, SID, NID, 기지국 번호, 핸드오프 인접셀 목록
- 전파 환경 분석 : 슬롯 사이클 상태, 채널상태, 수신전력, Ec/Io
- 단말기 동작 환경 : 송신출력, 순방향 왈시 코드 번호, 송수신 음성 부호화기 부호화율 표시, 수신 데이터의 FER, 전력제어 상태
- 기 타 : 기지국과 주고받는 각종 메시지 등이다.

(2) 단말기 S/W 구조

단말기의 S/W는 단말기의 핵심적인 기능을 수행한다. 이 S/W는 실시간 처리가 가능한 OS를 기반으로 동작하고 있으며 단말기의 모든 H/W를 제어하고 각종 호처리를 담당한다. CDMA 방식에서 다양한 부가서비스가 추가됨으로 인하여 S/W는 점점 복잡하고 프로그램 크기도 증가하고 있는 추세이다. 예를 들면 SMS(Short Message Service), 무선데이터, 인증,

OTA(Over-The-Air Activation) 등의 추가로 더 많은 메모리와 빠른 속도가 필요하다.

(3) 단말기의 진화

단말 주변장치의 개발 및 관련 기술의 발달에 따라 단말기의 성능이 고도화되면서 진화하고 있다. 디지털카메라 / GPS / 스마트카드모듈이 탑재되면서 영상통신 / 위치서비스 고도화 / M-Commerce 보안 문제를 해결하고 반도체 기술 발달로 CPU 고성능화, 저장용량 확대 등이 이루어지고 있다. 디스플레이 기술발달로 Wide LCD, Color LCD, TFT LCD 등 고선명 · 고화질을 구현하고 배터리 기술의 발전으로 장시간 통화가 가능하며 무게는 경량화하고 있다. 각 분야의 기술의 발전은 단말기를 음성 및 간단한 메시지를 보고 듣는 형태에서 다양한 디지털 기기의 복합 기능을 거쳐 컴퓨터 기능을 포함하는 수준으로 진화시키고 있다. 단말기의 진화 과정을 요약하면 〈그림 4-23〉과 같다.

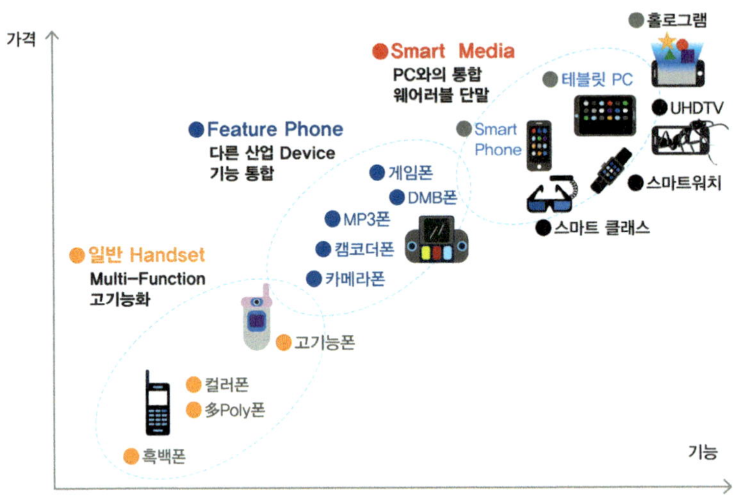

〈그림 4-23〉 단말기의 진화

단말기의 진화는 다양한 형태의 음성, 데이터, 영상 정보를 하나의 단말기에서 다룰 수 있는 이동멀티미디어 단말기 형태로 발전하고 있는데, 〈그림 4-24〉와 같은 다양한 이동멀티미디어 단말기가 나타날 수 있다.

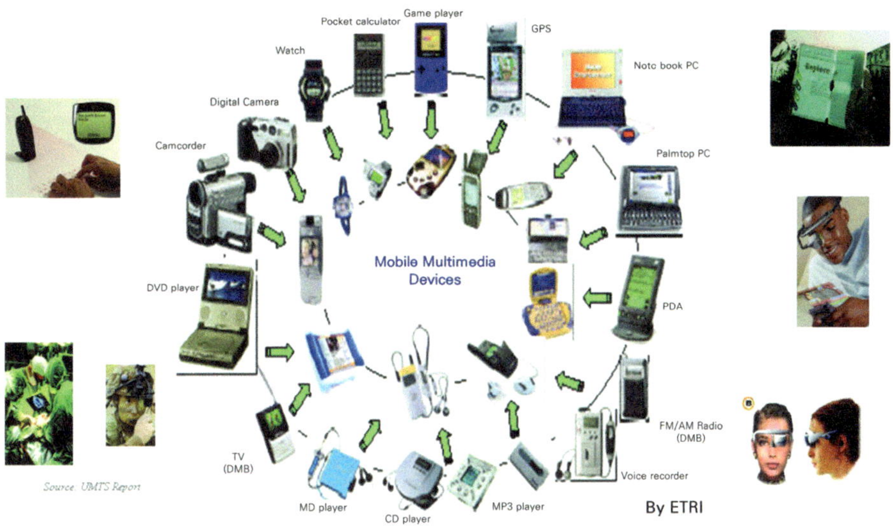

〈그림 4-24〉 다양한 멀티미디어 단말기 형태

4.3.3 기지국

(1) 개요

기지국 BTS : Base station Transceiver System은 이동전화시스템 내에서 기지국제어장치와의 유선접속 및 단말기 간의 무선접속을 위한 인터페이스를 제공한다. 무선신호 송수신, 시스템 동기, 무선채널 부호화 및 복호화, 기저대역 신호처리, 무선자원 관리 등의 역할을 담당한다. 기지국의 구성은 〈그림 4-25〉와 같다.

단말기로부터 신호가 들어오면 우선 안테나로부터 신호를 수신하여 기지국에서 서비스하고 있는 주파수 대역을 수신할 수 있도록 주파수를 필터링한다. 다음 수신된 낮은 전력을 증폭하고 수신된 높은 주파수를 낮은 주파수로 변환하는 트랜시버 기능을 거쳐 원래의 신호를 수신한다. 원래의 신호는 기지국 제어기로 전송한다. 또한 기지국 제어기로부터 들어오는 신호는 반대의 과정을 거쳐 단말기로 전송된다.

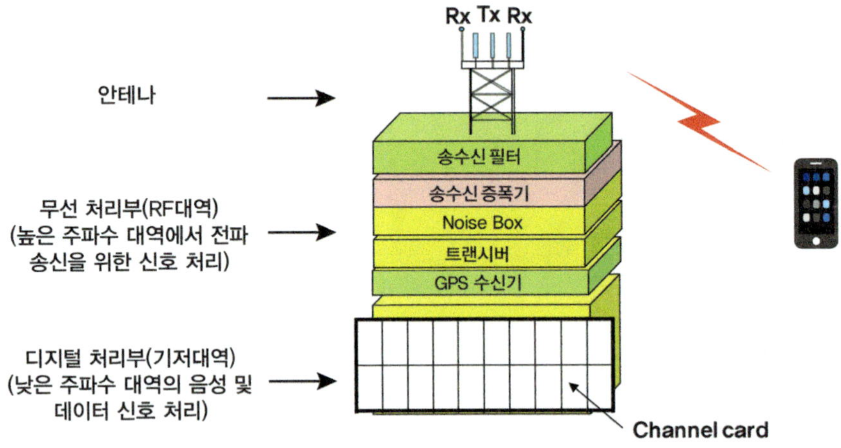

〈그림 4-25〉 기지국 구성도

(2) 기지국 형상

기지국은 철탑을 세우고 철탑 위에 안테나를 설치한 후 안테나로부터 실내에 있는 기지국 장비에 연결한다. 〈그림 4-26〉은 실제 기지국 형상을 나타내고 있다.

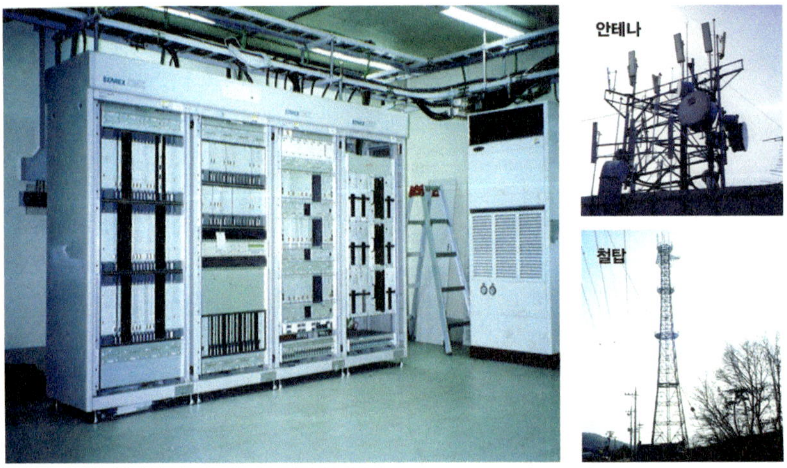

〈그림 4-26〉 기지국 형상

기지국의 설치 방법에는 옥내형 기지국과 옥외형 기지국이 있다. 일반적으로 옥내형 기지국을 많이 설치하며, 임대 등이 어려울 때 옥외형 기지국을 설치한다. 옥내형 및 옥외형 기지국의 설치 모습은 〈그림 4-27〉과 같다.

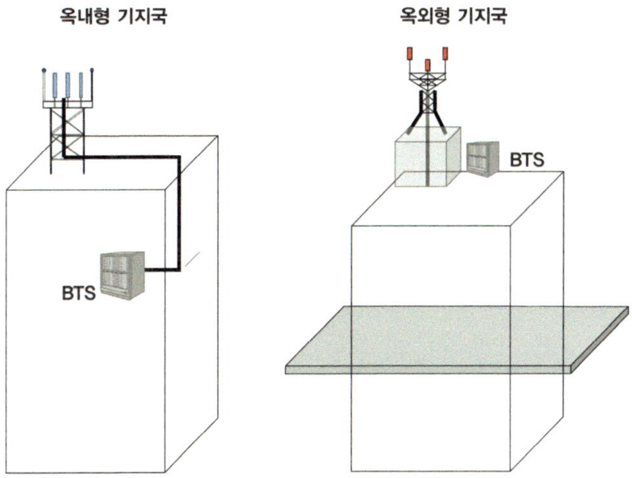

〈그림 4-27〉 기지국 설치 방법

(3) 기지국 종류

용량 및 커버리지를 다르게 함으로써 경제적으로 망구축할 수 있어 환경에 따른 다양한 기지국이 있으며 〈그림 4-28〉과 같이 요약할 수 있다.

기지국 형태	적용대상지역
OMNI	· 통화량 적은 지역(시골, 고속도로 등) · 평탄지역 혹은 Coverage가 넓을 경우 · 인접기지국과의 간섭영향 적은 지역
2 Sector	· 서비스 커버리지가 일직선상으로 이루어질 때 · 고속도로 등
3 Sector	· 통화량이 많은 도심지역 · 외곽지역에서도 읍 중심지역 등 통하량 · 과밀지역 및 In-Building 지역
Micro - BTS	· 트래픽이 적은 도시지역 · 치국 및 시설이 용이하지 않는 경우 활용 · 지하철 혹은 외곽 Coverage
Pico - BTS	· 통화량은 적고 Coverage 혹은 Hand-off용일 경우(1FA소요지역) · 상면확보 및 치국공사 곤란지역
Femto - BTS	· 가정 등 초소형셀에서 인터넷망을 이용하여 교환기에 접속하는 기지국으로 유무선을 통합하는 역할을 가짐
이동기지국	· 갑자기 트래픽이 증가하는 지역에 일시 설치 · 추석, 피서철, 월드컵 등

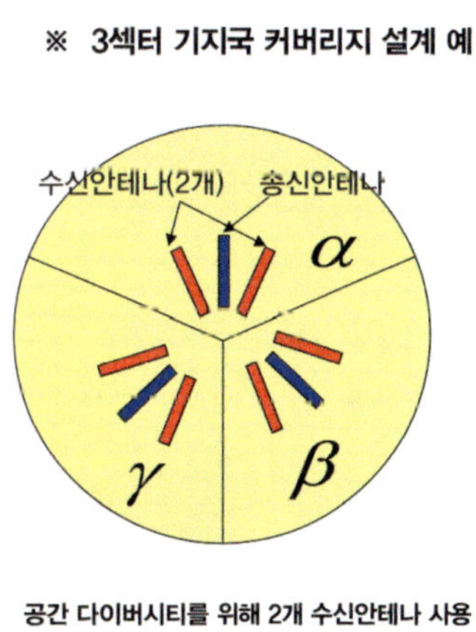

〈그림 4-28〉 기지국 종류

(4) 펨토셀 기지국

펨토셀 Femto Cell은 1,000조분의 1(10^{-15})을 의미하는 펨토(femto)와 이동통신 단말기의 통신 가능범위를 정의하는 셀(cell)의 합성어로, 1,000조분의 1 정도로 촘촘한 이동통신서비스 커버리지를 의미한다. 기존 피코셀(Pico Cell)의 피코가 1,000억분의 1(10^{-12})로 사무실과 같은 작은 셀에 서비스를 제공하는 것을 의미하였는데, 펨토셀은 피코보다 더 작은 공간, 즉 가정과 같은 매우 작은 셀에 서비스를 제공한다는 의미에서 붙여진 이름이다. 펨토셀 기술은 기존 이동통신서비스의 반경보다 훨씬 작은 지역까지 서비스할 수 있는 기술로서 유선과 무선이 융합되는 환경에서 유용한 기술이다. 다시 말해 펨토셀은 DSL모뎀처럼 생긴 초소형 기지국을 가정내 유선 인터넷망에 연결해 휴대폰으로 유무선 통신을 자유롭게 사용할 수 있게 한다. 펨토셀 기지국은 옥내중계기를 이용하지 않고 곧바로 기지국에서 교환기로 이동통신 데이터를 전송하기 때문에 통신사업자는 기존 DSL 및 케이블망을 이용하므로 네트워크 구축 비용을 절감하고, 통화량 분산에 의한 주파수 부하를 줄이고, 음영지역을 해소하면서 통화품질까지 향상시킬 수 있다. 또한 음성통화뿐만 아니라 와이파이처럼 초고속 인터넷을 즐길 수도 있다. 미국처럼 영토가 넓은 지역의 경우에는 서비스 커버리지를 완벽히 제공하기 어렵기 때문에 이동통신 커버리지 문제가 발생하고 있다. 즉, 가정과 같은 지역의 통화불량에 대한 이동통신 민원이 많이 발생할 수밖에 없는데 이와 같은 경우 펨토셀이 문제를 해결할 수 있다. 반면 우리나라처럼 인구밀도가 높은 환경에서 이동통신서비스를 제공하는 경우 단위 면적의 통화량이 매우 높아 기지국이 서비스가 중단될 수 있는데 펨토셀이 통화량을 분산할 수 있는 해결 방안이 될 수 있다. 펨토셀 외에도 옥내 커버리지를 확대할 수 있는 와이파이(Wi-Fi)와 와이맥스(WiMax) 등이 있지만 펨토셀은 기지국과 동일한 무선접속 방식을 이용한다. 펨토셀 기지국을 이용한 이동통신서비스 개념은 〈그림 4-29〉와 같다.

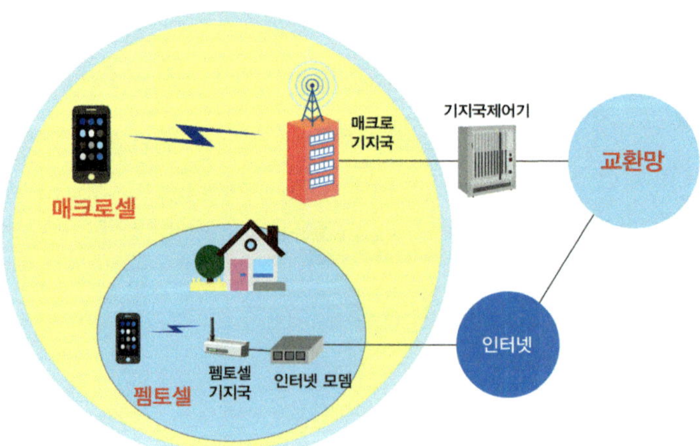

〈그림 4-29〉 펨토셀 기지국 서비스 개념도

(5) 무선처리부와 디지털처리부의 분리

기지국은 디지털 신호를 처리하는 디지털처리부(DU : Digital Unit)와 RF 신호를 처리하는 무선처리부(RU : RF Unit)가 함께 구성되는 것이 일반적이었다. 하지만 이동통신 기술이 발전함에 따라 다양한 이동통신 시스템이 함께 서비스되면서 기지국 수도 급증하고 통화량이 증가함으로써 기지국 설치 및 배치 등이 더욱 어려워졌다. 이러한 문제점을 해결하기 위해 2010년 이후 기지국의 DU와 RU를 분리하고 DU는 동일한 장소에 집중 배치하여 DU의 채널카드를 함께 사용하면서 동적으로 할당하는 기술이 도입되기 시작하였다. 이것은 최근 도입되고 있는 클라우딩 컴퓨팅의 개념을 이동통신 네트워크에 적용하는 방식이다. RU는 RRH(Remote Radio Head)라고도 부른다. 다양한 기지국(WCDMA, WiBro, LTE 등)의 디지털처리부를 집중화하고 무선처리부만 서비스 지역에 설치함으로써 기지국의 채널 용량을 동적으로 관리하고 기지국의 설치 및 배치를 용이하게 할 수 있다.

DU와 RU를 분류한 이동통신망의 구성은 〈그림 4-30〉과 같다.

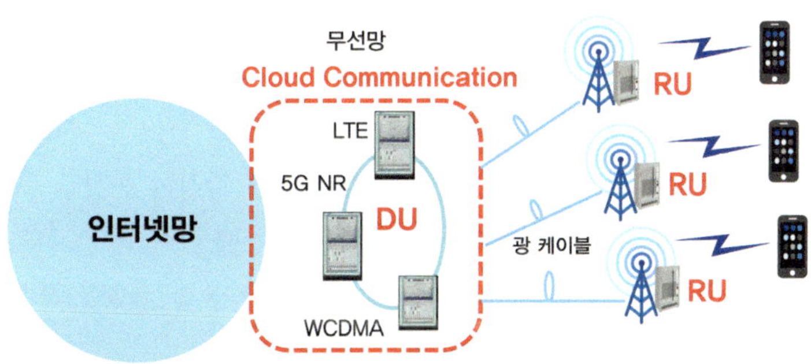

〈그림 4-30〉 기지국의 DU와 RU를 분리한 이동통신망 구성도

4.3.4 중계기

(1) 개요

중계기란 기지국만으로는 전파가 도달하지 않는 통화 불량지역을 개선하기 위해 기지국과 단말기의 신호를 받아 증폭하여 발사하는 장치를 말한다.

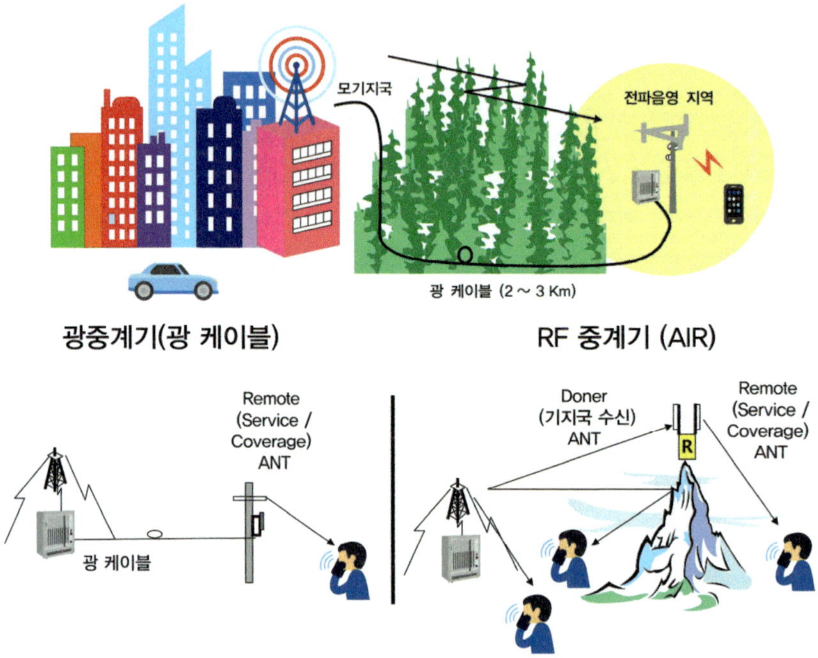

〈그림 4-31〉 중계기 개념

중계기가 개발되기 이전에 통화 영역(Coverage)의 확대는 기지국 신설을 통해 이루어졌으나 외곽지역의 기지국들은 통화량이 적은 지역이 대부분이기 때문에 투자효과를 얻기는 어려웠다. 따라서 기지국에 비해 가격이 훨씬 저렴한 중계기 활용을 통해 적절한 커버리지를 유지하며 투자비 절감 효과를 얻을 수 있다.

(2) 중계기의 종류

중계기는 기지국의 신호를 받는 방법에 따라 광중계기, RF 중계기, 마이크로웨이브 중계기 등 여러 가지 종류의 중계기로 구분된다. 이 중 광중계기와 RF중계기는 각각 커버리지 확장 및 건물 지하 등을 위해 많이 활용되고 있다.

가. 광중계기

광중계기는 그림 〈그림 4-32〉와 같이 도너(Donor)와 리모트(Remote)로 구성되는데, 도너는 기지국의 RF신호를 광신호로 변환하여 광선로를 통하여 중계기까지 전송하고, 리모트는 전송된 광신호를 다시 RF로 변환하여 안테나로 송신하는 방식이다. 광선로를 이용함으로써 매우 안정적인 특성을 나타낼 수 있으므로 도심의 트래픽 분산 및 음영지역 해소 등 다양하게 활용되고 있다. 그러나 광선로의 임차료가 비싸고, 광소자의 특성으로 인해 기지국 통화용량과 품질을 다소 저하시킬 수 있다는 것이 단점이다.

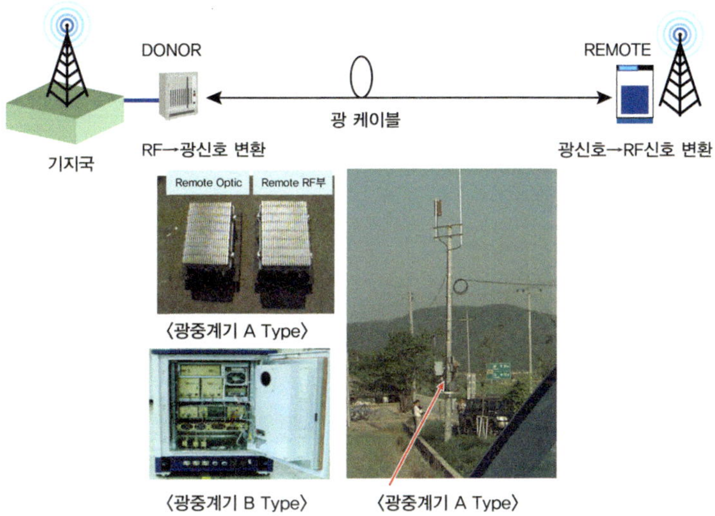

〈그림 4-32〉 광중계기의 구성

나. RF 중계기

기지국의 RF 신호를 직접 받아 증폭하여 서비스하는 방식이다. 주로 도심 빌딩 내부 및 터널 등의 음영지역을 개선하는 데 사용되고 있다. 기지국과 중계기의 링크가 RF로 구성되므로 광중계기나 M/W중계기처럼 링크 구성을 위해 모기지국에 변화를 일으키지 않는다. 그러나 중계기의 입·출력신호가 같은 주파수를 사용하기 때문에 중계기의 송수신 안테나가 충분히 이격되지 않으면 출력신호가 중계기의 입력단으로 다시 유입되는 발진현상이 발생하게 되므로 안테나를 배치할 때 매우 유의해야 한다.

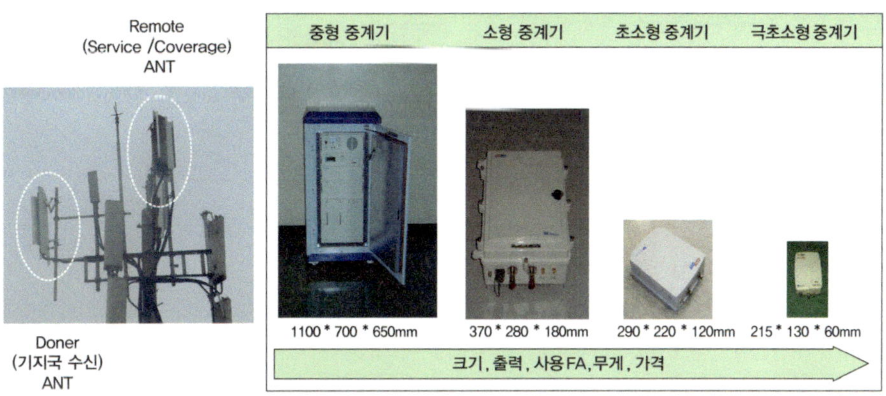

〈그림 4-33〉 RF 중계기의 구성과 종류

다. 변파 중계기 및 마이크로웨이브 중계기

변파 중계기는 기지국으로부터 수신 주파수와 다른 주파수로 변경하여 송신하는 중계기이다. 마이크로웨이브 중계기는 수신기지국과 중계기 사이를 8 GHz 또는 18 GHz 대역의 마이크로웨이브를 사용하는 방식이다. 그러나 마이크로웨이브 구간 사이에 가시거리(LOS, Line Of Sight)가 확보되어야만 사용할 수 있다.

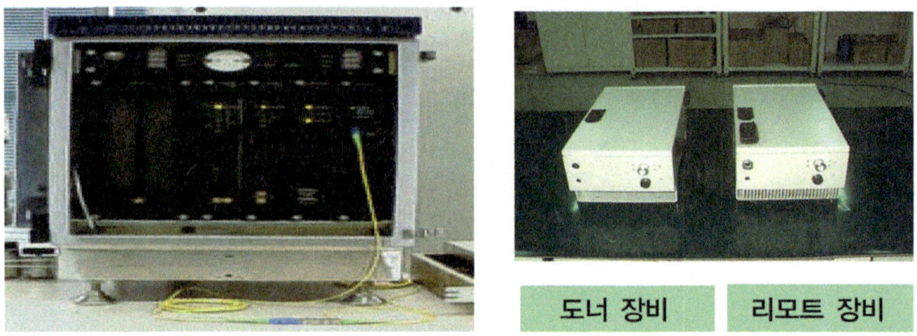

〈그림 4-34〉 변파 중계기

라. 초소형 중계기

도심 밀집지역의 지하 등 음영지역에서 많이 사용하는 초소형 중계기의 설치 방법은 〈그림 4-35〉와 같다.

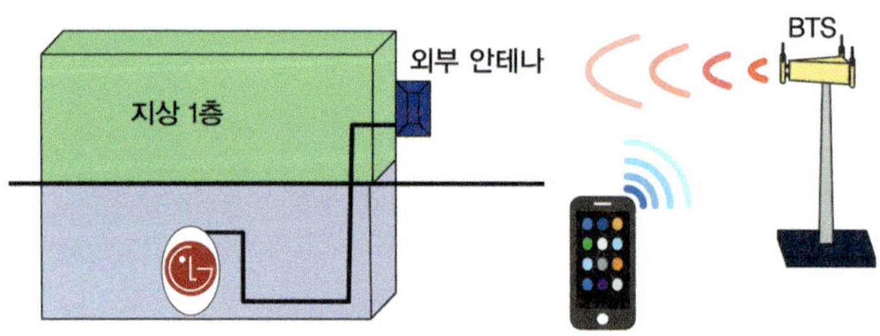

〈그림 4-35〉 초소형 중계기의 구성

4.3.5 기지국 제어기

기지국 제어기 BSC : Base Station Controller는 BTS와 정합하여 무선 자원 및 호 제어 기능을 수행하며 교환기와 접속하며 또한 기지국 간 핸드오프를 처리한다. 하나의 BSC는 여러 개의 BTS를 제어하며 BSC 내에는 두뇌 역할을 하는 BSM(Base Station Manager)은 BSC와 BTS를 운용/유지 보수한다. GUI(Graphic User Interface) 형식으로 구현되어 운용자가 손쉽게 관리할 수 있도록 되어 있다. 초기 BSC는 음성 서비스만을 고려하였다가 이후 데이터 서비스가 추가되면서 음성과 데이터 서비스를 분리하는 기능을 가지게 되었다.

4.3.6 교환기

이동통신교환기 MSC : Mobile Switching Center는 망의 중심부이며 주요 기능은 이동가입자 상호간 또는 이동통신가입자와 PSTN, ISDN 등 고정통신망 또는 다른 이동통신 사업자의 가입자와 호를 교환하는 기능을 제공한다.

가끔 이동통신교환기를 MTSO Mobile Telecommunication Switching Office라고 하는데 이는 이동통신 교환국사로 해석되며 또한 교환기, BSC, HLR 등 다양한 교환 장비를 포함하여 사용하는 것으로 해석할 수 있다. 이동통신교환기는 가입자의 호 요구에 따른 교환기능을 수행하기 위해서 가입자 정보를 저장하고 있는 HLR 및 VLR과의 정보 교환기능을 제공한다. VLR은 MSC에 내장되어 있으며 단말과의 신호 및 음성 데이터 송수신을 위한 BSC와의 인터페이스 기능을 제공한다. 교환기에는 다른 통신망과 직접 접속하는 관문교환기(GMSC : Gateway Mobile Switching Center)가 있는데 PSTN 또는 다른 이동통신사업자 망과의 효율적인 망연동 기능과 과금정산 기능을 수행한다.

〈그림 4-36〉은 이동통신교환기의 구조를 나타내고 있다. 이동통신교환기는 2세대 디지털 이동통신에서 STM 방식의 교환기를 사용하다가 3세대 이동통신에서 음성, 영상 등 다양한 서비스의 제공의 효율성을 높일 수 있는 ATM 교환기를 사용한다.

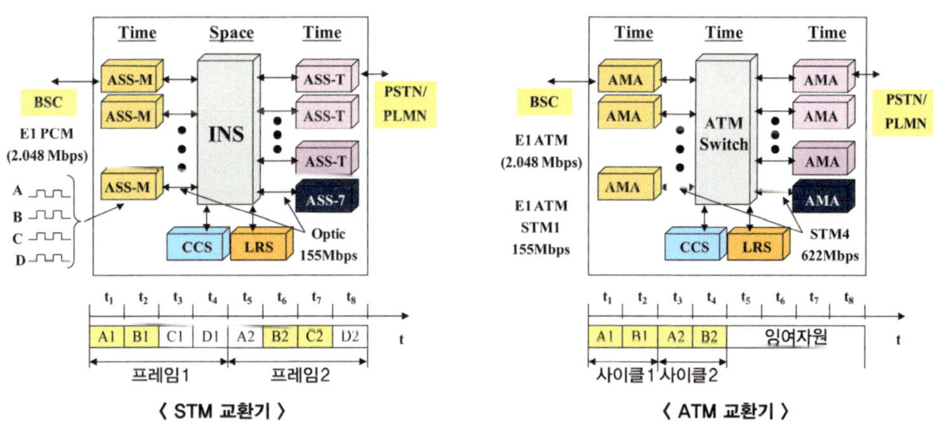

STM : Synchronous Transfer Mode ASS-M : Access Switching Subsystem – Mobile ASS-T : Access Switching Subsystem – Trunk
INS : Interconnection Network Subsystem ASS-7 : Access Switching Subsystem – No.7 CCS : Central Control Subsystem
LRS : Location Registration Subsystem ATM : Asynchronous Transfer Mode AMA : Access Mobile ATM
STM : Synchronous Transport Module PSTN : Public Switching Telecommunication Network PLMN : Public Land Mobile Network

〈그림 4-36〉 이동통신교환기 시스템

STM 교환기는 일반적으로 T-S-T(Time Space Time) 구조라고 하며 이용자는 시간상에서 특정 타임 슬롯만 이용하도록 고정되어 있다. 따라서 특정 채널에 신호가 없어도 빈 채널로 전송하여 효율이 떨어진다. STM 교환기의 각각의 구성 요소별 기능은 다음과 같다. ASS-M은 기지국 제어기와 연결되어 여러 개의 기지국 제어기로부터 오는 데이터 및 INS로부터 오는 데이터를 목적지에 맞게 교환한 후 전송한다. ASS-T는 일반전화와 연결하여 유선전화와 다른 이동통신망 및 INS로부터 오는 데이터를 목적지에 맞게 교환한 후 전송한다. INS는 ASS-M, ASS-T로부터 오는 데이터를 목적지에 맞게 교환한 후 각각의 장비로 전송한다. ASS-7은 신호망과 접속하여 신호를 교환한다. CCS은 시스템의 유지 보수를 담당하고 LRS는 일시적으로 교환기에 들어오는 이동통신 가입자의 번호, 단말기 번호, 루팅 번호 등의 정보를 관리하는 데이터베이스이다.

ATM 교환기는 모든 망구성 요소가 타임 교환 방식으로 이루어졌다. ATM 교환기는 데이터 유무에 따라 채널별 슬롯이 증감되어 빈 채널이 없으므로 전송 효율이 높다. ATM 교환기는 모든 정보를 53 바이트(주소 5 바이트, 정보 48 바이트)로 고정하여 전송하므로 서비스의 유연성이 좋고, 고속 및 병렬처리가 가능하다. ATM 교환기의 각각의 구성 요소별 기능은 다음과 같다. AMA는 STM 교환기의 ASS 기능을 수행하며, 기타 기능은 유사하다. 다만 기존 STM 교환기에서 BSC의 인터페이스 속도가 2.048 Mbps 단위인 반면, ATM 교환기는 155 Mbps의 고속 데이터 전송이 가능하다.

4.3.7 라우터

(1) 개요

라우터는 여러 다른 종류의 망과 다양한 단말 간 데이터를 주고받는 데이터 교환장비이다. 이동통신서비스는 1세대 아날로그 이동통신에서 음성 서비스, 2세대 디지털 이동통신에서 음성 및 저속 데이터 서비스, 3세대 멀티미디어 이동통신(IMT-2000)에서 음성, 데이터, 영상 서비스를 제공하면서 서비스를 발전시켜 왔다. 교환기는 이동통신망에서 망구성 요소 간 음성 신호를 교환하는 데 적합한 통신장비로서 음성 신호가 대부분이었던 2세대 및 3세대 초반의 이동통신 핵심 장비이다. 반면 라우터는 기존에는 인터넷망에서 패킷데이터를 교환하는 데 주로 이용되었으나 3세대 이동통신 후반부터 무선 데이터 신호가 급증하기 시작하고 4세대 이동통신에서 급격하게 무선데이터가 늘어날 것으로 예상되면서 이동통신망의 핵심장비가 되고 있다. 1969년 최초 인터넷망인 ARPANET에서 오늘날의 라우터와 같은 기능을 가진 IMP(Interface Message Processor)가 컴퓨터 간 패킷 데이터를 교환하는 기능을 수행하였다. 1972년 International Network Working Group(INWG)은 다른 네트워크 간 패킷데이터를 주고받는 라우터(게이트웨이라고도 함) 개념을 만들고 1976년 IP 라우터가 개발되었다. 1981년 멀티프로토콜 라우터가 나왔는데 IPv4와 IPv6가 함께 처리되는 형태로 이해하면 된다. 2000년대 이후 패킷전달과 같은 일반 기능과 보안 기능 등이 추가되어 특별한 목적의 라우터가 나타나기 시작하였다. 교환기와 라우터가 서비스하는 회선 데이터와 패킷 데이터의 개념은 일상생활에서 일반전화와 인터넷 전화로 구분하여 이해하면 된다. 회선 데이터와 패킷 데이터의 차이를 그림으로 나타내면 다음과 같이 회선데이터는 전화를 걸면 일정 시간 회선이 특정 가입자에게 독점되는데 패킷 데이터 회선은 여러 가입자가 공유하므로 회선의 이용 효율이 높다.

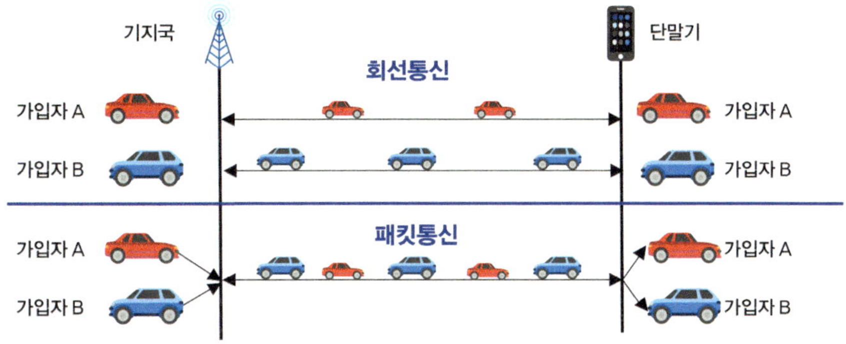

	회선(Circuit) 교환서비스	패킷(Packet) 교환서비스
통신방식	지정된 회선을 계속 점유	여러 사람이 같은 회선을 나누어 사용
특징	음성 통신에 적합 실시간 통신 에러 발생해도 무관	데이터 통신에 적합 비실시간 통신 에러에 민감
과금 방식	회선을 점유한 시간으로 과금 통화시간으로 과금	주고받은 데이터 양으로 과금 (패킷 수에 따른 과금) 1 Packet = 512 byte

〈그림 4-37〉 회선 데이터와 패킷 데이터의 차이

(2) 기본 기능

라우터의 기본 기능은 세 가지가 있다. ① 패킷 데이터를 전달하는 기능이다. 라우터는 패킷 데이터가 전달될 목적지 IP 주소를 확인하고 라우팅 테이블의 IP 주소를 확인한 후 일치되면 패킷을 목적지 IP 주소지로 전달할 네트워크로 송신한다. ② 패킷 데이터 서비스 품질(Quality of Service)을 관리하는 기능이다. 인터넷망을 이용하는 서비스는 음성, 데이터, 영상 그리고 동일 데이터라도 이메일과 스트리밍 서비스와 같이 다양한 서비스가 존재하며 서비스 중요도가 다르다. 따라서 음성과 같이 실시간으로 이루어져야 하는 서비스는 지연시간을 최소화하도록 우선 전달하도록 하는 등의 서비스에 따른 품질을 관리하는 기능이다. ③ 패킷 데이터의 폭주(Congestion) 관리 기능이다. 여러 사람이 동시에 패킷 데이터를 발생시켜 대량의 데이터가 들어올 경우 병목현상이 일어나 패킷 데이터가 전달되지 않게 된다. 이때 폭주를 제어하기 위해 ① 서버 큐의 길이 이후 데이터를 수신하지 않거나, ② 서버 큐의 일정 비율을 정하여 데이터를 수신하지 않거나 ③ 서버 큐의 길이에 따라 데이터 수신 비율을 조정하는 방법 등을 이용한다.

(3) 라우터의 종류

라우터는 네트워크 구성 요소의 규모와 기능에 따라 다음과 같이 여러 종류의 형태가 있다.

1) 액세스 라우터(Access Router)

규모가 작은 사무실 또는 가정용 사무실(Small Office Home Office)에서 계층 구조가 아닌 형태로 이용됨

2) 분배 라우터(Distribution Router)

여러 액세스 라우터로부터 데이터를 수신하여 동일 장소 또는 다른 장소에 있는 네트워크로 데이터를 송신하는 라우터로 WAN 규모의 네트워크에 적용

3) 보안 라우터(Security Router)

외부 네트워크로부터 자신의 데이터를 보호하기 위해 방화벽(Firewall) 또는 가상망(VPN)을 설치하는데 별도로 설치하지 않고 라우터에 기능을 결합

4) 코어 라우터(Core Router)

여러 건물을 가지고 있는 대학 캠퍼스 또는 대기업에서 여러 분배 라우터 사이에서 데이터를 중계하는 라우터

5) 에지 라우터(Edge Router)

에지 공급자 라우터(Edge Provider Router)라고도 하며 인터넷 서비스 사업자(Internet Service Provider)의 종단에 있는 라우터

6) 보더 라우터(Border Router)

ISP 사업자 간 데이터를 교환하는 라우터

7) 가입자 라우터(Subscriber Edge Router / Customer Edge Router)

가입자망의 종단에 위치한 라우터

8) 음성 / 데이터 / 팩스 / 영상 처리 라우터

음성 / 데이터 / 팩스 / 영상 등 특정 서비스를 제공하기 위한 액세스 서버 또는 게이트웨이 기능을 가진 라우터로, 2005년 국제전화용 음성을 IP 트래픽으로 전달하면서 VoIP 서비스가 본격적으로 시작됨

〈그림 4-38〉 Avaya ERS 8600(2010년)

4.3.8 방문자 위치 등록기

방문자 위치 등록기 VLR : Visitor Location Register는 교환기 영역에서 임시적으로 단말기를 관리하기 위해 임시번호를 부여하여 가입자를 관리하는 데이터베이스이다. VLR의 역할은 가입자가 현재 이동해 있는 MSC 영역의 가입자 정보를 일시적으로 관리하고 임시번호(TMSI : Temporary Mobile Subscriber Identity)를 부여하며, 단말기가 발신 전화할 때 HLR을 이용하지 않도록 하여 통화량을 감소시킨다.

4.3.9 홈 위치 등록기

홈 위치 등록기 HLR : Home Location Register는 가입자의 위치정보 등을 보관하는 데이터베이스로 가입자의 실시간 데이터베이스 처리가 가능한 구조로 되어 있다. HLR은 단말기의 엑세스 능력, 기본 서비스, 부가 서비스 등 중요한 데이터를 등록해야 하며 착신가입자의 루팅 기능을 수행한다. MSC, 단문메시지 센터, 망 관리 센터, 고객센터와 연동하여 정보제공 기능을 수행한다. VLR은 현재 관할 교환기 영역에 있는 가입자에 대한 필요 정보를 관리하며 해당 가입자가 타 VLR 영역으로 이동시 관리 정보도 변경되는 가입자 정보를 일시적으로 저장하는 데이터베이스이다. 국제적인 번호체계인 IMSI(International Mobile Subscriber Identity) 또는 가입자 번호인 MIN(Mobile Identity Number) 번호를 관리한다.

4.3.10 인증장치/단말장치 등록기

인증장치 AuC : Authentication Center는 인증을 위해 인증키와 인증 알고리즘을 저장하고 인증 절차를 수행하는 장비이다. 인증장치의 역할은 HLR에 인증키를 제공하고 단말기가 계산한 결과치와 인증센터의 결과를 비교하여 적법한 가입자인지 확인하는 것이다. 일반적으로 인증은 시스템 등록, 발신, 착신, 데이터 송신, 시스템의 요청 등 다양한 경우에 선택적으로 사용된다.

단말장치 등록기 EIR : Equipment Identity Register는 단말기의 정보를 저장하는 장비이다. 단말장치 등록기는 단말기의 도난, 불법 사용 등을 방지하고 단말기의 제조국 · 제조사 · 일련번호 · 단말형식 등 다양한 정보 등의 입력이 가능하다. 국제적으로 단말번호를 관리하기 위해 IMEI(International Mobile Equipment Identity) 번호 또는 ESN(Equipment Serial Number) 번호를 관리한다.

4.3.11 망관리 / 고객관리 / 과금 시스템

망관리 시스템 NMS : Network Management System은 장애 관리 및 운용 관리를 위한 장비이다. 이동통신망의 장애를 감시하여 실시간으로 처리하며 교환기 및 기지국 제어기의 트래픽 관리 등 이동통신망의 운용을 관리한다. 고객관리 시스템 CMS : Customer Management System은 가입자의 불편 사항을 처리하고 서비스를 관리하는 장비이다. 가입자의 불편 사항을 이용하여 서비스 및 통화 품질을 개선한다. 망관리 시스템, 과금 관리 시스템과 연계하여 실시간으로 정보를 수집하고 전달한다. **과금 시스템** BS : Billing System은 가입자의 통신 요금을 관리하는 장비로서 교환기로부터 가입자의 통신 정보를 받아 통신 요금을 산출한다.

4.4 셀룰러 시스템의 동작

4.4.1 개요

셀룰러 이동통신시스템은 앞 절에서 설명한 시스템들이 각각의 역할을 수행하면서 우리가 일반전화나 이동전화와 통화할 수 있도록 한다. 〈그림 4-33〉은 일반적인 통화 흐름을 보여준다.

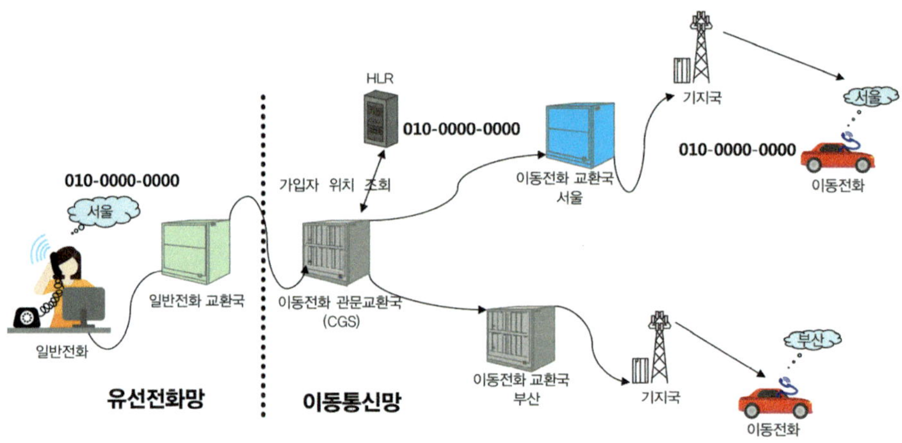

〈그림 4-39〉 일반적인 통화 흐름

본 장에서는 위치등록 및 호출할 때, 통화할 때, 핸드오프할 때의 셀룰러 시스템의 동작 과정을 각 이동통신 시스템의 구성 요소별로 시간에 따라 신호의 전달을 나타내는 호흐름도(Call Flow Diagram)를 가지고 설명한다. 전화 통화의 형태는 크게 이동전화에서 이동전화, 이동전화에서 유선전화, 유선전화에서 이동전화의 3가지 형태로 나눌 수 있다.

4.4.2 위치등록 및 일제호출 절차

단말기는 교환국에 항상 자신의 위치를 등록하는데 이를 근거로 이동전화를 찾는 요청이 있을 때 해당 기지국으로 단말기를 찾는다. 하지만 교환국은 단말기가 항상 이동하고 있으므로 해당 기지국뿐만 아니라 인근 기지국까지 일제히 호출을 하게 한다. 이것을 **일제호출** Paging이라고 한다. 〈그림 4-40〉는 위치 등록 후 단말기를 호출하는 절차를 나타내고 있다.

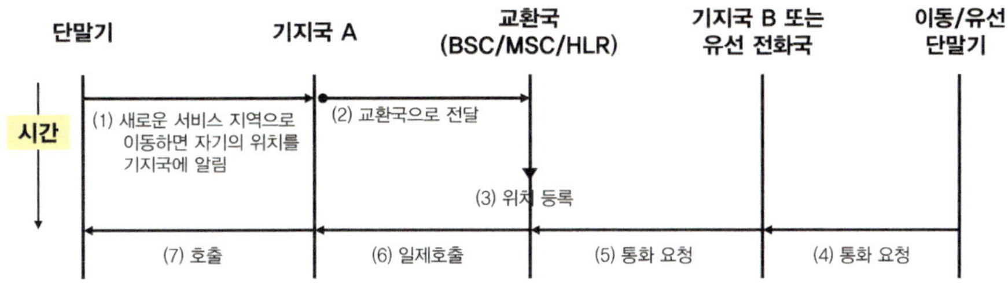

〈그림 4-40〉 위치등록 및 통화 절차

4.4.3 통화 절차

(1) 이동전화에서 이동전화로 통화

일반적인 셀룰러 이동통신시스템에서 이동전화에서 이동전화 Mobile to Mobile로 통화하는 절차는 〈그림 4-40〉과 같다. 단말기는 착신자 번호를 저장한 후 사용자가 SEND 키를 누르면 제어채널을 통하여 기지국으로 전송하고 기지국은 송신 단말기에 채널을 지정하는 동시에 착신자의 번호를 상대 기지국으로 보내 호출한다. 착신 기지국은 단말기를 호출하고 단말기가 응답을 하면 착신 단말기에 회선을 지정하고 착신 단말기에서 응답하여 SEND 키를 누르면 통화채널을 이용하여 통화가 시작된다.

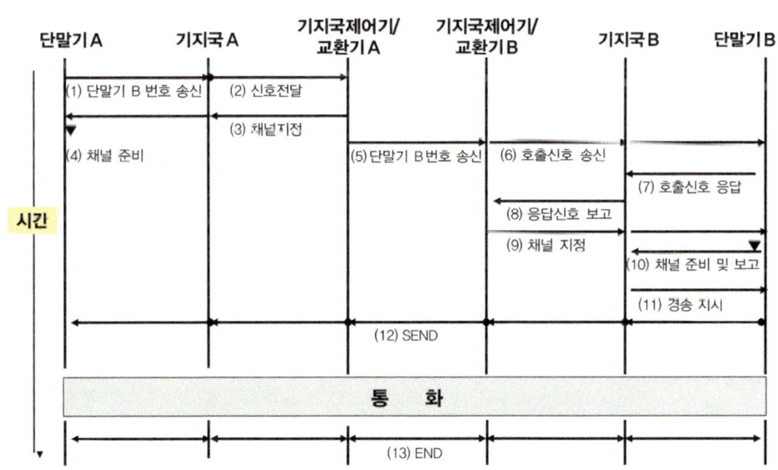

〈그림 4-41〉 Mobile to Mobile 호처리 절차

(2) 이동전화에서 유선전화로 통화

일반적인 셀룰러 이동통신시스템에서 이동전화에서 유선전화로 통화 Mobile to Land하는 절차는 〈그림 4-42〉와 같다. 이동전화에서 유선전화로 통화하는 과정은 이동전화 부분은 비슷하고 유선전화 측에서 단말기를 찾는 과정이 생략되므로 M-M 호보다 간단하다.

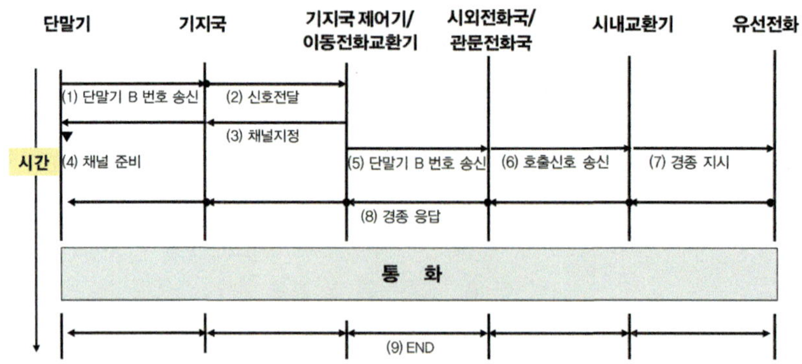

〈그림 4-42〉 Mobile to Land 호처리 절차

(3) 유선전화에서 이동전화로 통화

일반적인 셀룰러 이동통신시스템에서 유선전화에서 이동전화로 통화 Land to Mobile하는 절차는 〈그림 4-43〉과 같다. 유선전화에서 이동전화로 통화하는 과정은 일반전화에서 착신 기지국까지 호가 전달되는 과정은 간단하나 착신부분에서 단말기를 찾는 과정은 이동전화와 비슷하다.

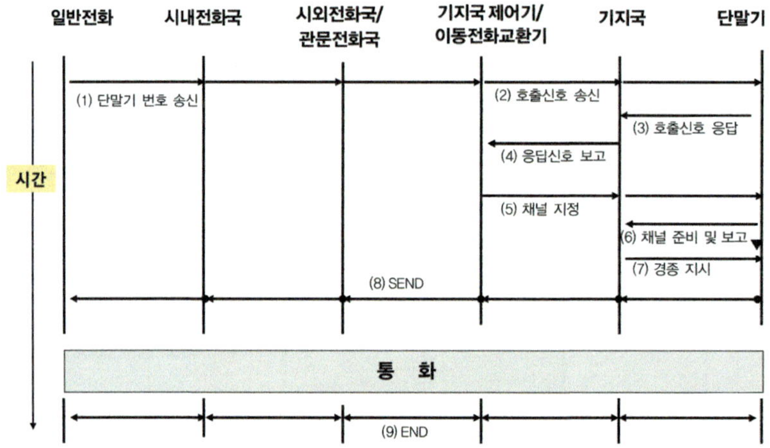

〈그림 4-43〉 Land to Mobile 호처리 절차

4.4.4 핸드오프 절차

단말기는 현재의 기지국에서 보내오는 전파의 신호가 매우 미약할 때 인근의 강한 신호를 보내는 기지국으로 이동하게 되며 이것이 핸드오프라는 셀룰러 시스템의 고유한 기능임을 앞에서 설명하였다. 여기서는 핸드오프가 진행되는 절차를 〈그림 4-44〉와 같이 흐름도를 이용하여 설명한 것이다.

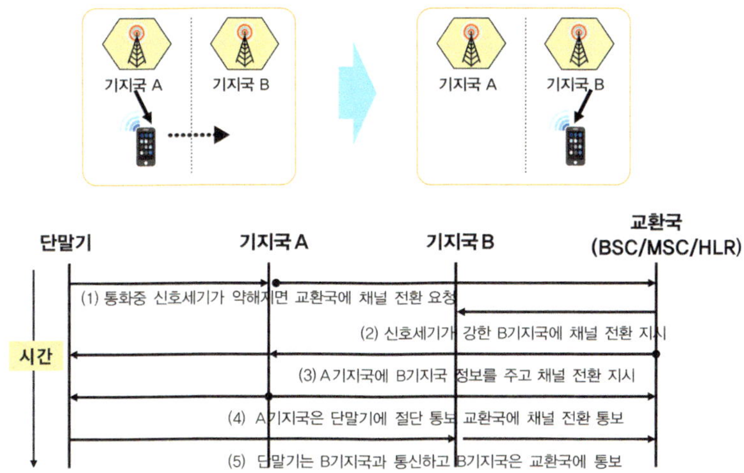

〈그림 4-44〉 핸드오프 절차

4.5 통화품질 장애 발생 및 원인

4.5.1 개요

일상생활에서 이동전화를 사용하면서 전화가 걸리지 않거나 도중에 끊기거나 시끄러운 소리가 들리는 경우를 경험한 적이 있을 것이다. 〈그림 4-45〉는 이와 같은 상황을 형상화한 것이다.

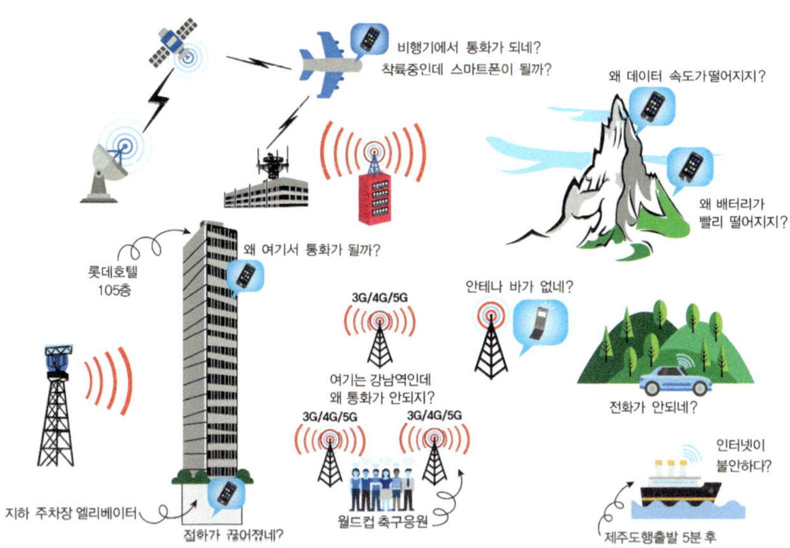

〈그림 4-45〉 통화 환경에 따른 장애 현상

4.5.2 통화 품질 장애 발생

이동통신을 사용하면서 나타나는 통화 품질 장애 현상은 크게 ① 통화가 이루어지지 않는 경우 ② 통화중 끊어지는 경우 ③ 통화중 혼신이나 잡음이 생기는 경우 등으로 구분할 수 있다. 이와 같은 통화 품질 장애 발생은 이동통신망에서는 전파 환경, 네트워크, 단말기 등에서 발생할 수 있으며 기타 타망에서 장애가 발생하여 통화 품질에 영향을 줄 수 있다. 이를 그림으로 나타내면 다음과 같다.

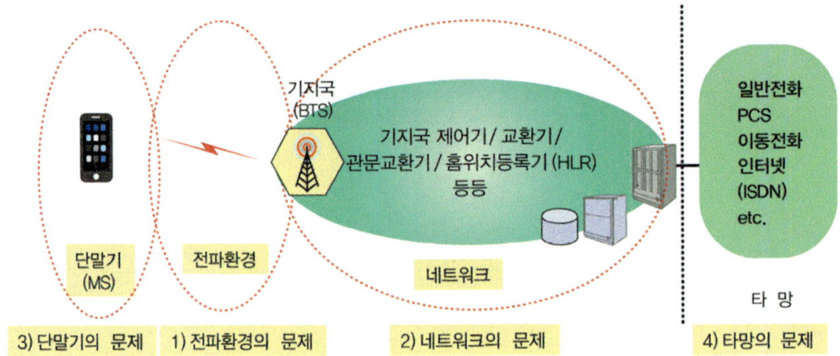

〈그림 4-46〉 통화 품질 장애 발생

4.5.3 통화 품질 장애 원인

(1) 통화가 이루어지지 않는 경우

전화를 걸 때 전화가 걸리지 않는 경우는 다음과 같다. ① 전파 환경 상의 문제가 있는 경우로, 즉 전화를 거는 사람이 서비스가 되지 않는 지역에 있을 경우이다. 일반적으로 국내의 이동통신서비스 경우 서비스 대상지역에 대한 면적대비 서비스 지역 비율이 약 75%, 인구대비 서비스 면적 비율 약 99%이다. ② 서비스 지역이더라도 전파 음영지역이 발생하는 경우로 대형 건물 등 장애물로 인하여 전파를 받지 못하는 경우이다. ③ 네트워크의 문제로 이동전화 교환국 및 기지국의 용량이 부족하거나 고장인 경우로 볼 수 있다. ④ 단말기의 문제로서 단말기의 소프트웨어 및 하드웨어의 문제일 수 있다. ⑤ 타망의 장애 발생으로 통화가 이루어지지 않을 수 있다.

(2) 통화중 끊어지는 경우

통화중에 끊어지는 경우는 다음과 같다. ① 전파 환경의 문제로서 현재는 서비스가 되는 지역이지만 서비스가 안 되는 전파가 없는 지역으로 들어가는 경우, 자신의 신호가 동일채널/인접채널에 의한 간섭 신호를 많이 받을 때 끊어지는 경우, 고압선 및 낙뢰 등 간섭 전파를 발생하는 위치에 있을 때 통화가 끊어지는 경우 등이 있다. ② 네트워크의 문제로서 버스를 타거나 걸어가면서 자신이 서비스 받고 있는 기지국이 바뀌어 핸드오프를 하는데 새로운 기지국에 채널이 없는 경우가 가장 큰 원인이다.

(3) 통화중 혼신 또는 잡음이 생기는 경우

통화중에 남의 목소리가 들리거나 잡음이 들려 상대방의 신호가 들리지 않는 경우는 다음과 같다. ① 전파환경의 문제로서 전파의 세기가 약한 곳에서 통화할 때 잡음이 발생하는 경우와 전파를 이용한 무선장비로부터 방해를 받을 때 잡음이 발생하는 경우이다. ② 네트워크의 문제로서 교환 시스템에서 다른 사용자의 신호를 중계하여 수신하였을 때 혼신이 발생하는 경우이다.

CHAPTER 05

디지털 이동통신

우리나라의 이동전화 가입자 수는 4천만이 넘어선 지 오래이며 이제는 누구나 이동전화를 사용하고 있는데, 이 이동전화에는 cdma2000 1x라는 표시가 붙어 있다. 대다수가 이 표시의 뜻을 모르겠지만, 어떤 이들은 이 표시가 디지털 이동통신의 한 방식인 'CDMA를 이용한 이동전화'를 의미한다는 사실을 알 것이며, 좀 더 관심이 있는 사람들이라면 이것이 우리나라가 세계 최초로 상용화한 IMT-2000 서비스 기술을 나타낸다는 것을 알 수 있을 것이다. 요즈음 인기 있는 대부분의 카메라폰은 cdma2000 1x 또는 cdma2000 1x EV-DO라는 기술을 채택하고 있는데, 이것은 준, 핌 등의 상품명으로서 이 전화에서도 CDMA라는 용어를 자주 볼 수 있다. 또한 비동기 IMT-2000 서비스가 WCDMA라는 이름으로 영상전화가 자연스럽게 이루어진다는 점을 강조하면서 서비스를 시작하였다는 점에서 우리가 가지고 있는 이동전화 하나에서도 이동전화의 역사와 기술의 발전 방향을 엿볼 수 있는 셈이다.

이러한 이동전화서비스의 발전을 좀 더 체계적으로 이해하고 또 CDMA 디지털 이동통신의 디지털이란 용어를 이해하기 위해 제1절에서는 아날로그와 디지털의 정의, 아날로그와 디지털 통신의 차이, 디지털 통신의 장점, 디지털 통신의 데이터 전송 용량을 설명하고자 한다. 제2절에서는 일반적인 디지털 통신시스템에 적용된 기술을, 제3절에서는 디지털 기술의 하나인 CDMA를 적용한 CDMA 이동통신 시스템의 개념 · 원리 · 주요 기술을, 제4절에서는 유럽, 아프리카, 아시아 등 세계적으로 가장 많이 사용되고 있는 TDMA 방식의 디지털 이동통신 시스템인 GSM 방식을 설명한다.

5.1 개요

5.1.1 디지털이란 무엇인가?

우리는 일상생활에서 아날로그나 디지털이란 말을 수없이 들어왔다. 요즈음에는 통신뿐만 아니라 가전제품에서도 디지털 TV를 포함하여 디지털 바람이 불고 있어서 아날로그 제품이 점차 사라져 가는 추세이다. 그렇다면 'CDMA 디지털 이동통신 시스템'이라는 용어에서도 사용되는 디지털이란 무엇일까? 우선 사전적 의미로 아날로그와 디지털은 다음과 같다.

- 아날로그 : 어떤 양을 표시할 때 틈이 없이 연속적인 값으로 나타내는 것. (무한한 경우의 수)
- 디지털 : 어떤 양을 표시할 때 일정한 크기의 비연속적인 값으로 나타내는 것. (유한한 경우의 수)

수영장에 있는 저울에서 몸무게를 잴 때 저울이 두 가지 종류인 것을 볼 수 있다. 하나는 바늘이 있는 저울이고, 다른 하나는 디지털 숫자로 표시되는 저울이다. 예를 들어 몸무게가

55 kg와 56 kg 사이라면 바늘로 표시되는 저울로 55.5 kg, 55.55 kg, 55.555 kg 등 알 수 없는 값들이 수없이 존재할 수 있음을 알 수 있다. 하지만 디지털 저울은 55.1, 55.2, …55.9 kg 등 9가지 밖에 표시하지 않으며, 평균적인 대표값을 찾게 된다. 이러한 차이점을 그림으로 나타내면 다음과 같다.

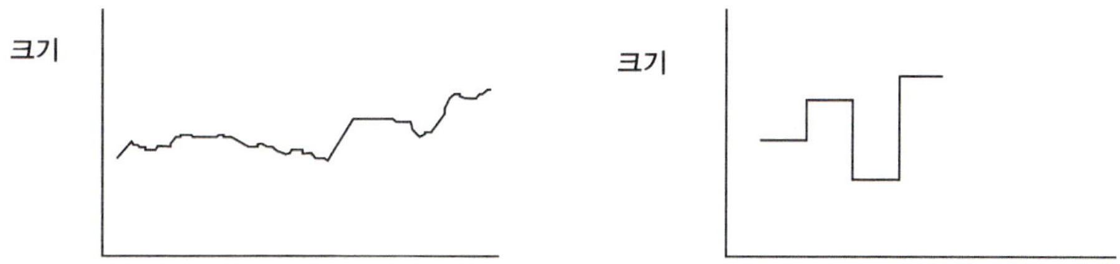

〈그림 5-1〉 아날로그와 디지털

아날로그와 디지털의 예를 더 들어보면 아날로그 시계와 디지털 시계, 음반 레코드와 콤팩트 디스크(Compact Disk), 아날로그 텔레비전과 디지털 텔레비전, 아날로그 이동전화와 디지털 이동전화 등이 있다.

5.2.2 디지털 통신의 정의

(1) 디지털화

이전에 아날로그 이동전화는 사람의 목소리를 그대로 마이크에 전달하고 마이크는 이 목소리를 전기 신호로 바꾸어 상대방에게 전달하였다. 하지만 디지털 이동통신은 아날로그로 된 음성을 쪼개어 디지털 신호로 변환한 후 신호를 송신한다. 이것을 디지털화 Digitalization라고 한다. 이렇게 하는 이유는 디지털 신호를 보내면 다른 사람의 목소리 등이 들어와 자기신호를 방해해도 원래의 자신의 신호를 찾을 수 있기 때문이다. 이러한 과정을 〈그림 5-2〉에 나타내었다. 디지털의 상섬은 뒤에서 다시 설명하기로 한다.

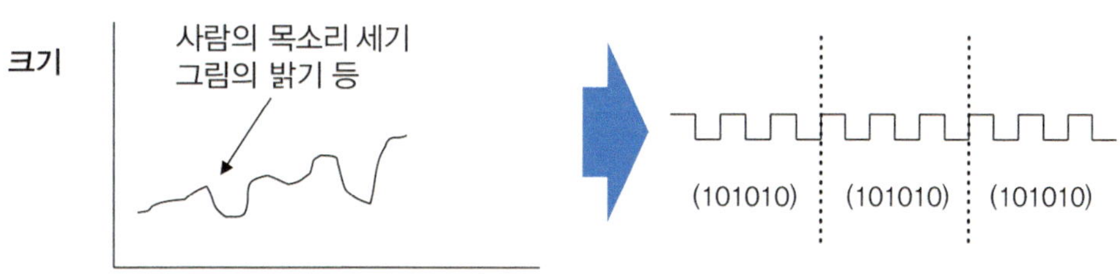

〈그림 5-2〉 아날로그 신호의 디지털화

(2) 아날로그 통신과 디지털 통신

앞 절에서 설명하였듯이 마이크에 전달된 음성신호가 전기신호로 바뀌면 디지털로 변환되지 않고 신호가 상대방에게 전달되는데, 만일 음성신호를 컴퓨터에서와 같은 마이크에 전달되면 음성신호는 0과 1의 디지털 신호로 바뀌어 보내진다. 이와 같이 소리의 변화를 그대로 전달하는 통신방식이 아날로그 통신방식이다. 반면 소리를 그대로 보내지 않고 아날로그 형태를 디지털 형태로 변환하여 통신하면 디지털 통신 방식이 되는데 이를 위해서는 아날로그 신호를 디지털 신호로 변환해 주며 시간을 맞추고 다시 디지털 신호를 아날로그 신호로 바꾸어 주는 복잡한 기능이 추가되어야 한다. 다시 말해 아날로그 통신은 아날로그 신호의 크기를 그대로 가지고 상대방과 통신하는 방식이고, 디지털 통신은 아날로그 신호를 디지털화한 신호 또는 원래부터 디지털인 신호를 가지고 상대방과 통신하는 방식이다.

5.1.3 디지털 통신의 장점

아날로그 신호를 디지털 신호로 바꾸어 주는 기술(PCM)은 이미 제2차 세계대전 기간에 개발되었지만 아날로그를 디지털로 빠르게 처리하는 데 드는 비용이 너무 비싸서 1960년대에 이르러서야 디지털 통신 기술이 도입되기 시작했다. 반도체 기술의 급속한 발전과 함께 디지털 통신기술 도입도 빠르게 이루어졌는데 이것은 디지털 소자의 비용이 낮아졌기 때문이며, 아울러 보내는 정보량 대비 비용이 아날로그와 비교하여 급격히 낮아졌기 때문이다. 디지털 통신기술의 도입이 빠르게 도입된 이유는 무엇일까? 디지털 통신이 빠르게 도입되는 장점은 다음과 같다.

1) 디지털 통신은 외부 신호의 방해에 대한 저항력이 크다.

통신할 때 자신의 신호는 잡음과 다른 사람의 신호에 의해 방해를 받는다. 아날로그 시스템은 자신의 신호와 다른 방해신호가 동일한 주파수로 섞이면 구분할 수 없다. 하지만 디지털은 0과 1만이 존재하므로 자신의 신호가 다른 신호와 섞여서 0.8 또는 1.2가 된다 하더라도 1로 인식함으로써 외부 방해신호를 제거할 수 있을 뿐만 아니라 다시 신호를 정확히 1로 재생할 수 있다. 설사 정보의 일부를 잃는다 하더라도 일정한 규칙을 가지고 잃어버린 데이터를 찾아낼 수도 있다. 즉 신호의 에러를 정정할 수 있는 능력이 있다.

2) 디지털 통신은 신호를 통신 채널 조건에 맞추는 지능적인 성격을 갖는다.

통신채널, 특히 전파를 이용하는 공간은 전파 신호를 전달하면서 시간적으로 크기, 주파수, 파장을 변화시킨다. 디지털 통신은 이러한 문제를 해결하기 위해 채널의 특성을 분석하여 왜곡을 일으키는 양을 미리 제거함으로써 채널을 안정적으로 만든다. 이것은 채널의 특성을 대단히 빠른 속도로 분석할 수 있는 컴퓨터의 역할이 크다. 이렇게 채널을 안정화시키는 동작을 등화 Equalization라고 한다. 비슷한 개념으로 국제전화를 할 때 내가 보낸 신호가 다시 반사되어 들리는 경험을 한 적이 있을 것이다. 이러한 메아리를 제거하기 위해 오는 신호를 미리 예측하여 반대 신호를 합침으로써 메아리 신호를 제거한다. 또한 여러 비트 가운데 몇 비트의 에러가 발생했는지 기준을 두고 감시하고 결과에 대해 채널 유지 여부를 결정할 수 있다.

3) 디지털 통신은 소프트웨어에 의해 제어되는 유연성을 갖는다.

아날로그 시스템이 새로운 서비스 변경을 하려면 하드웨어를 모두 바꾸어야 했는데 디지털 통신은 소프트웨어로서 전화번호 변경, 시스템의 버전 업그레이드 등을 프로세서와 메모리를 통해 해결한다.

4) 디지털 통신은 어떤 형태의 신호도 전송할 수 있는 창조성을 갖는다.

디지털 통신은 0과 1만을 신호로 보낸다. 따라서 음성, 데이터, 영상 등 모든 신호를 함께 보내고 받을 때만 잘 분리하면 되지만 아날로그는 송수신 시스템이 달라 불가능하다. 즉, 디지털 통신은 한 개의 통신망으로 다양한 서비스를 제공할 수 있다.

5) 디지털 통신은 비용 및 전송매체 이용의 효율성이 뛰어나다.

디지털 이동통신은 아날로그 이동통신보다 10배 이상의 채널을 사용하고 있다. 즉, 10배의 주파수 자원 효율성을 갖는다. 또한 디지털 통신 기술은 아날로그 통신보다 수천 배 많은 데이터를 보낼 수 있게 되면서 구리 사용량을 대폭 줄이게 되었다.

6) 디지털 통신의 보안성

디지털 통신은 신호를 전송할 때 임의의 데이터를 추가 또는 변경하였다가 수신할 때 다시 복원하는 것을 쉽게 구현할 수 있다. 즉, 남에게 들키고 싶지 않은 데이터 전송이 용이하다.

5.1.4 디지털 통신의 데이터 전송 용량

미국의 수학자 클로드 섀넌Claude Shannon은 1940년대 후반 디지털 데이터의 전송 용량이 보내고자 하는 채널의 주파수 대역폭과 신호전력 및 잡음전력에 의해 제한된다는 것을 증명하고 (식 5-1)과 같은 섀넌의 채널 용량 공식(Shannon's Channel Capacity Theorem)을 발표하였다.

$$C = B\ \log_2(1+\frac{S}{N}) \qquad \text{(식 5–1)}$$

여기서 C는 채널의 데이터 전송 용량, B는 채널의 주파수 대역폭, S는 신호 전력, N은 잡음전력을 나타낸다.

(식 5-1)에서 채널이 에러 없이 전송할 수 있는 디지털 데이터 전송 용량은 채널의 주파수 대역폭에 비례하고 신호전력 대 잡음전력비의 로그 값에 비례한다.

이동통신 시스템은 고속 데이터 전송을 위해 30 kHz(아날로그 AMPS 방식) → 1.25 MHz(cdma2000) → 5 MHz(WCDMA) → 10 MHz(WiBro) → 20 MHz(LTE) → 100 MHz(LTE-Advanced) 등으로 채널 주파수 대역폭을 증가시켰다. 데이터 전송 능력을 높이기 위해 신호전력을 높여 채널 용량을 증가시킬 수 있지만 일정한 크기 이상으로 증가하면 로그 값에 의해 더 이상 증가하지 않는다. 따라서 데이터 전송능력을 높이기 위해서는 궁극적으로 채널의 주파수 대역폭을 높여야 한다. 4세대 이동통신, 5세대 이동통신서비스는 데이터 전송 능력을 높이기 위해 채널 대역폭을 증가시키고 있다.

일반적으로 주파수 대역폭을 증가하면 채널 용량이 늘어나지만 디지털 통신에서 디지털 비트 전력(Eb)과 단위 잡음전력(No) 비율이 0.693(-1.59 dB) 이하이면(Eb/No = 0.693 또는 -1.59 dB) 에러가 발생할 수밖에 없는데 이것을 **섀넌의 한계** Shannon's limit라고 한다. 즉 Eb/No 가 0.893 이하이면 매우 우수한 채널코딩을 사용하여도 에러가 발생함을 의미한다.

이동통신시스템은 주어진 주파수 대역폭에서 섀넌의 채널 용량에 달성하기 위해 효율적인 디지털 통신 기술을 도입하면서 지속적으로 발전하고 있다.

5.2 디지털 통신 시스템

5.2.1 기본 개념

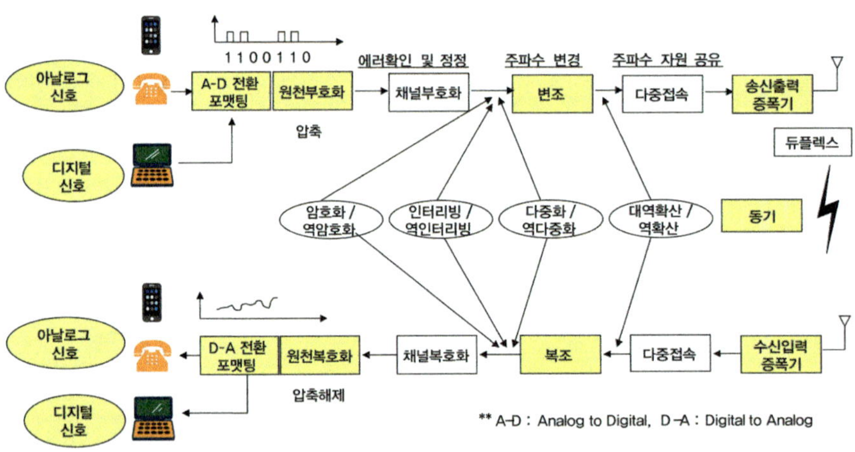

〈그림 5-3〉 일반적인 디지털 이동통신 시스템

〈그림 5-3〉은 일반적인 디지털 이동통신 시스템을 나타내고 있다. 디지털 이동통신 시스템에서 필수적인 기술은 보내고자 하는 신호가 아날로그인 경우 디지털화하는 기술, 많은 주파수를 이용할 수 있는 높은 주파수로 디지털 신호들을 변조하는 기술, 변조된 신호를 멀리 보낼 수 있도록 증폭하여 송신하는 기술 등이다. 반대로 미약한 신호를 수신하여 증폭하고 수신된 높은 주파수를 낮은 주파수로 변경한 후 원래의 아날로그로 변환하면 상대방이 보낸 신호를 알 수 있게 되는 것이다.

이것만으로도 통신이 가능하지만 방해신호에 대한 저항력을 높이기 위해 채널부호화, 인터리빙, 암호화 등의 디지털 통신 기술을 추가하고 또한 여러 사람이 주파수를 효율적으로 사용하기 위해 음성 부호화, 다중접속 방식 등의 디지털 통신 기술을 이용한다. 이 장에서는 디지털 이동통신의 핵심기술들인 원천 부호화, 채널 부호화, 인터리빙, 변복조 그리고 다중접속/다중화 방식, 대역확산, 듀플렉스 등에 대해 설명한다.

5.2.2 A-D 변환(Analog to Digital 변환)

일반적으로 아날로그 신호의 디지털 신호 생성은 표본화, 양자화, 부호화 3단계 과정을 이용하여 이루어진다. 3단계 과정을 요약하면 다음과 같다.

표본화는 아날로그 신호(소리의 세기 또는 빛의 세기)의 모든 시간에 정보를 보내는 대신 일부 시간의 표본값(sample)만 보낸다. 예를 들어 0 ~ 0.01초의 아날로그 신호 변화를 대표하여 0.005초의 한 개의 값만을 선택한다. 따라서 0 ~ 1초 동안의 수많은 아날로그 신호 가운데 100개의 신호만을 선택한다. 양자화는 선택된 표본 값의 세기가 수많은 값을 갖게 되는데, 세기의 종류를 16개, 32개, 64개 등으로 레벨을 나누어 그 중 하나를 선택하게 한다. 예를 들어 0~256 mW의 세기는 256개로 구분하면 0 ~ 1 mW는 0.5 mW의 대표 값을 가진다. 이때 16.2 mW는 16.5 mW로 나타내는데 이때 0.3 mW는 양자화하면서 나타나는 오차가 되며 실제 신호와의 차이를 양자화 잡음이라고 한다. 부호화는 양자화 레벨 가운데 하나로 선택된 표본 값을 이진수로 표현한다. 예를 들어 256 레벨로 구분한 표본의 크기는 8비트(0 0 0 0 0 0 0 0 ~ 1 1 1 1 1 1 1 1)로 나타낼 수 있고 16.5 mW는 2진수로 0 0 0 0 1 1 1 1과 같이 나타낼 수 있다. 이와 같이 아날로그 신호를 디지털로 변환하는 과정을 그림으로 나타내면 다음과 같다.

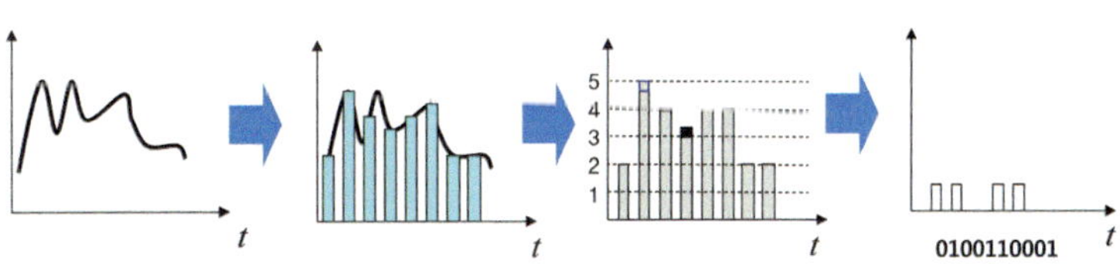

표본화 (Sampling)	양자화 (Quantization)	부호화 (Coding)
연속적인 아날로그 신호를 이산적인 신호로 만드는 과정	아날로그 신호의 세기를 디지털 신호의 세기로 만드는 과정	디지털 신호의 세기를 디지털 부호로 만드는 과정
시간당 몇 개의 샘플을 가져야 원래의 모양을 유지할까?	신호 세기를 몇 개의 레벨로 나누어야 원래의 모양을 유지할까?	디지털 신호의 세기를 몇 비트의 디지털 부호로 나타낼까?
· 사람의 목소리? → 1초당 8000번 · 음악 연주곡? → 1초당 44,100번	· 사람의 목소리? → 1개의 샘플당 256 레벨중 1개 · 음악 연주곡? → 1개의 샘플당 65,536 레벨중 1개	· (목소리) 1개의 샘플을 8비트로 표현 → 8000 x 8 = 64 kbps (연주곡) 1개의 샘플을 16비트로 표현 → 44,100 x 16 = 705.6 kbps

〈그림 5-4〉 A-D 변환 과정

이때 원래의 아날로그 모양과 유사하도록 단위 시간당 표본 수를 결정하여야 하는데, 나이키스트(Nyquist)는 일반적으로 원래의 정보가 가지고 있는 주파수 대역폭의 2배 이상 표본화를 하면 표본화된 디지털 신호가 원래의 정보를 복원할 수 있다는 것을 증명하였다. 이때 원래의 신호를 복원하기 위한 최소 표본수인 주파수 대역폭의 2배를 **나이키스트율** Nyquist rate이라고 하며 (식 5-2)와 같이 나타낸다.

$$N_s = 2 \times f_m \qquad \text{(식 5–2)}$$

여기서 Ns는 표본 수, fm은 원래의 아날로그 정보가 가지고 있는 주파수 대역폭이다.

예를 들어 사람이 들을 수 있는 소리는 약 22,050 Hz로 이루어져 있는데 음악 연주곡을 디지털 신호로 만들기 위해 22,050 Hz의 2배인 초당 44,100번을 표본화하고 각각의 표본 크기를 65,536단계의 크기로 나누면 각각을 16 비트로 표현할 수 있다. 그러면 1초당 705.6 kbps 데이터로 이루어진 디지털 신호로 바꿀 수 있다. 따라서 역으로 1초당 705.6 kbps 데이터를 받을 수 있으면 음악을 들을 수 있다.

5.2.3 원천 부호화

(1) 기본 개념

원천 부호화 Source Coding는 원래의 아날로그가 디지털화 신호 또는 디지털 신호를 압축하여 주파수 이용 효율을 높일 수 있다. 아날로그 및 디지털 신호를 가능한 작은 디지털 비트수로 부호화(Coding)하고 다시 원래의 아날로그 및 디지털 신호로 복호화(Decoding)하는 기능을 코덱(CODEC)이라고 한다. 코덱은 부호화기(Coder)와 복호화기(Decoder)의 합성어이다. 원천 부호화는 압축 기술 방식에 따라 차등부호화, 블록부호화, 엔트로피 부호화 등이 있다. 또한 아날로그 신호 형태에 따라 음성, 정지 영상, 동영상 부호화 등이 있다. 음성 부호화의 경우 ITU-T G.711(64 kbps-PCM : Pulse Code Modulation), ITU-T G.721(32 kbps – Adaptive Differential PCM), AMR(Adpative Multi Rate), 코덱(WCDMA, LTE 등) 등이 있고, 정지 영상 부호화의 경우 JPEG(Joint Photographic coding Expert Group)가 있으며, 동영상인 경우에는 MPEG-4(Motion Picture Expert Group-4), ITU-T H.263, ITU-T H.261 등이 있다.

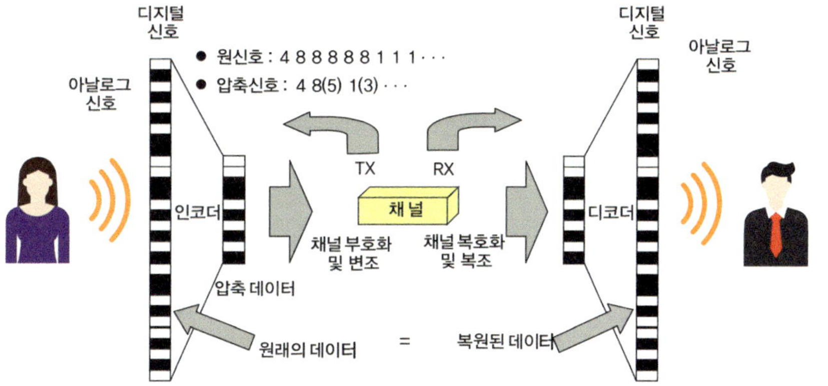

〈그림 5-5〉 원천 부호화 개념

코덱 가운데 음성의 신호를 부호화/복호화하는 것을 음성 코덱이라고 하며 줄여서 보코더(Vocoder : Voice Coder)라고 한다. 〈그림 5-6〉과 같이 원래 사람의 목소리를 가능한 적은 비트로 줄이되 수신할 때 원래의 목소리로 복원할 수 있도록 일정한 규칙에 의해 압축한다. 음성 부호화 기술은 파형 부호화, 음원부호화, 복합부호화 방식이 있다.

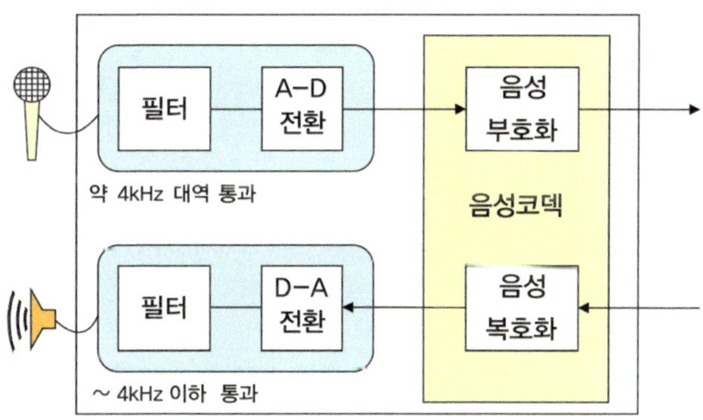

〈그림 5-6〉 음성 부호화 개념

(2) 음성 부호화

가. 파형 부호화

파형 부호화는 아날로그 신호인 음성의 원음을 A-D 변환의 3단계(표본화, 양자화, 부호화)를 적용하여 디지털 신호를 생성하는 방식으로 사람의 목소리뿐만 아니라 일반적인 모든 소리를 표현할 수 있다.

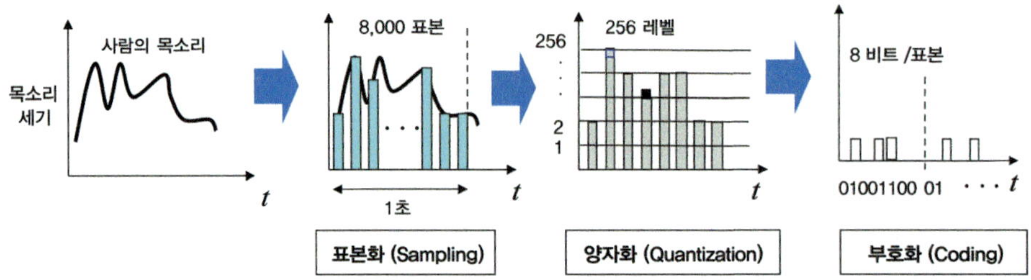

〈그림 5-7〉 음성의 파형 부호화

〈그림 5-7〉은 목소리의 세기를 디지털로 변환하는 과정으로 목소리의 주파수 성분 가운데 약 4000 Hz를 필터링하여, 4000 Hz의 2배인 초당 8,000번의 나이키스트율로 표본화하고(표본화), 각각의 표본을 256단계의 크기 가운데 1개로 나타내고(양자화), 각 256레벨의 크기를 8 bit의 이진수로 나타낸다(부호화). 아날로그 목소리는 1초당 64,000개의 2진 비트로 나타낼 수 있다. 따라서 1초당 64 kbits로 송신하면 아날로그 신호를 디지털 신호로 바꾸어 송신할 수 있다. 따라서 1초당 64 kbits(64 kbits per second)로 데이터를 보내고 받을 수 있으면 사람의 아날로그 목소리를 디지털 신호로 주고받고 다시 원래의 아날로그 목소리를 복원할 수 있다.

나. 음원 부호화

음원 부호화는 음성 자체의 특성을 분석하여 고유 파라미터로 모델링하여 전송하는 방식이다. 즉, 사람의 목소리는 특정 주파수 대역에 목소리가 모여 있고 또한 말하는 중에 쉬는 경우도 있어 파형 부호화와 같이 많은 비트를 보내지 않아도 사람의 목소리를 복원할 수 있다. 음원 부호화의 전송률은 매우 낮아 약 2 kbps의 데이터 속도면 목소리를 복원할 수 있다(R = 40 sample/초/필터 x 16필터 x 3 bit/sample = 1,900 bps). 하지만 음질이 나빠 누구의 목소리인지 명확히 분별할 수 없다.

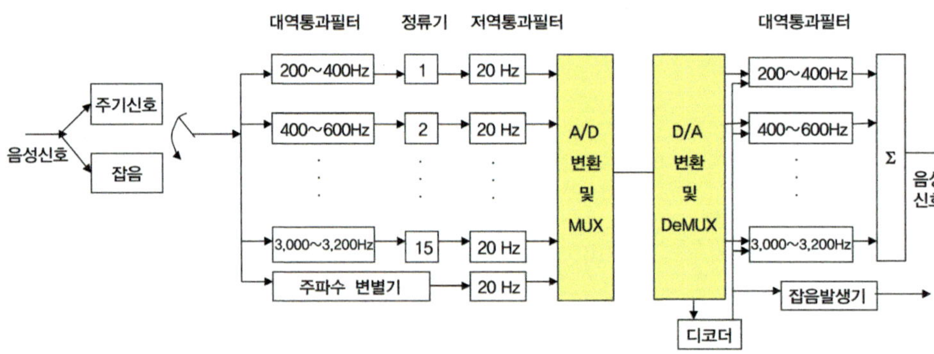

〈그림 5-8〉 음원 부호화

다. 복합 부호화

복합 부호화 방식은 파형 부호화 방식과 음원 부호화 방식을 혼합한 방식으로, 음원 부호화 방식을 기본으로 하여 실제 음원과 합성된 신호의 차이를 파형 부호화 방식으로 보완한 것이다. 이와 같은 방식은 가능한 음성의 품질을 유지하면서 가능한 적은 디지털 데이터를 보내기 위한 것이다. 일반적으로 복합부호화 방식은 완전한 음질을 보장하는 64 kbps와 음의 뜻만을 구분하는 2 kbps 전송속도 사이에서 결정되는데 약 7 ~ 13 kbps 전송속도를 제공하면 누구의 목소리인지 구분할 수 있다. 복합 부호화 방식의 종류는 다음과 같다.

1) CELP(Code Excited Linear Prediction) : 4.8 kbps
2) RPE-LTP(Residual Pulse Excited - Linear Predictive Coding) : 13 kbps, GSM Full rate 음성
3) VSELP : 6.5 kbps, GSM Half rate 음성
4) VCELP : 7.4 kbps, 미국 TDMA, 모토로라
5) QCELP : 8 kbps, cdma2000, 퀄컴
6) QCELP13 : 13 kbps, cdma2000, 퀄컴
7) EFR(Enhanced Full rate) : 12.2 kbps, GSM Enhanced Full rate
8) AMR(Adaptive Multi Rate) : 4.75 ~ 12.2 kbps, WCDMA, LTE, LTE-A, ACELP [Algebraic CELP] 알고리즘 이용

5.2.4 채널 부호화

(1) 기본 개념

채널 부호화의 개념은 정보 데이터에 추가적으로 에러 체크를 위한 비트(패리티 비트)를 삽입하여 에러를 찾고 정정하는 것이다. 〈그림 5-8〉과 같이 원천 부호화 방식에 의해 정보 데이터가 줄어들지만 채널 부호화에 의해 다시 늘어난다.

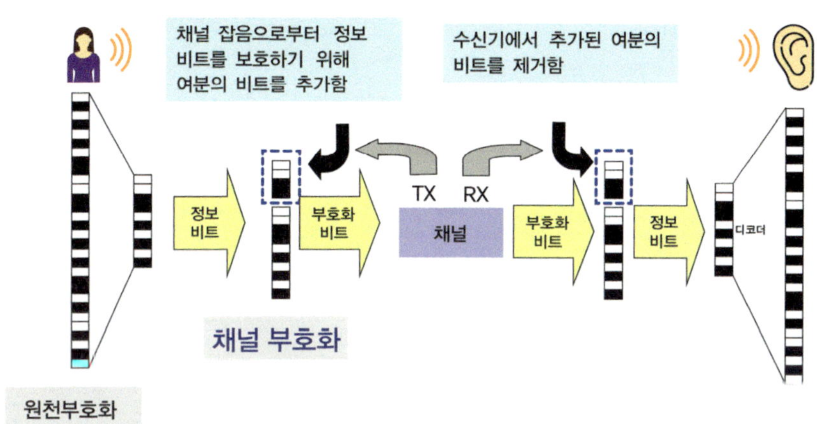

〈그림 5-9〉 채널 부호화

채널 부호화를 통해 에러를 찾는 과정은 〈그림 5-10〉과 같다.

송신측	정보 데이터(정보 코드)	1	0	0	1	1	
	전송 데이터(전송 코드) [채널 부호화된 데이터]	11111	00000	00000	11111	11111	
수신측	수신 채널 부호화된 데이터	11100	10001	00010	10011	11111	에러 7개 발생
	수신 정보 데이터	1	0	0	1	1	에러 정정

〈그림 5-10〉 채널 부호화의 에러 정정 예

즉, 정보 데이터 1 비트가 1이면 1을 다섯 번 반복하여 전송한다. 이때 수신된 데이터 가운데 페이딩 등에 의해 일부 데이터가 깨져 1개 또는 2개가 송신측에서 전송한 정보 데이터와 달라 에러를 확인한다. 한편 변화된 비트보다 변하지 않은 비트가 많으므로 송신측의 정보 데이터를 추정해내어 에러를 정정할 수 있다.

여기서 중요한 개념인 코딩 레이트(코딩율)(R)를 정의하면 (식 5-3)과 같다.

$$R = \frac{k}{n} \qquad \text{(식 5–3)}$$

여기서 k는 정보 데이터의 비트수, n은 전송데이터의 비트수로서 정보 데이터 비트와 패러티 비트(에러체크를 위한 비트수)를 합한 비트 수이다. 디지털 이동통신은 초기 IMT-2000까지는 1/2 또는 1/3 정도의 코딩율을 이용하였는데 전파환경이 우수하면 고속데이터 통신이 가능하도록 5/6 등의 높은 코딩율을 사용하게 되었다.

(2) 블록 부호화

데이터를 일정한 길이로 잘라 블록을 만들고 블록마다 에러 체크 비트(패러티 비트)를 추가하여 송신하고 수신측에서 에러 체크 비트를 확인하여 에러를 정정하는 방식을 블록 부호화(Block Coding)라고 한다.

송신측	정보 데이터	00	01	10	11
	전송 데이터 [채널 부호화 데이터]	00 (000)	01 (101)	10 (110)	11 (011)
수신측	전송 데이터 수신 (에러 확인)	111110l 수신될 경우 이 숫자는 에러임			
	정보 데이터 결정 (에러 정정)	부호화된 신호와 비교하여 110110l 가장 가까운 수임을 확인 따라서 110l 정보 데이터임			

〈그림 5-11〉 블록 방식 채널 부호화

블록 부호화 방식은 첫째, 에러를 체크하기 위해 원래 신호에 패리티 체크 비트를 추가할 때 각 신호 사이에 가능한 서로 비트의 위치가 다르도록 추가한다(적어도 3개 이상). 둘째, 1개의 에러가 발생할 경우 가장 유사한 신호를 원래의 데이터로 인식한다. 버스트 에러 형태의 에러를 정정하는 능력이 뛰어나다.

(3) 콘볼류션 부호화

현재의 비트 정보를 앞에 있는 여러 비트와 관계식을 갖도록 하여 새로운 비트를 생성함으로써 에러가 발생할 경우 이전 비트를 이용하여 에러 검출 및 수정하는 방법을 콘볼류션 부호화(길쌈부호화) Convolutional Coding이라고 한다.

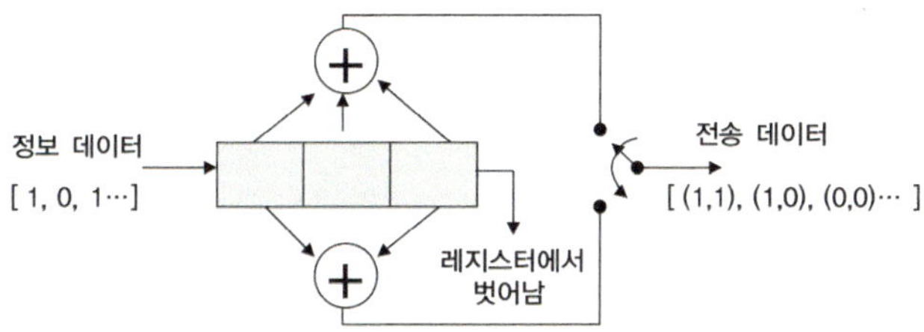

〈그림 5-12〉 콘볼류션 방식 채널 부호화

〈그림 5-12〉에서 최초 1이 입력되면 논리식에 의해 위의 출력은 1+0+0 = 1이 되고 아래의 출력도 1+0 = 1 이 되어 1 입력에 대한 값은 (1, 1)이 출력된다. 다음 0이 입력되면 같은 방법으로 위는 0+1+0 = 1, 아래는 0+0 = 0이 되어 (1, 0)로 출력되고, 다음 1이 입력되면 같은 방법으로 위는 1+0+1 = 0, 아래는 1+1 = 0이 되어 (0, 0)로 출력되어 1, 0, 1은 1, 1, 1, 0, 0, 0이 된다. 즉, 입력된 정보 1비트(k)는 전송코드 2 비트(n)를 만들어 내지만 3개의 레지스터 수(K)가 출력 값에 영향을 미친다. 이와 같이 새로 입력된 정보가 과거에 입력된 정보를 저장하는 메모리 수에 의해 영향을 받는 부호화 방식이 콘볼류션 부호화이다. 콘볼류션 부호화는 산발적인 에러를 정정하는 능력이 뛰어나다. 하지만 레지스터 수가 커지면 디코딩이 복잡해져 제한된 수의 레지스터를 사용한다.

5.2.5 인터리빙

(1) 개요

일반적으로 이동통신 채널 환경은 페이딩이 발생하면 연속된 여러 개의 데이터를 동시에 잃게 되는 집중에러(Burst Error)가 발생한다. 이와 같은 경우 채널 코딩에 의해 에러를 찾고 교정하기가 어려워진다. 이때 산발적으로 에러가 발생하는 임의 에러(Random Error) 형태로 에러 발생을 분산시켜 에러 정정 능력을 효율적으로 유지시켜 주기 위해 데이터의 송신 순서를 바꾸어 주는데, 이러한 디지털 기술을 인터리빙 Interleaving이라고 한다. 인터리빙을 적용하게 되면 연속된 에러가 발생하지 않고 산발적으로 일어나 에러를 찾고 교정하기가 쉽다. 〈그림 5-13〉은 인터리빙을 적용하는 경우와 적용하지 않는 경우 발생하는 에러의 형태를 비교한 것이다.

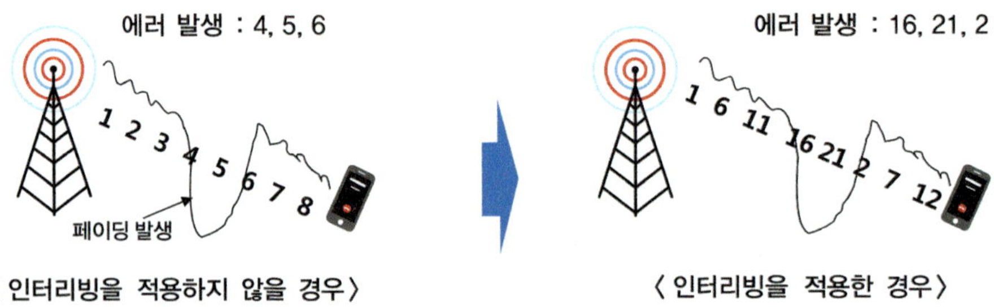

〈그림 5-13〉 인터리빙 적용 전후의 에러 형태

(2) 블록 인터리빙

일정한 데이터 블록을 만들고 데이터를 세로 방향으로 저장한 후(1, 2, 3, 4, …) 송신하는 경우에 가로 방향으로 출력한다(1, 6, 11, 16, …). 수신할 때에도 세로 방향으로 저장한 다음 (1, 6, 11, 16, …) 저장한 후 가로 방향으로 출력하면 원래의 값(1, 2, 3, 4, …)을 찾을 수 있다.

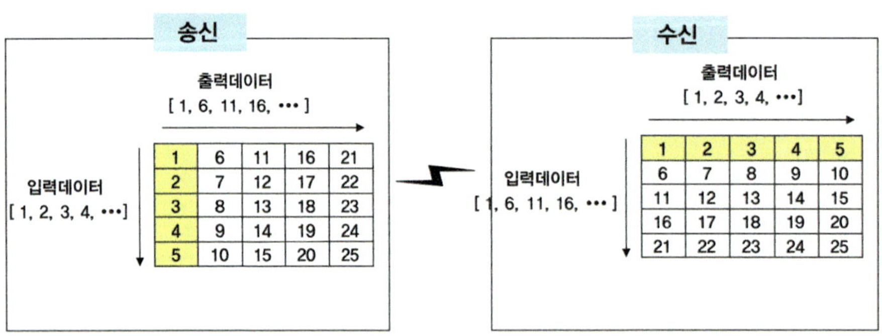

〈그림 5-14〉 블록 인터리빙

(3) 콘볼류션 인터리빙

길이가 다른 레지스터를 이용하여 입력 데이터의 위치에 따라 레지스터 수에 따라 일정 시간이 지난 후 송신하면 순서가 바뀌어 전송되고, 데이터 수신 시 레지스터의 순서를 반대로 하면 원래의 입력 데이터 순서대로 복원된다.

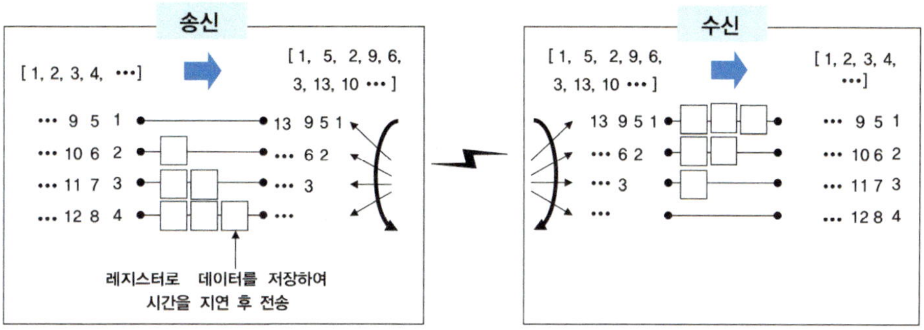

〈그림 5-15〉 콘볼류션 인터리빙

5.2.6 변조와 복조

(1) 기본 개념

일생생활에서 우리는 흔히 모뎀이라는 말을 많이 들었다. 이전에는 천리안 등 데이터 통신을 이용할 때 56 kbps 모뎀, 최근에는 인터넷이 발전하면서 ADSL 모뎀, VDSL 모뎀, 광모뎀 등의 용어를 많이 들었다. 도대체 모뎀이란 무엇인가?

앞서 제2장에서 낮은 주파수보다 높은 주파수가 보내기도 편리하고 더 많은 정보를 보낼 수도 있다는 사실을 배웠다. 이것은 높은 주파수를 이용하여야만 파장이 작아져 안테나 크기를 줄여 신호를 보낼 수 있으며 높은 주파수에서는 많은 주파수를 이용할 수 있어 많은 정보를 보낼 수 있다. 우리가 알 수 있는 목소리(약 0 - 4000 kHz)를 높은 주파수(800 MHz, 2000 MHz)로 올려야만 안테나 크기를 줄이고 많은 가입자를 보낼 수 있기 때문이다. 즉 통신을 하기 위해서는 낮은 주파수 신호를 높은 주파수로 높여 안테나를 통해 보내고(변조 : Modulation) 다시 높은 주파수의 신호를 낮추어 사람이 들을 수 있는 주파수로 변경하여 신호를 받는다(복조 : Demodulation). 모뎀(MODEM)은 변조와 복조를 합친 용어이다.

디지털 모뎀은 우선 아날로그 신호를 디지털 신호로 바꾼 다음 변복조하는 것을 말한다. 디지털 정보를 통신망의 전송특성에 맞게 전송할 수 있도록 디지털 신호를 특정 주파수 대역의 아날로그 신호로 변화(변조)시키고 또 반대로 특정 주파수의 아날로그 신호를 디지털 신호로 변화(복조)시키는 것이다.

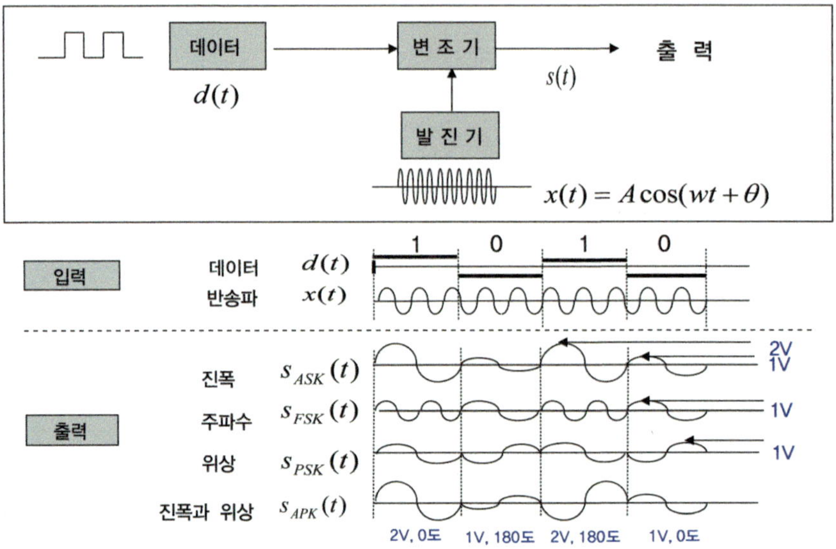

〈그림 5-16〉 디지털 변복조의 개념

〈그림 5-16〉을 살펴보면 위상을 PSK 방식이 전력과 주파수 측면에서 가장 효율적인 변조 방식임을 알 수 있다. ASK는 전력이 많이 소비되고 FSK는 주파수가 많이 필요함을 직관적으로 알 수 있다. 따라서 IMT-2000 초기까지만 해도 PSK 방식이 많이 이용되었다. 4세대 이동통신 이후에는 고속 데이터 전송을 위해 APK 방식인 QAM 방식이 추가로 이용되기 시작하였다.

(2) 변조와 복조의 종류

디지털 통신의 변조와 복조는 디지털 정보를 통신망의 전송특성에 맞게 전송할 수 있도록 디지털 신호를 특정 주파수 대역의 아날로그 신호의 진폭, 주파수, 위상을 디지털 신호의 크기로 변화로 변화시키고(변조), 디지털 신호의 크기로 이루어진 아날로그 신호의 진폭, 주파수, 위상의 크기를 디지털 신호로 변화(복조)시킨다.

〈그림 5-16〉에서와 같이 0과1의 디지털 정보를 파형으로 구분하는 방법은 다음 4가지가 있다.

- 진폭 변조(ASK : Amplitude Shift Keying)
  디지털 정보의 변화를 반송파의 세기로 구분하여 변조
- 주파수 변조(FSK : Frequency Shift Keying)
  디지털 정보의 변화를 반송파의 주파수로 구분하여 변조
- 위상 변조(PSK : Phase Shift Keying)
  디지털 정보의 변화를 반송파의 위상으로 구분하여 변조
- 진폭위상 변조(APK : Amplitude Phase shift Keying)
  디지털 정보의 변화를 반송파의 진폭 및 위상으로 구분하여 변조 변조는 디지털이동통신의 데이터 속도와 관계가 크다. 변조와 데이터 전송속도 간의 관계를 설명하기 전에 비트 레이트와 심볼 레이트를 정의할 필요가 있다. 각각의 정의는 다음과 같다.

- 비트 레이트(bit rate) : 초당 전송되는 비트 수. 단위는 bps(bits per second)
- 심볼 레이트(symbol rate) : 초당 전송되는 심볼 수. 단위는 sps(symbols per second). 보드율(baud rate)이라고도 함.
- 비트 레이트와 심볼 레이트의 관계

bps (bits per second) = 심볼당 비트 수 × 심볼레이트 (식 5-4)

〈그림 5-17〉은 2ASK와 4ASK로 변조할 때 비트 레이트와 심볼 레이트를 보여주고 있다. 변조율을 높이면 같은 시간에 적은 심볼을 가지고 더 동일한 정보 데이터를 송신할 수 있다. 즉 동일한 심볼 레이트로 전송하면 2배의 전송 속도를 높일 수 있음을 의미한다. 따라서 고속 데이터 전송을 위해서는 높은 변조율을 가지고 비트 레이트를 높여야 한다.

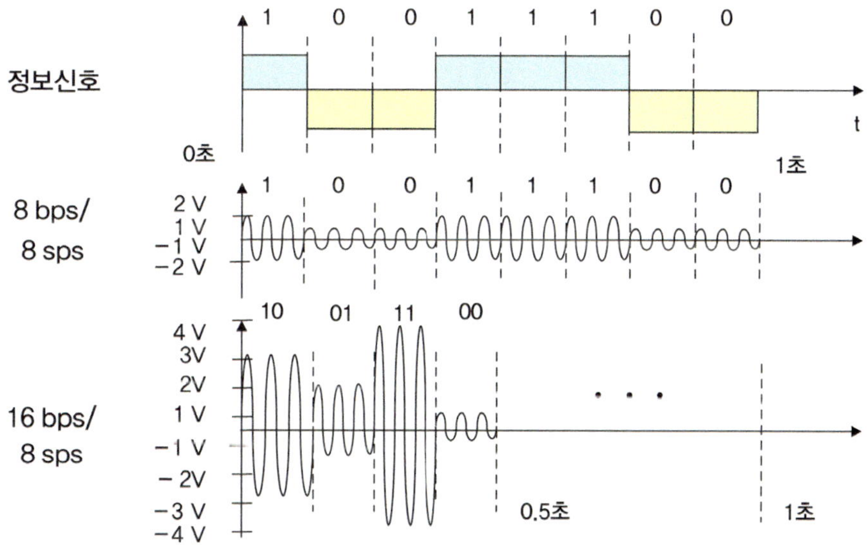

〈그림 5-17〉 변조와 데이터 전송속도와의 관계

〈표 5-1〉은 다양한 디지털 변복조 방식의 종류와 구현 방식, 그리고 적용하고 있는 이동통신 시스템 등을 요약한 것이다.

〈표 5-1〉 디지털 변복조 방식

구분	일반 특징	종류	구현 방식	비고
ASK	전력 효율 나쁨	On-off Keying	신호 파형의 유, 무로 동작	해양통신 등 장거리 통신 장비 간단
FSK	주파수 효율 나쁨	BFSK(2FSK)	2개의 주파수로 신호변조	아날로그 통신 제어채널
		MSK(CPFSK)	OQPSK 신호에 Sine파를 이용하여 위상이 연속적으로 이루어지도록 한 주파수 변조	BER은 높으나 고주파 성분이 없어 전력 효율 좋음
		GMSK	MSK 데이터 신호를 Gaussian Low Pass Filter를 통과시켜 대역폭을 제한(점유 대역폭 감소)	GSM
PSK	전력 및 주파수 효율 좋음	BPSK(2PSK)	2개의 위상을 서로 편이	WCDMA/cdma2000 역방향 데이터 변조
		QPSK	4개의 위상을 서로 편이 고주파 성분 발생으로 증폭기 효율이 좋지 않음	WCDMA/cdma2000 순방향링크 순방향 데이터, 확산 신호 변조
		OQPSK	90도 간격의 위상 편이 고주파 성분의 감소로 증폭기 효율 개선	WCDMA/cdma2000 역방향링크 확산 신호 변조
		DPSK	서로 이웃한 위상과 비교하여 위상 변경 (비동기 검파)	
		8 PSK	8개의 위상을 서로 편이	EV-DO, EDGE
APK	ASK와 PSK 장점 반영	16 QAM	진폭과 위상을 동시에 사용하여 고속 데이터 전송	EV-DO, HSPA
		64 QAM		WiMax, WiBro, WiBro-E, LTE, LTE-A
		256 QAM		5G NR

※ BSFK : Binary Frequency Shift Keying, MSK(CPFSK) : Minimum Shift Keying(Continuous Phase Frequency Shift Keying)
GMSK : Gaussian Minimum Shift Keying, OQPSK : Orthogonal Quadrature Phase Shift Keying
DPSK : Differential Phase Shift Keying, QAM : Quadrature Amplitude Modulation
WiBro(WiBro-E) : Wireless Broadband (-Evolution), LTE(LTE-A) : Long Term Evolution (-Advanced)

디지털 이동통신 시스템은 2세대 이동통신에서 주로 QPSK 이하의 PSK 방식을 이용하였으나 이동통신의 멀티미디어 서비스로 발전하면서 고속의 데이터 전송서비스를 위해 APK 방식이 본격적으로 도입되었는데, 16QAM 방식을 이용한 EV-DO(우리나라에서 June, Fimm이란 브랜드로 서비스됨), HSPA(우리나라에서 SHOW, T라는 브랜드로 서비스됨) 그리고 64QAM(우리나라에서 와이브로로 서비스됨) 등이 대표적이다.

5.2.7 다중접속 및 다중화

다중접속 Multiple Access은 이동통신 시스템에서 단말기들이 상호 간섭 없이 경쟁적으로 기지국에 접속하기 위한 기술이다. 반면 다중화 Multiplexing는 기지국에서 순서대로 여러 단말기로 정보를 전송하기 위한 기술이다. 최초의 셀룰러 이동통신 시스템에서는 각 사용자가 서로 다른 주파수를 이용하는 FDMA/FDM(Frequency Division Multiple Access/Frequency Division Multiplexing)라는 아날로그 방식이 이용되었다. 그러나 제한된 주파수 대역에서 아날로그 방식의 이동통신 시스템이 제공할 수 있는 수용 용량은 포화 상태에 이르렀으며, 다양한 서비스 요구에 부응하기 위해 디지털 다중접속/다중화 방식으로의 전환이 불가피하게 되었다. 디지털 다중접속/다중화 방식은 크게 TDMA/TDD(Time Division Multiple Access/Time Division Multiplexing) 방식과 CDMA/CDM(Code Division Multiple Access/Code Division Multiplexing) OFDMA/OFDM(Orthogonal Frequency Division Multiple Access/Orthogonal Frequency Division Multiplexing)으로 나눌 수 있다. 〈그림 5-18〉에 각 다중접속 방식을 도식화하였다.

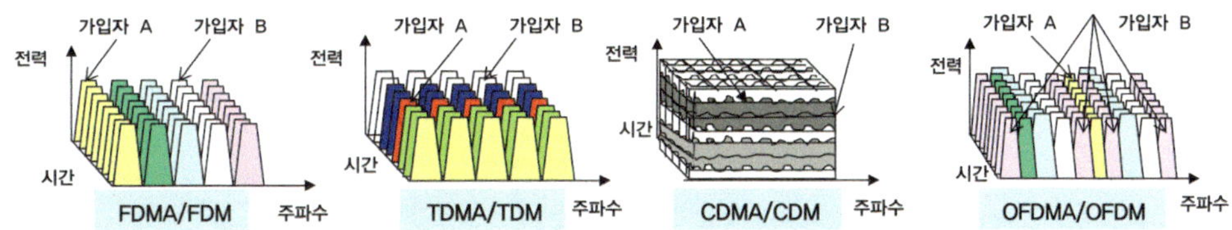

〈그림 5-18〉 다중접속/다중화 방식의 종류

CDMA에서 쓰는 대역확산 통신 방식은 전송대상 신호를 원하는 주파수 대역보다 더 넓게 하여 보내는 방식으로, 넓은 주파수 대역을 만들기 위하여 확산 코드가 사용된다. 〈그림 5-19〉에서 광대역의 주파수와 시간을 활용하되 실제 사용하는 부분은 코드에 의해 전체 주파수 및 시간 중 일부만을 활용하게 된다.

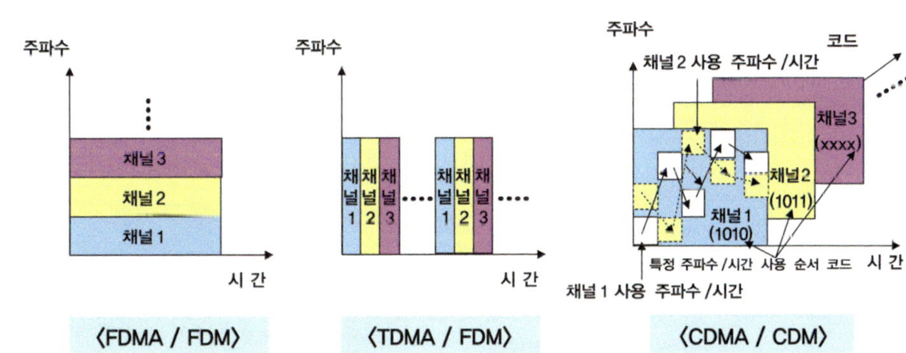

〈그림 5-19〉 코드의 개념

(1) FDMA/FDM

시간과 주파수 대역의 공간에서 시간은 고정시키고 주파수만을 분할하여 각각을 채널로 사용하는 방식이며 한 채널은 각각 전력이 집중되어 있는 비교적 좁은 대역으로, 서로 다른 사용자 신호는 각기 다른 채널을 할당받게 된다. 수신측에서는 대역 통과 필터를 거친 신호만을 통과시키므로 상호 간섭을 제한할 수 있으며 아날로그 방식의 이동통신에서 주로 사용되었던 방식이다. FDMA 방식에서 적정한 통화품질을 유지하기 위하여 신호 대 잡음비가 약 18 dB 이상 되어야 하기 때문에 주파수 재사용 계수 7을 가장 보편적으로 사용한다.

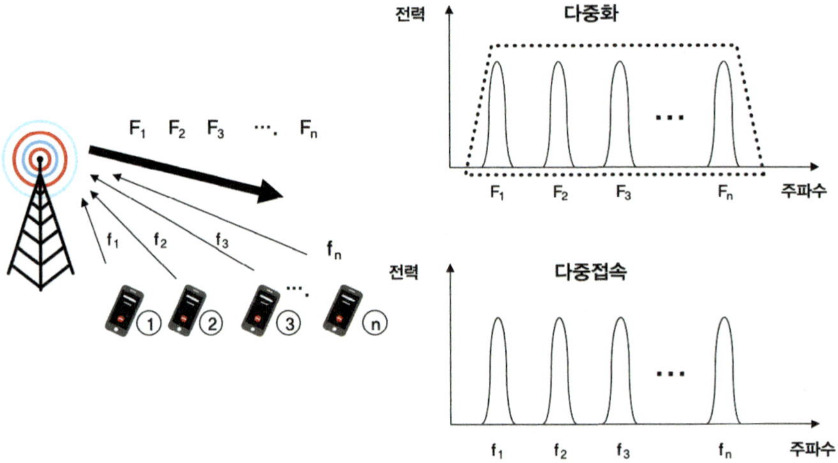

〈그림 5-20〉 FDMA/FDM 방식

(2) TDMA/TDM

TDMA 방식에서는 주파수를 고정시키고 시간만을 분할하여 각각의 채널로 사용하는 방식으로 하나의 프레임을 구성하는 한 주기에서의 일련의 시간 간격들 중 한 Slot이 하나의 채널에 대응되며 주어진 신호의 총 에너지가 한 시간의 슬롯 안에 집중된다. 인접 채널 간 간섭은 적합한 시간에 수신된 신호의 에너지만 통과시키는 Time Gate에 의해서 제한된다. TDMA 방식에서 요구되는 신호 대 잡음비는 약 7 ~ 8 dB이고, 이로 인하여 주파수 재사용 계수를 3 ~ 4까지 줄일 수 있어 가입자 수용용량이 약 2 ~ 3배 증가한다.

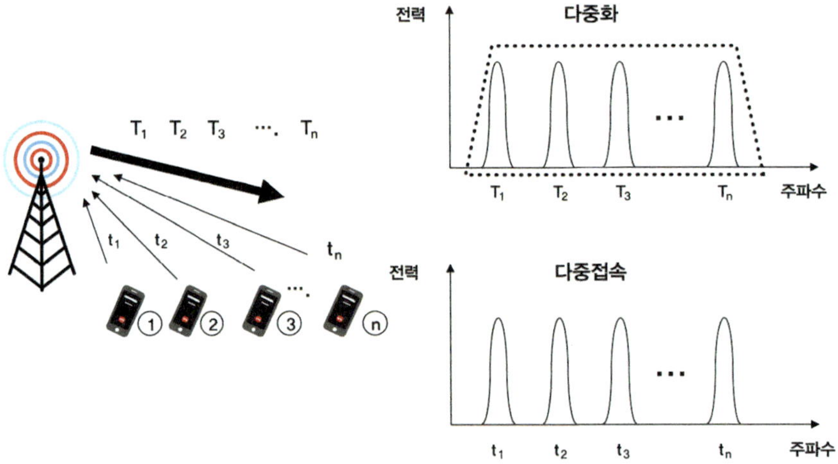

〈그림 5-21〉 TDMA/TDM 방식

(3) CDMA/CDM

기존의 아날로그 및 여타 디지털 시스템이 할당된 주파수를 협대역 채널로 나눈 후 채널당 하나 또는 복수의 통화가 이루어지도록 한 것과는 달리 CDMA는 광대역 주파수 확산기술을 바탕으로 셀룰러 주파수의 전 채널에 걸쳐 다수의 통화가 가능하도록 설계되었다.

CDMA 방식은 이를 위해 각각의 음성 및 데이터 호(Call)를 동일한 주파수 스펙트럼 내에서 동시에 전송되는 다수의 호와 구별시키기 위해 의사잡음 형태인 PN(Pseudo Noise)코드라고 불리는 고유한 코드를 부여한다. 이 경우 수신기가 올바른 코드 번호만 유지하고 있다면 모든 호 가운데서 원하는 호만을 선택, 접속함으로써 통화가 이루어지게 된다.

예를 들어 여러 나라 사람들로 북적거리는 매우 혼잡한 식당 또는 기타 장소에서도 다른 사람들의 대화에 구애받지 않고 자신들의 모국어로 대화할 수 있는 상황과 유사하다. 즉 아무리 많은 사람들이 서로 다른 언어로 대화를 한다 할지라도 같은 언어를 사용하는 사람들끼리는 서로의 의사를 충분히 확인할 수 있는 이치와 같다.

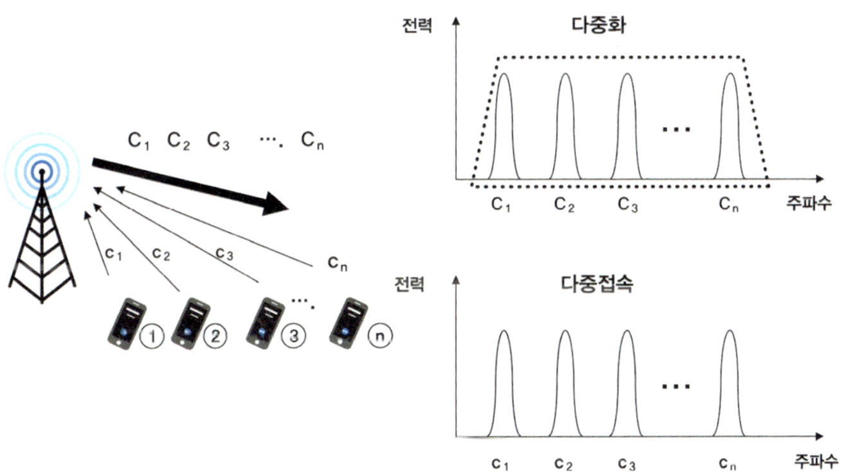

〈그림 5-22〉 CDMA/CDM 방식

(4) OFDMA/OFDM

기존의 다중화/다중접속 방식이 1명의 사용자에게 한 개의 반송파만을 할당하는 것과는 달리 OFDMA는 여러 개의 반송파를 한 사람에게 할당하여 줌으로써 고속의 데이터를 전송할 수 있도록 설계하였다. OFDM는 전체 주파수 대역을 직교하는 작은 주파수 대역으로 나누고 한 사용자가가 여러 개의 주파수를 사용하는 방식으로 3세대 개선 시스템인 LTE, Mobile WiMax(WiBro), 4세대 이동통신 시스템인 LTE-Advanced, WirelessMAN-Advanced 등에서 이용된다.

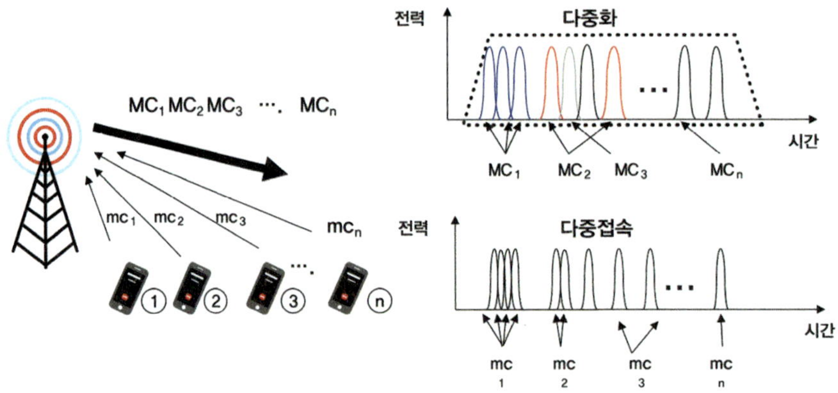

〈그림 5-23〉 OFDMA/OFDM

5.2.8 대역확산

대역확산 Spread Spectrum은 신호를 간섭으로부터 보호하기 위해 원래의 신호를 여러 주파수 대역으로 나누어 전송하는 것을 말한다. 즉, 디지털신호를 하나의 주파수로 확산하는 대신 3개의의 주파수로 보내면 각 주파수의 전력을 1/3로 줄일 수 있다. 이때 하나의 주파수가 간섭을 받아 수신이 어려워도 나머지 2개의 신호를 받아 원래의 신호를 복원할 수 있다.

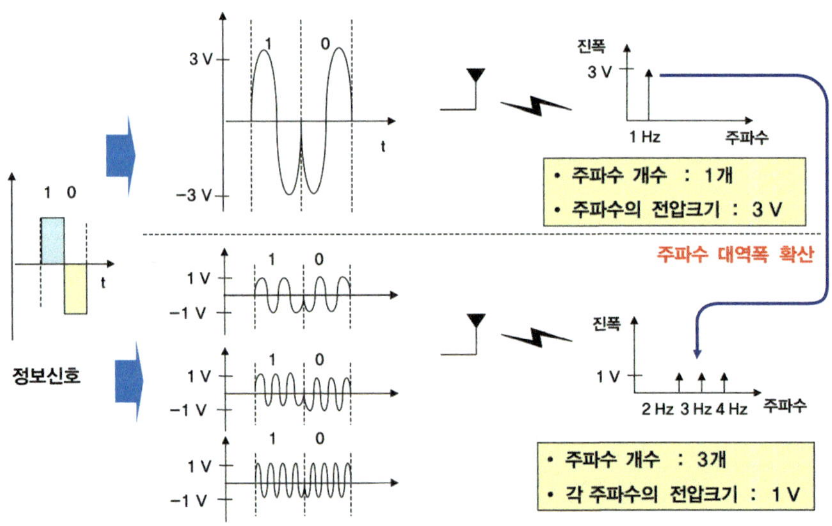

〈그림 5-24〉 대역확산의 개념

대역확산 방식에는 직접 대역확산 방식 Direct Sequence과 주파수 도약확산 방식 Frequency Hopping 방식이 있다.

직접 대역확산 방식의 개념은 〈그림 5-25〉와 같다. 그림은 대역확산(Spreading)된 신호로부터 원래의 신호를 복원하는 과정을 설명하고 있다. 이때 ② x ④ = 1이다. 따라서 이것은 처음부터 곱하지 않은 것과 같으므로 ①과 ⑤는 같은 신호이다.

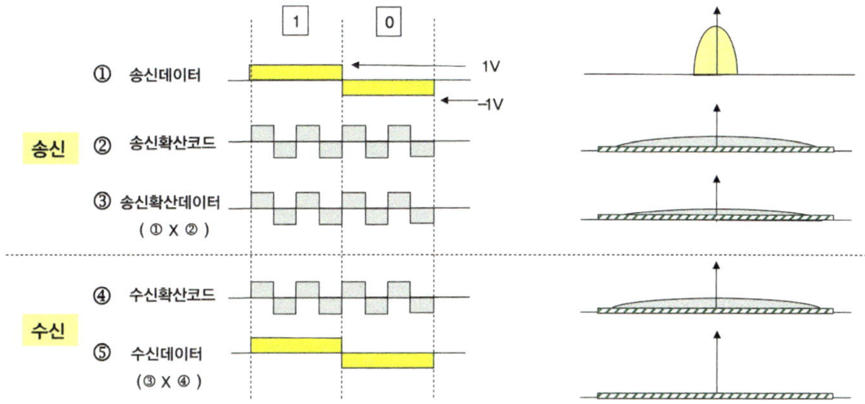

〈그림 5-25〉 직접 대역확산 방식

좀 더 자세히 설명하면 다음과 같다. 〈그림 5-25〉의 왼쪽 그림에서 CDMA의 대역확산을 이용한 통신기술을 나타내었다. 먼저 송신 데이터에 확산코드 '10110100101'을 곱해준다(수학적으로는 Exclusive OR). 이 확산신호를 전자파에 실어서 송신을 하고, 수신쪽에서 이 확산신호에 다시 송신쪽에서 사용한 동일한 확산 코드를 곱해주면, 원래 송신하고자 했던 데이터와 동일한 수신 데이터를 얻을 수 있다. 그러나 수신된 확산신호에 송신 데이터에 사용한 확산코드와 다른 확산코드 를 곱해 주면 수신 원래의 데이터를 복구할 수 없다. 또한 확산코드를 곱해주는 시간이 맞지 않으면 마치 다른 확산코드를 곱해주는 것과 같으므로, 확산코드가 시작하는 시간까지 맞아야 한다. 따라서 사전에 미리 확산코드와 시작 시간을 모르는 사람은 데이터를 복구할 수 없고, 확산코드 신호와 시작 시간을 알고 있는 사람만 데이터를 복구할 수 있기 때문에 자연히 높은 보안 특성을 가지게 된다. 이것을 대역폭 관점에서 보면 〈그림 5-25〉의 오른쪽 그림에서와 같이 원래의 송신 데이터의 대역폭이 확산코드에 의해서 확산신호의 대역폭만큼 넓어진 것으로 이해할 수 있다. 이 과정을 '확산'이라 한다. 이때 송신 데이터가 가지고 있는 에너지는 일정하므로 데이터에 해당하는 크기는 넓어진 대역폭만큼 반비례하여 작아진다. 만일 신호의 전송 도중에 확산신호에 강한 협대역 간섭 신호가 수신되었다고 하더라도 역확산 과정을 거치게 되면 원래 송신했던 신호는 역확산이 되지만, 간섭 신호는 여기에서 확산 과정이 일어나서 그 크기가 확산된 대역폭에 반비례하여 줄어들게 된다. 따라서 외부의 간섭에 매우 강한 특성을 가지게 된다. 또한 대역확산 방식은 페이딩에도 강한 특성을 보인다. 주파수 도약 대역 방식의 개념은 〈그림 5-26〉과 같다. 동일한 신호라도 주파수 도약 대역 확산 이전 신호의 주파수 대역폭은 f1이고 주파수 도약 이후 신호의 주파수 대역폭은 f1의 5배가 된다.

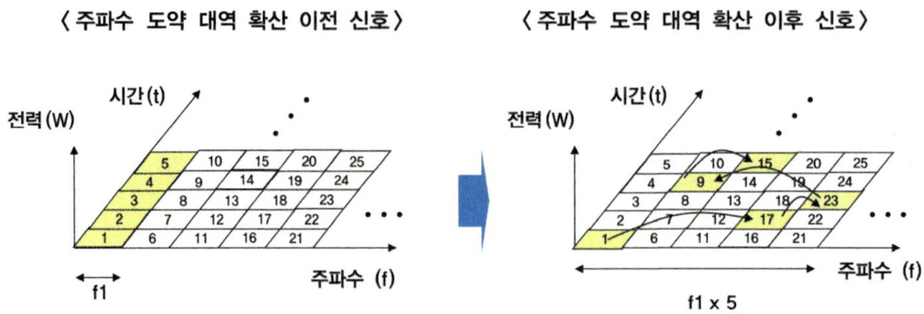

〈그림 5-26〉 주파수 도약 대역확산 방식

대역확산 기술의 특징을 요약하면 다음과 같다. ① 확산코드를 이용해서 대역확산을 하므로 보안 특성이 매우 우수하다. ② 주파수 대역이 넓어서 마치 주파수 다이버시티 효과를 얻을 수 있어서 페이딩에 강하다는 것으로 요약할 수 있다. 대역확산방식에서 확산된 신호의 주파수 대역폭은 수 MHz에 이른다. 그러나 이동통신 환경에서 많이 나타나는 다중경로에 의한 페이딩은 200kHz 내외의 좁은 대역에서 일어난다. 따라서 페이딩이 발생하더라도 신호의 크기가 전체적으로 줄지 않고 일부만 페이딩이 되어 주파수 다이버시티를 적용한 것처럼 페이딩에 강한 특징을 나타낸다. ③ 대역확산과 역확산 과정을 거치기 때문에 외부의 간섭에 매우 강하다. 이때 대역확산에 의해 다른 간섭을 억제할 수 있는 능력이 커지는데, 다른 간섭의 억제 능력은 (식 5-2)와 같다. 즉 확산 이득이 커지면 다른 간섭원의 신호의 세기는 확산이득(Processing Gain)에 반비례하여 작아진다.

$$G_p(\text{확산이득}) = 10\log_{10}(\text{확산 대역폭의 } data\,rate / \text{베이스 밴드 } data\,rate) \qquad (\text{식 5–5})$$

대역확산 기술의 핵심은 각각의 신호 사이에 상관성을 최소화하는 확산코드이다. 즉 동일한 코드끼리 곱하면 1이 되고 서로 다른 코드끼리 곱했을 때 0이 되도록 하는 코드로서 여러 신호가 섞여 있어도 다른 신호는 매우 낮은 전력을 갖는 잡음으로 처리할 수 있다. 이동통신에 응용되는 확산 코드로는 **왈시 코드** Walsh Code와 송수신 신호를 불규칙한 잡음처럼 보이도록 하는 의사 잡음 코드인 **PN 코드** Pseudo random Noise Code가 있다.

왈시 코드는 파형 채널 코딩 방식을 이용하여 데이터의 직교성을 높이면서 스크램블을 수행한다. 왈시 코드는 외부 간섭에 덜 영향을 받도록 하는 파형 채널코딩 방식을 이용한 직교코드(Orthogonal Code)로 하다마드 행렬(Hardamad Matrix)을 이용하여 만들어진다. 왈시 코드는 1923년 조세프 왈시[J.L.Walsh]가 하다마드 행렬을 이용한 코드로서 매우 높은 직교성(Orthogonality)을 가진다. 이를 통해 채널을 구분하게 되는데 코드를 만드는 원리는 다음과 같다.

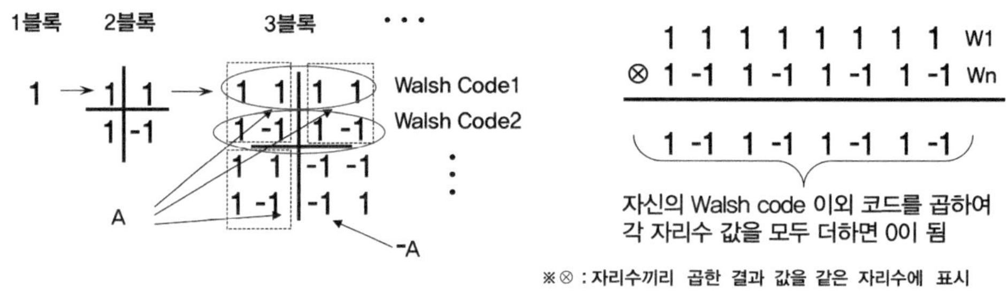

〈그림 5-27〉 왈시 코드의 생성 원리

〈그림 5-27〉에서 첫 번째 블록 1을 우측과 아래에 같은 값을 표시하고 대각선에는 반대의 값을 표시하면 (1 1), (1 -1)이라는 2개의 행이 나온다. 이때 자신의 행끼리 값을 곱하고 각 자리수를 더한 후 자릿수로 나누면 (1 x 1 + 1 x 1)/2 = 1이 되지만 다른 행끼리 곱한 후 자릿수로 더하면 (1 x 1 + 1 x -1)/2 = 0이 된다. 두 번째 블록 (1 1), (1 -1)을 다시 반복하면 4 x 4의 블록이 되고 한 번 더 반복하면 8 x 8이 된다. 이때 왈시 코드의 임의의 두 코드를 곱한 후 자리수를 나누면 동일 코드는 1, 동일한 코드가 아니면 1과 -1의 개수가 동일(각각 4개)하여 모두 합하면 0이 된다. 계속 반복하면 64 Walsh code(IS-95A), 256 Walsh code, 512 Walsh Code(WCDMA) 등을 만들 수 있다. 〈부록〉에서 8 x 8 왈시 코드의 연산 결과를 나타내었다.

PN 코드는 다른 간섭원의 신호를 잡음과 같은 수준으로 주파수 대역을 확산시키므로 PN 코드라고 부른다. 이 코드의 수를 무한한 수로 만들면 임의의 확산코드를 쉽게 추정할 수 없다. 일반적으로 PN 코드는 시프트 레지스터(Shift register)와 특정 레지스터 값을 Modulo-2 연산을 이용하여 발생하는데 이러한 코드는 다양한 방식으로 만들 수 있으며 초기 값에 따라 반복되는 Maximal 코드, 초기 값에 따라 값이 다른 Nonmaximal 코드로 나눌 수 있다. 디지털 이동통신 시스템에서는 Maximal code로는 IS-95A에서 사용하고 있으며 Nonmaximal code로는 W-CDMA에서 Gold code를 사용하고 기타 Kasami code 등이 있다. 다음은 PN 코드를 만드는 원리를 보여주고 있다.

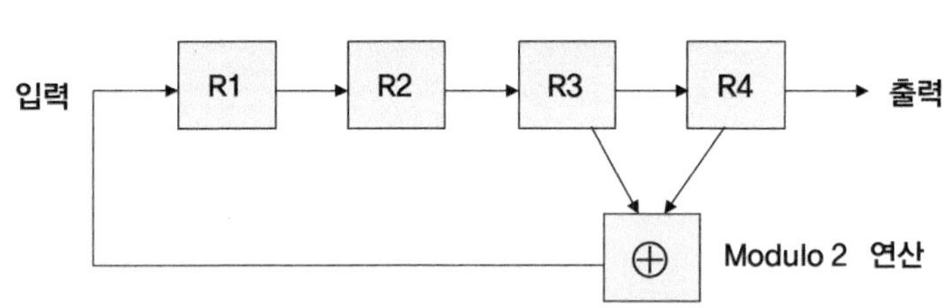

〈그림 5-28〉 PN 코드 생성 원리

그림에서 각 레지스터의 초기입력 값이 1 0 0 0으로 시작하면 16번째 동일한 코드 값 1 0 0 0을 얻게 된다. 출력은 '0 0 0 1 0 0 1 1 0 1 0 1 1 1 1'의 15비트가 1비트씩 이전하면서 반복된다. 이런 경우 출력 코드가 반복되는 Maximal 코드가 된다. 여러 선형 레지스터를 이용하고, 초기 값을 달리하여 일정 시간 후에 원래의 값으로 돌아오지 않으면 Nonmaximal Code가 된다.

5.2.9 듀플렉스

다중접속/다중화 기술이 서로 다른 단말기를 구분하기 위한 것인 반면에 듀플렉스 Duplex는 전파자원을 순방향 링크와 역방향 링크로 구분하여 사용하기 위한 기술이다. 듀플렉스 방법은 일반적으로 주파수를 순방향 및 역방향으로 나누어 사용하는 FDD(Frequency Division Duplex) 방식과 시간을 순방향 및 역방향으로 나누어 사용하는 TDD(Time Division Duplex) 방식으로 나누어진다.

이동통신에서 FDD 방식을 사용할 때 일반적으로 역방향을 낮은 주파수에 할당하는데 이것은 낮은 주파수의 전파 감쇠가 작으므로 계속해서 단말기의 전력을 공급할 수 없기 때문에 가능한 단말기의 전력 소모를 작게 하기 위해서이다. FDD 방식을 그림으로 나타내면 〈그림 5-29〉와 같다.

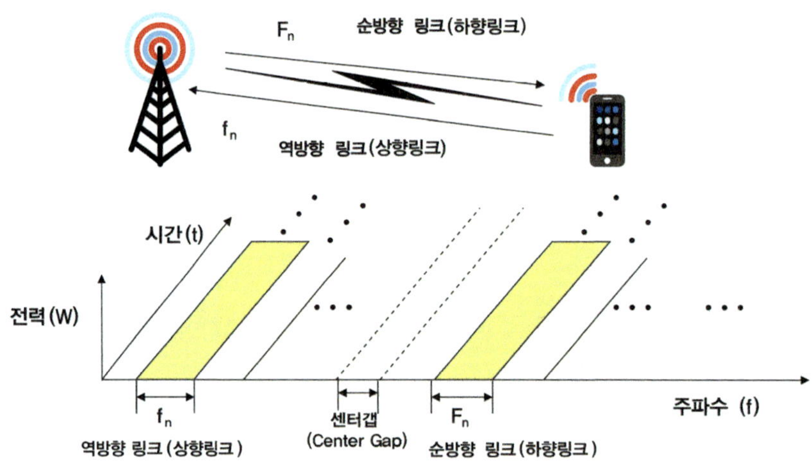

〈그림 5-29〉 FDD 방식

한편 TDD 방식은 동일한 주파수로 시간을 나누어 사용하므로 순방향 및 역방향의 데이터 서비스양이 비대칭일 때 간단히 시간 길이를 조정하여 서비스를 제공할 수 있는 장점이 있다. 하지만 순방향 및 역방향의 시간 동기가 매우 중요하므로 셀의 거리가 너무 멀어지면 순방향 및 역방향 신호의 간섭이 일어날 수 있으므로 이동통신망을 설계할 때 셀 크기의 제약이 따를 수 있다. 하지만 동일 주파수를 사용하므로 전파 경로 특성이 같아 스마트 안테나 등 순방향 및 역방향의 전파 경로 특성이 중요한 응용 기술에 적합하다.

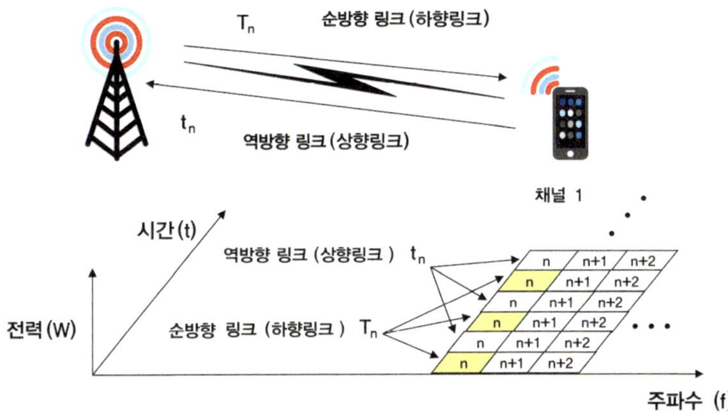

〈그림 5-30〉 TDD 방식

기타 CDD(Code Division Duplex) 방식도 고려할 수 있으나 실질적으로 운용하는 경우는 없다.

5.2.10 디지털 이동통신 시스템

〈표 5-2〉는 셀룰러 방식별로 특성을 나타낸 것으로 아날로그 방식과 디지털 방식을 비교하였다. 현재 GSM과 CDMA 디지털 이동통신이 전 세계의 대부분에서 서비스를 제공하고 있다. 또한 IMT-2000에서도 GSM과 호환성이 있는 W-CDMA와 cdma2000 시스템이 전 세계 시장을 두고 각축을 벌일 것으로 보인다.

〈표 5-2〉 아날로그와 디지털 통신 시스템

구분	아날로그셀룰러					디지털셀룰러			
	NAMPS (J-TACS)	NMT-450	AMPS	TACS	NMT-900	IS-45/ IS-136	IS-95A/B	GSM/ GPRS	PDC
무선접속 방식	FDMA	FDMA	FDMA	FDMA	FDMA	TDMA	TDMA	TDMA	TDMA
주파수 재사용률	7	7	7	7	7	7	1	4	7
채널수 (10MHz 기준)	400	400	333	666	666	333	8	50	400
채널간격 (kHz)	25	25	30	12.5	12.5	30 (3명 공유)	1250 (20명 공유)	200 (8명 공유)	25 (3명 공유)
변조 방식	FM	FM	FM	FM	FM	π/4 DQPSK	QPSK/ OQPSK	GMSK	π/4 DQPSK
데이터전송률 (kbps)	-	-	-	-	-	9.6/43.2	9.6, 14.4/ 64	9.6/115	4.8/28.8
음성 코덱 (kbps)	-	-	-	-	-	VSELP:8 ACELP:7.4, 12.2	QCELP:8, 13 EVRC:8	RPE-LPC:13 VDELP:6.5 EFR:12.2	VSELP:6.7
서비스 시기	1978	1981	1983	1986	1986	1996	1996	1993	1993
서비스 지역	일본	유럽, 아랍, 아프리카	미국 등 일부	유럽, 아프리카 일부	유럽, 아프리카 일부	미주 일부 지역	전 세계	전 세계	일본
기타	독일(C-45:1985), 프랑스(Radiocomm2000:1985) 이탈리아(RTMS)								

5.3 CDMA 이동통신

5.3.1 개요

(1) 배경

CDMA 이동통신 기술은 1992년 미국 퀄컴사가 미국 샌디에이고에서 CDMA 무선접속방식을 이용하여 이동통신을 성공하면서 시작되었다. 이때 퀄컴은 기지국, 단말기, 간단한 교환기(QTSO)로 간단히 구성하고 기지국 간 및 섹터 간 핸드오프 통화 시험을 성공하였다. 1993년 7월에는 미국 TIA/EIA(Telecommunication Industry Association/Electronic Industry Association)에서 IS(Interim Standard)-95로 표준화하고 1995년 5월 미국 TIA/EIA에서 IS-95A로 개정(브랜드명 : cdmaOne)하여 음성 서비스와 14.4 kbps의 데이터 서비스를 제공하게 되었다.

이때 시스템의 주요 특징은 다음과 같다. ① 아날로그 대비 10배, GSM 대비 5배 이상 용량 ② 통화 품질 개선 ③ 보안 개선 ④ 모든 기지국에서 동일한 주파수 이용 ⑤ 개선된 커버리지 특성으로 기지국 수 감소 ⑥ 통화시간 연장 ⑦ 유연한 주파수 이용 등이다. 1996년 1월 1일에 우리나라에서 최초로 IS-95A의 상용서비스가 시작되고 1999년 9월에는 우리나라에서 최초로 IS-95B의 상용 서비스가 시작되면서 음성 서비스와 64 kbps의 패킷 데이터 서비스 제공하게 되었다. 이때 사용한 방식은 8 kbps 데이터 채널 8개를 하나의 데이터로 보내는 방식을 적용하였으며 GSM과 호환되는 R-UIM 기능이 포함되었다. 2000년 10월에는 IMT-2000 시스템인 cdma2000이 상용화되고 2003년에 중국에서 R-UIM 서비스가 최초로 시작되었다. 이 장에서 소개하는 CDMA 이동통신시스템은 IS-95A/B(cdmaOne)를 기반으로 하고 있으며 IMT-2000 시스템인 cdma2000과 WCDMA 방식의 CDMA 이동통신 시스템은 차후에 제6장에서 소개한다.

(2) 일반적인 대역확산 시스템의 개념

전자파는 공중에 사방으로 퍼져 나가므로 전자파 자체는 쉽게 다른 사람이 적합한 안테나를 이용하여 다른 사람의 신호를 수신할 수 있다. 이렇게 수신된 신호는 변조방법을 알면 쉽게 그 통화내용을 도청할 수 있다.

CDMA 방식은 1960년대부터 군사용으로 주로 사용되어 온 주파수 대역확산 통신기술을 이용한 것이다. 대역확산 통신방식이 발달한 원인은 무선통신에서 적에게 도청되지 않고, 적의 방해전파에도 강한 통신방식을 구현하고자 하는 요구 때문이었다.

이와 같은 대역 확산 원리를 이용하여 시스템을 구성하면 〈그림 5-30〉과 같다. 확산된 신호에서 자기신호를 찾는 것은 자물쇠와 열쇠의 관계로 자기 신호에 대한 키(Key)를 가지고 있어야만 상대방이 자기 신호를 찾을 수 있다.

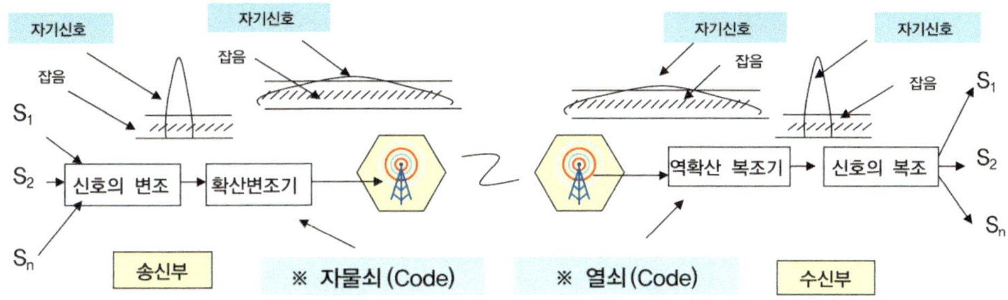

〈그림 5-31〉 일반적인 대역 확산 시스템

(3) CDMA 이동통신의 기본 개념

CDMA 이동통신은 기존 이동통신의 기본 기술인 셀룰러 이동통신 기술과 무선접속 기술인 CDMA 기술이 접목되어 주파수 자원의 이용 효율을 극대화한 개념으로 정의할 수 있다.

일반적으로 전파는 간섭의 특성을 가지고 있어 두 개의 신호가 동일한 주파수를 이용할 경우 서로 간섭을 일으켜 두 신호 모두 통신을 할 수 없으나 셀룰러 방식은 전파의 감쇠 특성을 이용하여 일정한 거리 떨어진 지점에서 주파수를 다시 사용함으로써 동일한 주파수를 가지고 더 많은 사람이 통신을 할 수 있도록 하는 기술로서 이동통신의 기본적인 개념이다.

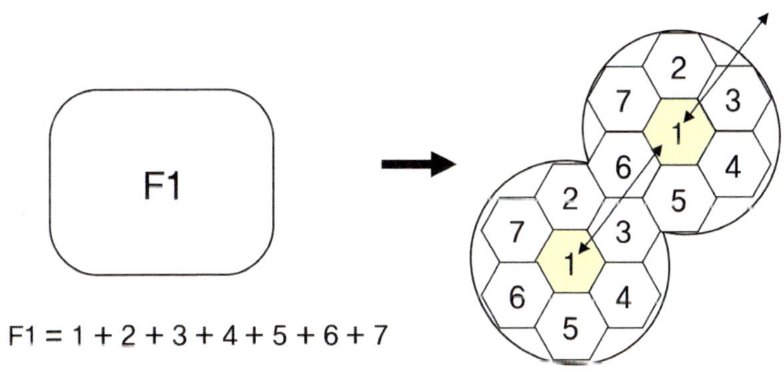

〈그림 5-32〉 셀룰러 방식에 의한 주파수 효율 증대

CDMA는 인접 기지국에서도 주파수와 시간을 사용자마다 임의로 다르게 하는 확산코드를 이용함으로써 전파 간섭을 최소화하여 재사용할 수 있다. CDMA는 인접 기지국에서 동일한 주파수를 재사용함으로써 주파수 재사용율을 1로 최적화한 기술이다.

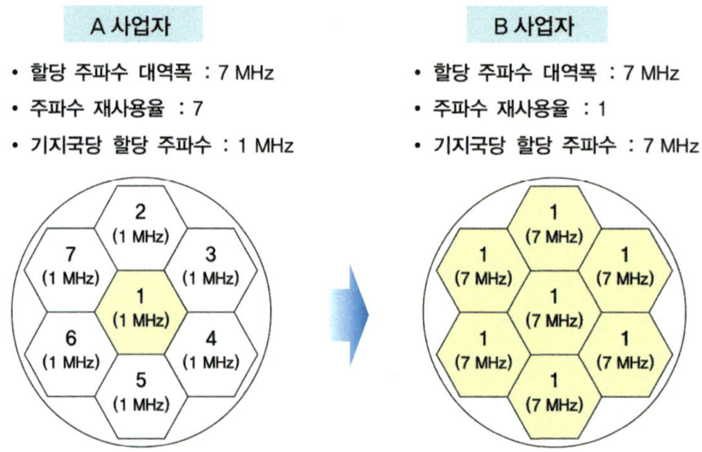

〈그림 5-33〉 CDMA 방식에 의한 주파수 효율 증대

A 사업자와 B 사업자가 동일하게 7 MHz 주파수를 가지고 사업을 한다. 이때 A 사업자는 주파수 재사용율 7을 이용한 시스템을 사용하고, B 사업자는 주파수 재사용율 1을 사용한다면 〈그림 5-33〉과 같이 A 사업자는 1개의 기지국에 1 MHz만을 할당할 수 있지만, B 사업자는 7 MHz를 할당할 수 있어 7배 이상의 용량을 증가시킬 수 있다.

(4) CDMA 이동통신 시스템

CDMA 디지털 이동통신 시스템의 개념을 〈그림 5-34〉에 나타내었다.

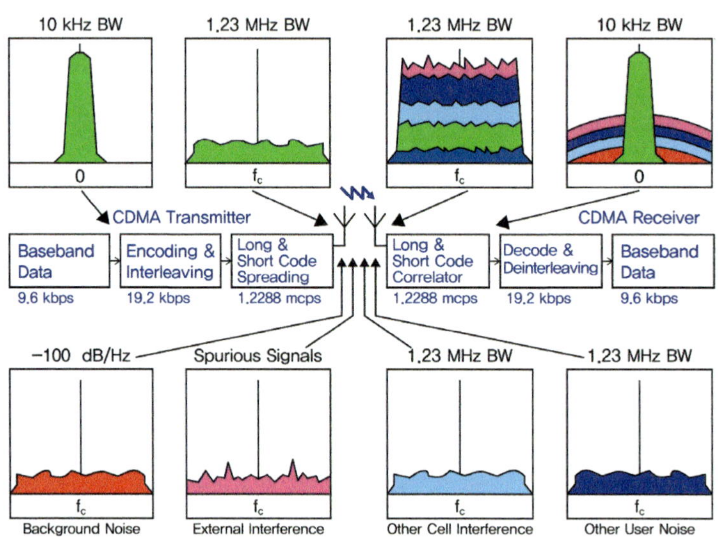

〈그림 5-34〉 CDMA 디지털 이동통신 개념도

우선 아날로그 음성서비스를 9.6 kbps 디지털 데이터로 변화하면 ① 약 10 kHz 주파수

대역폭(Bandwidth : BW)을 가지고 전송한다. ② 디지털 음성신호는 채널 부호화에 의해 19.2 kbps 디지털 데이터로 변환되고 인터리빙을 거쳐 다음단계로 넘어간다. ③ 채널 부호화된 신호에 PN code를 곱해서 1.25 MHz로 대역 확산한다. 이때 원하는 신호 외에 배경잡음, 인접채널간섭, 다른 셀의 동일채널간섭, 동일셀 다른 사용자의 동일채널간섭 등 4개의 간섭신호가 존재한다. 이때 주 간섭원은 같은 셀 내에 있는 다른 사용자들에 의해 생성된 자기 간섭신호인데 전력제어에 의해 간섭을 최소화한다. 기타 간섭원은 시스템 내부의 배경잡음, 인접대역의 방해원, 다른 셀 사용자들의 간섭이다. ④ 여러 신호 가운데 코드에 의해 자기 신호만을 검출하는데 원신호의 데이터를 더 많은 주파수 대역으로 확산할수록 다른 간섭을 억제할 수 있는 능력이 커지는데 이는 제2절에서 설명한 (식 5-5)의 확산 이득에 비례한다.

(5) CDMA 이동통신 시스템의 용량

셀룰러 개념과 CDMA 무선접속 기술의 결합으로 CDMA 이동통신 시스템은 주파수 효율을 극대화하며 가입자 수용 용량 또는 데이터 전송용량을 크게 증가시켰다. 여기서는 CDMA의 음성 가입자 용량을 산출하는 과정을 설명한다.

우선 신호의 에너지를 운반하는 반송파 송신전력(C)은 베이스밴드 데이터 전송속도(R)와 비트당 신호 에너지를 곱한 것과 같다. 또한 간섭전력(I)은 시스템의 전송 채널 대역폭(W)과 초당 헤르츠(Hz)당 전력을 의미하는 간섭전력 밀도 스펙트럼(No)을 곱한 것과 같다. 이것을 식으로 나타내면 (식 5-6)과 같다.

$$\frac{C}{I} = \frac{R \times E_b}{W \times N_o} \qquad \text{(식 5-6)}$$

여기서 C는 단말기에서 송신하여 기지국에서 수신한 수신신호 전력, I는 단말기에서 송신하여 기지국에서 수신한 간섭, R은 음성 및 데이터의 전송속도, E_b는 비트당 신호 에너지, W는 시스템 전송 채널 대역폭, N_o는 잡음전력 스펙트럼 밀도를 의미한다.

신호전력(C)과 간섭전력(I)의 관계는 다음과 같이 동일 기지국에 N명의 가입자가 있을 때 자신의 에너지(C)와 동일 주파수를 사용하는 다른 사용자(N-1)명의 신호(C(N-1))와 다음과 같은 관계가 성립된다.

$$\frac{C}{I} = \frac{C}{C(N-1)} = \frac{1}{N-1} \qquad \text{(식 5-7)}$$

(식 5-6)과 (식 5-7)를 이용하면 (식 5-8)과 (식 5-9)와 같은 식이 성립된다.

$$\frac{1}{N-1} = \frac{R \times E_b}{W \times N_o} \qquad \text{(식 5-8)}$$

$$N-1 = \frac{W}{R \times \frac{E_b}{N_o}} \qquad \text{(식 5-9)}$$

(식 5-9)에서 음성 및 데이터의 전송속도 R과 시스템 전송 채널 대역폭 W는 정해져 있으므로 Eb/No에 따라 가입자 수 N이 달라짐을 알 수 있다. 이것은 비트 에너지를 높이면 통화품질이 좋아지지만 가입자 수용 용량이 줄어들고 비트 에너지가 낮아지면 통화품질이 나빠지지만 가입자 수용용량은 커지는 것을 알 수 있다.

일반적으로 사람이 말하는 음성은 모든 시간을 쓰는 것이 아니라 일부 시간만 사용하므로 다른 사람에게 간섭을 일으키는 것도 음성이 사용되는 시간만 존재할 것이다. 이것을 반영한 것이 음성 활성화율(D)이다. 또한 1개의 셀을 이용할 때보다 여러 셀을 이용할 경우 CDMA는 주파수 재사용율 1로 설계하지만 한 기지국에서 수용할 수 있는 가입자 수는 인근 기지국의 간섭으로 가입자 수용용량이 줄어든다. 이것을 감안한 주파수 재사용율이 F이고 일반적으로 0.6 정도 된다. 또한 섹터 간에도 동일하게 적용하면 섹터 이득(G)은 2.55(주파수 재사용율 0.85) 정도가 된다.

$$N = \frac{W \times E_b}{R \times N_o} \times \frac{1}{D} \times F \times G \qquad \text{(식 5-10)}$$

(6) 이동통신 시스템의 용량 비교

CDMA 이동통신 시스템의 장점은 다른 이동통신 시스템보다 많은 가입자를 수용할 수 있다는 것이다. CDMA와 다른 이동통신 시스템의 용량 비교한 결과를 〈표 5-3〉에 나타냈다. 동일한 주파수 대역폭 12.5 MHz를 3개의 사업자가 각각 AMPS 방식, GSM 방식, cdmaOne 방식으로 서비스를 제공할 경우 각각 가입자 수용용량은 약 1 : 2 : 10이 된다. GSM의 보코더는 일반적으로 13 kbps인데 음성 용량을 늘리기 위해 6.5 kbps 하프 레이트 보코더를 쓰기도 하며 이 경우 2배의 용량이 늘어난다.

〈표 5-3〉 CDMA와 다른 이동통신 시스템의 용량 비교

구분	아날로그 방식	디지털 방식		비고
	AMPS	GSM	IS-95A(cdmaOne)	
1. 사용 주파수 대역폭(MHz)	12.5	12.5	12.5	
2. 주파수 재사용율	7	4	1	
3. 채널 주파수폭(kHz)	30	200	1250	
4. 채널 수	12.5/0.03=416	12.5/0.2=62	12.5/1.25=10	
5. 1셀당 채널 수	416/7=59	62/4=15	10/1=10	주파수 재사용율 CDMA : 1
6. 음성통화 채널 수	57(2개 신호용)	15	10	
7. 1채널당 음성 통화 수	1	8	20 (신호용 별도 3~4)	
8. 1셀당 음성 통화 수	57×1=57	15×8=120	10×20=200	
9. 1셀당 섹터 수	3	3	3	
10. 1섹터당 음성통화 수	57/3=19	120/340	200	주파수 재사용율 CDMA : 1
11. 아날로그 대비 용량	1	2	10	

* GSM 음성 통화 수는 음성 코덱을 1채널당 16을 적용할 수도 있으므로 최대 아날로그 대비 4배로 증가 가능

5.3.2 CDMA 방식의 장점

(1) 다양한 형태의 다이버시티

CDMA는 다양한 형태의 다이버시티(Diversity) 기술을 구현하여 페이딩에 의한 에러를 감소시킨다. 공간 다이버시티는 동시에 두 개의 기지국을 접속(soft hand-off)하거나 기지국의 다중 안테나를 이용하여 구현한다. 시간 다이버시티는 레이크 다이버시티(Rake diversity)(시간 지연에 의한 동일 신호를 여러 개 수신하여 수신세기를 높이는 기술), 인터리빙에 의해 구현한다. 주파수 다이버시티는 1.25 MHz의 광대역 주파수(일반적으로 페이딩은 200 ~ 300 kHz 크기로 영향을 받음)에 의해 페이딩 영향을 감소시킨다.

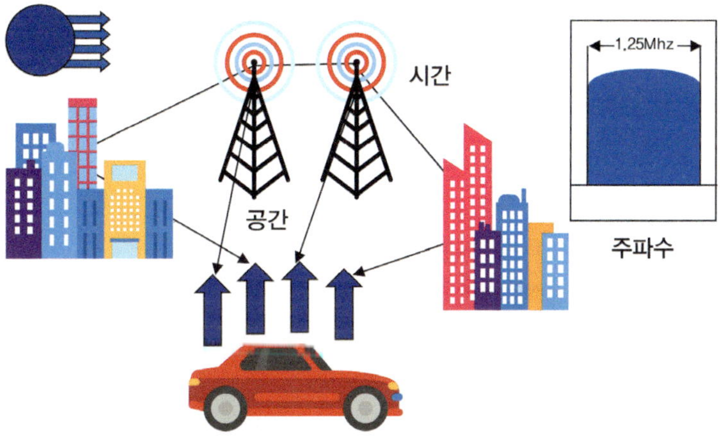

〈그림 5-35〉 CDMA 시스템의 다이버시티

안테나 다이버시티는 FDMA 및 TDMA 시스템에서도 쉽게 사용된다. 시간 다이버시티는 오류정정과정에 필요한 고속부호전송 속도를 갖춘 모든 디지털 시스템에 활용 할 수 있다. 그러나 다른 방법들은 CDMA 시스템에서만 쉽게 제공할 수 있다. 직접 순차방식 CDMA 시스템의 독특한 기능으로 광범위한 경로 다이버시티를 제공할 수 있으며 전파 장해가 큰 환경에서는 다이버시티 정도가 높을수록 좋은 성능을 얻을 수 있다.

(2) 전력제어

CDMA 이동통신 시스템은 통화용량, 양질의 통화품질 및 기타 장점들을 얻기 위하여 다양한 방식의 전력제어를 사용한다. 기존 아날로그에서도 전력제어가 있지만 역방향으로만 기능을 가지고 있을 뿐만 아니라 매우 느리고 정밀하지 못하다. 반면에 CDMA 시스템은 순방향(기지국에서 단말기 방향) 및 역방향(단말기에서 기지국 방향) 전력제어를 사용하고 또한 매우 빠르고 정밀하다. 이렇게 다양한 전력제어의 적용은 권역 내의 모든 단말기 전송신호가 기지국 수신기에 일정한 세기로 수신되도록 함으로써 단말기의 수명을 연장하고 단말기 사이 간섭을 최소화시킨다. 따라서 이러한 기능은 시스템의 통화용량을 늘리고 양질의 통화품질을 제공하게 된다.

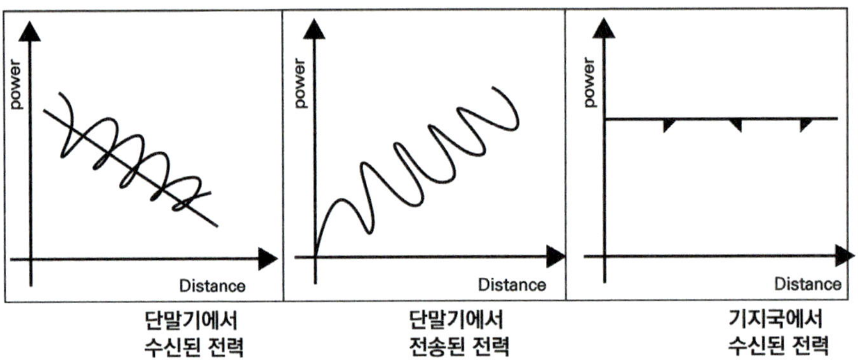

역방향 전력제어 효과

〈그림 5-36〉 CDMA 시스템의 역방향 전력제어

(3) 소프트 핸드오프

CDMA 이동통신 시스템은 핸드오프할 때 아날로그 시스템과 다르게 두 개의 기지국을 동시에 접속함으로써 중단 현상이 없다. 이러한 핸드오프를 **소프트 핸드오프** Soft Hand-off라고 한다. 또한 섹터 기지국 간 핸드오프를 **소프터 핸드오프** Softer Hand-off라고 한다.

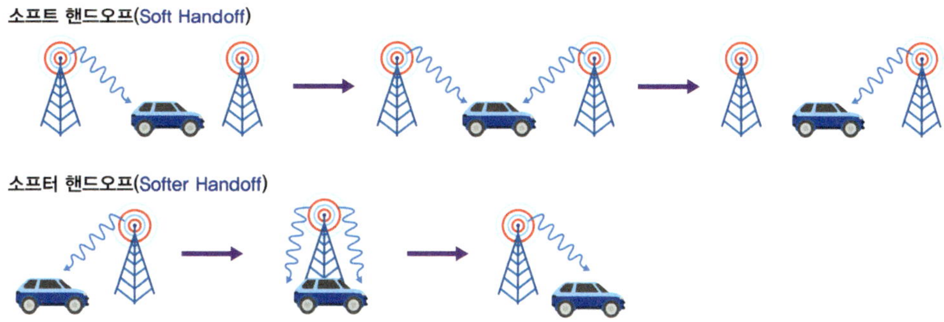

〈그림 5-37〉 CDMA 시스템의 소프트 핸드오프

소프트 핸드오프는 단말기가 추가적으로 원하는 기지국의 신호 세기를 측정하여 교환국에 전송하면 교환국은 새로운 기지국을 핸드오프에 참여시켜 링크를 구성하여 두 개의 기지국과 동시에 통신한다. 이 방법으로 통화단절이 최소화될 뿐 아니라 사용자로 하여금 핸드오프를 감지할 수 없도록 한다. 이러한 점에서 볼 때, 아날로그 시스템 및 디지털 TDMA 시스템은 인접셀의 주파수가 다르므로 접속전의 단절(Break-before-make) 교환방식을 사용하나 CDMA 시스템은 인접셀이 동일한 주파수를 사용하므로 소프트 핸드오프를 구현할 수 있으므로 절단 전의 접속(Make-before-break) 교환방식을 사용한다. 따라서 CDMA의 소프트 핸드오프는 통화중 중단 현상을 제거하고 호 절단율(Call Drop Rate)을 낮추는 등 통화품질을 높이는 기능을 한다.

(4) 주파수 재사용 및 섹터 분할

CDMA 시스템에서는 광대역 채널을 모든 기지국에서 재사용한다. 기지국에서 수신된 단말기 신호에 대한 총 간섭은 동일 기지국내의 타 단말기에서 발생하는 간섭과 인접 기지국의 단말기에서 발생하는 간섭의 총합이다. 각 단말기 신호는 모든 타 단말기 신호를 간섭하고 있다. 인접한 모든 기지국들로부터의 총 간섭은 동일 기지국 내의 다른 단말기로부터의 총 간섭의 약 절반이다. 무지향성 기지국의 주파수 재사용 효율은 동일 기지국 내의 다른 단말기들로부터의 총 간섭 대 모든 기지국로부터의 간섭의 비로서 약 65%이다. 또한 지향성 기지국 안테나(즉, 120° 섹터 안테나)를 사용할 경우 각 안테나는 기지국 내에 있는 단말기의 1/3 정도만 관리하게 되므로 간섭양도 평균 1/3로 감소된다. 따라서 전체 시스템이 지원 가능한 용량도 3배 가까이 증가된다.

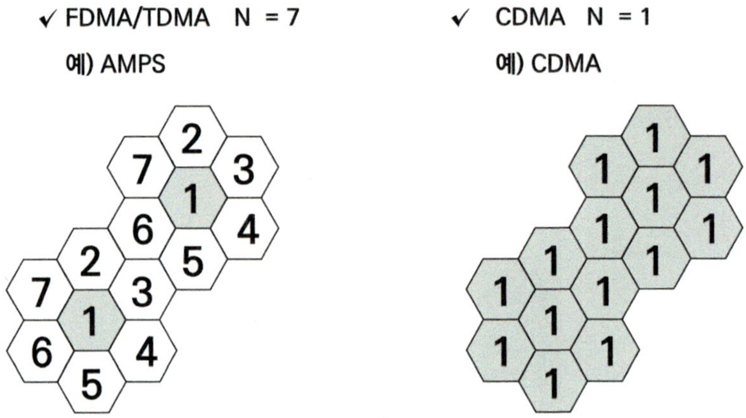

〈그림 5-38〉 CDMA의 주파수 재사용

추가적으로 주파수 사용율 1로 인하여 인접셀과의 주파수 간섭을 고려한 망설계를 할 필요가 없어 FDMA 및 TDMA와 비교하여 무선망의 주파수 배치가 간단하다.

(5) 낮은 송신전력

E_b/N_o(신호 대 잡음비에 해당) 허용치의 인하는 시스템 용량을 늘려줄 뿐만 아니라 잡음 및 간섭 극복에 필요한 송신전력을 감소시켜 준다. 이와 같은 감소는 단말기의 필요 송신전력의 감소를 뜻한다. 이는 경비를 감소시켜 주며 또한 적은 출력으로 비슷한 출력의 아날로그 또는 TDMA 장비보다 넓은 영역에서의 동작이 가능하다. 더욱이 필요 송신전력의 감소는 통화권의 보급율을 증대시키고 타 방식에 비하여 필요한 기지국 수의 감소도 가능하다. CDMA 시스템의 전력제어에 따른 더욱 큰 이익은 평균 송신전력의 감소이다. 대부분의 경우 전파환경은 CDMA에 유리하다. 협대역 시스템에서는 때때로 발생되는 페이딩을 극복하기 위하여 언제나 높은 송신전력이 필요하다. CDMA 시스템에서는 전력제어를 사용하여 필요한 전력만을 송신하며, 페이딩이 발생할 경우만 송신전력을 높임으로써 평균전력을 낮출 수 있다.

(6) 음성 부호기 및 가변 데이터 속도

CDMA 시스템의 음성 부호화기(음성 부호기 및 복호기)는 초당 8 kbps의 가변 속도로 설계되어 있다. 가변 데이터 속도의 쌍방향 음성 서비스는 이동전화 기지국과 단말기 사이에 동적 가변 데이터 속도 음성 부호기 알고리즘을 사용한 음성 통신을 제공한다. 송신 음성 부호기는 음성을 표본화한 후 수신 음성 부호기로 전송할 부호화된 음성 패킷을 만들며, 수신 음성 부호기는 수신된 음성 패킷을 음성 샘플로 복호한다. 이와 같이 2개의 음성 부호기는 초당 9,600 bps, 4,800 bps, 2,400 bps, 1,200 bps의 4단계 비트 프레임 전송 속도를 사용하여 통신한다. 이러한 속도는 입력한 작동조건과 메시지 또는 데이터에 따라 선택된다. 음성 부호화기 알고리즘에는 CELP(code excited linear predication) 방식이 사용되고 있으며 CDMA 시스템 전용 알고리즘은 QCELP라고 한다.

(7) 통화비밀 보호

CDMA 신호는 스크램블(scramble)되어 있으므로 고도의 통화비밀 보호기능을 갖고 있으며 CDMA 디지털 셀룰러시스템으로 하여금 누화, 탐색 수신기 사용 및 무선의 불법 사용 등을 본질적으로 어렵게 한다. CDMA 기술은 본질적으로 통화 비밀 보호와 확정된 보호기능이 있으나, 제안된 표준안에는 EIA/TIA/IS-54-B에 명시된 인증 및 통화에 대한 통화비밀 보호기능이 포함되어 있다. 디지털 음성채널은 DES 또는 기타 표준 암호화 기술을 이용하여 쉽게 암호화할 수 있다.

(8) 음성신호 감지

일반적인 전이중(full duplex) 통화에서 음성의 실제 통화시간은 대략 35%이다. FDMA 또는 TDMA 시스템에서는 음성신호가 없는 경우 채널 재할당에 따르는 시간지연이 길기 때문에 음성 활동 계수(voice activity factor)를 활용하기 어렵다. 그러나 CDMA 시스템에서는 음성신호가 없을 경우 데이터 전송속도가 감소되어 타 사용자들에 대한 간섭을 상당히 감소시킨다. 타 사용자에 대한 간섭수준에 따라 용량이 결정되므로 CDMA에서는 용량이 약 2배 정도 늘어날 뿐 아니라 단말기의 평균 송신전력을 약 1/2로 줄인다.

(9) 낮은 E_b/N_o값(또는 C/I) 및 오류 방지

비트당 에너지 대 잡음전력 스펙트럼 밀도의 비율인 E_b/N_o 값은 디지털 변조방식 및 코딩방식의 성능비교용 표준 수치이다. CDMA 시스템에는 높은 오차정정 부호를 사용하여 낮은 E_b/N_o 값을 갖는다. E_b/N_o 값을 작게 하여 용량을 증대시키고 송신기의 필요출력을 낮게 할 수 있다.

(10) 용량의 융통성(Soft Capacity)

아날로그 시스템과 디지털 TDMA 시스템에서는 핸드오프를 할 때 채널이 부족할 경우 통화가 우회 회선으로 재배정되거나 또는 통화단절이 발생한다. 그러나 CDMA 시스템에서는 다른 통화가 완료될 때까지 비트 오차율을 다소 높여줌으로써 통화의 추가 수용이 가능하다. 또한 CDMA 시스템에서는 서비스 비용에 차등을 둔 서비스 등급을 두어 고급 서비스 사용자에게 더욱 많은 전력(용량)을 배정한 고급 서비스 제공도 가능하다. 고급 서비스 사용자의 핸드오프에 일반 사용자보다 높은 우선권을 줄 수도 있다.

5.3.3 CDMA 이동통신망

CDMA 이동통신망의 주요 구성 내용은 <그림 5-39>와 같다.

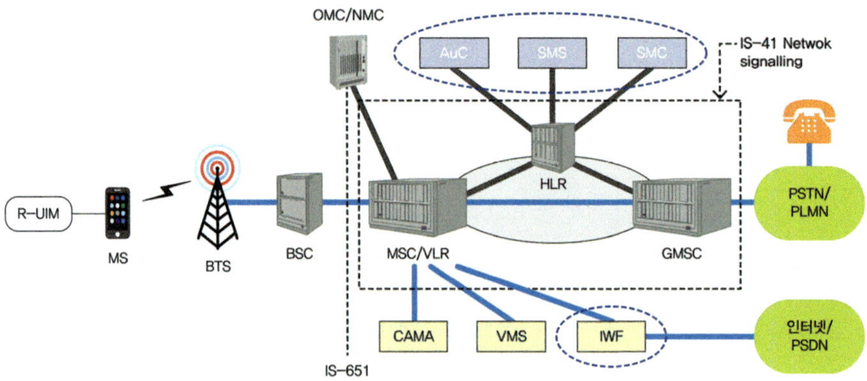

R-UIM : Removale User Identity Module
MS : Mobile Station
BTS : Base Tranceiver Station
BSC : Base Station Controller
MSC : Mobile Switching Center
VLR : Visitor Location Register
HLR : Home Location Register
GMSC : Gateway MSC

OMC: Operation & Maintenance Center
AuC : Authentification Center
SMS: Service Management System
SMC: Short Message Center
CAMA: Centralized Automatic Message Accounting center
VMS: Voice Mailing Service
IWF: InterWorking Function

<그림 5-39> CDMA 이동통신망 구성도

CDMA 이동통신망의 구성 요소는 제4장에서 설명한 일반적인 셀룰러 이동통신망의 구성요소와 비슷하므로 여기서는 일부 달라진 기능만을 설명한다. 단말기, 기지국, 교환기, 관문교환기, 방문자 위치 등록기, 홈위치 등록기 등은 제4장에서 설명한 일반적인 셀룰러 이동통신망의 구성요소의 기능과 같다. CDMA 이동통신망의 기지국 제어기는 보코더를 포함하여 음성코덱과 PCM 데이터의 변환 기능을 수행한다. 인증센터(AuC)는 가입자의 인증을 위해 CAVE 알고리즘을 저장하여 인증하도록 되어있다. 운용보전센터(OMC/NMC)는 망관리시스템, 중앙과금 시스템(CAMA)의 과금관리 시스템의 기능을 수행한다. IWF는 기존 아날로그 셀룰러 이동통신망에서는 제공하지 않는 데이터 서비스의 제공을 위해 회선망을 이용한 회선 데이터를 패킷 서비스로 변환하는 장비이다. 문자메시지센터(SMC)는 문자메시지 서비스를 진원하며 서비스 관리 시스템(SMS)은 신규로 추가되는 다양한 서비스를 지원한다. 탈착식 가입자 식별모듈(R-UIM)은 전화번호 등 가입자가 통신을 이용하기 위한 모든 정보를 포함하고 있는 카드로서 단말기에 장착하여 사용되는데 인증센터와 인증키와 인증 알고리즘(CAVE)을 공유하여 사용한다.

5.3.4 주요 기술

(1) 주파수 자원 이용

가. 다중접속/다중화

CDMA 디지털 이동통신은 CDMA/CDD 방식의 다중접속/다중화 방식을 이용하여 주파수 재사용율을 높이고 듀플렉스 방식으로는 FDD 방식을 이용하고 있다. 1.25 MHz 주파수 대역폭에서 약 20명의 가입자가 주파수와 시간을 공유하되 코드에 의해 상호 간섭을 피할 수 있다.

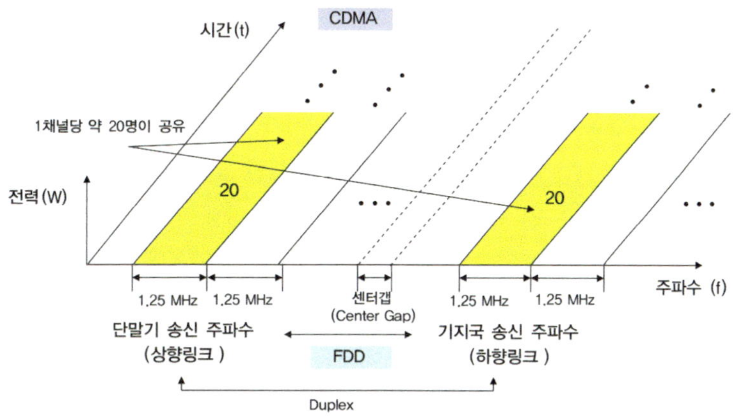

〈그림 5-40〉 CDMA 이동통신시스템의 다중접속/다중화 및 듀플렉스

나. 대역확산코드에 의해 효율적 주파수 재사용율 구현

CDMA 이동통신 기술 도입의 가장 큰 의의는 가입자를 수용할 수 있는 용량을 비약적으로 높였다는 데 있다. 이는 앞 절에서 간략히 설명하였듯이 여러 사람이 같은 셀에서 같은 주파수를 사용할 수 있고 또한 인접한 기지국에서도 같은 주파수를 사용할 수 있게 하는 주파수 재사용 특성 때문에 가능한 것이며 또한 대역확산 시스템의 원리가 가능하게 한 것이다. 이러한 특성은 다음 그림과 같이 표현될 수 있다.

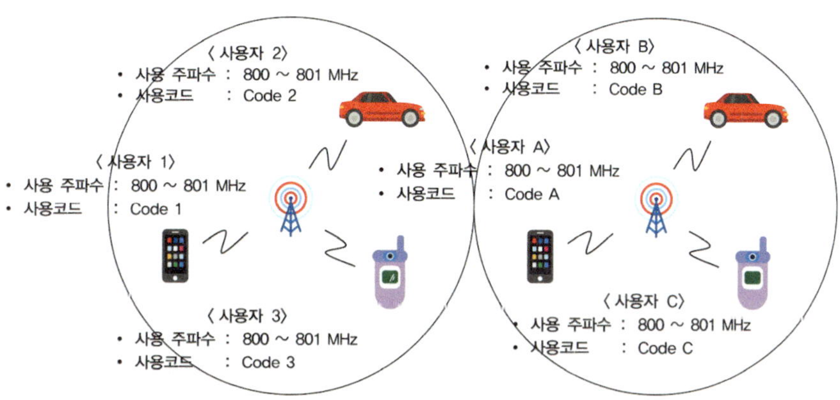

〈그림 5-41〉 CDMA 시스템의 대역확산 방식

다. 확산코드

앞에서 설명한 코드는 무엇인가? 특정 주파수와 특정 시간을 쓰는 순서(Code)를 특정 가입자에게만 부여하는 것이다. 쉽게 말하면 전체적으로 동일한 주파수를 쓰는 것처럼 보이지만 시간이 다르므로 사실상 서로 같은 주파수를 쓰지 않는 것처럼 되는 것이다. 따라서 같은 주파수를 쓰면서도 서로에게 간섭을 주지 않으므로 인접셀에서 주파수를 재사용하는 주파수 재사용율 1을 구현할 수 있다. CDMA 디지털 이동통신은 이러한 코드를 한번만 사용하는 것이 아니라 롱 코드, 숏 코드, 왈시 코드 3가지를 함께 사용한다.

CDMA 이동통신시스템에서 이용되는 숏 코드 및 롱 코드는 제2절에서 설명한 Maximal code 방식을 이용한다. 숏 코드의 경우 15 bit를 이용하므로 32,768개의 코드가 반복되며 1.2288 Mbps 속도로 전송되어 하나의 코드가 원래의 코드로 돌아오는 데 26.67 us 걸린다. 마찬가지로 롱 코드의 경우 42 bit를 사용하므로 2의 42제곱(약 4조 4천억)개의 코드가 반복되며 1.2288 Mbps 속도로 전송되어 하나의 코드가 원래의 코드로 돌아오는데 약 41.425일이 걸린다. Maximal code 방식은 일정 시간마다 코드가 반복되므로 기지국 또는 단말기가 사용하는 코드를 구분하기 위해서는 처음 시작하는 코드의 시간을 공유하고 일정 시간으로 구분하여 각각의 코드를 구분하는데 이를 위하여 GPS 위성을 이용하여 시간 동기를 맞춘다. 또한 채널을 구분하는데 이용하는 왈시 코드는 IS-95A/B에서는 64 Walsh code(64 bits)를 이용한다. 각 확산 코드의 중요한 기능을 요약하면 〈표 5-4〉와 같다.

〈표 5-4〉 CDMA 이동통신 시스템의 확산코드

구분	순방향 링크	역방향 링크	사용 비트
롱 코드 (Long Code)	암호화 및 전력 비트의 삽입	기지국이 각 단말기를 구분하는 데 이용 (각 단말기의 ESN 번호를 이용한 코드)	42 bit (24^2 = 약 4.4조 개)
왈시 코드 (Walsh Code)	단말기가 각 채널을 구분하는 데 사용되는 코드(64개)	64 ray 직교 변조(신호의 직교성) (28.8 kbps×64/6 = 307.2 kbps)	64 bit
숏 코드 편이 (Shot Code offset)	각 단말기가 기지국을 구별하는 데 사용되는 코드 (기지국 PN code 설정 : 512개)	다른 단말기 신호를 잡음화하여 신호 대 잡음비 이득을 높임	15 bit (2^{15}=32,768개)

(2) 채널 구조

처음 CDMA로 개발된 IS-95A와 IMT-2000 시스템으로 개발된 cdma 2000과 W-CDMA은 각각의 링크 채널 구조가 다르다. IS-95A보다 훨씬 다양한 서비스를 제공하기 위해 채널의 종류가 더욱 많아졌다. 하지만 채널의 기본적인 의미는 IS-95A에서 처음 정의한 채널 역할을 크게 벗어나지는 않는다. 따라서 이 장에서는 CDMA 이동통신을 처음 접하는 사람이 쉽게 이해할 수 있도록 채널 구조가 단순한 IS-95A의 채널 구조를 설명함으로써 제6장 이후 채널 구조를 좀 더 쉽게 이해할 수 있도록 한다. IS-95A 시스템의 채널 구조는 〈그림 5-39〉와 같다.

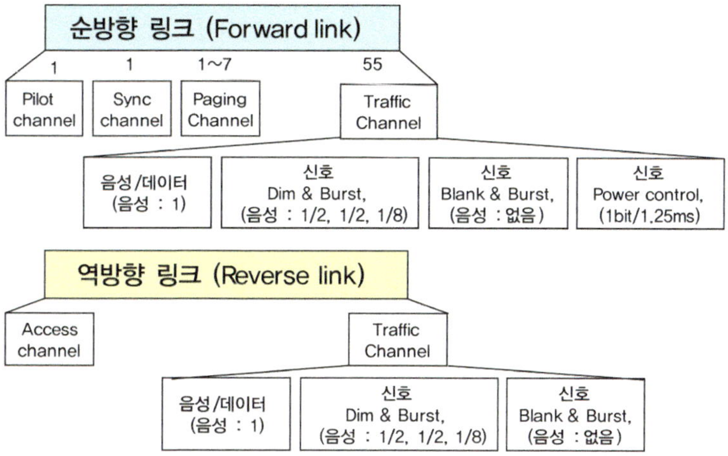

〈그림 5-42〉 IS-95A 시스템의 채널 구조

IS-95A 규격에 근간한 순방향은 동일한 주파수에서 1개의 파일럿(Pilot) 채널, 1개의 동기(Sync) 채널, 1~7개의 호출(Paging) 채널과 다수의 통화(Traffic) 채널로 이론상으로는 전체 64개의 채널로 구성된다. 역방향 링크는 액세스(Access) 채널과 통화(Traffic) 채널의 두 채널로 구성되며, 순방향과는 달리 두 채널이 항시 공존하는 것이 아니라 기능 및 필요성에 따라 하나의 채널이 필요시에만 액세스 채널 또는 통화 채널로 동작하게 된다. 다음은 각 링크의 채널 기능을 설명하였다.

● 순방향 링크

- 파일럿 채널(Pilot Channel)

파일럿 채널은 단말기에게 시간 및 위상 기준을 제공하며, 기지국을 구분하는 기준(PN offset) 정보를 제공한다.

- 동기 채널(Sync. Channel)

기지국 초기 동기에 필요한 정보를 단말기에 내려주며, 단말기는 일단 동기 채널을 통해 초기 동기 정보를 입수하게 되면 더 이상 동기 채널을 주시하지 않고 다음의 호출 채널 수신 상태로 넘어간다. 주요 메시지는 기지국 PN offset 값, Long PN code 현재 상태, 호출채널 전송속도 등이다.

- 호출 채널(Paging Channel)

동기 채널과 유사하게 호출 채널에서도 특정한 정보를 송신한다. 호출 채널에 실리는 메시지는 전체 시스템 구성 관련 정보와 단말기 호출 및 단말기 요구에 대한 응답 등의 정보로 구성된다. 주요 메시지는 시스템 파라미터 메시지로 Pilot PN offset, 시스템 및 네트워크 ID, 위치등록 관련 정보, 기지국 위도 및 경도, 슬롯 모드 및 핸드오프 전력제어 관련 정보, 액세스 파라미터 메시지, 주파수 채널 개수 및 주파수 번호 정보, 왈시 번호 등 채널 할당 메시지,

핸드오프를 위한 이웃 셀 메시지, 전화번호와 ESN과 IMSI 등의 호출 메시지, 명령 메시지, SMS, 인증 메시지 등이 있다.

- 통화 채널(Traffic Channel)

순방향 통화 채널은 통화자의 음성과 데이터를 송신할 뿐만 아니라 통화 중에도 빈 프레임을 이용하여 신호 메시지도 주고받는다.

● 역방향 링크

- 액세스 채널(Access Channel)

단말기가 기지국과 통화 중일 때를 제외한 모든 기지국과의 정보 교환은 액세스 채널을 통해 이루어지며, 다음과 같은 여섯 가지 용도로 사용된다.

① 단말기에서 전화를 걸 때

② 기지국으로부터의 호출에 대해 응답할 때

③ 기지국으로부터의 특정한 지시에 대해 응답할 때

④ 기지국에 특정한 요청을 할 때

⑤ 위치 등록을 실시할 때

⑥ 단문의 데이터를 전송할 때

- 통화 채널(Traffic Channel)

역방향 통화 채널도 순방향 통화 채널과 마찬가지로 음성 및 데이터뿐만 아니라 통화 중에 기지국과의 제어 신호도 동시에 주고받는다.

통화 채널의 경우 음성 및 데이터 신호만 보내는 것이 아니라 정보 비트 가운데 일부는 통화를 위한 다양한 제어신호를 주고받는데 사용되는데, 음성/데이터, 제어신호, 2차 통화신호 등 3가지 정보 요소에 따라 다음과 같은 채널 구성 형태가 있다.

1) 음성/데이터 : 음성/데이터를 Full Rate(1)로 보낼 때 음성/데이터 신호만 전송

2) Dim & Burst : 1/2, 1/4, 1/8 음성 신호와 제어신호 또는 데이터 신호를 함께 전송

3) Blank & Burst : 음성 신호 없이 데이터 신호만을 전송

4) 전력 제어 신호 : 순방향채널에만 존재하며 1.25 ms 단위로 1개의 정보비트 가운데 1개 비트를 전력제어에 이용한다.

(3) 프레임 구조

CDMA 이동통신 시스템의 EVRC 음성 부호화 신호는 20 ms 단위로 송신되는데 순방향의 경우 9.6 kbps는 그대로 전송하지만 음성 신호가 적어 데이터를 줄인 4.8 kbps, 2.4 kbps, 1.2 kbps는 같은 신호를 1번, 3번, 7번 반복하여 송신함으로써 9.6 kbps의 전송속도와 맞춘다. 하지만 각각의 비트 에너지를 필요 이상 쓰지 않도록 각각 1/2, 1/4, 1/8로 비트 에너지를

줄여 반복함으로써 1개의 비트에너지는 동일하다. 역방향의 경우 단말기의 전력소모를 줄이기 위해 반복하여 송신하지 않는다. 9.6 kbps의 프레임은 20 ms 내 비트수는 172 비트이므로 1초당 속도는 172 x 50 = 8.6 kbps가 된다.

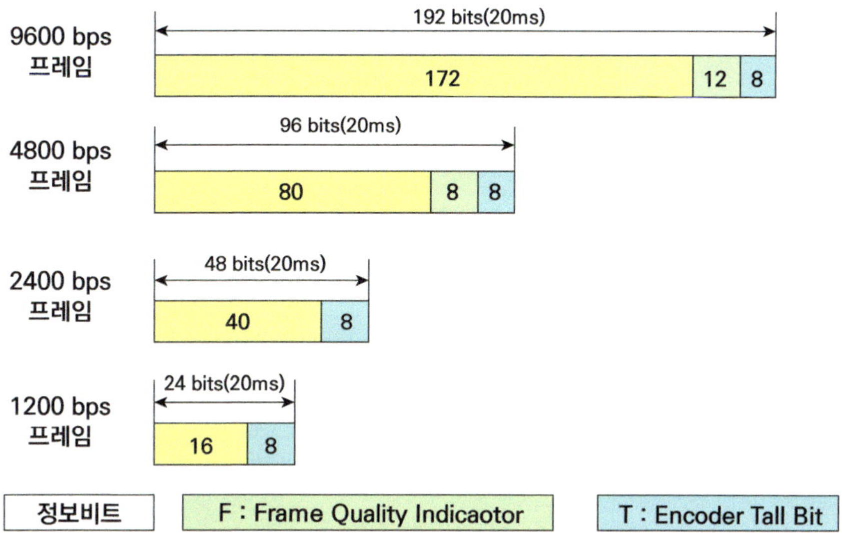

〈그림 5-43〉 CDMA 이동통신 시스템의 프레임 구조

(4) CDMA 전송 기술

CDMA 이동통신은 디지털 통신의 개념과 CDMA 개념이 결합하여 디지털 신호를 전송한다. CDMA에서 적용한 디지털 통신 기술은 다음과 같다.

첫째, 음성 부호화의 경우 이전에 8 kbps, 13 kbps QCELP를 사용하였으나 이후 EVRC 보코더를 주로 사용하고 있다.

둘째, 채널코딩 방식으로는 순방은 1/2 콘볼류션 코딩, 역방향은 1/3 콘볼류션 코딩을 사용하는데 이것은 역방향의 채널 환경이 전력 등의 제한으로 에러 환경을 처리하기 어렵기 때문이다. 채널 디코딩은 비터비(Viterbi) 디코딩 방식을 이용한다.

셋째, 인터리빙은 블록 코딩 방식을 이용한다.

넷째, 확산코드에 의한 데이터 스크램블링을 위해 롱 코드, 숏 코드, 왈시 코드를 이용한다. 확산코드는 호출채널과 통화 채널에서만 이용된다. 순방향에서 롱 코드는 1.2288 Mbps 신호 비트에서 64개 비트마다 1개의 비트를 데이터와 스크램블하여 19.2 kbps 속도를 유지하고, 왈시 코드는 19.2 kbps 데이터 1개를 64 bit로 스크램블하여 1.2288 Mbps 속도로 전송한다. 64 비트는 64개의 왈시 코드를 만든다. 끝으로 숏 코드는 1.2288 Mbps 스크램블된 신호를 다시 1.2288 Mbps로 스크램블하여 전송하는데 32768 code를 64 bit 단위로 512개의 시간을 구분하여 기지국에 할당하여 기지국마다 다른 코드를 가지게 함으로써 기지국을 구분한다.

역방향에서 왈시 코드는 역방향 데이터 1개를 6개의 왈시 코드로 스크램블하여 307.2 kbps로 전송하고 롱 코드는 데이터를 1.2288 Mbps로 데이터를 스크램블하여 전송하고 숏 코드는 역방향 1.2288 Mbps로 스크램블된 신호를 다시 1.2288Mbps로 스크램블하여 전송한다.

다섯째, 변조 방식은 순방향이 QPSK, 역방향이 OQPSK를 사용하는데 이것은 OQPSK가 위상의 변화를 작게 하여 증폭기의 선형성을 높일 수 있기 때문이다.

CDMA 순방향 무선채널 송수신 과정을 요약하면 다음과 같다. 기지국 제어기에서 만들어진 음성 부호화 신호는 채널코딩, 인터리빙을 거쳐 코드에 의해 확산된 다음 변조되어 전파로 발사되어 단말기에서 수신한다.

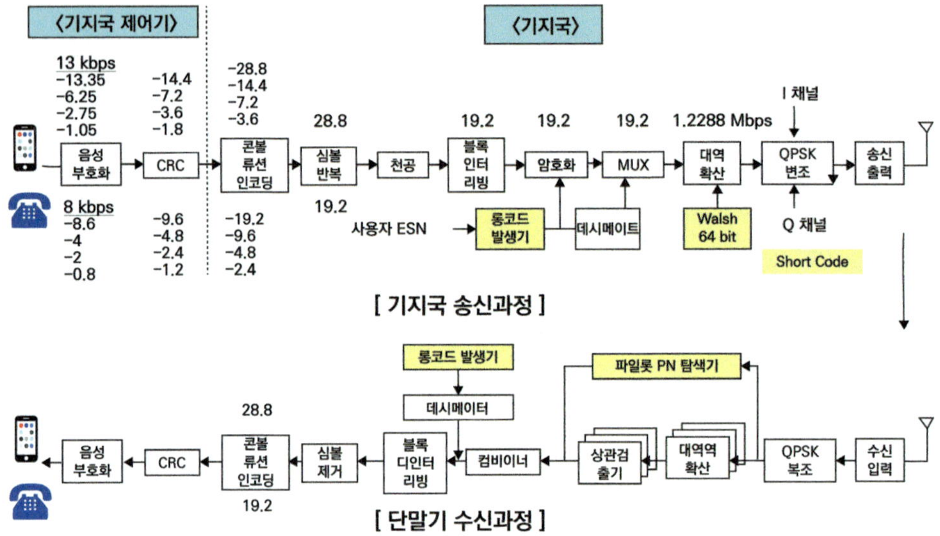

〈그림 5-44〉 CDMA 시스템의 순방향 무선채널 송수신 과정

CDMA 역방향 무선채널 송수신과정을 요약하면 다음과 같다. 역방향 링크에서는 단말기에서 만들어진 음성 부호화 신호는 채널코딩, 인터리빙을 거쳐 코드에 의해 확산된 다음 변조되어 전파로 발사되고 기지국이 수신한다.

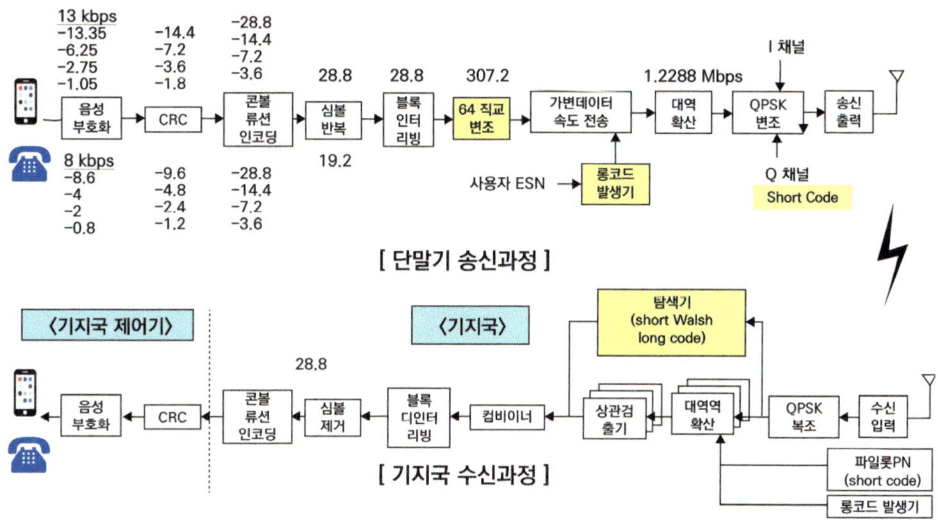

〈그림 5-45〉 CDMA 시스템의 역방향 무선채널 송수신 과정

(5) IS-95B 시스템의 채널 구성과 전송속도

IS-95B 시스템의 전송속도는 통화채널 8개까지 보낼 수 있으나 회선데이터 서비스만 가능하여 교환기의 1채널 전송속도(64 kbps)에 제한되어 14.4 kbps 4개 채널을 사용할 경우 약 57.2 kbps의 속도로 데이터를 전송할 수 있다.

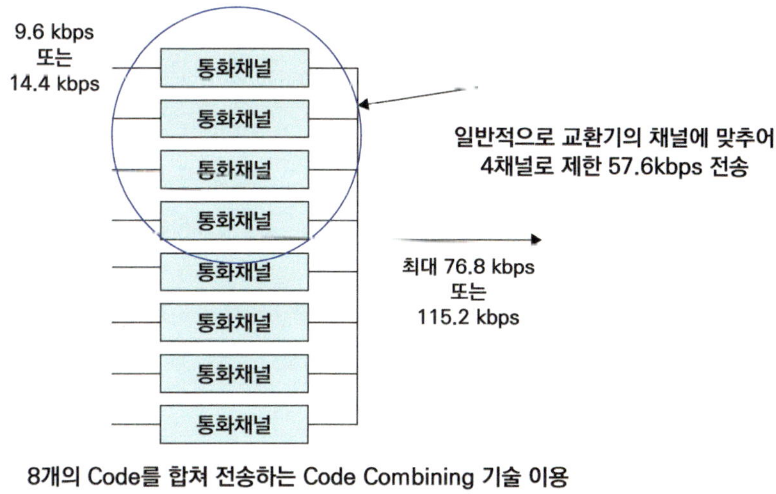

〈그림 5-46〉 IS-95B 시스템의 채널 구성과 전송속도

(6) 호처리 절차

단말기는 CDMA 이동통신서비스를 제공받기 위해 다음과 같은 4단계의 과정을 거친다.

① 단말기는 기지국과 동기를 맞추는 초기화 상태(Initialization State) 과정이다. 단말기는

기지국이 보내는 고유한 코드인 숏 코드를 이용하여 기지국을 확인하고 파일럿 채널을 통해 시간 정보를 획득한다. 다음 기지국마다 다른 동기채널을 수신하여 기준 시간으로부터 일정 시간 떨어진 PN offset 시간을 확인한다. 파일럿과 동기 채널의 프레임은 26.67 ms 단위로 전송된다. 이것은 숏 코드가 32,768개마다 반복되는데 32,768개 비트가 1.2288 Mbps 속도로 전송될 때의 전송시간이다. ② 시스템이 연결되면 대기 상태(Idle State)에 들어가 호출채널을 통해 서비스를 위한 각종 파라미터를 감시하고 통화대기 핸드오프를 수행한다. 이때부터 26.67 ms인 프레임은 20 ms 프레임으로 변경된다. ③ 접속 채널을 통한 통화 시도 상태(System Access State)이다. 접속채널을 통해 음성 또는 데이터 등의 서비스를 받을 내용을 설정한다. ④ 채널을 할당 받아 통화를 하는 통화 상태(Traffic State)이다. 통화 채널에서 통화하는 동안 전력제어가 수행된다.

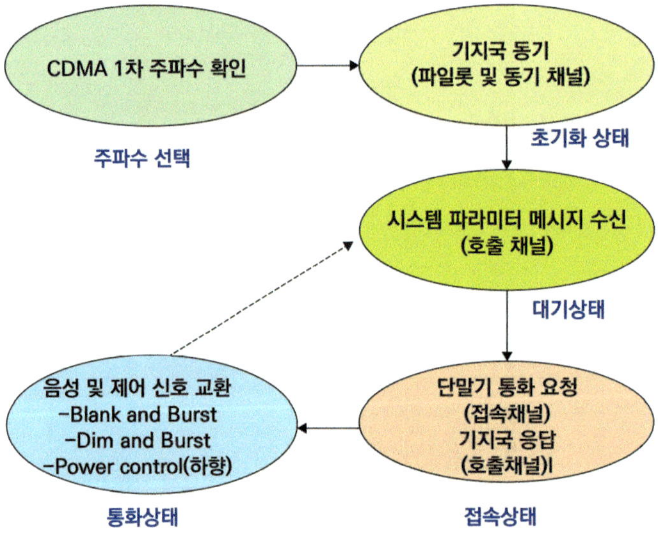

〈그림 5-47〉 CDMA 시스템의 호처리 과정

이동통신의 주요 호처리 절차인 위치 등록 및 호출 그리고 통화 절차에 대한 CDMA 이동통신 시스템의 일반적인 절차는 다음과 같이 이루어진다. 링 제거 후 통화 채널을 이용하여 통화한다.

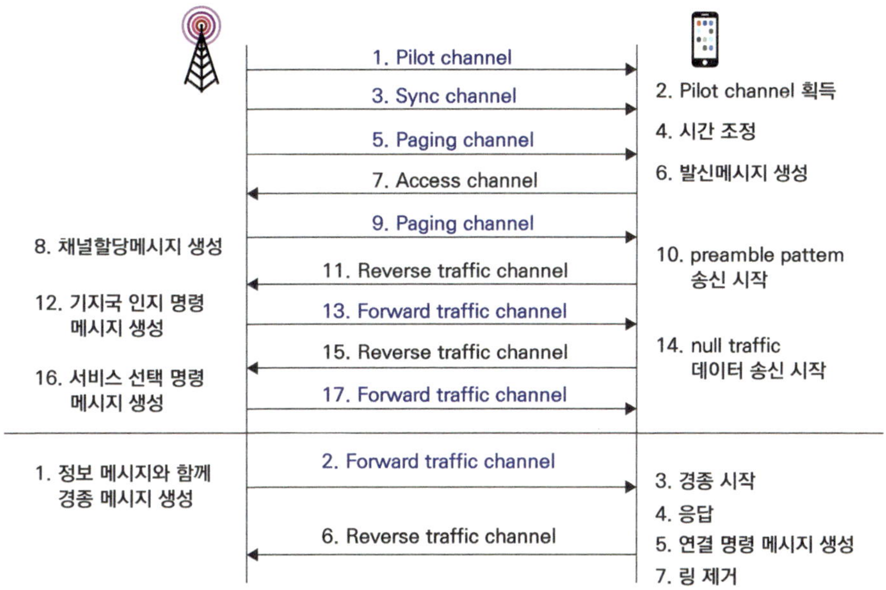

〈그림 5-48〉 CDMA 시스템의 호처리 절차

(7) 위치 등록

제4장에서 위치등록에 대해 이미 설명한 바 있는데, 다시 한 번 정리하면 다음과 같다. 이동통신 가입자의 이동상황을 실시간으로 관리하여 단말기가 통화중이 아닌 상태에서 한 위치영역에서 다른 위치영역으로 이동할 때 HLR과 VLR에 해당 가입자의 위치정보를 변경하거나 저장한다. 그런데 CDMA 이동통신이 되면서 위치등록의 정확성을 위해 주기적인 시간뿐만 아니라 거리 측정 등에 의한 위치등록 등보다 많은 방법이 추가되었다. CDMA 이동통신 시스템에서 수행되는 위치등록은 다음과 같다.

- 전원을 On, Off할 때 등록(Power Up/Down Registration)
- 주기 등록(Time based Registration) : 일정한 시간이 흐를 경우
- 거리 기준 등록(Distance based Registration) : 기지국에서 일정 거리가 될 경우
- 위치 영역 변경 등록(Zone based Registration) : 자기가 속한 영역이 변경될 경우
- 파라미터 변경 등록(Parameter-change Registration) : 다른 교환기로 이동할 경우
- 명령 등록(Order Registration) : 기지국 명령이 있을 경우
- 묵시적 등록(Implicit Registration) : 단말기의 발신 및 착신이 발생할 경우
- 트래픽 채널 등록(Traffic Channel Registration) : 통화 중 다른 교환기로 이동할 경우

열거한 8개의 위치등록 방법은 CDMA 무선접속 규격인 IS-95에 정의되어 있으나, 이러한 위치등록 방법을 모두 이동통신망에서 적용하는 것은 아니고, 효과적인 몇몇 방법을 각 이동전

화 사업자가 정해서 사용하게 된다.

(8) 핸드오프

CDMA 이동통신과 아날로그 이동통신 차이점을 가장 잘 나타내는 것 중의 하나가 핸드오프일 것이다. 아날로그에서 수행하는 핸드오프는 이동전화 교환국이 핸드오프의 주된 역할을 담당하는 것으로 기지국이 통화회선의 신호강도를 측정하여 이동전화 교환국으로 전달하면 교환국에서 결정을 하게 된다. 이것을 **망제어 방식의 핸드오프** NCHO : Network Controlled HandOff라고 한다. 반면 CDMA 이동통신은 단말기가 신호레벨과 품질을 측정하여 기지국을 통하여 보고하면 교환국에서 옮겨갈 셀을 정하여 핸드오프를 수행하는데, 이것을 **단말기 지원 핸드오프** MAHO : Mobile Assisted HandOff라고 한다. 핸드오프를 결정하는 주요 파라미터로는 이동국과 기지국 사이의 수신 신호 세기, 에러율(BER : Bit Error Rate), 이동국과 기지국 사이의 거리 등이 있다.

핸드오프의 방식은 아날로그인 경우 하드 핸드오프 한 가지만 존재하지만 IS-95A 시스템에서는 하드 핸드오프(Hard Handoff), 소프트 핸드오프(Soft Handoff), 소프터 핸드오프(Softer Handoff) 3가지가 있다. 〈그림 5-46〉에서 다양한 핸드오프 형태를 나타내고 있다. IMT-2000 시스템에서는 핸드오프의 종류가 추가적으로 몇 가지 더 늘어난다.

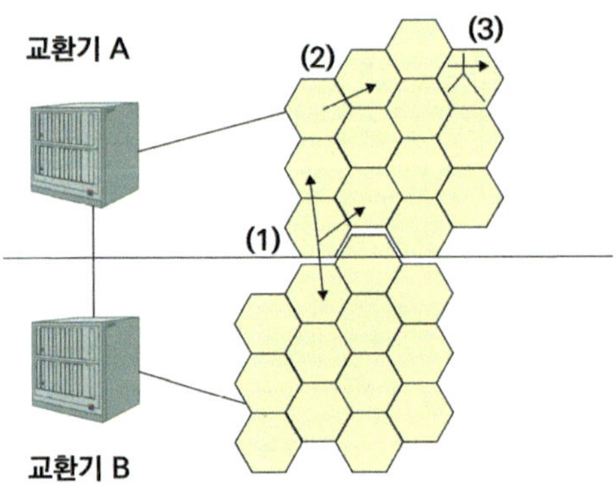

〈그림 5-49〉 다양한 핸드오프 형태

가. 핸드오프의 종류

1) 하드 핸드오프

기존 아날로그방식에서 핸드오프 시 먼저 사용 중인 통화 채널을 끊고 새로운 채널로 바꾸어 통화를 계속하는 방식으로 사용자가 느끼지 못할 정도의 짧은 시간에 이루어진다. 만약 단말기가 두 셀 간의 경계를 중심으로 반복적으로 이동하는 경우 두 기지국과 번갈아 가면서 연결되는 핑퐁 현상이 발생할 가능성이 있다. IS-95 방식에서는 단말기가 다른 교환국에 속해 있는 기지국으로 이동할 경우, 다른 주파수 채널로 통화 채널을 변경할 경우, 또 서로 다른 프레임 옵셋(Frame Offset)을 가지는 통화 채널로 변경할 경우에는 하드 핸드오프를 하기도 한다.

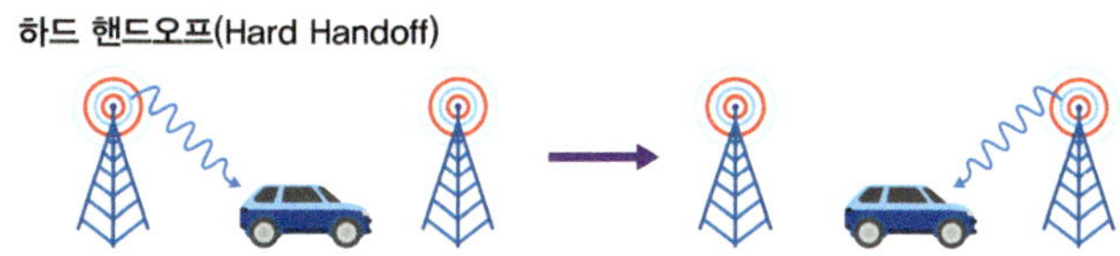

〈그림 5-50〉 하드 핸드오프

2) 소프트 핸드오프

새로 할당받은 채널과 현재까지 이용하던 채널을 동시에 점유하여 바꾸는 방식으로 2개의 채널을 짧은 시간동안 점유하게 된다. 이로 인하여 하드 핸드오프의 단점인 통화 단절, 핑퐁 현상은 해결되나 2개 채널의 동시 점유로 채널이용 효율이 다소 낮아진다. 소프트 핸드오프는 동일 주파수, 동일 프레임 옵셋, 동일 교환기에 속해 있는 경우에만 가능하다.

〈그림 5-51〉 소프트 핸드오프

3) 소프터 핸드오프

소프트 핸드오프는 기지국 간 핸드오프이고, 소프터 핸드오프는 동일한 기지국 내 섹터 간의 핸드오프이다. CDMA 방식에서 사용하는 소프트/소프터(soft/softer) 핸드오프는 단말기가 기지국으로부터 여러 경로로 도착하는 신호를 서로 구별할 수 있는 능력이 필요한데 이런 기능을 레이크 리시버가 수행한다. 채널을 두 개 점유하지 않고 한 개를 공유한다.

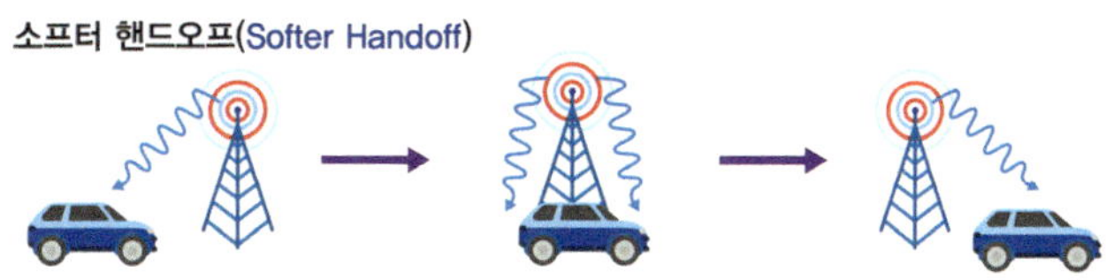

〈그림 5-52〉 소프터 핸드오프

나. 핸드오프를 위한 기지국 분류 및 주요 파라미터

1) 기지국 분류

- 활성셀 집합(Active Set) : 현재 통화중인 기지국들
- 후보셀 집합(Candidate Set) : 현재 통화는 하지 않지만 파일럿 세기가 충분한 기지국들

● 이웃셀 집합(Neighbor Set) : 파일럿 세기가 충분하지 않지만 이웃해 있는 기지국들
● 기타셀 집합(Remaining Set) : 기타 핸드오프가 가능성이 있는 기지국들

2) 주요 파라미터

● T_ADD : 새로운 셀을 활성셀로 포함하기 위한 파일럿 신호 레벨의 기준 값
● T_DROP : 기존 셀을 활성셀에서 제외하기 위한 파일럿 신호 레벨의 기준 값
● T_TDROP : T_DROP의 조건이 유지되는 것을 확인하기 위한 추가 대기시간
● T_COMP : 활성셀과 후보셀의 파일럿 세기를 비교하는 것으로 주로 하드 핸드오프할 때 이용

다. 소프트 핸드오프 방법 및 절차

단말기는 현재 접속 가능한 CDMA 채널이 존재하는지 감지하기 위해서 수신 가능한 파일럿 채널을 주기적으로 탐색한다. 한 기지국에서 통화중인 단말기는 주변 기지국의 파일럿 채널의 기가 충분히 커지면 두 기지국의 통화 채널을 동시에 점유하다가 처음 통화 중이던 기지국의 파일럿 채널의 세기가 작아지면 그 기지국과의 연결을 끊고 새로운 기지국과 통화연결을 계속 유지한다. 소프트 핸드오프 절차는 〈그림 5-50〉과 같이 단말기가 좌측에서 우측으로, 즉 셀 1의 영역에서 셀 2의 영역으로 이동하고 있다고 가정할 때 다음과 같은 절차에 의해서 수행이 된다.

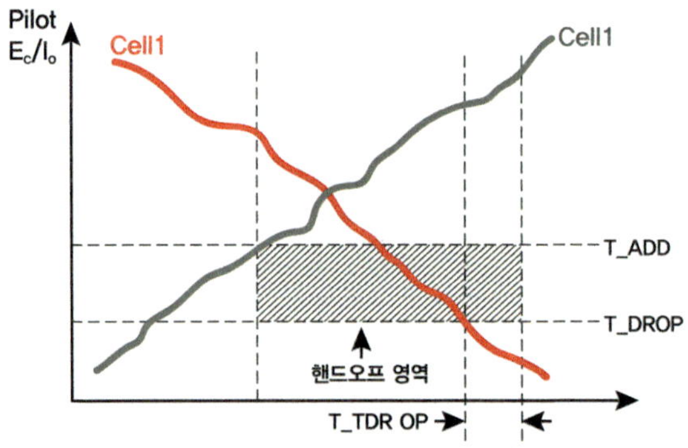

〈그림 5-53〉 소프트 핸드오프 절차

① 셀1에서 통화중
② 셀2의 파일롯 채널 세기가 기준값(T_ADD)를 넘으면 단말기는 측정 결과를 기지국에 전송
③ 기지국은 셀2로 핸드오프 할 것을 단말기에 전송
④ 단말기는 핸드오프 완료를 기지국에 전송

⑤ 셀1의 파일롯 세기가 기준값(T_DROP) 이하로 내려가고 일정시간(T_TDROP)이 지나면 셀1과 절단

라. 핸드오프를 위한 주요 메시지 및 검색 방법

1) 핸드오프를 위한 주요 메시지

- Neighbor List Message

  기지국이 단말기에게 호출채널을 이용하여 주변 기지국의 PN offset을 알려주어 단말기가 신속한 파일롯 세기 검색이 가능하게 함

- Pilot Strength Measurement Message

  단말기가 기지국으로 주변 기지국의 파일롯 세기를 보고

- Handoff Direction Message

  기지국이 단말기에게 핸드오프 명령 메시지 전송

- Handoff Completion Message

  단말기가 기지국에게 핸드오프 완료 메시지를 전송

- Neighbor List Update Message

  통화 중 핸드오프로 기지국을 변경할 경우 기지국이 단말기에게 순방향 통화채널을 이용하여 주변 기지국의 PN offset 정보를 갱신하도록 함

2) 핸드오프 검색 방법

- Pilot Search Window

  단말기는 파일롯을 검색할 때 기지국으로부터 단말기로 전파되는 시간을 고려하여 기지국으로부터 수신한 시간을 앞뒤로 하여 일정시간 동안 반복하여 검색하는데 검색시간의 범위를 Pilot Search Window라고 한다.

- Active Search Window

  동일한 전파신호가 다중 경로에 의해 도착하는 시간을 고려 각각의 신호를 별도로 수신하여 신호를 합성할 수 있도록(레이크 리시버 기능) 처음으로 수신된 신호의 전후로 몇 개의 chip 범위 내에서 신호를 검출하는데 검색 chip의 범위를 Active Search Window라고 한다.

(9) 전력제어

CDMA 방식의 이동통신은 동일한 주파수 대역을 여러 사용자가 동시에 사용하는 특징을 갖고 있기 때문에 상호 간섭 없이 사용하기 위해서는 각 단말기의 전력제어를 통하여 간섭양을 최소화해야 한다. 〈그림 5-54〉와 같이 기지국으로부터 가깝게 위치한 B 단말기는 멀리 위치한 A 단말기보다 훨씬 낮은 전력으로 기지국과 통신을 함으로써, 상대에게 간섭을 적게 발생시킴과 동시에 전력소모를 줄일 수 있다.

전력제어는 순방향 전력제어와 역방향 전력제어가 있다. 순방향 전력제어는 인접 셀 간의 간섭을 줄이기 위해 기지국에서 각 채널의 상태를 파악하여 각 채널 송신전력을 제어하는 방법이며, 역방향 전력제어는 셀 내의 모든 단말기들에 대하여 서로 간의 간섭문제를 해결하기 위해 단말기의 송신전력을 제어하는 방법이다.

〈그림 5-54〉 전력제어 개념

가. 순방향 전력제어

순방향 CDMA 채널전력은 Pilot 채널, Sync 채널, Traffic 채널과 Paging 채널들의 전력합이다. 특정 단말기가 다중경로 전파현상과 잡음 또한 간섭이 심한 r기지국 경계 지역에 위치할 때 일정 수준 이상의 품질을 유지하기 위해서는 기지국에서 해당 채널의 전력을 증가시켜야 한다. 이 경우 기지국에서는 전체 전력값이 한정되어 있으므로 전체 트래픽 채널의 전력을 재조정할 필요가 있다. 순방향 전력제어는 3 ~ 4 dB 정도의 작은 범위에서 이루어진다.

나. 역방향 전력제어

기지국에 도달하는 모든 단말기 신호가 만족할 만한 품질을 제공할 수 있는 최소한의 신호 대 잡음비가 될 때 CDMA 시스템에서 최대 용량을 얻을 수 있다. 기지국에 가까이 위치한 단말기는 멀리 위치한 단말기보다 경로손실이 적으므로 전력제어를 수행하지 않으면 다른 단말기 신호에 간섭을 일으키게 되며, 멀리 있는 단말기보다 적은 전력을 사용하여야만 기지국에서 수신세기가 동일하게 된다. 역방향 전력제어에는 개방루프 전력제어와 폐루프 전력제어가 있다. 단말기는 기지국 신호의 수신세기에 따라 송신세기를 결정하는데 이러한 방법을 개방루프 전력제어라고 하며, 기지국은 단말기 신호의 수신세기에 따라 단말기의 송신세기의 증감을 명령하게 되는데 이 방법을 폐루프 전력제어라고 한다.

다. 근원 간섭

만일 전력제어를 하지 않으면 〈그림 5-52〉와 같은 상황에서 단말기 B의 신호를 알 수가 없을 것이다. 즉, 단말기 A의 신호가 월등히 높을 때 단말기 B가 역대역확산에 의해 신호를 증폭하더라도 단말기 A보다 전력이 낮아 신호를 알 수 없는 경우가 발생한다. 이러한 문제를 **근원 간섭** Near Far Interference 문제라 한다.

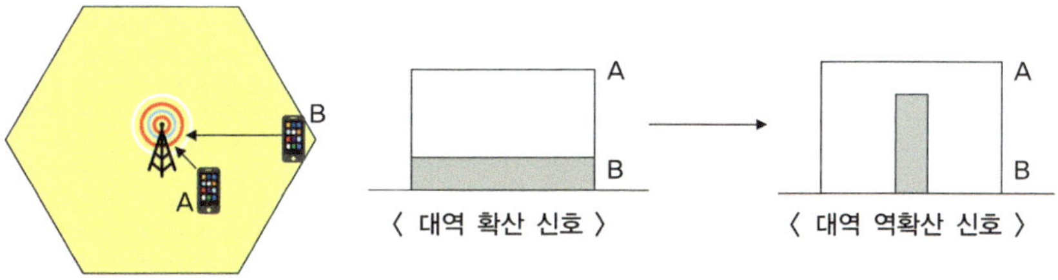

〈그림 5-55〉 CDMA 시스템의 근원 간섭 문제

CDMA 이동통신의 전력제어의 종류는 다음과 같다.

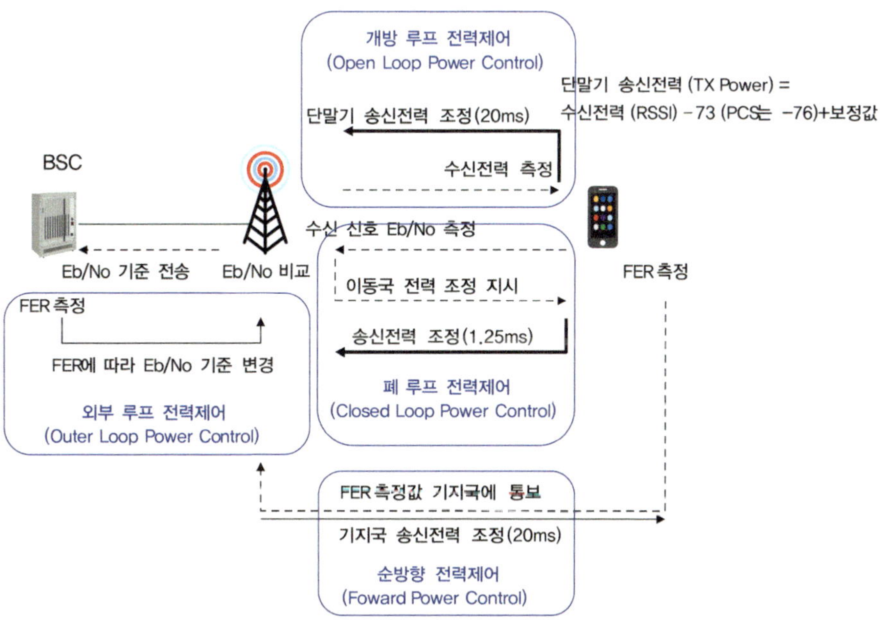

〈그림 5-56〉 CDMA 이동통신의 전력제어의 종류

CDMA 이동통신의 전력제어의 종류는 아날로그의 전력 제어와 방식과 유사한 개방형 루프 전력 제어 방식에 추가하여 디지털 측정을 기반으로 한 폐 루프 전력제어, 순방향 전력제어, 외부 루프 전력 제어 등이 추가되었다. CDMA 이동통신의 전력제어의 특징을 요약하면 〈표 5-5〉와 같다.

〈표 5-5〉 CDMA 이동통신의 전력제어의 특징

종류	역방향 전력제어		순방향 전력제어
목적	셀 내의 근원 간섭 감소		셀 외부 간섭 축소
방법	개방 루프 제어	이동국이 기지국의 수신전력을 추정하여 독자적으로 전력 조정	폐루프 제어 : 각 이동국으로부터 FER 측정치를 보고 받아 기지국 송신 전력 제어
	폐루프 제어	기지국 송신 명령에 따라 이동국이 조절	
	외부 루프 제어	폐루프 전력제어 시 기지국이 E_b/N_o 임계치를 무선 링크 상태(FER)에 따라 변화	
관련 채널	개방루프 제어	호출 채널	순방향 트래픽
	폐루프 제어	역방향 통화채널, 접속채널	
전력 제어주기	개방루프 제어	20 ms	전력측정보고 측정 주기마다 또는 불량 프레임 수가 전력보고 임계치를 넘을 때 (일반적으로 20 ms)
	폐루프 제어	1.25 ms	
보정 대상	개방루프 제어	느린 페이딩(slow fading)	셀 외부 간섭
	폐루프 제어	빠른 페이딩(fast fading)	
측정 파라미터	개방루프 제어	이동국 E_b/N_o	수신 FER에 따른 기준 E_b/N_o의 변화
	폐루프 제어	기지국 E_b/N_o	

(10) 슬롯 모드에 의한 DRX(Discontinuous Reception)

CDMA 이동통신은 호출 채널의 일부 시간만을 확인함으로써 단말기의 전력 사용을 최소화하고 있다. 기지국으로부터 단말기를 호출하는 호출 채널 데이터의 슬롯 시간은 80ms이고 기지국이 파일롯 채널을 재동기하는 시간은 80 또는 160 ms이다. 슬롯을 탐색하는 주기(Slot Cycle)는 Slot_Cycle_Index N에 따라 결정된다. 일반적으로 1 또는 2를 사용한다.

$$\text{Slot\_Cycle(초)} = 1.2288 \times 2^{\text{Slot\_Cycle\_Index}} \quad \text{(식 5-11)}$$

N = 1이면 2.4576초, N = 2이면 4.9152초 1번을 탐색한다. 탐색하는 시간을 그림으로 나타내면 다음과 같다.

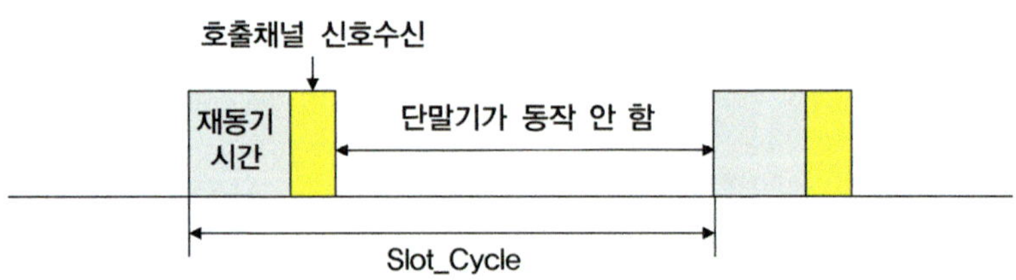

〈그림 5-57〉 CDMA 이동통신의 슬롯 모드에 의한 DRX

(11) 레이크 리시버

기지국 또는 단말기 송신기에서 전파된 신호는 전파하는 동안 장애물에 부딪히면서 여러 경로를 갖고 도착지에 도달한다. 즉 똑같은 신호가 여러 개 존재하게 된다. 이러한 신호들을 모두 수신하여 합칠 수 있다면 이동통신에 매우 이로울 것이다. CDMA 이동통신은 이 점을 착안하여 레이크 리시버(Rake Receiver)란 기능을 구현하였다. 레이크 리시버는 소프트 핸드오프 또는 시간 다이버시티를 구현하는 이용된다. 구성은 〈그림 5-58〉과 같다.

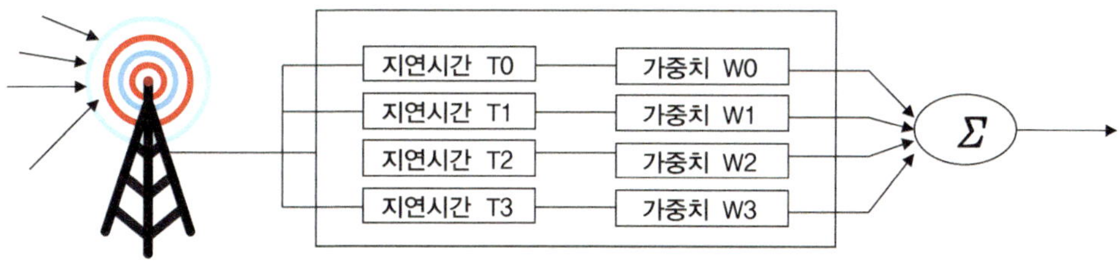

〈그림 5-58〉 레이크 리시버

레이크 수신기라 불리는 평행 상관검출 수신기는 각기 다른 경로를 통한 수신신호를 각각 따로 추적하여, 수신된 모든 신호를 합한 후 복조한다. 페이딩은 각 수신신호에 발생할 수 있으나, 수신경로 상호간에는 아무런 상관관계가 없다. 따라서 모든 수신신호에 대하여 동시에 페이딩이 발생할 가능성이 희박하므로 이들 수신신호의 합은 신뢰성이 매우 높다.

다중경로 처리는 PN 파형을 평행 상관검출기(parallel correlator)로서 검출하는 것이다. 단말기는 3개 그리고 기지국은 4개의 평행 상관검출기를 사용한다. 상관검출기의 다중화는 단말기로 하여금 동시에 2개의 기지국과 송수신을 가능케 하여 소프트 핸드오프를 가능하게 한다. 다음은 단말기의 예를 보여주고 있다.

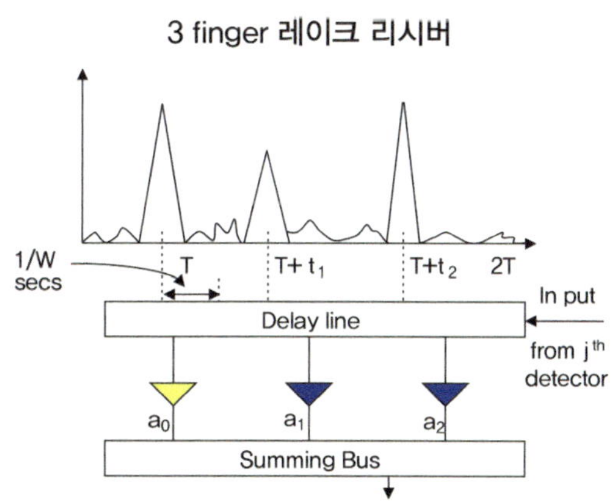

〈그림 5-59〉 레이크 리시버 수신결과 예(3개의 상관 검출기 이용)

(12) 인증 및 암호화

CDMA의 가장 중요한 특징 중의 하나가 도난 및 도청을 막는 강력한 기능이 있다는 점이다. CDMA는 이동통신가입자의 비밀 보장과 가입자 데이터 보호를 위하여 가입자 및 단말기에 대한 인증 및 신호 정보에 대한 암호화 절차를 수행한다. 단말기 인증 기능은 EIR을 이용하여 단말기의 불법 사용 및 도용을 방지하는데 위치 등록 또는 호 설정을 할 때 가입자가 유효한 가입자 인지를 확인한다. 그리고 통화 내용의 도청을 방지하기 위해 CDMA 시스템은 롱코드를 사용하여 다른 단말기가 자신의 신호를 도청하지 못하도록 한다.

일반적으로 가입자 인증은 시스템 등록, 발신, 착신, 데이터 송신, 시스템의 요청 등 다양한 경우에 선택적으로 사용된다. 선택적으로 사용하는 경우는 인증절차로 지나친 트래픽이 발생하기 때문이다. 단말기와 인증센터는 랜덤데이터(RAND : 32bit), 단말기의 고유번호(ESN : 32 bit), 단말기와 인증센터가 공유하는 인증키(A-Key : 64bit))를 이용하여 단말기 고유의 공유비밀데이터(SSD : Shared Secrete Data) SSD_A(64 bit)와 SSD_B(64 bit)를 생성한다. 인증센터는 SSD_A(64 bit)를 이용하여 단말기가 등록, 발신, 착신, SMS 송신 등을 수행할 때 가입자 인증절차를 수행한다. 〈그림 5-60〉는 가입자가 시스템에 등록할 때의 인증 절차를 나타낸다.

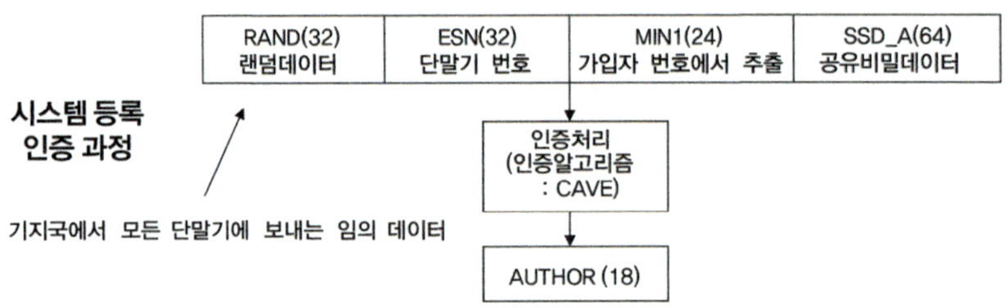

〈그림 5-60〉 시스템 등록 인증 절차

기지국으로부터 인증 요구를 받고 인증센터와 함께 공유한 비밀데이터와 임의의 데이터를 인증 알고리즘을 이용하여 산출한 결과를 기지국으로 보내서 인증센터의 값과 동일할 경우 실제 가입자임을 확인하게 된다. 이때 인증 알고리즘은 미국에서 사용되고 있는 CAVE(Cellular Authentication, Voice Privacy and Encryption) 알고리즘을 사용한다.

또한 인증센터는 ESN 정보를 이용한 long code가 외부에 노출될 것을 고려하여 SSD_B(64 bit)와 CAVE 알고리즘을 이용하여 음성 암호화를 수행한다. 이때 만들어지는 새로운 코드를 Private long code라고 한다.

5.4 GSM 이동통신

5.4.1 개요

1980년대 초반 유럽 여러 나라에서 아날로그 이동전화시스템이 도입되면서 가입자가 크게 늘어났으나 유럽 각국은 국가 또는 지역마다 다양한 이동전화 시스템을 사용하여 국가 또는 지역 사이에 시스템 간 호환성이 없었다. 이를 극복하기 위하여 모든 유럽 국가들은 이동전화시스템을 하나의 표준으로 통일하고자 하였다. 1982년도에 CEPT(Conference European Posts Telegraphs)는 연구그룹을 만들어 GSM(Group Special Mobile)이라고 정하고 범유럽 이동전화시스템의 기준을 정하였는데, 그 기준은 ① 좋은 음성품질 ② 서비스와 단말기의 낮은 가격 ③ 국제로밍 지원 ④ 손에 들고 다닐 수 있는 단말 지원 ⑤ 새로운 서비스들과 장비들에 대한 지원 ⑥ 높은 효율성 ⑦ ISDN과의 호환성 등이다. 또한 1986년 새로운 범유럽 이동전화시스템이 같은 주파수를 이용하도록 900 MHz 대역의 주파수를 분배하였다. 1989년에 GSM의 책임이 ETSI(European Telecommunication Standards Institute)로 이관되었으며 ETSI는 GSM을 Global System for Mobile communication으로 명칭을 바꾸고 GMS phase 1 표준을 발표하였다. 최초의 상업 서비스는 1991년 중반 핀란드에서 시작되었다. 이후 1993년에 18개국 32 GSM 네트워크가 설치되었다. 이후 GSM은 유럽뿐만 아니라 아프리카, 남미, 중미, 아시아 지역에서 채택되면서 세계적으로 이용하게 되었다. GSM 가입자 수는 1994년 1백만 명, 1995년 1천만 명, 1998년 1억 명, 2004년 10억 명, 2006년 20억 명을 넘어서면서 전 세계 이동통신 가입자의 75%가 GSM을 이용하였다. WCDMA, LTE 시스템의 확대와 함께 사용자 수가 줄어들고 있지만 2015년 현재도 여전히 세계적으로 많은 사람들이 이용하고 있다. 한편 GSM은 1994년에 데이터 및 팩스를 포함한 GSM Phase 2 서비스가 시작되었으며 1999년에는 고속 데이터 서비스를 위한 GPRS(General Packet Radio Service) 서비스와 무선인터넷 접속 서비스인 WAP 서비스가 시작되었다.

GSM은 다양한 주파수 대역에서 이용이 가능하도록 주파수 대역별 채널번호를 지정하여 사용하고 있다. 이를 요약하면 〈표 5-6〉과 같다.

〈표 5-6〉 GSM 시스템의 종류 및 채널 번호

구분		주파수범위 (MHz)	채널번호와 중심 주파수	채널번호 범위	전력(W)
Primary GSM (PGSM)	상향 하향	890~915 925~960	Fu(n) = 890 MHz + 0.2 MHz * n Fd(n) = Fu(n) + 45 MHz	1 ≤ n ≤ 124 (0은 보호 대역)	0.8~20 2.5~320
Extended GSM (EGSM)	상향 하향	880~890 925~935	Fu(n) = 890 MHz + 0.2 MHz * (n–1024) Fd(n) = Fu(n) + 45 MHz	975 ≤ n ≤ 1023	0.8~20 2.5~320
DCS 1800	상향 하향	1710~1785 1805~1880	Fu(n) = 1710 MHz + 0.2 MHz * (n–511) Fd(n) = Fu(n) + 95 MHz	512 ≤ n ≤ 885	0.25~1 2.5~20
PCS 1900	상향 하향	1850~1910 1930~1990	Fu(n) = 1850.2 MHz + 0.2 MHz * (n–511) Fd(n) = Fu(n) + 80 MHz	512 ≤ n ≤ 810	
GSM	상향 하향	824~849 969~894	Fu(n) = 824.2 MHz + 0.2 MHz * (n–128) Fd(n) = Fu(n) + 45 MHz	128 ≤ n ≤ 251	

* 채널번호 n은 AFRCN(Absolute Radio Frequency Channel Number)이라고 함
Fu는 상향링크의 주파수, Fd는 하향링크의 주파수임
채널 대역폭은 모든 시스템에서 200 kHz임
일반적으로 Primary GSM 단말기 전력은 2W 사용

5.4.2 GSM 이동통신망

GSM 이동통신망의 주요 구성 내용은 〈그림 5-61〉과 같다.

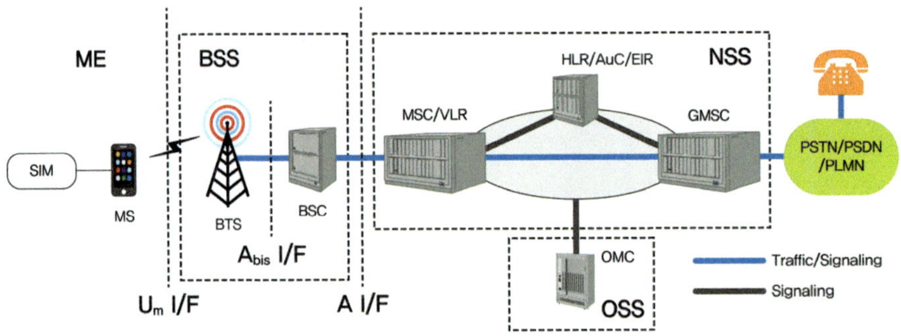

SIM : Subscriber Identify Module
ME : Mobile Equipment
BTS : Base Tranceiver Station
BSC : Base Station Controller
BSS : Base Station Subsystem

MSC : Mobile Switching Center
VLR : Visitor Location Register
HLR : Home Location Register
AuC : Authentification Center
EIR : Equipment Identify Register

MSC : Mobile Switching Center
VLR : Visitor Location Register
HLR : Home Location Register
AuC : Authentification Center
EIR : Equipment Identify Register

〈그림 5-61〉 GSM 이동통신망 구성도

GSM 이동통신망의 구성 요소는 제4장에서 설명한 일반적인 셀룰러 이동통신망의 구성 요소와 비슷하므로 여기서는 일부 달라진 기능만을 설명한다. 기지국 제어기, 교환기, 방문자 위치 등록기, 관문 교환기는 4장의 일반적인 셀룰러 이동통신 시스템의 기능과 유사하다. VLR은 TMS(Temporary Mobile Subscriber Identity)를 저장한다. 운용보전센터(OMC)는 망관리 시스템과 기능이 같다. 인증센터는 가입자 인증이 반드시 요구되며 가입자 인증을 위해 A3 알고리즘, 암호화를 위해 A8 알고리즘을 저장한다. 단말장치 등록기는 단말기 인증이 반드시 요구되며 IMEI를 저장한다. 가입자 식별 모듈(SIM : Subscriber Identity Module)은 전화번호 등 가입자가 통신을 이용하기 위한 모든 정보를 포함하고 있는 카드로서 단말기에 장착하여 사용된다. SIM 카드 없는 단말기는 단지 긴급 전화만을 사용할 수 있으며 가입자 인증을 위해 A3 알고리즘, 암호화를 위해 A8 알고리즘을 이용한다. 단말기(ME)는 이동통신망에 접속하기 위해 기지국과 정보를 주고받는 장비로서 SIM 카드를 내장하여 사용한다. 기지국은 단말기와 이동통신망을 연결하는 장비로서 1 ~ 16개의 독립된 RF 채널을 갖는 트랜시버를 구성하고 있다. 방문자 위치 등록기는 단말기가 종료할 때 가입자 정보를 SIM 카드에 저장한다. 홈위치 등록기는 IMSI(International Mobile Subscriber Identity)를 저장한다.

5.4.3 주요 기술

(1) 주파수 자원 이용

가. 다중접속/다중화 방식

GSM 디지털 이동통신은 TDMA/TDD 방식의 다중접속/다중화 방식을 이용하고 듀플렉스 방식으로는 FDD 방식을 이용하고 있다.

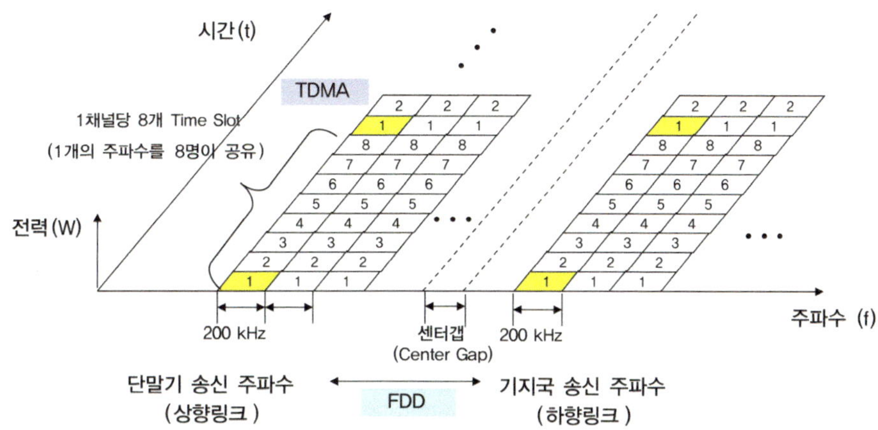

〈그림 5-62〉 GSM 이동통신시스템의 다중접속/다중화 및 듀플렉스

GSM 시스템은 TDMA 무선접속 방식을 사용하여 하나의 무선채널에서 여러 회선들을 시간으로 분할하여 다중화하였다. GSM은 그림에서와 같이 200 kHz 주파수 대역폭에 8개의 타임 슬롯을 가지고 있다. 각 타임 슬롯당 1명의 사용사가 이용할 수 있으므로 200 kHz당 8명의 사용자가 동시에 이용 가능하다.

나. 주파수 호핑 방식

TDMA 프레임 단위로 느린 주파수 호핑 방식 Slow Frequency Hopping 방식을 이용하여 Multi path Fading을 극복한다. 즉 그림에서처럼 타임 슬롯을 유지한 채 채널을 바꾸어 가면서 신호를 송신하면 특정 주파수에 페이딩이 발생하여도 일부의 데이터만 손상을 입을 수 있게 된다.

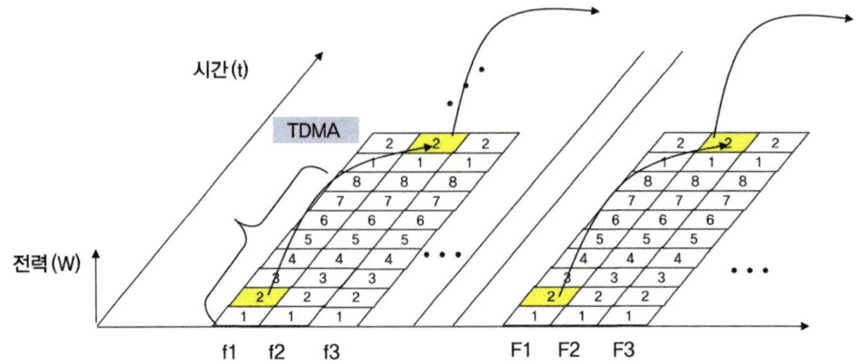

〈그림 5-63〉 GSM 이동통신시스템의 주파수 호핑 대역 확산

주파수 호핑에 의해 단말기와 BTS가 각 TDMA 프레임을 각 다른 캐리어 주파수에 전송한다. 주파수 호핑 알고리즘은 Broadcast Control Channel을 통하여 전송된다. 다중경로페이딩은 캐리어주파수에 종속적으로 일어난다. 따라서 주파수 호핑을 함으로써 이 문제를 해결할 수 있다.

(2) 채널 구조

채널은 크게 통화채널과 제어채널로 구분된다. 통화채널 Traffic Channel은 음성과 데이터 정보를 운반하는데 사용된다. TCH는 26프레임, 또는 26 TDMA 프레임의 그룹으로 정의되어 있다. 26 프레임의 길이는 120 ms이다. 26프레임 중 24개는 통화 채널로 쓰고 1개는 Slow Associated Control Channel(SACCH)로 쓰고 나머지 1개는 사용하지 않는다. 통화채널은 순방향링크와 역방향링크에서 3burst 주기의 시간으로 나누어져 있다. Full-rate TCH과 함께 Half-rate TCH은 시스템의 용량을 두 배로 늘릴 수 있어 효과적이다.

제어채널 Control Channel은 유휴(idle) 모드와 전용(dedicated) 모드 단말기에 의해 접속된다. 공통채널(common channel)은 유휴 모드 단말기가 전용 모드로 전환되는데 필요한 신호정보를 교환하기 위하여 사용된다. 전용 모드에 있는 단말기는 핸드오버를 위해 인접기지국 정보나 다른 정보를 모니터한다. 공통채널은 51 다중프레임 안에 정의되어 있고 그래서 26 프레임 TCH 구조를 사용한 전용단말기는 여전히 제어채널을 모니터한다.

GSM 이동통신시스템의 채널 구조는 〈그림 5-64〉와 같다.

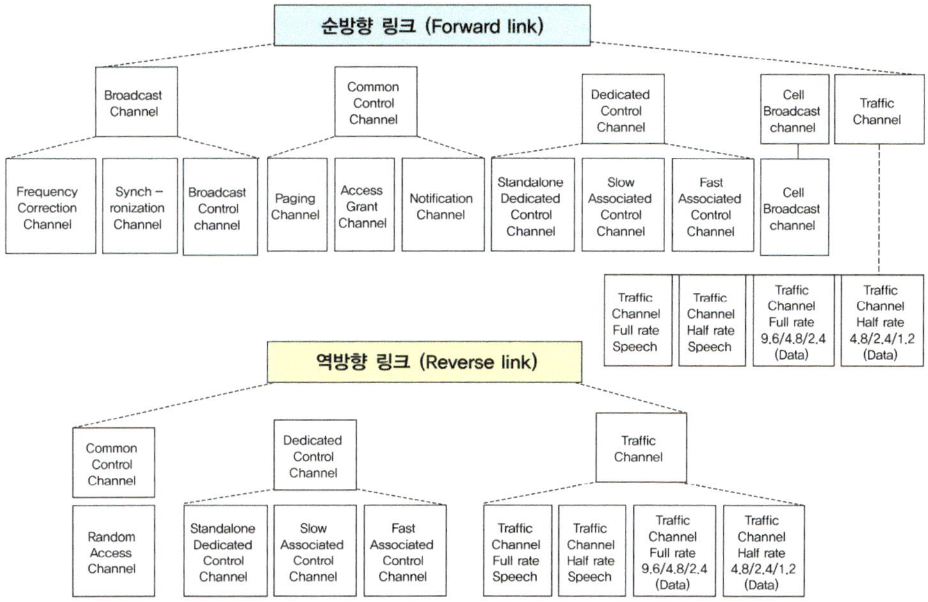

〈그림 5-64〉 GSM 이동통신시스템의 채널 구조

각 채널의 주요 기능을 순방향과 역방향으로 나누어 요약하면 다음과 같다.

가. 순방향 링크

● 방송채널

- 주파수 조정 채널(Frequency Correction Channel : FCCH)
  : 시스템의 기준 주파수를 단말기에 전달하는 채널
- 동기 채널(Synchronization Channel : SCH)
  : 단말기의 동기 및 기지국의 확인을 위한 정보를 단말기에 전날하는 채널
- 방송제어채널(Broadcast Control Channel : BCCH)
  : 네트워크의 시스템 파라미터를 단말기에 전달하는 채널. 기지국 ID, 주파수 호핑 순서 등

● 공통제어채널

- 호출채널(Paging Channel : PCH)
  : 기지국이 셀 내에 있는 단말기를 호출하는 채널
- 접속 허용 채널(Access Grant Channel : AGCH)
  : 역방향링크 임의 접속 채널에 대한 응답하는 채널
- 지시 채널(Notification Channel : NCH)
  : 일대다(Point to Multipoint) 신호 전송 진에 모든 이동 단말기에게 알림

● 지정제어채널

- 대기 지정 제어 채널(Standalone Dedicated Control Channel : SDCCH)

: 기지국과 단말기 간 신호를 전송하는 채널

- 저속 관계 제어 채널(Slow Associated Control Channel : SACCH)

: 링크 유지를 위한 제어 및 측정 파라미터를 전달하는 채널. 트래픽 또는 SDCCH와 관계하여 이용함

- 고속 관계 제어 채널(Fast Associated Control Channel : FACCH)

: SDCCH와 같은 정보를 전달하는 채널. 자신의 채널이 있는 SDCCH와는 달리 트래픽 채널의 전부 또는 일부를 이용하여 정보를 전달

● 셀방송채널

- 셀방송채널(Cell Broadcast Channel : CBCH)

: 기지국에서 단말기로 SMS(Short Message Service)를 제공. SDCCH의 2번째 subslot을 이용

● 트래픽 채널

- 트래픽 채널/음성1(Traffic Channel/Full rate Speech : TCH/FS)

: 음성 전송채널. 13kbps 전송 속도

- 트래픽 채널/음성2(Traffic Channel/Half rate Speech : TCH/HS)

: 음성 전송채널. 음성신호를 반으로 압축하여 전송

- 트래픽 채널/데이터1(Traffic Channel/Full rate 9.6/4.8/2.4 : TCH/F9.6/4.8/2.4)

: 팩스 및 컴퓨터의 데이타 전송채널. 9.4/4.8/2.4 kbps 전송 속도

- 트래픽 채널/데이터2(Traffic Channel/Full rate 4.8/2.4/1.2 : TCH/H4.8/2.4/1.2)

: TCH/HS 채널을 이용하여 데이터 전송

나. 역방향 채널

● 공통제어채널

- 임의 접속 채널(Random Access Channel : RACH)

: 단말기가 네트워크에 전용채널을 요청하는 채널. 네트워크는 이 채널을 이용하여 단말기의 지연을 기지국에서 측정함. Slotted ALOHA 방식을 이용

● 지정제어채널 및 트래픽 채널 : 순방향링크와 기능 동일

(3) 프레임 구조

1개의 TDMA 프레임은 8개의 타임슬롯(Burst)으로 구성되며 다음과 같이 4가지 종류의 버스트가 있다. 신호는 20ms 단위로 4개의 타임슬롯을 함께 송신한다.

1) 랜덤 접속 버스트(Random Access Burst)

단말기가 기지국에 접속하기 위한 버스트로 단말기와 기지국의 링크를 위해 보호주기를 68.25 비트로 하여 Timing Advance 기능을 구현한다.

2) 주파수 조정 버스트(Frequency Correction Burst)

주파수 확인을 위한 버스트로 기지국이 단말기가 수신할 주파수를 확인하도록 Sine wave를 제공한다. 하지만 정확한 시간을 알 수 없다.

3) 동기 버스트(Synchronous Burst)

Time slot의 정확한 시간 확인을 위한 버스트로 기지국은 단말기가 수신할 정보를 알도록 key를 제공한다. 기지국 정보 코드(BSIC : Base Station Information Code)의 내용은 training sequence, BCC(Basestation Color Code), NCC(National Color Code), TDMA Frame Number 등이다.

4) 정규 버스트(Normal Burst)

통화 및 데이터 제어 신호를 송수신하기 위한 버스트이다.

위에서 설명한 4가지 버스트의 구조를 요약하면 〈그림 5-65〉와 같다.

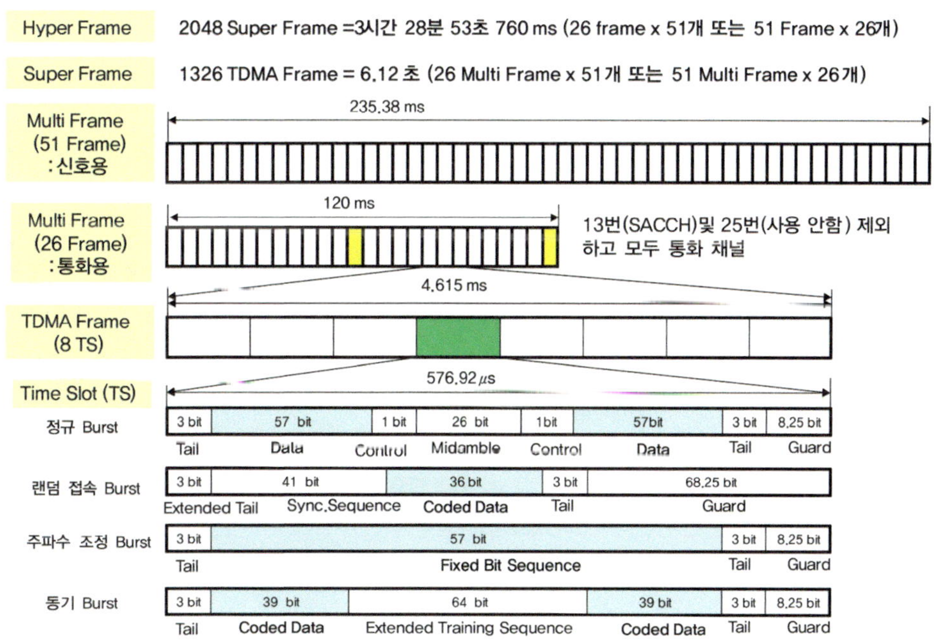

〈그림 5-65〉 GSM 이동통신시스템의 프레임 구조

(4) 전송 기술

가. 원천 부호화

음성 부호화 방식으로 초기에는 복합 부호화 방식인 RPE-LPC(13 kbps) 방식만을 사용하였고 이후 두 배의 음성 용량을 갖는 VSELP(6.5 kbps) 그리고 개선된 EFR(12.2 kbps) 음성 코딩 방식을 사용하고 있다.

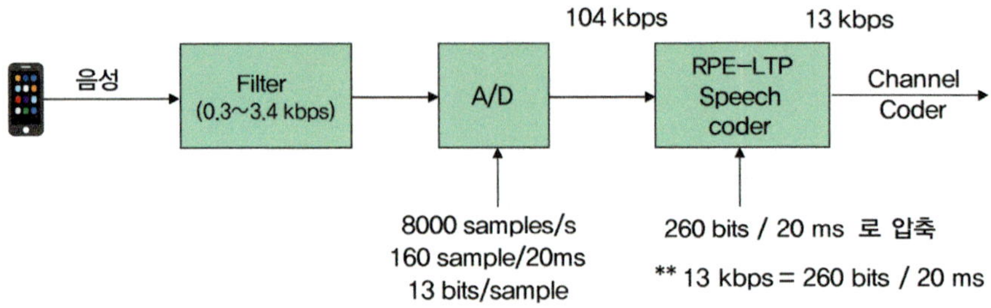

〈그림 5-66〉 GSM 이동통신시스템의 음성 부호화

〈그림 5-66〉은 RPE-LTP 방식에서 아날로그 음성이 13 kbps의 디지털 데이터로 바뀌는 과정을 설명하고 있다.

데이터 신호는 1개의 Time slot에 9.6 kbps ~ 2.4 kbps 데이터를 전파 환경에 맞게 변화하면서 전송한다. 데이터 에러 체크를 위해 비트가 덧붙여서 9.6 kbps는 실질적으로 12 kbps로 전송하게 된다.

나. 채널 코딩

GSM의 채널 코딩은 음성 신호와 데이터 신호가 다르다. 음성 부호화된 신호의 에러를 수정하기 위한 채널 부호화는 중요한 정보는 CRC 블록코딩과 1/2 convolutional coding을 수행하고 중요하지 않은 정보는 그대로 송신한다.

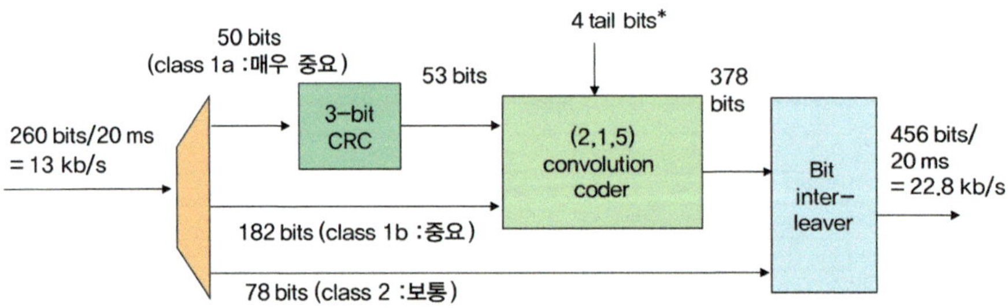

〈그림 5-67〉 GSM 이동통신시스템의 채널 부호화

음성 부호화를 통해 나오는 260 bit는 매우 중요한 50 bit는 Class 1a로 하고 CRC(3-bit error detection) 블록 코딩과 1/2 convolutional coding(error correction)을 수용하고 중요한 182 비트는 Class 1b로 명명하고 1/2 convolutional coding만을 수용하고 중요하지 않은 78 비트는 Class 2로 하여 채널 코딩 없이 송신한다. Class 1a/1b 뒤에 붙는 4개의 tail bit는 CODEC을 재설정하기 위해 0 으로 설정한다. 채널 복호화는 비터비 디코딩을 이용한다.

데이터 신호의 채널 코딩은 전파 환경에 맞게 가변적인 채널코딩을 사용하는데 채널 환경이 좋으면 1/2 Convolutional Coding으로 9.6 kbps로 데이터를 전송하고 채널 환경이 나쁘면 1/6 Convolutional Coding으로 2.4 kbps를 전송하는 등 9.6 ~ 2.4 kbps 범위에서 가변적으로 전송한다.

다. 인터리빙

데이터를 4개의 Time slot 내의 8개의 서브 블록에서 홀수 비트와 짝수 비트의 서브 블록 할당 위치를 바꾸어 전송한다.

라. 변조 방식

정보 비트와 부가 정보를 포함한 8개 타임 슬롯의 데이터 전송속도는 270.833 kbps로 최소 필요대역폭이 135.422 kHz가 되므로 200 kHz 채널 대역폭으로 변조하여 전송한다. 이때 사용되는 변조기법은 GMSK(Gaussian-filtered Minimum Shift Keying)이다. MSK는 두 개의 주파수를 사용하면서 신호가 바뀔 때 급격히 위상이 변화함으로써 고주파 성분을 발생한다. 따라서 GMSK는 미리 가우시안 필터를 이용하여 완화함으로써 선형성을 높여 증폭기의 효율을 높인다. GMSK는 주파수 효율성, 송신기의 복잡성, 스퓨리어스(송신기가 발사하는 전파 중에서 규정된 주파수대역 이외의 주파수성분)방사의 제한성 등을 고려하여 선택되었다.

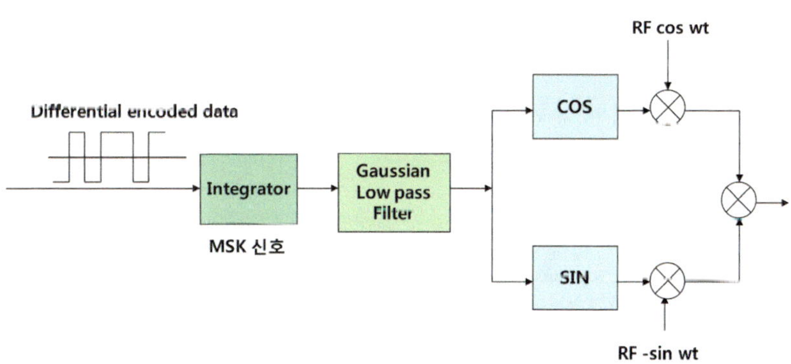

〈그림 5-68〉 GSM 이동통신시스템의 변조

(5) 호처리 절차

MSC는 HLR와 VLR와 함께 단말기의 위치 등록/갱신과 통화 핸드오프 기능을 지원한다. 위치갱신은 단말기로부터 시작되는데 단말기는 방송제어채널로부터 모니터링하면서 위치정보를 받는다. 단말기는 자기가 가지고 있는 위치정보와 새롭게 수신한 위치정보가 틀릴 때 위치갱신을 시도한다. 위치갱신요청에는 IMSI나 이전의 TMSI를 MSC에게 보낸다. MSC는 MSRN(Mobile Station Roaming Number)을 할당하고 새로운 VLR은 해당 단말기의 HLR에게 보낸다. MSRN은 새로운 VLR에게 호를 전달해 주는 전화번호이고 나중에는 단말기의 TMSI로 번역된다. HLR은 필요한 호제어 파라미터를 새로운 VLR에게 보내고, 이전의 VLR에게는 취소메시지를 보낸다. 따라서 이전의 MSRN을 재할당할 수가 있다. 마지막으로 새로운 TMSI가 할당되고 단말기에 보내진다. 이 TMSI는 페이징이나 호 시도 시 단말기를 구분하기 위해 사용된다. 위의 위치갱신과정으로 인하여 로밍 단말기로부터 호 연결이 쉽게 이루어진다.

GSM 이동통신 시스템의 동기, 위치 등록, 호출, 통화 절차를 설명하면 〈그림 6-69〉와 같다.

가. 동기 및 위치 등록 절차

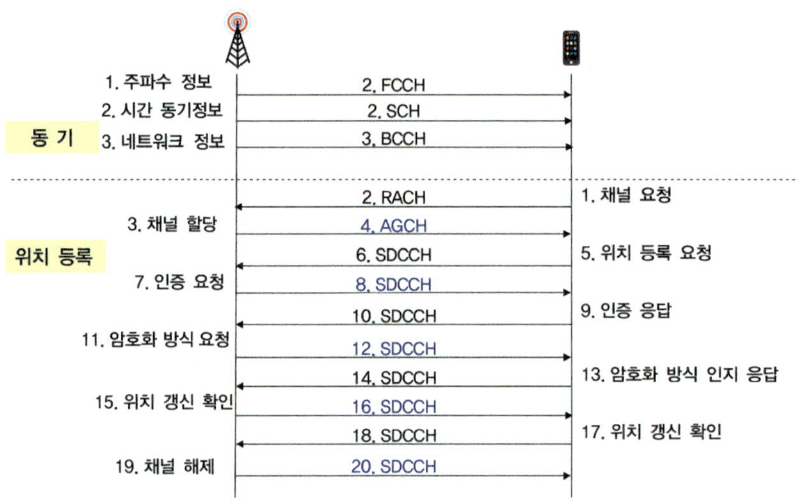

〈그림 5-69〉 GSM 이동통신시스템의 동기 및 위치 등록 절차

나. 호출 및 통화 절차

〈그림 5-70〉 GSM 이동통신시스템의 호출 및 통화 절차

(6) 주요 기능

가. 타이밍 어드밴스

TDMA 특성상 동일한 셀에 있는 단말기의 신호는 비슷한 시간에 기지국에 도달하여야 한다. 따라서 한 셀의 모든 단말기에서 보내는 신호가 거리에 관계없이 비슷한 시간에 도착할 수 있도록 멀리 떨어진 단말기에서 신호가 미리 전송되도록 해야 하는데, 이것을 타이밍 어드밴스 Timing Advance라고 한다. 타이밍 어드밴스를 구현하는 랜덤 접속 버스트는 너무 미리 신호를 보낼 경우 다른 신호와 충돌이 되는 것을 방지하기 위하여 보호 주기가 68.25 bit이며 이를 이용하여 64 bit까지 타이밍 어드밴스가 가능하다. 셀반경은 타이밍 어드밴스에 의해 제한되는데 최대 셀반경은 다음과 같이 산출할 수 있다.

■ 최대 셀 반경 산출

전파의 진행거리 D는 1 bit가 3.69us, Timing Advance 64 bit를 고려하면 다음과 같이 산출된다.

$$D=(3\times10^{8})\times\{64\times(3.69\times10^{-6})\}=70.848\,\text{km} \quad \text{(식 5-12)}$$

셀반경 R은 기지국과 단말기 사이에 왕복하여야 하므로 전파의 진행거리 D의 1/2이 된다.

$$R=\frac{1}{2}\times D=35.424\,\text{km} \quad \text{(식 5-13)}$$

나. 핸드오프

기지국이 Base Channel(FCCH, SCH, BCCH)을 이용하여 선릭 측정할 기지국 목록을 제공한다. 단말기는 기지국 목록에 있는 기지국 전력을 측정하여 기지국에 보고하고 핸드오프를 결정한다. GSM은 소프트 핸드오프는 없고 하드 핸드오프만 존재한다.

핸드오프의 종류로는 ① 동일 BSC 핸드오프로 신호를 줄이기 위해 MSC와 관계없이 BSC에서 수행한다. 단지 핸드오프의 완료를 MSC에게 알린다. ② BSC 간 핸드오프로 MSC에서 수행한다. ③ 국경 간 핸드오프로 이론적으로 가능하지만 외국의 재등록이 필요하다. GSM 규격에는 언제 핸드오프가 일어나야 하는지에 대한 알고리즘은 규정되지 않고 다음 2가지의 알고리즘이 사용되며, 두 알고리즘 모두 전력제어와 밀접한 관계를 가진다. 왜냐하면 BSC는 열악한 수신신호가 다중경로페이딩에 의해 생겼는지 아니면 단말기가 기지국으로부터 멀리 떨어지기 때문인지 모르기 때문이고, 이는 특히 도심의 소형기지국에 대해서는 더욱더 그렇다. 최소수신성능 알고리즘은 핸드오프보다 전력제어를 선행한다. 즉, 신호가 어떤 세기 이하로 떨어지면 이동국의 전력레벨을 높인다. 만약 위의 전력증가가 신호세기의 개선을 가져오지 않는다면 핸드오프를 고려한다. 이 방법은 비교적 간단한 방법이다. 그러나 이 방법에서는 단말기가 자기의 최대전력을 송신하면서 다른 기지국으로 침범하는 경우를 발생시킨다. 두 번째의 알고리즘은 power budget 알고리즘이다. 이 알고리즘은 같은 전력이나 낮은 전력을 가지고 신호의 질을 일정한 레벨로 유지시키려는 것이다. power budget 알고리즘은 전력제어보다 핸드오프를 선행한다. 이것은 최소수신성능 알고리즘에서 하나의 셀이 다른 셀을 침범하는 현상을 없애고 동일채널간섭을 줄인다.

다. 전력제어

GSM에는 단말기가 다섯 가지 종류로 나누어진다. 각 구분은 피크송신전력으로 한다(20, 8, 5, 2, 0.8 W). 2 dB 간격으로 16단계로 조정가능하며 0 ~ 15등급으로 표시하는데 이 가운데 0은 최대 전력을 의미한다. 동일채널간섭을 최소화하고, 전력소모를 줄이기 위해 단말기와 BTS는 음성품질을 유지하기 위한 최소의 전력으로 통화한다. 전력레벨은 피크전력에서 최소 13 dBm(20 mW)까지 2 dB 간격으로 조절된다. 이동국은 신호세기와 신호품질(bit error rate)을 측정하여 BSC에게 전송한다. BSC는 이 정보를 통하여 전력조절을 해야 하는지 혹은 언제 해야 하는지를 판단한다. 단말기에서 전력을 높이면 동일채널간섭이 증가하고, 동일채널간섭이 증가하면 다시 단말기의 전력이 증가해야 한다. 이러한 과정이 반복되는 현상은 위험하다.

라. 다중경로등화

많은 반사파가 각각 다른 위상을 가지고 안테나에 도달한다. 등화는 여러 반사파에 의한 신호의 손상을 보상하여 신호의 수신 품질을 높이기 위한 것이다. 등화의 동작은 이미 아는 신호패턴이 어떻게 다중경로에 의해 변형되었는가를 알아내는 데 달려 있다. 이미 아는 신호패턴으로 각 time-slot burst의 중간에 26비트의 training sequence를 전송한다.

마. 불연속전송

동일채널간섭의 최소화는 셀룰러 시스템에서의 목표이고 이를 최소화함으로써 주어진 셀의 크기에서 높은 품질을 제공할 수 있어 시스템의 용량을 높일 수 있다. 불연속전송 DTX, Discontinuous Transmission은 대화시간 중 묵음기간을 이용한 것이다. 즉 전화통화를 할 때 보통 전체 통화시간의 40% 정도만 말을 하는 시간이고, 나머지 시간은 말을 하지 않으므로 이 시간 동안은 송신기를 off한다. 이 DTX를 사용함으로써 단말기의 전력소모도 줄일 수 있는 것이다. DTX의 가장 중요한 요소는 voice activity 검출인데, 이는 음성신호와 노이즈입력을 구분하여야 한다. 만약 음성신호가 노이즈로 잘못 해석되면 송신기는 off 상태가 되고 수신측에서는 목소리가 끊어지는 현상을 경험하게 된다. 만약 반대의 경우가 발생하면, 즉 노이즈가 음성신호로 자주 잘못 인식되면 DTX의 효율은 떨어진다. 송신기가 off 상태일 때 수신측에서는 노이즈를 발생하여 사용자에게 들려준다. 그 이유는 통화가 끊어지지 않았다는 것을 확신시켜 줄 필요가 있기 때문이다.

바. 불연속수신

단말기의 전력소모를 줄이기 위한 또 하나의 방법은 불연속수신 Discontinuous Reception이다. 기지국은 호출을 위하여 호출채널을 이용하는데, 단말기는 호출채널을 항상 체크하지 않고 체크할 때를 알기 때문에 대부분의 시간은 대기상태로 있다. 따라서 단말기의 전력소모를 줄일 수 있다.

사. 인증 및 보안

전파매체는 누구나 접근 가능한 자원이므로 적법한 가입자임을 증명하는 데 사용되는 인증 기능은 이동통신망에서 매우 중요한 요소이다. 인증은 단말기 내에 장착되는 SIM 카드와 인증센터(AC) 사이에서 이루어진다. 각 가입자는 고유한 인증키가 주어지고, 이 인증키는 SIM 카드와 인증센터에 저장되어 있다. 인증하는 동안 인증센터는 임의의 수를 발생시켜 단말기에 보낸다. 이동국과 인증센터는 모두 같은 임의의 수와 인증키를 이용하여 인증키를 생성한다. 이때 사용되는 인증 알고리즘은 A3 알고리즘이다. 단말기에서 계산된 인증키를 인증센터에 보내게 되고, 이 결과가 인증센터에서 계산된 결과와 같은지를 인증센터에서 비교한다. 결과가 같으면 적법한 가입자로 판단된다. 위에서 계산된 수는 TDMA 프레임 수와 함께 A8 알고리즘에 사용된다. A8 알고리즘은 무선 링크상에서 다른 사용자의 도청을 방어하기 위해서 데이터의 암호화에 사용된다.

GSM 단말기는 보안장치로서 유일한 IMEI(international mobile equipment identity) 번호를 부여 받고 이 IMEI의 목록은 EIR(Equipment identity register)에 저장된다. IMEI를 가지고 EIR에 조회를 했을 때 다음 중 하나의 응답이 돌아온다.

- white-listed : 단말기는 망에 접속이 허락된다.
- grey-listed : 단말기는 망에 접속이 허락되나 문제가 있을 가능성이 있어 망으로부터 관찰대상이 된다.
- black-listed : GSM망에 접속이 허락되지 않은 도난 단말기 혹은 GSM에서 허락되지 않은 형식의 단말기이다.

5.4.4 GPRS 시스템

(1) 개요

GPRS의 기본개념은 GSM 망을 기반으로 IP 또는 X.25 기반의 패킷데이터망을 구현하는 것으로 데이터 서비스를 제공할 때 8개의 타임 슬롯을 모두 이용할 수 있으므로 유연하게 전파자원을 활용할 수 있고 상향링크와 하향링크의 타임 슬롯의 수를 다르게 이용할 수 있다. GPRS의 전송 속도는 다중 슬롯의 이용과 다양한 채널 코딩으로 고속의 데이터 서비스를 제공할 수 있다. 1개의 무선 블록(Radio Block)은 4개의 TDMA 프레임으로 구성되며 20 ms 동안 456 비트를 전송한다. 채널코딩은 전파환경에 따라 4가지 방식으로 가변적으로 전송하는데

1개의 무선 블록에서 채널 코딩 방식을 변경할 수 없다. 만일 8개 타임 슬롯 및 채널 코딩 없이 전송할 경우 이론적으로 최대 171.2 kbps 가능하다.

4개의 채널 전송 형태는 〈표 5-7〉과 같다.

〈표 5-7〉 GPRS 채널 전송 형태

Coding Scheme (CS)	RLC data & header (octets)	RLC/MAC data & header (bits)	Data rate (kbps)	USF	BCS	Tail bit	Coding rate	Puncturing
1	22	181	9.05	3	40	4	1/2	–
2	32	268	13.4	6	16	4	1/2	132
3	38	312	15.6	6	16	4	1/2	220
4	52	428	21.4	12	16	0	–	–

** USF : Uplink Status Flag, BCS : Block Check Sequence

(2) GPRS 망구성

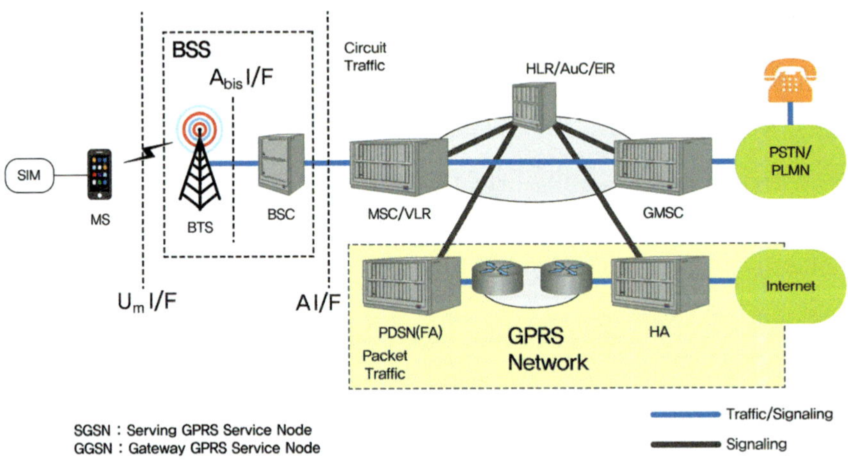

〈그림 5-71〉 GPRS 망구성도

GSM 이동통신망과의 큰 차이점은 패킷데이터 서비스를 위한 별도의 망의 구성되어 있는데 SGSN과 GGSN이 패킷데이터 망의 핵심이다. SGSN의 기능은 MSC와 유사하지만 일반적으로 패킷 데이터 서비스에서 이용되며 IP라우터 기능, 보안, 이동성 관리, 인증, QoS(Quality of Service) 관리 등을 수행한다. GGSN의 기능은 GMSC와 유사하지만 일반적으로 패킷 데이터 서비스에서 이용되며 외부 패킷망의 연결, GPRS 방화벽, GGSN 간 로밍 관리, PTM(Point to Multipoint) 센터 관리 등을 수행한다.

(3) GPRS 채널 구조

GPRS 시스템의 채널 구조는 GSM 이동통신망의 채널 구조와 함께 GPRS만의 채널 구조를 추가한다.

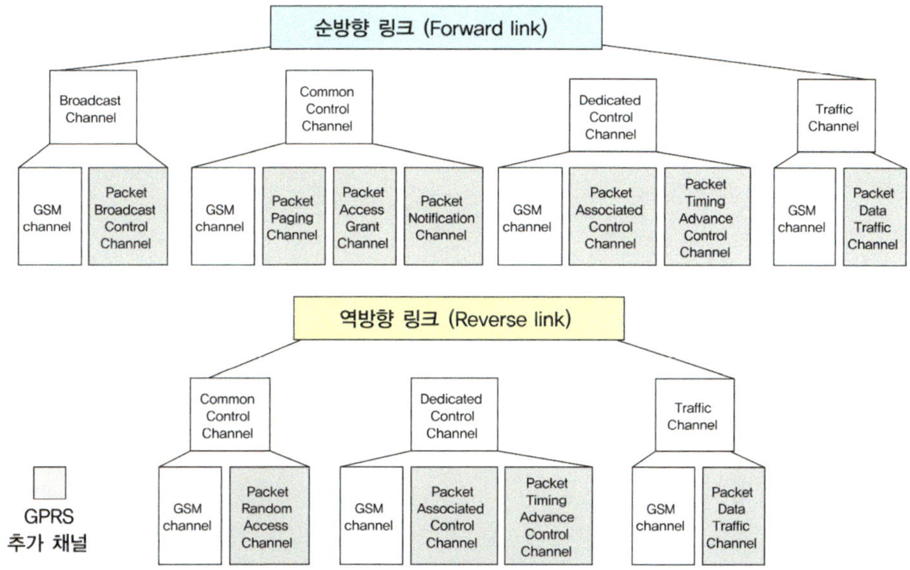

〈그림 5-72〉 GPRS 채널 구조

각 GPRS 채널의 기능은 다음과 같다.

가. 순방향 채널

● 패킷 방송 채널

- 패킷 방송제어채널(Packet Broadcast Control Channel : PBCCH)

  : 셀 내의 모든 GPRS 이동단말에게 패킷 데이터 시스템 정보를 방송

● 패킷 공통 제어 채널

- 패킷호출 채널(Packet Paging Channel : PPCH)

  : 하향링크 패킷 전송 전에 이동 단말기를 호출

- 패킷접속허용 채널(Packet Access Grant Channel : PAGCH)

  : 이동 단말의 자원 할당을 알리는 메시지를 단말기에게 알림

- 패킷지시 채널(Packet Notification Channel : PNCH)

  : Point to Multipoint 패킷 전송 전에 모든 이동 단말기에게 알림

● 패킷 지정 제어 채널

- 패킷 대기지정제어 채널(Packet Standalone Dedicated Control Channel : PSDCCH)

  : 기지국과 단말기 간 신호를 전송하는 채널

- 패킷 저속관계 제어 채널(Slow Associated Control Channel : PSACCH)
  : 전력 제어 및 자원 재할당과 같은 이동 단말기의 신호 정보 전송
- 패킷 데이터 트래픽 채널
  - 패킷 데이터 트래픽 채널(Packet Data Traffic Channel : PDTCH)
    : 고속 데이터 전송 채널(최대 163 kbps)

나. 역방향 채널

- 패킷 공통 제어 채널
  - 패킷 임의 접속 채널(Packet Random Access Channel : PRACH)
    : 단말기가 네트워크에 채널을 요청하는 채널
- 패킷 지정 제어 채널 : 순방향 링크 기능과 동일
- 패킷 데이터 트래픽 채널 : 순방향 링크 기능과 동일

(4) 호처리 절차

가. GPRS Attach 절차 및 Detatch 절차

단말기가 GPRS 망에 활성화하거나(Ready) 비활성화 상태(Idle) 상태에 있는 경우 이동 단말기가 GPRS 서비스를 이용하기 위해서는 SGSN에 등록하고 SGSN은 HLR로부터 사용자 프로파일을 가져와 복사하고 PTMSI를 할당하여야 한다. 이동단말기가 GPRS 서비스를 중단하기 위해서는 단말기가 망에 알리거나 접속이 불가능하여 중단되는 경우이다(PTMSI : Packet Temporary Mobile Subscriber Identity).

나. 세션 관리 절차

단말기는 GPRS attach 절차를 마치면 PDN에서 사용할 IP 주소를 부여 받는데 이 주소를 PDP 주소라고 한다. PDP context 절차를 통해 패킷 전송 절차를 준비한다(PDP(Packet Data Protocol) context : 단말기와 패킷 데이터망의 사이에 데이터 연결).

다. GPRS 시스템의 패킷 전송 절차

GPRS의 패킷채널요청과 전송하는 절차를 나타내면 〈그림 5-73〉과 같다.

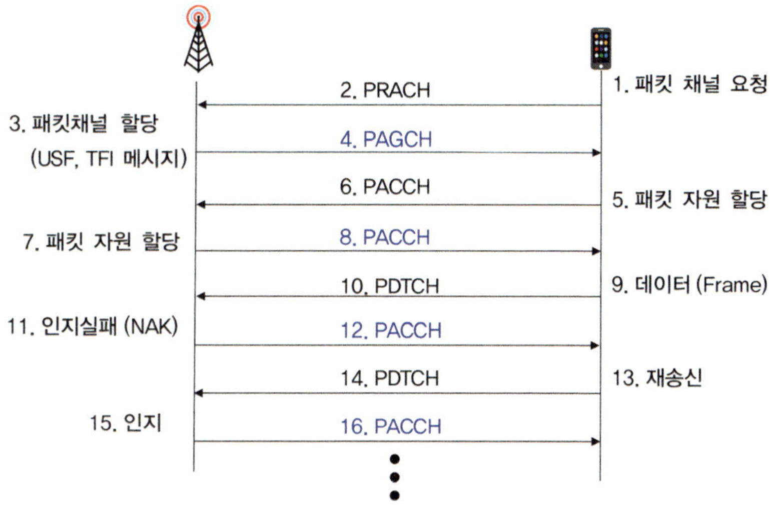

* USF : Uplink State Flag, TFI : Temporary Flow Identifier

〈그림 5-73〉 GPRS 시스템의 패킷 전송 절차

CHAPTER 06

3세대 이동통신

6.1 개요

이제는 누구나 이동전화를 사용하는 시대가 되었다. 2000년대 초반 우리나라에서 사용하는 이동전화에는 cdma2000 1x라는 표시가 붙어 있었다. 이것은 우리나라가 세계 최초로 상용화한 IMT-2000 서비스 기술이었다.

3세대 이동통신은 ITU가 1992년 IMT-2000 서비스를 제공할 수 있는 주파수 대역을 분배하고, 1999년 IMT-2000(International Mobile Telecommunications-2000) 시스템으로 cdma2000, WCDMA, CDMA TDD, UWC-136/EDGE, DECT 등 5개의 기술 표준을 승인하면서 시작되었다. 3세대 이동통신은 기존 2세대 이동통신이 음성과 저속의 데이터 서비스를 제공하는 것과 달리 인터넷 접속을 포함한 고속의 데이터 및 멀티미디어 콘텐츠를 제공할 수 있는 서비스이다. ITU는 2007년 10월 전파총회(RA : Radio Assembly)에서 WMAN 기반 기술인 Moble WiMax 기술을 6번째 IMT-2000 기술 표준으로 승인하였다.

2000년대 중반 카메라폰, MP3폰, 영상전화 단말기 등은 고속의 데이터와 멀티미디어 서비스를 이용하기 위해 cdma2000 1x 또는 cdma2000 1x의 발전된 기술인 EV-DO(June, Fimm이라는 브랜드명)라는 기술 또는 WCDMA의 발전된 기술인 HSPA(SHOW, T라는 브랜드명)라는 IMT-2000의 발전된 기술을 이용하였다.

제1절에서는 IMT-2000 서비스 및 멀티미디어 이동통신의 보완 서비스인 모바일 방송 서비스의 위치 및 발전 방향을 설명한다. 그리고 제2절에서는 3세대 이동통신인 IMT-2000의 개념, 기술 개념, 기술표준의 기술 개요, IMT-2000 망구성을 설명하고, cdma2000 기술(동기 IMT-2000)과 WCDMA(비동기 IMT-2000)를 자세히 설명한다. 제3절에서는 IMT-2000의 동기 및 비동기 IMT-2000의 진화된 기술과 새로 IMT-2000 기술 표준이 된 Mobile WiMax 기술을 소개한다. 제4절에서는 HSPA의 주요기술을 소개한다. 제5절에서는 1x EV-DO/Rev.A/B의 주요기술을 소개한다. 제6절에서는 Mobile WiMax 기술이면서 국내 기술인 와이브로 기술에 대해 설명한다.

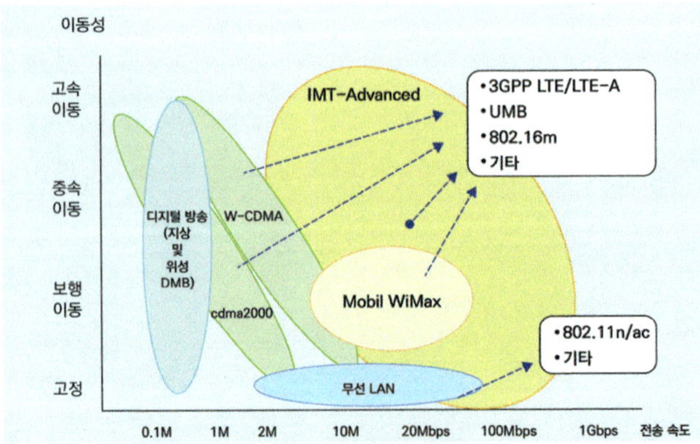

* LTE-A : Long Term Evolution - Advanced, UMB : Ultra Mobile Wideband

〈그림 6-1〉 IMT-2000 기술의 발전 방향

6.2 IMT-2000 기술

6.2.1 IMT-2000 서비스

국제전기통신연합International Telecommunications Union은 1985년부터 IMT-2000 서비스를 2000 MHz대역에서 2000년에 서비스를 시작한다는 목표를 가지고 개발을 시작하였다. 이에 따라 1992년 WARC-92에서 2 GHz대 총 230 MHz(1885-2025 MHz, 2100-2200 MHz)를 IMT-2000 대역으로 지정하게 되었다. 이후 2000년 5월에는 IMT-2000 주파수 대역이 기존 2GHz 대역뿐만 아니라 806 ~ 960 MHz, 1710 ~ 1885 MHz, 2500 ~ 2690 MHz 대역으로 확대되었다. 그리고 마침내 2000년 10월 우리나라에서 세계 최초로 cdma2000 방식으로 IMT-2000 서비스가 시작되었다.

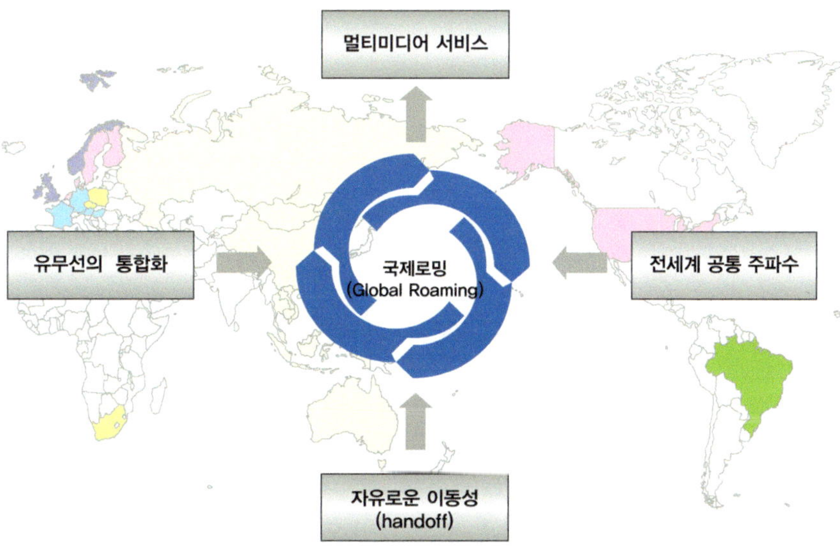

〈그림 6-2〉 IMT-2000 서비스의 구현목표

전파라는 전송매체를 사용하여 멀티미디어 서비스를 구현하기 위한 것이 IMT-2000이다. IMT-2000 도입에 따른 서비스 구현 목표는 〈그림 6-2〉와 같이 유무선 통합화와 세계 공통의 주파수 사용을 통하여 자유로운 이동성을 보장하기 위한 국제로밍 제공을 추진하고 있으며 최종적으로 멀티미디어 서비스가 가능한 진정한 네트워크의 구현을 목표로 하고 있다.

IMT-2000 기술은 기존 이동전화 등에 비해 데이터 전송속도가 고속화되고 세계적 표준에 맞춰 세계 어디서나 동일한 단말기로 통화가 가능한 통신서비스를 말한다. IMT-2000은 ITU의 규격에 따르면 휴대폰 사용자가 정지하거나 걷는 정도의 속도로 움직일 때는 최고 384 Kbps, 고속 이동체 안에서는 128 Kbps, 고정 또는 장차된 2 Mbps까지 전송속도를 낼 수 있는 기능을 갖고 있어야 한다. ITU는 이러한 요구사항을 만족하는 5개 기술을 표준으로 승인하였지만 실제적으로 WCDMA와 cdma2000이 전 세계 대부분의 시장을 점유하고 있다.

ITU는 1999년 상기 조건을 만족하는 5개의 무선접속규격을 IMT-2000 표준으로 승인하였다. 그 가운데 CDMA 방식이 대세이며 3GPP2(The 3rd Generation Project Partner 2)가 표준화한 cdma2000 방식(동기식)과 3GPP(The 3rd Generation Project Partner)가 표준화한 WCDMA 방식(비동기식)으로 나누어진다. 핵심망은 2개의 기술 표준을 사용하고 향후 IP-based 망(패킷망)으로 통합할 것을 권고하고 있다. 2007년 10월 OFDMA 기반의 OFDMA TDD가 6번째 IMT-2000 기술 표준으로 승인되었다.

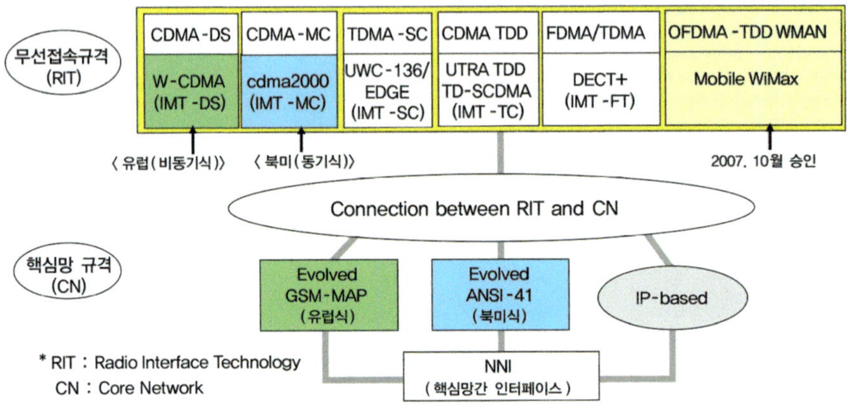

〈그림 6-3〉 IMT-2000 기술 표준

1999년 승인된 IMT-2000 기술 표준의 주요 특징은 〈표 6-1〉과 같다. 2007년 10월에 승인된 IMT-2000 OFDMA TDD 기술은 제3절 IMT-2000 기술의 발전에서 간략히 설명한다.

〈표 6-1〉 IMT-2000 시스템 표준 기술의 주요 특징

구분	IMT-DS (IMT-2000 CDMA Direct Soread)	IMT-MC (IMT-2000 CDMA Multi Carrier)	IMT-TC (IMT-2000 CDMA TDD)	IMT-SC (IMT-2000 TDMA Single Carrier)	IMT-FT (IMT-2000 FDMA/TDMA)	IMT-TDD (IMT-2000 OFDMA TDD WLAN)
일반 명칭	WCDMA	cdma2000 /1x EV DO	UTRA TDD TD-SCDMA	UWC-136+ UWC-136HS	DECT+	Mobile WiMax
듀플렉스 방법	FDD	FDD	TDD	FDD	TDD	TDD
무선접속 방식	CDMA	CDMA	CDMA	TDMA	TDMA	OFDMA
주파수 재사용율	1	1	1	7	1	1
채널 대역폭(MHz)	5	1.25	5/1.6	0.03/0.2/1.6	2	5, 8.75, 10
칩레이트(Kcps)	3840	1228.8	3840/1280	24.3/270.833/2600	960	
프레임길이(ms)	10(2)	5, 10, 20	10/10(5)	40/4.615/4.615	10	5
Time slot	15	- / 16	15(7)	3(6)/8(16)/16~64	24	
변조 방식 (개선된 규격)	QPSK(16 QAM) /HPSK	QPSK/OQPSK (8PSK/16QAM)	QPSK(16 QAM) /HPSK	π/4 DQPSK, 8PSK, GMSK, B-Offset-QAM Q-Offset-QAM	GFSK (π/2, π/4, 3π/8 DQPSK 16, 64QAM)	QPSK, 16QAM, 64QAM / QPSK 16QAM
채널 코딩 방식	Convolution Turbo	Convolution Turbo	Convolution Turbo	Convolution ARQ		Convolution Turbo/HARQ
음선 코덱(kbps)	AMR: 12.2, 5.9	QCELP EVRC:8	AMR:12.2, 5.9	US1:7.4 AMR: 12.2, 5.9	ADPCM:32	VoIP

데이터전송률 (kbps) (개선된 규격)	2000 (14400)	144 (3200)	2000 (14400)	수십/384/2000	562 (1152~6912)	25,000
전력(dBm)	단말기 24	단말기: ~1.25W	단말기 24	단말기: ~1.25W	4~24	단말기: ~24
기지국 반경	~ 수십 km	~ 수십 km	~ 3.5km	~ 수 km	25~100m	~ 5km
서비스 지역	전 세계	전 세계	(중국)	미주 지역 일부	유럽 등	전 세계 일부

6.2.2 IMT-2000 시스템의 구성

(1) 개요

디지털 이동통신시스템이 IMT-2000 시스템으로 발전하면서 가장 크게 변한 특징은 데이터 서비스의 보편화이다. 이는 음성위주로 서비스를 할 수 있도록 제공하였던 이동통신 시스템 구조에 근본적인 변화를 가져왔다. 〈그림 6-4〉와 같이 데이터를 음성과 분리하여 서비스를 제공하는 새로운 시스템이 추가되기 시작하였다. 이것은 2000년 이후부터 급격히 증가하는 인터넷의 사용을 무선 분야까지 확대하는 결과를 낳았다. 즉 기지국으로 들어오는 음성 및 패킷데이터는 기지국 제어기에서 분리되어 음성은 과거의 교환기로 데이터는 패킷 교환기로 별도의 경로로 서비스가 이루어지면서 인터넷망에 적합한 빠른 무선 접속 기술을 요구하게 되었다. 이러한 요구가 IMT-2000 시스템 개발에 더욱 박차를 가하게 되었고 오늘날 동기식 및 비동기식 IMT-2000 시스템을 완성하게 되었다.

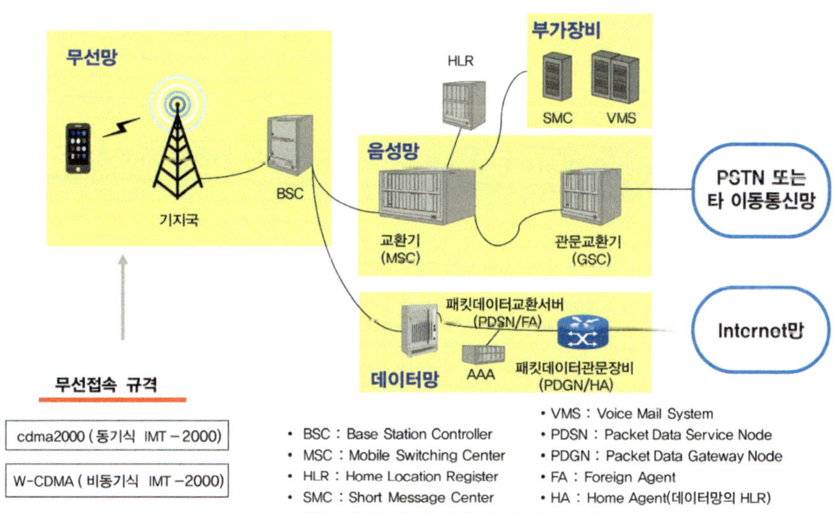

〈그림 6-4〉 일반적인 IMT-2000 망구성도

(2) IMT-2000 시스템에서 동기와 비동기의 의미

정보를 받는 사람은 정보를 보낸 사람이 언제 보냈는지를 알아야 정확히 정보를 알 수 있다. 이와 같이 정보를 보내는 사람의 송신 시각을 정확히 맞추는 기능이 동기 Synchronization이다. 이러한 동작은 비트 단위로 데이터를 보내는 디지털 통신에서 필수적인데 통신망에서 데이터 송수신 시각을 일치시켜 오류가 없는 정보를 송수신하는 것은 매우 중요하다.

IMT-2000 기술은 cdma2000을 동기 IMT-2000 시스템, WCDMA를 비동기 IMT-2000 시스템으로 구분하여 사용하기도 하였는데 동기/비동기의 구분은 디지털 데이터의 동기를 맞추는가, 맞추지 않는가의 기준이 아니라 단말기가 기지국과 통신하기 위한 기지국을 확인할 때 GPS가 보내는 시간을 이용하는가, 이용하지 않는가로 구분한다.

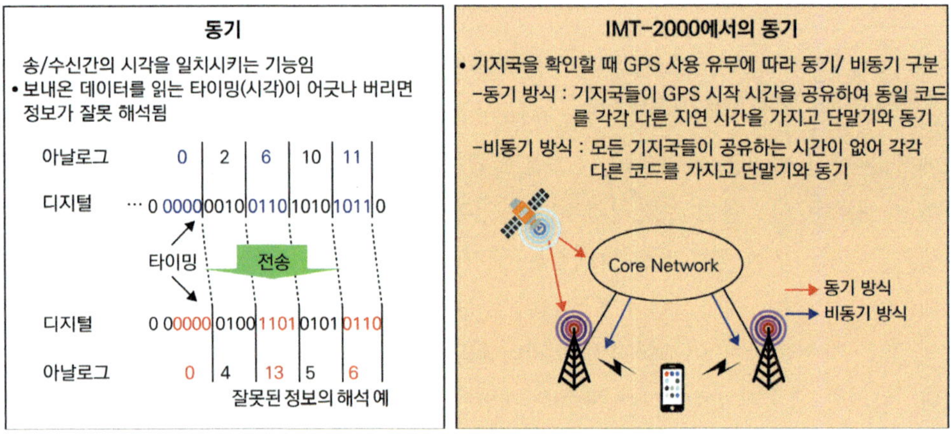

〈그림 6-5〉 IMT-2000 동기와 비동기 시스템의 의미

동기식 IMT-2000과 비동기식 IMT-2000을 비교하면 다음과 같다.

〈표 6-2〉 IMT-2000 동기와 비동기 시스템 비교

구 분	동기(cdma2000)	비동기(WCDMA)	비고
다중접속방식	CDMA	CDMA	주파수 재사용율 1 구현
기지국 간 동기	GPS 사용	비동기	기지국 동기는 동기 방식이 다소 빠르나 시스템은 다소 복잡함
기지국 구분	동일 코드를 사용하며 시간을 달리 하는 PN offset으로 구분 (512개 구분)	서로 다른 PN 코드를 사용하여 기지국 구분 (512개 구분)	기지국을 구분하는 초기 동기 시간 및 핸드오프를 할 때 동일 코드를 사용하는 동기 방식이 빠름
신호 방식	ANSI-41	GSM-MAP	북미, 유럽 간 표준화에 따라 다를 뿐 기능에서는 별 차이 없음
Duplex 방식	FDD	FDD/TDD	비동기 방식의 경우 마이크로셀을 위해 TDD가 정의되어 있으나 동기 방식은 없음
세계 시장 (Global 로밍)	약 20% (북미, 아시아 등)	약 80% (GSM 지역 대부분)	Global 로밍의 경우 비동기 방식이 유리함

6.2.3 cdma2000

(1) 개요

우리나라에서는 IS-95B에서 진화된 방식을 한때 IS-95C로 불렀으나, 북미 지역에서는 IS-95B에서 진화된 규격을 IS-2000으로 정의하였으며, ITU가 IMT-2000 규격 논의를 구체화할 때 cdma2000이란 이름으로 결정하였다. cdma2000은 기존 IS-95A와 동일한 주파수 대역폭인 1.25 MHz를 이용하면서 무선접속 규격을 상당 부분 변경하여 시스템 용량 증대, 데이터 서비스 속도를 크게 높여 고속데이터 통신서비스를 할 수 있게 하였다. 데이터 전송속도가 307 kbps까지 지원되므로 보통 IMT-2000하면 흔히 사람들이 떠올리는 동영상 서비스까지 비교적 자연스럽게 구현할 수 있을 뿐만 아니라, 속도는 IMT-2000 관련해서 ITU가 권고하는 사항을 만족함으로써 IMT-2000 규격으로 승인되었다. cdma2000 시스템은 IS-95A 시스템과 비교하여 다음의 내용이 개선되었다.

- 최대 데이터 전송속도가 최대 307 kbps까지 증가하였다. 이것은 프레임 단위로 확산계수 변경, 프레임도 20 ms이외에 5 ms를 추가, 패킷 데이터 서비스 제공 등에 의해 이루어졌다.
- IS-95A와 비교하여 가입자 수용 용량이 2배로 증가하였다. 이는 무선접속 기술 규격의 개선으로 요구 E_b/N_o를 낮추어 시스템 용량이 향상되었기 때문이다. 주요 기술은 채널 코딩 및 변조 기술의 개선, 고속 순방향 전력제어, 송신 다이버시티, 역방향 파일롯 채널 도입 등이다.
- 순방향 다이버시티, 순방향 고속전력제어 제공 등으로 통화품질이 향상되었다.
- 호출채널을 감시하는 기능 개선(긴급 호출 도입), 더욱 정교해진 전력 제어, 확산 변조기술의 개선 등으로 단말기 대기시간도 기존 방식의 단말기와 비교하여 최대 4배까지 증가하였다.
- 패킷 데이터 서비스 제공 가능한 무선 접속 기술 및 패킷망이 별도로 구성되었다. 즉, 이용한 데이터양만 과금하는 패킷 과금 방식을 적용할 수 있게 되었으며 이것은 이동성 및 콘텐츠 품질과 더불어 무선데이터 통신의 수요를 불러일으키는 결정적인 요소가 되었다.
- 다양한 서비스에 따른 서비스 품질(QoS : Quality of Service)을 관리한다.
- IS-95A에서는 음성뿐만 핸드오프가 되었는데 cdma2000 1x에서는 데이터 서비스도 음성통화의 핸드오프와 유사한 핸드오프(Mobile IP) 기능을 추가함으로써 데이터 서비스를 할 때 단말의 이동성을 제공한다.
- 단말기는 사업자 간 로밍과 더욱 효과적이고 안정된 인터넷 뱅킹을 위하여 무선신호의 전송과 서비스 응용을 담당하는 이동장비와 사용자 인증을 위해 탈착이 가능한 R-UIM (Removable User Identity Module)카드를 제공한다.

끝으로 cdma2000 1x는 기본적으로 IS-95A와 역호환성(Backward compatibility)을 지원한다. 따라서 단말기의 채널접속은 다음 그림과 같이 기존 및 신설되는 네트워크의 변화에 관계없이 사용이 가능하다. 즉, 기존의 단말기(IS-95)는 IS-95A/B 서비스만 가능하지만 신규단말기

(CDMA 20001x)는 기존 네트워크인 IS-95A/B와 신규 cdma2000 서비스를 동시에 제공 받을 수 있다.

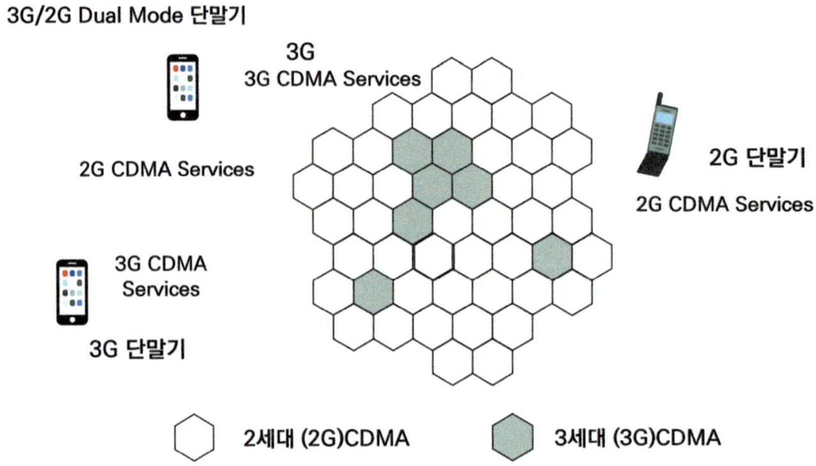

〈그림 6-6〉 단말기 형태에 따른 서비스 영역

(2) 시스템 구성

cdma2000 1x 망과 기존 IS-95A 망과의 가장 큰 차이점은 기존 IS-9A 망에서는 음성과 데이터 서비스의 구분이 없는 반면에 cdma2000 망은 음성과 같은 회선 서비스를 위한 망과 인터넷과 같은 패킷 서비스를 위한 망이 BSC에서 구분되어 있다는 점이다. cdma2000 망 구성은 〈그림 6-7〉과 같다.

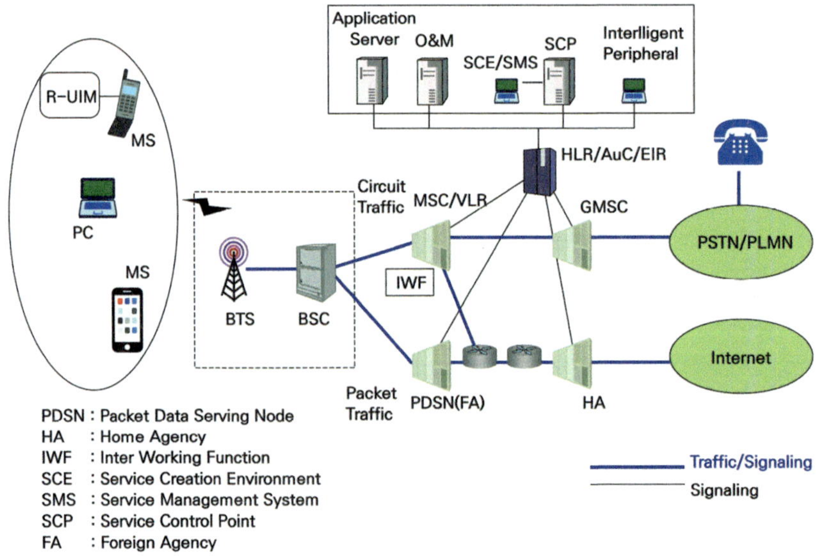

〈그림 6-7〉 cdma2000 망구성도

cdma2000 망은 IS-95A/B망과 호환성을 갖는 구조로서, 가입자 정보를 가지고 있는 HLR과 음성을 저장하는 VMS 및 FAX 메일을 저장하는 FMS(Fax Mail System) 등은 IS-95A/B 망과 같이 사용한다. 교환기, 방문자 위치 등록기, 관문 교환기, O&M, 단말장치 등록기 등은 4장의 일반적인 셀룰러 이동통신 시스템의 기능과 같으며, 인증센터는 5장의 IS-95A/B 망의 기능과 같다. BSC는 IS-95A/B 시스템과 비교하면 기지국으로부터 들어오는 음성 및 중/고속데이터를 분리하여 데이터의 경우 교환기를 통하지 않고 PDSN(Packet Data Serving Node)을 거쳐 데이터를 처리하는 시스템으로 진화하였다. 패킷 데이터 망의 내부에는 인터넷 연결을 위한 HA와 PDSN(FA)이 신설되어 IP Network를 통한 인터페이스 기능을 수행한다. PDSN의 기능은 MSC와 유사하지만 일반적으로 패킷 데이터 서비스에서 이용되며 IP라우터 기능, 보안, 이동성 관리, 인증, QoS 관리 등을 수행한다. HA의 기능은 GMSC와 유사하지만 일반적으로 패킷 데이터 서비스에서 이용되며 외부 패킷망의 연결, cdma2000 패킷망의 방화벽, SGSN 간 로밍관리, PTM(Point to Multipoint) 센터 관리 등을 수행한다. IWF는 교환기를 이용한 회선데이터 서비스를 패킷데이터로 변환하는 기능을 수행한다. SCP, SMS, SCE 등의 지능망은 IS-95A에서 사용되고 있는 기존 망과 호환성을 갖도록 하였다. R-UIM(Removable User Identity Module) 카드는 전화번호 등 가입자가 통신을 이용하기 위한 모든 정보를 포함하고 있는 카드로서 단말기에 장착하여 사용된다. R-UIM을 삽입하여 타인의 단말기를 이용하거나 타 사업자 망을 이용하여 서비스 할 수 있으며, 또는 GSM 망에서도 서비스가 가능할 수 있도록 USIM(UMTS Subscriber Identity Module) 카드를 삽입하여 사업자 간에 로밍계약에 의한 서비스를 구현한다.

(3) 채널 구조

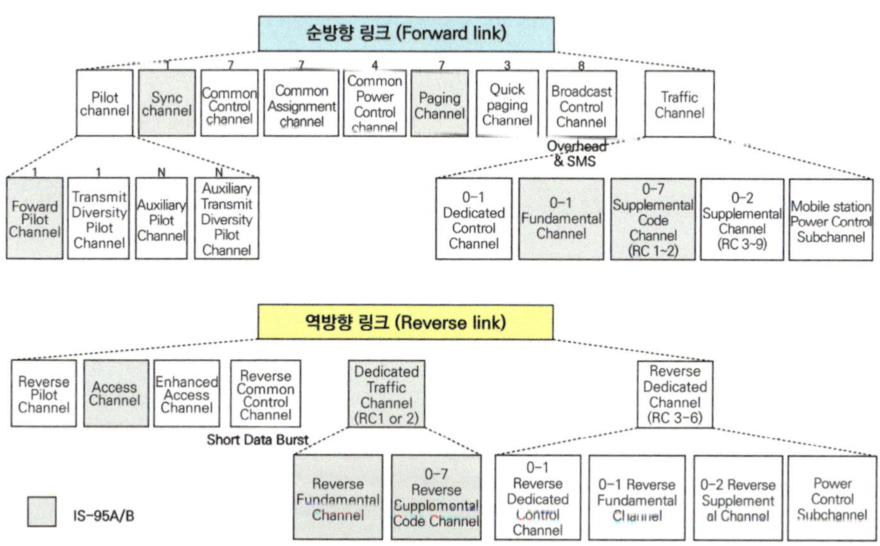

〈그림 6-8〉 cdma2000 1x 시스템의 채널 구조

가. 순방향링크

- 순방향 파일롯 채널(Forward Pilot Channel : FPiCh) : IS-95A의 파일롯 채널과 같은 기능
- 송신 다이버시티 파일롯 채널(Transmit Pilot Channel : TDPiCh) : 송신 다이버시티를 수행할 때 각 안테나별 파일롯 신호
- 보조 파일롯 채널(Auxiliary Pilot Channel : APiCh) : 빔형성 안테나를 이용 특정 지역으로 신호를 전송할 때 사용
- 보조 송신 다이버시티 파일롯 채널(Auxiliary Transmit Pilot Channel : ATDPiCh) : 빔형성 안테나를 사용하며 송신 다이버시티를 수행할 때 사용
- 동기 채널(Synchronous Channel : SyncCh) : IS-95A의 동기 채널과 같은 기능
- 순방향 공통제어채널(Forward Common Control Channel : FCCCh) : 호출채널 기능과 유사하나 SR1과 SR3 모두에 사용
- 공통할당채널(Common Assignment Channel : CACh) : 역방향 링크채널을 위한 구성과 할당 명령에 사용
- 공통전력제어채널(Common Power Control Channel : CPCCh) : 역방향 링크의 통화 채널을 여러 사람이 사용할 때 각각의 부채널에 대한 전력제어를 수행
- 호출 채널(Paging Channel : PCh) : IS-95A의 호출채널
- 빠른 호출 채널(Quick Paging Channel : QPCh) : 호출, 방송, 구성 변화 지시자의 메시지 유무만을 표시하는 채널. 단말기는 배터리 소모를 줄이기 위해 QPCh를 탐색하고 메시지가 없는 경우 전체 메시지 내용을 읽지 않고 Idle 상태로 전환
- 방송 제어채널(Broadcast Control Channel : BCCh) : 모든 단말기에 SMS와 같은 방송 메시지를 전송
- 순방향 지정제어채널(Forward dedicated Control Channel : FCCCh) : IS-95A에서 통화 채널을 이용한 신호 또는 제어 정보를 전달하는 기능과 같은 채널
- 순방향 기본 채널(Forward Fundamental Channel : FFCh) : IS-95A의 통화채널과 같은 기능
- 순방향 보조 코드채널(Forward Supplemental Code Channel : FSCCh) : IS-95B에서 왈시 코드 7개 통화채널까지 할당
- 순방향 보조 채널(Forward Supplemental Channel : FSCh) : 고속의 데이터 전송을 위해 프레임 단위로 비연속적으로 데이터를 전송하는 채널로 RC3~9 지원
- 단말기 전력제어 부채널(Mobile Station Power Control Subchannel) : 각 단말기의 통화 채널의 전력제어에 사용

나. 역방향링크

- 역방향 파일롯 채널(Reverse Pilot Channel : FPiCh) : 역방향 링크의 코히어런트 복조로

성능 개선을 위해 도입한 채널. 다른 기능으로 순방향 링크 채널에 대한 전력 비트, 지시자 비트를 전송하거나 EACh 도는 RCCCh의 프리앰블 역할 수행

- 역방향 접속 채널(Reverse Access Channel : RACh) : IS-95A의 접속 채널과 같은 기능. 코히어런트 복조 수행으로 성능 개선
- 개선된 접속 채널(Enhanced Access Channel : EACh) : RC3~6으로 동작할 때 RACh를 대신하는 채널로 시그널링 외에 일부 데이터 전송에도 사용
- 역방향 공통제어채널(Reverse Common Control Channel : RCCCh) : 호출채널 기능과 유사하며 SR1과 SR3 모두에 사용. 일반적으로 EACh와 연계하여 EACh의 데이터를 전달하는 데 사용. RCCCh의 전력제어는 FCPCCh에 의해 제어
- 역방향 기본 채널(Reverse Fundamental Channel : FFCh) : IS-95A의 통화 채널과 같은 기능
- 역방향 보조 코드채널(Reverse Supplementary Code Channel : RSCCh) : IS-95B에서 왈시 코드 7개 통화채널까지 할당
- 역방향 지정 제어 채널(Reverse Dedicated Control Channel : RDCCH) : IS-95A에서 통화채널을 이용한 시그널링이나 제어 정보를 전달하는 기능을 RC3~6에서 통화중에 시그널링이나 제어 정보를 전달하는 채널.
- 역방향 보조 채널(Reverse Supplementary Channel : RSCh) : 고속의 데이터 전송을 위해 프레임 단위로 비연속적으로 데이터를 전송하는 채널로 RC3~6 지원
- 단말기 전력제어 부채널(Mobile Station Power Control Subchannel) : 각 단말기의 통화 채널의 전력제어에 사용

(4) 주요 기술

가. 가변길이 직교함수

OVSF Orthogonal Variable Spreading Factor는 확산 코드 계수를 가변적으로 할당하는 기술로서 고속 데이터를 전송하는 기반 기술이다. IS-95A에서는 64 왈시 코드를 사용하여 채널을 구분하였다. 64 왈시 코드는 1비트의 데이터를 왈시 코드의 64개 비트로 곱함으로써 19.2 kbps의 데이터를 1.2288 Mbps의 확산 데이터로 변경시켰다. 그런데 64 왈시 코드는 모든 채널이 19.2 kbps의 정보 데이터를 보내므로 한 명의 사용자에게 여러 개의 코드를 할당하여 각각의 데이터를 합하거나(IS-95B의 경우) 왈시 코드의 수를 변경하여 고속의 데이터를 전송할 수 있다. 전자의 경우를 코드 컴바이닝, 후자의 경우를 가변길이 직교함수라고 한다.

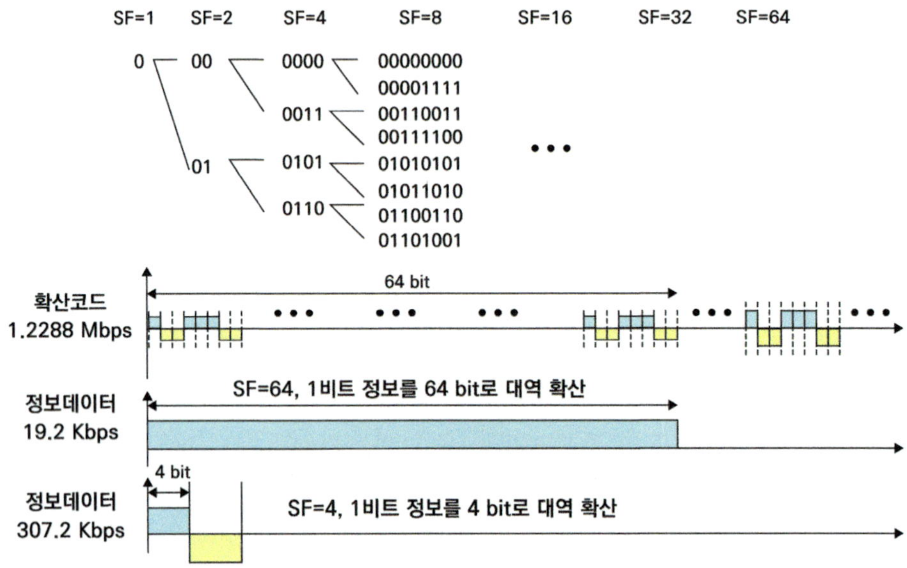

〈그림 6-9〉 cdma2000 시스템의 OVSF와 데이터 전송속도

〈그림 6-9〉는 cdma2000 시스템의 OVSF에 따른 정보 데이터의 전송속도 변화를 나타낸 것이다. cdma2000 시스템의 확산코드 전송속도는 1.2288 Mbps이다. 5장에서 설명한 왈시 코드는 2의 배수로 만들 수 있다. 이때 64 왈시 코드는 1비트의 데이터를 왈시 코드의 64 비트로 곱하는 것으로 1.2288 Mbps를 64로 나누면 19.2 kbp가 된다. 또한 4 왈시 코드는 1비트의 데이터를 왈시 코드의 4비트를 곱하는 것으로 1.2288 Mbps를 4로 나누면 307.2 kbps가 된다. IS-95A 시스템은 64 왈시 코드만을 사용하였지만 cdma2000 시스템은 4 ~ 64 왈시 코드를 가변적으로 사용한다. 따라서 왈시 코드의 비트수를 다르게 함으로써 데이터 전송 속도는 다양한 전송속도를 제공할 수 있다.

나. 데이터 전송을 위한 무선 자원 관리 기능 개선

기지국과 단말기 사이에서 데이터를 전송할 때 데이터가 있을 때만 통화채널을 이용하여 출력하는 것을 패킷 전송 방식이라고 하고 전송할 데이터의 존재 여부와 상관없이 통화채널을 유지하는 것을 회선 전송 방식이라고 한다. IS-95A 시스템에서는 회선 전송 방식을 이용하여 데이터를 전송하였으나 cdma2000 시스템에서는 패킷 전송 방식으로 데이터를 전송함으로써 무선 자원을 효율적으로 관리할 수 있게 되었다.

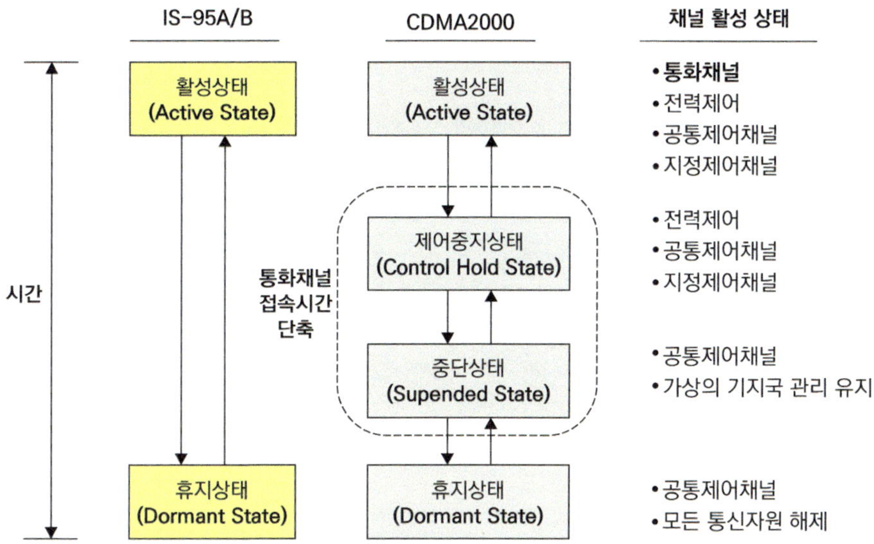

〈그림 6-10〉 cdma2000 시스템의 데이터 전송을 위한 무선자원 관리

〈그림 6-10〉은 cdma2000 시스템의 무선자원 관리 기능의 개념을 나타내고 있다. IS-95A 시스템에서는 데이터를 전송할 때 활성상태에 있다가 데이터를 전송하지 않으면 휴지 상태가 되어 다시 데이터를 보낼 때 처음부터 통화채널 획득 과정을 다시 반복하여 하지만 cdma2000 시스템은 데이터 서비스의 속성상 일정 시간 동안 데이터를 중단했다가 다시 데이터를 보내는 시간을 고려하여 그림과 같이 제어 중지 상태, 중단 상태를 정의하여 통화채널 재접속 시간을 최소한으로 단축한다. 제어 중단 상태는 통화채널만 제거하고 지정제어채널을 유지하여 데이터 진송 요구가 있으면 통화채널을 신속히 복구한다. 중단 상태는 지정제어채널도 중단하였지만 공통제어채널을 이용 가상의 Active 기지국을 관리하면서 통화채널 재접속 시간을 단축한다.

또한 보조채널(Supplementary Channel)의 경우 사용자의 요구가 있을 때 20 ms 프레임 단위로 주파수 자원을 할당하므로 주파수 이용 효율을 높일 수 있다. 따라서 IS-95A 시스템과 달리 보조채널은 주파수 자원을 코드뿐만 시간 단위로 관리하게 된다. 이와 같은 무선 자원 관리 기능은 WCDMA의 하향 공유 채널도 같은 방법으로 이루어진다. cdma2000의 주파수 자원 이용은 채널 대역폭이 1.25 MHz로 WCDMA(5 MHz)와 다른 것을 제외하고는 개념이 유사하므로 WCDMA의 주파수 자원 이용을 참고할 수 있다.

다. 핸드오프의 개선

● 다이내믹 소프트 핸드오프(Dynamic Soft Handoff)

IS-95A 시스템에서는 소프트 핸드오프를 수행할 경우 T_ADD, T_DROP의 기준을 만족하면 무조건 셀을 활성 셀집합(Active Set)에 편입시키거나 탈락시켰다. 하지만 cdma2000 시스템에서는 우선 후보 셀집합(Candidate Set) 집합에 편입한 후 활성 셀과 비교하여 현재 활성 셀의 수신 전력이 우수하면 소프트 핸드오프를 유보한다.

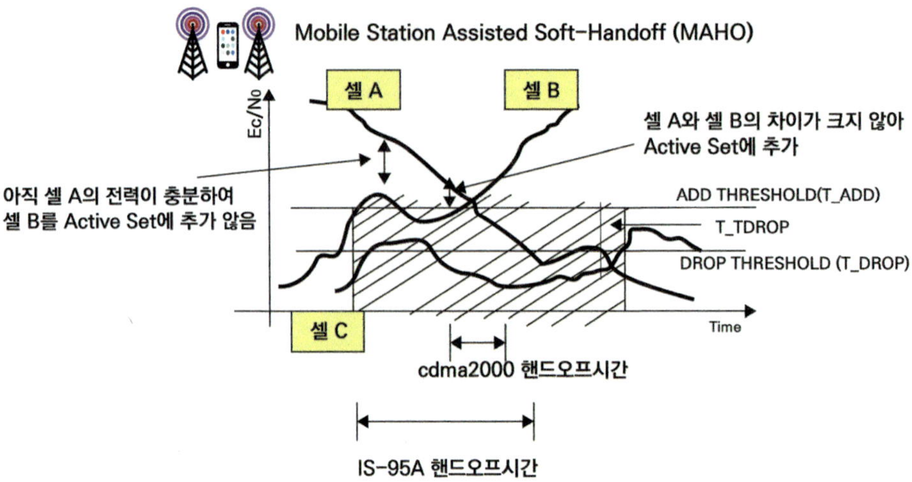

〈그림 6-11〉 cdma2000 시스템의 다이내믹 소프트 핸드오프

다이내믹 소프트 핸드오프를 수행하면 〈그림 6-11〉과 같이 핸드오프 시간이 단축되어 주파수 자원을 효율적으로 이용할 수 있게 된다.

● 개선된 주파수 하드 핸드오프(Enhanced Frequency Hard Handoff)

기존 IS-95 시스템에서는 기지국 간 사용 주파수가 다를 경우(예를 들어 A 기지국은 2FA, B 기지국은 1FA를 이용할 경우) A 기지국에서 2번 FA를 사용하다가 B 기지국으로 이동하면 B 기지국에 2번 FA가 없으므로 파일롯, 동기, 호출 채널만을 사용하는 2번 FA를 설치하거나(Dummy FA) 기지국에서 임의로 2번 FA에서 1번 FA로 신호를 낮추어 하드 핸드오프를 수행하였으나 비용 및 품질이 좋지 않다. cdma2000 시스템에서는 기지국이 인접 기지국의 FA 수가 적음을 단말기에게 알려 단말기가 인접 기지국의 다른 주파수를 검색하도록 하는데 이러한 방식을 개선된 하드 핸드오프라고 한다.

● 데이터 하드 핸드오프

기존 IS-95 시스템에서 음성과 데이터를 동시에 지원하는 기본 채널(Fundamental Channel)에 대해서 cdma2000 시스템에서도 동일하게 소프트 핸드오프를 지원한다. 하지만 cdma2000 시스템에만 존재하고 고속 데이터를 처리하는 보조 채널(Secondary Channel)은 많은 코드를 점유하고 있으므로 소프트 핸드오프를 할 경우 매우 비효율적이므로 보조 채널의 경우에는 데이터 하드 핸드오프를 수행한다.

● 액세스 핸드오프

기존 IS-95 시스템에서 단말기가 기지국 접속 중에 핸드오프를 지원하지 않았지만 cdma2000 시스템에서는 호 시도 전, 호 시도 중 그리고 호 시도가 끝나고 응답할 때에도 핸드오프를 할 수 있도록 개선하였다.

라. 전력제어의 개선

cdma2000 시스템이 IS-95A와 비교하여 전력제어 기능이 크게 개선된 것은 순방향 통화채널에서 초당 50번의 전력제어를 초당 800번 전력제어를 함으로써 약 1 ~ 1.5 dB의 기지국 전력을 절약할 수 있게 되었다. IS-95A의 경우 단말기의 프레임 에러율을 기반으로 순방향 전력제어를 함으로써 20 ms 단위로 수행하지만 cdma2000 시스템에서는 통화채널의 E_b/N_o 기준으로 수행하므로 역방향 통화채널의 전력제어와 같이 1.25 ms 단위로 전력제어를 수행할 수 있게 되었다. 따라서 단말기는 FER뿐만 아니라 E_b/N_o도 측정하는 기능이 추가되었다. 또한 전력제어의 스텝 단위도 기존 1dB에서 1 / 0.5 / 0.25 dB로 세분화하여 전력 제어의 편차를 최소화하였다.

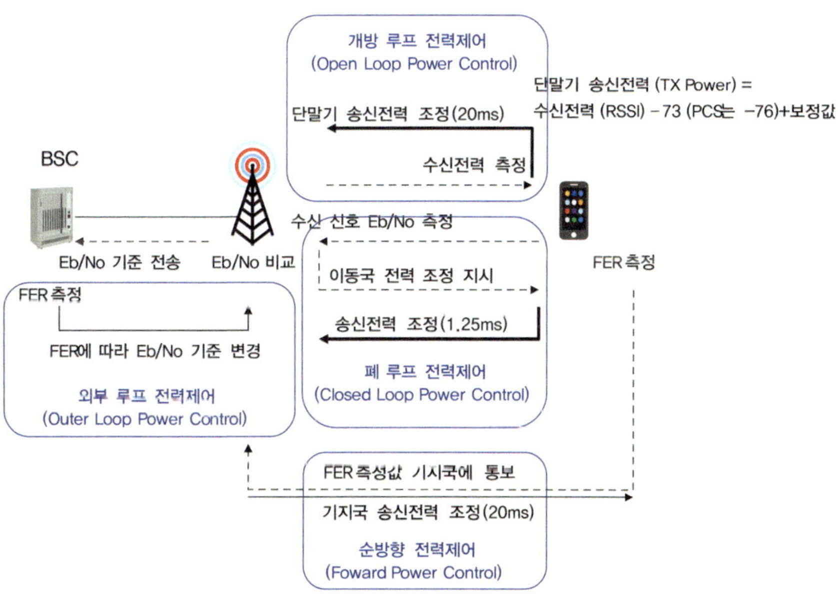

〈그림 6-12〉 cdma2000 시스템의 전력제어

cdma2000 시스템이 IS-95A의 전력제어와 비교하여 개선된 점은 〈그림 6-12〉에서 점선 부분이다. IS-95A와 cdma2000 시스템의 전력제어를 비교하면 〈표 6-3〉과 같다.

〈표 6-3〉 IS-95A와 cdma2000 시스템의 전력제어 비교

구분			IS-95A	cdma2000
전력제어 속도	순방향		50 MHz(20 ms)	800 MHz(1.25 ms)
	역방향		800 MHz(1.25 ms)	800 MHz(1.25 ms)
스텝			1 dB	1 / 0.5 / 0.25 dB
전력제어 기준	순방향	내부 루프	순방향 통화채널 FER	순방향 통화채널 Eb/No
		외부 루프	–	순방향 통화채널 FER
	역방향	내부 루프	역방향 통화채널 Eb/No	역방향 통화채널 Eb/No
		외부 루프	역방향 통화채널 FER	역방향 통화채널 FER
전력제어 대상	순방향		순방향 통화채널	순방향 통화채널
	역방향		역방향 통화채널	역방향 통화, 공통제어, Enhanced 접속채널

마. 전력의 효율성 개선

● 액세스 채널 기능 개선

단말기가 기지국에 접속할 때 필요 이상의 전력을 송신하여 간섭을 증가시키는 것을 방지하기 위하여 프리앰블 및 데이터 신호를 분리하여 액세스 프로브 송신시간을 단축, 폐루프 전력제어 기능 추가, 고속 데이터 전송을 위한 패킷 전용 채널 신설(Enhanced Access Channel, 역방향 Common Control Channel)하였다.

● 송신 다이버시티

기지국에서 수행되는 역방향의 수신 다이버시티는 2개의 수신 안테나로 3 dB 이상의 높은 이득 개선을 한다. 순방향에서도 송신 안테나 2개를 이용하여 데이터를 전송하는 OTD(Orthogonal Transmission Diversity)를 이용할 수 있다. OTD는 2개의 안테나를 이용하여 1개의 안테나는 1, 3, 5, …를 송신하고 다른 1개의 안테나는 2, 4, 6, …를 보냄으로써 두 개의 경로 채널을 이용하여 페이딩에 의한 영향을 덜 받는 기술이다. 하지만 시스템이 복잡하고 이득도 역방향 수신 다이버시티보다 전력 효율은 매우 낮다.

● 역방향 확산 변조의 개선

역방향 링크의 변조 방식은 단말기 증폭기의 선형성과 밀접하다. IS-95A 시스템에서 역방향 링크의 경우 QPSK가 아닌 OQPSK를 이용한 것은 QPSK가 심볼 천이할 때 일시적으로 0 값을 지나 고주파 성분을 발생시켜 단말기 증폭기의 비선형성에 의해 전력 효율이 낮아지기 때문이다. cdma2000 시스템에서는 역방향 데이터와 제어 신호를 각각 다른 코드로 동시에 전송하면서 나타나는 전력의 불균형으로 인한 높은 Peak to Average Ratio(PAR)를 갖게 된다. PAR이 높으면 단말기의 증폭기의 비선형성으로 인한 전력 효율이 나빠지므로 이를 해결하기 위해 데이터 신호와 제어 신호를 각각 I채널과 Q채널로 전송하면서 PAR을 낮추는데 이러한 변조방식을 OCQPSK(Orthogonal Complex QPSK)라고 하며 WCDMA 시스템에서는 HPSK라고 한다.

바. 준직교함수(Quasi Orthogonal Function)

cdma2000 시스템의 음성 용량은 IS-95A와 비교하여 2배 이상 증가하였다. 따라서 통화채널 수를 결정하는 왈시 코드가 64개인 경우 부족하게 되었다. 이를 보완하기 위하여 기존 왈시 코드 1개의 코드에 마스킹을 하여 4개의 준 직교코드를 얻어 왈시 코드 수를 증가시킨다.

(5) 전송속도

cdma2000 시스템은 고속 데이터를 전송할 때 콘볼류션 코드가 레지스터의 수로 복잡해지는 것을 해결하기 위해 레지스터의 수를 증가시키지 않으면서 에러 정정 능력이 뛰어난 터보 코드를 수용하고 데이터 변조는 순방향에서 QPSK를 도입하였다. 하지만 무엇보다도 데이터 전송속도를 크게 증가시킨 것은 OVSF 도입으로 가능하게 되었다. cdma2000 시스템의 데이터 전송속도는 〈표 6-4〉와 같다. 이때 Spreading Factor의 3은 1.25 MHz x 3(3.75 MHz)의 주파수 대역폭을 사용함을 의미한다. 하지만 실질적으로 구현되지는 않았다.

〈표 6-4〉 cdma2000 시스템의 데이터 전송속도

구분	전송 속도 구성 (Radio Configuration)	Spreading Rate	부호화 방법 (FEC Encoding)	부호화율 (coding rate)	변조방법 (Modulation)	최대 전송 속도 (kbps)	비고
순방향 링크	1	1	CC	1/2	BPSK	9.6	IS-95A/B
	2	1	CC	1/3	BPSK	14.4	
	3	1	CC and Turbo	1/4	QPSK	153.6	OVSF 값 변경으로 속도 증가
	4	1	CC and Turbo	1/2	QPSK	307.2	
	5	1	CC and Turbo	3/8	QPSK	230.4	
	6	3	CC and Turbo	1/6	QPSK	307.2	
	7	3	CC and Turbo	1/3	QPSK	614.4	
	8	3	CC and Turbo	1/4 or 1/3	QPSK	460.8	
	9	3	CC and Turbo	1/2 or 1/3	QPSK	1036.8	
역방향 링크	1	1	CC	1/3	BPSK	9.6	IS-95A/B
	2	1	CC	1/2	BPSK	14.4	
	3	1	CC and Turbo	1/4 (1/2)	BPSK	153.6 (307.2)	OVSF 값 변경으로 속도 증가
	4	1	CC and Turbo	3/8	BPSK	230.4	
	5	3	CC and Turbo	1/4 (1/3)	BPSK	153.6 (614.4)	
	6	3	CC and Turbo	1/4 (1/2)	BPSK	460.8 (1036.8)	

6.2.4 WCDMA

(1) 개요

WCDMA Wideband Code Division Multiple Access 시스템은 1999년 ITU가 승인한 5개 IMT-2000 기술 가운데 하나이다. WCDMA는 2001년에 일본이 서비스를 시작하였지만 본격적인 서비스는 2002년 이후에 시행되었고, 지속적으로 진화하여 2005년 이후에는 WCDMA HSDPA(High Speed Downlink Packet Access) 시스템이 본격적으로 상용화하기 시작하였다. WCDMA의 진화된 시스템은 제3절에서 다루고 이 절에서는 WCDMA 시스템의 기본 기술을 다룬다.

WCDMA 시스템은 cdma2000 시스템이 1개 채널로 1.25 MHz를 사용하는 것과 비교하여 5 MHz의 광대역 주파수 대역폭을 사용하므로 동일한 기지국을 이용하여 더 많은 데이터를 이용할 수 있다. 또한 cdma2000 시스템과 가장 큰 차이점은 단말기가 기지국과 동기를 맞출 때 GPS를 이용하지 않는다는 점이다. 동기방식에서 기지국 확인 및 기지국 간 핸드오프를 위한 시간 동기는 위성(GPS) 신호를 이용한 동기(Synchronous) 방식을 사용하는 것과 비교하여 비동기 방식은 기지국 고유의 스크램블 코드를 이용해서 각 기지국의 확인 및 핸드오프를 함으로써 각 기지국이 시간적으로 동기를 맞추지 않아도 된다. WCDMA는 GPS 수신기가 미국의 국방 목적으로 사용되는 GPS 인공위성에 의존해야 하는 단점과 지적소유권 문제 등으로 GPS를 이용하지 않는 기술을 개발하였다. WCDMA 시스템의 주요 특징은 다음과 같다.

- 최대 데이터 전송속도가 최대 2 Mbps까지 증가하였다. 이것은 프레임 단위로 확산계수 변경, 10 ms프레임, 패킷 데이터 서비스 제공 등에 의해 이루어졌다.
- GSM과 비교하여 가입자 수용 용량이 5배 이상 증가하였다. 이것은 무선접속 기술 규격의 개선으로 요구 E_b/N_o를 낮추어 시스템 용량이 향상되었기 때문이다. 주요 기술은 채널 코딩 및 변조 기술의 개선, 고속 순방향 전력제어(1500 Hz), 송신 다이버시티, 역방향 파일롯 채널 도입 등이다.
- 순방향 다이버시티, 순방향 고속 전력 제어 제공 등으로 통화품질이 향상되었다.
- 호출채널을 감시하는 기능 개선, 더욱 정교해진 전력 제어, 확산 변조기술의 개선 등으로 단말기 대기시간도 기존 방식의 단말기와 비교하여 대폭 증가하였다.
- 패킷 데이터 서비스 제공 가능한 무선 접속 기술 및 패킷망이 별도로 구성되었다. 즉, 이용한 데이터양만 과금하는 패킷 과금 방식을 적용할 수 있게 되었으며 이것은 이동성 및 콘텐츠 품질과 더불어 무선데이터 통신의 수요를 불러일으키는 결정적인 요소가 되었다.
- 다양한 서비스에 따른 서비스 품질(Quality of Service)을 관리한다.
- 데이터 서비스도 음성통화의 핸드오프와 유사한 핸드오프(Mobile IP) 기능을 추가함으로써 데이터 서비스를 할 때 단말의 이동성을 제공한다.
- 단말기는 사업자 간 로밍과 더욱 효과적이고 안정된 인터넷 뱅킹을 위하여 무선신호의 전송과 서비스 응용을 담당하는 이동장비와 사용자 인증을 위해 탈착이 가능한 USIM(UMTS Subscriber Identity Module) 카드를 필수적으로 제공한다.
- GSM 시스템과의 Backward Compatibility가 가능하다. 따라서 IMT-2000 서비스에서 필수적으로 제공해야 할 국제로밍에 있어서는 GSM를 기반으로 한 국가들과 국제로밍이 가능하다.
- 단말기가 회선단말인 경우 MSC, 패킷 또는 회선/패킷 공통 단말일 경우 SGSN을 이용한 위치 등록 및 호출이 이루어진다. 호출은 회선 영역에서는 몇 개의 기지국을 묶은 호출영역(ZONE)인 LAC(Location Area Code) 단위로 패킷 영역에서는 몇 개의 기지국을 묶은 호출 영역인 RAC(Routing Area Code) 단위로 이루어진다.

- 교환기는 ATM 교환기로 교환 속도를 증가시킨다.
- 보코더는 MSC에 위치한다.

(2) 시스템 구성

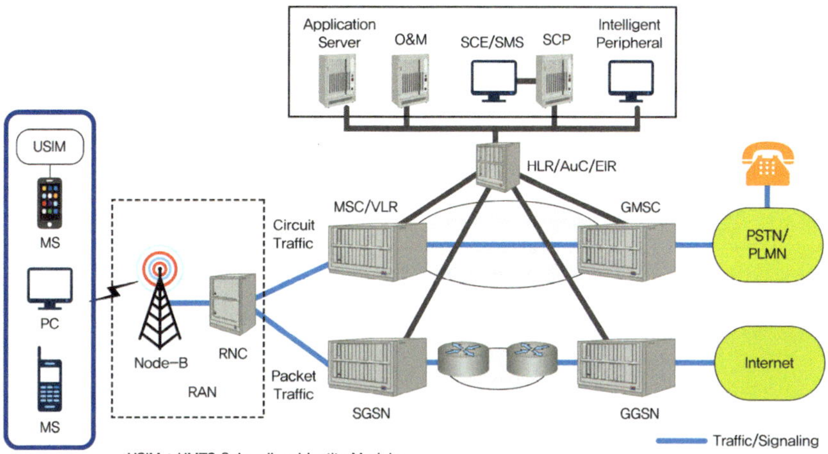

〈그림 6-13〉 WCDMA 망구성도

WCDMA의 망구성도는 〈그림 6-13〉과 같으며, 동기방식의 BSC 기능을 하는 RNC(Radio Network Controller)를 중심으로 회선 트래픽은 교환기(MSC)를 경유하여 처리되고 데이터 트래픽은 패킷단위로 SGSN을 통하여 처리된다. RAN(Radio Access Network)은 기지국(RTS : Radio Transceiver Subsystems)과 기지국제어기(RNC : Radio Network Controller)로 구성되어 있다. 교환기, 방문자 위치 등록기, 관문 교환기, O&M, 단말장치 등록기, 인증센터 등은 GSM 망의 기능과 유사하며 인증키는 Authentication Key, 인증 알고리즘은 Milenage 알고리즘을 이용하며 반드시 규격을 따라야 한다. Node-B는 기지국 기능과 동일하다. RNC는 기지국으로부터 들어오는 음성 및 중/고속데이터를 회선망과 패킷망으로 분리하는 기능을 갖는다. SGSN은 GPRS 망의 기능과 같이 MSC와 유사하지만 일반적으로 패킷 데이터 서비스에서 이용되며 IP 라우터 기능, 보안, 이동성 관리, 인증, QoS 관리 등을 수행하고 GGSN은 GMSC와 유사하지만 일반적으로 패킷 데이터 서비스에서 이용되며 외부 패킷망의 연결, WCDMA 패킷망의 방화벽, SGSN 간 로밍관리, PTM(Point to Multipoint) 센터 관리 등을 수행한다. USIM은 WCDMA 망에서 GSM망의 SIM 카드와 동일한 기능을 수행한다.

(3) 채널 구조

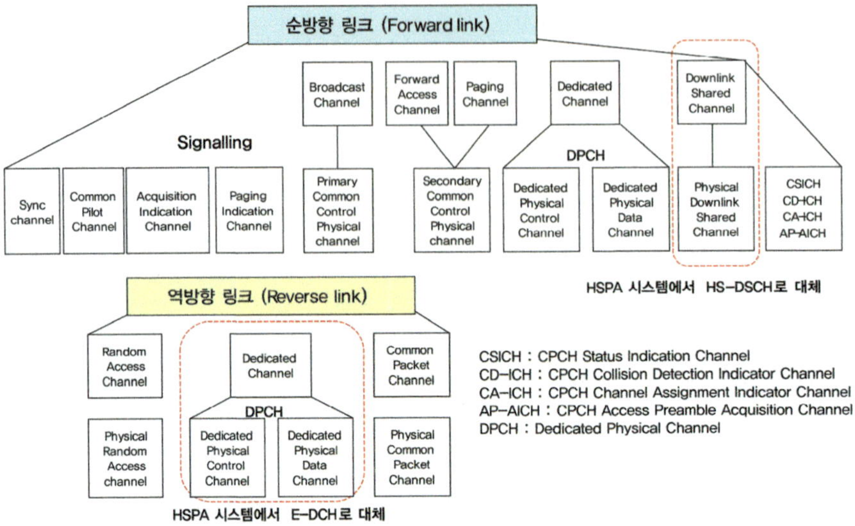

〈그림 6-14〉 WCDMA(Release 99)시스템의 채널 구조

가. 순방향링크

- 동기 채널(Synchronous Channel : SCH) : 이동 단말기가 기지국과 시간 동기를 위해 1차 코드(Primary code) 및 프레임 동기를 맞추기 위해 2차 코드(Secondary Code)를 사용한다. 2차 코드는 64개 기지국 코드 그룹의 정보를 포함하고 있다.
- 공통 파일롯 채널(Common Pilot Channel : CPICH) : 이동 단말기가 기지국 확인을 위한 스크램블 코드를 정보를 가지며 핸드오버 추정 및 기지국 선택에 이용되는 1차 코드(Primary Code)와 스마트 안테나를 이용하기 위한 2차 코드(Secondary Code)를 사용한다.
- 인지 지시자 채널(Acquisition Indicator Channel : AICH) : 역방향 접속채널(RACH)의 동기를 획득하고 데이터 전송을 지시한다.
- 호출 지시자 채널(Paging Indicator Channel : PICH) : 단말기가 호출 채널을 확인하도록 지시한다(단말기의 효율적 전력 이용).
- 1차 공통 제어 물리 채널(Primary Common Control Physical Channel : P-CCPCH) : 방송 채널(Broadcast Channel : BCH)을 전송한다. BCH는 시스템 관련 정보를 셀 전체에 방송하며 고정된 전송속도로 항상 송신한다.
- 2차 공통 제어 물리 채널(Secondary Common Control Physical Channel : S-CCPCH) : 순방향 접속 채널(Forward Access Channel : FACH) 및 호출 채널(Paging Channel : PCH)을 가변 속도로 전송하며 전송 요구가 있을 때만 전송한다. FACH는 전력값 설정을 위한 정보를 전송하는데 이용하며 PCH는 IS-95A의 호출 기능과 같다. SMS 메시지를 전송한다.
- 지정물리제어채널 (Dedicated Physical Control Channel : DPCCH) : 단말기에 할당되는

지정채널(Dedicated Channel : DCH)의 제어 기능을 전달하는 채널이다. DCH는 DPCCH와 DPDCH를 시간 다중화로 전송한다.

- 지정물리데이터채널(Dedicated Physical Data Channel : DPDCH) : 단말기에 할당되는 지정채널(Dedicated Channel : DCH)의 데이터를 전달하는 채널이다.
- 물리 하향 공유 채널(Physical Downlink Shared Channel : PDSCH) : 하향 공유 채널(Downlink Shared Channel : DSCH)을 전송한다. DSCH는 한 개의 지정데이터 채널을 여러 사용자가 시분할로 함께 공동으로 사용하는 채널이다. DSCH는 낮은 확산 계수(SF = 4, 960 kbps)로 고속으로 데이터 전송하며 단말기가 요청하면 프레임 단위로 할당한다. DSCH는 HSPA 시스템에서 HS-DSCH로 대체되어 사용되지 않는다.
- 공통 패킷 채널 상태 지시자 채널(CSICH) : 역방향 CPCH의 채널 상태를 전송한다.
- 공통 패킷 채널 충돌 검출 지시자 채널(CD-ICH) : 단말기에 데이터 충돌 정보를 전송한다.
- 공통 패킷 채널 할당 지시자 채널(CA-ICH) : 단말기 공통채널 할당 메시지를 전송한다.
- 공통 패킷 채널 접속 프리앰블 인지 채널(AP-AICH) : 공통 패킷 채널의 프리앰블에 대한 동기 획득을 전송한다.

나. 역방향 링크 채널

- 물리 임의 접속 채널(Physical Random Access Channel : PRACH) : 임의 접속 채널(Random Access Channel : RACH)을 전송한다. RACH는 IS-95A의 접속채널 기능과 같다.
- 지정물리제어채널(Dedicated Physical Control Channel : DPCCH) : 단말기에 할당되는 지정채널 (Dedicated Channel : DCH)의 제어 기능을 전달하는 채널이다. DPCCH는 HSPA 시스템에서 E-DPCCH(Enhanced-DPCCH)로 대체된다.
- 지정물리데이터채널(Dedicated Physical Data Channel : DPDCH) : 단말기에 할당되는 지정채널(Dedicated Channel : DCH)의 데이터를 전달하는 채널이다. DPDCH는 HSPA 시스템에서 E-DPDCH(Enhanced-DPDCH)로 대체된다.
- 물리 공통 패킷 채널(Physical Common Packet Channel : PCPCH) : 공통 패킷 채널(Common Packet Channel : CPCH)을 전송한다. CPCH는 고속의 패킷 데이터를 전송하기 위한 채널이다.

(4) 주파수 자원 이용 기술

가. 다중접속/다중화

WCDMA 디지털 이동통신은 CDMA/CDD 방식의 다중접속/다중화 방식을 이용하여 주파수 재사용율을 높이고 듀플렉스 방식으로는 FDD 방식을 이용하고 있다. 5 MHz 주파수 대역폭에서 약 90명의 가입자가 주파수와 시간을 공유하되 코드에 의해 상호 간섭을 피할 수 있다. 또한 공유채널의 경우 전체 용량을 한 사람이 다 사용하거나 여러 사람이 프레임 단위(10

ms)로 공유할 수 있어 무선 자원을 코드뿐만 아니라 시간으로도 나누어 사용한다.

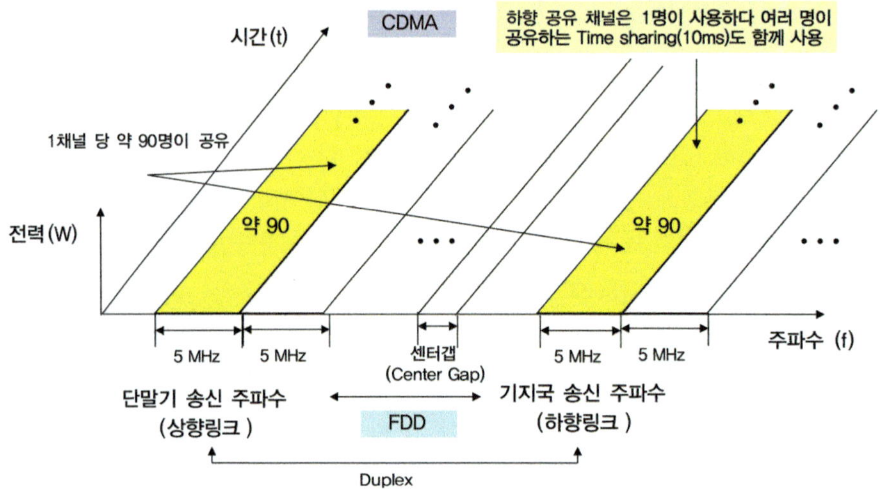

〈그림 6-15〉 WCDMA(Release 99)의 다중접속/다중화 및 듀플렉스

나. 확산코드

WCDMA 시스템은 기지국을 구별하기 위한 스크램블 코드와 채널을 구분하기 위한 채널코드(Channelization Code)를 사용한다. 여기서 스크램블 코드는 기지국 및 단말기를 구분하는 Nonmaximal coding 방식의 PN 코드이며, 채널코드는 4~512의 확산 계수(Spreading Factor)(512는 하향링크만 적용)를 갖는 직교 방식의 왈시 코드이다. 각 확산 코드의 중요한 기능을 요약하면 〈식 6-5〉와 같다.

〈표 6-5〉 WCDMA 시스템의 확산코드

구분	채널코드(Channelisation Code)	스크램블 코드(Scramble Code)
용도	하향 : 사용자 구분 상향 : 동일 단말기의 제어 및 데이터 채널 구분	하향 : 기지국의 구분 상향 : 단말기의 구분
길이	4~256 chip (512 chip은 하향링크만 적용)	하향 : 10 ms, 38400 chips 상향 : 10 ms, 38400 chips (※66.7us, 256 chips)
코드 수	확산계수(Spreading Factor)의 수	하향 : 512 상향 : 수백만
코드 구성	OVSF	Long 10 ms code : Gold code Short code : Extended S(2) code
확산 기능	정보데이터를 확산시켜 대역폭 증가	채널코드와 동일한 대역폭 유지

※ 기지국이 Advanced Multi user detector 또는 간섭 제거 수신기 등을 사용할 경우 사용됨

(5) 주요 기술

가. 초기 동기 획득

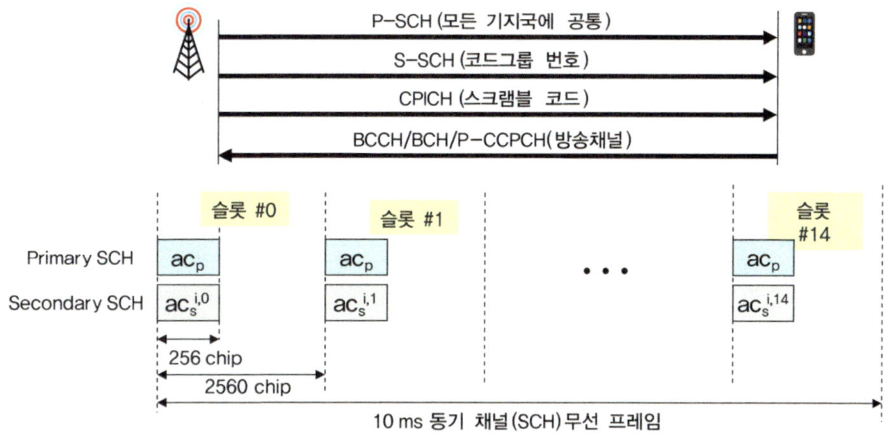

〈그림 6-16〉 WCDMA(Release 99)의 초기 동기 획득

초기 동기 획득은 3단계로 이루어진다.

첫째, 슬롯 동기 획득 단계이다. 모든 기지국은 공통의 짧은 1차 코드(Primary SCH 동기 코드 : 256chip)를 전송하고 단말기는 기지국의 슬롯 동기를 수행하는데 슬롯 번호는 알지 못한다.

둘째, 프레임 동기 및 코드 그룹 정보 획득 단계이다. 2차 동기 코드(Secondary SCH 동기 코드)를 탐색하여 15개의 시퀀스와 64개 코드 그룹을 매칭하여 프레임 동기를 설정한다.

셋째, PN 코드 정보 및 시스템 정보 획득 단계이다. 자신이 속한 코드 그룹에서 8개의 PN 코드를 심볼 단위로 탐색하여 타이밍이 이루어지고 자신의 기지국이 가지고 있는 PN 코드를 확인하고 동기를 획득한 후 시스템 파라미터를 수신하기 시작한다.

나. 가변 길이 직교함수

WCDMA 시스템의 OVSF 기술은 cdma2000 시스템의 OVSF 기술과 동일하다. 다만 cdma2000가 1.2288 Mbps의 확산코드를 이용하는 반면, WCDMA는 3.84 Mbps의 확산 코드를 사용하므로 확산계수를 512까지 사용한다. 따라서 cdma2000과 비교하여 데이터 전송속도를 3배 이상 높일 수 있다.

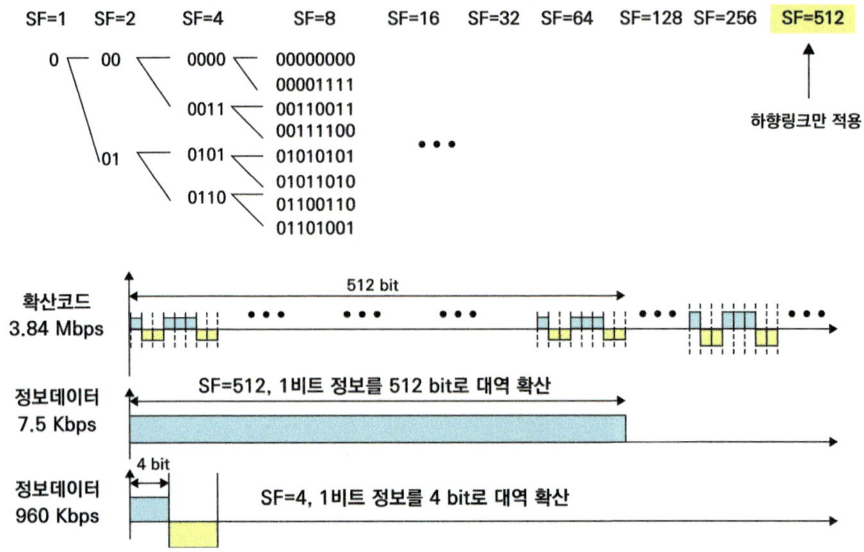

〈그림 6-17〉 WCDMA 시스템의 OVSF와 데이터 전송속도

〈그림 6-17〉은 WCDMA 시스템의 OVSF에 따른 정보 데이터의 전송속도 변화를 나타낸 것이다. WCDMA 시스템의 확산코드 전송속도는 3.84 Mbps이다. 512 왈시 코드는 1비트의 데이터를 왈시 코드의 512 비트로 곱하는 것으로 3.84 Mbps를 512로 나누면 7.5 kbps가 된다. 또한 4 왈시 코드는 1비트의 데이터를 왈시 코드의 4비트를 곱하는 것으로 3.84 Mbps를 4로 나누면 960 kbps가 된다. WCDMA 시스템은 4 ~ 512 왈시 코드를 가변적으로 사용한다. 또한 4 왈시 코드를 여러 개 사용함으로써 이론적으로 2 Mbps 이상의 데이터를 전송할 수 있다.

다. 핸드오프의 개선

WCDMA 시스템의 소프트 핸드오프는 cdma2000에서 사용되는 다이내믹 소프트 핸드오프와 동일한 방법을 사용한다. 또한 WCDMA 시스템의 하드 핸드오프는 통화채널을 일시적으로 중단(TGL : Transmission Gap Length)하고, 단말기가 인접셀 주파수를 검색한 후 핸드오프를 결정한다. 통화채널의 일시적 중단을 압축 모드(Compressed Mode)라고 하며 압축 모드가 발생하는 프레임의 경우 확산계수를 낮추어 높은 속도의 데이터를 발생시켜 데이터의 손실이 없도록 하는데, 이때의 데이터는 확산이득이 낮아진 것을 보상하기 위해 출력을 높인다.

라. 전력제어의 개선

WCDMA 시스템의 전력제어는 cdma2000 방식과 유사하며 순 · 역방향 모두 10-100 Hz 기준으로 SIR(Signal Interference Ratio) 목표치에 근거한 Eb/No를 기반으로 고속 폐루프 전력제어를 수행한다. 고속 폐루프 전력제어는 순 · 역방향 통화채널에서 1500 Hz의 기준으로 1 dB 단위로 TPC(Transmit Power Control) 비트를 이용하여 이루어진다.

마. 전력의 효율성 개선

● 송신 다이버시티

CDMA 시스템과 마찬가지로 WCDMA 시스템에서도 송신 안테나 2개를 이용하여 데이터를 전송하는 STTD(Space Time Transmission Diversity)를 이용할 수 있다. STTD는 2개의 안테나를 이용하여 Space Time Block Coding을 기반으로 1개의 안테나는 1, 2, 3, 4, …를 송신하고 다른 1개의 안테나는 4, 3, 2, 1, 8, 7, 6, 5, …와 같이 전송함으로써 두 개의 경로 채널을 이용하여 공간 및 시간 다이버시티 효과를 얻는다. 또한 폐루프 송신 다이버시티는 단말기로부터 기지국 송신 신호의 품질을 피드백 받아 위상 및 크기를 조정하여 두 안테나의 신호의 합이 최대가 되도록 한다.

● 역방향 확산 변조의 개선

cdma2000에서 사용하는 역방향 확산 변조 방식인 HPSK (OCQPSK: Orthogonal Complex QPSK) 방식을 이용하여 단말기의 전력 효율을 높인다.

(6) 전송속도

WCDMA 시스템은 고속 데이터를 전송할 때 콘볼류션 코드가 레지스터의 수로 복잡해지는 것을 해결하기 위해 레지스터의 수를 증가시키지 않으면서 에러 정정 능력이 뛰어난 터보 코드를 수용하고 데이터 변조는 순방향에서 QPSK를 도입하였다. 하지만 무엇보다도 데이터 전송속도를 크게 증가시킨 것은 OVSF 도입으로 가능하게 되었다. WCDMA 시스템의 데이터 전송속도는 〈표 6-6〉과 같다.

〈표 6-6〉 WCDMA 시스템의 전송속도

구분	선송 속도 구성 (Radio Configuration)	Spreading Factor	부호화 방법 (FEC Encoding)	부호화율 (coding rate)	변조방법 (Modulation)	최대 전송 속도 (kbps)
순방향 링크	1	512	CC	1/2	QPSK	1~3
	2	256	CC	1/2	QPSK	6~12
	3	128	CC or Turbo	1/2	QPSK	20~24
	4	64	CC or Turbo	1/2	QPSK	45
	5	32	CC or Turbo	1/2	QPSK	105
	6	16	CC or Turbo	1/2	QPSK	215
	7	8	CC or Turbo	1/2	QPSK	456
	8	4	CC or Turbo	1/2	QPSK	936
	9	4(×3 code)	CC or Turbo	1/2	QPSK	2300
역방향 링크	1	256	CC	1/2	BPSK	7.5
	2	128	CC	1/2	BPSK	15
	3	64	CC or Turbo	1/2	BPSK	30
	4	32	CC or Turbo	1/2	BPSK	60
	5	16	CC or Turbo	1/2	BPSK	120
	6	8	CC or Turbo	1/2	BPSK	240
	7	4	CC or Turbo	1/2	BPSK	480
	8	4(×6 code)	CC or Turbo	1/2	BPSK	2300

(7) 영상전화 서비스

WCDMA 시스템은 양방향 데이터 전송속도가 높아 본격적인 영상전화 서비스를 제공할 수 있다. 〈그림 6-18〉은 영상 전화의 통화 절차를 나타내고 있다.

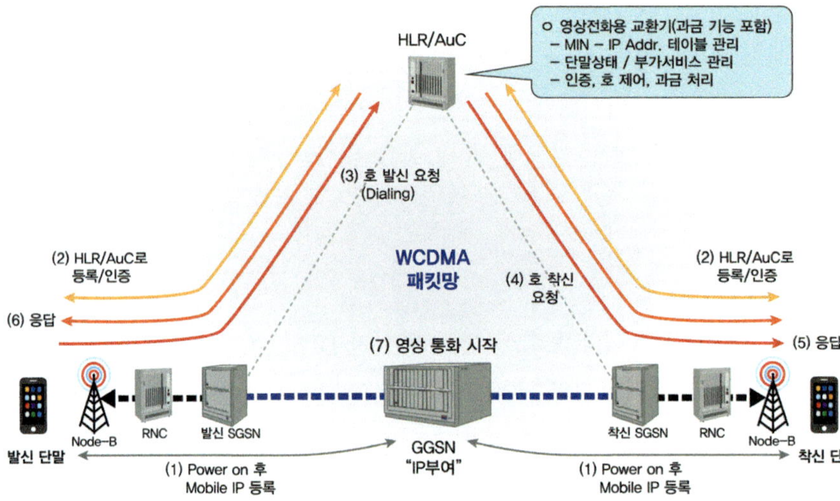

〈그림 6-18〉 영상전화의 통화 절차

6.2.5 기술 발전에 따른 서비스 진화

IMT-2000 기술의 발전은 망의 서비스 제공 능력을 높임으로써 서비스에도 크게 변화시켰다. 1990년대 중반에만 해도 상상만 하였던 영상전화 서비스가 10년이 안 되어 현실화되었으며 〈그림 6-19〉에서 볼 수 있듯이 2 Mbps의 속도로 깨끗한 화면의 영상 서비스를 즐길 수 있게 되었다.

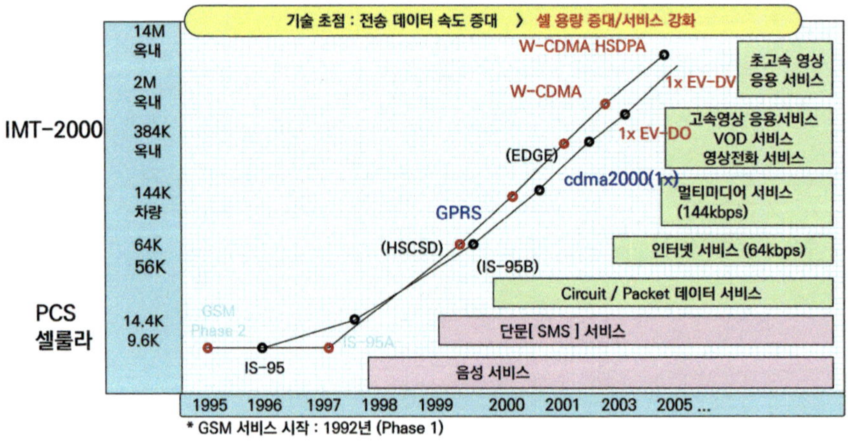

〈그림 6-19〉 기술 발전에 따른 서비스 진화

〈그림 6-20〉은 ITU가 정의한 IMT-2000 서비스를 개념상으로 분류하였다. 크게 기업 고객과 개인 고객으로 나눌 수 있으며 각각의 시장은 데이터 전송 속도에 따라 다양한 서비스가 있는데, 굵은 글씨 및 밑줄 친 서비스는 IMT-2000의 핵심적인 서비스로 예상된다.

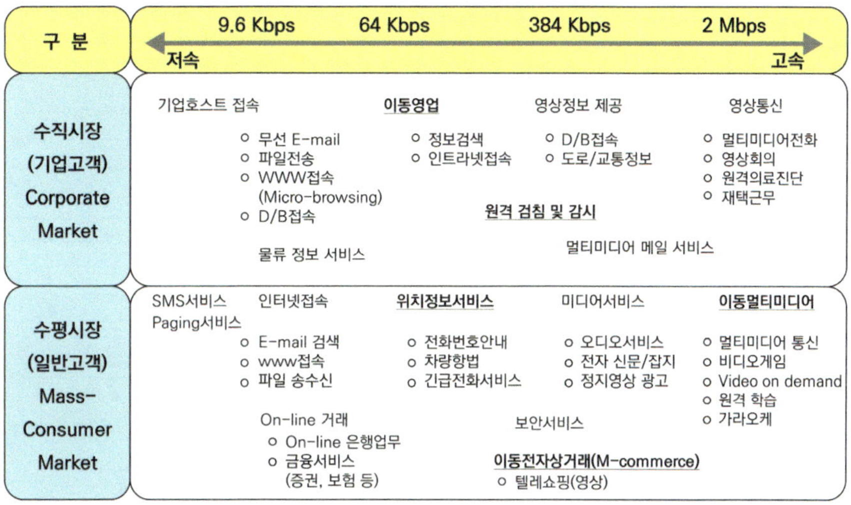

〈그림 6-20〉 IMT-2000 서비스의 분류

〈그림 6-21〉은 통신과 방송의 융합 추세를 반영하여 모바일 방송 서비스를 포함한 IMT-2000 서비스를 데이터 전송 속도에 따라 구분하였다.

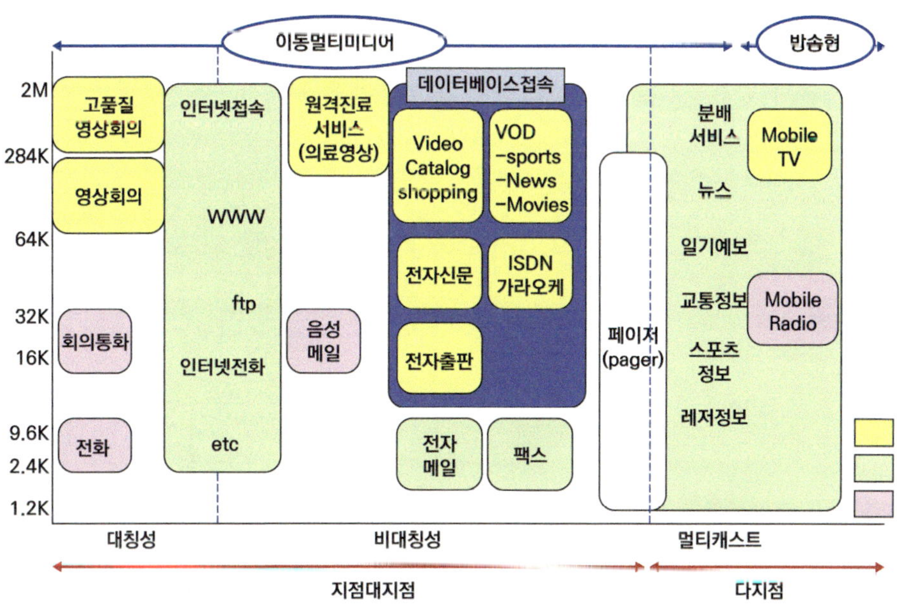

〈그림 6-21〉 통신과 방송의 융합 추세를 반영한 IMT-2000 서비스의 분류

6.3 IMT-2000 기술의 발전

6.3.1 개요

cdma2000 및 WCDMA 시스템의 진화 방향을 요약하면 〈그림 6-22〉와 같다.

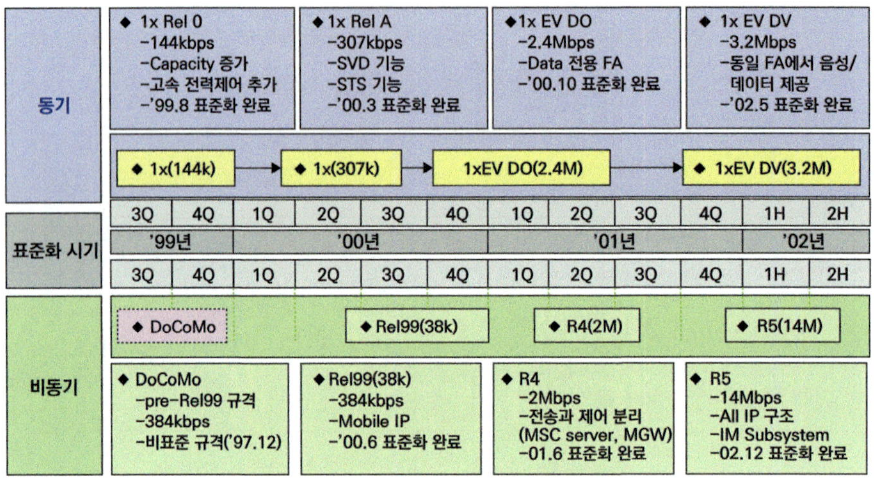

IM : IP Multimedia SVD : Simultaneous Voice & Data, STS : Space Time Spreading

〈그림 6-22〉 cdma2000 및 WCDMA 시스템의 진화 요약

지난 1999년 5개의 IMT-2000 기술이 표준화한 이후 cdma2000 및 WCDMA 기술은 지속적으로 기술을 발전시켜 왔으며, 휴대 인터넷 기술인 Mobile WiMax도 지속적으로 기술을 발전시켜 마침내 2007년 10월 OFDMA TDD WMAN이라는 이름으로 6번째 IMT-2000 기술이 되었다. IMT-2000 기술의 발전을 요약하면 〈그림 6-23〉과 같다.

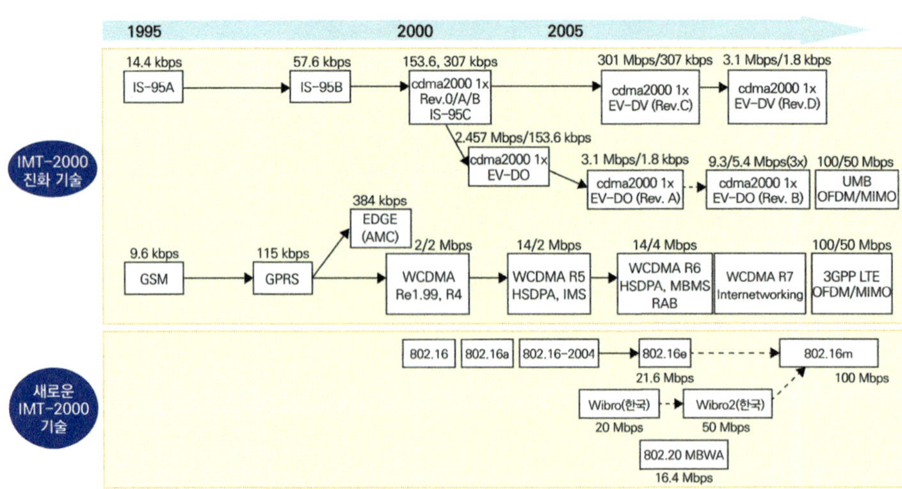

〈그림 6-23〉 IMT-2000 기술의 발전

6.3.2 cdma2000의 발전

(1) 개요

cdma2000 시스템은 북미 규격인 IS-95 기반 CDMA 방식으로부터 진화하였다. cdma2000 시스템의 진화는 〈그림 6-24〉와 같이 cdma2000 1x Release A, cdma2000 1x EV-DO, cdma2000 1x EV-DV 등 크게 3가지로 진화하였다.

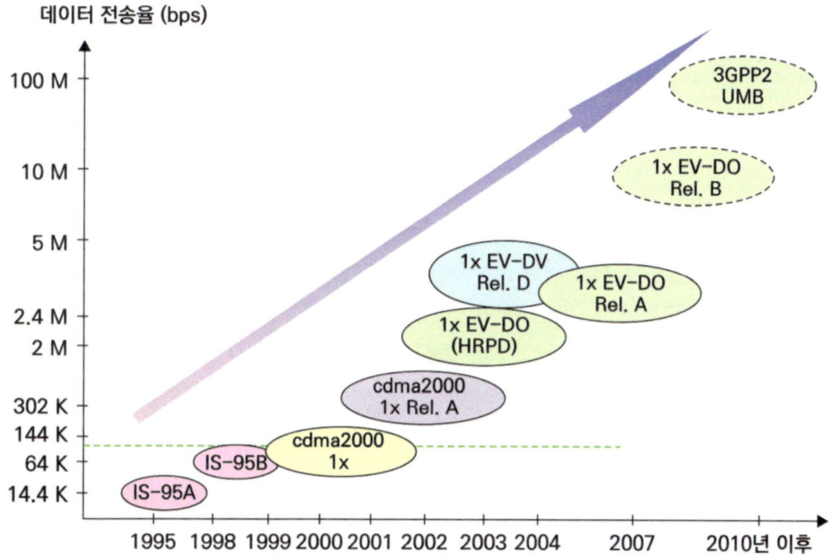

〈그림 6-24〉 cdma2000 기술의 진화

1) cdma2000 1x Release A

cdma2000 1x에서 S/W 업그레이드 및 일부 H/W보완을 통한 데이터 전송속도를 최대 307 kbps까지 전송이 가능하며, 규격은 2000년 2월에 완료되었다.

2) cdma2000 1x EV-DO(HDR)

퀄컴에서 제안한 방식이며, 데이터만 2.4 Mbps의 속도로 제공되며 기존(IS-95A, B)장비와 RF부분이 호환성을 가지고 있다. 또한 규격은 2000년 10월에 완료되었으며 국내 사업자들에 의해 2002년 초 세계 최초로 상용화에 성공했다.

3) cdma2000 1x EV-DV

음성과 데이터가 동시에 제공되며 최대 3.1 Mbps의 전송속도로서 cdma2000 1x장비의 upgrade를 통하여 구현할 수 있다.

(2) cdma2000 기술의 진화

cdma2000 표준을 담당하고 있는 3GPP2의 조직은 여러 TSG(Technical Specification Group)로 구성되었으며 상위 의결기관인 조정위원회(Steering Committee) 아래 RAN 접속을 담당하는 TSG-A, CN을 담당하는 TSG-X, 무선접속부문인 TSG-C, 서비스와 망구조를 담당하는 TSG-S 등으로 이루어졌다. 2세대인 IS-95A/B에서 음성(Voice), 64kps의 패킷 데이터(Packet Data), 회선 데이터(Circuit Data) 등의 서비스를 제공하였다. 3세대인(cdma2000) 시스템에서는 다양한 멀티미디어 데이터 서비스와 고속의 전송대역을 지원하기 위하여 여러 가지 기능 등을 도입하였다. 음성, 고속의 패킷과 서킷 데이터 서비스가 지원되며, 이들 중 복수의 서비스를 동시에 수행하는 기능이 추가되었다. 여러 가지 멀티미디어 서비스들의 다양한 QoS 요구조건들을 만족시키기 위하여 QoS 제어 메커니즘을 도입하였다. cdma2000 lx EV-DV/ cdma2000 lx EV-DO 기술을 통하여 데이터 전송속도를 2 Mbps 이상 높였고 cdma2000 Rev.D/lxEV-DO Rev.A를 통하여 멀티미디어 서비스의 장애였던, 역방향 최대 전송률을 1.8 Mbps까지 높여 양방향 멀티미디어 서비스 기능이나 멀티미디어 메시징 기능 등을 구현하였다.

〈표 6-7〉 cdma2000 진화 기술의 주요 특징

기술표준	cdma2000 1x Rev. 0/A/B	1x EV-DO	1x EV-DV Rev.C	1x EV-DO Rev.A	1x EV-DO Rev.B	Ultra Mobile Wideband
주요기술	· 307/307 kbps · Fixed Modem/ Coding · Rec. A: STS, SVD 기능 추가	· 2.4/0.153 Mbps · AMC (~16QAM) · DL HARQ · BCMCS	· 3.2/0.307 Mbps · AMC (~16QAM) · DL HARQ · Fast Cell Selection	· 3.2/1.8Mbps · UL AMC (~8PSK) · UL HARQ · Fast RAB	· 9.3/5.4Mbps · Scalable Bandwidth (1.25MHz x 3) · Multi Carrier 기술	· 100/50Mbps · OFDM · 20MHz BW · All IP
주요 서비스	64kbps 패킷 데이터, 회선데이터	· 고속인터넷 접속 · 고속하향 멀티미디어	· 고속인터넷 접속 · 고속하향 멀티미디어	· 멀티미디어 이메일 · 텔리매틱스, 게임 · 영상전화서비스	· 멀티미디어 이메일 · 텔리매틱스, 게임 · 영상전화서비스 · VoIP	· 4세대 이동통신 서비스
표준완성	1999~2000.3	2001.10	2002.5	2004.3	2006.4	2007.10
상용시기	2000.10	2002		2006	2008	2010년 이후

SVD : Simultaneous Voice & Data,STS : Space Time Spreading, BCMCS : Broadcast Multicast Service, RAB : Radio Access Bearer, IMS : IP Multimedia Service

가. cdma2000 Rev. D

cdma2000 표준은 cdma2000 lx EV-DV기술을 포함하는 Rev. C를 통해 고속 패킷서비스를 강화하였으며, 2004년 2월 완성된 cdma2000 Revision D는 역방향 성능향상(Reverse Link Enhancement), 방송서비스(BCMCS), 빠른 호 설정(Fast Call Setup) 등의 기능을 통해 멀티미디어 기능 및 QoS 관련 기능을 보강하였다. Rev. D에 새로이 추가된 기능을 간단히 살펴보면 다음과 같다.

● 역방향 성능향상(Reverse Link Enhancement)

cdma2000 Rev. D에서는 최고 전송 속도 1.8 Mbps를 지원하게 되었다. 이를 위해서 HARQ, Shorter Frame Size, 고속 스케쥴링 기법 들을 이용하여 고속 역방향 링크를 구현하였다. 또한 물리계층의 재전송인 HARQ 기능을 통하여 수신 성능을 향상시키고 있다. 역방향 데이터를 송신할 때 기지국에서 ACK/NAK을 단말기 쪽으로 전송하여 물리계층 재전송을 수행하고, 재전송된 신호를 합쳐서 역 부호화시킴으로써 수신 성능을 향상시키게 되었다. 이 기능은 순방향링크에서 사용되고 있는 방식이다. Short Frame Size를 기존의 20 ms에서 10 ms로 줄여 전송지연을 줄이고 자원할당의 효율성을 높이고 있다. 전송률 할당 방식을 살펴보면, 기존의 방식은 3계층 메시지를 이용한 역방향 자원 할당 방식을 사용하였다. 그러나 기존 방식으로는 역방향 채널의 상황을 제대로 방영하지 못하므로 자원할당의 효율성이 떨어지게 되었다. Rev. D에서는 물리계층 신호를 이용하여 실시간으로 단말의 상황을 알려주므로 효율적인 자원할당이 가능해졌다. 개선된 역방향채널의 동작은 ACK채널에 의한 재전송 동작과 Rate Control 비트에 의한 전송 제어가 매 프레임 일어난다.

● 방송서비스(Broadcast Multicast Service)

cdma2000 Rev.D 표준에서는 멀티미디어 방송데이터의 전송 기능을 강화하였다. 기존의 방송데이터 전송방식은 일대일 전송 방식을 기반으로 하여 서비스되고 있다. 멀티미디어 방송 데이터를 셀룰러 네트워크에서 서비스하기 위해서는 자원을 효율적으로 사용할 수 있는 방안이 필요하다. 그래서 새로운 표준에서는 기존 방송전송방식과 유사한 일대다 방식을 기반으로 한 전송방식을 통해 방송서비스 기능을 보강하였다. BCMCS 기술은 동일한 데이터를 여러 사용자가 동시에 수신이 필요하다는 특성을 이용하여 일대다 방식의 전송 형태를 통해 높은 품질의 영상을 효율적으로 전송하게 되었다. 방송서비스는 기본적으로 일대다 통신인 특성을 살리기 위해 전력제어 없이 모든 수신자가 공통으로 이용하는 방송용 부가채널(F-BSCH)를 이용하는 방안을 구현하였다. 그래서 순방향링크의 전력제어가 없으므로 역방향 전용채널을 할당할 필요가 없게 되었고, 이러한 특징으로 인해 일대일 서비스 시의 영향과 관계없이 불특정 다수가 동일한 품질로 수신할 수 있게 되었다.

● 빠른 호 설정(Fast Call Setup)

3G 시스템을 이용한 응용서비스 중 음성채팅과 같은 리얼타임 양방향 패킷 데이터를 서비스할 때 패킷 서비스의 효율을 최대한 높이려면 데이터의 특성에 따라 채널의 설정과 회수가 이루어져야 한다. 이때 채널설정 시 사용자가 느끼는 지연을 줄여야 하는데, 이를 위해 빠른 호 설정 기능이 필요하다. 빠른 호 설정과 관련되어 보강된 기능은 크게 호출주기를 조절하는 방안과 호출과 동시에 채널을 할당하여 단말기의 호출 응답 시간을 줄이는 방안과 할당된 채널의 설정을 위한 검사 절차를 줄이는 방안 등이 있다.

● MEID(Mobile Equipment Identifier)

기존의 32비트 ESN(Electronic Serial Number) 기반의 단말기 식별자는 대량생산으로 인해 공간이 부족해짐에 따라, 3GPP2에서는 56비트길이의 새로운 단말기 식별자인 MEID를 정의하고 이를 Rev.D 표준부터 적용하게 되었다.

나. cdma2000 1x EV-DO Rev. A

cdma2000 lx EV-DO는 cdma2000 1x EV-DO Rev. A 표준으로 2004년 3월에 완성되었다. cdma2000 lx EV-DO Rev. A 표준에서는 cdma2000 Rev. D와 유사하게 역방향 성능 향상, 방송서비스, 타 무선접속기술과의 호환성, QoS별 다중 서비스제어 등의 기능이 보강되었다. 이중 역방향 성능 향상과 방송서비스 기능은 cdma2000 Rev. D 표준과 유사한 형태의 기능 향상으로 볼 수 있다. 이외에 순방향링크 최고 전송률을 3.1 Mbps까지 증가시키고, Cross Paging 기능이 추가되어 다른 기술(cdma2000 lx 혹은 기타무선접속)과의 연동기능을 보강하였다. 그리고 QoS 특성이 서로 다른 multiple application flow를 지원하기 위해 multiple RLP(Radio Link Protocol) flow를 정의하였다. 마지막으로 다중 사용자 패킷(Multi-User Packet) 기능을 도입하여 서로 다른 단말의 데이터를 MAC계층에서 다중화하여 전송 가능하게 함으로써 낮은 전송률의 실시간 트래픽의 효율적 전송이 가능하도록 하였다.

다. cdma2000 1x EV-DO Rev. B

cdma2000 EV-DO Rev. B는 기존 cdma2000 EV-DO Rev. A의 기술을 이용하되 채널 대역폭을 기존 1.25 MHz 채널의 2개 또는 3개를 함께 이용함으로써 상하향 최고 속도를 5.4/9.3 Mbps까지 끌어 올렸다. 또한 QoS를 개선하여 지연 시간을 Rev. A와 비교하여 60% 이상 감소하도록 개선하였다.

라. cdma2000 1x EV-DO Rev. C(UMB)

cdma2000 EV-DO Rev. C는 3GPP2가 UMB를 ITU의 IMT-Advanced(4세대 이동통신) 시스템 표준으로 개발하기 위한 무선접속 기술이었다. cdma2000 EV-DO Rev. C는 CDMA에서 OFDM 방식으로 발전하는 것이 가장 큰 변화이며 주파수 채널 구조는 1.25 X N MHz를 이용할 수 있는 기술로 20 MHz 주파수 대역폭을 지원할 수 있도록 하였다. 또한 MIMO 기술과 결합하여 주파수 효율을 극대화함으로써 하향링크 최대 100 Mbps, 상향링크 최대 50 Mbps 피크 데이터 속도를 제공하고 FDD 및 TDD를 지원하도록 설계하였으며 UMB Ultra Mobile Broadband 라고도 하였다. 하지만 3GPP2는 UMB를 ITU 표준으로 발전시키지 못하고 상용화도 이루어지지 않았다.

(3) cdma2000 망의 진화

cdma2000 시스템은 All-IP 망을 기반으로 음성, 영상, 데이터 모두 패킷망으로 서비스하고 교환 기능은 신호와 데이터가 분리하여 처리하는 개념으로 〈그림 6-25〉와 같이 계획하였다. cdma2000망은 4세대 이동통신에서 국제 표준으로 발전하지 못하였으나 망구조 및 구성요소가 3GPP 표준인 WCDMA 망구조 및 구성 요소와 비교하면 유사하다.

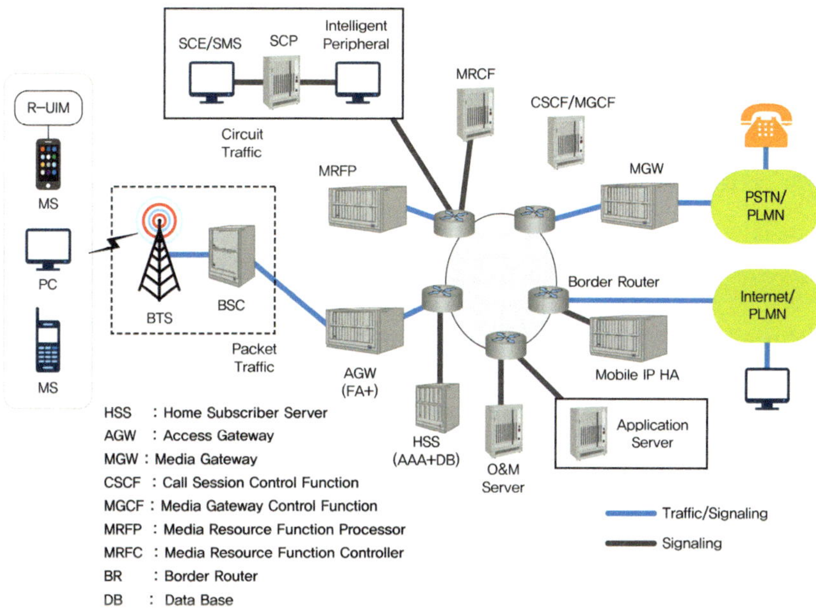

〈그림 6-25〉 cdma2000 망의 진화

계획되었던 cdma2000 망구조의 기능은 다음과 같다. HSS 장비는 기존망의 HLR 기능과 AAA 기능을 포함하는 장비로 이동성, 호설정, 가입자 인증, 보안 관리기능을 수행한다. AGW는 기존 PDSN 기능과 기타 핵심망을 접속하는 기능을 포함하고 있다. MGW는 기존 MSC의 데이터 교환과 같은 기능을 수행하며 Circuit Switched(CS) 또는 IP Multimedia(IMS) 데이터에 따라 CS-MGW 또는 IMS-MGW라고 불린다. CSCF는 IP Multimedia의 call session을 설정하는 기능을 수행한다. P-CSCF(Proxy-CSCF)는 사용자 단말의 최초 접속점으로 SIP(Session Initiation Protocol) 메시지를 받아 다른 CSCF로 전달한다. S-CSCF(Serving CSCF)는 HSS로부터 사용자 프로필을 받아 사용자 정보를 저장하고 사용자의 세션에 대한 제어를 수행한다. I-CSCF(Interogating CSCF)는 타 사업자망과 연동 시 망구성, 망용량, 망내 연결정보 등의 정보를 암호화하여 정보가 외부로 유출되는 것을 방지한다. MGCF는 CSCF와 통신하면서 IMS-MGW의 미디어 채널을 관리하며 외부 시스템의 신호와 IMS 신호의 프로토콜 전환을 수행한다. MRFC는 MRFP에 있는 미디어 스트림 서비스의 자원을 제어한다. MRFP는 미디어 스트림 서비스 자원의 혼합, 처리 및 흐름을 관리한다. BR은 멀티미디어 및 기존 서비스 모두를 지원하며 핵심망과 다른 망과의 접속을 제공한다.

6.3.3 WCDMA의 발전

(1) 개요

WCDMA는 GSM을 기반으로 〈그림 6-26〉과 같이 발전하여 왔다. GSM의 무선구간 전송기술은 TDMA 방식으로 회선 음성서비스에서 데이터 전송속도를 보강하는 HSCSD(High-speed Circuit Switched Data, 전송속도 57.6kbps)로 발전되었으며, HSCSD에서 116kbps까지 전송이 가능한 GPRS(General Packet Radio Service)로 발전하였다.

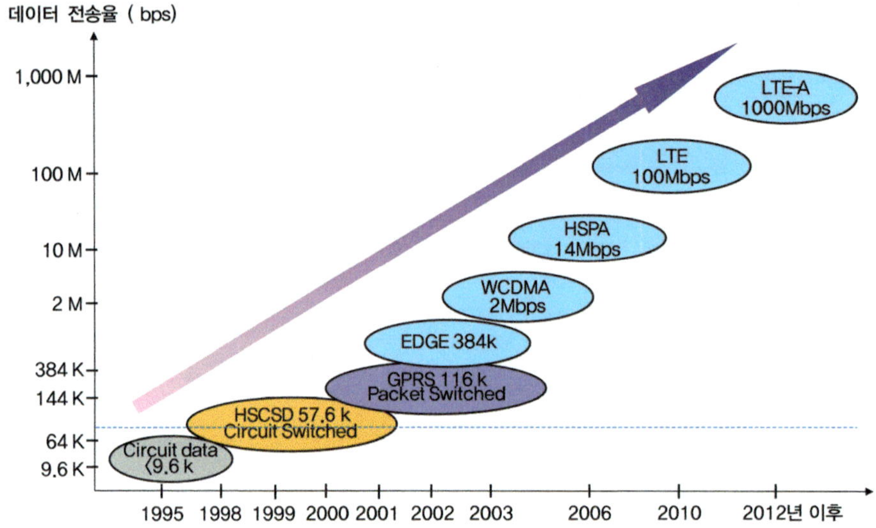

〈그림 6-26〉 WCDMA의 망진화

WCDMA 무선망은 기존망(GSM)과 역호환성을 제공하면서 발전하고 있다. 기존의 GSM망으로부터 진화 과정을 살펴보면 다음과 같다.

1) HSCSD(High-Speed Circuit Switched Data)

- 데이터 전송속도 : 57.6 kbps
- 영상회의에 적합하도록 설계
- 회선전송의 데이터 서비스이므로 비교적 안정된 품질확보

2) GPRS(General Packet Radio Service)

- always on-time, Always connected
- 데이터 전송속도 : 115 kbps까지

- 유선인터넷 접속응용, 멀티미디어 메일제공
- 패킷 단위 전송으로 회선 효율의 극대화

3) EDGE(Enhanced Data rates for the GSM Evolution)

- 적용 주파수 대역의 확장 : 800, 900, 1800, 1900 MHz
- 200 KHz의 TDMA 방식을 통한 고속데이터 전송

4) W-CDMA

- 적용 주파수 대역 : 2 GHz 주파수
- 채널당 대역폭 개선 : 5 MHz / 채널
- 완전히 새로운 기술도입 및 고품질 음성, 데이터, 영상서비스 구현

(2) WCDMA 기술의 진화

WCDMA 표준을 담당하고 있는 3GPP의 조직은 여러 TSG(Technical Specification Group)로 구성되어 있으며 TSG RAN의 Work Group에서 Radio Access Network 관련 표준을 진행하고 있다. WCDMA의 최대 장점이자 ITU가 내세운 세계 표준은 지구촌 어디서나 동일한 단말기로 통화를 할 수 있는 글로벌로밍(Global Roaming)이다. WCDMA는 지속적으로 발전하고 있으며 이의 결과를 요약하면 〈표 6-8〉과 같다.

〈표 6-8〉 WCDMA 진화 기술의 주요 특징

기술 표준	Release 99	Release 4	Release 5 (HSDPA)	Release 6 (HSUPA)	Release 7	Release 8 (LTE)	Release10 (LTE-A)	Release12
주요 기술	•2Mbps •Fixed Modem /Coding	•2Mbps •Fixed Modem /Coding •전송-제어 분리 (MSC Server MGW)	•14/2Mbps •AMC(~16QAM) •DL HARQ •Short packet packet [10ms → 2ms] •Fast Cell Selection •RNC 일부 기능이 Node-B로 이전 •IMS 도입	•14/5.7Mbps •EDCH(HARQ, short, Node-B based scheduling) •MBMS 도입 •RAB for IMS •WLAN-UMTS I/W	•HSPA MIMO •HSDPA/HSUPA 서비스 성능 향상 •AMC(64/16QAM) •GSM 진화 •용량/성능 향상	•100/50Mbps •DL-OFDM •UL-SCFGMA •MIMO 4×4	•1000/500 Mbps •CA HetNet •DL 8×8 MIMO •UL 4×4 MIMO •CoMP	•FD-MIMO (3D MIMO) •Enhanced local access •CoMP enhancement
주요 서비스	영상전화 서비스	영상전화 서비스	•고속 인터넷 접속 •고속하향 멀티미디어 •IMS •VoIP	•멀티미디어 이메일 •텔리매틱스, 게임 •PTT •MBMS	•유무선 IMS •실시간 서비스 향상	•멀티미디어 서비스 보편화 •VoLTE	•멀티미디어 서비스 고속화 •BYOD, IoT, M-M	•초고속 멀티미디어
표준 완성	2000.6	2001.6	2002.3	2004.12	2007.3	2009.3	2011.6	2014.9
상용 시기	2001	2003.12	2005.12	2007		2010	2013	

IMS : IP Multimedia Service VoIP : Voice over IP EDCH : Enhanced Uplink Dedicated Channel RAB : Radio Access Bearer PTT : Push To Talk MBMS : Multimedia Broadcast and Multicast CA : Carrier Aggregation CoMP : Coordinated Multi Point MIMO : Multiple Input Multiple Output

가. WCDMA Release 5

WCDMA Release 5는 Release 99와 Release 4에서 최대 데이터 전송속도인 2 Mbps였던 것을 최대 14 Mbps까지 데이터 전송속도가 가능하도록 하는 HSDPA를 표준화한 것이 가장 큰 특징이다.

HSDPA(High Speed Downlink Packet Access)는 고속 순방향 패킷 접속을 의미하며 순방향 패킷의 데이터 속도를 증가시키고, 전체 시스템 성능(Throughput)을 증가시키기 위한 목적으로 표준화가 이루어졌다. 주요 서비스로는 스트리밍 대화 서비스 · 배경 서비스 등이 있고, 관련 응용서비스로는 인터넷 브라우징 · 이메일 또는 멀티미디어 서비스 등을 이야기할 수 있다. HSDPA를 지원하기 위한 대표적인 기술로 HARQ, AMC, 그리고 short TTI 등이다. HARQ(Hybird Automatic Repeat Request)란 물리 계층에서 지원되는 ARQ 방법으로, 하나의 패킷 전송에 있어서 보다 적은 에너지로 여러 번에 나누어 전송하는 방법이다. 한 번에 큰 에너지로 전송하는 기존 방법에 비해 HARQ 방법을 사용하면 같은 QoS를 만족시키면서 early termination gain을 얻을 수 있으며 이로 인해 전체 시스템 성능이 크게 증가하게 된다. HARQ를 위하여 N channel Stop & Wait 방법과 IR(incremetal Redundancy) 방법이 함께 규격에 채택되었으며, 추가적인 정보로 역방향의 ACK/NACK와 순방향으로 TFRI(Transport Format and Resource Indicator) 정보가 필요하게 되었다. AMC(Adaptive modulation and coding) 방법은 채널 상황에 따라 변조 방법(modulation scheme)과 채널 코딩 레이트(coding rate)를 바꾸어 주는 방법이다. 패킷의 부호화 단위인 TTI를 짧게 만들어 준 것(shorter TTI)도 채널 상황을 좀 더 정확히 맞추기 위한 방법이다. 위와 동시에 HSDPA를 위하여 MAC과 같이 기존 RNC가 가졌던 기능이 Node B로 옮겨오게 됨에 따라 물리 계층에서의 기능이 좀 더 복잡해지게 되었다.

나. WCDMA Release 6

2003년 3월에 완성된 HSDPA 표준화 이후에 2004년 12월 표준을 완성한 Release 6은 방송서비스(MBMS), 역방향 성능향상(EDCH), IMS 성능 향상(IMS enhancement) 등의 기능을 통해 멀티미디어 서비스를 효율적으로 지원하기 위한 기술을 포함하고 있다.

● EDCH(Enhanced Uplink Dedicated Channel)

Enhanced uplink 기술은 UMTS 시스템의 uplink에서 패킷 데이터의 전송의 성능을 향상시킬 수 있도록 시스템의 throughput과 coverage를 증대시켰다. Enhanced uplink에서 전송 효율을 높이기 위해서 기존의 HARQ와 Node-B 기반 스케쥴링, 짧은 TTI 기술 등이 적용되었다. 2004년 12월에 FDD Enhanced Uplink로 표준화 작업을 마쳤다. 이 기술은 비디오 클립 · 멀티미디어 · 이메일 · 텔리매틱스 · 게임 · 비디오 스트리밍과 같은 패킷 중심의 멀티미디어 서비스를 보다 효율적으로 지원한다.

● MBMS(Multimedia Broadcast and Multicast Service)

MBMS는 이동통신 시스템에서 하나의 데이터 소스로부터 대용량의 멀티미디어 콘텐츠를 다수의 사용자에게 전송할 때 UMTS 핵심망과 무선 접속망에서 일대다 전송을 가능하게 하여 효율적으로 UMTS 네트워크 자원을 이용 할 수 있도록 하는 서비스이다. RNC는 MBMS 세션을 시작할 때 셀별로 동일한 MBMS 서비스를 수신하고자 하는 단말기들을 동시에 호출할 수 있도록 MBMS용 그룹 호출을 지원하다. 일반적으로 MBMS 서비스는 공용채널을 이용해 전송되지만 셀에 MBMS를 수신하고자 하는 단말기가 소소 있는 경우 전용 채널을 이용하는 것이 무선 자원 이용 측면에서 효율적일 수 있다. 이를 위해 RNC는 셀별로 UE 수를 헤아리고 충분한 수의 단말기가 없는 경우 대기 상태에 있는 단말기들에게 RRC 연결 설정을 명령할 수 있다. MBMS는 기존의 이동통신의 패킷 서비스 인프라를 활용하여 방송서비스를 제공할 수 있으므로 커버리지가 넓으며 제공 가능한 서비스의 수에도 제한이 없다. 또한 동일한 MBMS 서비스에 가입한 사용자가 위치한 지역에 따라 지역화된 다른 정보를 수신할 수 있다. MBMS 서비스는 위성 DMB의 방송서비스에 비해 유연한 서비스를 제공하고 별도 칩을 내장하지 않으므로 가격 경쟁력이 뛰어날 것으로 예상된다. 뛰어난 기술력에 비해 상대적으로 킬러 애플리케이션이 부재하다고 평가 받는 3G 이동통신 시스템에서 MBMS는 사용자들에게 어필할 수 있는 좋은 서비스이다. 위성 DMB, 미디어플로(MediaFLO), 지상파 DMB기술 후보로 거론되는 DVB-H 등은 상호간에 경쟁관계에 있다.

● RAB support for IMS

RAB(Radio Access Bearer) support for IMS(IP Multimedia Subsystem) 기술은 IMS의 주요 응용시비스가 될 VoIP에 대한 UTRAN에서의 효율적인 지원을 목적으로 한다. 관련된 규격으로는 TR 25.862 RAB support for IMS이 있다. VoIP에서 음성 데이터는 RTP 패킷의 크기가 가변적이라는 점과, RTCP 트래픽의 요구 대역폭이 일정하지 않다. 상기 문제점들에 대한 해법으로 RTCP 패킷 송수신을 위해서 RTP와 RTCP를 기지국 제어기와 단말상에서 별도의 베어러로 분리해서 지원한다. RTP 패킷 송수신을 위해서 1) RTP 최대 요구 대역폭을 만족하는 코드 채널을 별도의 스크램블링 코드 트리(secondary scrambling code tree) 상에서 사용하거나, 2) RTP 요구 대역폭에 맞춰 베어러를 재설정하는 방안이 있다. Release 6 VoIP 서비스의 효용이 제고된다면, 많은 사업자들이 VoIP와 IMS에 대해 보다 긍정적인 시각을 갖게 될 것이고, 이를 통해 새로운 시장이 형성될 것으로 기대된다.

다. WCDMA Release 7

2006년 3월 TSG RAN 회의에서 Release 7에서 다루어질 기술들이 승인되었다. Release 7의 표준화 범위는 HSPA evolution으로 정하고 기존 CDMA 기술에 기반한 MIMO(Multiple Input Mltiple Output) 안테나 기술, 고효율 변복조 기술(하향 64QAM, 상향 16QAM), latency reduction 등 기존 CDMA 기반의 HSPA의 기술을 upgrade 하고 핵심망이 고정망과 통합할 수 있도록 IMS를 upgrade 하고 있다. Release 7의 표준화는 HSPA 기술의 성능을 개선하여 3GPP Release 8로 진화하기 위한 기술로서 2007년 3월에 완료되었다.

라. WCDMA Release 8(3GPP LTE)

Release 8에서는 무선접속 기술이 CDMA에서 OFDM 방식으로 발전하는 것이 가장 큰 변화이며 하향링크 OFDMA, 상향링크 SC-FDMA 등으로 개발 중이다. 주파수 채널 구조는 1.25, 2.5, 5, 10, 20 MHz의 다양한 채널 구조를 갖는다. 또한 MIMO 기술과 결합하여 주파수 효율을 극대화하고 있다.

3GPP가 ITU가 표준화하려는 IMT-Advanced(4세대 이동통신서비스) 시스템을 개발하기 위한 목표를 정하였는데 다음과 같다.

- 하향링크 최대 100 Mbps, 상향링크 최대 50 Mbps 피크 데이터 속도
- 주파수 효율 극대화(WCDMA R6 대비 2 ~ 4배)
- 주파수 대역폭은 1.25 MHz, 2.5 MHz, 5 MHz, 10 MHz, 15 MHz, 20 MHz까지 확장 가능해야 함
- 주파수 대역폭이 5 MHz 이상에서 사용자 데이터 영역의 지연 시간이 5 ms 이하이며, 다작은 주파수 대역폭에서는 10 ms 이하여야 함
- 제어 영역의 지연시간도 줄여야 함
- 셀 가장자리의 사용자 데이터를 향상

OFDM은 여러 개의 방송파를 사용하는 다중 반송과 전송의 일종으로 최근 유무선 통신에서 고속 데이터 전송에 적합한 방식으로 각광받고 있다. OFDM은 상호 직교한 다중 반송파를 사용하므로 주파수 이용효율이 높아지고 단일 탭의 간단한 등화기로 다중 경로에 의한 주파수 선택적 페이딩 채널을 잘 대처할 수 있는 장점이 있다. 또한 송수신단에서 복수의 반송파를 변복조하기 위하여 IDFT/DFT와 동일한 기능을 하는 IFFT/FFT를 사용할 수 있으므로 간단한 구조로 고속 구현이 가능하다. 이 OFDM 방식은 이미 무선 LAN(IEEE 802.11a, HIPERLAN/2) 및 디지털 오디오 방송(DAB)과 디지털 지상 텔레비전 방송(DVB-T)의 표준 방식으로 채택되어 있다.

- OFDM(Orthogonal Frequency Division Multiplexing)

OFDM 방식은 여러 개의 방송파를 사용하는 다중 반송과 전송의 일종으로 최근 유무선 통신에서 고속 데이터 전송에 적합한 방식으로 각광받고 있다. OFDM 방식은 상호 직교한 다중 반송파를 사용하므로 주파수 이용효율이 높아지고 단일 탭의 간단한 등화기로 다중 경로

에 의한 주파수 선택적 페이딩 채널을 잘 대처할 수 있는 장점이 있다. 또한 송수신단에서 복수의 반송파를 변복조하기 위하여 IDFT/DFT와 동일한 기능을 하는 IFFT/FFT를 사용할 수 있으므로 간단한 구조로 고속 구현이 가능하다. 이러한 OFDM 방식은 이미 무선 LAN(IEEE 802.11a, HIPERLAN/2) 및 디지털 오디오 방송(DAB)과 디지털 지상 텔레비전 방송(DVB-T)의 표준 방식으로 채택되어 있다.

비동기 방식의 무선전송기술 표준인 3GPP에서도 하향링크 고속 데이터 전송 서비스인 HSDPA(High Speed Downlink Packet Access)에서 OFDM 방식을 사용하기 위한 기술 검토가 이루어지고 있다. 2002년 6월에 시작하여 2004년 6월에 마무리된 'Feasibility study for the analysis of OFDM for UTRAN'이 해당 Study Item이다. 상기 SI의 연구결과를 바탕으로 3GPP에서의 OFDM 연구가 진행되고 있다.

이후 새로운 Work item 또는 Study Item 등으로 발전되어 논의될 고급 기술에는 여러 부반송파로 옮겨가면서 데이터를 전송함으로써 주파수 다이버시티를 얻는 주파수 도약 기술(FH : frequency hopping)과 각 사용자의 채널 상황을 기반으로 부반송파를 할당하는 DCA(dynamic channel allocation) 및 AMC(Adaptive modulation and coding) 기술, 또는 다중 안테나를 사용한 MIMO-OFDM 기술 등이 있다. 또한 HSPA 서비스뿐만 아니라 멀티미디어와 브로드캐스팅 서비스 등으로의 확장도 고려해 볼 수 있다. 이러한 연구를 기반으로 하여 OFDM 기술은 향후 rel-7 이후의 중/단기적 UTRAN 진화에서 중요한 기술이 될 것으로 예상된다.

● MIMO(Multiple-Input Multiple-Output)

MIMO 기술은 송신기와 수신기에서 다중의 안테나를 이용하여 데이터를 전송하는 방식으로, 각 송신 안테나에 대해서 서로 다른 데이터를 동시에 전송함으로써 시스템의 대역폭을 더 증가시키지 않고 보다 고속의 데이터를 전송할 수 있는 공간 다중화 기술과 다중의 송신 안테나에서 같은 데이터를 전송하여 송신 다이버시티를 얻고자 하는 공간 다이버시티 기술로 BLAST 기술은 송신기에서 각 전송 안테나를 통해 서로 다른 데이터를 전송하고 수신기에서 적절한 간섭제거 및 신호처리를 통해 송신 데이터를 구분해내는 것을 특징으로 한다. BLAST 방식은 많은 데이터를 전송한다는 점에서는 이득이 있지만, 무선 채널 간에 상관도(Correlation)가 큰 경우, 안테나 간 데이터의 상관도가 커지게 되어 데이터를 분리하는 데 문제가 제기될 수 있다. 공간 다이버시티 기술로는 전송 다이버시티를 통해 수신 신호 대 잡음비를 높이고자 하는 STC(space-time code)가 있다. 최근에는 열악한 이동 통신 환경에서 데이터 전송 속도는 향상시키지 못하나 다이버시티 이득을 동시에 얻거나 채널의 변화에 링크 적응을 위해 공간 다중화와 공간 다이버시티 기술을 결합한 방법에 대한 연구가 진행 중이다. 또한 OFDM 기술과 접목되어 AMC(Adaptive Modulation and Coding) 환경에서 발생하는 간섭을 제거하기 위한 기술들과의 결합에 관해서도 연구가 진행되고 있다. 3GPP에서는 MIMO 기술을 무선 링크 향상 기술의 핵심 요소로 연구하고 있으며, 현재 최대 4개의 송수신 안테나를 사용하는 MIMO

시스템을 고려하고 있다.

(3) WCDMA 망의 진화

WCDMA 시스템은 궁극적으로 All-IP 망으로 발전할 것이다. 주요 특징은 음성, 영상, 데이터 모두 패킷망으로 서비스 되며 교환 기능은 신호와 데이터가 분리되어 처리될 것이다. WCDMA의 진화된 망구성은 〈그림 6-27〉과 같다.

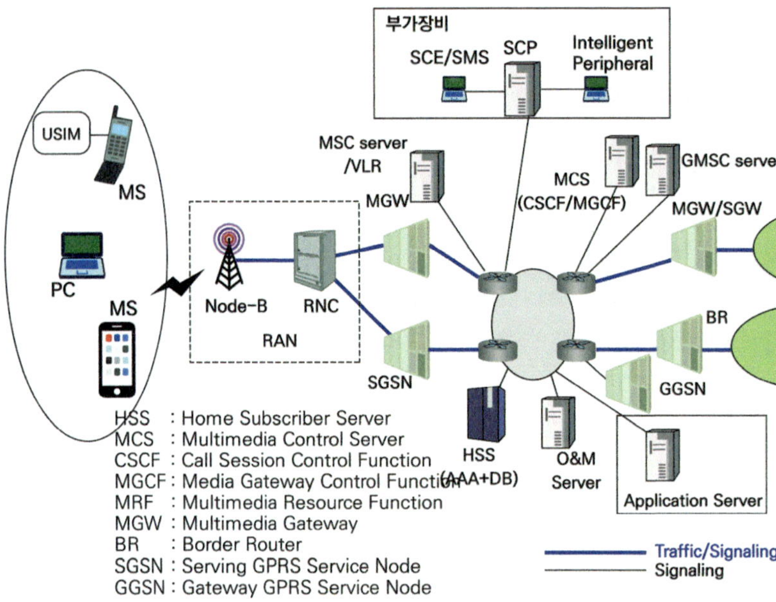

〈그림 6-27〉 WCDMA 망의 진화

WCDMA와 cdma2000의 All IP 망의 구성은 각각의 표준화 기관이 핵심망의 표준화를 상호 협조하여 추진함으로써 약간의 용어 차이와 약간의 기능 차이를 제외하고는 유사하다. 따라서 cdma2000에서 설명한 HSS, MGW, CSCF, MGCF, MRFC, MRFP 기능은 같다. MSC Server는 기존 MSC 기능에서 제어용 신호만을 처리하는 장비이며, SGW는 기존 SS7 신호망과 IP Multimedia 망의 트랜스포트 프로토콜 전환 기능을 수행하고, BR은 GPRS 이동통신망과 패킷 서비스를 연동하는 기능을 수행한다.

6.3.4 IMT-2000 OFDMA TDD

(1) 개 요

ITU는 2007년 10월에 OFDMA TDD WMAN(Mobile WiMax) 기술을 6번째 IMT-2000 기술 표준으로 승인하였다. OFDMA TDD WMAN(Wireless Metropolitan Area Network)은 고정 광대역 무선 가입자망 기술인 IEEE 802.16 기술을 기반으로 이동성 기능을 추가하여 이동하면

서 고속 인터넷 접속이 가능한 휴대 인터넷 서비스이다. IEEE(Institute of Electric and Electronic Engineers)는 당초 고정 광대역 무선 가입자망 서비스인 802.16d 기술을 발전시켜 2005년 12월 이동성이 추가된 802.16e의 표준을 완성하고 2007년 5월 ITU에 표준을 제안하였으며 2007년 10월에 승인되었다. 한편 국내의 경우 정보통신기술협회(TTA)에서 2004년 6월에 와이브로(WiBro) 시스템을 표준으로 승인하고 2005년 12월 2단계 표준을 진행하면서 IEEE 802.16e와 호환성을 갖는 표준을 승인하였다. <그림 6-28>은 IMT-2000 OFDMA TDD 표준화 과정을 나타내고 있다.

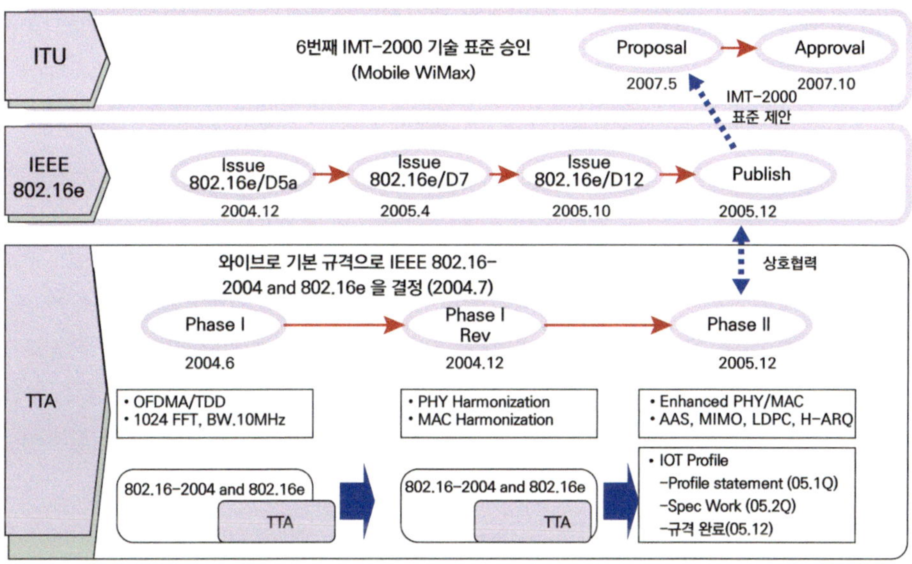

〈그림 6-28〉 IMT-2000 OFDMA TDD 표준화 과정

(2) OFDMA TDD 기술 배경

가. 802.16와 802.16d

휴대 인터넷서비스를 구현하기 위한 기술로 우선 검토된 것은 광대역 무선가입자망 기술의 개념에서 출발한 WMAN 기술이다. 이 기술은 도심 및 부도심지에서 고정수신 안테나와 가입자 장치(Subscriber Station)를 이용하여 10~66 GHz 대역의 Line-of-Sight 통신환경에서의 서비스를 제공하기 위한 물리계층(PHY : Physical layer) 및 매체접근제어(MAC : Medium Access Control) 규격을 개발하기 위하여 2000년 3월 IEEE802 LAN/MAN Standard Committee(LMSC) 산하에 IEEE 802.16 작업반(Working Group)을 결성하여 표준화 활동을 시작하였다. IEEE 801.16 작업반은 상용케이블모뎀의 표준규격인 DOCSIS(Data-Over-Cable Service Interface Specification)를 근간으로 10~66 GHz 대역의 LOS 환경의 PHY 및 MAC 규격을 개발하였으며, 이는 IEEE Std.802.16-2001로 승인되었다. 이후 도심지 등에서의 Non-Line-of-Sight 사용자 환경에서의 서비스를 제공하기 위하여 2 ~ 11 GHz 대역에서의 새로운 PHY 모드들이 추가로

개발되었으며(SCa, OFDM, OFDMA), MAC 규격에 있어서는 PHY에 따르는 수정사항을 제외한 대부분의 규격을 공유하는 개념으로 IEEE 802.16a(IEEE Std. 802.16-2003) 표준화가 추진되었다. 그러나 이 규격은 개선될 여지가 많았으며 수정사항(Amendment) 관련 부분만을 기술함으로써 규격의 이해에 어려움이 많은 등의 문제점이 있었다. 따라서 기존 Single Carrier 방식만을 지원하는 LOS환경의 IEEE 802.16-2001 규격, 새로운 PHY 모드를 추가한 None LOS 환경의 IEEE 802.16a-2003 규격, 그리고 시스템 간 호환성을 위한 프로파일을 정의한 IEEE Std.802.16c-2002 규격의 다수의 모드들을 그대로 유지하면서 이들 규격을 하나로 통합하고 성능 개선 및 규격의 불명료성을 해소, deployment의 용이성을 위한 수정 및 보완작업을 하기 위한 Task Group-d(TGD)가 결성되었다. TGd는 활발한 표준화 작업을 통하여 2004년 10월 IEEE Std. 802.16-2004 규격을 승인하고 발간하였다. 그러나 스펙의 오류를 제품구현단계에서 Critical 오류를 수정/보완하기 위한 새로운 규격인 IEEE 802.16-2004/Cor1을 2005년에 승인하였다.

나. IEEE 802.16e

IEEE 802.16e 시스템은 고정 광대역 무선통신 시스템(FBWA)인 IEEE 802.16-2004 시스템을 기본 표준규격으로 하여 이동성 기능을 추가한 광대역 이동통신 시스템의 표준규격으로 2003년 1월 회의부터 본격적으로 시작되었다. 기존의 IEEE802.16a의 OFDM(A) 기술을 선도했던 Runcom과 Alvarion 및 WiLAN 등을 중심으로 이동성을 지원할 수 있는 광대역 이동통신 시스템의 표준규격 개발을 시작하게 된 것이 IEEE802.16e 표준규격이다. IEEE802.16e 표준규격은 IEEE Std. 802.16-2004(TGd Specification)와의 역방향 호환성(backward compatibility)을 유지하면서, 단말의 이동성을 지원하기 위한 표준으로 2002년 12월에 시작하여 2005년 12월 완성되었다. 역방향 호환성의 의미는 고정형 규격을 지원하는 TGd 기반의 가입자 단말은 이동성을 지원하는 TGe 기반의 기지국에 의하여 서비스가 제공되어야 한다는 것과, 이동성을 지원하는 TGe 기반의 가입자 단말은 이동성을 제한하였을 때 고정형 TGd 기반의 기지국에 의하여 서비스가 제공될 수 있어야 한다는 것이다. TGe 표준화 범위는 2 ~ 6 GHz 대역에서 면허 대역에서의 이동성을 지원하기 위한 규격을 개발하는 것이었다. 휴대 인터넷 시장 환경의 변화와 다양한 시스템 간 호환성 제공의 필요성에 따라 2003년 9월 IEEE SA(Standard Association)은 TGe(Project P802.16e)의 표준화의 범위를 정의하는 PAR(Project Authorization Request)의 수정을 승인하였다. 이에 따르면 TGe 표준화의 범위는 이동성의 지원을 위한 규격의 변경뿐만 아니라 고정형 규격의 개선을 위한 여지를 남겨두었으며, OFDMA mode에서의 scalability를 지원하기 위한 128, 512, 1024 FFT mode의 추가 등을 반영하며, 이에 대해서는 역호환성의 유예 등이 포함되었다.

IEEE802.16e의 표준 문서는 핸드오프 기능과 단말기의 이동성에 따른 전력소모 감소(Power saving)방안을 위해 핸드오프/Sleeping mode, MIMO, LDPC 등을 포함하고 있다. IEEE 802.16

TGe에서는 이동성을 지원하기 위하여 핸드오프 및 Sleep Mode 기능 제공뿐만 아니라, 단말의 절전 기능을 극대화시키며 광역에서 기지국 간 seamless한 멀티캐스트/브로드캐스트 서비스를 제공하기 위한 MBS(Multicast & Broadcast Service) 및 Idle Mode 기능, 착신 서비스를 고려한 호출 기능, 그리고 보다 빠른 핸드오프를 제공하기 위한 FBAA(Fast Base Station Switching) 기능 등을 표준에 반영하였다. 또한 고정형 시스템 및 이동시스템에서의 보안 기능을 강화하기 위한 PKM v2(Privacy and Key Management version 2) 관련 제안들이 반영되었다. 한편 시스템의 성능을 향상시키기 위한 다중안테나 관련기술(AAS 및 MIMO : Adaptive Antenna System 및 Multiple-Input Multiple-Output), 보다 개선된 Channel Coding 방식이라고 볼 수 있는 LDPC 기술 등이 채택되어 규격이 보다 다양한 기능을 제공하는 반면 시스템이 더욱 복잡하게 되었다.

한편 IEEE 802.16에서는 이 외에도 NetMan Task Group에서 망관리를 위한 MIB(Management Information Base) 규격을 개발하기 위한 TGf 및 망측면의 절차 및 서비스(Management Plane Procedures and Services) 등을 정의하기 위한 TGg가 구성되어 망관리 및 서비스 부문의 표준화를 진행하였다.

다. 와이브로(WiBro)

IEEE802.16e의 표준문서의 작성과 더불어 국내에서도 휴대 인터넷 서비스 개발을 위한 본격적인 작업이 시작되었다. 국외에서의 표준화와 별도로 국내 단일 표준을 위해서 한국정보통신기술협회(Telecommunications Technology Association) 산하 휴대 인터넷(portable Internet) 서비스 프로젝트 그룹이 신설되어 2003년 8월부터 본격적으로 국내 표준문서를 개발하였다. TTA는 2004년 6월 30 Mbps를 목표로 하는 와이브로 1단계 규격을 승인하였다. 하지만 이 규격은 IEEE 802.16-2004 및 IEEE 802.16e/D3 또는 이후 버전과 호환성을 확보하지 않은 상태였다. 2004년 7월 상기 규격과 호환성을 갖기 위한 1단계 규격의 수정안을 개발하기 시작하여 2004년 12월 1단계 규격의 수정안을 승인하였다. 1단계 규격의 수정안의 주요 기술은 이중화 방식은 TDD(Time Division Duplexing)를 사용하고 주파수 재사용계수는 1을 만족하여야 하며, 채널 대역폭은 9 MHz 이상을 가지고 이동성 시속 60km/hr에 대하여 최소 전송속도 UL 128 kb/s, DL 512 kb/s를 만족하여야 하며, 사업자 간 로밍 제공 등이다. 따라서 국내 와이브로 표준화는 IEEE 802.16 TGe의 표준화와 상호 규격 간 호환성을 유지하도록 하였다. 2005년 6월에는 다중 안테나 규격을 반영한 와이브로 2단계 규격을 승인하였다. 한편 IEEE와 규격을 공조하기 위한 IEEE 802.16e Draft5와 호환성을 갖는 국내 표준으로 2005년 12월 개정하였다. 이외에도 최근 완성된 802.16e-2005/Cor1 표준을 지속적으로 반영하고 있다. IMT-2000 OFDMA TDD의 기반 기술인 802.16 계열 기술과 와이브로 기술을 요약하면 〈표 6-9〉와 같다.

<표 6-9> IMT-2000 OFDMA TDD 기술 표준의 비교

구분	WiMAX			WiBro
	802.16	802.16d(Fixed)	802.16e(Mobile)	
서비스 특징	• 고정통신 – 10-66 GHz, 비면허 대역 – LOS 통신	• 고정통신 – 2-11 GHz, 면허 대역 – Non LOS 통신	• 이동(Nomadic, Mobile) – 2-6 GHz, 면허 대역 – Non LOS 통신 – ~120 km/h	• 이동(Nomadic, Mobile) – 2.3 GHz, 면허 대역 – Non LOS 통신 – ~120 km/h
표준화	• '01.12월 완료	• '04.7월 완료	• '05.12월 완료	• Phase Ⅰ : '04.12월 완료 • Phase Ⅱ : '05.12월 완료
상용화	• '03년 상용화	• '05년 상용화	• '07년 상용화	• '06년 2Q 상용화
전송 방식	• SC(Single Carrier) – TDMA/TDM	• SC에 OFDM와 OFDMA 방식 추가	• 802.16d와 동일, FFT Size 등 Optional 추가	• 802.16e와의 호환을 위해 규격 변경 (FFT Size 등)
전송 효율	• 5.16 bps/Hz – 2~155 Mbps – 채널 대역폭은 가변이며 최대 30 MHz	• 3.6 bps/Hz – ~75 Mbps – 1.25 MHz~20 MHz/FA	• 3.6 bps/Hz – ~35 Mbps – 1.25 MHz~20 MHz/FA	• 2.5 bps/Hz – Phase 1 : ~25 Mbps – Phase 2 : ~50 Mbps – 10 MHz/FA
특성 비교	• 케이블 모뎀 표준을 근간으로 규격 제정 • 10 GHz 이상 대역의 직진파(LOS) 통신으로 제한	• 통신 신뢰성 강화 – APQ, STC, AAS 등 • VoIP, Data QoS 지원 • 802.16e와 호환성 지원	• 이동성 지원을 위한 H/O 기능 • 대기 상태, 전력제어 등 • 셀룰러 유사기능 지원 – 호출, VoIP	• 802.16e 대비 Physical Layer의 Profile 차이

(3) 시스템 개요

가. 개 요

IMT-2000 OFDMA TDD 시스템은 기본적으로 IP 네트워크를 포함한 패킷 기반의 트래픽을 전송할 수 있는 형태로 구성되어 있다. 접속망은 고정 및 이동 통신망 모두를 지원하며 이동통신망의 경우 핸드오프를 지원한다. 서비스는 실시간 및 비실시간 서비스 모두를 지원하며 멀티미디어 서비스, 방송(Broadcast) 및 다중 전송(Multicast) 서비스, 국가에서 법적으로 요구하는 긴급 서비스를 제공할 수 있다. 시스템 기술 규격은 1계층인 물리계층(Physical Layer)과 2계층인 매체접근계층(Medium Access Layer)만 정의하여 상위 계층에 대해 개방된 형태로 다양한 네트워크와 접속이 쉽게 이루어질 수 있도록 구성되었다. 무선 접속망(Radio Access Network)은 기지국(BS : Base Station)과 단말기(SS : Subscriber Station)로 구성되어 있다.

나. 기지국

기지국은 다음과 같은 기능을 수행한다.

- 기본 파라미터 구성 및 시스템 파라미터 갱신
- 상향 및 하향 트래픽의 자원 할당
- 단말기의 요청 내용 및 서비스 파라미터에 근거한 QoS 스케쥴링
- 데이터 프레임의 스케쥴, 방송 및 다중 전송 서비스의 관리 내용을 단말기에 전송
- 통화 및 제어 정보의 송수신
- 접속 허용 제어 및 접속 관리 기능

● 다른 단말기에게 레인징(타이밍, 전력 및 주파수 오차 조정), 시간 동기, 전력제어, 핸드오버 지원

다. 단말기(Subscriber Station)

단말기는 다음과 같은 기능을 수행한다.

● 기지국 확인, 시스템 파라미터 획득, 네트워크 연결
● 통화 연결, 제어 관리를 위한 연결, 추가적인 파라미터 협상
● 서비스에 따른 자원 요청
● 방송 및 다중 전송 신호 수신
● 주변 환경을 고려한 스케쥴링 결정
● 초기 및 유지를 위한 레인징, 전력 제어

(4) 주요 기술

가. 주파수 자원 이용

IMT-2000 OFDMA TDD 표준 기술은 TDD 방식을 사용하고 있으며, 상하향 송신 시간 5ms 프레임에서 가변적으로 사용할 수 있다. 채널의 주파수 대역폭은 5MHz와 10 MHz를 선택할 수 있도록 하였으며, 각각의 주파수 대역폭에서 512개, 1024개의 서브 캐리어가 있으며 사용자는 서브 캐리어의 일부를 이용하여 데이터를 전송한다. 이와 같이 데이터를 여러 캐리어로 전송하는 방식을 OFDM이라고 하며 기본 개념은 앞서 제5장 6절 와이브로 시스템의 주요 기술에서 설명한 바 있다.

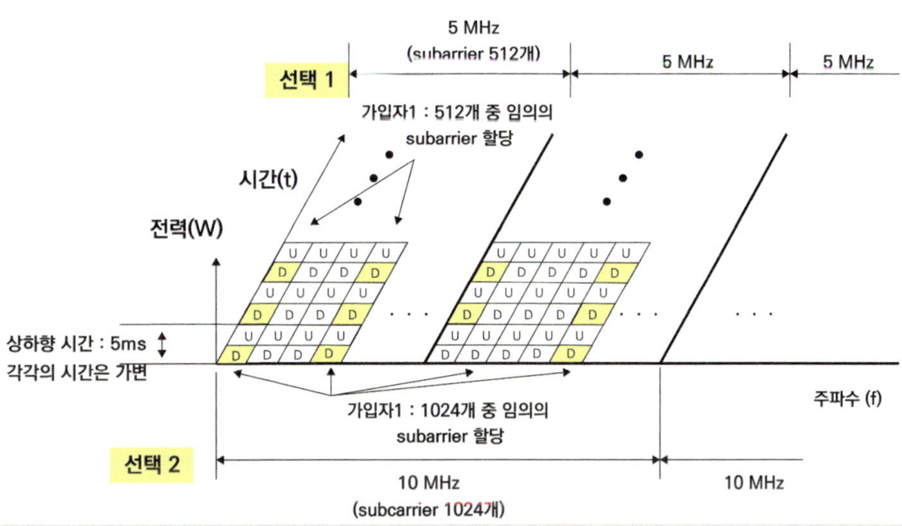

〈그림 6-29〉 IMT-2000 OFDMA TDD의 주파수 자원 이용

나. 주요 규격

IMT-2000 OFDMA TDD 표준 기술은 Mobile WiMax라는 이름으로 사용되기도 한다. IMT-2000 OFDMA TDD는 단말기의 이동성에 따른 전력소모 감소(Power saving)방안을 위해 Sleeping mode, 광역에서 기지국 간 장애 없는 멀티캐스트/브로드캐스트 서비스를 제공하기 위한 MBS(Multicast &Broadcast Service), 착신 서비스를 고려한 호출 기능, 보다 빠른 핸드오프를 제공하기 위한 FBAA(Fast Base Station Switching) 기능, 시스템의 성능을 향상시키기 위한 다중안테나 관련기술(Adaptive Antenna System 및 Multiple-Input Multiple-Output) 등을 포함하고 있다. 또한 고정형 시스템 및 이동시스템에서의 보안 기능을 강화하기 위한 PKM v2(Privacy and Key Management version 2)를 적용하였다.

주요 무선접속 규격으로 채널 주파수 대역폭은 5 MHz 및 10 MHz, 서브 캐리어는 512개, 1024개, 듀플렉스는 TDD 방식, 무선접속 방식은 OFDMA 방식, 프레임 길이는 5 ms, 채널 코딩 방식은 Convolutional Coding 및 Convolutional Turbo Coding, 변조방식은 QPSK, 16QAM, 64QAM을 사용하고 있다. 음성은 IMT-2000 OFDMA TDD 방식이 패킷 서비스만 제공하므로 VoIP(Voice over IP) 방식으로 제공한다. IMT-2000 OFDMA TDD 기술 표준의 주요 규격은 〈표 6-10〉과 같다.

〈표 6-10〉 IMT-2000 OFDMA TDD 기술의 주요 규격

구 분	파라미터
일반 명칭	Mobile WiMax
듀플렉스 방법	TDD
무선접속 방식	OFDMA
주파수 재사용율	1
채널 대역폭 (MHz)	5 , 10
샘플링 주파수 (MHz)	5.6 / 11.2
프레임 길이 (ms)	5 ms
FFT 크기	512, 1024
변조 방식	순방향 : QPSK, 16QAM, 64QAM, 역방향 : QPSK, 16 QAM
채널 코딩 방식	Convolutional Coding, Convolutional Turbo Coding
음성	VoIP
ARQ	Hybrid ARQ
데이터 전송률(kbps) (개선 규격)	25 Mbps (50 Mbps)
기지국 반경	~ 5km

다. 서비스 구분

IMT-2000 OFDMA TDD 표준 기술은 단말기에 의한 상향링크 스케쥴링을 이용하여 〈표 6-11〉과 같이 다양한 서비스를 제공할 수 있다. 제공 서비스는 음성과 같이 무조건 자원을 할당하여야 하는 무조건 허용 서비스(UGS), 비디오 스트리밍과 같은 실시간 패킷 서비스(rtPS), 개선된 실시간 서비스(ErtPS), FTP와 같은 지연 시간이 길지 않아야 할 비실시간 서비스(nrtPS), 웹브라우징과 같은 상당한 지연 시간이 허용되는 Best Effort 서비스(BE) 등으로 구분된다.

〈표 6-11〉 IMT-2000 OFDMA TDD 기술의 서비스

QoS 범주	응용서비스 형태	QoS 규격
UGS (Unsolicited Grant Service)	VoIP	• Maximum Sustained Rate • Maximum Latency Tolerance • Jitter Tolerance
rtPS (Real-Time Packet Service)	Streaming Audio or Video	• Minimum Reserved Rate • Maximum Sustained Rate • Maximum Latency Tolerance • Traffic Priority
ErtPS (Extended Real-Time Packet Service)	Voice with Activity Detection (VoIP)	• Minimum Reserved Rate • Maximum Sustained Rate • Maximum Latency Tolerance • Jitter Tolerance • Traffic Priority
nrtPS (Non-Real-Time Packet Service)	File Transfer Protocol (FTP)	• Minimum Reserved Rate • Maximum Sustained Rate • Traffic Priority
BE (Best-Effort Service)	Data Transfer, Web Browsing, etc.	• Maximum Sustained Rate • Traffic Priority

(5) IMT-2000 OFDMA 기술의 발전

IEEE는 2006년 12월 IEEE 802.16 WG은 802.16 표준의 차기 버전으로 P802.16m 프로젝트를 IEEE-SA Standard Board로부터 승인받고, TGm(Task Group m)을 산하에 구성하였다. 802.16m은 기존 802.16 표준 기반의 단말 및 기지국 장비와 상호 호환성을 유지하면서 IMT-Advanced 요구사항을 만족시키는 802.16m 표준 개발을 목표로 하고 있으며, 프로젝트는 2009년 11월에 종료하도록 되어 있다. 또한 4세대 이동통신 기술의 핵심 기술인 MMR (Multihop Relay Sytem) 기술의 표준화 추진을 위해 IEEE 802.16j를 구성하였다.

802.16m의 프로젝트의 주요 범위는 ① IEEE 802.16 OFDMA 표준을 추가 보완하는 개정 표준, ② IMT-Advanced 시스템의 셀룰러 계층 요구조건 충족, ③ 기존 802.16 OFDMA 표준 규격(IEEE Std 802.16 2004, IEEE Std 802.16-2004 Cor1-2005, IEEE Std 802.16e-2005, IEEE Std 802.16-2004 Cor2-2008 예정) 기반의 단말 및 기지국 장비와 호환성 제공, ④ IMT-Advanced 성능 목표인 고속 이동 환경에서 100 Mbps 전송 속도 달성, ⑤ 6 GHz 이하 면허 대역 주파수

이용, ⑥ 매크로 및 마이크로셀 형태 지원 등으로 정해졌다.

802.16m은 지난 2007년 1월 다음과 같은 4개의 문서를 개발하기로 결정하였다. ① 시스템 요구사항 및 시스템 구축 시나리오 문서(Usage Models / Deployment Scenarios & System Requirements Document), ② 시스템 및 개별 기술의 성능 평가 방법론 문서(Evaluation Methodology Document), ③ 802.16m 표준 규격(P802.16m amendment), ④ 802.16m 기반의 IMT-Advanced 시스템 표준제안서(802.16 IMT-Advanced) 등이다. 802.16m은 2007년 3월 시스템 요구사항을 〈표 6-11〉과 같이 잠정 합의하였다.

〈표 6-11〉 IEEE 802.16m의 IMT-Advanced 주요 기술 요구사항

주요 기술	요구사항
주파수 대역폭	5~20 MHz (ITU 및 서비스 운용자 요구 사항 고려)
Duplex	Full duplex FDD, Half duplex FDD, TDD
안테나 기술	MIMO, Beamforming
Peak data rate	하향링크 : 〉6.5 bps, 상향링크 : 〉2.8bps
Data latency	하향링크 : max 10ms, 상향링크 : max 10ms
State transit latency	Idle state to Active state : max 100ms
핸드오프 중단 시간	Intra-frequency : max 50ms, Inter-frequency : max 150ms
User throughput	하향링크 : 802.16e 대비 2배 이상 상향링크 : 802.16e 대비 2배 이상
Sector throughput	하향링크 : 802.16e 대비 2배 이상 상향링크 : 802.16e 대비 2배 이상
VoIP Capacity	상대수치 : 802.16e 대비 1.5배 이상(active user/MHz/sector) 절대수치(FDD) : 60(active user/MHz/sector)
Mobility	0-15 km/h(최적화된 성능), 15-120 km/h(미세한 성능 저하), 120-350 km/h(통신채널 유지),
MBS Spectral Efficiency	Inter-BS Distance 0.5 km : min spectral efficiency 4bps/Hz Intra-BS Distance 1.5 km : min spectral efficiency 2bps/Hz

6.4 HSPA

6.4.1 개 요

이동통신 가입자들의 서비스 수요가 음성에서 멀티미디어서비스로 변하면서 IP 중심의 패킷 기반 서비스로 옮겨가고 있다. 이와 같은 가입자들의 서비스 요구 변화로 이동통신시스템도 멀티미디어 패킷서비스 중심의 무선 인터넷의 수요를 충족시킬 수 있는 새로운 기술로 발전하고 있다. 비동기식 IMT-2000시스템의 표준 제정을 담당하는 국제표준화기구 3GPP(3rd

Generation Partnership Project)는 WCDMA의 발전된 형태로 무선이동 환경에서 패킷 전송 속도를 획기적으로 향상시킬 수 있는 HSDPA(High Speed Downlink Packet Access)기술을 표준화한 것은 2002년 3월이고 2005년 12월부터 본격적인 서비스를 시작하였다.

HSDPA는 비동기 IMT-2000시스템 진화 단계에서 R5(Release 5)에 포함된 기술로 기존의 WCDMA(R99/R4) 시스템에서도 패킷 방식의 데이터 전송 방식을 지원했으나, 기존의 회선 교환 방식을 위해 설계된 무선접속 방식 기반에서 고속의 멀티미디어 패킷 서비스를 제공하는 데에는 한계가 있어 R5 시스템에서 도입한 새로운 무선접속 기술이다. HSDPA의 최대 데이터 속도는 하향링크 14Mbps이다. 한편 상향링크 속도의 제약은 VoIP와 같은 양방향 서비스의 제약이 되므로 이를 해결하기위해 HSUPA(R6) 무선접속 기술을 2004년 12월 표준화하였다. HSUPA의 최대 데이터 속도는 상향링크 5.7 Mbps이다. WCDMA에서 HSPA로 진화하는 것은 기지국과 RNC의 소프트웨어 갱신 및 약간의 하드웨어 추가로 가능하다.

WCDMA가 100 ~ 200 ms의 전송 지연 시간으로 384 kbps 데이터를 전송하는 반면, HSPA는 100 ms 이하의 전송 지연 시간으로 3 Mbps 데이터를 전송할 수 있도록 시스템 성능 향상이 이루어졌다. 시스템 용량은 WCDMA와 비교하여 하향링크는 3 ~ 6배 향상되고 상향링크는 약 30~70% 향상되었다. 낮은 전송 지연 시간으로 VoIP 서비스 제공이 가능하게 되었다. HSPA는 현재 상용서비스중인 1x EV-DO와 비교하여 주파수 활용도를 높일 수 있다. 1x EV-DO가 음성서비스 위주의 cdma2000 1x와 다른 FA를 사용함으로써 cdma2000 1x의 주파수가 여유가 있어도 EV-DO의 데이터용으로 사용할 수 없는 것에 비해 HSDPA는 동일 FA에서 음성, 데이터, 영상 서비스를 함께 처리할 수 있어 주파수 활용도 측면에서 유리하다.

6.4.2 채널 구조

HSPA는 고속 데이터 전송을 위해 하향링크 및 상향링크에서 〈그림 6-30〉과 같이 새로운 채널이 추가되었다.

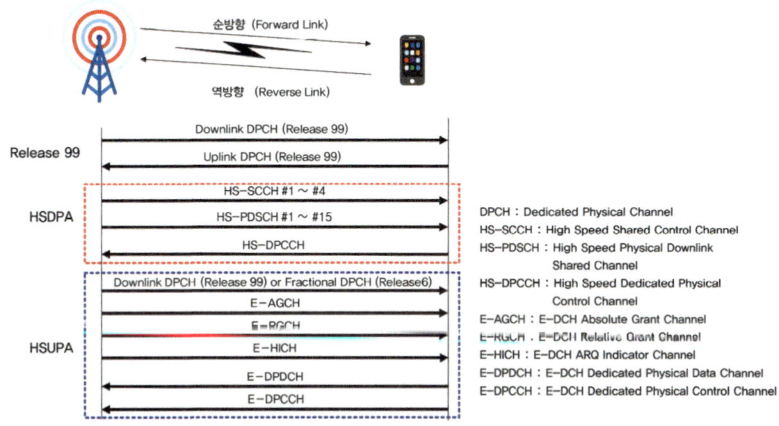

〈그림 6-30〉 HSPA의 채널 구조

(1) 순방향 링크 채널

- HS-SCCH : HS-DSCH과 관련된 순방향 제어 정보를 전달하는 채널로 60 kbps/SF = 128의 고정 속도로 전송하는 채널이다.
- HS-PDSCH : HS-DSCH 채널을 전송한다. HS-DSCH는 고속 패킷 데이터를 전송하는 채널이다.
- E-AGCH : 단말기에게 E-DPDCH의 상대적 전력을 결정하여 주는 데이터 스케쥴러의 절대값을 알려주어 단말기가 사용 가능한 상향링크의 최대 데이터 전송속도를 알려준다.
- E-RGCH : 단말기에게 E-DPDCH의 상대적인 출력 레벨을 업다운함으로써 단말기의 상향링크 데이터 전송속도를 제어하는 신호를 전송한다(60 kbps/SF = 128의 고정 속도로 전송).
- E-HICH : E-DCH HARQ 지시 채널로 HARQ 정보를 수신하였음을 알려준다. (60 kbps/SF=128의 고정 속도로 전송)

(2) 역방향 링크 채널

- HS-DPCCH : 순방향 HS-DSCH와 관계된 역 방향 피드백 신호를 전달하는 채널로 HARQ 인지와 채널 품질 지시자(Channel Quality Indicator) 등을 전달하는 채널이다.
- E-DPCCH : E-DCH의 제어 정보를 전송하기 위한 채널이다.
- E-DPDCH : E-DCH의 데이터를 전송하기 위한 채널이다. E-DCH의 데이터는 64 kbps로 제한된다.

6.4.3 주요 기술

(1) WCDMA(Rel.99)와 HSPA 시스템의 주요 기술 비교

HSPA는 하향 링크에서 공용 채널 개념의 HS-DSCH, 상향링크에서는 E-DCH를 도입하고 상향링크 및 하향링크 모두 2 ms 프레임을 도입하여 자원할당의 효율성을 높였다. 따라서 2 ms의 경우 고속 데이터 전송에 이용하며, 10 ms의 프레임은 셀 가장자리에 있는 단말기의 성능을 보장할 수 있다. 그리고 하향링크의 경우 16QAM을 포함한 고속의 변조율, 상향링크의 경우 확산계수의 유연한 코드할당으로 고속 데이터 전송이 가능한 물리적 채널구조로 구성되었다.

HSPA는 WCDMA에서는 RNC에서 수행하던 채널 할당을 위한 스케쥴링을 기지국에서 수행하고 단말기와 RNC에서 수행하던 재전송 기법을 단말기와 기지국 사이에서 수행하여 데이터 전송 속도를 높였으며, 하향링크의 고속 공용채널 및 상향 링크의 E-DCH의 유연한 자원 할당으로 고속의 데이터 전송이 가능하게 되었다. 〈그림 6-31〉은 WCDMA(Rel.99)와 HSPA의 기술을 비교하여 나타내었다.

	단말기 / 무선접속	기지국	기지국 제어기 (Drift RNC)	기지국 제어기 (Serving RNC)
WCDMA (Rel. 99)	·DL : 10ms 프레임, QPSK ·UL : 10ms 프레임, BPSK	·전력제어	·호 허용 제어 ·최초 전력 및 SIR 설정 ·무선자원 확보 ·공통채널 스케쥴링 ·하향링크 코드할당 및 관리 ·부하 및 과부하 제어 ·HARQ	·QoS 파라미터 매핑 ·지정채널 스케쥴링 ·핸드오버 제어 ·외부루프 전력제어
HSPA	·DL : 80, 40, 20, 10, 2ms 프레임, 공용채널구조 변경, 16QAM 도입 ·UL : 10ms, 2ms 프레임, BPSK 변조, SF 구조 변경	·고속전력제어 (HSUPA) ·**공통채널 스케쥴링** ·**동적자원할당** ·QoS 제공 ·부하 및 과부하 제어 ·**HARQ**	·호 허용 제어 ·최초 전력 및 SIR 설정 (HSUPA) ·무선자원 확보 ·하향링크 코드할당 및 관리 ·부하 및 과부하 제어	·QoS 파라미터 매핑 ·핸드오프 제어 ·외부루프 전력제어 (HSUPA)

〈그림 6-31〉 WCDMA(Rel.99)와 HSPA 주요 기술 비교

(2) WCDMA(Rel.99)와 HSPA 시스템의 무선자원 관리 변화

이동통신 시장에서도 음성뿐만 아니라 점차 무선 인터넷 서비스, VoIP, 비디오 스트리밍 등과 같이 품질 보장(QoS)이 필요한 패킷 서비스에 대한 요구가 커지고 있다. 따라서 트래픽의 형태는 AMR 음성과 같이 오버헤드가 포함되지 않은 Transparent Mode(TM), VoIP(Voice over IP)와 같이 재전송이 허용되지 않는 Unacknowledge Mode(UM), 재전송이 허용되어 신뢰성을 보장하는 Acknowledge Mode(AM)로 나눌 수 있다. 이와 같이 다양한 형태에 따라 패킷 데이터를 다루는 시스템에서는 서비스 특성에 따라 안정적인 성능으로 패킷을 처리하고 무선 채널 상태에 따라 패킷 데이터 채널의 이용률을 최대화하여 패킷 전송을 가능케 하는 패킷 스케줄러는 트래픽 형태에 따라 달라져야 한다. 고속의 데이터 전송을 위해 빠른 재전송이 필요한 AM 모드의 스케쥴링은 기지국에 하향링크에서는 MAC-hs, 상향링크에서는 MAC-e의 계층이 추가되어 수행된다. 하지만 소프트 핸드오프가 이어나는 지정 채널의 경우 RNC가 계속 관여하여야 하므로 기존의 MAC-d 그리고 상향링크의 경우 소프트 핸드오프가 이루어져야 하므로 이를 관리하기 위해 추가된 MAC-es는 RNC에 위치한다. MAC-hs/e는 기지국에 위치하여 물리 계층과 직접적으로 연결되어 패킷 제어에 소요되는 지연을 최소화하고, HARQ, AMC 등과 밀접한 관계를 가지고 패킷 데이터 채널을 제어하여 패킷 전송의 효율성을 높이는 일을 담당하며 HSPA의 데이터 프레임의 길이를 2ms로 단축하여 고속의 패킷 스케쥴링이 가능하도록 하였다. 〈그림 6-32〉는 WCDMA(Rel.99)와 HSPA의 무선자원 관리 변화를 나타내었다.

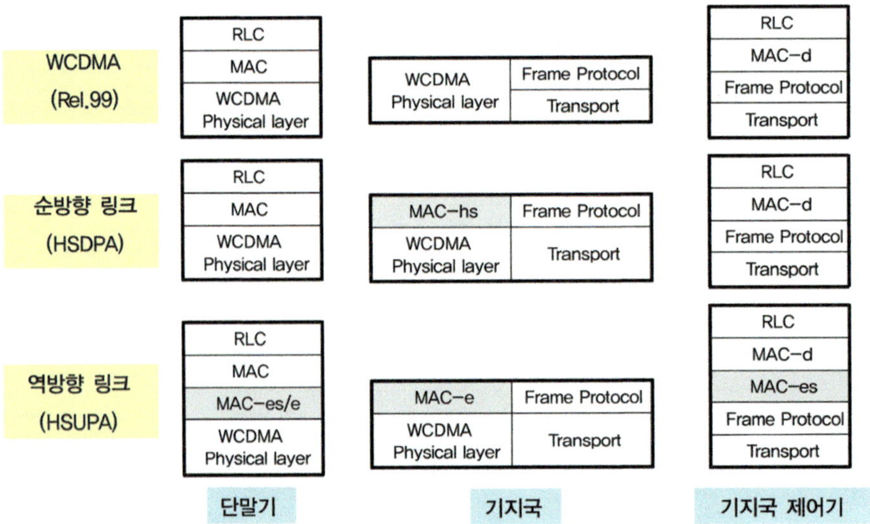

〈그림 6-32〉 WCDMA(Rel.99)와 HSPA의 무선자원 관리 비교

여러 명의 사용자가 존재하는 경우 매 순간에 채널 환경이 좋은 사용자에게 무선 자원을 우선적으로 할당해 준다면 시스템 전체의 용량이 크게 증가하게 되며 이를 다사용자 다이버시티(Multi-user Diversity) 이득이라 한다. 이와 같은 이득을 얻기 위해서 각 사용자의 상태에 따른 스케줄링이 요구되며, 대표적인 스케줄링 방식에는 최대 CINR 방식, 라운드 로빈(Round Robin) 방식, PF(Proportional Fairness) 방식 등이 있다. 이 밖에 여러 개선된 알고리즘이 계속 연구되고 있다.

라운드 로빈 방식은 전송할 대상이 되는 단말에게 돌아가며 한 번씩 전송을 하는 방식으로, 최대 CINR 방식은 데이터의 전송 시점에 가장 좋은 무선 채널 상태에 있는 단말을 선택하여 데이터 블록을 전송하는 방식이다. 최대 CINR 방식은 다사용자 다이버시티 이득을 극대화할 수 있지만, 오랜 시간 열악한 채널 상태에 있는 단말은 수신 기회가 불균등해질 가능성이 발생한다. 이 같은 문제를 해결하기 위해 PF 방식은 최대 CINR 방식과 같이 무선 채널 상태를 고려하는 동시에 효율이 낮은 단말에게 가중치를 두어, 시스템의 용량과 개별 단말의 공평성을 동시에 고려한다. 일반적으로 스케줄링 알고리즘은 규격에서 정의되지 않으므로, 망 운영자가 필요에 따라 적절히 선택하여 구현하여야 한다.

(3) 고속데이터 수용을 위한 하향링크 고속공용채널 구조

WCDMA의 채널 구조는 사용자 각각에게 지정 채널을 별도로 할당하였으나 HSPA의 하향링크는 모든 사용자가 동시에 공용으로 사용할 수 있는 Big shared pipe의 채널 개념을 도입하고 있다. 이는 기존 채널 구조에서 사용자가 서비스를 잠시 중단하였을 때 해당 자원을 다른 사용자가 사용할 수 없었던 채널 구조를 크게 개선한 것이다. 〈그림 6-33〉은 하향링크의 고속공용채널 구조를 나타낸다.

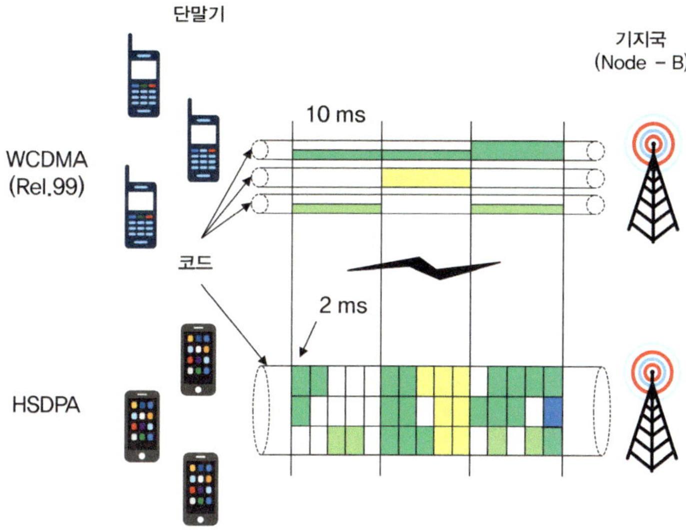

〈그림 6-33〉 하향링크의 고속 공용채널 구조

(4) 고효율 변조기법

변조 Modulation는 정보전달에 사용할 전파(반송파)에 데이터를 실어 보내는 것을 의미한다. HSPA는 높은 전송속도를 구현하기 위하여 16QAM을 도입하였다. 16QAM은 16개의 구분된 신호를 보내므로 한 번에 심볼당 4 비트 정보를 보내는 효과가 있으므로 QPSK로 심볼당 2비트를 보내는 WCDMA와 비교하여 데이터 전송속도를 2배 빨리 전송할 수 있다. 고효율 변조기법을 사용할수록 신호 구분이 어려워져 에러율이 증가하므로 채널 조건이 양호한 경우에만 사용할 수 있도록 채널 환경에 대한 정확한 추적이 필요하다.

〈그림 6-34〉 16QAM의 형상

(5) 고속 데이터 전송을 위한 HARQ

오류 제어 알고리즘은 크게 재전송에 해당하는 ARQ와 채널 부호화에 해당하는 오류 정정(Forward Error Correction)기법의 두 방식으로 분류될 수 있다. 일반적으로 ARQ는 데이터링크 계층(Data Link Layer)에서, FEC는 물리 계층(Physical Layer)에서 구현된다. 그러나 무선 인터넷 패킷처럼 버스트하게 발생하는 특성을 지닌 패킷 데이터를 처리할 때 전송 효율을 향상시키기 위해 FEC와 ARQ를 접목시킨 HARQ(Hybrid Automatic Repeat Request) 기술을 사용하고 있다. HSPA는 기존의 WCDMA에서는 RNC에서 재전송하였으나 HSPA는 기지국에서 재전송하여 고속 데이터 처리가 가능하다.

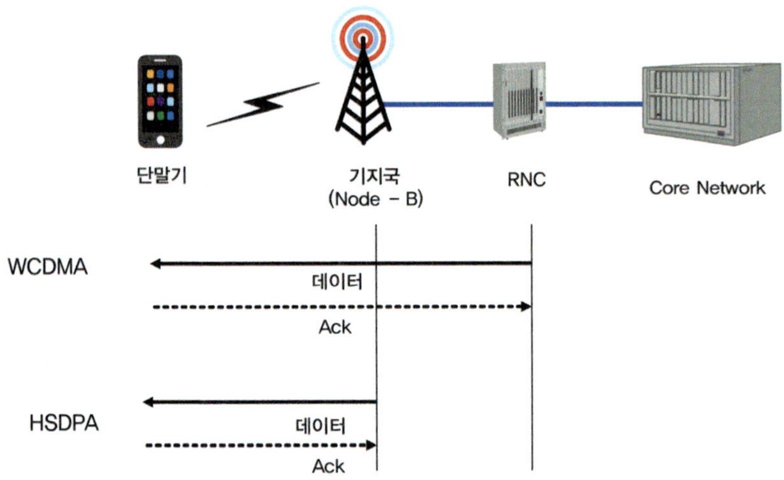

〈그림 6-35〉 HSPA의 HARQ의 위치

HARQ에서는 기존의 ARQ와 같이 재전송만을 적용하는 것이 아니라 수신측에서 복호 오류가 발생했을 때, 송신측으로 재전송을 요구하는 동시에 FEC 이전의 데이터를 버리지 않고 저장한다. 이후 재전송된 데이터를 수신하면 이전에 저장해 둔 데이터와 합쳐 성능 이득을 높인다. 결국 HARQ 기법을 적용하면 동일 FER(Frame Error Rate)에서도 전송 전력을 크게 줄일 수 있으며, 이 같은 전력 마진에 의해 16QAM과 같은 변조 기법 사용이 용이해진다.

HARQ의 소프트 합성 기법은 크게 Chase 합성과 IR(Incremental Redundancy) 두 가지로 구분할 수 있다. 재전송 시에도 원래 전송된 데이터와 동일한 신호를 전송하는 경우에는 수신단에서 SNR에 따라 가중치를 두어 이전 패킷 블록과 현재 패킷 블록을 합쳐서 디코딩할 수 있는데, 이를 Chase 합성이라 한다. IR은 Chase 합성의 일반화된 형태로 재전송 데이터가 원래의 데이터와 다를 때에도 적용 가능한 합성 방식이다. IR의 경우 첫 번째 전송에서는 채널부호화된 데이터의 일부분만을 전송하며, 이후 재전송이 필요하면 채널부호화된 데이터 가운데 첫 번째 전송한 데이터와는 다른 리던던시(Redundancy) 비트들로 이루어진 서브셋을 선택하여 전송한다. 각각의 전송에서는 부호율을 낮추어 전송할 수 있기 때문에, 재전송을 감안하더라도 전체적으로 효율을 높일 수 있는 장점이 있다. IR의 경우에서 각각의 재전송 데이터 블록만으로 합성하지 않고 자체 디코딩이 가능하면 HARQ Type3, 그렇지 않으면 HARQ Type2로 구분하기도 한다. Chase 합성의 경우는 HARQ Type3의 특수한 예로 볼 수 있다. HARQ의 경우 소프트 합성에 의한 이득이 크기 때문에 시스템의 효율을 위해 패킷의 초기 전력을 비교적 작게 운용하는 것이 가능하며, 이에 따라 재전송 확률이 증가할 수 있다. HSPA 시스템에서는 재전송 지연을 줄이는 것이 필수적이며, 이를 위해 기존의 RNC의 RLC(Radio Link Control) 계층에 구현되었던 재전송 기능을 Node-B로 옮겨 수행한다. HSPA에서 채택한 HARQ의 기본 동작은 데이터가 하향 링크로는 비동기로 전송되고, 이에 따른 응답 정보는 동기로 전송된다. 각 하향 링크 데이터는 스케줄러의 결정에 따라 어느 시기라도 전송할 수 있고, 이에 대한 응답 신호는 일정한 시간 내에 상향 링크로 전송돼야 함을 의미한다. 여기에서 응답 신호는 수신측 HARQ에 의한 패킷의 복구 여부를 의미하고, 이 정보에 의해 시스템에 구현되어 있는 스케줄러는 해당 패킷의 재전송 여부를 결정한다.

(6) 링크 적응과 적응형 변조코딩기술

무선 채널의 상태는 단말의 위치, 신호의 경로 손실과 페이딩 특성 때문에 시간에 따라 계속 변한다. 그러므로 무선링크를 통한 효율적인 데이터 전송을 위해서는 링크 적응(Link Adaptation) 기법이 요구되며, 대표적으로 전력제어(Power Control) 기법과 전송률 제어(Rate Control) 기법이 있다. 송신단에서 전력이나 전송률을 적응적으로 가변하기 위해서는 채널 상태를 알 수 있는 정보가 필요하며, 이 정보를 근거로 송신 전력 또는 전송률을 결정한다.

전력 제어 기법은 고정된 품질과 전송률을 보장하기 위해 페이딩 채널 환경에 맞도록 송신 전력을 제어하는 방식으로, 음성 기반 서비스처럼 고정된 전송률 상황에서 링크의 품질을 보장하기 위한 시스템에 효율적인 방식이다. 전송률 제어 기법은 다양한 전송률, 다양한 전송 품질 등이 요구되는 패킷 데이터 서비스에 적합한 방식으로, 채널 환경에 맞도록 데이터 전송률과 부호율을 적응시키는 방법으로 적응형 변조코딩 기술(Adaptive Modulation Coding)을 사용한다.

HSPA는 전송률 제어 기법으로 셀 전체의 Throughput을 증가시키는 AMC 기술을 적용하였는데, 단말이 측정한 무선 환경을 바탕으로 좋은 환경의 단말에게는 많은 양의 데이터를 할당하고 무선 환경이 나쁜 단말기에는 QoS를 보장하지 않는다.

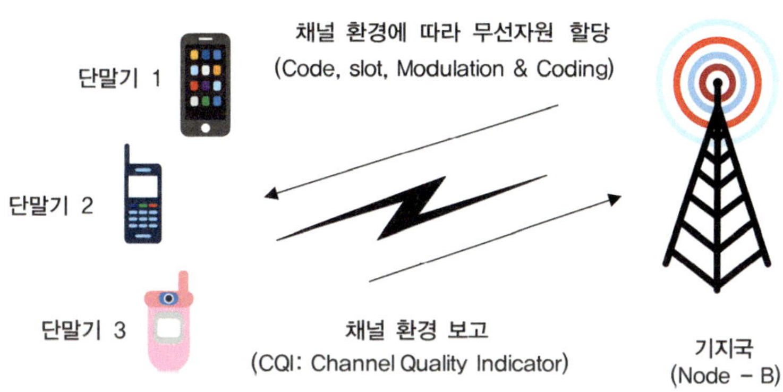

〈그림 6-36〉 HSPA의 AMC 기술

한정된 주파수 대역을 이용하여 고속의 정보를 전송하기 위해서는 주파수 대역 사용의 효율성을 높이는 것이 무엇보다도 필요하다. 이를 위해 무선 시스템에서도 주파수 사용 효율이 높은 QAM 방식이 도입되고 있다. HSPA를 위해 3GPP에서 결정된 변조 기법은 QPSK와 16QAM이며, 채널 상태가 상대적으로 양호한 경우 16QAM을 적응적으로 선택하여 전송하게 된다. HSPA에서는 동일한 원리로 변조 기법뿐 아니라 부호율(code rate)도 가변할 수 있다. 채널 환경이 좋은 경우는 높은 부호율과 16QAM 변조를 이용하여 주파수 이용 효율을 높이며, 페이딩이나 간섭 상태에 따라 채널 환경이 나쁜 경우는 낮은 부호율과 QPSK를 선택하여 SNR이 낮은 범위에서도 전송 성공률을 높일 수 있도록 한다.

무선망에서 MCS를 결정하기 위해서는 단말의 수신 품질에 대한 정보를 알고 있어야 하며, 단말기는 수신 품질을 송신측에 전달하기 위해 CQI(Channel Quality Indicator)라는 인덱스를 사용한다. AMC에 의한 링크 적응 기법은 기존의 1슬롯 지연을 갖는 전력 제어보다 지연이 크다. 그러므로 단말기의 CQI 측정 지연 및 정확도가 전체 성능에 영향을 줄 수 있다. 〈그림 6-37〉은 AMC 기술의 전송속도와 에러정정 능력의 상관관계를 나타낸 것이다.

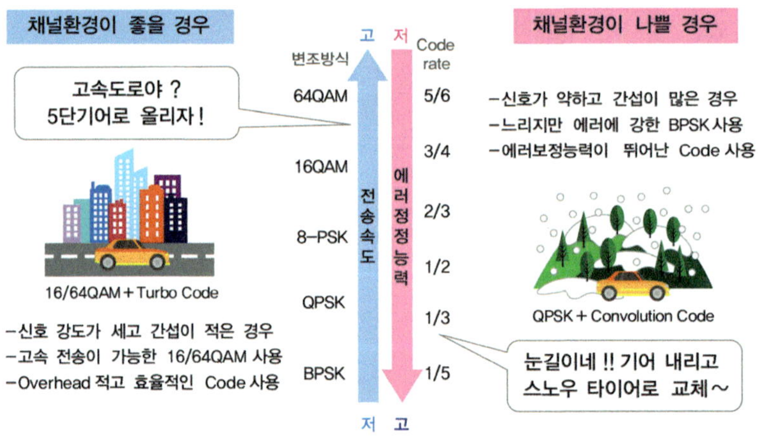

〈그림 6-37〉 AMC 기술의 전송속도와 에러정정 능력의 상관관계

6.4.4 전송속도

데이터 전송속도는 코드 개수, 변조 방식, 코딩율로 결정되는데 터보 인코더의 출력에 Repetition과 puncturing에 의해 실효 코딩율이 달라지며 14.4 Mbps의 경우 실효 코딩율이 1에 가깝다. 〈표 6-12〉는 HSPA 시스템의 데이터 전송속도를 요약한 것이다.

〈표 6-12〉 HSPA의 데이터 전송속도

구분	HS-DSCH(순방향) E-DPDCH(역방향) 코드 수	Spreading Factor	부호화 방법 (FEC Encoding)	부호화율 (coding rate)	변조방법 (Modulation)	최대 전송 속도 (kbps)
순방향 링크	5	16	Turbo Code	1/3	QPSK	1200
	5	16	Turbo Code	1/3	QPSK	1200
	5	16	Turbo Code	1/3	QPSK	1800
	5	16	Turbo Code	1/3	16QAM	1800
	5	16	Turbo Code	1/3	16QAM	3600
	5	16	Turbo Code	1/3	16QAM	3600
	10	16	Turbo Code	1/3	16QAM	7200
	10	16	Turbo Code	1/3	16QAM	7200
	15	16	Turbo Code	1/3	16QAM	1020
	15	16	Turbo Code	1/3	16QAM	1440
역방향 링크	1	256~4	CC	1/2 또는 1/3	BPSK	15~960
	2	4	CC	1/2 또는 1/3	BPSK	1920
	2	2	CC	1/2 또는 1/3	BPSK	3840
	2xSF4 + 2xSF2	4~2	CC	1/2 또는 1/3	BPSK	5760

6.5 1x EV-DO/Rev. A/B

6.5.1 개 요

2000년 3월 3GPP2는 퀄컴이 고속 무선 인터넷 서비스를 목적으로 개발한 HDR(High Data Rate) 시스템을 표준화하기 위해 2000년 3월 CDMA 무선접속기술 표준화 조직인 3GPP2 TSG-C 산하에 작업반을 구성하였다. 2001년 10월에는 HDR 시스템을 IMT-2000 시스템인 cdma2000의 진화된 규격으로 정의하고 cdma2000 1x EV-DO(Data Only)로 명명하여 표준화 되었으며, 2002년부터 cdma2000 1x EV-DO 상용서비스가 시작되었다. 2004년 3월에는 cdma2000 1x EV-DO Rev. A를 표준화하였다. cdma2000 1x EV-DO Rev. A는 상향링크의 속도를 증가시키면서 멀티미디어 및 VoIP 서비스를 제공할 수 있게 되었다. 상용서비스는 2006년부터 시작되었다.

2006년 4월에 WCDMA 시스템과 경쟁할 수 있는 데이터 전송 능력을 갖추기 위해 1.25 MHz 3채널을 함께 전송할 수 있는 cdma2000 1x EV-DO Rev. B를 표준화하였다. Rev. B는 BTS 및 RNC(Radio Network Controller)만 소프트웨어를 갱신하고 PDSN 및 HA(Home Agency)는 변경 없이 진화가 가능하고 주파수 효율 증가, 지속적인 시간 지연 개선 및 고속 데이터 전송을 유지할 수 있도록 발전하였다. Rev. B는 광대역으로 Rev. A와 비교하여 Trunk 이득에 의한 용량과 주파수 다이버시티를 개선하고, 단일 캐리어 및 다중 캐리어 제공으로 단말기의 경제적 선택도 가능하다. 다른 광대역 시스템(5 MHz)과 비교하여 주파수 이용의 유연성이 높아질 수 있는데 예를 들어 사업자가 6.25 MHz 운용이 가능하여 주파수 이용 효율이 좋을 수 있다.

6.5.2 망구성 및 운용

cdma2000 1x EV-DO Rev. A/B는 cdma2000 1x 망과의 역 호환성을 가지며 〈그림 6-38〉와 같이 동일 기지국에서 함께 운용될 수 있다.

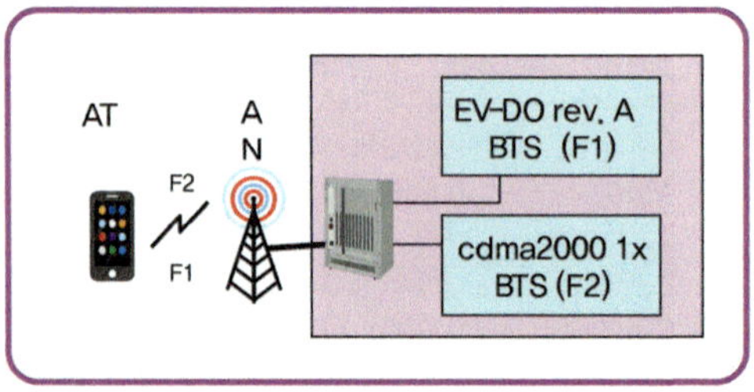

AT : Access Terminal AN : Access Network

〈그림 6-38〉 1x EV-DO Rev.A 망의 구성과 운용

1x EV-DO Rev.A은 cdma2000 1x 망과 함께 운용할 수 있으며 주요 특징은 다음과 같다.

① Hybrid AT는 cdma2000 1x, 1x EV-DO rev. A 망에 동시에 등록 가능

② 1x EV-DO rev. A 망에서 데이터 전송을 하고 있는 동안에도 cdma2000 1x 망으로부터 음성 호출 수신이 가능

③ cdma2000 1x 망과 1x EV-DO rev. A 망에서 서비스를 위한 호 발신/수신이 가능

④ cdma2000 1x 망과 1x EV-DO rev. A 망간의 패킷 데이터 세션 핸드오프 가능

6.5.3 주파수 자원 이용

CDMA 1x EV-DO / Rev. A/B의 주파수 자원 이용은 〈그림 6-39〉와 같다.

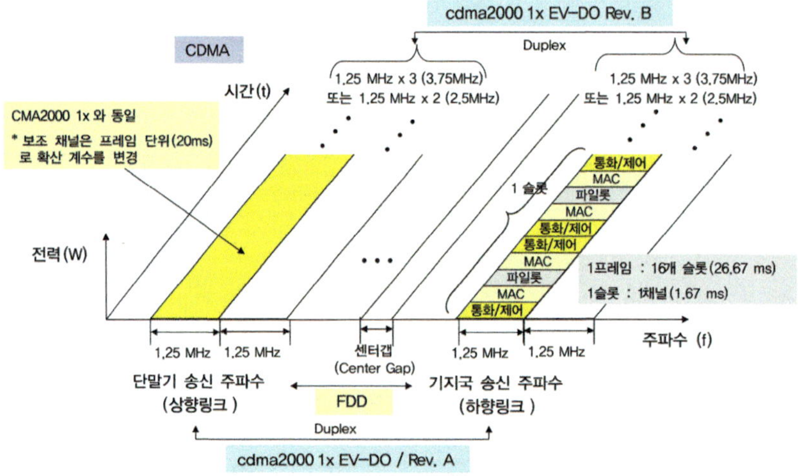

〈그림 6-39〉 CDMA 1x EV-DO / Rev. A/B의 주파수 자원 이용

하향링크는 cdma2000 1x에서 사용되는 PN코드를 동일하게 사용한다. 따라서 PN offset을 이용한 기지국을 구분하는 방식도 같다. 하지만 채널을 구분하는 각 왈시 코드는 모든 시간을 사용하지 않고 16개의 타임 슬롯으로 나누어 사용된다. 그리고 반드시 1개의 타임 슬롯만 할당되는 것이 아니고 조건에 따라 여러 슬롯을 사용할 수 있다.

cdma2000 1x는 패킷 데이터만을 전송하는 1x EV-DO와 음성 및 데이터를 동시에 전송하는 1x EV-DV(Data and Voice)로 나뉘어 진화하였으나 1x EV-DV의 경우 실제로 상용화되지 못하였다. 1x EV-DV는 cdma2000의 주파수 자원 방식을 그대로 유지하면서 전체 잉여 전력은 패킷 데이터를 위한 공유 채널로 예약하는 방식으로 활용하였다. CDMA 1x EV-DO / Rev. A/B와 cdma2000 1x EV-DV의 주파수 자원 이용의 차이를 나타내면 〈그림 6-40〉과 같다.

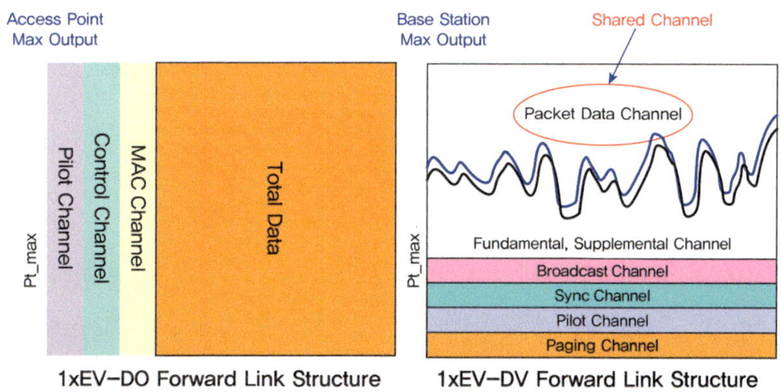

〈그림 6-40〉 1x EV-DO / Rev. A/B와 1x EV-DV의 주파수 자원 이용 차이

6.5.4 채널 구조

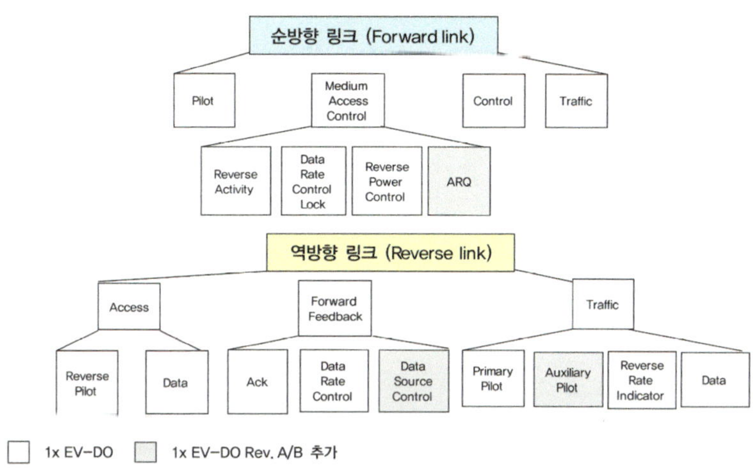

〈그림 6-41〉 1x EV-DO / Rev. A의 채널 구조

(1) 순방향 링크

1) Pilot Channel : 단말기가 시스템을 획득하는 데 이용

2) Mediunm Access Channel : 4개의 Subchannel로 구성

- Reverse Activity Subchannel : 역방향 링크의 부하 제어를 위해 단말기에게 전송속도 증가 및 감소 명령 메시지를 송신
- Data Rate Control Lock Subchannel : 단말기가 순방향 기지국 섹터를 선택하기 위한 역방향 품질 내용을 송신
- Reverse Power Control Subchannel : 폐쇄 루프 전력제어를 위해 단말기에 의해 사용될 명령을 송신
- ARQ Subchannel : 역방향 링크의 패킷 트래픽이 성공적으로 수신되었는지 단말기에게 보고

3) Control Channel : 동기 메시지, 시스템 구성 메시지, 섹터 파라미터 메시지를 송신. 256 슬롯 단위(456 ms)로 주기적 전송

4) Traffic Channel : 사용자의 패킷 데이터를 송신

(2) 역방향 링크

1) Access Channel : 트래픽 채널이 할당되지 않았을 때 기지국과 통신하는 데 사용

- Pilot Channel : 기지국이 단말기 신호의 코히어런트 검출을 위해 사용
- Data Channel : 접속채널의 패킷 데이터를 송신

2) Forward Feedback Channel : 순방향 채널과 관련된 정보를 송신

- Ack Channel : 순방향 통화 채널의 패킷이 성공적으로 수신되었는지를 기지국에 보고
- Data Rate Control Channel : 단말기가 선택한 기지국 섹터와 순방향 통화채널 전송속도를 기지국에 보고
- Data Source Control Channel : 순방향 링크의 선택된 기지국을 기지국에 보고

3) Reverse Traffic Channel : 트래픽 제어 채널 및 패킷 데이터 송신

- Primary Pilot Channel : 기지국이 단말기 신호의 코히어런트 검출을 위해 사용
- Auxiliary Pilot Channel : 대용량 패킷의 디코딩을 위해 사용
- Reverse Rate Indicator Channel : 역방향 통화채널의 데이터 전송속도를 기지국에 보고
- Data Channel : 사용자의 패킷 데이터를 송신

6.5.5 프레임 구조

시간을 나누어 사용하는데, 일부 시간만을 구분은 cdma2000과는 달리 동기 채널 1개의 프레임 시간인 26.67 ms를 그대로 유지하면서 1.666 ms의 타임 슬롯 16개로 나누어 채널을 구분하게 된다. 1개의 슬롯은 다시 2개의 하프 슬롯으로 나누어진다. 프레임 구조는 〈그림 6-42〉와 같다.

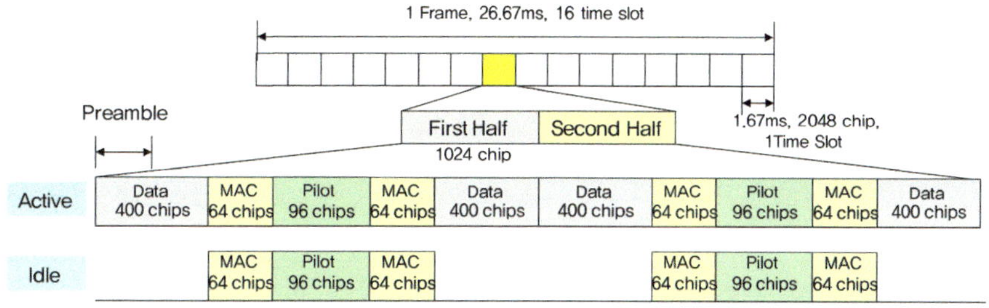

〈그림 6-42〉 1x EV-DO / Rev. A/B의 프레임 구조

1x EV-DO Rev. A/B 시스템에서의 왈시 코드 역할은 다음과 같다.

MAC 채널에서 왈시 코드 0~3번은 사용하지 않으며, 왈시 코드 4번은 RA 채널을 의미하며 왈시 코드 5~63번은 RPC 채널이 할당된 단말기를 구분한다.

프리앰블은 왈시 코드 0, 1, 4번은 사용하지 않으며, 왈시 코드 2번은 36.8 kbps 제어 채널, 왈시 코드 3번은 76.8 kbps 제어 채널, 왈시 코드 5~63번은 특정 번호의 왈시 코드가 할당된 단말기에게 데이터를 전송하는 데 사용한다.

6.5.6 주요 기술

1x EV-DO/Rev. A/B 시스템은 기본적으로 무선 패킷망 구조(기지국에서 패킷망으로 직접 접속)로 이루어져 있어 고유의 무선 프로토콜로 구성되어 있다. 1x EV-DO/Rev. A/B 시스템의 무선 프로토콜의 기능을 요약하면 다음과 같다.

1) 어플리케이션 계층(Application layer) : 신호와 패킷 데이터를 분리하여 신호 application은 호처리에 필요한 제어정보 처리에 사용되고, 패킷 데이터 application은 사용자 데이터를 전송
2) 스트림 계층(Stream layer) : 서로 다른 어플리케이션 스트림에 대해 QoS별로 멀티플렉싱 작업 수행
3) 세션 계층(Session layer) : 주소 관리, 프로토콜 협상 및 구성, 상태 관리
4) 연결 계층(Connection layer) : 단말기와 기지국 사이 무선 프로토콜 설정 및 유지
5) 보안 계층(Security layer) : 인증 및 암호화
6) 매체접근 계층(Medium access layer) : 물리계층의 전송 방법과 절차를 정의
7) 물리계층(Physical layer) : 채널 구조, 사용 주파수, 코딩 변조 등의 역할 수행

1x EV-DO Rev. A/B 시스템은 새로운 기술을 도입하여 기존 1x EV-DO 시스템과의 기능을 개선하였다. 1x EV-DO Rev. A/B에서 주요 기술의 변화를 요약하면 다음과 같다.

- QoS 개선
  - 연결 설정 시간 단축

- 자원 할당의 효율성
- Multi-user packets on Forward link

● 다양한 패킷 길이 도입

	1x EV-DO	1x EV-DO Rev.A
순방향	1024, 2048, 3072, 4096	128, 256, 512, 1024, 2048, 3072, 4096, 5120
역방향	256, 512, 1024, 2048, 4096	128, 256, 512, 768, 1024, 1536, 2048, 3072, 4096, 6144, 8192, 12280

● 신규채널 추가
- ARQ, Auxiliary Pilot, Data Source Control

● 역방향 변조율 개선 및 MAC 계층 변경
- 역방향링크 8 PSK 변조 및 2/3 코딩율 도입
- Application, MAC, Physical Layer의 변화

● 다중 캐리어 전송
- 1.25 MHz x 2 또는 1.25 MHz x 3

6.5.7 전송 속도

1x EV-DO Rev. A 표준의 새로운 기술은 역방향 링크의 데이터 전송속도를 높였으며 1x EV-DO를 포함한 데이터 전송속도는 〈표 6-13〉과 같다.

〈표 6-13〉 1x EV-DO Rev. A의 전송 속도

구분	부호화 방법 (FEC Encoding)	부호화율 (coding rate)	변조방법 (Modulation)	최대 전송 속도 (kbps)	비고
순방향 링크	CC	1/5	QPSK	4.8~19.2	타임 슬롯의 추가 할당으로 속도 증가 4.8~19.2 및 3072.0은 EV-DO Rev.A 데이터 전송 속도 3072.0은 패킷 길이를 5120을 적용
	CC	1/5	QPSK	38.4	
	CC and Turbo	1/5	QPSK	76.8	
	CC and Turbo	1/5	QPSK	153.6	
	CC and Turbo	1/5	QPSK	307.2	
	CC and Turbo	1/3	QPSK	614.4	
	CC and Turbo	1/3	QPSK	1228.8	
	CC and Turbo	1/3	8PSK	921.6	
	CC and Turbo	1/3	8PSK	1843.2	
	CC and Turbo	1/3	16QAM	1228.8	
	CC and Turbo	1/3	16QAM	2457.6	
	CC and Turbo	1/3	16QAM	3072.0	
역방향 링크	CC	1/5	BPSK	4.8~19.2	EV-DO
	CC	1/5	BPSK	38.4	
	CC and Turbo	1/4	BPSK	76.8	OVSF 값 변경으로 속도 증가 (4.8은 EV-DO Rev.A)
	CC and Turbo	3/8	BPSK	115.2	
	CC and Turbo	1/2	BPSK	153.6	
	CC and Turbo	3/8	QPSK	230.4	EV-DO Rev.A
	CC and Turbo	1/2	QPSK	307.2	
	CC and Turbo	3/8	QPSK	460.8	QPSK 및 8PSK 변조율과 OVSF 값
	CC and Turbo	1/2	QPSK	614.4	

	CC and Turbo CC and Turbo CC and Turbo	1/2 2/3 2/3	QPSK QPSK 8PSK	921.6 1228.8 1843.2	변경으로 속도 증가

1x EV-DO Rev. B 표준은 다중 캐리어를 전송하는 기술을 포함하고 있으며 이에 따른 데이터 전송속도의 증가는 〈표 6-14〉와 같다.

〈표 6-14〉 1x EV-DO Rev. A/B의 전송 속도

	주파수 대역폭	순방향 데이터 전송 속도	역방향 데이터 전송 속도
EV-DO Rev.A	1.25 MHz	4.8 kbps ~ 3.1 Mbps	4.8 kbps ~ 1.8 Mbps
EV-DO Rev.B (2 carrier)	2.50 MHz	9.6 kbps ~ 6.2 Mbps	9.6 kbps ~ 3.6 Mbps
EV-DO Rev.B (3 carrier)	3.75 MHz	14.4 kbps ~ 9.3 Mbps	14.4 kbps ~ 5.4 Mbps

6.6 와이브로

6.6.1 개 요

와이브로 서비스는 언제 어디서나 고속으로 무선 인터넷 접속이 가능한 휴대 인터넷서비스로 정의된다. 와이브로 시스템은 IMT-2000 OFDMA TDD 기술 표준 규격의 하나로 국내에서 상용화한 시스템이다. 휴대 인터넷 서비스는 유선통신의 초고속 인터넷 서비스 시장 및 이동통신의 음성 서비스 시장이 포화되면서 초고속 무선 인터넷 시장의 기회와 이동하면서 초고속 인터넷 서비스를 요구하는 사용자의 수요를 반영하여 나타난 서비스이다. 국내 휴대 인터넷 기술은 고정 광대역 무선 서비스(Broadband Wireless Access) 기술인 802.16d 기술에 이동성을 부여하는 방법으로 개발되었다. 그리고 2002년 당시 서비스가 부진한 WLL 주파수를 휴대 인터넷 서비스용으로 분배 변경하였다.

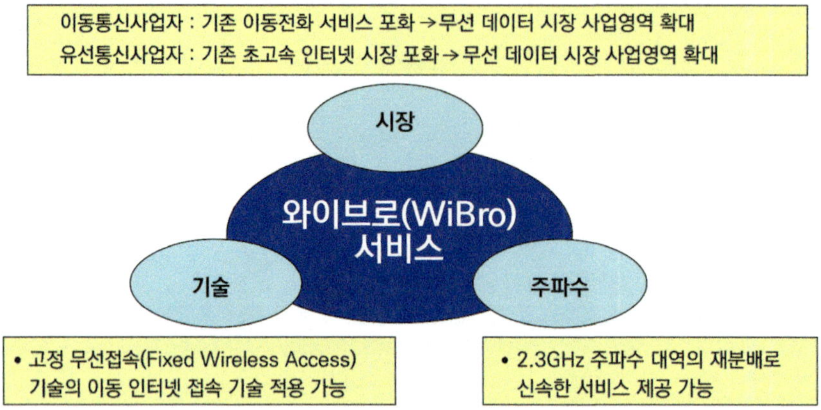

〈그림 6-43〉 와이브로 시스템 개발의 배경

와이브로 시스템은 IMT-2000 OFDMA TDD 기술 표준을 제안한 IEEE802.16e의 여러 기술 가운데 하나이다. 〈그림 6-44〉는 IEEE802.16e 기술 가운데 와이브로가 선택한 기술을 나타내고 있다.

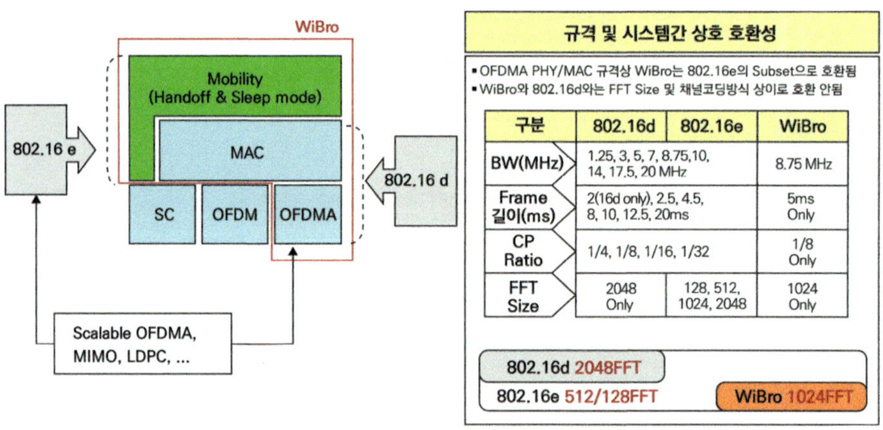

〈그림 6-44〉 IEEE802.16e와 와이브로 기술의 관계

6.6.2 시스템 구성

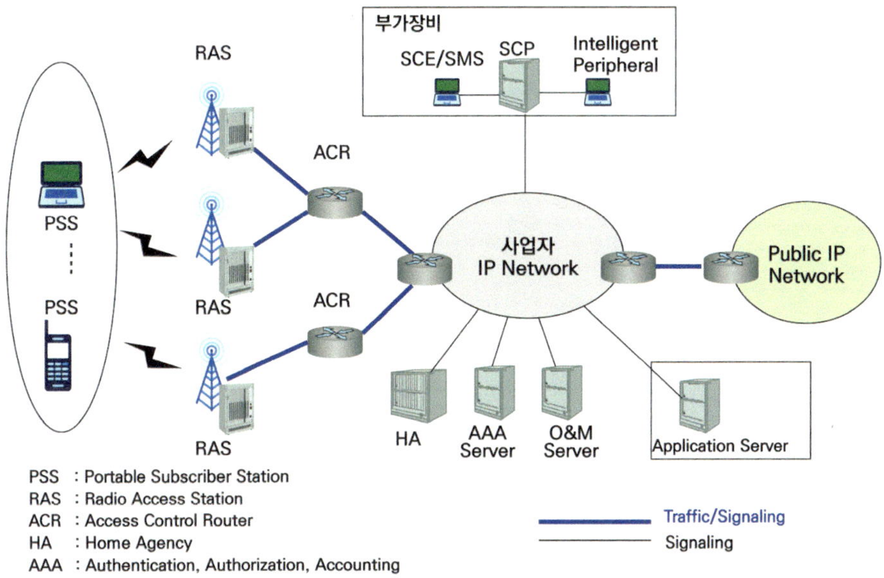

〈그림 6-45〉 와이브로 시스템의 망구성도

와이브로 서비스는 이동통신이면서 도심지역의 초고속 무선인터넷 서비스를 목적하고 있음을 반영하여 피코셀(100m), 마이크로셀(400m), 매크로셀(1km)로 구분하고 최대 이동속도 60 km/h의 이동성 및 IP 기반 서비스가 기지국 간 및 기지국 제어기간 핸드오프를 지원되어야 한다. 또한 서비스는 실시간 및 비실시간 서비스에 따른 QoS가 지원되어야 하며 다른 무선데이터망과 연동되어야 한다. 이를 반영한 와이브로의 망구성은 〈그림 6-45〉와 같다.

와이브로 시스템은 단말기, 기지국, 기지국 제어국으로 구성되어 있으나, 음성 및 패킷 데이터를 교환하는 교환기가 별도로 존재하지 않는다. 각 망구성 요소의 기능은 다음과 같다.

- 단말기(PSS : Portable Subscriber Station)

절전기능(Sleep mode 적용), 휴대 인터넷 무선 접속 기능, IP 기반 서비스 접속 기능, IP 이동성 기능, 단말/사용자 인증 및 보안 기능, 멀티캐스트 서비스 수신 기능, 타 망과 연동 기능 등

- 기지국(RAS : Radio Access Station)

휴대 인터넷 무선접속기능, 무선 자원 관리 및 제어 기능, 이동성(핸드오프) 지원 기능, 인증 및 보안 기능, QoS 제공 기능, 하향링크 멀티캐스트 기능, 과금 및 통계정보 생성 및 통보 기능 등

● 기지국 제어국(ACR : Access Control Router)

IP 라우팅 및 이동성 관리 기능, 인증 및 보안 기능, QoS 제공 기능, IP 멀티캐스트 기능, 과금 서버에 과금 서비스 제공 기능, ACR 내의 RAS간 이동성 제어기능, 자원 관리 및 제어 기능 등

와이브로 시스템은 각 구성 요소 간 인터페이스를 표준화하고 있는데 단말기와 기지국은 U인터페이스, ACR과 핵심망 간에는 I 인터페이스, RAS와 ACR 간에는 A 인터페이스, ACR과 ACR 간에는 IR 인터페이스로 구성된다.

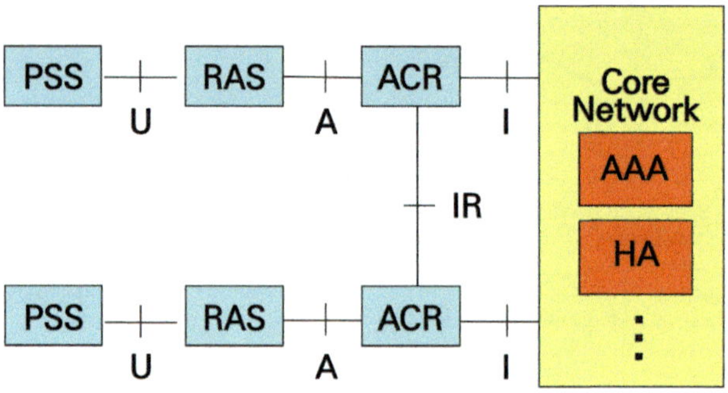

〈그림 6-46〉 와이브로 시스템의 인터페이스 표준

6.6.3 주요 기술

(1) OFDM 기술

가. 기본 개념

OFDM Orthogonal Frequency Division Multiplexing 전송 방식 기술은 주파수 간 간섭을 최소화하기 위해 주파수를 중심주파수가 직교하는 부채널로 잘게 나누고 각 부채널을 이용하여 데이터를 병렬 전송함으로써 고속 데이터의 전송이 가능한 기술로서 기본 개념은 〈그림 6-47〉과 같다. OFDM은 FDM과 유사하나 각 부채널 간 주파수가 서로 겹치게 되어 대역폭을 획기적으로 절약할 수 있다는 점에서 큰 차이가 있다.

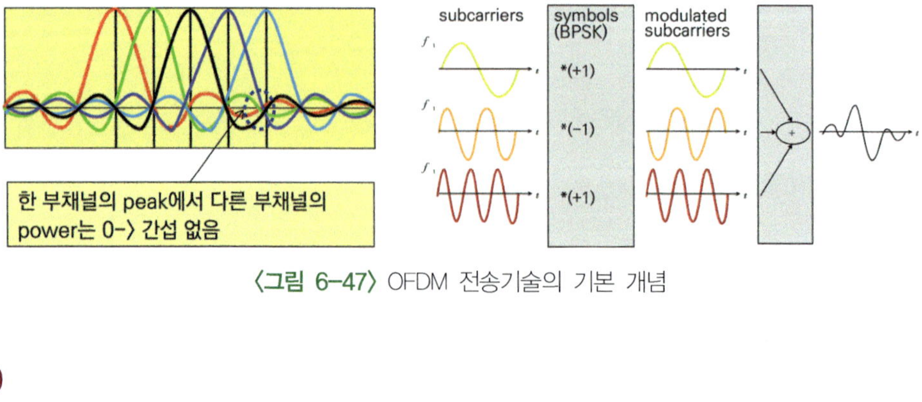

〈그림 6-47〉 OFDM 전송기술의 기본 개념

일반적으로 송신 전송률이 높아질수록 심볼 구간이 작아져 ISI(Inter Symbol Interference)가 심각해져 신호의 왜곡이 발생한다. 이를 줄이기 위해 입력 심볼을 병렬 심볼로 변환하여 전송하는 방식으로 ISI 문제를 해결할 수 있다. 〈그림 6-48〉과 같이 OFDM 기술은 ISI 문제를 해결하고 또한 광대역 주파수를 이용하지 않고 전파 환경이 좋은 주파수를 선택하여 전송함으로써 주파수 효율이 높아져 고속 데이터를 전송할 수 있다. 또한 OFDM 방식은 FFT를 이용하여 광대역 상관기(Correlator)를 이용하는 CDMA 방식과 비교하여 Chip 구현이 단순하다는 장점이 있어 향후 4세대 이동통신의 핵심기술로 예상된다. 4세대 이동통신에서 OFDM 기술의 적용은 이후 제7장의 제5절에서 추가적으로 자세히 다루기로 하고 이 절에서는 OFDM의 기본 개념과 OFDM 파라미터를 위주로 설명한다.

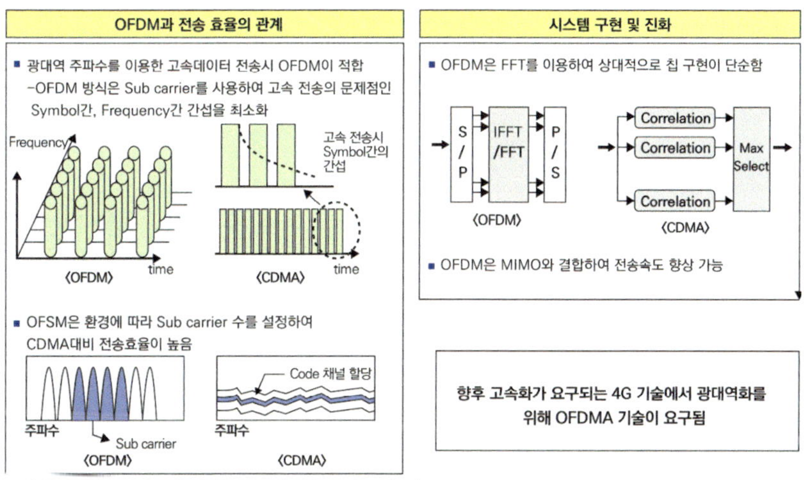

1) IFFT/FFT(Inverse Fast Fourier Transform/Fast Fourier Transform)
: 주파수, Time Domain간의 변환식인 Discrete Fourier Transform을 단순화한 식

〈그림 6-48〉 OFDM 전송기술과 전송 효율

나. OFDMA 파라미터

● OFDMA 심볼

IFFT로 생성된 시간 영역의 OFDM 파형은 유효 심볼구간시간은 Tb이다. OFDMA 심볼은 시간 지연으로 인한 심볼 간 간섭을 방지하기 위해 CP(Cyclic Prefix)를 추가하는데 〈그림 6-49〉와 같이 원래 심볼의 일부를 추가함으로써 직교성을 유지한다. 심볼은 여러 개의 부반송파로 구성되며 discrete 주파수 변환을 위한 FFT 개수는 부반송파수에 따라 결정된다.

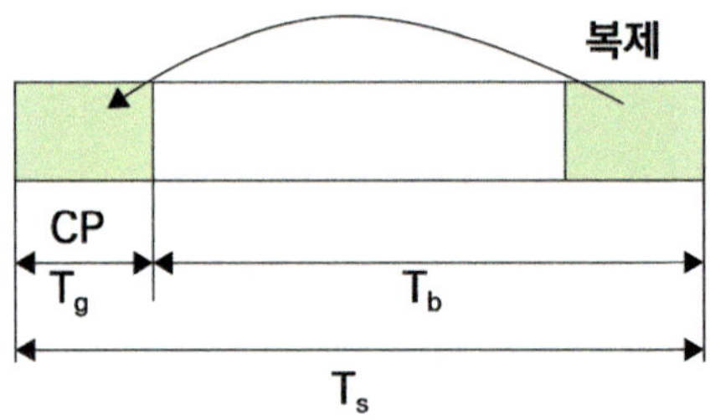

〈그림 6-49〉 OFDMA 심볼

● OFDMA 슬롯

슬롯은 시간 및 주파수 영역에서 심볼의 수와 부반송파의 수로 구성된 최소 자원 할당 단위이다. 슬롯은 여러 부반송파를 묶은 1개의 서브채널과 1개의 OFDM 심볼(하향링크) 또는 1개의 서브채널과 3개의 OFDM 심볼(상향링크)로 구성된다. 서브채널의 구성방법은 2가지 방법이 있다.

① Diversity 서브채널 구성 방법 : 임의로 떨어진 부반송파를 묶어 슬롯을 구성하는 방법으로 다이버시티 효과가 있다

② AMC 서브채널 구성 방법 : 연속된 부반송파를 묶어 슬롯을 구성하는 방법으로 전송 효율이 좋다.

● OFDMA 프레임

1개 프레임은 5ms 길이로 구성되며 42개의 OFDM 심볼과 TTG /RTG로 구성된다. 프레임의 구성을 자세히 살펴보면 42 OFDM 심볼 * 115.2 us/심볼 + TTG 121.2 us + RTG 40.4 us = 5ms와 같다.

① TTG(Tx/Rx Transition Gap) : 송신에서 수신으로 변경할 때 보호 시간

② RTG(Rx/Tx Transition Gap) : 수신에서 송신으로 변경될 때 보호 시간

기지국이 서브채널을 이용하는 방법으로 2 가지 방법이 있다.

① FUSC(Full Usage Subchannel) : 전체 서브채널을 한 섹터에서 모두 할당

② PUSC(Partial Usage Subchannel) : 전체 서브채널을 한 섹터에서 모두 사용하지 않고 분할하여 섹터별로 서로 다른 서브채널을 할당

● OFDMA 부반송파

부반송파는 다음과 같이 3가지 종류로 나눌 수 있다.

① 파일롯 부반송파 : 채널 추정에 이용

② 데이터 부반송파 : 데이터 전달에 이용

③ 무효 부반송파 : 보호대역 및 DC 성능 제거에 이용

(2) 주파수 자원 이용

와이브로 시스템은 IMT-2000 OFDMA TDD와 같이 듀플렉스 방식으로 멀티미디어 서비스 트래픽의 비대칭성을 고려한 TDD 방식을 사용하고 프레임 길이는 5 ms, 1024개의 FFT 크기를 이용하고 있다. 전송 기술은 OFDM 전송 기술을 이용하며 무선접속 방식은 여러 사용자가 존재할 때 여러 사용자가 부반송파를 공유하는 OFDMA 방식을 이용한다. 주파수 자원 이용은 〈그림 6-50〉과 같이 요약된다.

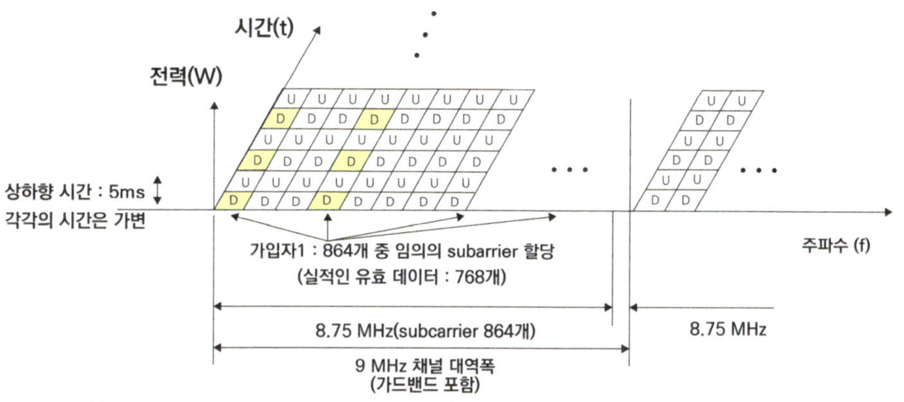

〈그림 6-50〉 와이브로 시스템의 주파수 자원 이용

(3) 주요 전송 기술 및 자원 할당 기술

● 적응 변조 및 부호화 방식(AMC : Adaptive Modulation & Coding)

링크 적응(Link Adaptation) 기술의 하나로 무선 채널 환경의 변화에 따라 최적의 변조 및 코딩 방식을 선택하여 주파수 효율을 높이는 기술로서 하향링크는 64QAM, 5/6 코딩율, 상향링크는 16QAM, 2/3코딩율까지 가변적이다. 변조 및 코딩율은 단말의 위치에 따른 C/I 기준에 따른다.

● H-ARQ(Hybrid Automatic Rquest)

FEC와 ARQ를 결합하여 사용함으로써 전송효율을 높이고 전송지연을 줄이는 기술로서 기지국에서 인지 신호를 전송한다.

● 자원 할당

동적 예약 방식 시스템은 상향링크의 대역 요청과 하향링크에서 상향 및 하향링크의 대역 할당 정보를 통보하는 방식으로 QoS의 보장과 성능 극대화를 위한 채널 구조로 구성된다. 자원 할당 방식은 두 가지 방식이 적용된다. ① 단말기에서 자원 할당을 요청하는 방식으로 CBR(Constant Bit Rate) 서비스에 적합한 Piggyback 요청 방식이며, ② 단말기가 자원을 요청할 때 필요한 상향링크 자원을 기지국이 미리 제공하는 방식으로 VBR(Variablr Bit Rate) 서비스에 적합한 Polling 방식이다.

● 패킷 스케쥴링 알고리즘

Proportional fairness 알고리즘은 시스템의 효율과 사용자의 최소 자원을 제공하는 공정성을 동시에 고려하여 자원을 할당하는 방식으로 비실시간 서비스에 적합하다. 하지만 VoIP와 같은 실시간 서비스를 위해서는 서비스의 우선권을 달리하여 사용자가 필요로 하는 대역폭을 예약하는 방식을 사용하는 스케쥴링을 한다. 이때 트래픽 부하가 낮을 경우 명시적으로 요청된 자원 요청을 모두 수용하고 트래픽 부하가 높을 경우 시스템의 효율을 높일 수 있는 스케쥴링 방식이 적용된다.

6.6.4 기술 표준

TTA는 2004년 1월 〈표 6-15〉와 같이 와이브로 시스템의 9가지 필수 요구사항을 선정하였다. 9가지 필수 요구사항 가운데 2004년 12월 표준을 개정할 때 와이브로 주파수 대역폭은 8.75 MHz로 수정되었다.

〈표 6-15〉 와이브로 시스템의 필수 요구사항

구 분	파라미터	비 고
듀플렉스	TDD	
다중접속	OFDMA	
채널 대역폭(MHz)	10	8.75로 개정
주파수 재사용 계수	1	
이동성(km/h)	60 이하	
서비스 커버리지(km)	1 이하	
주파수 효율 (bps/Hz/sector)	최대 : 상향 6, 하향 2 평균 : 상향 2, 하향 1	
핸드오프(ms)	150 이하	
가입자 전송속도(kbps)	최대 : 상향 3000, 하향 1000 평균 : 상향 512, 하향 128	

2004년 6월 와이브로 시스템을 표준화한 후 IEEE 802.16과 표준을 공조하기 위해 물리계층(Physical layer)의 8개 항목(Preamble, PUSC 지원, OFDMA 파라미터, 채널코딩, 부채널 할당, 레인징 등)과 매체접근제어(Medium Access Control layer) 계층의 14개 항목(MAC PDU Format, MAC 메시지, ARQ 운영, Sleep 모드 운영, 핸드오프 운영) 등을 수정하여 와이브로 시스템의 표준을 개정하였다. 와이브로 시스템의 주요 파라미터는 〈표 6-16〉과 같다.

〈표 6-16〉 와이브로 기술의 주요 파라미터

구 분	파라미터
사용 대역	2.3 GHz
채널 대역폭/샘플링	8.75 MHz / 10 MHz
프레임 길이	5 ms
다중 접속 방식	OFDMA
이중화 방식	TDD
FFT 크기	1024
변조 방식	QPSK, 16QAM, 64QAM
체널부호화 *	Convolutional Turbo Code 1/2, 3/4, 2/3, 5/6
ARQ	Hybrid ARQ
최대 데이터 전송률	30Mbps (without MIMO) : Phase 1
50Mbps (with MIMO) : Phase 2	115.2 us
기지국간 동기	GPS
셀면적	도심지역: 1KM 미만
	기타지역: 5KM 미만

* IEEE 802.16 환성을 위해 Convolutional Code (R=1/2, K=7)도 선택적으로 지원

와이브로 시스템의 주요 OFDMA 파라미터는 〈표 6-17〉와 같다.

〈표 6-17〉 OFDMA 시스템 파라미터

구 분	파라미터
주파수 대역폭	8.75 MHz
샘플링 주파수	10 kHz
샘플링 간격	100 ns
FFT 크기	1024
사용된 부반송파 개수	864
데이터 부반송파 개수	768
파일롯부반송파 개수	96
부반송파 주파수 간격	9.765625 kHz
유효 심볼 시간	102.4 us
CP 시간	12.8 us
OFDMA 심볼 시간	115.2 us
TDD 프레임 길이	5 ms

6.6.5 서비스 절차

(1) 등록 및 통화 절차

서비스 연결(connection)은 MAC 계층에서 주소로 사용되는 16비트의 연결 식별자(CID : Connection IDentifier)에 의해 구분된다. CID는 서비스 연결과 관련된 service flow QoS 파라미터들의 Service Flow IDentifier(SFID)에 대응된다. 단말기는 초기 등록에서 기지국으로부터 Basic CID, Primary CID, Secondary CID 등의 3가지 CID를 할당받는다. 또한

multicasting 및 Broadcast용 CID는 별도로 정의된다. 단말기는 CID를 이용하여 기지국에 접속하여 등록 및 통화 절차를 수행한다. 〈그림 6-51〉은 와이브로 시스템의 등록 절차를 보여주고 있다.

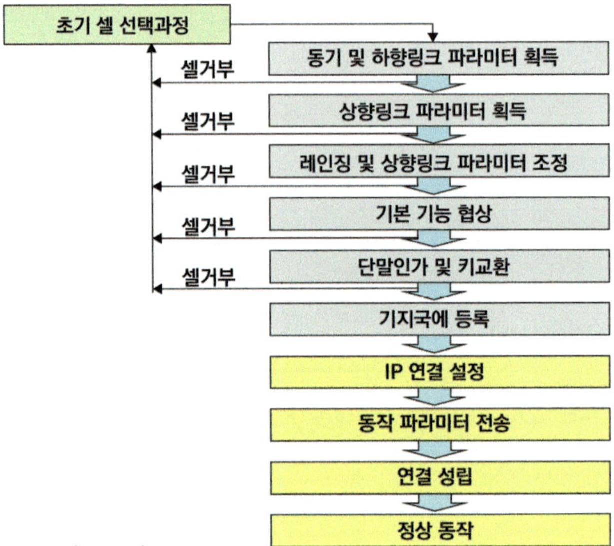

레인징(ranging) :
-프레임 동기 절차를 위한 타이밍 조정, 전력 및 주파수 오차를 조정하는 과정

〈그림 6-51〉 와이브로 시스템의 등록 절차

〈그림 6-52〉는 와이브로 시스템의 등록과 통화 절차를 호흐름도를 이용하여 보여주고 있다.

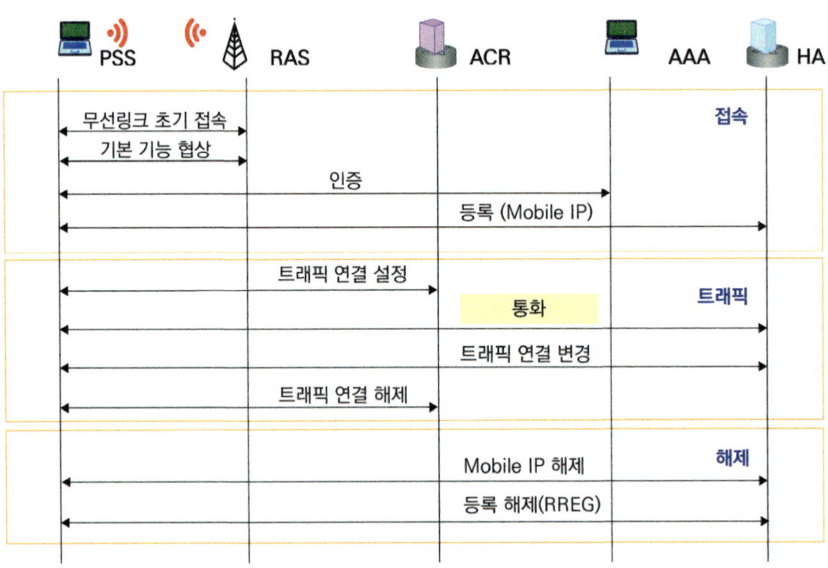

〈그림 6-52〉 와이브로 시스템의 등록 및 통화 흐름도

(2) 핸드오프 절차

〈그림 6-53〉은 와이브로 시스템의 핸드오프 절차를 보여주고 있다.

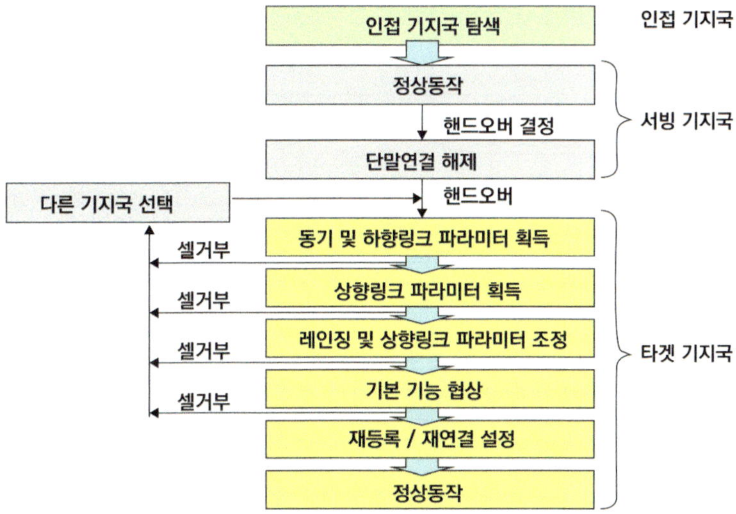

〈그림 6-53〉 와이브로 시스템의 핸드오프 절차

〈그림 6-54〉는 와이브로 시스템의 핸드오프 절차를 호흐름도를 이용하여 보여주고 있다. 단말기는 NBR-ADV 메시지를 이용하여 서비스하고 있는 기지국으로부터 인접 셀의 채널 정보를 주기적으로 받는다. 단말기는 인접 셀로부터 오는 신호의 품질을 측정하기 위해 Scanning 요청 메시지(SCN_REQ)를 송신하고 기지국으로부터 단말이 인접 기지국으로부터 측정할 수 있는 시간을 포함한 메시지(SCN_RSP)를 받는다. 단말기는 기지국으로부터 수신한 정해진 시간 동안 인접셀과 동기를 맞추고 CIR(Carrier to Interference Ratio)를 측정한 후 초기 레인징(Ranging)을 수행하여 추후 다른 기지국으로 이동할 때 빠르게 레인징을 할 수 있도록 한다. 단말기는 인접 셀을 탐색하면서 인접 셀의 CINR이 핸드오프한 수 있는 조건이면 핸드오프를 요청하는 메시지(HO_REQ)를 송신한다. ACR은 단말기로부터 인접셀의 정보를 받아 인접셀과 핸드오프 가능 여부의 메시지(HO_IND, HO_CNF)를 송수신하여 핸드오프 기지국을 결정한 후 서비스 중인 기지국에 송신한다. 서비스중인 기지국으로부터 메시지(HO_IND)를 받은 단말기는 서비스 중인 기지국과 링크를 끊거나 핸드오프 취소 메시지(HO_RSP)를 기지국에 송신한다. ACR은 서빙 기지국 및 타겟 기지국과 핸드오프 기지국의 메시지(ACI_IND, ACI_CNF)를 송수신한다. 단말기는 타겟 기지국과 무선접속을 위한 메시지(UL_MAP, Code RNG_REQ / RNG_RSP, Message RNG_REQ / RNG_RSP)를 송수신한다. 다음 단계로 단말의 기본 기능 협상 (SBC_REQ / SBC_RSP)를 수행하고 등록 절차(REG_REQ / REG_RSP)를 수행한다.

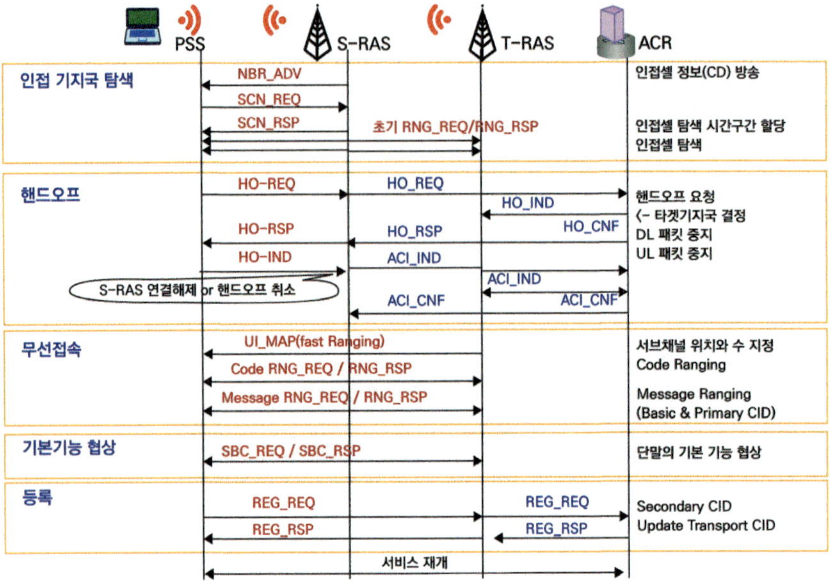

NBR : Neighbor SCN : Scanning RNG : Ranging REQ : Request RSP : Response
HO : Handoff IND : Indication ACI : Adjacent Cell Indicator REG : Registration
UL_MAP : Uplink Access Message SBC : Subscriber station Basic Capability_Request

〈그림 6-54〉 와이브로 시스템의 핸드오프 흐름도

CHAPTER 07

4세대 이동통신

7.1 개요

7.1.1 배 경

1세대의 아날로그 방식은 FDMA 방식으로 사용자의 증가에 따라 주파수 자원의 한계로 사용자 수용 능력의 한계 가능성에 대한 문제점이 발생하게 되었다. 이로 인하여 시장에서는 많은 사용자를 수용할 수 있는 다른 방식의 통신이 출현하기를 기대하게 되었다. 이 요구에 부응하여 2세대 이동통신인 GSM과 CDMA 방식의 디지털 이동통신이 탄생하였으며, 1세대 이동통신 방식보다 주파수를 효율적으로 사용할 수 있어 시스템의 사용자 수용능력이 증가하였다. 이동통신은 1세대, 2세대를 거치면서 시스템의 성공적인 개발과 서비스의 실현으로 통신 기술의 발전을 이루었으며, 이를 기초로 3세대 이동통신 시스템은 음성, 데이터, 영상을 함께 보내는 무선멀티미디어 통신 기술을 개발하였다. 하지만 무선 데이터 트래픽의 급격한 증가는 기지국 1개에서 1 Mz당 150 kbps ~ 600 kbps 효율성을 갖는 시스템으로는 경제성이 떨어져 보편적 서비스로 발전하기 어려웠다.

4세대 이동통신서비스에 대한 요구는 두 가지 측면에서 이루어졌다.

첫째, 세계적으로 이동통신 가입자 수는 급격히 증가하여 2005년 이동단말이 PC 등의 고정통신 단말을 추월하고, 또한 트래픽 형태가 광대역, 비대칭, 다양한 품질의 특성을 보이면서 급증하는 트래픽을 경제적으로 처리할 수 있는 높은 효율의 시스템이 요구되었다. 다음 〈그림 7-1〉은 일본에서 이동통신서비스의 트래픽을 예측한 값이다.

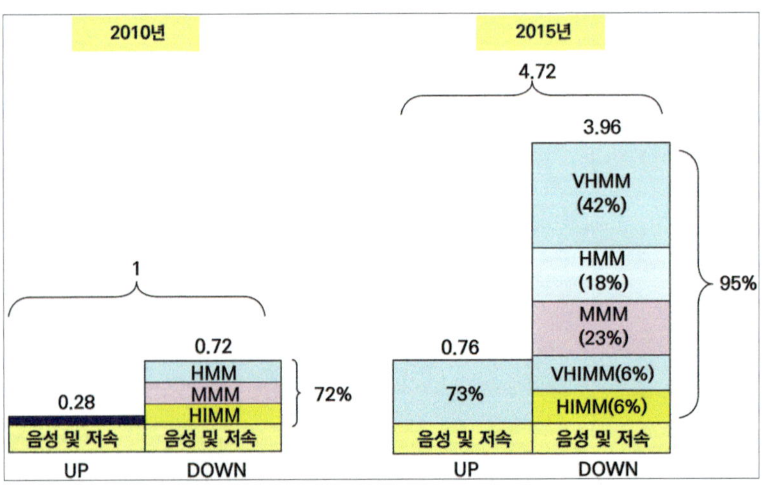

〈그림 7-1〉 일본의 이동통신서비스 트래픽 예측

둘째, 이동통신 기술의 변화이다. IMT-2000이라는 이동통신서비스로 통합될 것으로 예측했던 이동통신서비스는 다양한 환경의 경제적인 망이 등장하면서 소비자들의 서비스 환경이 급격이 변하였다. 네트워크는 IMT-2000, 디지털 방송, BWA, Nomadic/Local LAN, New Mobile Access 등 다양한 무선통신시스템의 등장으로 사용자들이 다양한 네트워크를 선태할 수 있도록 네트워크 연동(Interworking), 상호호환(interactivity), 국제로밍(International roaming) 등이 요구되었다. 이러한 정보통신 발전은 모든 네트워크가 디지털화하면서 가능해졌다.

모바일 광대역 서비스의 활성화를 위해 HSPA 기술을 보완한 HSPA+, DC-HSPA 등과 같은 CDMA 기술과 4세대 이동통신은 LTE와 WiMAX(WiBro)와 같은 OFDM 기술의 시스템들이 개발되었다. OFDM 기술은 심볼 간 간섭 문제를 해결하면서 주파수 채널 대역폭을 기존 CDMA의 5 MHz보다 4배 이상 확대한 20 MHz 이상으로 설계가 가능하다. 또한 LTE-Advanced는 채널 대역폭이 100 MHz 이상으로 증가할 수 있다. 기존 WCDMA, HSPA 기술의 한계를 극복하는 새로운 기술들의 데이터 전송 능력, 망구조, 기존 시스템과의 호환성, 주파수 효율, VoIP 용량들을 비교하면 다음과 같다.

〈표 7-1〉 새로운 이동통신 기술의 비교

구 분		HSPA+(MIMO)	DC-HSPA	LTE	LTE-Adv.	802.16m
주파수 대역폭(MHz)		5	10	20	70	40
최고전송속도(DL/UL)		28(42)Mbps 11(11)Mbps	84Mbps 23Mbps	326.4Mbps(1) 86.4Mbps(2)	1Gbps 이상(3) 500Mbps 이상(3)	600Mbps 이상 300Mbps 이상
망구조		기지국-제어기-교환기	기지국-제어기-교환기	기지국-교환기	기지국-교환기	기지국-교환기
코어망 구조		CS/PS	CS/PS	PS	PS	PS
Delay		10 msec	10 msec	10 msec	10 msec	10 msec
다중접속방식(DL/UL)		CDMA	CDMA	OFDMA SC-FDMA	OFDMA SC-FDMA	OFDMA
후방호환성	기존단말의 신규주파수 동작	No	No	No	No	No
	신규단말의 기존주파수 동작	OK	OK	OK	OK	OK
	비고	RF(중계기 포함) 개량, 전용 FA 운용 필요	RF(중계기 포함) 개량, 전용 FA 운용 필요	신규 eND 및 EPC 도입 필요	LTE와 호환	3GPP N/W과 호환
(하향/상향 데이터) 셀 주파수 효율성(bits/Hz)		약 1.4/1(4)	약 1.4/1(4)	약 2.4/1.8(5)	약 3.5/3	약 3.5/3
VoIP 용량		182 (5MHz)	362 (10MHz)	500 (10MHz)	800 (10MHz)	800 (10MHz)

(1) 4×4 MIMO, 64QAM, 20MHz BW (173 Mbps with 2×2 MIMO, 64QAM)
(2) Single TX UE, 64QAM, 20MHz BW (57.6Mbps with 16QAM)
(3) IMT-Adbanved 기술요구사항(IMT.TECH) 기준
(4) 제조사 시뮬레이션 결과 준용
(5) 3GPP TR 25.912(2007-06)

ITU는 2003년 이동통신의 새로운 요구 변화를 반영한 비전을 ITU-R M.1645 문서에서 제시하였다. 이 문서에는 시스템 개념과 세계적인 차원의 연구 및 표준화 그리고 2007년에 4세대 이동통신을 위한 주파수 할당이 필요함을 밝히고 4세대 이동통신을 위한 새로운 무선 접속 기술을 개발할 것을 제시하였다.

7.1.2 서비스 개념

ITU는 4세대 이동통신서비스를 무선망에서 전송속도 측면에서 이동 중에 100 Mbps, Nomadic(보행 중)에 1 Gbps의 서비스를 제공하고 핵심망에서 기존의 3G망 등 기존 Network에 대해 지원 가능하면서 IP 기반의 패킷망 구조로 정의하였다. 그리고 ITU는 4세대 이동통신서비스를 IMT-Advanced라고 정의하였다.

IMT-Advanced의 무선망 개념을 정리하면 다음과 같다. IMT-Advanced는 전송속도가 100 Mbps ~ 1 Gbps인 새로운 무선 접속기술이고 이동전화 측면에서 고속이동 시 100 Mbps 서비스를 제공하고 Local Area 측면에서 Nomadic, 정지 시 1 Gbps 서비스를 제공하며 기존의 IMT-2000, Enhanced IMT-2000 및 Local Area Wireless Access 기술과 호환성을 유지하여야 한다. ITU는 위와 같은 개념에 근거하여 〈그림 7-2〉와 같은 IMT-Advanced 서비스 개념을 제시하였다.

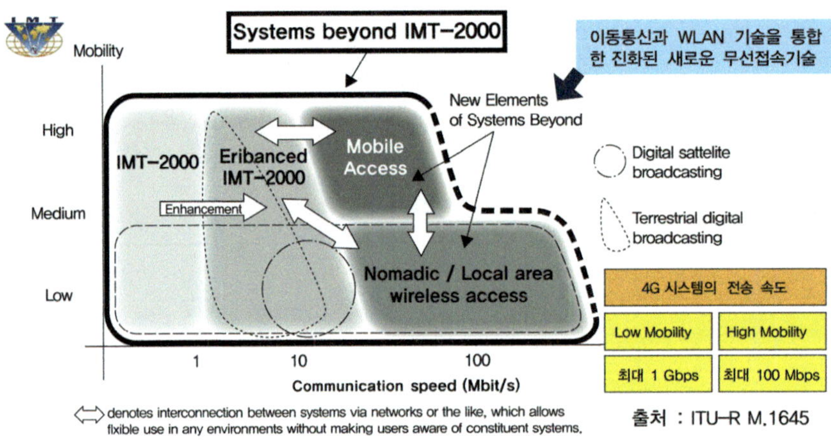

〈그림 7-2〉 IMT-Advanced 서비스의 무선망 개념

IMT-Advanced 서비스의 네트워크 측면을 보면 다양한 Access Network을 지원할 수 있는 IP 기반의 핵심망을 기본 개념으로 제시하고 있으며 이와 같은 IP 기반 네트워크는 기존의 2G, IMT-2000, WLAN, 유선 인터넷, 방송망의 호환성 지원 및 IP 기반의 네트워크 인지가 가능한 지능망을 제시하고 이와 함께 IMT-2000 Advanced(4G)를 위한 새로운 무선 기술 개발 환경을 제시하고 있다. 이와 같은 개념은 〈그림 7-3〉에 나타내었다.

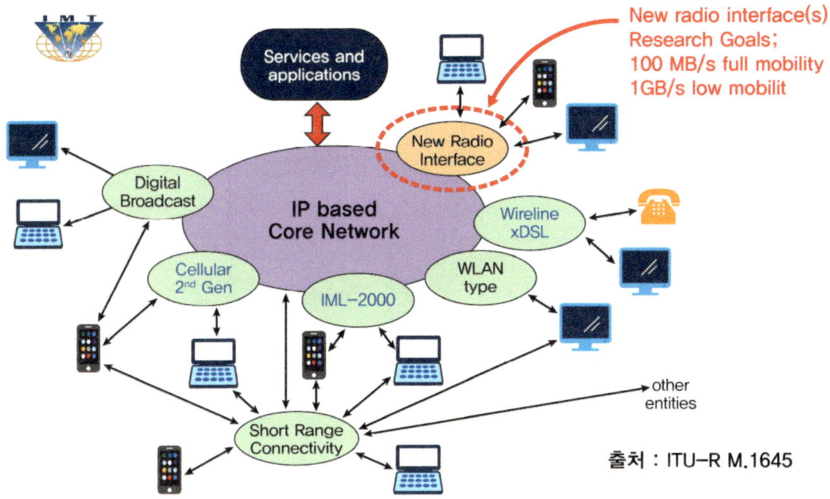

〈그림 7-3〉 IMT-Advanced 서비스의 네트워크 개념

IMT-Advanced 서비스는 이동통신 시스템뿐만 아니라 무선랜과 같은 노매딕(Nomadic) 무선 접속 시스템과 디지털 방송 시스템까지도 포함하는 내용으로 정의하고 있다. IMT-Advanced 시스템의 서비스 요구사항을 정의하면 다음과 같이 몇 가지로 요약할 수 있다.

- 단말과 사용자의 이동성 지원
- 요구된 시스템 용량의 유연한 할당
- 다양한 환경에 대한 적응
- 다른 액세스 기술로의 핸드오프 지원
- 유선링크와 동일한 수준의 QoS 보장
- 대칭/비대칭 서비스를 포함하는 서비스 끊김이 없는 핸드오프 지원
- 정세싱 및 서비스 요구에 따라 2 Mbps-155 Mbps의 데이터 전송률을 가지는 광역 데이터 서비스 지원
- 방송 및 분배 서비스의 효과적인 지원
- 커버리지에 따른 최적화된 무선 인터페이스 지원
- 네트워크 구성 요소와 단말의 재구성 기능

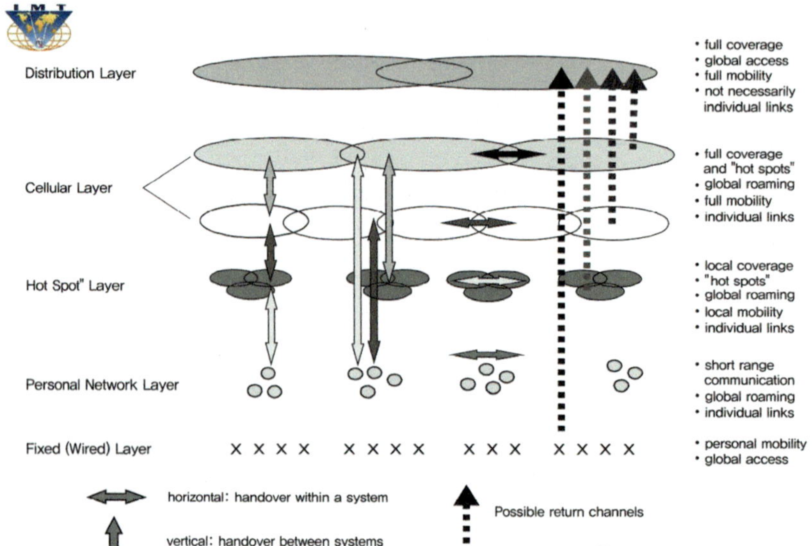

출처 : ITU-R M.1645

〈그림 7-4〉 IMT-Advanced 서비스의 망구성

이동통신은 기술의 발전으로 인한 고속의 데이터 전송 덕분에 다양한 서비스가 제공되었다. 또한 통신 시스템의 융합 개념이 도입되어 이동통신, 고정 무선 통신, 방송 등 다양한 통신서비스를 선택할 수 있게 되었다. IMT-2000은 기술을 먼저 연구하고, 서비스를 개발하는 프로세스였는데 IMT-Advanced는 사용자가 요구하는 서비스에 대한 개념을 먼저 정립하고 이를 위한 기술 개발을 추진하는 방향으로 추진하였다.

7.1.3 시스템 개발

(1) ITU

ITU는 WRC-03에서 4세대 이동통신과 관련한 주파수 관련 이슈를 다루도록 개정된 결의를 채택하였다. 결의의 내용은 1992년 WARC-92에서 확인된 IMT-2000 주파수 대역에서 2000년부터 IMT-2000 서비스가 시작되었음을 확인하고, 기술의 발전에 따라 통신서비스가 고속 광대역화가 이루어지고 있으므로 4세대 이동통신을 위한 주파수 연구 권고안을 WRC-07 이전에 완성하였다. 권고안은 4세대 이동통신 후보 대역의 장단점 분석, 구체적인 주파수 소요량 등을 포함하고 낮은 주파수 이용 및 위성 활용 방안 등을 포함하고 있다.

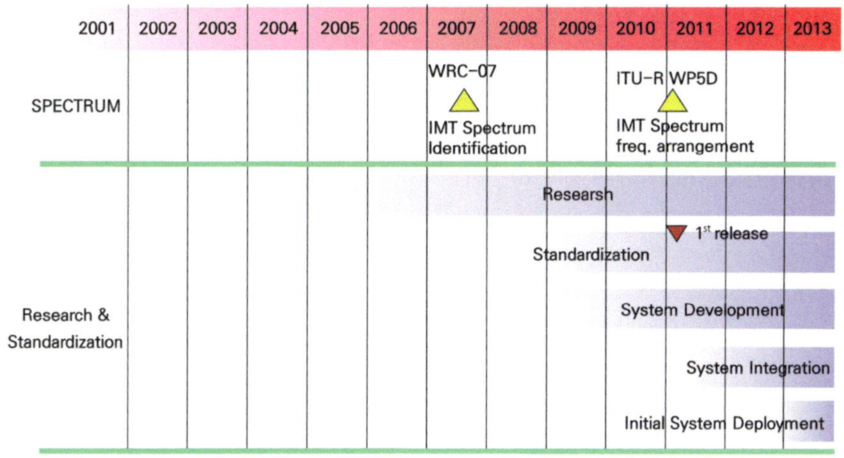

〈그림 7-5〉 ITU의 IMT-Advanced 기술 개발 일정

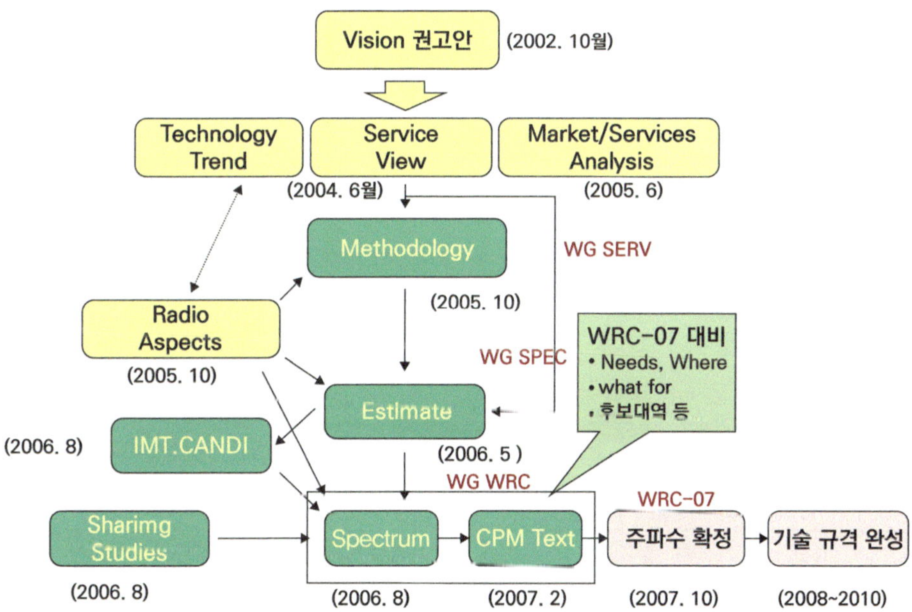

〈그림 7-6〉 ITU의 IMT-Advanced 기술 개발 결과

우선 ITU가 예측한 4세대 이동통신의 주파수 소요량은 국가 또는 지역마다 인구밀도 등이 다른 것을 고려하여 인구밀도가 높은 High Market 지역과 인구밀도가 낮은 Low Market 지역을 구분하여 주파수 소요량을 산출하였다. 산출 결과 2020년 이미 IMT-2000 주파수로 확보하고 있는 550 MHz를 포함하여 High Market 지역은 1720 MHz, Low Market 지역은 1280 MHz가 필요한 것으로 산출되었다. 따라서 2020년에는 High Market 지역은 1170 MHz, Low Market 지역은 730 MHz가 추가적으로 필요한 것으로 예측하였다.

〈표 7-2〉 ITU의 IMT-Advanced 주파수 소요량 예측

Systems	IMT-2000 & Enhancement			IMT-Advanced			Total(추가분배량)*		
Year	2010	2015	2020	2010	2015	2020	2010	2015	2020
High Market Spectrum(MHz)	840	880	880	0	420	840	840 (290)	1300 (750)	1720 (1170)
Low Market Spectrum(MHz)	760	800	800	0	500	480	760 (210)	1300 (750)	1280 (730)

둘째, IMT-Advanced 서비스를 위한 주파수 대역을 검토하였다. 이동통신서비스의 이동성 확보를 고려하여 5 GHz 미만에서 ① 410-430 MHz, ② 450-470 MHz, ③ 470-806/862 MHz, ④ 2300-2400 MHz, ⑤ 2700-2900 MHz, ⑥ 3400-4200 MHz, ⑦ 4400-4990 MHz 등의 7개 대역을 검토하였다. 2007년 11월 WRC-07 회의 결과 ① 450-470 MHz, ② 698~862 MHz, ③ 2300-2400 MHz, ④ 3400-3600 MHz 등의 4개 대역에 대해 세계 공통 대역 또는 지역별 국가별 IMT-Advanced 주파수 대역을 분배하였다.

ITU는 IMT-Advanced용으로 분배되는 신규주파수는 IMT 이름으로 분배되고 기존 IMT-2000은 IMT로 수정하였다. 그리고 IMT는 IMT-2000 및 IMT-Advanced를 총칭하는 것으로 결정하였다. WRC-07 회의에서 결정된 주파수 분배 내용을 요약하면 〈표 7-3〉과 같다. 표에서 1지역은 유럽 · 중동 · 아프리카, 2지역은 아메리카, 3지역은 아시아 및 오세아니아 주를 말한다. 또한 3.4 ~ 3.6 GHz 대역은 고정위성 업무 보호를 위해 업무 간 조정을 조건으로 하고 있다.

〈표 7-3〉 ITU의 IMT-Advanced 주파수 분배 결과

분배 대역(MHz)	주파수 분배 내용
450~470	· 세계 공통 대역으로 분배(Identification) · 타업무와 공유 연구 채널 계획
470~806/862	· DTV 전환이 종료한 후 일부 대역을 지역 또는 국가별로 할당 · 1지역: 790~862MHz · 2지역: 698~806MHz · 3지역: 790~806MHz, 일부 국가는 698~806MHz[1)] · 중국은 2015년 이후 활용
2300~2400	· 세계 공통 대역으로 분배
3400~3600	· 일부 대역을 지역 또는 국가별로 분배 · 1지역: 유럽/아프리카 80개국(이동/IMT) · 2지역: 3400~3500 – 14개 국가[2)] (이동/IMT 분배) 3500~3600 – 이동 업무 · 3지역: 3400~3500 – 한국, 일본, 파키스탄(IMT) 중국, 방글라데시, 인도, 이란, 뉴질랜드, 싱가포르, 3지역 프랑스령(이동/IMT) 3500~3600 – 한국, 중국, 일본, 방글라데시, 인도, 이란, 뉴질랜드, 파키스탄, 3지역 프랑스령

1) 한국, 중국, 일본, 인도, 뉴질랜드, 방글라데시, 필리핀, 파푸아뉴기니, 싱가포르
2) 아르헨티나, 브라질, 칠레, 코스타리카, 쿠바, 도미니카공화국, 엘살바도르, 과테말라, 멕시코, 파라과이, 수리남, 우루과이, 베네수엘라, 2지역 프랑스령

셋째, ITU는 2007년 10월 주파수 분배 이전에 이미 IMT-Advanced 표준화를 위한 기본 지침을 만들어서 ITU-R RA(Radiocommunication Assembly) 총회에서 Resolution ITU-R 57로 승인 받았다. 주요내용으로는 ① 기술제안 주체로 회원국 및 비회원 단체에서 기술을 제안할 수 있고, ② 기술평가 범주로 ITU의 최소기술요구사항 평가 지침에 따르고, ③ 기술평가 주체는 ITU가 진행하되 관련 기관은 참여 가능하고, ④ 기술합의는 제안 기술의 종류 수를 최소화(Minimize)하고, ⑤ 초기 제안과정 이후에도 ITU 절차에 따른 신기술의 진입을 허용하며, ⑥ 2010년 기술표준 권고안 초안을 작성하는 것 등이다. 상기 원칙에 근거하여 2008년 2월 IMT-Advanced 기술 표준화 일정이 포함된 후보 기술 제안 요청 문서를 작성하였다. IMT-Advanced 주요 표준화 일정을 나타내면 〈그림 7-9〉와 같다. 2008년 2월에 후보 기술 제안을 요청하고 제안서는 2009년 10월까지 수신하며 2010년 6월까지 평가를 완료한 후 2010년 10월에 기술 표준을 확정하고 2011년 2월까지 세부 기술 표준을 완성하였다.

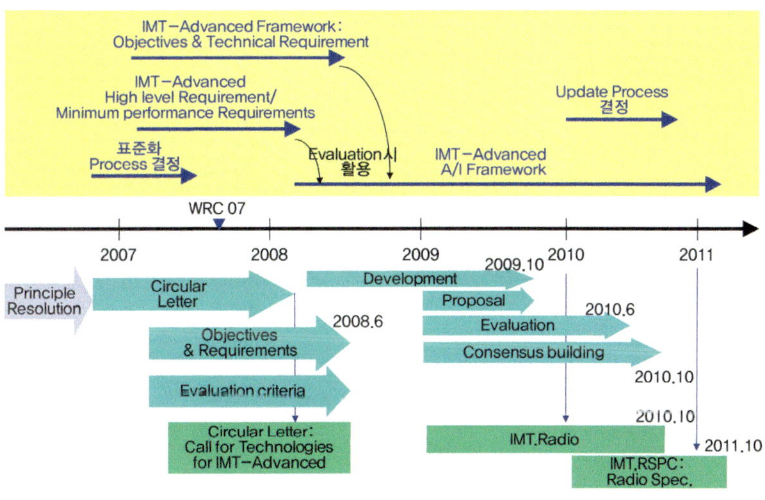

〈그림 7-7〉 ITU의 IMT-Advanced 기술 표준화 일정

IMT-Advanced 후보 기술의 제안을 요청하는 문서는 후보 기술 제출 일정 및 평가 방법을 설명하는 본 문서 외에 8개의 부록 문서가 있으며 각각을 나열하면 ① IMT-Advanced의 개념, ② 후보기술 평가 절차, ③ 서비스 요구사항, ④ 기술 요구사항, ⑤ 주파수, ⑥ 후보기술 제안 가이드라인, ⑦ 평가 가이드라인, ⑧ 관련 권고안 및 보고서 등이다. ITU는 부록 4의 최소 기술사항 문서에서 8가지의 IMT-Advanced 최소 기술 요구사항 항목을 반드시 만족하여야만 IMT-Advanced 기술로 승인하도록 하였다. 또한 ITU는 IMT-Advanced 후보 무선접속 기술(Radio Interface Technology)이 부록 7에서 제시된 4개의 시험환경(도시 광역셀, 도심 소형셀, 건물 안 초소형셀, 교외 광역셀) 가운데 최소 3개의 시험환경에서 최소 기술 요구사항이 만족되어야만 IMT-Advanced 기술로 승인하도록 결정하였다. IMT-Advanced 최소 기술 요구사항의 파라미터 값은 다음과 같이 합의되었다.

〈표 7-4〉 IMT-Advanced 최소 기술요구사항 파라미터 값

Min. technical req. item (test environment)		Parameter value: Indoor	Micro cellular	Base Coverage Urban	High speed vehicular
Cell spectral efficiency(bps/Hz/Cell)	DL (4×2 MIMO)	3	2.6	2.2	1.1
	UL (2×4 MIMO)	2.25	1.8	1.4	0.7
Peak spectral efficiency(bps/Hz)	DL (4×4 MIMO)	15			
	UL (2×4 MIMO)	6.75			
Bandwidth(MHz)		Scalable 40 (Multi carrier available)			
Cell edge throughput(bps/Hz)	DL (4×2 MIMO)	0.1	0.075	0.06	0.04
	UL (2×4 MIMO)	0.07	0.05	0.03	0.015
Latency(ms)	Control plane	100			
	User plane	10			
Handover(ms)	Intra freq.	27.5			
	Inter freq.	Within spectrum band 40			
	Inter freq.	Between spectrum band 60			
Mobility – link based spectral efficiency(bps/Hz) – DL: 4×2 MIMO, UL: 2×4 MIMO		1 (3km/h)	0.75 (30km/h)	0.55 (120km/h)	0.25 (350km/h)
VoIP(Active users/MHz/cell) – DL: 4×2 MIMO, UL: 2×4 MIMO		50	40	40	30

IMT-Advanced 최소 기술 요구사항 파라미터의 정의는 다음과 같다.

〈표 7-5〉 IMT-Advanced 최소 기술 요구사항 파라미터 정의

최소 기술 요구사항		정 의	평가 방법
1	cell spectral efficiency	· 단위 주파수 대역폭에서 셀 내의 모든 사용자가 받을 수 있는 전송데이터의 총합(bps/Hz/cell)	· Simulation (system level)
2	peak spectral efficiency	· 에러 없는 조건에서 하나의 단말기에 제공할 수 있는 이론적인 최대 전송데이터 (bps/Hz)	· Analytical
3	Bandwidth	· 지원 가능한 채널의 주파수 대역폭(MHz)	· Inspection
4	cell edge user throughput	· Cumulative Distribution의 5%에서 평균적인 사용자 이용 효율(bps/Hz)	· Simulation (system level)
5	latency	· Control plane은 다른 모드(idle → active)의 전환 시간 · User plane(IP layer packet[0byte + IP header])의 one way 전송 시간	· Analytical
6	mobility	· Mobility 구분 1) Stationary(S): 0km/h 2) Pedestrian(P): 0~10km/h 3) Vehicular(V): 10~120km/h 4) High speed vehicular(H): 120~350 km/h · 시험 환경 구분 1) Indoor(S, P) 2) Microcellular(S, P, V[~30km/h]) 3) Base coverage urban(S, P, V) 4) High speed vehicular(H) · 트래픽 채널 링크 데이터: 최대 이동속도에서 상향링크의 전송 데이터(bps/Hz) – BER: 10E-3, SINR: 3dB 조건	· Simulation (system and link level)
7	handoff	· 단말기가 셀을 변경하는 동안 데이터의 송수신 중단시간(핵심망은 0로 가정) 1) Intra-frequency 2) Inter-frequency(within spectrum band) 3) Inter-frequency(between spectrum band)	· Analytical
8	VoIP capacity	· 12.2 kbps 코덱, 50% activity factor, 50ms 이상 지연되는 패킷이 2% 이내	· Simulation (system level)
기타 평가 항목		· Deployment possible in at least one of the identified IMT bands · Channel bandwidth scalability · Support for a wide range of services	· Inspection

그리고 IMT-Advanced 기술 제안자는 기술을 제안할 때 ① Multiple Access Methods ② Modulation Scheme ③ Error control coding scheme ④ Physical Channel Structure and Multiplexing ⑤ Frame Structure ⑥ Spectrum Capabilities ⑦ Support Of Advanced Antenna Capabilities ⑧ Link Adaptation and Power Control ⑨ RF Channel Parameters ⑩ [Scheduling Algorithm] ⑪ Radio Interface Architecture and Protocol Stack ⑫ Positioning ⑬ Support of multicast and broadcast ⑭ QoS Support and Management ⑮ Security Aspects ⑯ Network Topology ⑰ Mobility Management and RRM ⑱ Interference Mitigation Within Radio Interface ⑲ Synchronization ⑳ Power efficiency 등의 항목을 포함하여야 한다.

(2) 국제 표준화

가. 개 요

IMT-Advanced 시스템의 기술 표준은 ITU가 IMT-Advanced 시스템을 정의하고 이를 만족하는 최소 기술 요구사항 및 시험조건을 제시하고, 표준화 단체, 국가, 업체 등이 제안한 후보 시스템을 평가하여 ITU가 제시한 요구사항을 만족하면 IMT-Advanced 기술 표준으로 승인하는 절차를 가지게 된다. 이에 따라 기존 IMT-2000 표준 시스템을 제안한 각 표준화 단체는 ITU에서 제시하는 IMT-Advanced 최소 기술 요구 사항을 만족시키기 위한 기술을 ITU 일정에 맞추어 개발하였다. IMT-Advanced 후보 기술은 3GPP와 IEEE만 기술을 후보 기술을 제안하였다. ITU 및 주요 표준화 단체는 IMT-Advanced 기술 개발을 다음과 같은 일정으로 진행하였다.

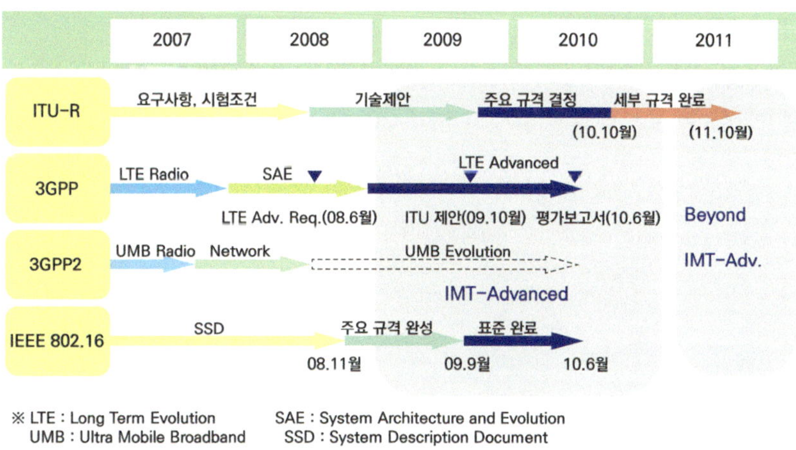

〈그림 7-8〉 ITU 및 표준화 단체의 IMT-Advanced 기술 개발 일정

나. 3GPP

2000년 IMT-2000 시스템으로 WCDMA를 표준화한 3GPP는 기존 CDMA 기술이 아닌 OFDM 기술을 기반으로 3GPP LTE(Long Term Evolution) 기술을 IMT-Advanced 기술로 개발하였다.

3GPP LTE는 광대역 주파수를 이용하여 ITU가 요구하는 100Mbps 피크 데이터 전송속도를 만족할 수 있었으나 셀의 데이터 전송용량을 나타내는 셀 주파수 효율을 만족하지 못하였다. 또한 IMT-Advanced에서 중요한 기술 요구사항으로 제안된 VoIP의 용량도 명확히 제시되지 않았다. 3GPP의 LTE 기술 요구사항을 요약하면 다음과 같다.

〈표 7-6〉 3GPP의 LTE 기술 요구사항

주요 기술	요구사항
주파수 대역폭	· [1.25], [1.6], 2.5, 5, 10, 15, 20MHz
duplex	· FDD, TDD
cell spectral efficiency	· 하향링크 : HSPA 대비 3~4배 / 상향링크 – HSPA 대비 2~3배
peak data rate	· 하향링크 : 〉 100Mbps (5bps/Hz) (단말 수신안테나 2개) · 상향링크 : 〉 50Mbps (2.5bps/Hz) (단말 송신안테나 1개)
cell edge user throughput	· Cumulative Distribution의 5%에서 HSPA 대비 2~3배
latency	· Control plane : 100ms, Data latency : 5ms(0byte+IP header : 5ms)
mobility	· 0~15km/h(최적화된 성능) · 15~120km/h(높은 성능 유지) · 120~350km/h(셀룰러 망의 이동성 유지)
handoff	· Intra-frequency : real time – 300ms, non-real time – 500ms · Inter-frequency : real time – 300ms, non-real time – 500ms
VoIP capacity	
Coverage	· ~5km : 상기 요구 사항 만족, ~30km : 다소 성능은 저하하지만 이동성 성능은 유지, ~100km : 규격으로 성능을 제한하지 않음
MBS Spectral Efficiency	· min spectral efficiency 1bps/Hz
안테나 기술	· Advanced Antenna(MIMO, Beamforming etc.)

**2006년 3월 requirements 문서 완료

3GPP는 LTE 기술 요구사항이 ITU 최소 기술 요구사항 이전에 정의되어 ITU 요구 사항을 모두 만족하지 못하고 있어 IMT-Advanced 최소 기술 요구사항을 만족하는 LTE-Advanced 시스템을 제안하였다. 2009년 3월 완성된 LTE-Advanced 시스템의 최소 기술 요구사항은 다음과 같다.

<표 7-7> 3GPP의 LTE-Adv. 기술 요구사항

주요 기술	요구사항
주파수 대역폭	· [1.25], [1.6], 2.5, 5, 10, 15, 20 MHz → 1.4, 3, 5, 10, 15, 20(multi 100)
duplex	· FDD, TDD
cell spectral efficiency	· 하향링크 : 2.6 (4×2) 상향링크 : 2.0 (2×4)
peak data rate	· 하향링크 : 〉 1000Mbps (peak spectral efficiency : 30bits/Hz-8×8) · 상향링크 : 〉 500Mbps (peak spectral efficiency : 15bits/Hz-4×4)
cell edge user throughput	· 하향링크 : 0.09 (4×2) 상향링크 : 0.07 (2×4)
latency	· Control plane : 50ms, Data latency : 10ms (0byte+IP header : 5ms)
mobility	· ~350 km/h(셀룰러 망의 이동성 유지), 주파수 대역에 따라 ~500km/h · ~10 km까지는 상당히 개선
handoff	· 3GPP LTE와 동일
VoIP capacity	· improved relative to 3GPP LTE
Coverage	· 3GPP LTE와 동일
MBS Spectral Efficiency	· 3GPP LTE보다 개선
안테나 기술	· Advanced Antenna(MIMO, Beamforming etc.)

**2009년 3월 requirements 문서 완료

3GPP는 2009년 3월 OFDM 및 MIMO 등을 사용하여 최대 Downlink 326.4Mbps, Uplink 86.4Mbps의 Peak data rate을 지원하는 Rel. 8 표준인 LTE를 표준화하였다. 2011년 6월 3GPP는 Rel. 10에서 CA 기술 등 개선된 기술로써 4세대 이동통신(LTE-Advanced) 기술 표준을 완료한 이후 지속적으로 개선된 기술을 표준화하고 있는데, Rel 12에서는 개선된 CA, 3D MIMO 등을 도입하고, Rel.13에서는 LTE-U, NB-IoT 기술을 도입하고 LTE-A Pro라고 명명하였다. Rel.15는 5G 이동통신의 1단계 표준, Rel.16은 5G 이동통신의 2단계 표준을 의미한다. 현재까지 진행되는 기술 표준들을 요약하면 다음과 같다.

<표 7-8> 3GPP 기술 표준의 주요 내용

표준	기술 표준 주요 내용	비고
Rel.8 (2009. 3)	LTE, All-IP(SAE), OFDMA, MIMO, CDMA와 호환성 없음	최초 LTE 표준
Rel.9 (2010. 3)	SAE 개선, LTE와 WiMax 호환, Dual Cell HSPA (MIMO)	
Rel.10 (2011. 6)	LTE-Advanced, CA, Multi Cell HSPA (4개)	IMT-Advanced 표준
Rel.11 (2013. 3)	Advanced IP (서비스 상호접속 개선), HetNet, CoMP	
Rel.12 (2015. 3)	Enhanced Small Cell, FDD/TDD CA, 3D MIMO, massive MIMO, 수직 빔포밍, MTC, D2D, eMBMS	
Rel.13 (2016. 3)	LTE-U(Unlicensed), Enhanced MTC, FD-MIMO, 수직 빔포밍, 실내 NB-IoT, CIoT, 위치 서비스	LTE-A Pro
Rel.14 (2017. 6)	Energy Efficiency, LCS, Mission Critical Data/Video over LTE, Flexible Mobile Service Steering (FMSS), Multimedia Broadcast Supplement for Public Warning System (MBSP), enhancement for TV service, massive Internet of Things, Cell Broadcast Service (CBS), Cell Broadcast Service (CBS)	
Rel.15 (2018. 6)	Support for 5G Vehicle-to-x service, IP Multimedia Core Network Subsystem(IMS), Future Railway Mobile Communication System	IMT-2020
Rel.16 (2020. 6)	IAB, NPN, V2X, sidelink, TSC 등	

LTE는 All-IP 기반으로 고속 이동시에 100 Mbps 이상의 속도를 지원하도록 요구하고 있다. 즉, 이동 중에 HSPA의 7~8배 속도를 지원한다. FDMA는 각 신호의 점유주파수대역폭이 중첩되지 않도록 어느 정도 보호 주파수 구간이 필요하므로 동시에 접속이 가능한 사용자의 수와 주파수 효율 측면에서 낭비되는 대역폭이 많다. OFDM은 인접하는 신호 간에 상관관계를 0 값이 되도록 신호 간 서로 중첩하여 수신측에서 신호를 쉽게 검출하고 다른 신호 구분이 용이하여 동일주파수대역에 보다 많은 가입자와 데이터를 처리할 수 있게 만든 방식이다. LTE는 실제 사용하는 물리적인 대역폭을 더 넓게 사용하여 전송속도를 높이기 위해 OFDM을 사용하고 송수신단에서 복수의 안테나를 사용하여 동시에 여러 채널을 송수신할 수 있도록 MIMO 안테나 기술을 사용하였다.

다. 3GPP2

지난 2000년 IMT-2000 시스템으로 cdma2000을 표준화한 3GPP2 또한 기존 CDMA 기술이 아닌 OFDM 기술을 기반으로 UMB(Ultra Mobile Broadband) 기술을 IMT-Advanced 후보 기술로 개발하였다. 하지만 사업자들이 UMB 기술을 지지하지 않아 IMT-Advanced 기술 제안이 이루어지지 않았다. UMB 기술은 기존에 5MHz 대역폭으로 제한된 cdma2000 1x EV-DO Rev. B를 20 MHz로 확대하면서 OFDM 기술을 도입한 기술이다. UMB의 ITU 최소 기술 요구사항 항목에 대한 파라미터 값을 요약하면 다음과 같다.

〈표 7-9〉 3GPP2의 UMB 기술요구사항

주요 기술	요구사항
주파수 대역폭	· 1.25~20 MHz
duplex	· Full duplex FDD, Half duplex FDD
cell spectral efficiency	· 하향링크 : 2.1bps/Hz/cell (4×4 안테나) · 상향링크 : 1.39bps/Hz/cell (1×4 안테나)
peak data rate (peak spectral efficiency)	· 하향링크 : 〉 288Mbps (4×4 안테나), 상향링크 : 〉 75Mbps (1×4 안테나) · 하향링크 : 〉 14.4bps, 상향링크 : 〉 3.75bps
cell edge user throughput	· Cumulative Distribution의 25%로 정의
latency	· State transit latency : Idle state to Active state – max 100ms · Data latency : 하향링크 – max 10ms, 상향링크 – max 10ms
mobility	· 0~15km/h(최적화된 성능) · 15~120km/h(미세한 성능 저하) · 120~350km/h(통신채널 유지)
handoff	· User plane : max 25ms
VoIP capacity	· 50(active user/MHz/sector)
MBS Spectral Efficiency	· Inter-BS Distance 0.5 km : min spectral efficiency 4bps/Hz · Intra-BS Distance 1.5 km : min spectral efficiency 2bps/Hz
안테나 기술	· MIMO

**2006년 6월 requirements 문서 완료

3GPP2의 UMB도 3GPP LTE 기술과 마찬가지로 기술 요구사항이 ITU의 최소 기술 요구사항 파라미터를 만족하지 못해 추가적으로 ITU의 최소 기술 요구사항에 맞추어 UMB 시스템 개발 요구사항 값을 다음과 같이 조정하였다.

〈표 7-10〉 개선된 3GPP2의 UMB 기술 요구사항

주요 기술	요구사항
주파수 대역폭	· 1.25~20MHz (Multi Carrier 확장 가능)
duplex	· Full duplex FDD, Half duplex FDD
cell spectral efficiency	· 하향링크: 3bps/Hz/cell (High speed) · 상향링크: 1.5bps/Hz/cell (High speed)
peak data rate (peak spectral efficiency)	· 하향링크: 25bps (Indoor), 상향링크: 7.5bps (Indoor)
cell edge user throughput	· Cell 내 어느곳에서도 9.5 kbps를 만족하는 가입자가 97%이어야 함
latency	· State transit latency: Idle state to Active state - max 10ms · Data latency: 하향링크 - max 10ms, 상향링크 - max 10ms
mobility	· 0~15km/h(최적화된 성능) · 15~120km/h(미세한 성능 저하) · 120~350km/h(통신채널 유지)
handoff	· User plane: max 20ms
VoIP capacity	· 100(active user/MHz/sector)
MBS Spectral Efficiency	
안테나 기술	· MIMO

**2007년 6월 개정

라. IEEE

IEEE 802.16은 지난 2007년 10월 ITU-R RA 총회에서 OFDMA TDD WMAN 기술을 IMT-2000 6번째 기술로 표준화되었다. 802.16m은 IMT-Advanced 요구사항을 만족시키기 위해 ① IEEE 802.16 OFDMA 표준을 추가 보완하는 개정 표준, ② IMT-Advanced 시스템의 셀룰러 계층 요구조건 충족, ③ 기존 802.16 OFDMA 표준 규격 기반의 단말 및 기지국 장비와 호환성 제공, ④ IMT-Advanced 성능 목표인 고속 이동 환경에서 100 Mbps 전송 속도 달성, ⑤ 6GHz 이하 면허 대역 주파수 이용, ⑥ 매크로 및 마이크로셀 형태를 지원한다. IEEE 802.16m의 4개의 문서는 ① 시스템 요구사항 및 시스템 구축 시나리오 문서(Usage Models / Deployment Scenarios & System Requirements Document), ② 시스템 및 개별 기술의 성능 평가 방법론 문서(Evaluation Methodology Document), ③ 802.16m 표준 규격(P802.16m amendment), ④ 802.16m 기반의 IMT-Advanced 시스템 표준제안서(802.16 IMT-Advanced) 등이다. IEEE가 2007년 말 제시한 802.16m의 구체적인 기술 요구사항은 다음과 같다.

〈표 7-11〉 IEEE의 802.16m 기술 요구사항

주요 기술	요구사항
주파수 대역폭	· 5~20 MHz
duplex	· Full duplex FDD, Half duplex FDD, TDD
cell spectral efficiency	· 하향/상향: 2.6/1.3 (bps/Hz/sector)
peak spectral efficiency(peak data rate)	· 하향(2×2안테나)/상향(1×2안테나): 8/2.8(bps/Hz)
cell edge user throughput	· 하향/상향: 0.09/0.05(bps/Hz)
latency	· State transit latency: Idle state to Active state – max 100ms · Data latency: 하향링크 – max 10ms, 상향링크 – max 10ms
mobility	· 0~15km/h(최적화된 성능) · 15~120km/h(미세한 성능 저하) · 120~350km/h(통신채널 유지)
handoff	· Intra-frequency: max 30ms · Inter-frequency: max 100ms
VoIP capacity	· 30(active user/MHz/sector)
MBS Spectral Efficiency	· Inter-BS Distance 0.5km: min spectral efficiency 4bps/Hz · Intra-BS Distance 1.5km: min spectral efficiency 2bps/Hz
안테나 기술	· Advanced Antenna (MIMO, Beamforming etc.)

**2007년 1월 requirements 문서(2007년 10월 4차 개정)

하지만 IEEE도 ITU 최소 기술 요구사항이 확정되기 이전 시스템 개발 요구사항이 ITU의 최소 기술 요구사항을 만족하지 못해 요구사항을 개정하였으며 개정된 기술 요구사항은 다음과 같다.

〈표 7-12〉 개선된 IEEE의 802.16m 기술 요구사항

주요 기술	Baseline 성능 요구사항 (Minimum supported antenna-하향/상향: 2×2/1×2)
주파수 대역/대역폭	· ITU의 IMT 대역 / 5~40MHz (Single or Multiple Carrier)
duplex	· Full duplex FDD, Half duplex FDD, TDD
cell spectral efficiency	· 하향/상향 : 2.6/1.3(bps/Hz/sector)
peak spectral efficiency (peak data rate)	· 하향/상향 : 8/2.8(bps/Hz) (Minimum supported antenna: 2×2/1×2)
cell edge user throughput	· 하향/상향 : 0.09/0.05(bps/Hz)
latency	· State transit latency : Idle state to Active state – max 100ms · Data latency : 하향링크 – max 10ms, 상향링크 – max 10ms
mobility	· 0~15km/h(최적화된 성능) · 15~120km/h(미세한 성능 저하) · 120~350km/h(통신채널 유지)
handoff	· Intra-frequency : 27.5ms · Inter-frequency : within a spectrum band: 40ms between spectrum bands: 60ms
VoIP capacity	· 60(active user/MHz/sector) : 12.2kbps 50% voice activity 기준
MBS Spectral Efficiency	· Inter-BS Distance 0.5km : min spectral efficiency 4bps/Hz · Intra-BS Distance 1.5km : min spectral efficiency 2bps/Hz
안테나 기술	· Advanced Antenna(MIMO, Beamforming etc.)

*Target 성능 요구사항(Higher Order Antenna-하향/상향: 4×4/2×4)은 ITU의 IMT-Advanced 요구사항과 동일
**2009년 1월 requirements 문서(2009년 1월 8차 개정)

마. ITU와 표준화 단체의 최소 기술 요구사항 분석

2009년 6월 완성된 ITU의 최소 기술 요구 사항은 IMT-Advanced 기술 개발을 시작한 초기 파라미터 값과 비교하면 다소 낮아진 값으로 합의되었다. 이는 ITU에서 최소 기술 요구사항의 파라미터를 검토할 때 각 표준화 단체의 기술 개발 상태를 반영한 결과이다. ITU 및 표준화 단체의 최소 기술 요구사항 파라미터 가운데 네트워크 투자비 및 서비스 제공 가능 여부에 영향을 크게 미치는 셀 주파수 효율성, 피크 스펙트럼 효율성, VoIP 용량 등 3가지 파라미터를 비교하면 다음과 같다. 초기 제안된 파라미터가 초기 ITU가 검토한 파라미터뿐만 아니라 최종 결정된 파라미터 값에도 다소 부족한 것을 확인할 수 있다.

〈표 7-13〉 초기 최소 기술 요구사항 파라미터 비교

구 분			ITU-R (Initial views)	ITU-R (2008.6)	3GPP LTE	3GPP2 UMB	IEEE 802.16m
Cell spectral efficiency (bps/Hz/Cell)	하향링크 (4×2)	- Indoor	5	3	1.8~2.4	3	2.6
		- Micro cellular	3	2.6	1.8~2.4	2	2.6
		- Base coverage urban	2	2.2	1.8~2.4	1	2
		- High speed vehicular	2	1.1	1.8~2.4	0.8	1
	상향링크 (2×4)	- Indoor	5	2.25	1.2~1.8	3	1.3
		- Micro cellular	3	1.8	1.2~1.8	2	1.3
		- Base coverage urban	2	1.4	1.2~1.8	1	1
		- High speed vehicular	2	0.7	1.2~1.8	0.8	0.5
Peak spectral efficiency (bps/Hz/Cell)	하향링크 (4×4)	- Indoor	10	15	5	14	7
		- Micro cellular	10		5	14	7
		- Base coverage urban	5		5	7	7
		- High speed vehicular	5		5	7	7
	상향링크 (2×4)	- Indoor	10	6.75	2.5	7	2.8
		- Micro cellular	10		2.5	7	2.8
		- Base coverage urban	5		2.5	3.5	2.8
		- High speed vehicular	5		2.5	3.5	2.8
VoIP(Active users/MHz/cell)	상향 (4×2) 하향 (2×4)	- Indoor	-	50	-	50	60
		- Micro cellular		40			
		- Base coverage urban		30			
		- High speed vehicular		30			

*( )은 MIMO 안테나 형태

**3GPP LTE는 HSPA 성능 3~4배(하향), 2~3배(상향) 기준을 적용

표준화 단체들은 IMT-Advanced 기술 요구 사항 파라미터를 만족할 수 있는 값으로 수정하여 시스템 개발 요구사항을 개정하였다. 개정된 파라미터 값을 기준으로 셀 주파수 효율성, 피크 스펙트럼 효율성, VoIP 용량 등 3가지 파라미터 값을 요약하면 다음과 같다.

〈표 7-14〉 최종 최소 기술 요구사항 파라미터 비교

구 분			ITU-R (Initial views)	ITU-R (2008.6)	3GPP LTE-Adv.	3GPP2 UMB-E	IEEE 802.16m
Cell spectral efficiency (bps/Hz/Cell)	하향링크 (4×2)	- Indoor	5	3	–	–	3
		- Micro cellular	3	2.6	2.6	–	2.6
		- Base coverage urban	2	2.2	–	–	2.2
		- High speed vehicular	2	1.1	–	3	1.1
	상향링크 (2×4)	- Indoor	5	2.25	–	–	2.25
		- Micro cellular	3	1.8	2.0	–	1.8
		- Base coverage urban	2	1.4	–	–	1.4
		- High speed vehicular	2	0.7	–	1.5	0.7
Peak spectral efficiency (bps/Hz/Cell)	하향링크 (4×4)	- Indoor	10	15	30	25	15
		- Micro cellular	10			12.5	
		- Base coverage urban	5			–	
		- High speed vehicular	5			5	
	상향링크 (2×4)	- Indoor	10	6.75	15	7.5	6.75
		- Micro cellular	10			5	
		- Base coverage urban	5			–	
		- High speed vehicular	5			2.5	
VoIP(Active users/MHz/cell)	상향 (4×2) 하향 (2×4)	- Indoor	–	50	–	100	60
		- Micro cellular		40			
		- Base coverage urban		30			
		- High speed vehicular		30			

*( )은 MIMO 안테나 형태

바. 후보 기술 제안 결과 및 주요 내용

ITU는 2009년 10월 IMT-Advanced 후보 기술 접수를 마감하였다. 접수결과 3GPP와 IEEE만이 후보 기술을 제안하였으며 제안된 파라미터 값 가운데 네트워크 경제성과 서비스 경쟁력을 가늠하는 셀 주파수 효율성, 피크 스펙트럼 효율성, VoIP 용량 등 3가지 파라미터 값을 요약하면 다음과 같다.

<표 7-15> ITU에 제안된 후보 기술 자체 평가 결과

항 목	ITU 최소요구사항		3GPP LTE FDD		3GPP LTE TDD		IEEE 802.16m FDD		IEEE 802.16m TDD	
Cell spectral efficiency [b/s/Hz/cell]	DL	InH 3	6.6	(4×2)	6.7	(4×2)	6.87	(4×2)	6.93	(4×2)
		UMi 2.6	3.5		3.5		3.27		3.22	
		UMa 0.22	2.8		2.9		2.41		2.41	
		RMa 0.11	3.9		3.5		3.15		3.23	
	UL	InH 2.25	5.8	(1×4)	5.5	(1×4)	6.23	(2×4)	5.99	(2×4)
		UMi 1.8	2.5		2.3		2.72		2.58	
		UMa 1.4	1.5		1.5		2.69		2.57	
		RMa 0.7	2.2		2.1		2.77		2.66	
Peak spectral efficiency [b/s/Hz]	DL	15	16.3(4×4) 30.6(8×8)		16.0(4×4) 30.0(8×8)		17.79(4×4)		16.96(4×4)	
	UL	6.75	8.4(2×2) 16.8(4×4)		8.1(2×2) 16.1(4×4)		9.4(2×4)		9.22(2×4)	
(Peak data rate [Mbps])	DL	600	1 Gbps(70MHz)				600 Mbps(40MHz)			
	UL	270	500 Mbps(70MHz)				300 Mbps(40MHz)			
VoIP [User/MHz/cell]	Indoor 50		140	(DL: 4×2, 1×2) (UL: 1×4)	137	(DL: 4×2, 1×2) (UL: 1×4)	139	(DL: 4×2) (UL: 2×4)	140	(DL: 4×2) (UL: 2×4)
	UMi 40		80		74		77		82	
	UMa 40		68		65		72		74	
	High speed 30		91		86		90		89	

※ InH(Indoor Hotspot, 실내), UMi(Urban Micro, 도심 직경 200m 이하의 셀), UMa(Urban Macro, 도심 직경 500m 이하의 셀), RMa(Rural Macro, 부도심 직경 500m 이하의 셀)

※ Mobility: Indoor (10km/h), UMi (30km/h), UMa (120km/h), High speed (350km/h)

2010년 10월까지 후보기술을 시뮬레이션한 결과 LTE-Advanced 및 WiMax Evolution 후보 기술의 셀 주파수 효율성, 피크 스펙트럼 효율성, VoIP 용량 등 3가지 파라미터의 시뮬레이션 값이 ITU의 후보 기술 요구 사항 파라미터의 요구 값보다 2배 정도 높은 결과로 두 기술 모두 IMT-Advanced 기술로 승인되었다.

7.1.4 서비스 비전

스마트폰, 테블릿 PC 등 모바일 광대역 단말기의 등장과 서비스의 활성화는 데이터 트래픽을 급격히 증가시키고 있다. 현재의 모바일 광대역 서비스의 데이터 증가율은 이전 모바일 환경에서 경험하지 못한 수치를 나타내고 있으며 급격한 데이터 트래픽 증가로 인한 주파수 부족은 본격적인 모바일 광대역 서비스 활성화를 제약할 수도 있다. 모바일 광대역 서비스를 제공하기 위한 IMT-2000 서비스가 2000년에 시작되었지만 경제적, 기술적인 이유로 실질적인 모바일 광대역 서비스는 2000년대 후반에 이르러서야 본격적으로 시작되었다. 모바일 광대역 서비스는 2000년대 초반까지 통신사업자의 다양한 정책 환경 판단에 의존하여 이루어지면서 활성화가 늦추어졌다. 하지만 2000년대 후반에 이르러 통신사업자와 무관한 것으로 보였던 애플, 구글과 같은 기대 IT 업체들이 소비자들의 요구에 부합하여 네트워크에 종속되지 않는 단말과 서비스 중심의 새로운 패러다임을 형성하면서 모바일 광대역 서비스의 새로운 환경을 만들어 내고 2010년대에 들어와 네트워크 용량의 유연성, 전송속도의 증가에 의한 차별화된 서비스 등으로 본격적인 모바일 광대역 서비스가 이루어지기 시작하였다. 모바일 광대역 서비스가 비교적 합리적인 요금으로 본격화되면서 모바일 광대역 서비스가 보편적 서비스로 인식되기 시작하였다.

	2000년대 초반	2000년대 후반	2010년대 상반기
서비스 제공	• 통신사업자 중심	• 단말/콘텐츠 사업자 중심	• 단말/콘텐츠/포털 중심
서비스 현황	• IMT-2000은 2000년대 초반 기술적인 가능성과 경제적인 문제점을 함께 가지고 시작	• IMT-2000은 2000년대 후반 5배 이상 주파수 효율성 증가로 고속 데이터 서비스 경험 환경 제공	• IMT-Advanced 기술은 이전보다 효율 및 속도 측면에서 차별화된 서비스 경험 제공
서비스 수요	• 통신서비스의 경제 및 기술 제약으로 서비스 요구는 크나 수요가 발생하지 않음	• 단말과 콘텐츠 환경의 변화로 서비스 요구와 수요 잠재력이 일부 반영되었으나 네트워크 환경 제약으로 충분한 수요 반영 안 됨	• IMT-Advanced 네트워크 구축과 보완 네트워크의 강화로 네트워크의 용량 및 유연성 확보로 네트워크로 인한 모바일 광대역 서비스 제약 극복
주파수 수요	• 서비스 트래픽의 저조로 주파수 수요도 저조	• 서비스 수요 증가로 주파수 수요는 증가하나 네트워크 투자 환경이 제약 요소가 됨	• 모바일 광대역 서비스를 위한 주파수 수요가 증가하나 투자 환경에 따라 주파수 수요는 가변적임

〈그림 7-9〉 이동통신서비스의 변화

IMT-Advanced를 개발하면서 IMT-2000 기술 개발과 가장 큰 차이점은 기술 개발자 위주의 관점에서 사용자 위주의 관점으로 전환하였다는 점이다. ITU를 비롯한 기술 개발자들은 IMT-2000의 시장 실패를 반성하고 미래 이동통신 기술이 사용되는 사람들의 생활 형태부터 연구하여 생활에 필요한 기술을 개발하는 개념을 도입하였다. 〈그림 7-9〉는 IMT-Advanced 서비스 환경에서 다양한 생활 형태를 추정한 것이다.

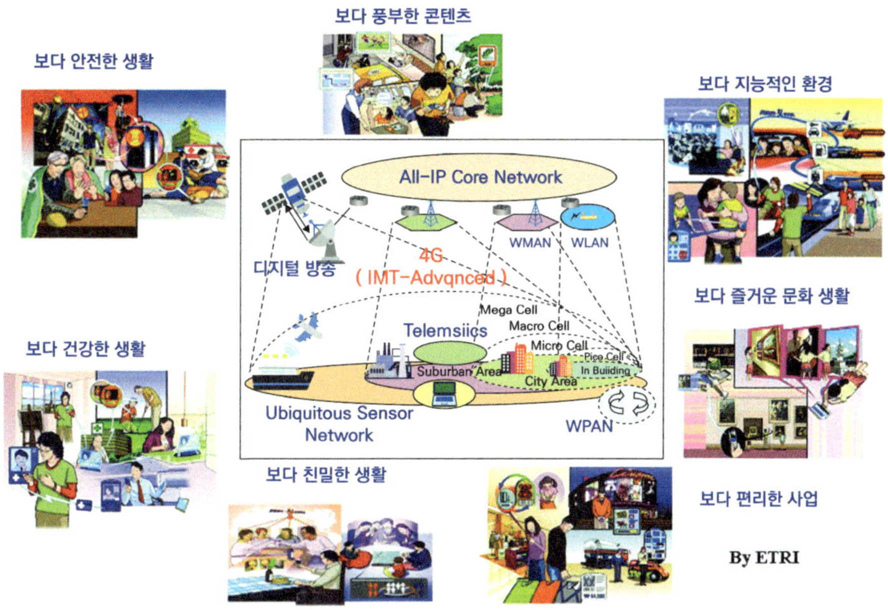

〈그림 7-10〉 IMT-Advanced 서비스 환경의 다양한 생활 형태

이를 근거로 IMT-Advanced가 서비스되는 미래의 생활 형태를 요약하면 다음과 같다.

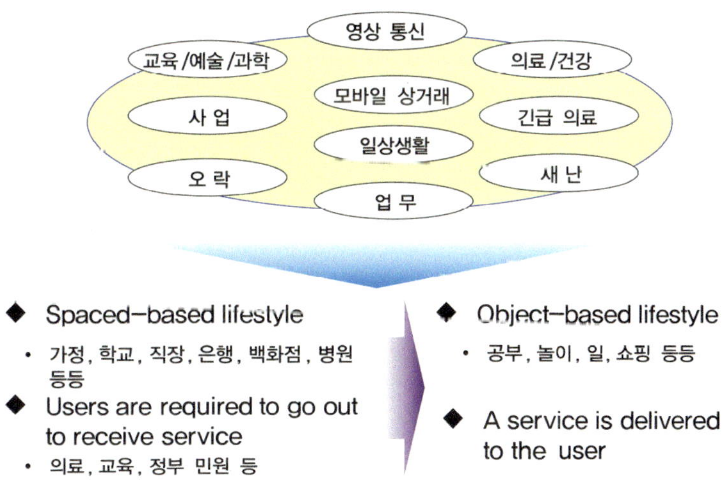

〈그림 7-11〉 IMT-Advanced 서비스의 비전

IMT-Advanced 기술은 미래 생활 형태에서 필요한 기능을 추정하고 이를 해결하는 방향으로 개발하고자 하였다. 미래의 생활 형태를 연구한 결과 IMT-Advanced 서비스의 요구사항은 다음과 같이 정리될 수 있다.

차세대 이동통신서비스는 동일한 서비스를 지원하는 다양한 무선 기술 및 환경이 존재한다. 따라서 서비스는 다양한 서비스 환경에 따른 서비스 프로파일이 사용자에게 제공되어야 한다.

또한 사용자는 다양한 서비스 환경을 자동적으로 인지할 수 있어야 한다.

차세대 이동통신서비스의 형태는 지금까지는 사람 대 사람 사이에서 통신이 이루어지고 텔리매틱스 서비스와 같이 사람과 기계 간의 통신과 센서 서비스와 같은 기계와 기계 간의 통신이 시작되었다.

IMT-Advanced 서비스는 IMT-2000보다 50배 이상 빠른 속도로 정의되어 있으며, 따라서 고속의 데이터 전송에서 가능한 다양한 서비스를 제공할 수 있다. 다음은 IMT-Advanced 서비스의 데이터 전송속도에 따른 서비스를 나열하였다.

〈표 7-16〉 전송속도에 따른 이동통신서비스 종류

Peak bit rate	Service categories	Service Applications
〈 16 kbps	Very low rate Data	음성(VoIP 포함), e-learning, monitoring, SMS, telemetering
〈 144 kbps	Low rate data & Low multimedia	영상전화, 영상감시, 인터넷 라디오, MMS, M Commerce, LBS, Machine-to-Machine
〈 2 Mbps	Medium multimedia	영상전화/회의, M-TV, Telemedicine, 멀티미디어 스트리밍, 양방향 게임, 영상감시, 멀티미디어 회의, Collaborative working, Business intranet/internet
〈 30 Mbps	High multimedia	멀티미디어전화, 고품질영상회의, Collaborative working(실시간), 고트래픽 business, 양방향게임, 원격의료, P-to-P 파일전송
30 Mbps ~ 100 Mbps/1 Gbps	Super high multimedia	고트래픽 스트리밍, 게임 및 데이터 다운로드, 고트래픽 business 및 collaborative working, 고트래픽 파일전송

IMT-Advanced 서비스는 이전의 이동통신보다 다양한 전파통신서비스의 콘텐츠를 공유하여 사용자에게 풍부한 콘텐츠를 제공할 수 있었다. IMT-Advanced 서비스는 최상위의 다양한 서비스 및 어플리케이션을 네트워크에 연결할 수 있도록 서비스 플랫폼이 중개하고 이를 받아 공통의 패킷통신망과 다양한 무선 접속망을 이용하여 사용자에게 전달하는 방향으로 발전하였다.

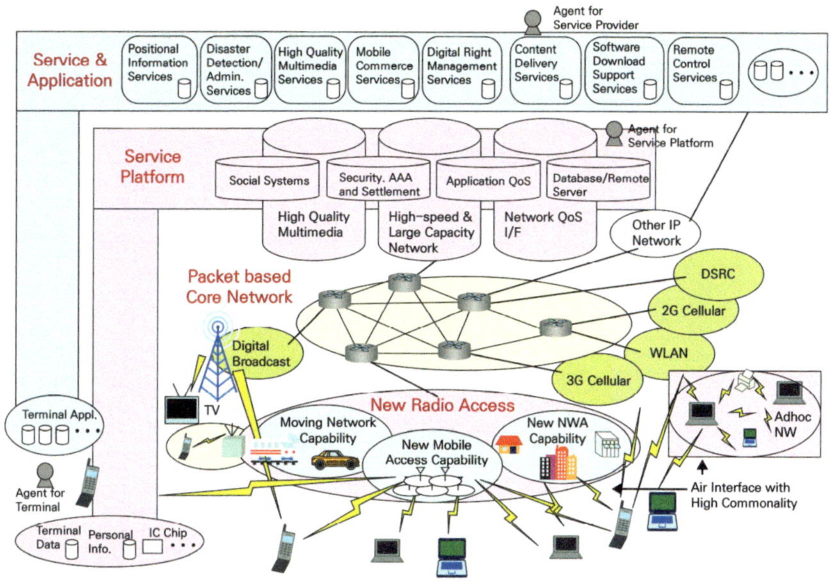

〈그림 7-12〉 IMT-Advanced 서비스의 발전

4세대 이동통신망은 IP 기반의 단일 통신망 인프라를 통해 음성 및 데이터 서비스를 유연하게 수용할 수 있는 네트워크로 발전한다. 즉, 기존의 유무선망뿐만 아니라 이동통신망, 방송망, 무선랜 등이 IP 네트워크를 기반으로 하나의 통합된 네트워크로 구현되는 형태로 진화하였다.

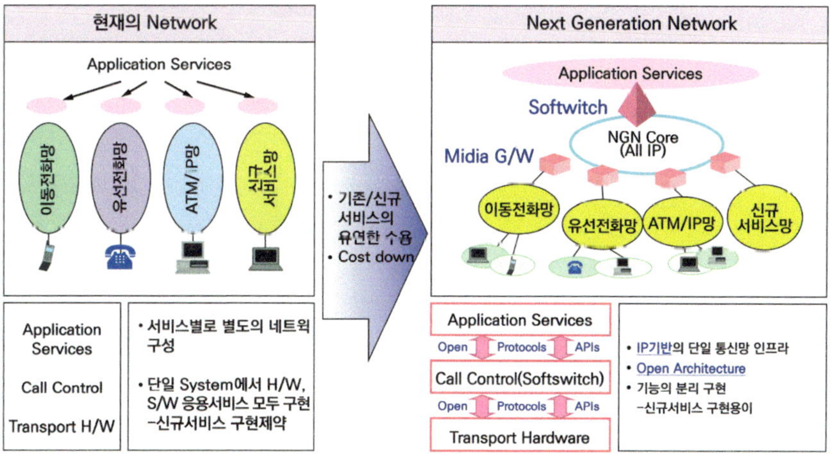

〈그림 7-13〉 4세대 이동통신망의 발전

7.2 4세대 이동통신의 기술 이슈

7.2.1 개 요

사용자 관점의 서비스 비전과 요구사항을 반영하여 4세대 이동통신서비스의 기능을 추정하면 미래 사회의 서비스의 요구사항을 사용자 중심, 무선접속 기술의 유연성, 시장에 대한 세부적인 분석, 서비스 중심의 기능, 공공의 안전과 보안 등으로 요약된다. 이를 근거로 세부적으로 기술이 해결하여야 할 기능을 추정하면 다음 그림과 같이 요약할 수 있다.

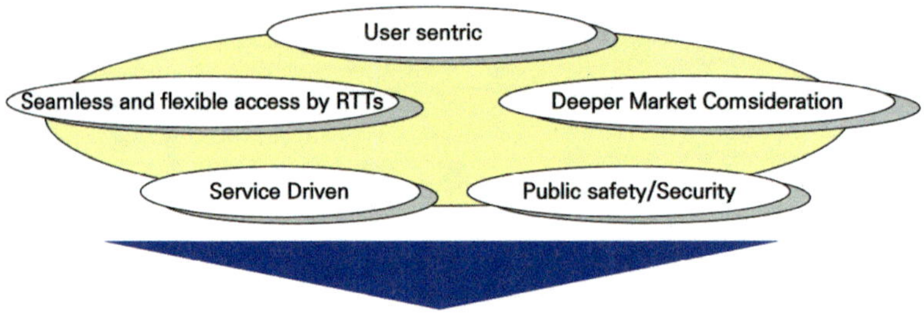

1) Security, Authentication, Authorization and Accounting
2) User Interface
3) Seamless network
4) QoS
5) Multimode Operation
6) Location Determination/navigation
7) Database Remote Server
8) Fast-speed, large-capacity transmission
9) High quality multimedia
10) Human-Machine Interface
11) Remote Sensing Control
12) Agent
13) Terminal Processing Power
14) Terminal Re-configurability
15) Ad hoc network
16) Support of social/pulic/environmental service
17) Network construction/deployment
18) Multicast
19) Others

〈그림 7-14〉 IMT-Advanced 서비스의 기능

7.2.2 4세대 이동통신서비스 구현을 위한 기술 이슈

(1) 개 요

IMT-Advanced 서비스 구현을 위한 기능을 해결하여야 할 기술 이슈는 〈그림 7-21〉과 같이 요약된다.

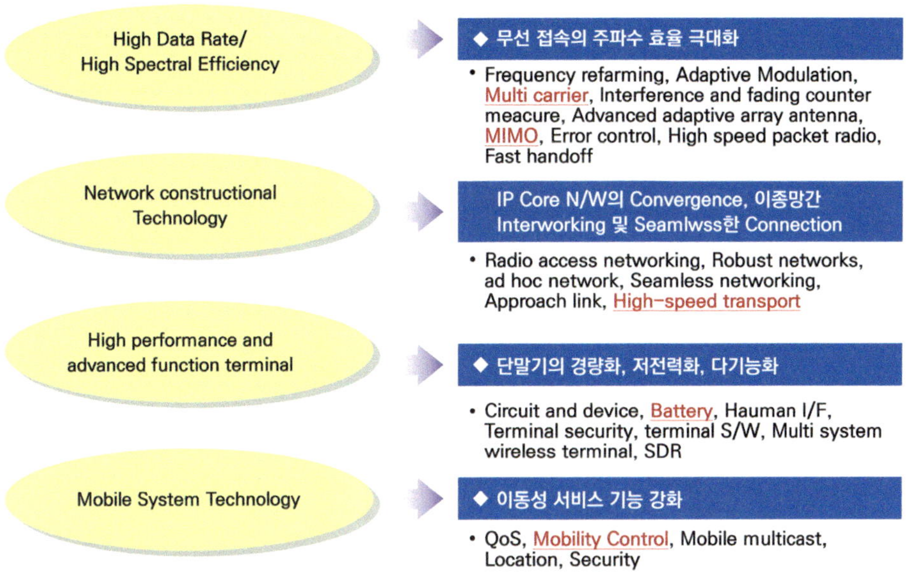

〈그림 7-15〉 IMT-Advanced 기술 이슈

우선 서비스 속도에 구애받지 않도록 고속의 데이터를 전송할 수 있어야 하며 또한 경제적인 서비스를 제공할 수 있도록 높은 주파수 효율을 제공할 수 있어야 한다. 이를 위해 ① Multi Carrier 기술과 MIMO 기술을 비롯한 새로운 디지털 통신 기술이 적용되어야 한다. ② 다양한 무선망으로부터 들어오는 데이터를 고속으로 전달할 수 있는 핵심망의 구조로 통일하여야 한다. ③ 고속의 데이터는 전력 소모를 극대화하므로 단말기의 전력 소모 최소화 및 경량화 기술이 개발되어야 한다. ④ 다양한 전파통신서비스를 유연하게 활용하기 위해서는 이동성 및 무선자원의 기술을 개발하여야 한다.

(2) 주요 기술

4세대 이동통신에 대한 비전과 목적들을 달성하고자 할 때 기술의 뒷받침이 필요하다. 그리고 다양한 분야의 신기술들이 접목되어 하나의 시스템으로 구성되므로, IMT-2000 이후의 신규 서비스를 제공하기 위한 필요한 기술들에 대하여 분야별로 살펴보면 다음과 같다.

가. 시스템 관련 기술

IP 기반의 시스템으로 발전할 가능성이 크며, 상호 시스템 간 이동성 및 상호 연동 관련된 기술이 요구된다. 또한 보안과 이동성 서비스 관련된 기술에 대한 요구가 증가할 것이다. 핵심 기술로는 VoIP, 이동통신을 위한 IP 통신 최적화 기술, 결함에 강한 망구조, 이동성 보장 기술(시스템 간 핸드오버, 로밍, 최적의 망 선택), 이동 플랫폼 기술, 인증 및 보안 기술, 암호화 기술, 지능형 데이터 필터링 기술들을 예로 들 수 있다.

나. RAN

새로운 변조 방식, 다중 접속 방식, 적응형 무선 인터페이스, 새로운 안테나 기술 등 새로운 개념들이 4세대 이동통신 시스템에 적용될 것이다. 핵심 기술로는 SDR, 이동 ad hoc network, 라우팅 알고리즘, 멀티캐스트, 다른 무선 접속 규격 간 핸드오버, 동적 QoS 제어, IP 이동성 보장, 에러 보정 및 채널 코딩, 적응 변조 기술, MIMO(multi input multi output) 안테나, 간섭 제거 기술 등이 있다.

다. 네트워크 기술

망이 All IP로 진화될 예정이므로 이에 관련된 기술들이 개발되어야 한다. 핵심 기술로는 All IP 구조, IP 기반 망 관리 기술, 이동 IPv6 제공 기술, All IP 망과 기존의 망의 연동 기술, 네트워크 이동성 보장 및 관리 기술, 광 인터넷 기술, 고성능 라우터 기술, 멀티캐스트 등이 있다.

라. 스펙트럼 관련 기술

스펙트럼의 효율성 증대와 사용자 혹은 시스템 간의 스펙트럼을 공유할 수 있는 신기술들이 개발되어야 한다. 핵심 기술로는 계층적 셀 구조, 적응형 동적 채널 할당, 사업자 혹은 시스템간 스펙트럼 공용 방법 등이 있다.

마. 단말 기술

4세대 이동통신서비스를 위해서는 단말에 대한 변화가 가장 클 것으로 예상되며, 새로운 구조 및 하드웨어, 소프트웨어 플랫폼이 적용될 것이며, 향상된 사용자 인터페이스, 성능 등이 요구될 것이다. 핵심 기술로는 지능형 단말, 이동 단말과 IT 단말과의 융합, 이동 단말 플랫폼, 진보된 디스플레이 기술, 음성 인식, Wearable 단말 기술, 멀티모드 단말 기술, RF 기술, 배터리 기술 등이 있다.

바. 응용 기술

응용 분야는 통신 시스템의 발전과 사용자의 서비스 요구사항에 영향 받으며, 단말의 능력에 따라 서비스가 제공되어야 하고, 무선 환경에서 최적화된 서비스를 제공하기 위한 기술들이 개발되어야 한다. 핵심 기술로는 데이터 코딩 및 압축 기술, 가변 데이터율 코덱 기술, 콘텐츠 표현 언어, 음성 및 비디오 스트리밍 기술, API(Application Programming Interfaces), 미들웨어 등이 있다.

(3) 핵심 기술 과제

가. 무선 전송 기술

- 차세대 무선 접속 기술
  - 무선 채널 적응형 모뎀, 초고속 패킷 접속 시스템
- 차세대 지능형 안테나 기술
  - 다수 RF 채널 보정 기술, 적응형 빔 형성 기술, 스마트 안테나 성능 최적화
- 전파환경 모델 연구 및 무선 주파수 대역 기술
  - 전파전파 특성 연구, 채널 측정 및 모델링, 주파수 상호 간섭 분석

나. 단말기술

- SDR 기술 개발
  - 재구성 가능한 기저대역 및 RF HW/SW, 다중밴드 운용, 실시간 OS
- 웨어러블 멀티미디어 복합 단말
  - 저전력 초소형 단말, 초소형 주변 기기, 지능형 휴먼 I/F

다. RAN

- Enhanced RAN
  - 간섭 완화 기술, 무선 제어 프로토콜 기술
- IP based RAN
  - IP 기반 무선 접속 프로토콜, IP 기반 수평/수직적 핸드오버, QoS 관리 기술, 능동적 계층 셀 구성, 유무선 통합 RAN

라. 네트워크

- 재구성 가능한 Ad Hoc 네트워크 기술
  - 멀티캐스팅과 라우팅, Mobile IP, 이동성 관리
- All IP 네트워크의 QoS/CoS 제공 기술
  - 무선 QoS, 핸드오버 제어
- IPv6 환경의 매크로 이동성 기술
  - 이동성 관리 기술, 망간 연동
- 무선/이동 서비스/전송 프로토콜 기술
  - P-P/P-MP 연결 흐름 제어, 실시간 프로토콜
- 다중 접속 방식의 연동 기술
  - 신호 프로토콜 변환, 망간 연동

마. 서비스 기술

● 서비스 플랫폼 기술

- 서비스 운용, 서비스 이동성 지원, 이동 멀티미디어 서비스, 정보 보호

7.3 4세대 이동통신의 주요 기술

7.3.1 OFDM

(1) 개요

OFDM의 원리는 1966년에 이미 제시되었으나 1990년대부터 통신 분야에서 활용도가 높아지고 있다. 과거 이동통신 분야는 CDMA 기술을 이용하여 데이터 전송속도를 크게 높이면서 멀티미디어 이동통신을 즐길 수 있게 하였다. 하지만 자유로운 영상서비스를 즐기기 위해서는 3세대 이동통신 분야보다 다시 수십 배 빠른 100 Mbps까지 데이터 속도를 높일 필요성이 생겼다. 기존의 CDMA는 1초에 수백만 번 이상의 비트를 하나의 주파수에 전송하기 때문에 더 이상 속도를 높이는 데 한계를 보이고 있다. 왜냐하면 비트수가 높아지면 비트의 시간이 짧아지고 외부 잡음 등에 의해 정보를 잃을 가능성이 높아지기 때문이다. 그래서 데이터를 여러 주파수로 나누어 데이터를 보내는 OFDM 방식이 4세대 핵심기술의 하나로 부각되었다. CDMA와 같이 한 개의 반송파로 넓은 대역폭을 갖는 신호 대신에 각각 직교성(Orthogonality)을 갖는 여러 주파수에 데이터를 나누어 전송함으로써 더욱 짧은 시간의 비트를 만들어야 하는 어려움도 해결하고 잡음에 대한 저항력도 커질 것으로 보였다. 잡음에 의해 일부 주파수가 영향을 받아도 나머지의 주파수로 다른 주파수로 보내진 데이터는 안전하기 때문이다. OFDM 기술은 이미 1990년대 초부터 ADSL, 무선 LAN, DTV 등 고속의 데이터 전송이 필요한 분야에 활용되고 있다.

LTE 시스템은 하향링크의 무선접속 방식으로 OFDM을 이용하는데 OFDM 방식은 전송 신호의 순시 전력 변화가 매우 크므로 전력증폭기의 효율이 매우 낮아 비용이 증가한다. 따라서 상향링크에서는 다중 사용자가 여러 서브 캐리어를 공유하는 방식은 OFDM 방식과 비슷하나 서비 캐리어 간 중첩을 피하여 전력 변동을 최소화하는 DFTS-OFDM 방식(SC-FDMA 방식이라고도 함)을 이용한다. SC-FDMA 다중 접속방식은 단말기의 전력 증폭기를 최적으로 활용하고 시스템의 복잡도를 낮추기 위해 DFT 방식을 이용한 다중 접속방식이다.

(2) 기본 개념

일반적으로 여러 개의 주파수를 사용하여 데이터를 전송하면 각 주파수 간에 가드밴드가 필요하다. 하지만 OFDM은 주파수 간 직교성을 주어 가드밴드가 필요하지 않게 함으로써

주파수의 효율성을 높인 통신방식이다.

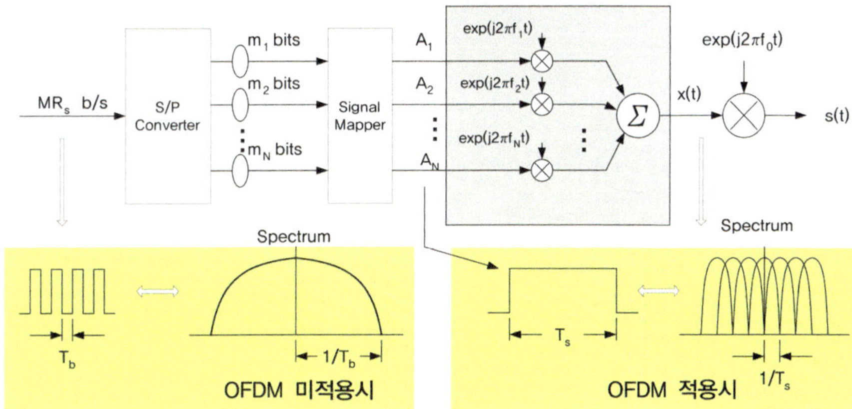

〈그림 7-16〉 OFDM 개념

〈그림 7-15〉에서 OFDM의 기본 개념을 이해할 수 있다. 예를 들어 보내고자 하는 데이터가 1000 비트일 때 10개의 블록으로 나누면 100개의 비트가 된다. 그림 아래 부분을 보면 왼쪽에는 1000 비트를 보내기 위한 펄스는 매우 짧고, 오른쪽에는 100 비트씩 나누어 보냄으로써 펄스폭이 길어진다. 즉 1000비트를 100개 비트씩 10 블록으로 나누어 각각 다른 주파수로 송신하면 주파수폭은 동일하지만 비트의 폭이 넓어지게 되는데, 더 많은 주파수를 이용하면 데이터 전송속도를 더욱 높일 수 있는 여지를 갖게 되는 것을 알 수 있다. 여러 주파수로 나누어져 보내진 데이터는 합쳐져서 송신되고 수신 시에 각 주파수별로 데이터를 찾아 다시 합침으로써 원래의 데이터를 알 수 있다. 추가적으로 일반적인 주파수 멀티플렉싱(FDM)과 다른 점은 주파수 간 직교성을 갖도록 겹쳐 사용함으로써 주파수 효율을 극대화하였다는 것이다. OFDM 적용시의 신호 스펙트럼을 보면 하나의 주파수의 정점에서 다른 주파수의 성분이 0이 됨을 알 수 있다. 이 방식에서는 완만한 천이특성을 갖는 필터를 사용하여 대역 제한시키며 대역폭 효율 감소와 채널 왜곡을 방지하기 위해 인접 대역을 직교적으로 중첩시켰다. 이 그림에서 병렬화된 N개의 M-ary 데이터 심볼들은 해당 반송파에 의해 변조되고 그 결과가 더해져 하나의 OFDM 심볼을 구성하게 되며 최종적으로 RF 단에 입력되어 채널로 전송된다. 다중경로 채널을 통해 수신된 신호는 기저대역으로 변환된 후 복조 과정이 수행되는데 이때 송신 데이터를 정확히 복조하기 위해서는 모든 부반송파가 상호 직교해야 한다. 각 서브채널로 전송되는 신호는 시간영역에서 심볼 주기 길이의 구형과 윈도우를 곱한 형태이므로 각 서브채널에서의 스펙트럼은 sync 함수로 표현된다. 따라서 인접 부반송파의 간격을 심볼 주기 역수의 정수배로 설정하면 모든 부반송파 사이의 직교조건이 만족되어 수신단에서 왜곡 없이 복조할 수 있다. 이러한 OFDM의 개념은 기본적으로 한 개의 반송주파수를 이용하는 CDMA 이동통신 시스템의 전송 속도의 한계를 극복하기 위해 나타난 기술로 주파수 대역폭만 넓으면 지금의 IMT-2000

시스템 보다 훨씬 높은 전송속도를 만들어 낼 수 있는 기술이어서 4세대 이동통신 표준인 LTE-Advanced 및 IEEE 802.16m 모두 OFDM 방식을 채택하였다(제6장 제6절 '3. 주요기술'의 '와이브로 무선접속기술도 OFDM 기술')

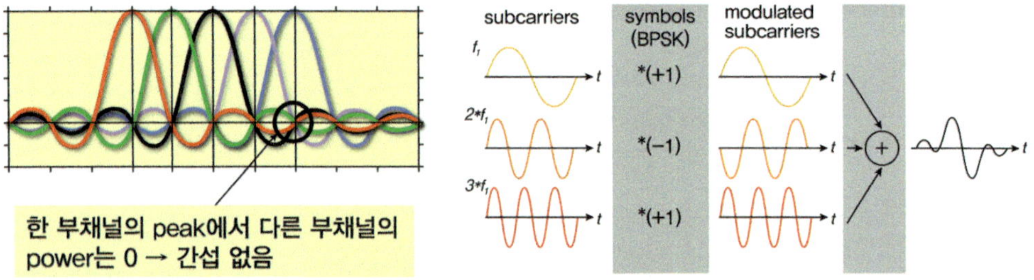

〈그림 7-17〉 OFDM 심볼 생성

〈그림 7-17〉은 각 부채널 간 주파수 신호를 합성하여 일정 시간의 신호(심볼)를 만드는 과정을 나타낸다. OFDM은 FDM과 비교하여 주파수 효율성이 2배 정도 높다.

(3) OFDM 파라미터

가. OFDM 심볼

IFFT로 생성된 시간 영역의 OFDM 파형은 유효 심볼구간시간은 Tb이다. OFDMA 심볼은 시간 지연으로 인한 심볼 간 간섭을 방지하기 위해 CP(Cyclic Prefix)를 추가하는데 〈그림 7-18〉과 같이 원래 심볼의 일부를 추가함으로써 직교성을 유지한다. 심볼은 여러 개의 부반송파로 구성되며 discrete 주파수 변환을 위한 FFT 개수는 부반송파수에 따라 결정된다.

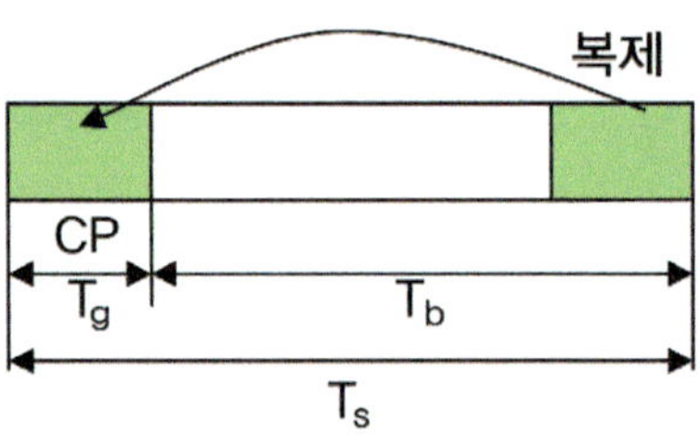

〈그림 7-18〉 OFDM 심볼

나. OFDM 슬롯

슬롯은 시간 및 주파수 영역에서 심볼의 수와 부반송파의 수로 구성된 최소 자원 할당 단위이다. 슬롯은 여러 부반송파를 묶은 1개의 서브채널과 1개의 OFDM 심볼(하향링크) 또는 1개의 서브채널과 3개의 OFDM 심볼(상향링크)로 구성된다. 서브채널의 구성방법은 2가지 방법이 있다.

① Diversity 서브채널 구성 방법 : 임의로 떨어진 부반송파를 묶어 슬롯을 구성하는 방법으로 다이버시티 효과가 있다.

② AMC 서브채널 구성 방법 : 연속된 부반송파를 묶어 슬롯을 구성하는 방법으로 전송 효율이 좋다.

다. OFDM 프레임

1개 프레임은 5 ms 길이로 구성되며 42개의 OFDM 심볼과 TTG/RTG로 구성된다. 프레임의 구성을 자세히 살펴보면 42 OFDM 심볼 * 115.2 us/심볼 + TTG 121.2 us + RTG 40.4 us = 5 ms와 같다.

① TTG(Tx/Rx Transition Gap) : 송신에서 수신으로 변경할 때 보호 시간

② RTG(Rx/Tx Transition Gap) : 수신에서 송신으로 변경될 때 보호 시간

기지국이 서브채널을 이용하는 방법에는 2가지가 있다.

① FUSC(Full Usage Subchannel) : 전체 서브채널을 한 섹터에서 모두 할당

② PUSC(Partial Usage Subchannel) : 전체 서브채널을 한 섹터에서 모두 사용하지 않고 분할하여 섹터별로 서로 다른 서브채널을 할당

라. OFDM 부반송파

부반송파는 다음과 같이 3가지 종류로 나눌 수 있다.

① 파일롯 부반송파 : 채널 추정에 이용

② 데이터 부반송파 : 데이터 전달에 이용

③ 무효 부반송파 : 보호대역 및 DC 성능 제거에 이용

(4) SC-FDMA

SC-FDMA 다중접속 방식의 기본원리는 다음과 같다. OFDM 신호를 만들기 전에 입력데이터를 M개의 심볼 단위로 DFT 변환한 후 N개의 크기로 IDFT로 변환하여 OFDM 심볼을 생성한다. 이때 N개의 OFDM 심볼 가운데 M개의 DFT 심볼을 제외한 심볼을 0 값으로 설정하면 IDFT 출력은 전력 변동이 적은 단일 반송파 특성을 가진다. 전력 변동의 기준인 최대전력 대 평균전력 비(PAR : Peak to Average Ratio)를 이용하여 OFDM과 SC-FDMA를 비교하면 QPSK의 경우 OFDM은 3.4 dB, SC-FDMA는 1 dB이고, QAM의 경우 OFDM은 3.4 dB, SC-FDMA는 1.8 dB 정도이다.

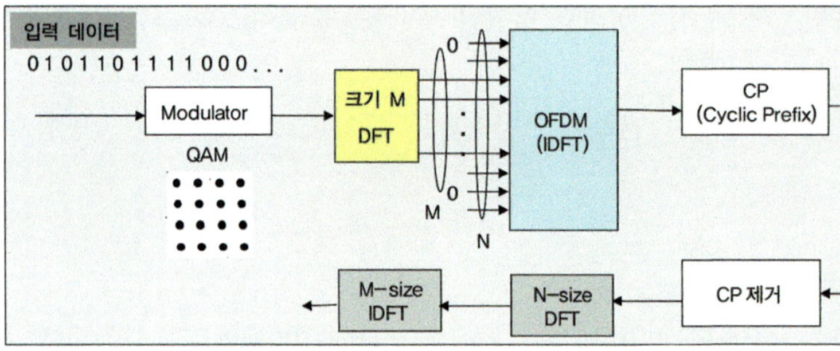

〈그림 7-19〉 SC-FDMA의 원리

SC-FDMA 다중접속 방식은 단말기마다 유연하게 주파수 대역폭을 할당할 수 있다. CDMA 방식이 직교성이 없이 처리 이득을 통해 간섭을 최소화하는 방식인 반면 LTE 시스템의 상향 링크 다중접속 방식인 SC-FDMA는 단말기 신호의 심볼 시간을 TDMA 방식으로 구분하고 사용하는 주파수 대역을 FDMA 방식으로 구분하여 직교성을 유지하도록 하면서 주파수 자원을 최대한 이용하도록 설계한다. 기본적인 개념은 〈그림 7-20〉과 같다.

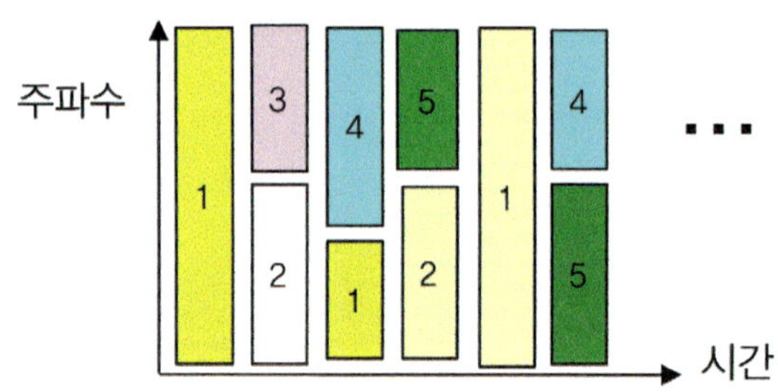

〈그림 7-20〉 SC-FDMA의 주파수 자원 이용 개념

LTE 시스템의 상향 링크 다중접속방식인 SC-FDMA는 단말기 측면에서 기지국에 접속하는 단말기 수, 기지국과의 거리 등을 고려하여 다양한 주파수 대역폭이 할당될 수 있도록 설계되어 있다. 단말기에 할당되는 주파수 대역폭은 M/N(DFT 크기 / IDFT 크기) 비율에 따라 유연하게 할당이 가능하다. 각 단말기에 유연한 주파수 대역폭 할당하는 방식은 〈그림 7-21〉과 같다. 즉 DFT M의 크기에 따라 주파수 대역폭이 달라진다.

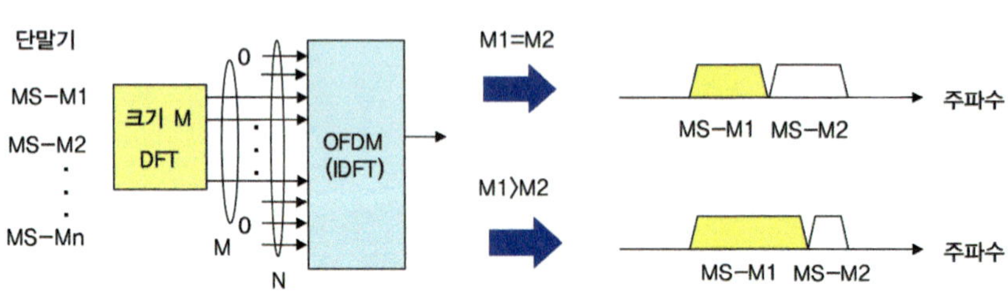

〈그림 7-21〉 각 단말기에 대한 주파수 대역폭의 유연한 할당

(5) OFDM과 SC-FDMA 신호의 주파수/시간 자원 활용 차이

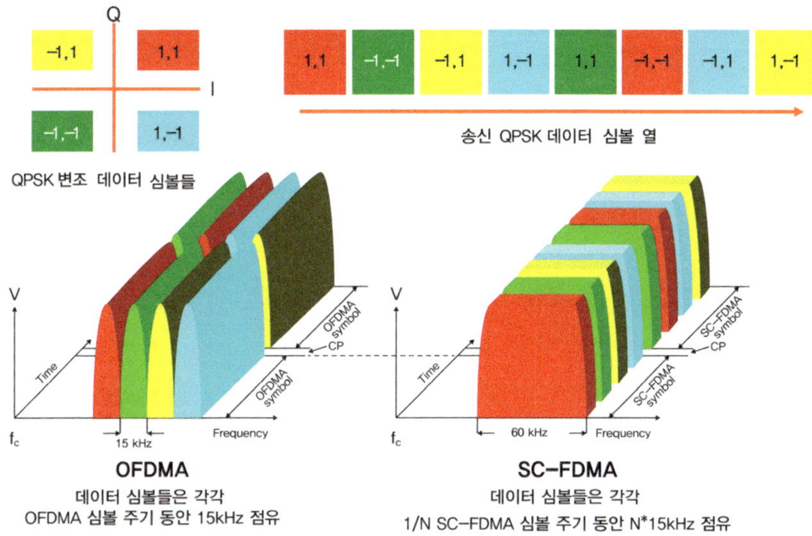

〈그림 7-22〉 OFDM과 SC-FDMA 신호의 주파수/시간 자원의 활용 차이

(6) OFDM 시스템의 구성

디지털 기술의 발달로 OFDM 신호를 고속의 디지털 신호로 처리할 수 있게 되면서 OFDM 시스템의 성능 및 이용이 비약적으로 발전하였다. 〈그림 7-23〉은 OFDM 시스템 구성도이다. IFFT(Inverse Fourier Transform)와 FFT(Fast Fourier Transform) 등의 디지털 신호 처리로 데이터 신호처리 진송속도도 크게 증가할 수 있게 되었다.

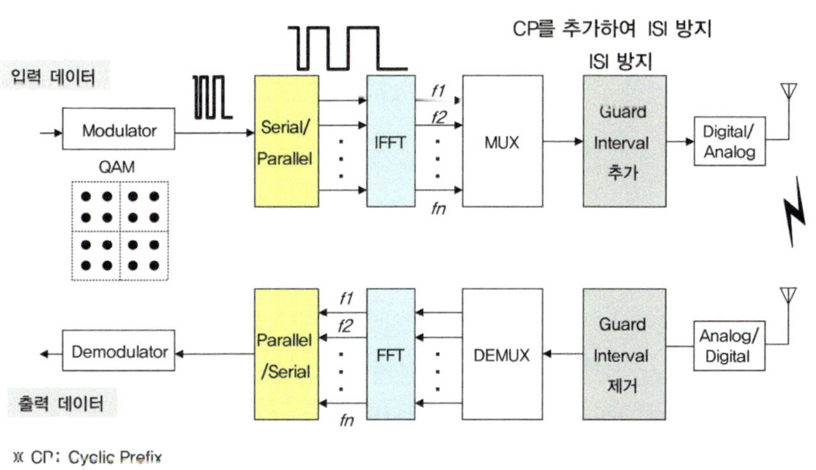

〈그림 7-23〉 OFDM 시스템 구성도

그림에서 입력 데이터의 비트스트림은 디지털 형태로 변조되고 여러 개의 블록으로 나누어진다. 그리고 IFFT로 신호가 처리되어 디지털 신호이지만 주파수 영역에서 시간 영역으로 바뀐 디지털 신호가 된다. 이 디지털 신호들은 각각 다른 주파수 신호 성분을 갖고 있는데 이 신호들이 합쳐져서 무선채널로 송신된다. 무선채널에서 수신된 OFDM 신호는 각 주파수 성분으로 나뉘고 FFT에 의해 다시 주파수 영역의 변조된 디지털 신호로 바뀐다. 이 신호는 DEMUX 과정을 거쳐 복조되면서 원래의 신호로 돌아오게 된다.

(7) OFDM 기술의 특징

가. 높은 주파수 효율과 전송 용량

일반적으로 송신 전송률이 높아질수록 심볼 구간이 작아져 ISI(Inter Symbol Interference)가 심각해지므로 CDMA와 같은 단일 캐리어 방식으로는 데이터 전송속도를 높이는 데 한계가 있다. OFDM은 여러 서브 캐리어를 이용하므로 ISI 문제를 해결할 뿐만 아니라 서브 캐리어수를 임의적으로 늘릴 수 있어 데이터 전송 속도를 높일 수 있다.

나. 높은 간섭 대응 능력

다양한 전파환경에서 CDMA 신호는 단일 캐리어로 각각의 전파환경에 능동적으로 대응할 수 없다. 하지만 OFDM은 가입자마다 다른 서브 캐리어를 할당하므로 각각의 전파환경에 맞게 간섭 요인을 억제할 수 있다. 또한 채널부호화 및 변조 방식도 전파 환경에 따라 각각의 서브 캐리어별로 최적의 방식을 선택할 수 있다.

다. 심볼 간 보호구간으로 다중경로 페이딩에 강함

대부분의 이동통신 시스템은 다중경로채널 전파 환경을 갖는다. 따라서 OFDM 신호도 여러 장애물에 의해 다중경로 채널을 갖게 되는데 이에 따른 전파전달 시간이 지연된다. OFDM은 데이터를 심볼 단위로 전송하는데 OFDM 심볼 간 보호시간을 확보하여 다중 경로 페이딩을 해결한다.

라. 채널 등화를 주파수 영역에서 1-tap으로 간단히 구현 가능

코히어런트(Coherent) 방식의 OFDM에서는 채널의 왜곡을 보상하기 위하여 등화를 수행하여야 한다. OFDM 방식에서는 각 서브채널이 전체적으로 페이딩에 영향을 받아 채널 특성을 단순화할 수 있으므로 각 서브채널에서의 등화기는 단일탭 형태로 가능하다. 따라서 광대역 상관기(Correlator)를 이용하는 CDMA 방식과 비교하여 OFDM 방식은 FFT를 이용하여 칩 구현이 단순하다는 장점이 있다.

마. 기존 이동통신서비스와 효율적 융합

기존의 방송, WLAN, BWA 등에서 이미 사용하므로 4세대 이동통신 시스템과 융합에서 단말기 개발에 유리하다.

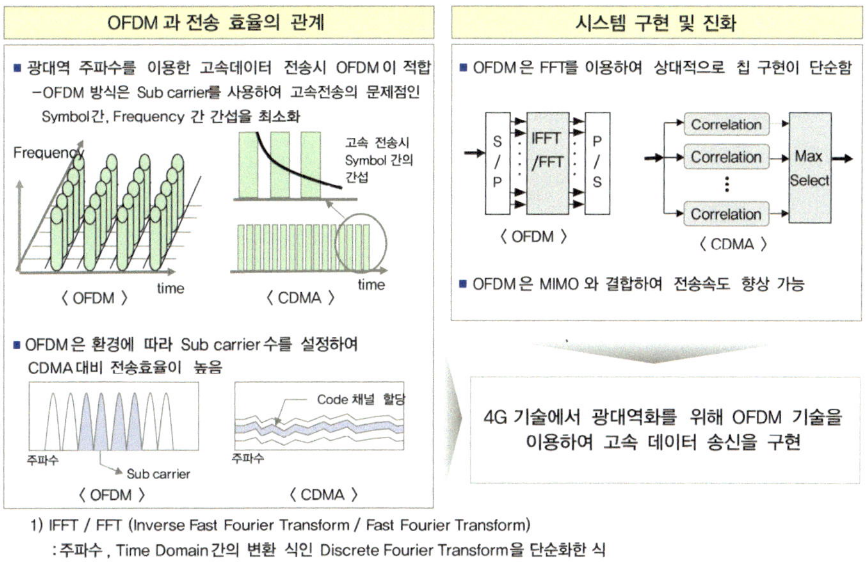

〈그림 7-24〉 OFDM 기술의 장점

(8) 4세대 이동통신에서 OFDM의 활용

가. 개 요

4세대 이동통신 시스템 개발에 가장 중요한 것은 높은 전송속도를 갖는 통신 기술을 개발하는 것이다. IMT-2000에서 핵심 기술로 이용되고 있는 CDMA는 최대 14 Mbps(HSPA) 속도를 제공하였으나 더욱 속도를 올리는 데에는 기술의 한계가 있었다. 새로운 대안으로 OFDM을 고려하였다.

첫째, 높은 주파수 효율과 전송용량

둘째, CDMA 시스템과 비교하여 간섭 요인 억제

셋째, QAM 방식의 변조 방식을 사용해도 성능 저하가 없음

넷째, 심볼 간 보호구간으로 다중경로 페이딩에 강함

다섯째, 채널 등화를 주파수 영역에서 1-tap으로 간단히 구현 가능

여섯째, 주파수 선택적 페이딩 환경으로 서브채널별로 적응 변조 방식을 사용하는데 유리

일곱째, 기존의 방송이나 WLAN, BWA 등에서 이미 사용하므로 4세대 이동통신 시스템과 융합에서 단말기 개발에 유리

OFDM 방식을 4세대 이동통신에 응용하기 위해 다음의 두 가지 문제를 해결해야 했다.

첫 번째는 이동 환경에서 발생 환경이 더욱 높아지는 동기 문제이다. OFDM은 다수의 직교 반송파를 사용하는 것을 원칙으로 한다. 그렇다면 실제적인 시스템에서 여러 가지 이유 때문에 부반송파 사이의 직교성이 파괴되는 경우에는 정확한 신호 전송에 문제가 있음을 예상할 수 있다. 즉, 간섭이 증가하고 에러율이 높아지는 현상이 나타난다. OFDM 방식에서 직교성이 파괴되는 원인은 주파수 동기가 이루어지지 않는 경우, 위상 동기가 이루어지지 않는 경우, 심볼의 동기가 이루어지지 않는 경우(FFT point 위치 변경), 샘플링의 속도가 맞지 않는 경우 등에 의해 일어난다. 주파수 및 위상 동기의 불일치는 결국 자기신호의 성분만을 복원하지 못하고 인접한 주파수의 성분도 복원하거나 자기 신호를 충분히 복원하지 못해 간섭이 높아지고 에러율이 증가된다. 심볼의 동기가 이루어지지 않는 경우는 심볼 자신의 신호 가운데 일부 샘플이 다른 심볼로 넘어가 심각한 에러를 발생시킬 수 있다. 이러한 OFDM 신호의 동기화를 위하여 응용분야에 따라 주파수영역에서 파일롯 톤 또는 반복 심볼을 이용하는 방식, 시간영역에서 CP를 이용하는 방식 등이 사용되고 있다. 그리고 추가적으로 샘플링의 속도가 맞지 않으면 주파수 간 간섭이 커지거나 자기신호 간 간섭이 커지는 현상이 발생하므로 샘플링 속도를 맞추는 것도 매우 중요하다. 그런데 이동 접속에서 고속 이동시 송·수신기의 상대적 이동으로 인해 발생하는 OFDM 심볼주기 변화로 수신단에서 각 부반송파의 직교성이 파괴되어 채널 간 간섭이 발생하게 되어 채널 간 간섭이 증가하면, 이 경우에는 단일 탭 등화기로 보상이 어렵기 때문에 시스템의 성능 저하가 발생된다. 이의 보상을 위해서는 이동성에 따른 채널간 간섭의 양을 추정하여 주파수 영역에서 이를 보상하는 기법 등이 사용될 수 있다.

두 번째 문제는 많은 부주파수를 IFFT에 의해 시간 영역으로 신호를 합성하였을 때 시간에 따른 전력 분포는 레일레이 분포로 가짐으로써 OFDM 심볼의 시간영역 신호는 PAPR (Peak-to-Average Ratio)가 단일반송파 방식보다 크게 나타난다는 것이다. 그래서 고출력 증폭기를 단일반송파 방식과 동일한 효율로 사용할 경우 비선형 왜곡에 의한 채널 간 간섭 및 인접채널 간섭이 OFDM 방식에서 보다 크게 발생하게 된다. 이러한 PAR에 의한 비선형 왜곡 감쇠를 위하여 부호화 기법, 사전왜곡기법 등 PAR를 나추거나 증폭기의 전력을 낮추어 선형성을 유지하는 방법을 사용한다.

나. 다중접속 방식

4세대 이동통신에서 광대역의 OFDM을 이용할 경우 동적채널 할당 기법과 결합함으로써 매우 높은 주파수 효율을 얻을 수 있다. IMT-2000까지 사용하였던 CDMA는 모든 채널을 동시에 사용하는 고정채널 할당 방식으로 간섭을 평균화함으로써 기지국에 가까이 있는 단말기가 다른 단말기에 영향을 받지 않는 방식이었다면 OFDM은 동적채널 할당 방식으로 간섭을 완전히 피함으로써 신호 대 간섭비를 더욱 높여 2 ~ 3배의 용량을 높이는 방식이다. 이러한 동적채널 할당의 장점을 극대화하기 위해서는 광범위한 신호 측정과 빠른 채널 재할당이 이루어져야 하는데 OFDM은 이러한 요구사항을 시간과 주파수축에서 직교하는 서브채널을 잘 정의하여 간섭신호와 경로 손실을 빠르게 측정함으로서 구현할 수 있게 되었다.

다중접속 방식의 특징을 비교하면 다음과 같다. 기지국에서 단말기로 송신할 경우 OFDM-TDMA 방식은 각 사용자마다 전체의 대역폭이 주어지므로 사용자가 요구하는 전송속도에 따라 각 프레임 내에서 할당되는 OFDM 심볼의 수를 변화시키면서 할당한다. 이 방식에서는 각 사용자마다 데이터를 수신하기 전에 프리앰블을 사용하여 초기화를 하여야 하므로 전송효율이 감소하게 된다. OFDMA는 각 사용자에게 요구하는 전송속도에 따라 부반송파의 개수를 다르게 할당함으로써 자원 분배를 효율적으로 할 수 있다. 이 방식은 서브주파수의 개수가 많을 경우 주파수마다 채널상황이 다르기 때문에 서브 채널의 SNR에 따라 다른 변조 방식을 사용하여 채널 용량을 최적화할 수 있다. 따라서 큰 크기의 FFT를 사용할 경우 OFDMA 방식이 유리하다. 하지만 단말기에서 기지국으로 송신할 경우 각 단말기마다 전송지연, 도플러 주파수 등이 달라 별도의 기술이 추가되어야 하므로 데이터 속도가 높지 않은 단말기 송신에서는 OFDM-TDMA가 상대적으로 적용이 용이하다.

다. 고속이동 환경에서 동기화

OFDM은 단일 반송파에 비해 주파수 및 시간 오차에 영향을 많이 받는다. 이동 시 초기 동기화된 상태가 유지되기 힘들므로 동기를 유지하기 위한 추적이 지속적으로 필요한데 CP와 파일롯 톤을 사용하여 심볼 옵셋, 주파수 옵셋, 채널 추정 등을 계속 추적한다. 특히 OFDMA 또는 MC-CDMA 기법을 이동통신의 상향링크에 적용하려면 각 단말기의 위치, 속도, 발진 주파수가 모두 달라 기지국에서 이 신호를 받아 함께 복조하기 위해서 이 값에 대한 정확한 추정이 사전에 필요하다.

라. PAPR의 감소

많은 서브 주파수에 의해 발생하는 PAPR의 해소 방안이 중요하다. 특히 높은 PAPR은 선형 증폭기 사용으로 상향 링크에서 단말기의 과다한 전력 사용으로 상향 링크의 구성을 어렵게 한다. PAPR을 낮추는 기술로는 OFDM 신호를 피크에서 비선형적으로 왜곡시켜 피크 크기를 낮추는 신호왜곡 기법, 큰 PAPR을 갖는 OFDM 신호를 제외시킨 FEC을 이용한 부호화 기법, 서로 다른 여러 개의 스크램블링 시퀀스로 OFDM 신호를 스크램블링한 후 PAPR이 가장 낮은 심볼을 선택하는 스크램블 방식, 특정한 서브채널을 이용하여 PAPR을 감소시키는 Tone Injection 방식, 전송 신호의 PAPR를 단순한 클리핑으로 감소시킨 후 수신단에서 검출된 데이터 심볼을 이용하여 보상하는 Decision-Aided Reconstruction 기법, PAPR을 감소하지 않고 고출력 증폭기에서 왜곡되는 비선형 왜곡을 사전에 왜곡시키는 사전왜곡 방식 등이 있다.

마. 채널 적응 변조 기술

4세대 이동통신에서 고속 이동 환경에 따라 채널 변화가 매우 크다. 이러한 채널 변화가 큰 상황에서 전송속도를 최대로 높일 수 있는 방법은 채널 조건이 좋아지면 높은 변조율을 이용하고 채널 조건이 나쁘면 낮은 변조율을 이용하는 적응 변조 기술이 매우 중요하다. 4세대 이동통신은 고속 데이터 전송을 위해 광대역을 사용하므로 주파수별로 신호처리가 가능해져 서브채널별로 동일한 변조 방식을 적용할 필요가 없게 된다. 따라서 주어진 서브채널의 SNR 상황에 따라 최적의 변조 방식을 사용할 경우 주어진 채널의 용량을 극대화할 수 있다. 하지만 서브 채널마다 최적의 변조 방식을 사용하기 위해서는 송신단에서 채널에 대한 많은 정보가 필요하기 때문에 피드백 신호를 통해 많은 시그널링 오버헤드와 계산양이 요구된다.

7.3.2 MIMO

(1) 개요

영상과 패킷의 초고속 데이터 서비스 등 4세대 이동통신서비스를 제공하기 위해서는 주파수 효율(bits per Hz)을 높여야 하는데 다중안테나는 동일한 주파수를 가지고 데이터 전송속도를 높일 수 있는 방식이다. 3세대 이동통신에서 송수신 다이버시티를 이용하여 신호전력의 증가로 주파수 효율을 높인 SIMO, MISO 기술들은 동일한 안테나가 동일한 신호를 전송하면서 여전히 섀넌의 채널 용량 한계를 넘지 못한다. 하지만 MIMO는 안테나마다 다른 데이터를 전송하는데 동일한 주파수에서 공간적으로 채널을 분리하여 데이터를 전송하므로 가능하다. 단, MIMO 사용은 SNR인 높고 다중 경로가 많이 일어나서 공간적으로 분리될 수 있는 채널 환경일 때 가능하다. MIMO 시스템은 다중 안테나를 이용한 공간 자원 활용(n은 안테나 수)을 추가하면서 섀넌의 채널 용량 한계를 극복하였다.

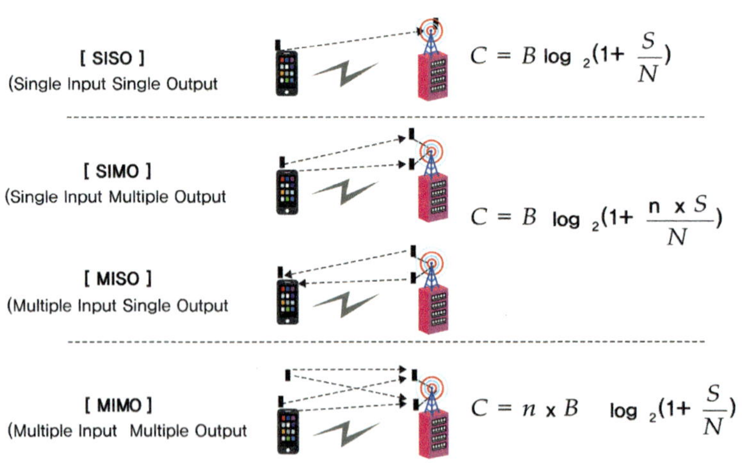

〈그림 7-25〉 다중 안테나 채널 용량

다중 안테나의 송수신안테나 다이버시티와 MIMO 기술에 대해 차이점에 대해 설명하면 다음과 같다.

송수신 다이버시티는 동일한 송수신 전력을 가지고도 성능 및 커버리지를 개선하는 방식이다. 수신 다이버시티인 MRC(Multiple Receiver Combiner) 방식은 이동통신 초기부터 이용되었지만 송신 다이버시티는 3세대 이동통신에서 사용되기 시작하였다. 시공간 부호 방식(Space Time Code : STC)은 1998년 타록 등이 제안한 전송 다이버시티와 부호화 이득을 얻는 STTC(Space-Time Trellis Code)와 1998년 알라무티가 제안한 코딩 이득은 없고 전송 다이버시티만을 얻을 수 있는 STBC(Space Time Block Code)가 있다. STBC는 코딩 이득은 없지만 최적의 다이버시티 이득을 얻으며 STTC에 비해 간단한 복호화 구조를 가진다. STBC는 송신단에서 입력 정보를 공간 직교성을 갖는 부호를 사용하여 부호화시키고 안테나별로 매핑시켜 전송한다. 수신단에서는 각 안테나에서 받은 신호를 선형 컴바이닝하고 간단한 ML(Maximum Likelihood) 방식을 사용하여 복호한다. 역방향링크의 채널 정보에 따라 송신 전력을 가변화하여 성능을 좋게 한다. 3GPP는 WCDMA에서 STBC에 기반을 둔 송신 다이버시티 방식인 STTD(STBC based Transmission Diversity)를 이용하였다.

MIMO 방식은 동일한 송신전력으로 채널 용량을 개선하는 기술로서 다중 송수신 안테나를 사용함으로써 단일 사용자에서 안테나 수에 비례하여 채널 용량을 늘릴 수 있다. MIMO는 공간을 여러 채널로 분리한 개념으로 SM-MIMO(Spatial Multiplexing MIMO)라고 할 수 있으며 사용자가 여러 명인 경우 MU-MIMO(Multi User MIMO)라고 한다. 역방향링크에서 채널의 품질(CQI), 주파수 대역폭의 정보(PMI), 채널 간 분리도(RI) 등의 정보를 수신하여 성능을 좋게 한다.

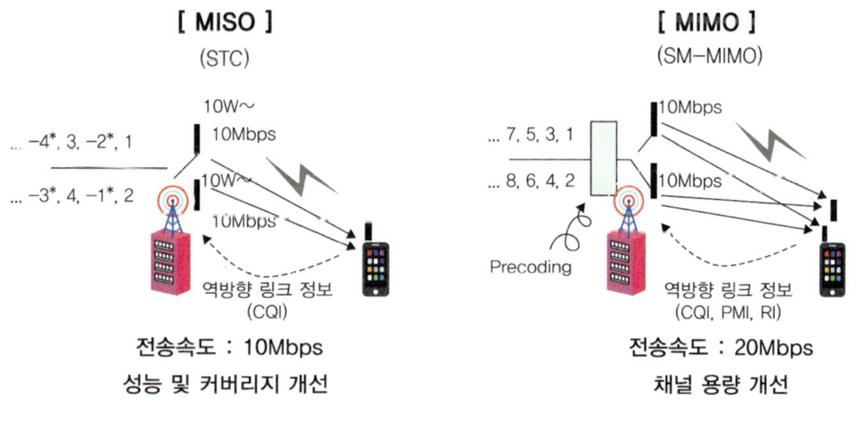

〈그림 7-26〉 다중 안테나 방식의 차이

(2) MIMO 시스템의 구성

1990년대 후반 루슨트 벨연구소의 포시니에 의해 제안된 MIMO 방식은 산란체가 많은 채널 환경에서 각 전송 안테나마다 서로 독립적인 정보를 보내면 각 정보의 공간 특성이 서로 달라 같은 시간과 같은 주파수, 같은 코드 상에 있어도 신호를 분리할 수 있다는 것이다. 〈그림 7-27〉은 MIMO 개념을 나타낸다.

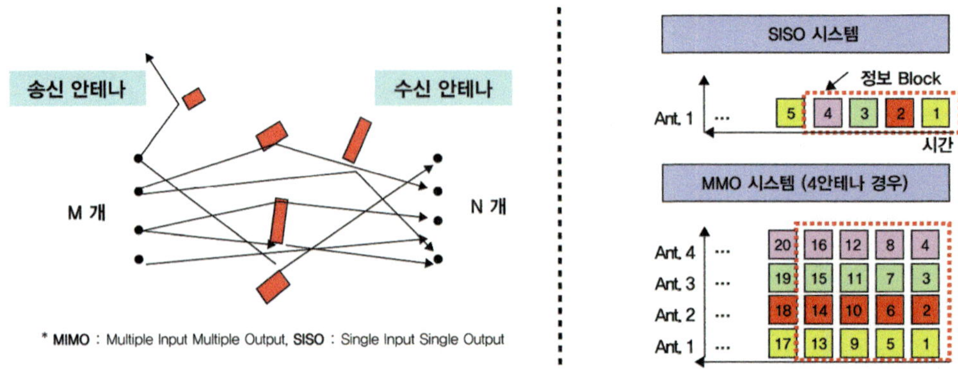

〈그림 7-27〉 MIMO 개념

여러 개의 송신 안테나를 통해 신호를 전송하면 각각의 안테나로부터 송신된 전파신호는 수신 측에 각각 시간과 공간 위치가 달라 분리된 신호로 입력되고 따라서 분리된 신호를 별도로 처리하여 원래의 신호를 복원할 수 있으면 데이터 전송속도를 안테나 수에 비례하게 할 수 있다는 것이 MIMO 방식의 원리이다. 하지만 안테나 간 간섭, 무선환경 제약 등에 따라 성능향상 효과가 줄어들며 구현 복잡도가 높다.

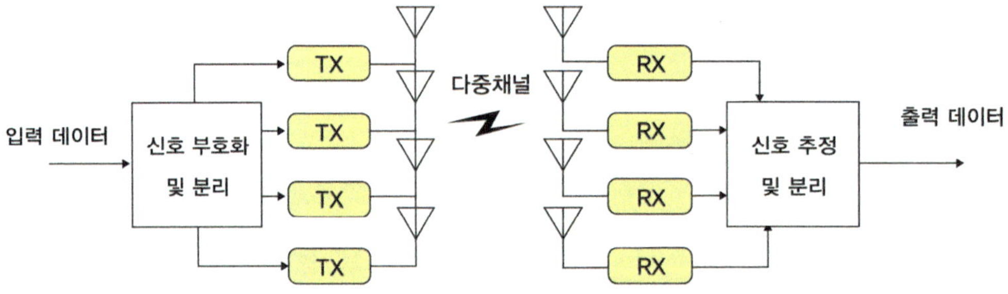

〈그림 7-28〉 MIMO 시스템 구성도

〈그림 7-28〉은 MIMO 시스템의 전체적인 구성을 보여준다. 송수신단이 각각 M, N개의 안테나를 포함한다. M개의 송신 안테나들로부터 각각 동일 시간에 동일 주파수를 사용하여 독립적인 심볼들을 전송하게 된다. 이렇게 송신된 신호들은 무선 채널 상의 산란체들에 따라 공간적으로 다른 페이딩을 겪게 되며, 이는 동일 채널의 신호들을 비상관성을 갖게 함으로써 공간 다이버시티를 이용한 주파수 재사용 효과를 가진다. 스마트 안테나 시스템이 안테나로 수신된 신호 간의 상관성이 존재하는 특성을 이용하는 반면, MIMO 시스템은 안테나로 수신된 신호간의 비상관성을 이용하는 것이다. 이러한 MIMO 특성은 데이터 전송속도를 비약적으로

높일 수 있게 된다.

안테나를 하나만 사용하는 SISO와 다중안테나를 사용하는 MIMO 시스템의 채널 용량의 증가를 개념적으로 나타내면 〈그림 7-29〉와 같다. 이때 채널용량은 섀넌의 채널 용량 방정식을 이용하여 산출할 수 있다. 즉, 옴니 안테나를 사용하는 시스템과 비교하여 MIMO는 N에 비례한다.

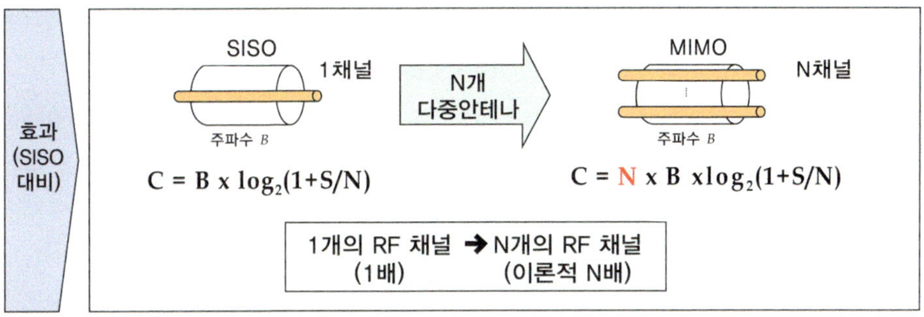

※ B : Bandwidth, S : Signal, N : Noise

〈그림 7-29〉 SISO와 MIMO 시스템의 채널 용량 비교

MIMO는 다중 채널 환경에서 다중경로 전파를 활용하는 것이므로 다중 채널이 많이 발생하는 도심과 같은 환경에서 유효하다. 그래서 실험적으로 도심의 환경에서는 안테나 수에 비례하여 데이터 전송속도가 증가하지만 들판 같이 다중 경로 전파가 없는 경우에는 성능이 떨어진다. 이 MIMO 방식의 구체적인 구현이 바로 루슨트의 포시니가 제안한 V-BLAST Vertical Bell Labs Layered Space-Time Architecture이다. V-BLAST는 독립적인 입력 정보를 각 안테나마다 전송하고 수신기는 OSIC(Ordered Successive Interference Canceller) 알고리즘을 이용하여 다중의 정보를 판별한다. 송신단에서 특별한 신호처리 과정 없이 송신 정보가 병렬로 전송되며 수신단에서 ZF(Zero Forcing) 또는 MMSE(Minimum Mean Square Error) 방식을 반복적으로 사용하여 각 안테나의 송신 신호가 검출된다.

(3) 4세대 이동통신에서 MIMO 기술의 활용

4세대 이동통신 시스템에서 MIMO는 주파수 효율을 높이는 데 중요한 역할을 했다. 송수신 안테나의 증가에 따른 RF장비, 케이블 등의 증가이며 단말기에서는 크기, 전력, 비용이 주요 고려 요소로서 제한된 공간에서 낮은 상관성을 갖는 안테나 설계, 실제로 존재하는 다양한 전파 환경에서의 좋은 성능, 단말기 내의 장비 간 전파간섭을 극복하는 것이 매우 중요하다. 또한 안테나 설계에서 MIMO 전파 채널 모델링을 최적화하는 것도 중요하다.

4세대 이동통신에 MIMO 기술을 적용하기 위해 다음 사항이 요구되었다. ① 시스템의 성능이 다양한 MIMO 채널환경(매크로, 마이크로, 피코 환경)에 따라 달라지기 때문에 이에 따른 각각의 환경에 적합한 모델링이 요구된다. 즉, 실제 MIMO 채널의 측정과 적절한 모델링을 통해 MIMO 시스템이 실제적으로 이론적인 정보의 증가를 주는지에 대한 연구가 필요하다. ② MIMO 시스템이 실제적으로 잘 적용되기 위해서는 채널 상황에 따른 적절한 변조 방식, 전력 등과 같은 무선 자원의 이용, 부호화에 대한 연구가 요구되었다. MIMO 시스템은 시간적인 변화에 따라 채널 환경이 변할 수 있기 때문에 시변적인 채널 상황에 따라 보내는 정보의 양을 적응적으로 조절하는 것이 필요하다. 또한 MIMO가 적응적으로 변하기 위해서는 FDD (Frequency Division Duplexing) 시스템의 경우에 피드백 정보가 있어야 하는데 피드백 정보가 크면 반대 채널의 용량의 감소를 일으키고 복잡도를 증가시키므로 적절한 피드백 정보가 무엇이며 그에 따라 어떻게 운용하는가에 대한 연구가 필요하다. ③ 각 셀마다 안테나 구조가 다르다면 안테나 구조에 따라 보낼 수 있는 전송 속도 등이 다르기 때문에 핸드오프나 기타 상황에 맞는 연구가 필요하고 단말기 측면에서는 다양한 단말기에 적합한 안테나 설계가 필요하다.

7.3.3 빔포밍 안테나

(1) 개 요

이동통신 시스템의 기본인 셀룰러 방식은 한정된 스펙트럼을 효과적으로 이용하고자 하는 개념에서 출발하였으며, 이는 셀을 점점 더 나누면 스펙트럼의 효율성은 증가한다는 점이 핵심이었다. 그러나 셀을 분할하는 방법은 기지국을 설치하는 데 엄청난 비용이 추가되어 부담될 뿐만 아니라 잦은 핸드오프로 인해 통신 두절 혹은 통신 신뢰성 하락이 필연적으로 따른다는 단점을 가지고 있다. 기지국을 증설하지 않고 진보된 안테나 기술을 적용해서 통신 용량을 대폭 증가시키고 통신 품질을 개선할 수 안테나 기술을 빔포밍 Beamforming 안테나라고 한다. 빔포밍 안테나는 원하는 가입자 방향으로 전파를 집중시키고 타 가입자의 간섭 신호는 저하시켜 송수신함으로써 기존의 이동통신 시스템의 성능을 향상시킬 수 있는 기술이다. 이는 안테나 배열과 전파 방향을 제어할 수 있는 디지털 신호처리 기술을 복합적으로 활용하여 구현되는 기술이다.

(2) 빔포밍 안테나 시스템의 원리

빔포밍 안테나 시스템이란 〈그림 7-22〉와 같이 다수의 배열(Array) 안테나의 위상을 제어하여 특정 신호(원하는 방향의 신호)를 선택적으로 송수신하고 간섭 신호의 영향을 최소화시킴으로써 가입자 상호간의 간섭을 대폭 감쇄시킨 것이다. 즉 셀 내의 각 단말기에 독립된 빔을 송수신 간에 제공하고 원하는 단말기 방향으로 이들을 극대화되도록 빔포밍시킴으로써 여타의 단말기 방향에 전파량을 극소화할 수 있다. 그러므로 수신 신호의 잡음을 대폭 감쇄시킨다.

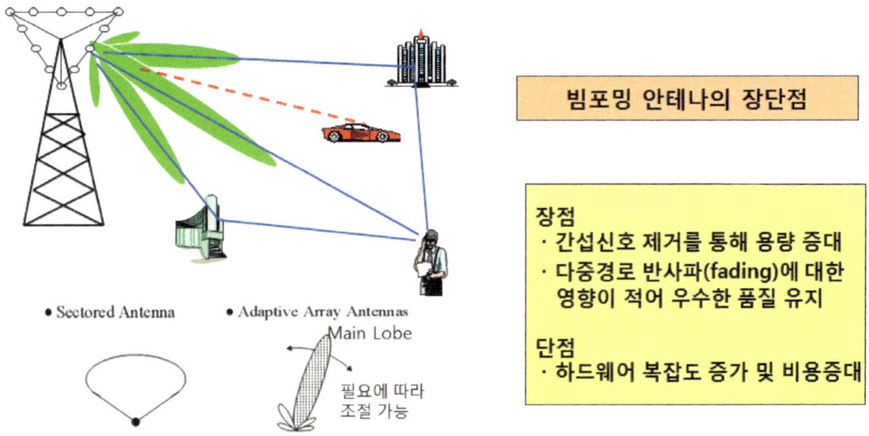

〈그림 7-30〉 빔포밍 안테나 개념

빔포밍 안테나 시스템의 채널 용량은 다음과 같이 구할 수 있다.

$$C = B \times \log_2(1 + S/N)$$
$$C_{BEAM} = B \times \log_2(1 + M^2 \times S/N) \fallingdotseq B \times \{2 \times \log_2(N \times S/N)\} \quad \text{(식 7-1)}$$

빔포밍 안테나 시스템은 통화 채널간 방해 전파를 최소화하여 통화 품질을 향상시키고 가입자 수를 증가시킬 수 있는 시스템이며 원하는 방향으로 전파가 집중되어 각 단말기는 저전력으로 통화가 가능하므로 배터리 수명이 획기적으로 개선되는 장점도 있다. 결국 빔포밍 안테나 시스템이란 각 단말기 방향으로 독립된 빔패턴을 제공하여 통신 용량을 증대시키고 통신 품질을 대폭 개선할 수 있는 지능형 기지국을 실현하는 기술이다. 빔포밍 안테나는 4세대 이동통신을 위한 기술로서 검토되는 기술 가운데 하나이다. 빔포밍 안테나를 구성하는 원리와 빔포밍 안테나의 효과는 〈그림 7-31〉과 같다.

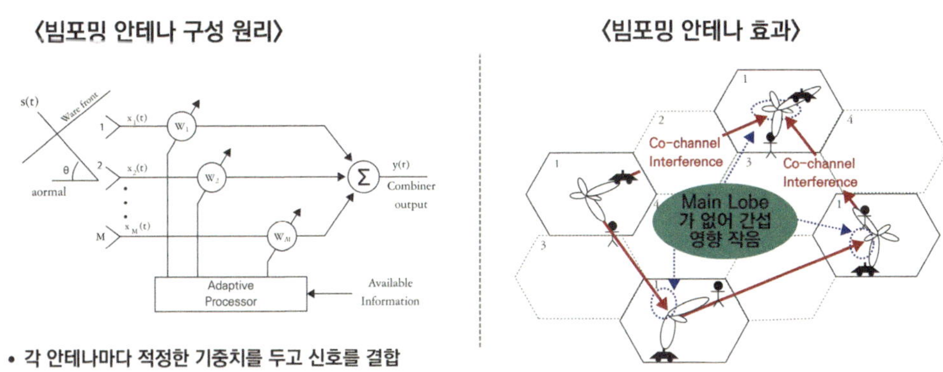

〈그림 7-31〉 빔포밍 안테나의 구성 원리와 효과

7.3.4 전파 환경 연구

전파통신서비스의 급격한 발전은 전파 관련 통신 및 방송서비스의 수요를 급격히 증가시키고 있다. 이에 따라 주파수 용도에 대한 경쟁은 업무 간, 지역 간에 갈수록 치열해지고 있다. 4세대 이동통신을 위하 전파 환경 연구는 ① 서비스 요구 사항, ② 트래픽 요구, ③ 스펙트럼 효율성, ④ 무선 전송 특성(TDD/FDD, 송수신, 변조기술, 접속 방법 등), ⑤ 글로벌 로밍 요구 사항, ⑥ 동적 스펙트럼 공유 방안, ⑦ IMT-2000 시스템의 진화 방향, ⑧ 전파 전파 특성 등을 고려하였다.

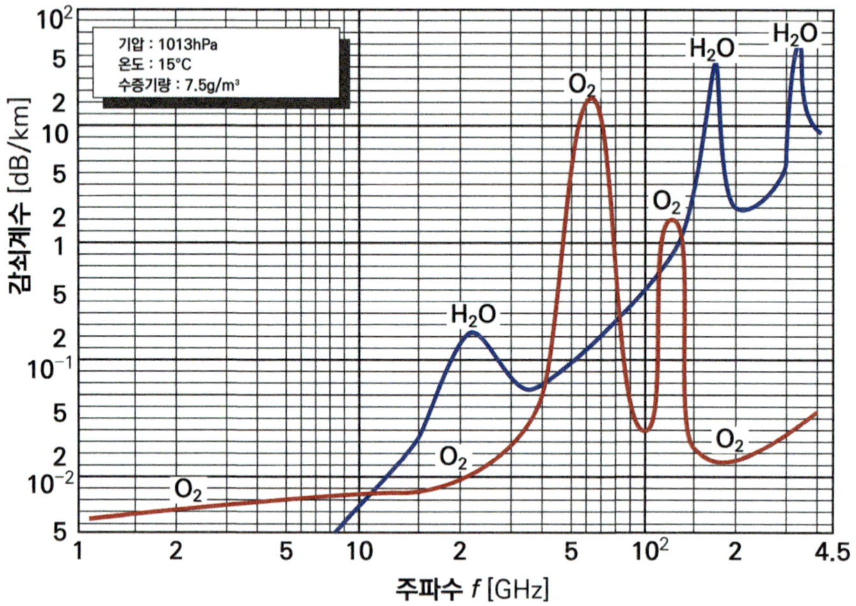

〈그림 7-32〉 대기에 의한 주파수 대역별 감쇠 특성

〈그림 7-33〉을 보면 10 GHz를 넘어서면 대기에 의한 전파 감쇄가 급격히 떨어지고, 또한 강우에 의한 전파 감쇄가 시간당 1 mm 이상을 넘어서면 10 GHz 주파수 이상에서 급격히 떨어지는 것을 확인할 수 있다. 따라서 10 GHz 이상의 주파수는 이동성과 어느 정도의 서비스 커버리지를 확보해야 하는 4세대 이동통신서비스용으로 적합하지 않을 것으로 예상된다.

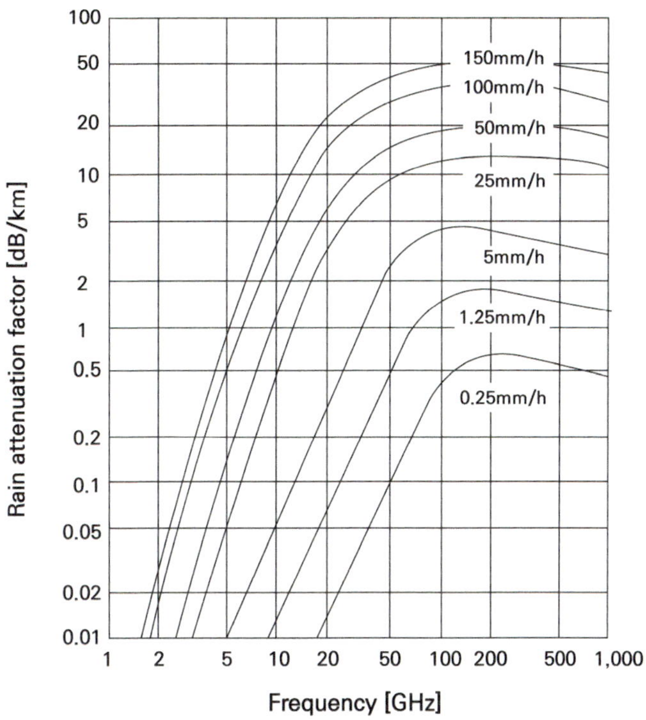

〈그림 7-33〉 강우감쇄에 따른 주파수 대역별 감쇠 특성

주파수 대역별 전파특성을 요약하면 다음 표와 같다.

〈표 7-17〉 주파수 대역별 전파 특성

주파수	전파특성	용 도	비 고
800MHz~1GHz (L-band)	· 직진성 우수 및 회절성 좋음 · 고정, 이동통신에 적합 · 이동통신 시 주파수 재사용을 위해 반경 약 5km 전파 도달거리	· 이동통신 (휴대폰, PCS, TRS) · 중계용 고정통신	이동통신 수요 증가로 밀집화
1~3GHz (S-band)	· 직진성 우수 · 회절성(전파손실이 많음)은 약함 · 대도시에서 저속 이동통신 시 1km 전파도달 거리 확보 · 고정, 이동통신에 적합	· 두 지점 간 중계업무 · 이동전화(PCS, IMT-2000) · 무선가입자망 (WLL, WLAN) · 단거리 데이터통신(ISM)	이동전화대역으로 재분배, 이동통신 시 1km 이상 서비스 범위
3~9GHz (C, X-band)	· 파장이 짧아 직진성 우수(≤10cm) · 회절성 거의 없음 · 장거리 구간 시 대기굴절 특성에 의한 페이딩 발생 · 고정통신 시 전파도달거리 약 60km	· 고정통신용 · 위성통신, 레이다용 · 이동통신	고용량 중계용 서비스 밀집, 이동전화 재배치 가능, 서비스 범위 200m이내
9~18GHz (K-band)	· 직진성 우수하고 회절성 거의 없음 · 강우손실 발생(약 km당 1dB 감쇠) · 고정통신 시 전파도달거리가 약 20km	· 고정통신용 · 위성통신	약 10~20km 중거리 통신, 중계용 포화, 전파특성 좋지 않음

7.3.5 서비스 기술

(1) 서비스 운용 기술

4세대 이동통신서비스에서는 다양한 멀티미디어 서비스가 가능하므로, 이를 지원할 수 있는 다양한 형태의 과금이 이루어져야 한다. 과금 서비스는 요구된 서비스의 트래픽양 또는 사용시간에서 이용 시간대와 사용자의 위치 및 이동환경, 사용 서비스의 종류, 요구 서비스의 QoS 레벨 등을 추가로 고려한 종합적인 과금 형태로 변화해야 했다. 모든 형태의 이동통신망이 연동되는 이동통신환경에서는 사용자가 직접 사용할 이동통신 시스템을 직접 선택하거나 단말이 자동으로 사용자가 요구한 서비스에 적합한 이동통신 시스템을 찾아 접속하는 기능이 제공되어야 한다. 이때, 단말이 접속할 시스템을 자동으로 선택하는 경우에는 사용자가 요구한 서비스 종류와 QoS 레벨을 만족시킬 수 있는 시스템 중에서 무선 구간의 통신품질, 과금율, 단말기의 능력 등을 고려하여 결정되어야 한다.

(2) 이동성 지원기술

4세대 이동통신에서 이동성 관련 기술은 위치정보 및 응용기술, 장애 없는 핸드오프 기술, 유무선 연동 및 운용환경 적응 기술 등이 있었다. 위치정보 및 응용기술은 GPS를 이용하거나 혹은 다른 가능한 방법들을 이용하여 사용자와 단말의 위치를 검출하고, 이를 다른 콘텐츠들과 연계하여 사용자가 쉽게 이를 이용할 수 있도록 하는 기술이다. 예를 들어 GPS를 이용하여 검출한 사용자 혹은 단말의 위치정보를 전자지도정보와 결합하여 사용자에게 제공하는 것으로, 여행이나 교통정보 안내 서비스에 활용될 수 있다. 4세대 이동통신서비스에서는 패킷 기반의 무선 멀티미디어 정보 전송에서 장애 없는 서비스 핸드오프를 제공하였다. 유선망에서와 동일한 수준의 멀티미디어 서비스를 무선환경에서 제공하기 위해서는 무선구간의 고속 전송과 더불어 유선망의 다양한 자원들을 효율적으로 이용할 수 있도록 하기 위한 유무선 연동 네트워크를 구축하였다.

(3) 인터페이스 기술

4세대 이동통신 시스템이 유무선 연동 환경에서 이동 멀티미디어 서비스를 제공하기 위해 다양한 시스템과 다양한 서비스의 연동이 이루어졌다. 요구된 서비스의 QoS를 유무선 연동 환경에서도 보장될 수 있도록 하는 방안이 요구되었다. 아울러 트래픽에 대한 실시간 모니터링과 이를 제어할 수 있는 기술들을 개발함으로써 서비스 연동을 효과적으로 지원하도록 하였다. 또한 서비스 QoS 요구나 유무선망의 통신 능력에 맞도록 멀티미디어 서비스에서 사용되는 콘텐츠가 재구성될 수 있어야 한다.

(4) 정보보호 기술

현재의 각 유선망과 무선망에서는 정보보호를 위해 다양한 형태의 암호화 기술을 사용하고 있다. 암호화 메커니즘을 선택함에 있어서는 키관리 방법과 암호화 알고리즘의 성능을 고려하여, 멀티미디어 데이터에 적합한 암호화 알고리즘을 개발하도록 하였다. 즉, 암호화 알고리즘을 서비스의 QoS와 연계하여 적용함으로써 효율적인 서비스 지원이 가능하도록 하였다. 보안 IC 카드나 지문인식, 음성 인식 등과 같은 다양한 방법을 통해 보안 및 인증이 가능하도록 하는 보다 지능화된 정보보호 방법에 대한 기술개발을 하도록 하였다.

7.4 LTE 망구조

7.4.1 개요

3GPP Rel-8 표준에 포함된 LTE는 대표적인 기술로서 OFDM 및 MIMO 등을 사용하여 최대 다운링크 326.4 Mbps, 업링크 86.4 Mbps의 최고 전송속도를 지원한다. All-IP 기반으로 고속 이동시에 100 Mbps 이상의 속도를 지원하도록 요구하고 있다. 즉, 이동 중에는 현재 HSPA의 7 ~ 8배 속도를 지원한다. 이를 위해 충분한 데이터 전송채널을 확보할 수 있는 주파수 대역폭과 OFDMA 및 MIMO 등 네트워크의 고속화를 실현하게 하는 몇 가지 핵심기술들을 적용해야 한다.

FDMA는 각 신호의 점유주파수대역폭이 중첩되지 않도록 어느 정도 보호 주파수 구간이 필요하므로 동시에 접속이 가능한 사용자 수와 주파수효율 측면에서 낭비되는 대역폭이 많았으나, OFDMA는 인접하는 신호 간에 상관관계를 0 값이 되도록 함으로써 신호가 서로 중첩하는 경우에도 수신측에서 신호를 쉽게 검출하고 다른 신호 구분이 용이하여 동일주파수대역에 보다 많은 가입자와 데이터를 처리할 수 있게 만든 방식이다. OFDMA는 LTE에서 실제 사용하는 물리적인 대역폭보다 더 넓게 사용하여 전송속도를 높이기 위해 사용되고 있으며 송수신난에서 복수의 안테나를 사용하여 동시에 여러 채널을 송수신할 수 있게 하기 위해 MIMO 안테나 기술을 사용하고 있다.

LTE 기술의 최소 기술 요구 사항은 3GPP TR25.913 문서에 나타내었다. 이를 요약하면 다음과 같다.

1) 능력(Capability)

* 최대 데이터 전송속도

- 하향링크 : 100 Mbps / 20 MHz(5bits/Hz)
- 상향링크 : 50 Mbps / 20 MHz(2.5 bits/Hz)

* 시간 지연
  - 제어 영역 : 100 ms 이내(Idle 상태에서 Active 상태)
    50 ms 이내(Dormant 상태에서 Active 상태)
  - 사용자 영역 : 5 ms(단말에서 RAN의 엣지 노드까지 IP 패킷을 전송하는 시간)
* 200개 이상의 활성영역 단말(active 상태 단말)을 지원

2) 시스템 성능
* 평균 사용자 throughput : HSPA 대비 3 ~ 4배(하향링크), 2 ~ 3배(상향링크)
* 셀 가장자리 사용자 throughput(5% tile) : HSPA 대비 2 ~ 3배(하향링크), 2 ~ 3배(상향링크)
* 주파수 효율(bits/Hz/cell) : HSPA 대비 3 ~ 4배(하향링크), 2 ~ 3배(상향링크)
* 이동성 : 350 km까지 서비스 가능
* 셀커버리지 : 시스템 성능을 만족하는 셀 반경은 5 km, 약간의 성능 감소 환경에서 30 km까지 가능

3) 망구축 관련 특징
* 망구축 시나리오 : LTE 독자망 및 WCDMA/HSPA/GSM과 함께 구축 가능
* LTE에서 WCDMA 또는 GSM으로 전환 시 중단 시간은 비실시간 서비스는 500 ms, 실시간 서비스는 300 ms 이내임
* 주파수 유연성 : LTE는 모든 IMT 주파수 대역에서 FDD 및 TDD 방식으로 망구축이 가능하며 2G 및 3G 망으로부터 LTE 망으로 진화하기 위한 단계 및 기존 망과의 공존을 포함함

4) 망구조 및 망의 진화
* LTE RAN 구조는 패킷 기반의 구조
* Backhaul의 비용 증가 없이 신뢰도를 높임
* 인터페이스의 수를 최소화
* RNL(Radio Network Layer)과 TNL(Transport Network Layer) 사이 상호 작용의 성능 향상
* end to end QoS 제공
* 다양한 트래픽 종류에 따른 주파수 대역폭 할당
* TCP/IP 트래픽을 위한 작은 jitter 제공

5) 무선자원 관리
* 향상된 end to end QoS 지원을 위한 상위 계층에서 RAN의 자원 관리
* 다양한 무선접속 기술이 공존하는 환경에서 단말들이 적절한 무선접속 기술로 할당

6) 복잡도

* 단말 및 시스템 전체에 대해 불필요한 필수기능을 없애고 시스템 선택사항을 최소화함

7) 일반적인 특징

* LTE 시스템은 최소의 비용으로 서비스 요구 사항을 만족하기 위해 백홀 및 운용유지보수 비용을 최소화하기 위해 전송 및 관리 시스템도 포함하고 복수의 제조사가 가능하도록 인터페이스 요구사항 필요

SAE(system Architecture Evolution) 기술의 요구 사항(3GPP TS22.278)은 다음과 같이 요약할 수 있다.

① SAE 시스템은 LTE 무선접속망뿐만 아니라 다른 무선접속망과도 동작할 수 있어야 한다.
② SAE 시스템은 단말이 서로 다른 무선접속 시스템 및 고정 시스템을 이동할 수 있어야 한다.
③ SAE 시스템은 타망에서 SAE, SAE에서 타망으로 로밍할 수 있어야 한다.
④ SAE 시스템은 일대일, 일대다, 멀티캐스트, 브로드캐스트 서비스를 제공할 수 있어야 한다.
⑤ SAE 시스템은 음성, 메시지, 영상, 데이터 파일 서비스를 제공할 수 있어야 한다.
⑥ SAE 시스템은 음성 서비스의 경우 회선교환 및 패킷교환 또는 두 방식 사이에서 핸드오프할 때 품질이 떨어지지 않아야 한다.
⑦ SAE 시스템은 고정 접속망 및 이동 접속망 사이에서 핸드오프할 때 데이터 손실이 없어야 하며 3GPP에서 논의된 QoS에 대해 후방위 호환성을 제공하여야 한다.
⑧ SAE 시스템은 HSPA/WCDMA/GSM을 위한 3GPP 보안보다 동등하거나 향상된 보안 방식을 제공하여야 하며, 단말과 망 사이에 신뢰성을 제공하고 합법적인 감청이 이루어질 수 있어야 한다.
⑨ SAE 시스템은 통신의 기밀성, 사용자의 위치정보 보호 및 사용자의 정보 보호와 같은 여러 단계의 사용자 보호를 제공하여야 한다.
⑩ SAE 시스템은 다양한 과금 모델을 지원하여야 한다.

7.4.2 망 구조

(1) 개 요

망 구조 또는 시스템 구조 System Architecture는 필요한 기능들을 논리적인 노드에 할당하고 노드간 인터페이스를 설명한다. 망 구조는 기본적으로 무선접속망(RAN)과 핵심망(Core Network)으로 구분되는데 무선인터페이스 관련 부분은 대부분 무선접속망에서 이루어지고 과금, 인증, end to end 서비스 설정 등 무선인터페이스와 관련이 없으나 셀룰러 서비스를 위해 필요한 기능들은 핵심망에서 이루어진다. 무선접속망과 핵심망의 분리는 GSM 망에서 처음 이루어졌으나 WCDMA/HSPA에서 다음과 같은 기능 변화가 있다.

① 무선접속 기술 및 배치와 관련 사항은 무선접속망 독립적인 기능으로 핵심망과 무관하게 운용되어야 한다. 그러나 GSM망은 완전히 분리되지 않아 셀을 추가할 때 핵심망의 정보를 수정하여야 했으나 WCDMA/HSPA 망은 수정할 필요가 없다.
② 재전송 프로토콜과 데이터 버퍼 기능이 GSM 망에서는 핵심망에 있어 핵심망이 특정 무선접속 기술에 의존적이었다. 그러나 WCDMA/HSPA 망에서는 핵심망에서 무선접속망으로 이동하여 핵심망이 다양한 무선접속기술과 연결할 수 있게 되었다.
③ 보안 기능은 GSM 망에서는 회선교환은 무선접속망에 패킷교환은 핵심망에 있었으나 WCDMA/HSPA 망에서는 모두 무선접속망에 위치하게 되었다.

(2) WCDMA/HSPA 시스템의 망 기능

무선접속망의 기능은 다음과 같다.

① 코딩, 인터리빙, 변조 등의 물리계층
② ARQ, 헤더 압축 등의 링크 계층
③ RRM(Radio Resource Management), 핸드오버 등 무선자원 관리 기능
④ 암호화, 데이터 순결성 등 보안 관련 기능

핵심망의 기능은 다음과 같다.

① 과금
② 가입자 관리
③ 이동성 관리(가입자의 로밍 관리)
④ 베어러 서비스를 위한 QoS 관리
⑤ 사용자 데이터에 의한 정책 제어
⑥ 외부망과의 상호 접속 등

(3) LTE/SAE 시스템의 망 구조 변화

기본적으로 무선접속망과 핵심망의 분리와 기능은 WCDMA/HSPA와 유사하나 LTE는 무선접속망의 기능에서 무선망의 여러 단계의 노드 수를 최소화하는 개념으로 설계되었다.

LTE/SAE는 WCDMA/HSPA의 매크로 다이버시티가 여러 단계의 노드에서 이루어지면서 복잡해지고 여러 노드 간에 트래픽이 증가하는 것을 방지하기 위해 매크로 다이버시티 기능을 없애고 기존 RNC 기능을 Node-B에 통합한 eNode-B를 정의하여 망구조를 변화시켰다. 또한 보안 기능을 Node-B에 포함시키고 무선접속망을 안전하게 유지하기 위해 망 구조를 RU와 DU로 분리하고 DU는 안전한 장소에 위치하게 하였다. eNode-B는 WCDMA/LTE의 RNC 기능

대부분을 가지고 있는데 무선자원 관리 기능, 핸드오프 결정, 상하향링크 스케쥴링, 코딩 등의 물리계층, HARQ 등의 링크계층 등을 포함하고 있다.

WCDMA/HSPA와 LTE/SAE 망 구조의 차이를 나타내면 〈그림 7-33〉과 같다. RNC 기능이 Node-B와 합침으로써 무선접속망의 노드 수를 최소화하였다.

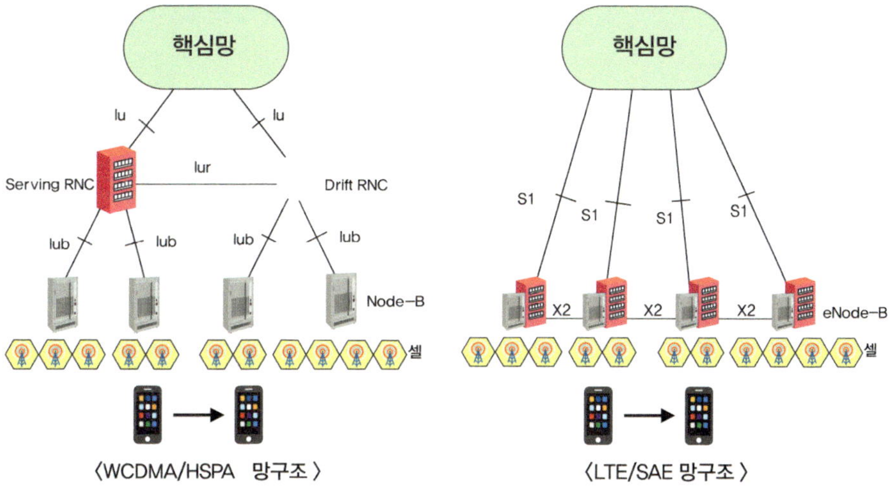

〈그림 7-34〉 WCDMA/HSPA와 LTE/SAE 망 구조의 차이

(4) 핵심망의 구조

WCDMA/HSPA 핵심망은 GSM 핵심망과 매우 유사하나 LTE 핵심망은 무선접속망과 마찬가지로 노드 수를 최소화하는 개념인 진화된 핵심망으로 EPC(Evolved Packet Core)를 정의하고 있다. WCDMA/HSPA는 GSM망과 마찬가지로 회선교환망과 패킷교환망으로 나누고 2개의 망은 HLR을 공유하여 서비스를 제공한다. 무선접속망과 핵심망 인터페이스 표준인 Iu는 Iu flex 라는 기능을 가지고 1개의 RNC가 여러 MSC 혹은 SGSN과 연결하여 특정 MSC/SGSN의 서비스 실패에 유연하게 대처할 수 있도록 하였다. 로밍은 회선호의 경우 MSC, 패킷호의 경우 GGSN에서 수행한다. 과금 및 정책제어는 회선호의 경우 MSC, 패킷호의 경우 SGSN 또는 GGSN에서 수행하도록 하였다.

LTE/SAE는 패킷 핵심망만을 정의하고 있다. LTE/SAE 핵심망인 EPC는 MME(Mobility Management Entity), Serving Gateway, PDN Gateway(Packet Data Network Gateway)로 다음과 같이 구성되어 있다.

- MME : EPC 제어영역 노드
- Serving Gateway : 사용자 영역으로 EPC를 LTE RAN으로 연결
- PDN Gateway : SGi 인터페이스를 사용하여 EPC에 연결된 사용자를 인터넷에 연결

LTE/SAE 시스템은 WCDMA/HSPA의 Iu flex 기능과 마찬가지로 특정 EPC 노드가 서비스가 어려울 경우 노드를 변경할 수 있는 기능을 가지고 있다. LTE/SAE 시스템은 로밍, 정책제어, 과금 등도 EPC에 의해 지원되는데 IP 주소할당은 홈 EPC(전통적인 로밍), 방문 EPC(local break out) 모두에서 할 수 있다. WCDMA/HSPA와 LTE/SAE 핵심망 구조의 차이를 비교하면 〈그림 7-35〉와 같다.

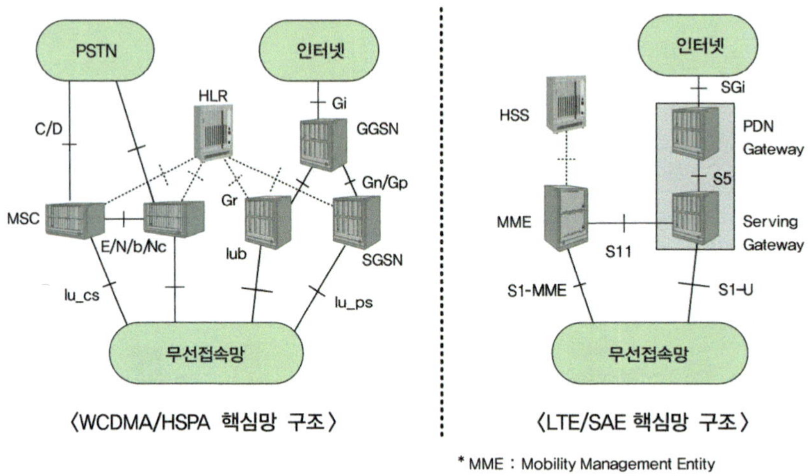

〈그림 7-35〉 WCDMA/HSPA와 LTE/SAE 핵심망 구조의 차이

EPC는 WCDMA/HSPA, cdma2000/HPRD, 3GPP 표준이 아닌 망과 접속이 가능하도록 하고 있다. 예를 들어 WCDMA/HSPA는 SGSN을 Serving Gateway, PDN Gateway 모두에 연결하고 WCDMA/HSPA에서 LTE로 핸드오프할 경우 연결 관리는 SGSN에서 MME와 Serving Gateway로 변경된다. LTE/SAE에 연결된 WCDMA/HSPA 시스템의 구조는 〈그림 7-36〉와 같이 나타낼 수 있다.

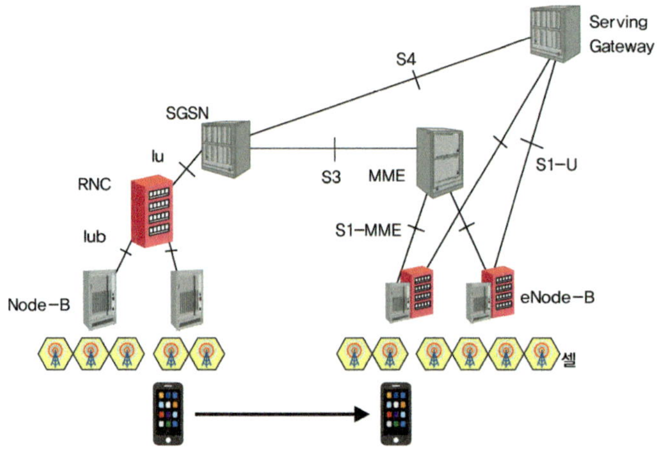

〈그림 7-36〉 LTE/SAE에 연결된 WCDMA/HSPA

7.5 LTE 주요 기술

7.5.1 주파수 자원 이용

(1) 다중접속/다중화 방식

LTE 시스템은 주파수 이용의 유연성을 다음과 같이 3가지 측면에서 고려하고 있다. ① 다양한 주파수 대역에서 활용, ② Paired(FDD) 및 Unpaired(TDD) 대역 모두에서 활용, ③ 다양한 크기의 주파수 할당(1.4, 3, 5, 10, 15, 20 MHz) 등이다.

LTE 시스템은 OFDM/SC-FDMA 방식의 다중접속/다중화 방식을 이용하고, 많은 서브 캐리어수를 이용하여 주파수 재사용율을 높이고 듀플렉스 방식으로는 FDD/TDD 방식을 모두 이용하고 있다. 채널 대역폭은 1개로 고정되지 않고 데이터의 양에 따라 이용하는 주파수 대역폭의 크기를 다르게 할 수 있어 데이터 트래픽의 변화에 능동적으로 대응할 수 있다.

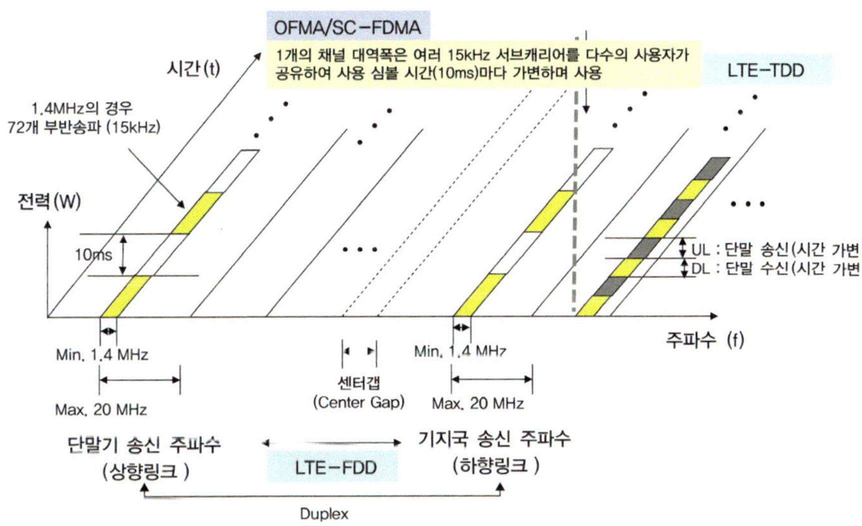

〈그림 7-37〉 LTE의 다중접속/다중화 및 듀플렉스

(2) 다양한 채널 대역폭의 활용

LTE 시스템의 채널 대역폭은 OFDM 데이터의 부반송파 15 kHz 6개를 1개의 Resource Block(RB)으로 정의하고 있다(1RB : 15 x 6 = 180 kHz). LTE RF 반송파 1개에 보낼 수 있는 RB는 110개이고 서비스 및 주파수 환경에 따라 RB 개수를 6개(1.4 MHz), 15개(3 MHz), 25개(5 MHz), 50개(10 MHz), 75개(15 MHz), 100개(20 MHz) 등으로 유연하게 묶어 송신함으로써 다양한 채널 대역폭을 이용할 수 있다. 〈그림 7-38〉은 부반송파수에 따라 결정되는 채널 대역폭을 나타내고 있다.

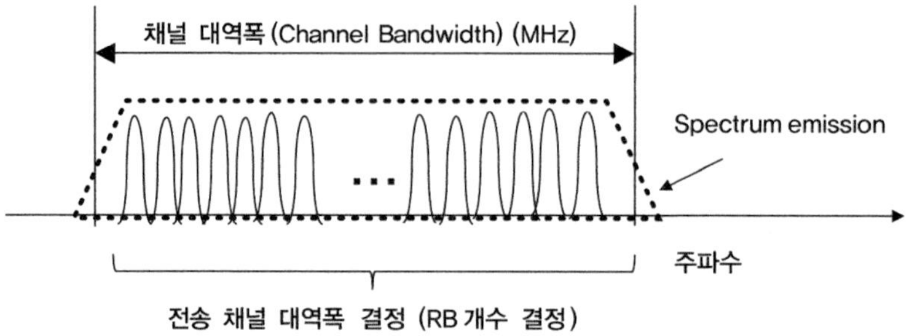

〈그림 7-38〉 RB 개수에 따른 채널 대역폭의 결정

LTE 시스템의 RF 요구 사항은 주어진 채널 대역폭이 다른 주파수를 이용하는 사업자 또는 사용자에게 영향을 주지 않거나 또는 다른 주파수를 이용하는 사업자 또는 사용자로부터 영향을 받지 않도록 기지국 및 단말기의 송수신 규격을 정의하고 있다.

주어진 채널 대역폭 이외 주파수 대역에서 발생하는 불요방사(Unwanted Emission)는 대역외 방사(Out of Band : OOB)와 스퓨리어스 방사(Spurious Emission)로 구분된다. 대역외 방사는 변조 이후 주어진 채널 대역폭의 2.5배 주파수 범위에 있는 전파를 의미하며 스퓨리어스 방사는 대역외 방사 대역을 초과하여 방사하는 것으로 정의하고 있다.

송수신기 특성은 기본적으로 송신할 때 타 시스템에 간섭 정도를 나타내는 ACLR(Adjacent Channel Leakage Ratio), 수신할 때 타 시스템으로부터 간섭 정도를 나타내는 ACS(Adjacent Channel Selectivity), 두 기준을 합친 ACIR(Adjacent Channel Interference Ratio)를 정의되지만 기지국과 단말기의 특성상 추가적인 요구사항을 정의할 수 있다.

기지국은 송신 규격에서 '동작대역 불요방사'라는 개념으로 동작 주파수 대역 양측의 10 MHz의 불요 방사를 제한하고 ACLR은 타 시스템과의 공존 여부를 판단하는 데 이용된다. 수신 규격도 동작 대역 기준으로 동작 대역 불요방사와 유사한 'Blocking' 개념으로 전파 수신을 제한하고 ACS도 ACLR과 같이 타 시스템과의 공존 여부를 판단하는 데 이용된다.

단말기는 단말기 출력이 제한되므로(일반적으로 23 dBm) 단말 전력 클래스(power class), 단말 전력 감소(Maximum Power Reduction), 추가 전력 최대 감소(additional MPR)를 정의하여 이용한다. 이때 단말 전력 클래스는 단말의 전력을 서비스 환경에 따라 최대 전력 기준을 설정한 것이다. 단말 전력 감소는 특정 변조방식(예 : QPSK)으로 RB 이용 수에 따른 전력 제한을 의미한다. 단말기는 송신 규격에서 대역내, 대역외, 스퓨리어스 방사를 제한하고 있는데 대역외의 경우 스펙트럼 방사 마스크(SEM : Spectrum Emission Mask)를 정의하고 있다. 이것은 주파수 대역에 따라 세부적인 전력 제한치를 정의한 것이다. 수신 규격은 대역외 Blocking과 대역내 Blocking, ACS 등의 기준을 두고 있다.

7.5.2 LTE 프로토콜 구조

LTE 프로토콜 구조를 이해하는데 가장 중요한 것은 WCDMA/HSPA와 달리 무선망 구조가 Node-B와 RNC로 구분되지 않고 eNode-B로 합쳐지면서 무선 접속 기능이 eNode-B에서 처리된다는 것이다. LTE 프로토콜은 다음과 같이 4개의 계층으로 나뉘어져 있다.

1) PDCP(Packet Data Convergence Protocol)

IP 헤더 압축을 수행할 때 WCDMA/HSPA에서 이용한 ROHC(Robust Header Compression) 방식을 이용한다. 또한 암호화(Cipher)와 데이터 무결성(Integrity) 기능을 수행한다.

2) RLC(Radio Link Control)

데이터의 분할/결합(Segmentation/Concatenation), 재전송 관리, 데이터를 순서에 맞게 상위 계층으로 전송하는데 WCDMA/HSPA의 RNC에서 수행된 기능이 eNode-B에서 수행된다. RLC의 특징은 RLC SDU(service Data Unit) 데이터는 분할되어 RLC PDU(Protocol Data Unit)로 생성되어 MAC으로 제공되며 동적으로 PDU 크기가 조절된다는 것이다.

3) MAC(Medium Access Control)

상향 및 하향 링크의 스케쥴링, HARQ를 수행하는 MAC은 논리채널 형태로 RLC에 서비스를 제공한다. LTE는 매크로 다이버시티 없이 eNode-B 서빙셀만 존재하고 서빙셀에서 MAC 스케쥴링이 이루어진다.

4) PHY(Physical Layer)

물리 계층으로 코딩/디코딩, 변조/복조, 다중 안테나 매핑, 시간-주파수 자원 매핑 기능 등을 수행하며 전송채널 개념으로 MAC 계층에 대해 서비스를 제공한다.

단말 상태는 DRX 주기에 따라 PCH(Paging Channel)을 모니터링하는 RRC_IDLE 상태와 단말이 활성화 상태인 RRC_CONNECTED 상태가 있다. RRC_IDLE 상태는 단말기의 배터리 소모를 줄이기 위해 대부분의 시간을 SLEEP 상태에 있는 경우이다. RRC_CONNECTED 상태는 상향링크가 동기되어 있는지에 따라 OUT_OF_SYNC와 IN_SYNC 상태로 구분할 수 있는데, OUT_OF_SYNC 상태에서는 하향링크 수신만 가능하고 상향링크 송신은 불가능하다. IN_SYNC 상태는 하향 및 상향링크 송수신 모두 가능한 상태이다.

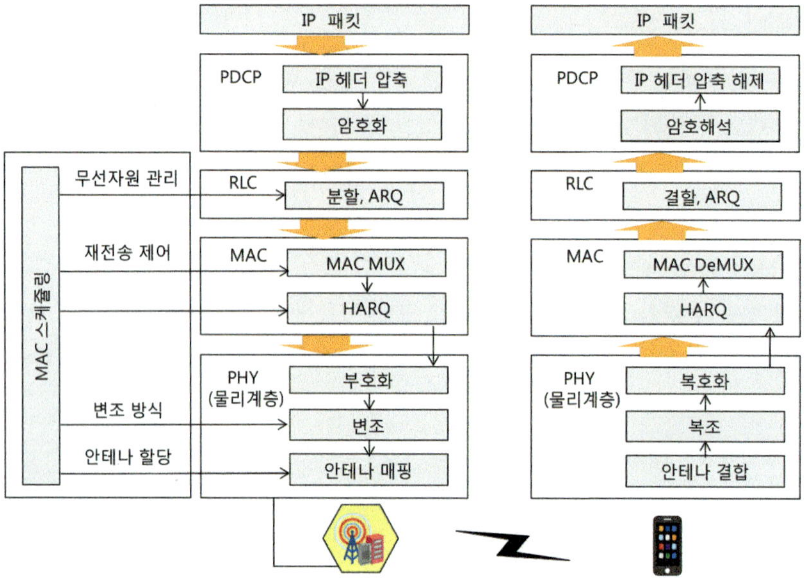

〈그림 7-39〉 LTE 시스템의 프로토콜 구조

7.5.3 채널 구조

LTE 시스템의 채널 구조는 WCDMA/HSPA의 개념과 유사하다. 기본적으로 전체 단말과 개별 단말을 구분하고, 제어와 트래픽 데이터를 분리하여 전송한다. LTE 시스템에서 강화된 채널 개념은 멀티캐스트 서비스를 위한 채널 구조이다. LTE 시스템의 채널 구조는 다음과 같다.

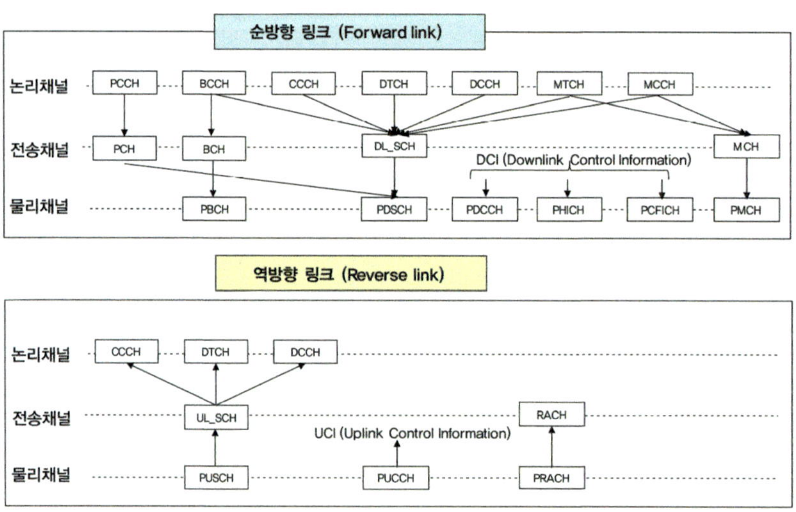

〈그림 7-40〉 LTE 시스템의 채널 구조

LTE 시스템의 채널 구조는 WCDMA/HSPA와 같이 논리채널, 전송채널, 물리채널로 구분하여 설계되었는데 각각의 채널 개념 및 종류는 다음과 같다.

MAC의 논리채널(Logical Channel)은 일반적으로 크게 시스템의 동작 제어를 위한 제어 채널(Control Channel)과 사용자의 데이터를 위한 트래픽 채널(Traffic Channel)로 구분되고, 전달되는 정보의 대상이 전체 또는 개별 단말, 제어 또는 트래픽, 통신 또는 방송 등의 특징에 따라 다음과 같이 정의된다.

① BCCH Broadcast Control Channel : 셀 내에서 망으로부터의 시스템 정보(system information)를 모든 단말에 전달하는 데 사용된다. 단말은 시스템에 접속하기 전에 시스템의 환경 설정을 파악하여 효율적으로 동작할 수 있도록 시스템 정보를 획득하여야 한다.
② PCCH Paging Control Channel : 셀 단위의 위치가 망에 알려져 있지 않는 단말을 호출하기 위하여 사용된다. 페이징 메시지는 복수 개의 셀로 전송된다.
③ CCCH Common Control Channel : 랜덤 액세스에 관련된 제어 정보의 전송을 위해 사용된다.
④ DCCH Dedicated Control Channel : 단말기로 또는 단말로부터 제어 정보의 전송을 위해 사용된다. DCCH는 서로 다른 핸드오버 메시지와 같이 각각의 단말 설정을 위해 사용된다.
⑤ Multicast Control Channel MCCH : MTCH의 수신을 위해 필요한 제어 정보의 전송을 위해 사용된다.
⑥ DTCH Dedicated Traffic Channel : 단말기로 또는 단말로부터 사용자 데이터의 전송을 위해 사용된다. DTCH는 모든 상향링크의 사용자 데이터 및 MBSFN이 아닌 모든 하향링크의 사용자 데이터의 전송을 위해 사용된다.
⑦ MTCH Multicast Traffic Channel : MBMS 서비스의 하향링크 전송을 위해 사용된다.

MAC의 전송채널(Transport Channel)은 정보가 무선 인터페이스로 전달될 때 전송 블록(transport block) 단위로 동일한 특성을 나타내는 채널로 구분하는데, 정보 데이터는 TTI(Transmission Time Interval) 구간에서 전송 블록 단위로 단말기에 전송된다. 전송 블록은 전송포맷(transport format)과 관련 있으며 전송 포맷은 변조율, 안테나 매핑 등을 결정한다.

① BCH Broadcast Channel : 표준에 의해 고정된 전송포맷을 가진다. MIB(Master Information Block)라 불리는 BCCH 시스템 정보 중 일부를 전송하는 데 사용된다.
② PCH Paging Channel : PCCH 논리채널로부터의 페이징 정보 전송을 위해 사용된다. PCH는 미리 정해진 시간 간격에서만 PCH를 수신하도록 단말을 깨움으로써 단말의 배터리 전력을 절약하는 DRX(discontinuous reception)를 사용한다.
③ DL_SCH Downlink Shared Channel : LTE의 하향링크 데이터의 전송에 사용되는 주 전송채널이다. 이 채널은 동적인 데이터 속도 적응, 시간 영역 및 주파수 영역에서의 채널에 따른 스케줄링,

소프트 컴바이닝을 수반한 HARQ, 공간다중화 등과 같은 LTE의 주요 기능 등을 지원한다. 또한 이 채널은 사용자에게 always-on과 같은 체험을 제공하면서 단말의 전력 소모를 줄이기 위해 DRX를 지원하기도 한다. DL_SCH는 BCCH 시스템 정보 중 BCH에 전달되지 않는 정보의 전송에도 사용되며, 단일 셀 MBMS 서비스를 위한 전송에도 사용된다.

④ MBMS Multicast Channel : MBMS를 지원하기 위해 사용되며, 반 정적 상태의 전송포맷과 스케줄링으로 특징된다. MBSFN을 사용한 다중 셀 전송의 경우, 스케줄링 및 전송포맷 설정은 MBSFN 전송에 관계하는 셀들 사이에서 조정되어 결정된다.

⑤ UL_SCH Uplink Shared Channel : 상향링크 데이터의 전송을 위한 상향링크 전송채널로서, DL_SCH에 대응되는 채널이라 할 수 있다.

⑥ RACH Random Access Channel : 전송블록 단위로 전송하지 않지만 단말의 상향 동기를 맞추기 위한 정보를 전송 채널로서 정의된다.

물리채널은 코딩, 물리계층 HARQ, 변조, 다중 안테나 프로세싱, 물리적 시간-주파수 자원의 매핑을 수행한다. CRC 추가, 터보 코딩, 데이터 전송률에 맞춘 부호화된 비트수 결정, 변조율, 안테나 형태 등을 결정하여 물리 채널을 구성하게 한다.

① PDSCH Physical Downlink Shared Channel : 유니캐스트 전송을 위한 물리채널로서 페이징 정보의 전송에도 사용된다.

② PBCH Physical Broadcast Channel : 단말이 망에 접속하는 데 필요한 시스템 정보의 일부를 전송한다.

③ PMCH Physical Multicast Channel : MBSFN 동작을 위해 사용된다.

④ PDCCH Physical Downlink Control Channel : PDSCH의 수신에 필요한 스케줄링 등의 하향링크 제어정보 및 PUSCH에서의 전송을 위한 스케줄링 승인(scheduling grant)을 전송하는 데 사용된다.

⑤ PHICH Physical Hybrid-ARQ Indicator Channel : 단말에게 전송블록이 재전송되어야 하는지의 여부를 알려주기 위한 HARQ 인지정보를 전송한다.

⑥ PCFICH Physical Control Format Indicator Channel : 단말에게 PDCCH들의 신호들을 복호하는 데 필요한 정보를 제공하는 채널로서 각 셀에 오직 1개의 PCIFCH가 있다.

⑦ PUSCH Physical Uplink Shared Channel : PDSCH와 같은 일을 하는 상향링크 채널이다. 단말당 최대 1개의 PUSCH가 있다.

⑧ PUCCH Physical Uplink Control Channel : eNodeB에게 하향링크 전송블록이 성공적으로 수신되었는지의 여부를 알려주는 HARQ 인지정보, 하향링크에서의 채널에 따른 스케줄링을 도와주기 위한 채널상태 보고 및 상향링크에서 데이터를 송신하고자 할 경우 이에 대한 자원 할당을 요구하는 스케줄링 요청 등을 전송하는 데 사용되는 채널이다. 단말당 최대

1개의 PUCCH가 있다.

⑨ PRACH Physical Random Access Channel : 랜덤 액세스(random access)를 위해 사용된다.

7.5.4 물리채널 구조

(1) LTE 시스템의 시간 자원 구조

LTE 시스템은 시간적으로 일정한 포맷을 가지고 정보를 전송한다. LTE 시스템에서 최상위 시간 블록을 프레임이라 한다. LTE 시스템의 프레임 전송 시간은 10 ms이다. 각 프레임은 SFN(System Frame Number)으로 식별되는데 여러 프레임을 이용하는 페이징 및 채널 상태 보고 주기 등을 제어할 때 이용된다.

1개의 프레임은 10개의 서브프레임으로 구성되는데 1개의 서브프레임의 전송 시간은 1 ms이다. 1개의 서브프레임은 2개의 슬롯으로 구성된다.

각 슬롯은 일반 CP(Cyclic Prefix)의 경우 7개의 OFDM 심볼, 확장 CP를 이용하는 경우 6개의 OFDM 심볼로 구성된다. 일반 CP에서 첫째 심볼의 CP는 전체 슬롯 시간을 맞추기 위해 다른 CP보다 길다. 일반 CP보다 긴 시간을 가지는 확장 CP는 큰 셀에서 시간 지연을 극복하거나 방송 서비스에서 여러 셀의 수신 신호 시간 차이를 극복하기 위해 이용된다.

FDD의 경우 Full Duplex, Half Duplex 2개 모두 가능하고, Half Duplex의 경우 듀플렉스 필터가 필요하지 않아 단말 구조가 간단해질 수 있으나 데이터 속도가 떨어질 수 있다. TDD 경우 서브프레임 0, 5번은 하향링크, 2번은 상향링크로 고정된다. 또한 1, 6번은 특수 서브프레임으로 상하향링크 사이에서 간섭을 방지하기 위해 보호 주기(Guard Period)가 설정되어 있다. TDD 시스템의 경우 상하향 트래픽의 비대칭 특성에 유연하게 대응할 수 있도록 상하향 서브프레임 수를 선택할 수 있도록 설정되었다. TDD 시스템의 DL : UL의 서브 프레임 수에 따라 구성 0(2 : 3), 구성 1(3 : 2), 구성 2(4 : 1), 구성 3(7 : 3), 구성 4(8 : 1), 구성 5(9 : 1), 구성 6(5 : 5)으로 설정된다.

LTE 시스템의 프레임, 서브프레임, 슬롯, 심볼, FDD 및 TDD 구조 등을 전체적으로 나타내면 〈그림 7-41〉과 같다. 또한 LTE-TDD 상하향 서브프레임 구조를 나타내면 〈그림 7-42〉와 같다.

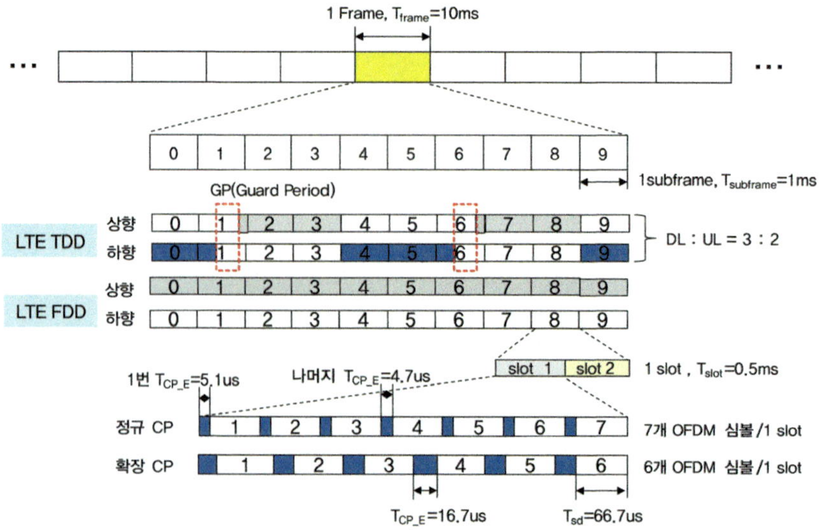

〈그림 7-41〉 LTE 시스템의 시간 자원 구조

Uplink-downlink configuration	Downlink-to-Uplink Switch-point periodicity	Subframe number									
		0	1	2	3	4	5	6	7	8	9
0	5 ms	D	S	U	U	U	D	S	U	U	U
1	5 ms	D	S	U	U	D	D	S	U	U	D
2	5 ms	D	S	U	D	D	D	S	U	D	D
3	10 ms	D	S	U	U	U	D	D	D	D	D
4	10 ms	D	S	U	U	D	D	D	D	D	D
5	10 ms	D	S	U	D	D	D	D	D	D	D
6	5 ms	D	S	U	U	U	D	S	U	U	D

〈그림 7-42〉 LTE-TDD 상하향 서브프레임 구조

(2) LTE 시스템의 주파수 자원의 구조

LTE 시스템은 시간 자원뿐만 아니라 주파수 자원을 함께 동적으로 할당하여 정보를 전달하는 시스템이다. 따라서 시간 자원과 함께 주파수 자원의 물리적 구조도 함께 이해하여야 LTE 시스템의 물리자원을 총체적으로 이해할 수 있다.

우선 LTE 시스템의 주파수 자원 구조를 이해하기 위해서는 주파수 대역폭을 추정할 수 있는 OFDM 신호의 기본시간을 확인하여야 한다. OFDM 신호의 기본시간(T_s)은 1/30,720,000 초이다. 따라서 프레임 및 서브프레임 시간은 다음과 같이 구할 수 있다.

$$Tframe = 10ms = 3072 \times T_s \quad (식\ 7\text{-}2)$$

$$Tsubframe = 1ms = 30720 \times T_s \quad (식\ 7\text{-}3)$$

이때 기본시간은 OFDM 부반송파 간격이 15 kHz이고 부반송파를 2048 크기로 FFT(Fast Fourier Transform)를 수행으로 얻어진 15000 x 2048 = 30.72 MHz 샘플링 주기에서 구할 수 있으며 약 15 MHz 이상 주파수 대역폭에 적용할 수 있다. 만일 FFT 개수를 512개로 줄이면 15000 x 512 = 7.68 MHz 샘플링이 되어 5 MHz 주파수 대역폭이 요구된다.

무선자원블록(Resource Block)은 15 kHz 부반송파 12개(180 kHz)를 기본으로 최소 6개(1.4 MHz)부터 15(3 MHz), 25(5 MHz), 50(10 MHz), 75(15 MHz), 100(20 MHz)로 구성된다. 최소 무선자원블록은 시간영역에서 1슬롯의 7개(일반 CP의 경우) 또는 6개(확장 CP의 경우)를 설정하므로 무선자원요소(resource element)는 12 x 7 = 84개 또는 12 x 6 = 72개가 된다.

하향링크의 코히어런트(coherent) 복조를 위해 기준 신호(reference signal)를 이용하는데, 기준 신호에는 셀 특정 기준 신호(셀 전체에 채널 추정에 이용), 단말 특정 기준 신호(빔포밍이 적용된 단말의 채널 추정에 이용) 그리고 MBSFN 기준 신호(MBSFN 모드로 전송하는 신호에 대한 채널 추정) 등이 있다.

LTE 시스템에는 504개의 서로 다른 기준 신호 시퀀스가 있어 504개의 물리계층 Cell_ID와 대응된다. 기준 신호는 6개 부반송파 간격으로 각 슬롯에서 첫 번째 심볼과 뒤에서부터 세 번째 OFDM에 삽입되는 특정 부반송파에서 84개의 물리계층 Cell_ID 84개 그리고 6개 부반송파를 이동할 수 있으므로 84 x 6 = 504개의 물리계층 Cell_ID를 가질 수 있다. 다중안테나 시스템의 경우 안테나 포트마다 별도의 기준 신호(0~3)를 이용하고 MBSFN은 기준신호 4, 단말 특정 기준 신호(빔포밍 안테나)는 기준신호 5를 이용한다.

LTE 시스템의 부반송파, 무선자원블록, 기준신호 등을 전체적으로 나타내면 〈그림 8-13〉과 같다.

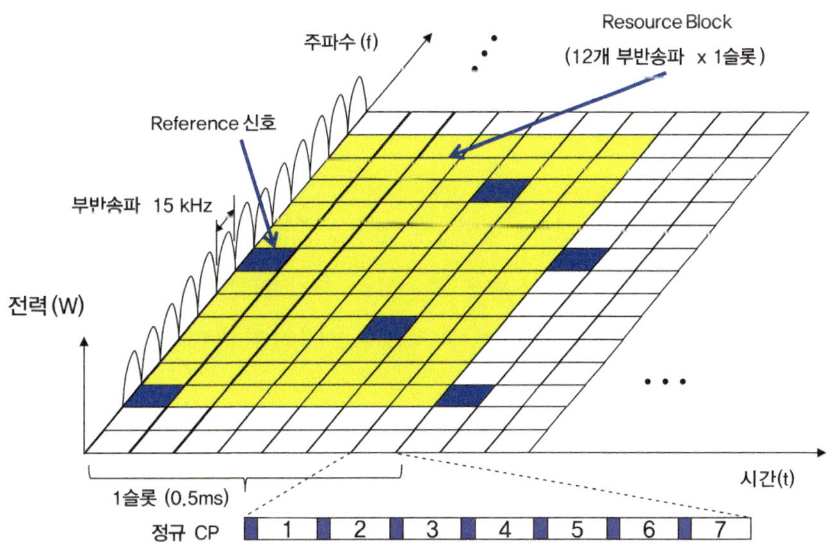

〈그림 7-43〉 LTE 시스템의 주파수-시간 자원 구조

7.5.5 컨볼루션널 터보 코드

1993년 베루[Berrou]에 의해 제안된 **컨볼루션널 터보 코드** Convolutional Turbo Code는 병렬 연계 코드로서 직렬 연계 코드와 달리 동일한 정보데이터를 배열만 바꾸어 서로 다른 부호화기를 적용하는 방식으로 이후 다양한 종류의 터보 코드가 제안되었다. 터보 코드는 AWGN(Additive White Gaussian Noise) 환경에서 비교적 간단한 복호 알고리즘으로 18번의 복호 알고리즘을 수행한 결과 신호 대 잡음비가 섀넌의 한계치와 비교하여 0.7 dB 차이에서 BER이 10^{-5}을 유지할 수 있는데 동일한 조건에서 컨볼루션널 코드는 섀넌의 한계치와 3 dB 정도의 차이를 나타낸다. 터보 코드는 위성통신 시스템(DVB-RCS), 우주통신 등 다양한 분야에서 이용되었다. 이동통신에서는 WCDMA, cdma2000, EV-DO, HSPA, LTE, IEEE 802.16(WiMax) 시스템 등 3세대 및 4세대 이동통신시스템에 적용되었다.

LTE/LTE-A 시스템의 CTC 부호화기의 구조(1/3 coding rate)를 나타내면 다음과 같다.

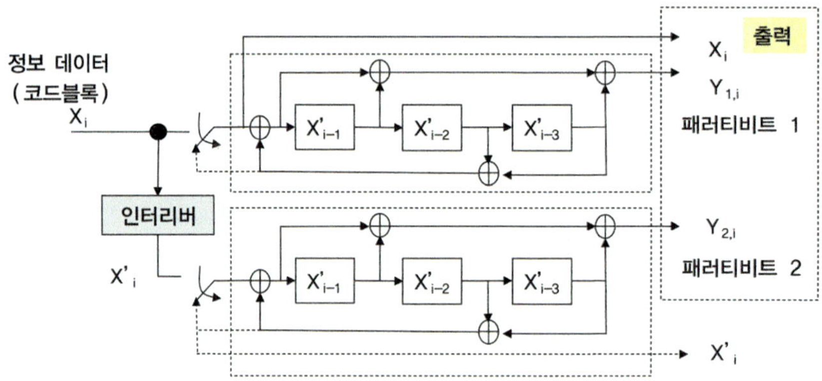

〈그림 7-44〉 CTC 부호화기의 구조

병렬 연계 코드는 복호화 알고리즘을 간단히 수행할 수 있도록 한 것이다. 인터리빙은 데이터의 해밍가중치를 분산시켜 에러정정 능력을 높이는 것이다. 소프트 복호화는 복호화 신호의 결정 능력을 높여 성능을 높인다. 소프트 복호화는 상기 터보 부호화기에서 알 수 있듯이 각 비트 단위로 출력 신호를 확인하고 피드백 회로를 이용하여 반복하여 복호화함으로써 정보데이터를 확률적으로 판단하여 결정한다.

7.5.6 호처리 절차

(1) 개 요

LTE 시스템의 호처리 절차도 일반적인 이동통신 시스템의 절차와 크게 다르지 않다. 우선 단말은 서비스를 제공하기 위해 망과 주파수 및 디지털 데이터를 수신하기 위한 동기를 맞추고 자신이 연결할 셀을 확인한다. 두 번째로 단말은 자신이 서비스를 제공할 셀의 네트워크 파라미터 정보를 수신한다. 세 번째로 단말이 주도하여 네트워크에 연결을 시도하거나(Random Access) 네트워크가 단말에 접속을 시도하여(Paging) 단말과 망이 연결되면 음성/데이터/영상 등의 신호를 주고받는 통신이 이루어진다. LTE 시스템의 기본적인 호처리 절차는 〈그림 7-45〉와 같다.

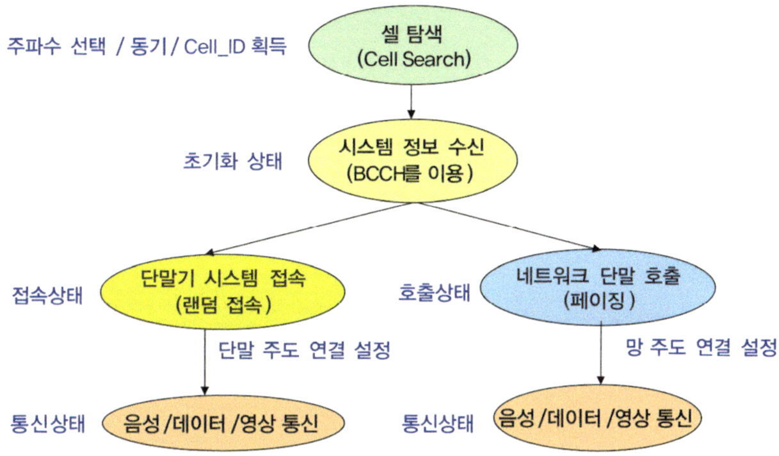

〈그림 7-45〉 LTE 시스템의 호처리 절차 개념도

(2) 셀 탐색 절차

셀 탐색 Cell Search은 전원을 켤 때, 이동하며 이웃한 셀을 재선택할 때 필요한 절차이다. 셀 탐색의 주요 기능은 주파수, 프레임, 심볼 동기 그리고 단말이 연결할 Cell_ID를 결정하는 것이다. LTE 시스템의 Cell_ID는 총 504개로 그룹당 3개의 Cell_ID를 묶어 168개의 Cell_ID 그룹으로 구성된다. LTE 시스템의 하향링크는 Cell_ID 그룹에서 3개의 Cell_ID를 구분하는 PSS(Primary Synchronization Signal)와 168개의 Cell_ID 그룹을 구분하는 SSS(Secondary Synchronization Signal)를 전송한다.

LTE FDD 시스템의 경우 PSS 신호는 서브프레임 0, 5번의 첫 번째 슬롯의 마지막 심볼, SSS는 동일 슬롯의 두 번째 심볼에 위치한다. LTE TDD 시스템의 경우 PSS 신호는 서브프레임 1, 6번의 첫 번째 슬롯의 세 번째 심볼, SSS는 서브프레임 0, 5번의 두 번째 슬롯의 마지막 심볼에 위치한다. 단말은 PSS 신호로부터 SSS의 위치와 Cell_ID 그룹의 3개의 신호 가운데 1개를 확인한 후 SSS 신호로부터 프레임 타이밍과 Cell_ID 그룹 168개 중에 1개를 확인한다. 단말은 프레임 동기와 Cell_ID 및 셀 특정 기준신호를 확인하여 통신할 기지국이 연결되면 시스템 정보를 전송하는 BCH로 부터 시스템 정보를 확인한다. 〈그림 7-46〉은 LTE 시스템의 프레임에서 셀 탐색을 위한 PSS와 SSS 신호의 위치를 나타내고 있다.

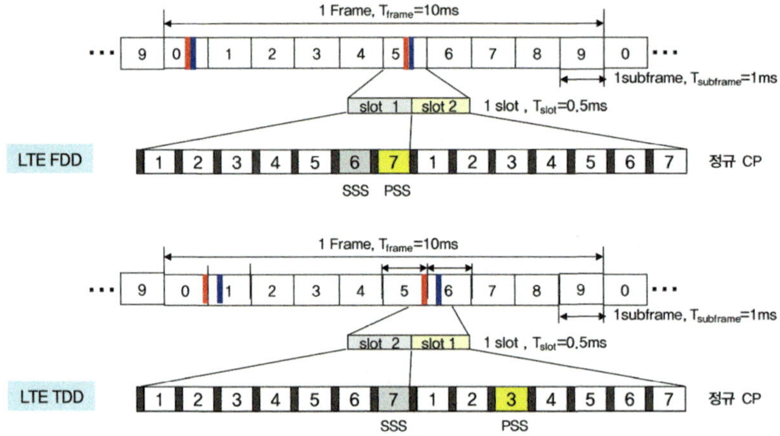

〈그림 7-46〉 셀 탐색을 위한 PSS 및 SSS 신호의 위치

(3) 시스템 정보 수신 절차

단말은 셀 탐색 절차를 BCCH로부터 시스템 정보를 확인하는데 시스템 정보는 하향/상향 링크의 주파수 대역폭, TDD 시스템의 상하향 비율, 랜덤 접속 절차를 위한 파라미터, 상향링크 전력 제어 정보 등을 제공한다. 논리채널의 BCCH는 시스템 정보를 전송채널 BCH와 DL_SCH로 나누어 전송하는데 셀 전체 공통 정보를 포함한 MIB(Master Information Block)는 BCH로 전송하고 개별 단말 정보에 해당하는 정보를 포함한 SIB(System Information Block)은 DL_SCH로 전송한다. MIB는 16 종류의 주파수 대역폭, 단말에게 공유채널 정보, SFN 등의 정보를 제공한다. SIB는 정보의 종류에 따라 구분하여 SIB1~SIB8로 나누어 정보를 전달하는데 SIB는 SI(System Information) 메시지로 매핑되어 서로 다른 주기로 정보를 전송한다.

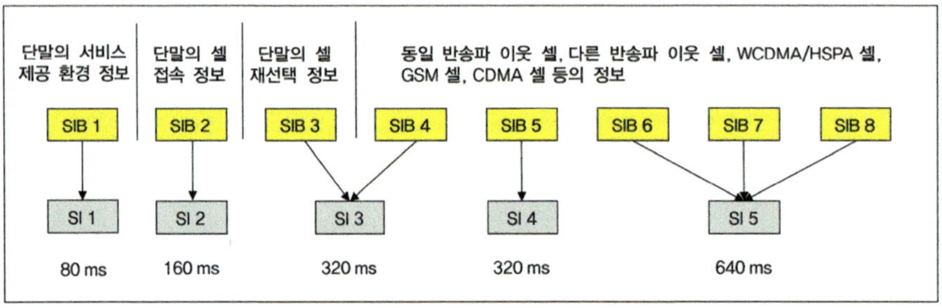

〈그림 7-47〉 시스템 정보의 종류와 전달 방법

셀 탐색 및 시스템 정보 수신의 절차를 요약하면 다음과 같이 요약할 수 있다.

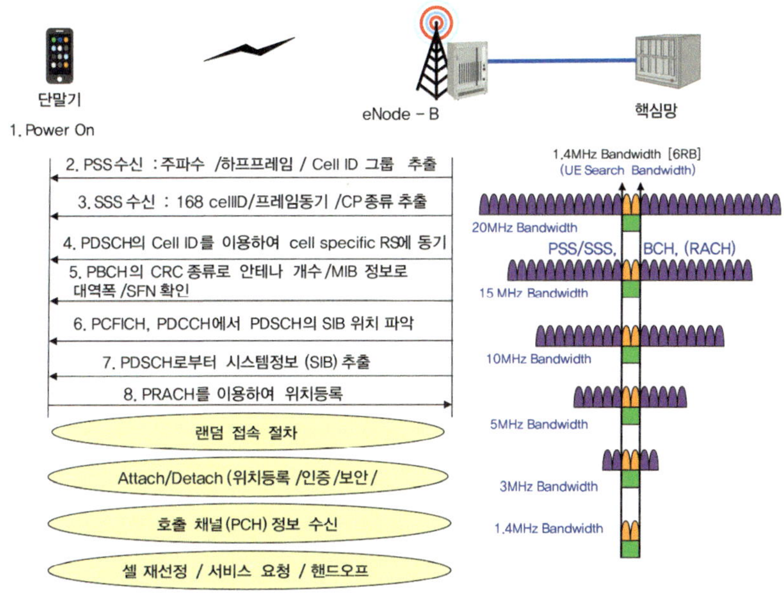

〈그림 7-48〉 셀 탐색 및 시스템 정보의 절차

(4) 랜덤 접속 절차(Random Access)

시스템 정보 수신 절차를 완료한 후 네트워크와 연결 설정을 하기 위해서는 랜덤 접속 절차를 수행하여야 한다. 랜덤 접속 절차는 RRC_IDLE에서 RRC_CONNECTED로 이동하는 기본적인 기능 외에 무선링크 실패 후 재설정하는 기능, 핸드오프에서 새로운 셀과의 상향링크 동기를 설정하려는 기능, RRC_CONNECTED 상태이지만 상향링크의 동기를 맞추는 기능, PUCCH으로 지정된 스케쥴링 자원이 없는 경우 새힐딩하는 기능, 단말 식별자인 C-RNTI(Cell Radio Network Temporary Identifier) 할당 기능 등을 수행한다. 랜덤 접속 절차는 기본적으로 4단계로 구분할 수 있는데 랜덤 접속 절차 개념을 요약하면 〈그림 7-49〉와 같다.

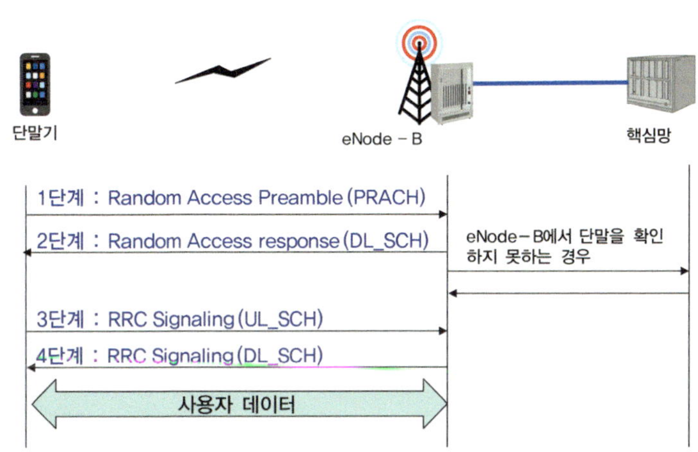

〈그림 7-49〉 LTE 시스템의 랜덤 접속 절차 개념도

랜덤 접속 절차의 단계별 세부 내용은 다음과 같다.

① 단말이 PRACH을 이용하여 상향링크 동기를 위해 Random Access Preamble을 eNode-B에 전송하는 단계이다. 프리앰블을 이용하여 e-Node-B가 단말의 전송 시간을 추정할 수 있다. PRACH 채널 전력은 랜덤 접속이 실패할 때마다 전력을 증가시키는 전력 램핑(Power ramping) 방법을 이용하는데 이와 같은 방식은 기존 CDMA 방법에서도 많이 이용되었던 방식이다. 이때 단말이 전송하는 랜덤 접속 프리앰블은 각 셀에서 64개의 시퀀스가 존재하여 여러 단말이 구분될 수 있도록 하는데, 시퀀스는 root Zadoff-Chu 시퀀스의 순환 이동(Cyclic shift)를 이용하여 생성한다. 랜덤 접속 프리앰블은 기본적으로 1 ms 6개 무선자원블록을 이용하여 전송하지만 셀 반경이 클 경우 2 ms, 3 ms, 4 ms도 사용할 수 있도록 설정할 수 있도록 되어 있다. 랜덤 접속 프리앰블 구조는 CP, 프리앰블 시퀀스로 구성되는데 2단계 시간 정보 조정을 위해 보호시간이 필요하다(〈그림 7-44〉 참조).

② 망이 DL_SCH를 이용하여 시간 조정(timing advance) 정보를 단말에 전송하는 단계이다. 이 단계에서 상향동기 설정 및 단말에게 상향링크 자원을 할당하는데 이때 망은 단말에 임시 단말 식별자(TC-RNTI)를 할당한다.

③ 단말이 UL_SCH을 이용하여 자신의 식별자인 C-RNTI를 망으로 전송하는 단계이다.

④ 망이 DL_SCH을 이용하여 경쟁이 해소되었음(contention-resolution)을 나타내는 하향링크 메시지를 전송하는 단계이다. 단말은 3단계에서 망에 전송한 단말 식별자와 4단계에서 수신한 단말 식별자가 동일하면 랜덤 접속 절차가 성공하였음을 확인하고(RRC_CONNECTED를 설정 완료했다는 의미) 망과 통신을 시작한다.

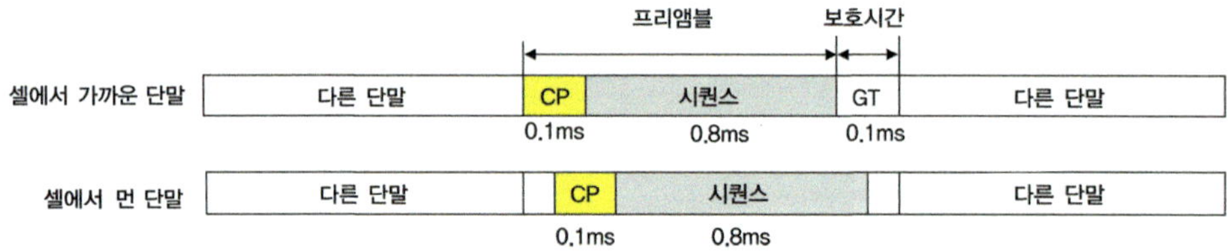

〈그림 7-50〉 LTE 시스템의 랜덤 접속 프리앰블의 구조

(5) 호출 절차(Paging)

호출 절차는 망이 주도하여 단말과 연결하는 절차이다. 효율적인 호출 절차를 수행하기 위해 단말은 정해진 시간에만 활성화하여 망으로부터 호출 정보를 확인하고 대부분의 시간은 SLEEP 모드 상태에 있다. WCDMA/HSPA는 하향링크에서 PICH(Paging Indicator Channel)을 이용하여 미리 정해진 시간만을 확인하지만 LTE 시스템에서는 별도의 호출 PICH 채널 없이 DL_SCH에 있는 자신의 하향링크 스케쥴링 할당 신호만을 확인하는 DRX(Discontinuous Receive) 방식이 이용된다. 단말은 호출에 이용되는 그룹 식별자(P-RNTI)를 검출하면 PCH에

서 전달되는 자신의 하향링크 메시지를 처리하고 자신의 식별자를 확인하지 못하면 수신 정보를 버리고 SLEEP 모드에 들어갔다가 DRX 주기에 따라 호출 채널을 확인하는 절차를 주기적으로 수행한다.

(6) 핸드오프 절차(Hand off)

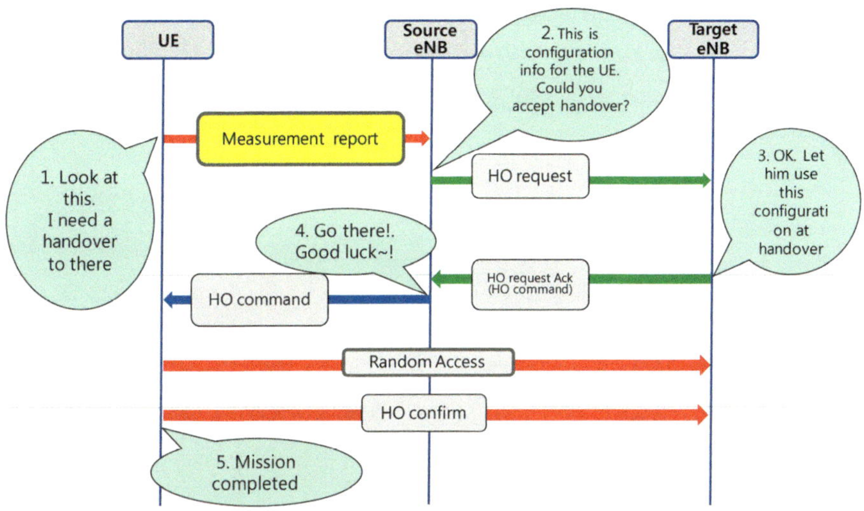

〈그림 7-51〉 LTE 시스템의 핸드오프 절차

7.5.7 IP 기반 모바일 브로드밴드 서비스

LTE는 실시간 및 비실시간 서비스가 혼합된 모바일 브로드밴드 서비스를 최적화하기 위해 시스템의 구조가 IP 전송에 집중하는 무선 접속 구조로 이루어졌다. LTE는 단순한 회선교환(circuit switching) 중심이던 음성통신도 수용하지만 보다 다양한 애플리케이션(서비스)과 멀티미디어를 위한 데이터 전송을 체계적으로 수용하는 것을 전제로 진화하고 있다. LTE 시스템은 이전 3세대와 비교하여 각 서비스에 따른 서비스 품질(Quality of service)을 효율적으로 관리할 수 있다. LTE는 음성 등과 같은 실시간 서비스에 적합한 회선 네트워크를 제거하고 데이터 통신에 적합한 IP 기반 패킷 네트워크만으로 설계되었다. LTE가 유무선통합 IP 네트워크를 기반으로 모바일 브로드밴드 서비스를 제공하는 데 핵심적인 구성요소가 될 것이다.

LTE 서비스는 기존 실시간 서비스를 제공하는 3세대 모바일 네트워크와의 연동 방법에 따라 약간의 차이가 있다. 우선 3세대 모바일 네트워크와의 음성서비스를 연동하는 경우 음성 서비스의 안전성을 위하여 3세대 모바일 통신기술과 병행하는 경우(CSFB : Circuit Switched Fallback)와 Circuit-based 멀티미디어 서비스를 IP 기반의 서비스로 변환하여 처리하는 IMS(IP Multimedia Subsystem) 방식을 이용하는 경우가 있다. IMS는 모바일 통신기술의 IP 기반

위에서 SIP의 Session Layer에서 시스템을 구성하고 네트워크와 연계할 수 있는 플랫폼을 구성하는 개념이다.

LTE의 음성전화 서비스를 설명하기 위해 LTE 네트워크에서는 IP 기반의 패킷 음성전화 서비스를 제공하고 3세대 네트워크만 있는 지역에서는 회선 음성전화 서비스를 제공하는 환경을 가정하여 설명한다. 다음 그림에서 3세대/LTE 겸용 단말기는 LTE 네트워크가 있는 경우 VoLTE(Voice over LTE) 서비스 기능을 이용하여 패킷 네트워크를 통한 음성착신과 음성발신 서비스를 제공한다. 즉 VoLTE 단말이 eNB(evolved Node-B)와 EPC(Evolved Packet Core) 그리고 IMS를 거쳐 타사 회선서비스 단말과 통신을 한다. 또한 LTE 네트워크가 없는 경우에는 기존 3세대 네트워크를 이용하여 서비스를 제공받는다.

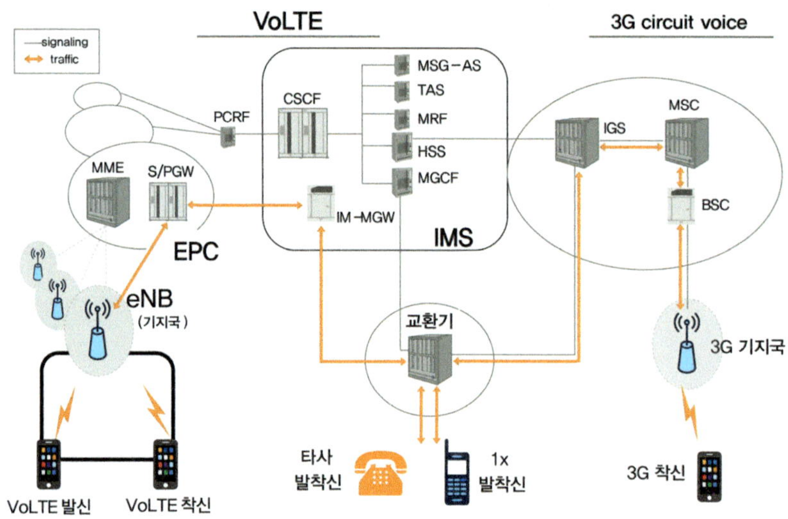

〈그림 7-52〉 VoLTE 서비스 절차

7.5.8 LTE-Advaneced 주요 기술

(1) 개 요

LTE-Advanced 시스템은 ITU의 IMT-Advanced 최소 기술 요구 사항을 만족하여야 한다. 또한 LTE-Advanced 시스템은 LTE 시스템의 진화된 시스템으로 LTE 시스템과 후방위 호환성(Backward Compatibility)을 만족시켜야 한다. 후방위 호환성은 주파수의 공존의 후방위 호환성 · 장비 측면의 후방위 호환성 · 단말 측면의 후방위 호환성 모두를 포함한다.

한편 LTE-Advanced 시스템은 ITU의 요구사항뿐만 아니라 시스템 고유의 확장된 요구사항을 제시하였다. LTE-Advanced 시스템의 확장된 요구사항은 다음과 같다.

- 최대 데이터 전송속도 확장 지원 : 하향 1 Gbps, 상향 500 Mbps
- 높은 셀 주파수 효율 및 사용자 주파수 효율

- 낮은 비용의 장비 구현 및 단말 구현
- 단말 및 장비의 낮은 전력 소모를 의미하는 높은 전력 효율
- 여러 주파수 대역의 주파수 블록(fragmented spectrum)을 효율적으로 활용하는 주파수 결합(spectrum aggregation)

기존 LTE 시스템의 기능을 개선하기 위해 LTE-Advanced 시스템에서 적용된 주요 기술로는 반송파 결합 기술, 개선된 셀 간 간섭 조정 기술, 향상된 중계기 및 릴레이 기술, 다중 안테나 방식의 확장 기술 등이 있다.

(2) 반송파 결합

반송파 결합 CA : Carrier Aggregation은 LTE-Advanced 시스템이 최대 100 MHz까지 지원하도록 되어 있으나 이것은 20 MHz 채널 여러 개를 결합하여 제공하는 기술이다. IMT 주파수 대역은 여러 대역에 걸쳐 있으므로 인접한 경우 또는 떨어져 있는 경우 등 다양한 형태의 주파수 결합 시나리오가 있을 수 있다. 하지만 떨어져 있는 주파수를 결합하는 비연속적 주파수의 반송파 결합은 단말기의 RF 필터 복잡도가 증가할 수 있다.

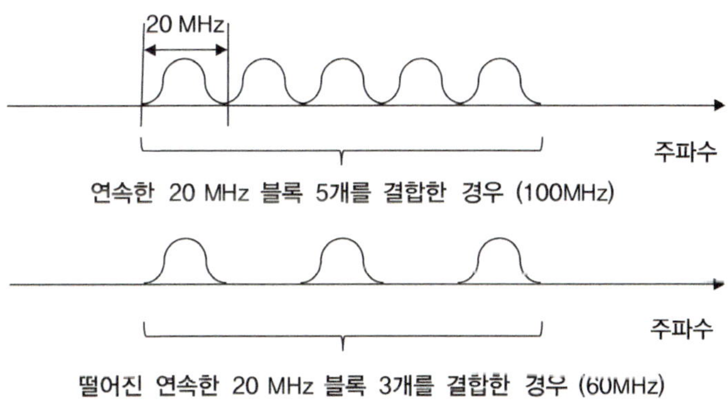

〈그림 7-53〉 주파수 결합의 개념

3GPP는 LTE 표준인 Release 8 표준(2008년 12월)을 완료하고 채널 대역폭은 20 MHz까지 제시하였다. LTE-Advanced 표준인 3GPP Release 10 표준(2011년 3월)을 완료하고 20 MHz 채널 5개를 결합하여 100 MHz를 이용할 수 있다. 채널 대역폭의 한계 극복은 CA 기술에 의한 것으로 3GPP Release 10 표준에서는 하향링크 및 FDD 또는 TDD 반송파끼리만 결합하는 방식이었는데 3GPP Release 11 표준(2012년 3월)에서는 상하향 반송파 결합 기술이 적용되고 3GPP Release 12 표준(2015년 3월 표준)에서 FDD와 TDD의 반송파를 함께 결합하는 기술을 표준화하였다. 3GPP는 반송파 결합에 이용되는 각각의 반송파를 컴포넌트 캐리어 Component Carrier라고 한다.

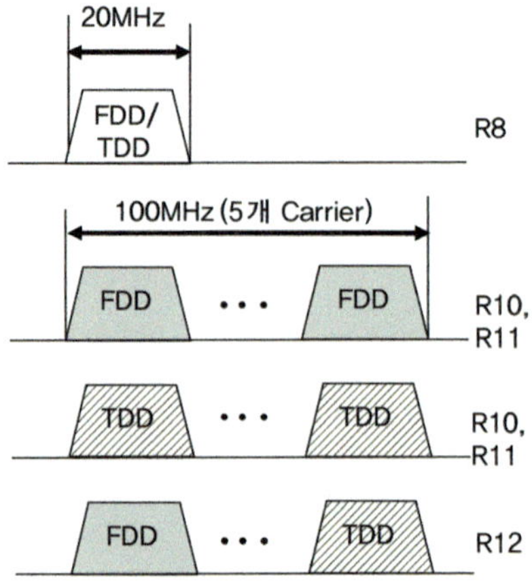

〈그림 7-54〉 반송파 결합기술의 진화

(3) 개선된 셀간 간섭 조정 기술

개선된 셀간 간섭 조정 eICIC : enhanced Inter-Cell Interference Coordination은 매크로셀 기지국과 피코셀 또는 펨토셀 기지국이 동일 지역에서 서비스를 제공할 때 발생하는 간섭을 조정하는 것과 관련된 기술이다. 이와 같이 서로 다른 기지국의 형태가 동일 지역에 배치되어 있는 것을 이기종 네트워크 Heterogeneous Network라고 한다.

스마트 기기의 보편적인 서비스와 함께 데이터 량이 급격히 증가하면서 네트워크는 여러 네트워크로 데이터 량을 분산하기 위한 데이터 오프로딩(Data offloading) 기술이 주목 받고 있다. 소형셀을 이용한 데이터 오프로딩의 기본적인 개념은 소형셀을 설치하여 셀분할 이득을 높이는 것으로 매크로셀 내부에 데이터 량 밀집지역(hot zone)에 설치하는 피코셀, 옥내 수신 품질을 높이고 데이터 량을 분산하는 펨토셀(3GPP 용어로 Home eNode), 중계기 및 RRH 방식 등이 있다.

피코셀 환경의 데이터 오프로딩은 단말이 매크로셀과 피코셀을 선택할 때 신호 전력 세기만을 고려하지 않고 데이터 오프로딩을 위해 피코셀의 오프셋 값을 이용하여 셀 영역을 확대하는 것이다. 펨토셀 환경의 데이터 오프로딩은 홈 지역의 데이터를 펨토셀에서 처리하여 매크로셀의 부담을 줄이는 것이다.

이때 피코셀의 경우 매크로셀의 강한 신호가 간섭이 되고 펨토셀의 경우 서비스 제공이 특정 단말 그룹(CSG : Closed Subscriber Group)에 제한되어 있는데 허용되지 않는 단말이 펨토셀에 들어올 때 펨토셀이 강한 간섭을 주게 된다. 이때 간섭을 줄이기 위해 협력적 사일런스 기법(Cooperative Silence)을 적용한다. 협력적 사일런스 기법은 X2 인터페이스(매크로셀-피코셀) 또는 O&M(매크로셀-펨토셀)에서 간섭 지지국이 서비스 기지국에 신호를 전송하지 않는 서브프레임(ABS : Almost Blank Subframe)의 정보를 알려주어 서비스하는 기지국이 간섭을 받지 않는 서브프레임을 이용함으로써 간섭을 최소화하는 방식이다.

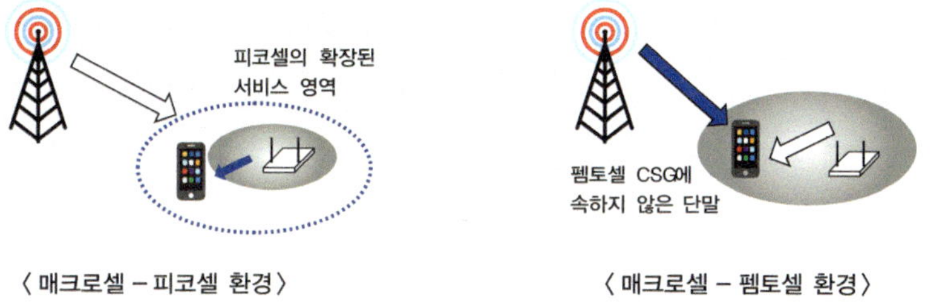

〈그림 7-55〉 이기종 셀간 간섭 상황

(4) 향상된 중계기 및 릴레이(Relay) 기술

LTE-Advanced 시스템은 고속의 데이터 서비스를 제공해야 하므로 높은 SNR을 유지하여야 한다. 하지만 높은 SNR을 유지하려면 셀 반경이 작아져 셀룰러 이동통신서비스에 한계가 있다. 따라서 셀의 반경을 넓히기 위해 중계기를 이용하는데 기존의 중계기 기능 외에 소형 기지국의 역할을 하는 Relay 기능을 포함한 기술은 고속 데이터에 의한 셀 반경의 제약을 해결할 수 방안중의 하나이다. LTE-Advanced 시스템의 중계기는 L1/L2/L3 기능을 포함하고 있으므로 중계기가 기지국과 유사한 기능을 가지고 있다.

백홀(Backhall) 기능을 가지는 중계기를 DeNode-B(Doner eNode-b)라고 하고 중계기를 RN(Relay Node)이라고 정의한다. DeNode-B는 RN에 대한 MME(Mobility Management Entity)와 S-GW(Serving Gateway) 기능을 수행한다. DeNode-B와 RN 인터페이스는 기지국간 인터페이스(X2)와 S-GW와 기지국 인터페이스(S1)을 기능을 함께 수행한다.

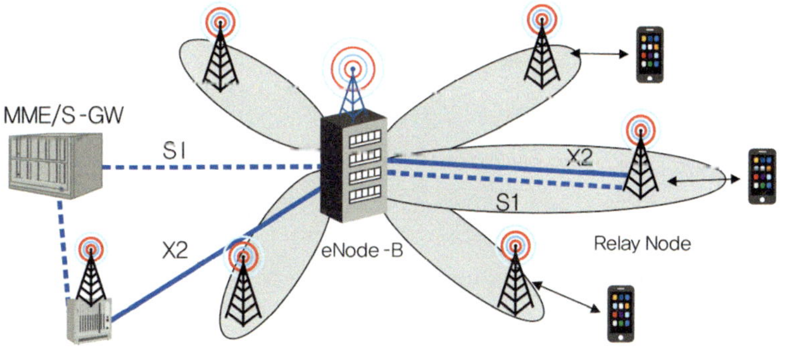

〈그림 7-56〉 릴레이 기술의 개념

(5) 다중 안테나 방식의 확장

LTE-Advanced 시스템은 ITU에 다중 안테나를 하향 4 layer, 상향 2 layer(4x2 MIMO 안테나) 다중 안테나 시스템을 기준으로 규격을 제시하였다.

MIMO와 같은 다중 안테나 시스템과는 다른 방법으로 기지국 시스템이 DU와 RU를 분리하여 안테나를 기존의 섹터 개념이 아닌 서비스 대상 지역을 임의로 선정하여 배치함으로써 단말기가 여러 안테나로부터 신호를 수신하는 위치에 놓일 수 있는데 이를 이용하여 데이터 전송 효율을 높일 수 있는 기술을 CoMP Coordinated Multi Point transmission/reception라고 한다. CoMP는 일부 안테나 시스템에서 신호가 없어 증폭기가 놀고 있을 때 해당 안테나의 증폭기 전력을 접속하고 있는 단말기로 함께 전송하면 증폭기의 활용을 효율적으로 이용하여 데이터 전송 효율을 높일 수 있다.

다수개의 안테나를 다수개의 지점에 배치시킨 형태로 볼 수 있어 분산 MIMO distributed MIMO 또는 네트워크 MIMO라고도 불린다.

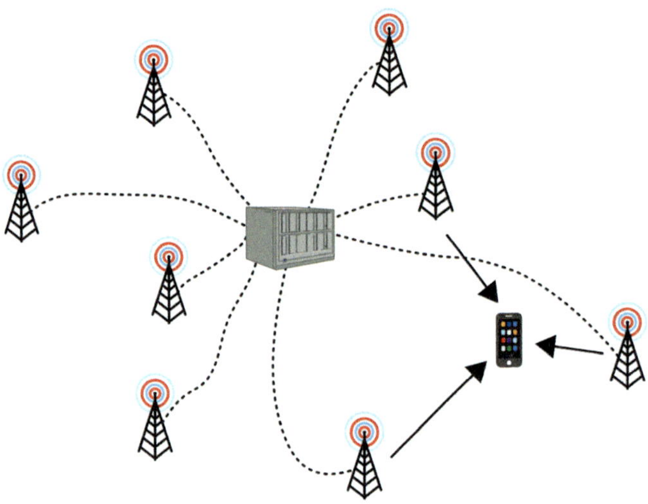

〈그림 7-57〉 CoMP 기술의 개념

(6) LTE-Advanced 시스템의 전송속도

LTE-Advanced 시스템은 CA 기술을 이용하여 20 MHz 채널 5개를 결합하여 100 MHz를 이용하여 최대 3 Gbps까지 데이터 전송속도를 높였다. 〈표 7-18〉의 UEC(User Equipment Category)에서 1 ~ 5번까지는 LTE 시스템의 기준이다.

〈표 7-18〉 LTE-Advanced 시스템의 전송 속도

UEC	대역폭 (MHz)	DL QAM	DL MIMO	DL 최고 속도 (Mbps)	UL 64QAM	UL 최고 속도 (Mbps)	3GPP 표준
NB1	0.2	×	1	0.68	×	1	R13
NB2	0.2	×	1	2.536	×	2.536	R13
M	1.4	×	1	1	×	1	R13
0	20	64	1	1	×	1	R12
1	20	64	1	10.3	×	5.2	R8

2	20	64	2	51	×	25.5	R8
3	20	64	2	102	×	51	R8
4	20	64	2	150.8	×	51	R8
5	20	64	4	299.6	○	75.4	R8
6	20	64	2, 4	301.5	×	51	R10
7	20	64	2, 4	301.5	×	102	R10
8	20×5(100)	64	8	2,998.6	○	1,497.8	R10
9	20×n(CA)	64	2, 4	452.2	×	51	R11
10	20×n(CA)	64	2, 4	452.2	×	102	R11
11	20×n(CA)	256	2, 4	603.0	×	51	R11
12	20×n(CA)	256	2, 4	603.0	×	102	R11
13	20×n(CA)	256	2, 4	391.7	○	150.8	R12
14	20×n(CA)	256	8	3,917	○	9,585	R12
15	20×n(CA)	256	2, 4	750	○	226	R12
16	20×n(CA)	256	2, 4	979	256QAM	105	R12
17	20×n(CA)	256	8	25,065	256QAM	2,119	R13
18	20×n(CA)	256	2, 4, 8	1,174	256QAM	211	R13
19	20×n(CA)	256	2, 4, 8	1,566	256QAM	13,564	R13
20	20×n(CA)	256	2, 4, 8	1,948~2,029	256QAM	316.6	R13
21	20×n(CA)	256	2, 4	1,348~1,413	○	301.5	R13

CHAPTER 08

5세대 이동통신

8.1 개요

8.1.1 서비스 배경

5세대 이동통신서비스에 대한 요구는 두 가지 측면에서 이루어졌다. 첫째는 ITU가 2010년 측정한 실제 트래픽이 2005년 예측한 4세대 이동통신서비스의 트래픽보다 훨씬 많았다. 2003년에 ITU는 2010년의 전 세계 모바일 서비스 가입자 수를 17억 명으로 예측하였는데, 2011년 2월 실제 전 세계 모바일 서비스 가입자 수는 53억 명을 기록하여 예측치보다 3배 이상 증가하였으며, 글로벌 모바일 트래픽은 2008 ~ 2010년 사이에 522% 증가하였다. 또한 상위 1% 가입자가 전체 트래픽의 20%를 사용하고 있고, 상위 10%가 60%를 사용하고 있는데 이것은 모바일 통신 트래픽의 발생 형태가 유선 통신 트래픽과 유사해져 모바일서비스가 보편적인 서비스로 변화하였음을 나타내고 있다. ITU의 2005년 트래픽 분석은 다양한 트래픽 증가율을 반영하여 예측하였는데 2011년 현재 실제 트래픽은 높은 트래픽 예측치보다 5배가 많다. 음성대비 100% 모바일데이터 트래픽 시기도 2015년에서 2009년으로 당겨졌다.

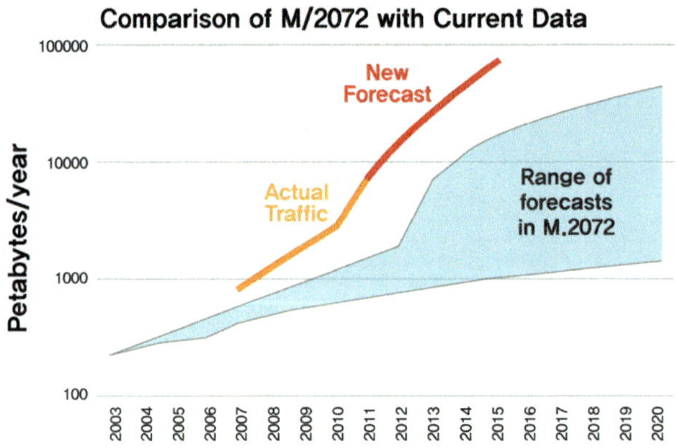

출처 : ITU-R M.2243

〈그림 8-1〉 ITU의 2005년 트래픽 예측과 2010년 실제 트래픽 비교

두 번째는 새로운 이동통신서비스의 등장이다. 4세대 이동통신은 음성 외에 데이터 및 영상 서비스의 급격한 증가로 인해 데이터 전송속도를 높인 기술을 기반으로 하여 기존 유선통신서비스와 동일한 품질의 서비스를 제공하게 되었다. 하지만 이동통신서비스가 새로운 사회 인프라로 진화하면서 데이터 전송속도뿐만 아니라 초저지연시간 및 대규모 단말과 통신할 수 있는 새로운 형태의 서비스를 요구하는 방향으로 발전하였다. 예를 들어 5세대 이동통신서비스는 4세대 이동통신서비스보다 고속인 3D 영상과 홀로그램과 같은 초고속 서비스, 저속이지만 사물인터넷의 센서 네트워크와 같은 대규모 단말 서비스, 전송 데이터의 지연 시간이 실제 현실과 같이 이루어져야 할 원격 의료 서비스, 무인차량주행 서비스 등이다.

8.1.2 서비스 개념

5세대 이동통신서비스(IMT-2020)는 통신의 범위를 사람 중심에서 모든 사물로 확대하고, 정보를 장소와 시간에 제약 받지 않고 현재와 동일하게 경험할 수 있는 차세대 이동통신서비스이다.

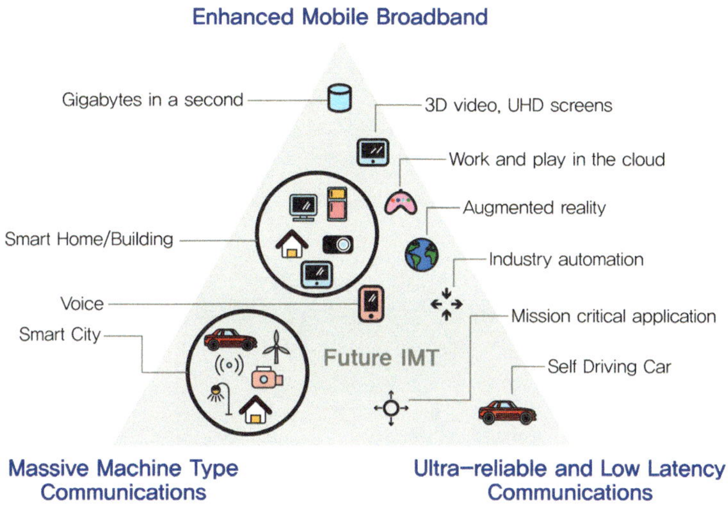

출처 : ITU-R M.2083

〈그림 8-2〉 IMT-2020 서비스의 개념

5세대 이동통신서비스의 주요 개념은 다음과 같다. ① IMT-2020 서비스는 전송속도를 4G보다 20배 이상 높인 20 Gbps로 데이터를 전송한다. 데이터 전송 속도를 20 Gbps까지 높이면 5세대 이동통신에서는 간단한 센서부터 3D 영상 서비스까지 다양한 서비스를 제공할 수 있다. ② 단말과 네트워크 사이 지연 시간을 1 ms 이내로 통신하는 능력을 가진다. 원격 제어, 원격 수술, 원격 공장 제어, 자율주행차량 등 사람의 실시간 통신 환경을 제공할 수 있다. ③ 대규모의 사물과 통신할 수 있는 능력(1,000,000/km^2)을 가진다. 이동통신 네트워크의 범위를 사람에서 사물로 확대하면 이동통신은 기존 ICT 인프라를 넘어 사회의 인프라로서 역할이 확대될 것이다.

5세대 이동통신의 새로운 네트워크 능력은 다음과 같다. ① 세계를 네트워크로 연결하여 전기와 같은 기반 산업의 역할이 될 것이다. ② 새로운 ICT 시장을 형성할 것이다. 빅데이터에 기반한 산업이 한 예이다. ③ 에너지 효율이 높은 네트워크 구축으로 디지털 이용 격차 해소에 기여한다. ④ 다양한 형태의 통신 방법으로 풍부한 콘텐츠를 활용할 수 있다. ⑤ 새로운 형태의 교육이 이루질 것이다. 디지털 및 클라우드 기반의 교육 접근이 용이해진다. ⑥ 에너지 효율성이 증대된다. 통신을 이용한 다양한 경제 활동이 경제활동을 보완한다. ⑦ 거대한 휴먼 네트워크는 사회의 의사 결정 정보를 생성하여 사회를 변화시킨다. ⑧ ICT를 활용한 새로운 예술 및 문화 기술로 새로운 예술과 문화를 생성한다.

ITU는 5세대 이동통신서비스를 제공할 수 있는 IMT-2020의 핵심 기술 능력을 다음 〈그림 8-3〉과 같이 정의하였다.

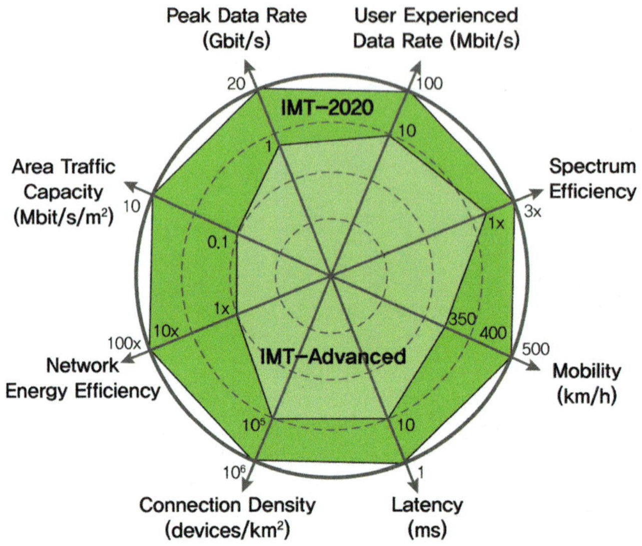

〈그림 8-3〉 IMT-2020 핵심 기술 능력

IMT-2020은 핵심 기술 능력 항목을 ① Peak data rate ② User experienced data rate ③ Latency ④ Mobility ⑤ Connection density ⑥ Energy efficiency ⑦ Spectrum efficiency ⑧ Traffic volume density 등의 8개로 설정하고 기존 3세대 이동통신(IMT-2000), 4세대 이동통신(IMT-Advanced)과 비교하였다.

IMT-2020은 핵심 기술 능력 항목 8개 파라미터의 정의와 목표 값은 〈표 8-1〉과 같다.

〈표 8-1〉 IMT-2020 핵심 기술 항목 파라미터 값

핵심 능력	정 의	목표값	비고 (IMT-Advanced)
Peak data rate(Gbps)	단말기에 제공할 수 있는 최대 전송 데이터 속도	20	1
User experience data rate(Mbps)	단말기 어디에서든 이용할 수 있는 전송 데이터 속도	100	10
Latency(ms)	무선망의 단방향 전송 지연 시간	1	10
Mobility(km/h)	요구 QoS를 만족하며 데이터를 전송할 수 있는 이동 속도	500	350
Connection density(devices/km^2)	단위 면적당 접속 가능한 단말 수	1,000,000	100,000
Energy efficiency(bits/Joule)	단위 에너지당 전송 데이터	100×	10×
Spectrum efficiency(bits/s/Hz)	셀의 단위 주파수당 전송 데이터	3×	1×
Area traffic capacity(Mbps/s/m^2)	단위 면적당 전송데이터	10	0.1

5세대 이동통신서비스 환경은 초고속통신서비스(Enhanced Mobile Broadband Servise), 고신뢰 및 저지연 서비스(Ultra-reliable and latency service), 대규모 단말 서비스(Massive machine type service)로 구분할 수 있는데, 5세대 이동통신서비스는 각각의 서비스 기술 능력 항목이 달라질 수 있다. 따라서 네트워크는 8개의 모든 능력을 동시에 유지하지 않고 제공되는 서비스의 필요에 따라 네트워크 기능을 변경할 수 있다. 3개의 서비스 그룹과 IMT-2020의 핵심 기술 능력을 구성하면 〈그림 8-4〉와 같다.

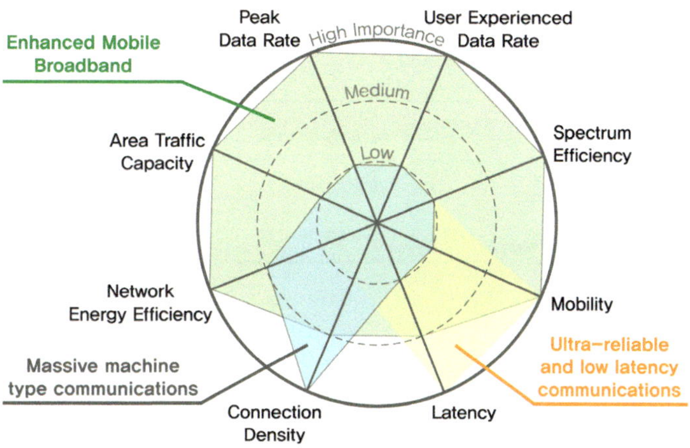

〈그림 8-4〉 서비스별 IMT-2020 핵심 기술 능력 항목

8.1.3 시스템 개발

ITU는 2011년 10월 IMT 트래픽을 예측한 결과를 반영한 ITU-R M.2270 보고서를 작성하여 이동통신(IMT) 추가 수파수를 확보하기 위한 WRC-15(2015.10) 의제(1.1)가 채택되었고, 5세대 이동통신서비스의 개발을 검토하기 시작하였다. ITU는 WRC-12 회의(2012.5)가 끝난 후 새로운 모바일 광대역 서비스 환경을 반영하여 주파수 소요량 산출, 5세대 이동통신 추가 주파수 검토, 5세대 이동통신 기술 동향, 5세대 이동통신 비전 권고인 및 기술 성능 요구사항을 확정하고 후보기술을 받아 2020년 5G 이동통신 표준을 완료하였다.

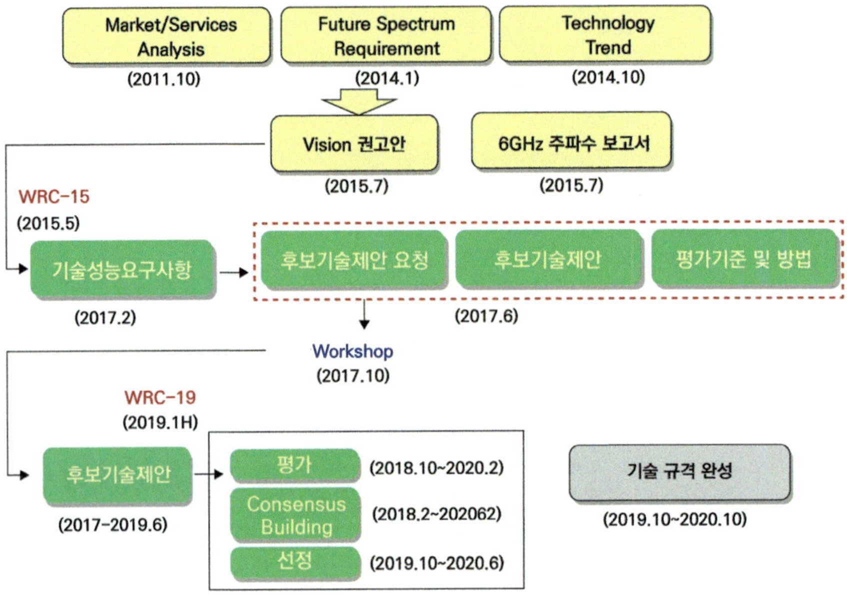

〈그림 8-5〉 ITU의 IMT-2020 기술 개발

ITU는 WRC-12에서 Study Group 4-5-6-7이 합동 작업으로 구성된 JTG(Joint Task Group) 4-5-6-7이 IMT용 추가 주파수 소요량 및 적합한 주파수 대역을 검토하도록 하였다. JTG 4-5-6-7은 위성(SG4), 지상(SG5), 방송(SG6) 및 과학업무(SG7)의 합동 연구반이다. ITU-R WP5D는 2012년 10월 IMT용 추가 주파수 소요량을 1340 ~ 1960 MHz으로 추정하고, 추가 주파수의 적합한 주파수 범위(suitability frequency range)의 타당성 및 후보 대역(Candidate Band)을 〈표 8-2〉와 같이 검토하였다.

〈표 8-2〉 IMT 후보 주파수 대역별 타당성 검토

주파수 대역	후보대역(MHz)	타당성 검토
1GHz 이하	470–694, 694–790	전파특성 우수, large area, 낮은 투자 비용, 장비 복잡도 낮음
1.5GHz 대역	1000–1700	전파특성 우수, wide area(urban & rural), 용량 제공, 국제 표준 장비 가능
2GHz 대역	2025–2110, 2200–2290	전파특성은 도심 지역 적합, large contiguous 대역폭으로 용량 제공, 네트워크 시스템 규모의 경제 가능, 기존 IMT 시스템의 확대 이용
3~6GHz (3.5GHz 대역)	2700–3400, 3400–5000	전파 특성은 고밀도 도심 지역 적합, large contiguous 대역폭으로 모바일 광대역 응용 서비스 제공, 네트워크 시스템 규모의 경제 가능, RF 부품 소자 활용 용이
5GHz 대역	5350–5470, 5850–6425	
6GHz 이상	13.4–14, 18.1–18.6, 27–29.5, 38–39.5GHz	전파특성은 스몰셀 지역 적합, massive 안테나 기술에 적합, 대용량 제공 가능한 large contiguous 대역폭(예; 500MHz) 제공, 현재 반도체 기술로 구현 가능

ITU는 2015년 11월에 끝난 WRC-15 회의에서 1427-1452/1492-1518 MHz 주파수를 전 세계 IMT 공통대역으로 지정하고 470 MHz, 1.4 GHz, 3.6 GHz 주파수 대역 일부를 국가 또는 지역에서 IMT용으로 사용할 수 있도록 하고, WRC-19(2019.11)에서 6 GHz 이상 주파수 대역 가운데 글로벌 대역으로 24.25-27.5 GHz, 37-43.5 GHz, 66-71 GHz 지역 대역으로 45.5-47 GHz, 47.2-48.2 GHz를 IMT용으로 추가 분배하였다.

모바일 서비스와 주파수 대역의 상관관계를 고려하면 ① 교외지역의 넓은 지역을 커버하는 1 GHz 이하의 커버리지(Coverage)용 주파수, ② 도심에서 대용량 데이터 통신을 지원하는 1 ~ 3 GHz의 용량(Capacity)용 주파수, ③ 도심 밀집지역(hotspot)의 품질을 유지하는 3 GHz 이상의 성능(Performance)용 주파수로 활용하는 것이 효율적으로 판단된다.

ITU는 2000년 이후 3세대 이동통신(IMT-2000) 시스템의 기술 표준으로 3GPP가 제안한 WCDMA를 비롯하여 6개의 표준을 승인하였다. 또한 2012년 4세대 이동통신(IMT-Advanced) 시스템의 기술 표준으로 3GPP가 제안한 LTE-Advanced와 IEEE가 제안한 802.16m 2개의 표준을 승인하였다. 하지만 5세대 이동통신(IMT-2020) 시스템의 기술 표준은 3GPP에서만 논의되었다. 3GPP가 4세대 이동통신의 기술 표준화와 5세대 이동통신에서 추진한 5G 기술 표준화 일정을 요약하면 〈그림 8-6〉과 같다.

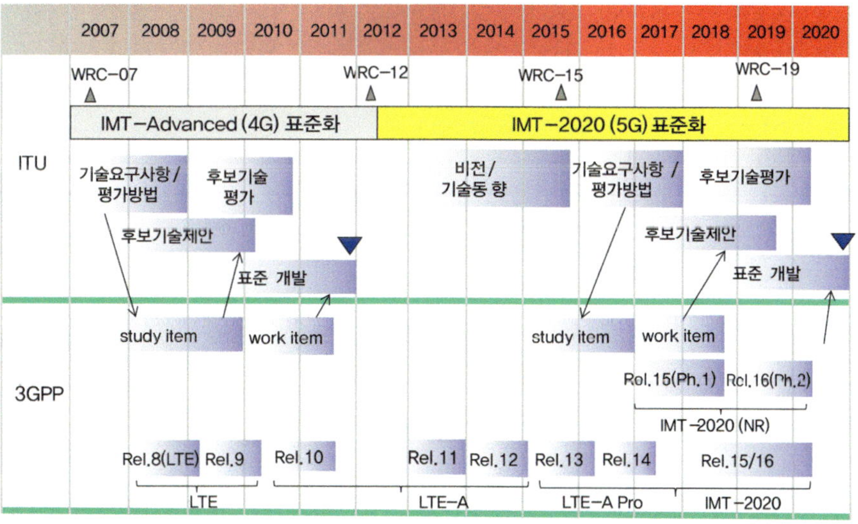

〈그림 8-6〉 ITU와 3GPP의 IMT-2020 기술 표준화 일정

ITU는 2015년 IMT-2020 비전에서 제시한 핵심기술 항목 8개에 대해 추가적인 연구 결과 2017년 2월 IMT-2020 기술 요구사항 KPI(Key Performance Indicator) 13 항목의 기술 기준의 구체적 값과 IMT-2020 후보 기술 평가를 위한 조사, 분석, 실험의 평가 방법을 〈표 8-3〉과 같이 제시하였다.

<표 8-3> IMT-2020 기술 요구사항 및 평가

<table>
<tr><th>핵심 능력</th><th>목표 값</th><th>비고
(IMT-Adv.)</th><th>기술 요구 사항</th><th colspan="5">목표 값</th><th>평가</th></tr>
<tr><td>Peak data rate
(Gbps)</td><td>20</td><td>1</td><td>Peak data rate
(Gbps)</td><td colspan="5">DL : 20
UL : 10</td><td>분석</td></tr>
<tr><td colspan="3">이상적인 조건에서 최대 주파수 효율</td><td>Peak spectral efficiency
(bits/s/Hz)</td><td colspan="5">DL : 30
UL : 15</td><td>분석</td></tr>
<tr><td>User experience
data rate (Mbps)</td><td>100</td><td>10</td><td>User experience data rate
(Mbps)</td><td colspan="5">DL : 100
UL : 50</td><td>분석
실험</td></tr>
<tr><td colspan="3" rowspan="3">전체 사용자 중
하위 5% 사용자의 주파수 효율</td><td rowspan="3">5th percentile user spectral efficiency(bits/s/Hz)
– eMBB</td><td></td><td>Indoor</td><td>Dense</td><td colspan="2">Rural</td><td rowspan="3">실험</td></tr>
<tr><td>DL</td><td>0.3</td><td>0.225</td><td colspan="2">0.12</td></tr>
<tr><td>UL</td><td>0.21</td><td>0.15</td><td colspan="2">0.045</td></tr>
<tr><td rowspan="3">Spectrum efficiency
(bits/s/Hz)</td><td rowspan="3">3 ×</td><td rowspan="3">1 ×</td><td rowspan="3">Average spectral efficiency
(bits/s/Hz/TRxP)
– eMBB</td><td></td><td>Indoor</td><td>Dense</td><td colspan="2">Rural</td><td rowspan="3">실험</td></tr>
<tr><td>DL</td><td>9</td><td>7.8</td><td colspan="2">3.3</td></tr>
<tr><td>UL</td><td>6.75</td><td>5.4</td><td colspan="2">1.6</td></tr>
<tr><td>Area traffic capacity
(Mbps/m^2)</td><td>10</td><td>0.1</td><td>Area traffic capacity
(Mbps/m^2)</td><td colspan="5">10</td><td>분석</td></tr>
<tr><td>Latency
(ms)</td><td>1</td><td>10</td><td>Latency(ms)
– Control 10ms
encouraged</td><td colspan="5">User : 4ms(eMBB), 1ms(URLLC)
Control : 20ms(eMBB, URLLC)</td><td>분석</td></tr>
<tr><td>Connection density
(devices/km^2)</td><td>1,000,000</td><td>100,000</td><td>Connection density
(devices/km^2)</td><td colspan="5">1,000,000</td><td>실험</td></tr>
<tr><td>Energy efficiency
(bits/Joule)</td><td>100 ×</td><td>10 ×</td><td>Energy efficiency
(bits/Joule)</td><td colspan="5">Loaded case : A. traffic efficiency
No data : sleep ratio (eMBB RIT)</td><td>조사</td></tr>
<tr><td colspan="3">정해진 시간 안에 트래픽 데이터의 성공 확률</td><td>Reliability
(Urban Macro – URLLC)</td><td colspan="5">10^{-5}(layer2 PDU, 32byte, 1ms)
– 100 byte encouraged</td><td>실험</td></tr>
<tr><td rowspan="3">Mobility
(km/h)</td><td rowspan="3">500</td><td rowspan="3">350</td><td rowspan="3">Mobility – eMBB
(D.L : data rate – bits/s/Hz
M : Mobility – km/h)</td><td></td><td>Indoor</td><td>Dense</td><td>Dense</td><td>Rural</td><td rowspan="3">실험</td></tr>
<tr><td>D.L</td><td>1.5</td><td>1.12</td><td>0.8</td><td>0.45</td></tr>
<tr><td>M</td><td>10</td><td>30</td><td>120</td><td>500</td></tr>
<tr><td colspan="3">사용자가 User plane에서 기지국과 데이터를
교환할 수 없는 시간</td><td>Mobility interruption
time(ms)</td><td colspan="5">0 (for user plane packet)</td><td>분석</td></tr>
<tr><td colspan="3">최대 집적(aggregation) 시스템 대역폭</td><td>Bandwidth(MHz)</td><td colspan="5">< 6GHz : 100, > 6GHz : 1,000</td><td>조사</td></tr>
</table>

3GPP는 ITU의 일정에 맞추어 LTE-A Pro 기술의 진화 기술 및 5G NR(New Radio) 2가지 기술을 기반으로 하여 IMT-2020 기술 표준을 개발하였다. ITU에 제출할 IMT-2020 표준은 LTE-A Pro Rel-15/16의 각 컴포넌트(LTE-A Pro, NB-IoT, eMTC)와 NR(Phase 1) 및 URLLC, mMTC를 구체화한 NR(Phase 2) 기술이다. 5G NR(New Radio) 기술은 Rel-15(Phase 1)과 Rel-16(Phase 2)으로 단계적으로 개발한다.

Rel-15는 NSA(Non Stand Alone) 표준으로 2017년 12월에 완료하고 SA(Stand Alone) 표준은 2018년 6월 완료하였다. 이때 NSA(Non Stand Alone)는 단말이 NR과 LTE 기지국에 이중 연결 방식(NR이 4G EPC와 연결)으로 무선 접속하고 SA(Stand Alone)는 단말이 NR 또는 LTE 기지국과 독립적인 연결방식(NR/LTE 기지국이 5G-CN과 연결)으로 무선 접속한다. Rel-16은 mMTC, eV2X, IAB를 구체화하는 기술 표준을 포함하여 2020년 6월 완료하였다. Rel-17은 5G 시스템의 실시간 서비스 능력을 강화하는 에징 컴퓨팅, 서비스 공간을 지상망에서 3차원 공간으로 확대하는 비지상망(Non Terrestrial Network) 기술을 반영하여 표준을 2022년 완성하는 일정으로 진행하고 있다.

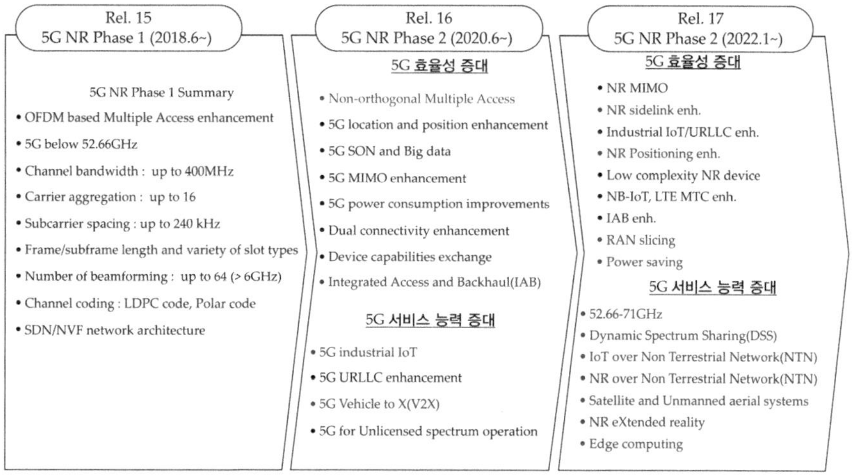

〈그림 8-7〉 3GPP의 5G 무선기술 단계별 기술개발 요약

이동통신 무선망의 기술개발과 함께 네트워크도 무선망이 수용하는 서비스의 형태의 변화에 맞추어 단계별로 진화하고 있다. 네트워크는 대용량을 갖는 하나의 채널 경로에서 다양한 서비스를 동시에 처리하는 방식에서 여러 개의 서비스별 채널 경로를 소프트웨어로 유연하게 변경하여 서비스 수요에 대해 능동적으로 대응할 수 있도록 발전하였다. 네트워크는 AI 기술의 발전으로 서비스 및 어플리케이션의 변화에 대응하여 수많은 채널 경로를 실시간으로 네트워크 통신 자원을 재구성한다.

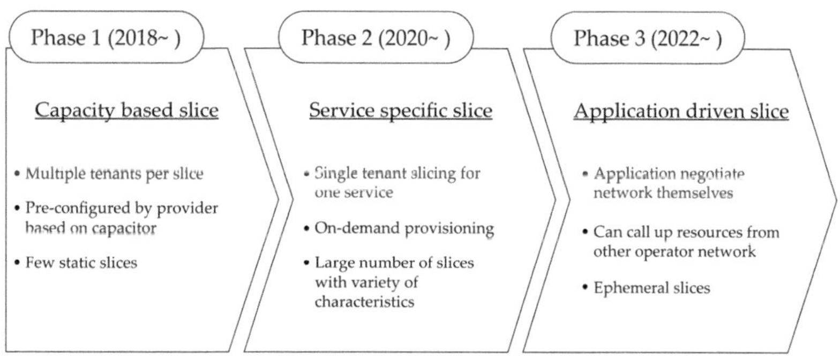

〈그림 8-8〉 3GPP의 5G 네트워크 단계별 기술개발 요약

8.2 5세대 이동통신의 기술 이슈

8.2.1 5세대 이동통신 기술의 개념

5세대 이동통신서비스는 초고속 데이터, 대규모 단말, 그리고 초저자연 고신뢰도의 특징을 가지고 있다. 5세대 이동통신서비스의 특징을 만족시키기 위한 5세대 이동통신 기술을 요약하면 다음과 같다.

네트워크 인프라에서 고밀도 네트워크(Ultra Density Network)를 구축하고, 다양한 네트워크에 대해 유연한 대응을 위해 서비스에 맞게 네트워크의 구성을 제어하는 SDN/NFV(Software Defined Network/Network. Function Virtualization) 기능을 구현하고, 네트워크의 운용을 위해 서비스와 통신자원을 효율적으로 관리하는 URM(Universal Resource Management) 기능을 구현한다. 5세대 이동통신 기술의 개념을 그림으로 나타내면 〈그림 8-9〉와 같다.

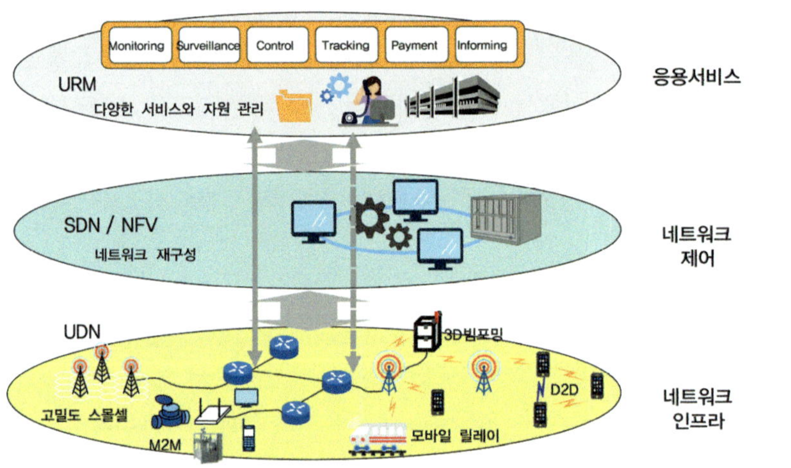

※ URM : Universal Resource Management, SDN : S/W Defined Network, NFV : Network Function Virtualization, UDN : Ultra Density Network

〈그림 8-9〉 5세대 이동통신 기술 개념

8.2.2 5세대 이동통신서비스 구현을 위한 기술 이슈

(1) 개 요

네트워크를 구현하는 측면에서 네트워크 환경이 다양해지면서 환경에 적합한 무선 기술이 요구되는데 스몰셀, 3D 빔포밍, massive MIMO 등은 고주파수 대역에서 잠재성이 더욱 높아진다. 네트워크 운용 측면에서는 네트워크의 유연성, 운용의 효율성, 에너지 효율성을 높이기 위한 망구조 개선이 요구된다. 또한 응용서비스 측면에서는 새로운 다양한 서비스를 지원하고 사용자의 서비스 경험 및 개인정보와 보안을 개선하는 기술이 요구된다.

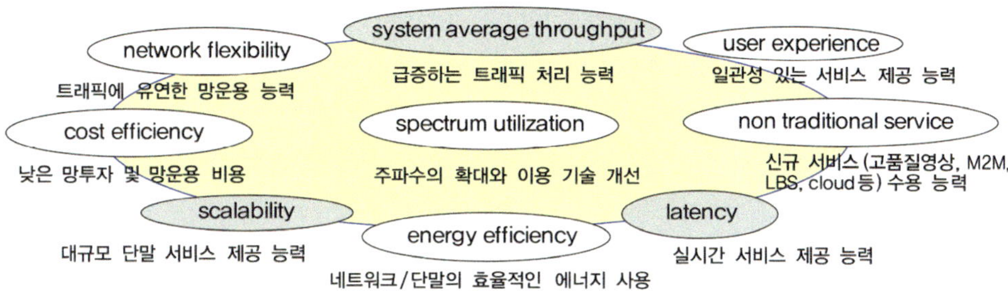

〈그림 8-10〉 IMT-2020 서비스의 기술 이슈

IMT-2020 서비스 구현을 위한 요구 기술은 〈표 8-4〉과 같이 요약된다.

〈표 8-4〉 IMT-2020 요구 기술

5G 요구 기술	목표	주요 기술
무선통신기술 개선	데이터 전송 능력 제고	• 서비스에 맞춘 유연한 무선 접속(OFDM 개선, NOMA(비직교 무선 접속), 변조/코딩 • 스몰셀에 적합한 물리 구조 및 간섭 제거
진화된 안테나 기술	데이터 전송 능력/커버리지 제고	• 3D 빔포밍, AAS, Massive MIMO, Network MIMO
주파수 활용 기술 개선	주파수 효율성 제고	• FDD-TDD 결합 운용, 오픈 캐리어 운용, 이중셀 접속, 동적 TDD STR(동일 주파수에서 동시 송수신) • 백홀망과 무선 접속망의 유연한 구성 • 주파수 공유, 광대역 주파수 이용, UDN(Ultra Density Network)
네트워크 기술 개선	네트워크 유연성, 운용 및 에너지 효율성 제고	• SON/NFV, 고밀도 네트워크 설계, RAN 구조 • 스몰셀, 모바일 릴레이, Cloud RAN • 트래픽의 균형이 유지되는 이기종 망구축 • 사용자 및 네트워크의 물리 계층 자원 운용 • 회로 전력 감소
차세대 서비스 지원	새로운 서비스의 지원 능력	• 인접 단말 인지 통신, 그룹통신, M2M/D2D
사용자 경험 개선	사용자의 서비스 능력 제고	• 릴레이 기반 멀티 홉 네트워크, CoMP, 빔포밍, 스몰셀 • DASH, eMBMS, 3D고딩 • EOTDOA, E-CID • 무선 접속 프로토콜 최적화, 서비스 인지 무선자원 할당, 엣지 컴퓨팅 • 네트워크 지원 최적의 망접속 • 서비스와 네트워크 자원의 매칭
단말 기술 개선	단말의 지능화된 네트워크 접속 능력	• 여러 무선 접속망과의 제어 정보 처리 및 최적화된 기능 선택 • 단말에서 간섭 제거 및 완화 기술
보안 및 개인 정보 개선	새로운 네트워크 진화에 대한 보안	• 고속 데이터 보안 알고리즘 • 신규 서비스 보안 알고리즘 • 스몰셀, 모바일 릴레이와 같은 신규 망의 보안 알고리즘

(2) 주요 기술

가. 무선 접속 기술 개선

1) 변조/부호화/다중접속 기술의 개선

- 적응 변조 및 부호화(adaptive modulation and coding)
  - 비교적 동일한 특성을 갖는 OFDM 기반 변복조 방식에서 다양한 서비스의 범위에 맞춘 파형, 변조 및 부호화 방식의 기술 개발

  ex) 센서 : 신뢰성 있는 짧은 신호, 저전력, VR/AR 지원 스몰셀 : 초고속데이터, 저지연

- 비직교 다중 접속(non orthogonal multiple access)
  - 동일한 전파자원을 여러 사용자가 함께 쓰는 방식으로 전력 / 공간 / 코드북 기반 자원 공유
  - SCMA : sparse codeword를 같은 자원의 사용자 블록에 맵핑하여 송수신단에서 신호 검출 및 분리
  - PDMA : 패턴 다중화를 이용한 전력/공간/코드 패턴의 다중접속
  - SAMA : 연속적인 간섭제거 기술을 이용한 전력/공간/시간의 다중접속
  - IDMA : 확산 코드 다중화를 이용한 다중접속

2) 진화된 안테나 기술

- 3D 빔포밍 / MU-MIMO
  - 고층 건물의 실내 망설계를 위해 수직 셀 설계로 주파수 효율을 증대
- 능동 안테나 시스템(Active Antenna System)
  - RF 시스템과 트랜시버를 안테나 시스템과 결합한 3D 빔은 단말간 셀간 간섭을 최소화
- Massive MIMO
  - AAS를 이용하여 스몰셀에서 커버리지 및 용량을 높이는 데 이용(높은 주파수 이용)
- Network MIMO
  - 다른 기지국의 안테나 시스템들을 조정하여 간섭을 완화시킴. JT-MIMO라고도 함.

3) 스몰셀을 위한 물리계층 개선 및 간섭 처리

높은 변조율, 오버헤드 감소, 매크로셀과의 간섭 조정(스몰셀의 동작 조정 등)

나. 주파수 활용 기술 개선

1) 유연한 주파수 이용

- FDD-TDD joint operation
  - 하나의 기지국에서 물리 계층 또는 상위 계층에서 TDD-FDD 시스템의 결합 운용
- 서비스 중심의 전용 주파수 운용(Open Carrier for service orientation)
  - 다양한 서비스(센서, D2D, 스몰셀 등)에 맵핑되는 전용/제어 주파수 캐리어의 할당 및 운용
- 다층셀 이중접속 및 결합(Dual connectivity/Multi stream aggregation)
  - 매크로/스몰셀의 이중접속 및 트래픽/제어 채널 분리 접속은 이동성, 사용자 전송속도, 신호채널 오버헤드 감소, 상하향 링크 분리, 간섭 감소의 장점이 있음
- 동적 TDD 운용(Dynamic TDD)
  - 매크로 기지국에서 스몰셀 기지국에 이용되는 TDD는 많은 트래픽을 처리하기 위해 상하향 채널 구성을 유연하게 할당

- 인지 무선(Cognitive Radio) 기술 및 공유접속기술
- 여러 무선접속 기술의 공동 관리

2) 동시 송수신(Simultaneous transmission and reception)
- 동일 주파수에서 간섭을 제거하면서 송수신을 동시에 수행(full duplex radio)
- 릴레이 노드(relay node), D2D에서 패킷 처리 시간의 지연 없이 신호를 전달

3) 유연한 백홀(Flexible backhaul)
- 백홀과 액세스 링크의 최적화 : 1 : 1 및 1 : N 링크 구성
- 유연한 시스템 자원 활용 : 유무선 백홀의 유연한 이용
- 동적인 네트워크 토폴로지 : 다양한 트래픽 수용과 전송 능력
- 효율적인 자원 스케줄링 : 주파수, 공간, 전략, 시간 등의 효율적인 이용

4) 동적 무선접속 구성(Dynamic radio access configuration)
- 다양한 무선접속 기술이 존재하며 각각은 환경, 서비스, 사용자 정보에 따라 무선접속 기술의 프로토콜이 결정되어 서비스를 제공
- 기본적으로 네트워크는 단말의 정보를 받아 네트워크 분석에 의해 무선접속채널을 선택하여 단말에게 지정

다. 네트워크 기술개선

1) 네트워크 신뢰도 개선

대규모 트래픽 발생에 대응하여 망투자 및 운용비용을 감소시키는 개선된 SON 기술이 요구된다. SON 기술은 네트워크 상황을 인지하여 스스로 네트워크를 최적화하는 인지 네트워크(cognitive network) 기술이다.

2) 망구축의 용이성 및 망확장 기술
- 망의 밀집도 증가에 대해 네트워크 조정/최적화/고장처리 기술
- 무선 백홀 및 백홀 링크의 최적화 기술
- 대규모 트래픽에 대해 균형 있는 스몰셀 배치 기술
- 초고속 데이터 용량 처리 및 간섭 제거를 위한 고밀도 네트워크 망구조
- 여러 IMT 무선접속 기술 및 RLAN 기술의 연동, 유연한 RRM, 서비스 인지 트래픽 조정, 새로운 무선접속 기술 추가, 복잡도 감소를 위한 다중 무선접속 및 멀티 모드 기술
- 버스/기차/비행기와 같은 고속 이동체의 무선 백홀과 가입자와 액세스 링크를 구성한 모바일 릴레이 기술

3) 진화된 네트워크 구조

- 사업자에게 대규모 트래픽, 망투자/운용비용 감소, 절전 네트워크(green network)을 위해 SDN 및 NFV 기반의 유연한 네트워크 구성
- RAN 구조는 노드들 간의 분산 또는 중앙 집중 구조 등 다양한 구조를 선택

4) 클라우드 무선망(Cloud RAN)

- 기저대역 및 상위 계층은 중앙 집중화하고 RF 및 안테나는 분산하여 네트워크를 관리
- 제어신호는 매크로셀에서 관리 / 셀간 무선접속기술 간 트래픽 조정 / 가상 트랜시버
- 일정한 품질 유지 / 유연한 셀 확장 / 자원관리 효율성 / 시설비용 감소 / 주파수 효율 증가 / 에너지 절약

5) 에너지 효율성 높은 네트워크

- 네트워크 에너지 효율성의 개념
  - 에너지 효율의 단위는 bps/Joule로 표현
  - 에너지 효율은 스케쥴링과 같은 프로토콜 설계와 관련되어 있음
  - 사업자에게는 미래 에너지 가격 상승에 대비 에너지 운용 비용을 낮추는 망구축 시나리오 필요
  - 다층셀 망설계, 분산안테나, 태양광 전원 기지국, 트래픽에 따른 여러 무선망의 전력 배분, 액세스와 백홀링크의 자원 배분, 전력 증폭기의 개선 등
  - 사용자에게는 배터리 수명을 연장
  - 스몰셀, 인접단말 D2D 통신, 릴레이 노드
  - 섀넌의 공식으로부터 송신 전력 증가에 의해 주파수 효율은 높아지고 에너지 효율은 낮아짐
  - 회로 전력의 증가와 함께 초기에는 에너지 및 주파수 효율이 높아지다가 낮아짐
- 네트워크 레벨 전력 관리
  - 동일한 데이터 전송속도를 제공하는 데 필요한 회로전력(칩셋 프로세서, 전력 증폭기 효율, 기지국 수, 안테나 수, 주파수 대역폭 등)을 감소
- 에너지 효율적인 네트워크 구축
  - 트래픽은 시간과 공간에 따라 변화가 심하므로 이기종망의 트래픽 균형을 이루는 망구축은 에너지 효율을 높임
- 사용자 중심의 자원 관리 및 할당
  - 여러 사용자의 트래픽 변화 특성과 다양한 서비스 품질을 고려하여 자원을 관리(DTX, 기지국 및 안테나 중단 등)
- 물리 계층 개선 및 간섭 처리

- 이기종망의 구축과 함께 기지국이 늘어나면서 기지국당 부하는 낮아지고 간섭은 커짐. 따라서 데이터가 없을 때 전체 네트워크의 신호 전력을 최소화하면서 간섭을 줄이고 에너지 효율을 높일 수 있는 물리 계층의 개선

라. 차세대 서비스 지원

1) 인접 인지 서비스(proximity services)

- D2D 서비스를 지원하는 기술로서 상업 및 공공서비스에 활용
- 네트워크의 서비스 영역 확대, 전송시간 감소, 전력 소비 감소 효과가 있음
- 인접단말 인지 허용, 단말 사이 직접 통신 제어 및 자원, 단말의 서비스 유지, 사업자의 인증 등의 서비스 지원 기술이 요구됨

2) M2M

- 소량 데이터 / 고지연 서비스 : 스마트 미터, 모바일 트래킹 등 저속 데이터
- 소량 데이터 / 저지연 서비스 : 차량 간 통신 등의 네트워크 제어
- 대량 데이터 : 비디오 감시
- 저전력, 낮은 복잡도, 저비용, 대규모 단말 수용 기술이 필요하며 이를 위해 감시 주기의 감소 및 신호 정보의 오버헤드 감소

3) 그룹 통신(Group communications)

- 공공 안전을 위해 긴급 재난 관련자에게 푸시(push) 및 지령(dispatch) 서비스 제공

마. 사용자 경험 개선

1) 셀 경계 품질 개선(Cell edge enhancement)

multi-hop network, CoMP, 빔포밍 안테나를 이용한 셀 경계의 속도를 높임

2) 서비스 품질 개선(Quality of service enhancement)

스몰셀은 특정 트래픽 및 서비스 제공이 가능하여 고속 저지연 특성을 갖는 새로운 서비스를 포함하여 QoS 및 QoE을 높임

3) 이동 영상 개선(Mobile video enhancement)

- HD급의 영상서비스를 위해 DASH 기술을 이용하여 품질과 망조건을 자원을 유연하게 관리
- HEVC와 3D코딩과 같은 효율적인 코딩을 이용하여 성능 개선

4) 방송 및 멀티캐스트 개선

영상 트래픽의 감소를 위해 eMBMS는 유연한 자원 할당(트위터, IPTV, 비디오 클립 등)

5) 위치 기반 기술 개선

기존의 GPS, OTDOA, UTDOA, RFPM 기술과 함께 다층셀 환경에서 enhanced OTDOA, enhanced Cell ID 기술을 이용

6) 저지연 고신뢰도 기술

- 무선접속 최적화 : 프레임 구조, HARQ 절차, TTI 시간 개선 등등
- 지연 및 신뢰도 인지 무선 자원 관리 : 지연 및 신뢰성을 요구하는 서비스를 시스템이 인지하고 무선 자원을 할당
- D2D 직접 송신 : 저지연 및 높은 신뢰도를 제공하는 기술(D-Infra-D와 비교하여)
- 경계(edge) 컴퓨팅 : 실시간 서비스(예 : AR 서비스)의 지연 최소화를 위해 기지국과 같이 단말과 직접 통신하는 노드의 서비스 처리 능력
- 접속 절차 최적화 : 호설정, 핸드오버, 인증 등의 절차를 재구성
- 사용자 경로 최적화 : 단말의 인접성과 관련된 서비스의 신속한 연결

7) RLAN interworking

시스템은 여러 네트워크의 부하 등의 정보를 단말에 보내어 최적화된 네트워크 경로 설정을 지원

8) 환경 인지 기술(Context aware)

- 사용자 중심의 서비스 제공을 위해 네트워크, 단말, 서비스, 사용자 환경을 인지하는 기술
- 서비스와 네트워크 자원의 매칭을 위해 단말 레벨, 사용자 레벨, 네트워크 레벨의 인지 정보의 매칭

바. 단말 기술

1) 웨어러블 단말 기술

단말의 형태는 스마트폰에서 웨어러블 단말로 그리고 높은 해상도의 디스플레이와 높은 전력을 요구하는 영상 처리 능력을 가지는 단말로 진화

2) 다중 무선접속망 접속 기술

- 단말은 여러 무선접속기술과 접속하면서 각 무선접속 기술의 요구 사항에 최적화된 기능을 선택

- 단말은 여러 무선접속망의 결합 능력과 이기종망 핸드오버, 보안, 품질 등의 제어 정보 처리 능력

3) 간섭 제거 및 억압 기술
- 기존에는 셀간 또는 셀내 간섭은 용량을 제한하는 요인으로 네트워크가 단말의 간섭을 제어하였는데, 단말이 간섭을 추정하여 네트워크의 정보와 함께 간섭을 어제 또는 제거하는 방향으로 기술 개발
- MIMO 시스템의 복잡도가 크면 네트워크의 지원 없이 간섭억제 및 제거 가능

사. 보안 및 개인 정보 기술

1) 새로운 무선접속 기술에 대한 보안 및 개인 보호 기술
- 새로운 기술의 고속 데이터 서비스에 필요한 보안 알고리즘
- 무선접속 기술 간 핸드오프 동안의 보안 절차

2) 새로운 서비스에 대한 보안 및 개인 보호 기술
- 새로운 서비스(M2M, 인접단말서비스 등)의 보안 솔루션
- 금융 거래, 위치 기반 서비스 등에서 개인정보에 대한 대비

3) 새로운 네트워크에 대한 보안 및 개인 보호 기술
- 스몰셀과 같은 보안이 안전하지 않은 지역의 보안 솔루션
- 릴레이 노드와 같은 무선 백홀의 보안 솔루션
- IMT 단말의 자동 환경 설정을 지원하는 보안 솔루션

8.3 5세대 이동통신의 주요 기술

8.3.1 무선통신 기술

(1) 개 요

5G 이동통신의 초고속 데이터 서비스, IoT 서비스 환경을 고려하여 무선접속기술, 멀티캐리어 구성, 코딩 및 변복조 등의 새로운 무선통신 기술이 개발되고 있다. 주요 무선통신 기술로는 무선접속의 전파자원 활용을 극대화하기 위한 비직교 방식의 무선접속 방식인 NOMA(Non Orthogonal Multiple Access), 다양한 서비스에 맞추어 캐리어 구성을 다양화하는 새로운 다중 캐리어 파형(New multi carrier waveform), 다양한 서비스 환경에 맞춘 진화된 코딩/변조

방식(Advanced Modulation and Coding) 등이 있다.

(2) NOMA

가. 개 요

NOMA는 통신자원(시간, 주파수, 코드, 공간, 전력 등)을 중첩하여 사용함으로써 통신자원의 효율성을 극대화하는 기술이다. 3G 및 4G에서는 코드 또는 주파수 영역에서 직교성을 유지하였으나 5G 서비스의 다양한 서비스로 인하여 전파자원의 효율성이 떨어졌다. 이에 따라 전파자원의 효율성을 극대화할 수 있도록 전력 및 공간까지도 최대한 활용할 수 있게끔 한 비직교 다중 접속 방식이다.

구분	3G	4G	5G
사용자 구분	Code orthogonal (CDMA)	Orthogonal (OFDMA)	Non orthogonal with SIC (NOMA)
신호 파형	single carrier	OFDM	OFDM
링크 적응	빠른 전력제어 (fast PC)	적응변조코딩 (AMC)	전력 할당 기반 적응변조코딩 (AMC with Power allocation)

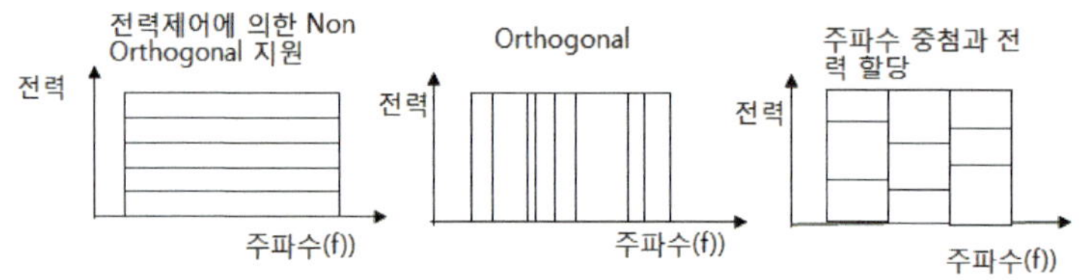

※ SIC : Successive Interference Cancellation

〈그림 8-11〉 NOMA 개념

나. SCMA

SCMA Sparse Code Multiple Access는 기본적으로 여러 사용자가 동일 주파수를 코드 중첩하여 사용하는 무선접속 방식으로 LDS(Low Density Spreading) 방식과 유사하나, LDS가 OFDM의 심볼 단위로 확산코드를 이용하는 것과는 달리 SCMA는 확산 코드 대신 코드북을 이용하는데 여러 개의 코드북(레이어)을 나누어 사용한다. 코드북의 수가 증가함에 따라 비직교 특징을 가지지만 수신단에서 코드열 기반의 최적의 코드북을 확인하는 메시지 패싱 알고리즘(Message Passing Algorithm)을 이용하여 정보를 수신한다. SCMA는 코드북을 이용하여 응답을 기다리지 않는 랜덤접속이 가능하므로 소량의 패킷, 저전력, 저지연 서비스 특징을 갖는 IoT 서비스에 적합하다.

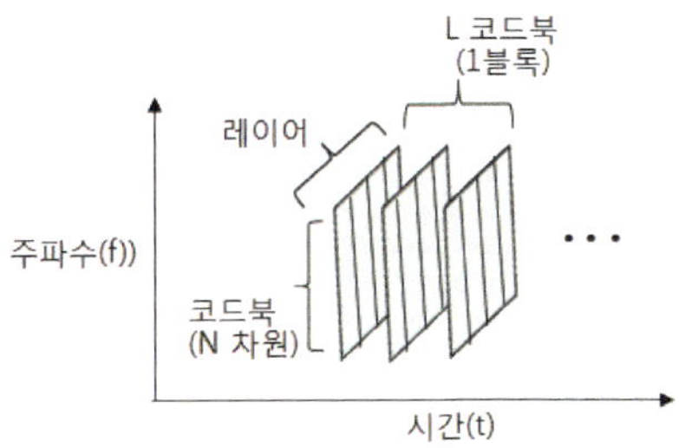

구분	SCMA	LDS
다중 접속	코드북	확산코드
정보의 선택 공간	코드열	저밀도 코드
전송속도	다차원 코드열	QAM 심볼
선택도	코드북수	확산 코드수
수신기	코드북 기반 MPA	심볼 기반 MPA

〈그림 8-12〉 SCMA 개념

다. PDMA

PDMA Pattern Division Multiple Access는 여러 사용자들이 주파수, 시간, 코드, 전력 자원과 함께 공간 자원을 포함하여 다중 접속하는 방식이다. 〈그림 8-13〉은 단말 4개가 동일 시간 주파수 및 코드를 공유하여도 공간적으로 각각 2개로 분리되어 간섭이 일어나지 않음을 보여주고 있으며, 코드열의 전력 배분을 통해 사용자들의 서비스를 최적화하는 개념을 나타내고 있다.

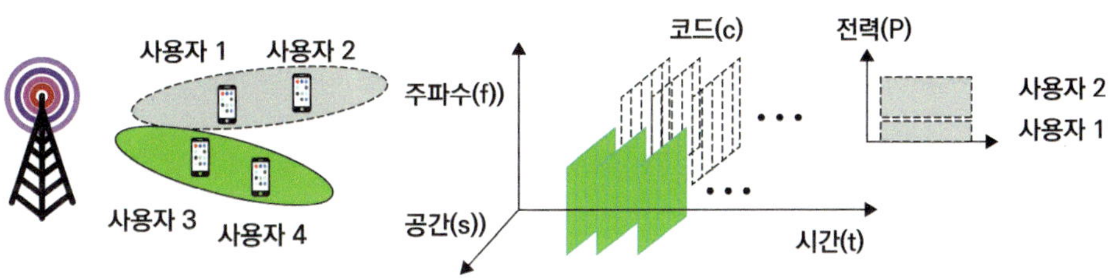

〈그림 8-13〉 PDMA 개념

(3) 새로운 멀티 캐리어 파형

기존의 OFDM 방식은 모든 대역에서 동일한 주파수 대역폭의 서브 캐리어를 가지고 여러 서브 캐리어를 이용하여 고속 데이터 서비스를 제공한다. 5G 이동통신에서는 다양한 서비스 형태로 다양한 주파수 대역폭을 이용하는데, 서브 캐리어의 수에 따라 높은 방사외 전력(Out Of Band Emission)과 시간/주파수 동기 에러가 높아질 수 있다. 따라서 5G 이동통신에서는 서브 캐리어의 주파수 대역폭을 다양하게 구성하여 높은 OOBE 및 시간 동기 에러를 완화하는 기술을 고려하는데, Filtered OFDM(F-OFDM), Universal Filtered Multi Carrier(UFMC), Filter Bank Multi Carrier(FBMC) 등이 있다. 다양한 주파수 대역폭을 가지는 서브 캐리어의 형태는 〈그림 8-14〉와 같다.

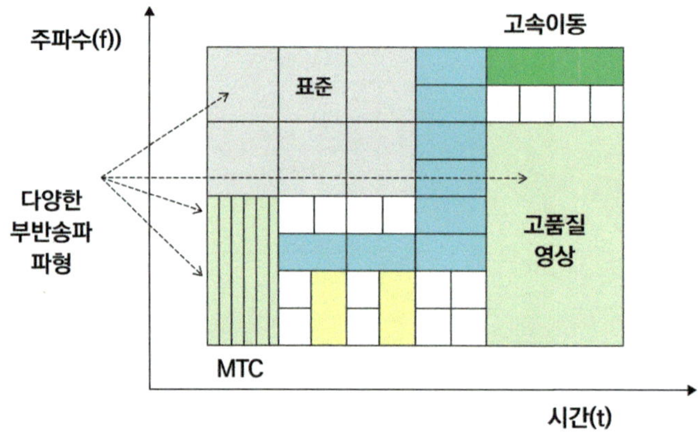

〈그림 8-14〉 다양한 다중 캐리어 파형 개념

(4) 진화된 코딩 변조 기술

변조 및 코딩은 링크 및 네트워크 자원의 활용을 극대화하는 방향으로 발전하고 있다. 링크 레벨에서는 SNR 및 신호 전력 분포 상태를 고려하여 2레벨 코드와 함께 M 레벨 코드, 신호의 전력 분포를 고려한 비트 매핑 방식(균일한 전력 간격을 가지는 QAM과 비교하여 가우시안 분포를 갖는 APK 방식으로 비트 매핑), 네트워크 레벨에서는 사용자의 정보, 라우터 등의 네트워크 자원을 고려 코딩/변조 결정, 링크 적응 코딩/변조 방식은 링크 상태에 따라 코드 레이트 및 코드 블록 크기를 결정하여 주파수 효율을 높인다.

〈그림 8-15〉 진화된 변조/코딩 개념

8.3.2 진화된 안테나 시스템

(1) 개 요

5G 이동통신의 1개의 기지국에서 대규모 안테나 시스템을 이용하여 다양한 서비스 환경을 제공하고, 각 서비스 환경 사이의 간섭을 최소화한다.

(2) AAS

AAS Active Antenna System는 RF 처리부의 일부(트랜시버 및 증폭기)를 안테나와 직접 결합함으로써 중간 손실(케이블 손실 등)을 줄이고 에너지 및 공간의 효율성을 높이는 대규모 배열 안테나 시스템의 핵심 기술이다. 5G 이동통신은 서비스 지역의 세분화, 주파수 효율성 제고, 채널 간 간섭 최소화를 위해 대규모의 안테나를 이용한 Massive MIMO 및 3D 빔포밍 안테나 시스템 등을 고려하고 있다. 따라서 기지국의 에너지 및 공간을 최적화한 AAS 기술은 5G 기술의 주요 기술이다.

(3) Massive MIMO 및 3D 빔포밍

Massive MIMO는 대규모 안테나를 이용하여 여러 단말에 다중화된 메시지를 송신하고, 간섭을 최소화하도록 원하는 링크로 전파를 집중한다. Massive MIMO는 매크로 지역, 고밀도 지역, 고층빌딩, 무선망 백홀 등 다양한 전파 환경에서 서비스를 제공한다. 대규모 안테나 시스템을 이용하여 3D 빔포밍으로 고층 빌딩과 같은 3차원 환경의 서비스를 제공할 수 있다. 다양한 송수신 채널의 직교성을 위한 송수신 빔포밍 알고리즘 기술, 채널 상태 정보(Channel Status Information)의 피드백, 빔 추적 기술, 다중 사용자 자원 관리, 대규모 안테나 구조 기술이 요구된다.

〈그림 8-16〉 massive MIMO 및 3D 빔포밍 개념

8.3.3 고밀도 네트워크 기술

(1) 개 요

5G 이동통신서비스가 일정한 공간에서 초고속 데이터 서비스를 제공할 때 특정 지역(사무실 · 캠퍼스 · 주거 밀집 지역 · 체육관 · 공항 등)에서 대규모 트래픽이 발생하는데, 이를 해결하기 위해서는 스몰셀을 이용한 고밀도 네트워크 UDN : Ultra Density Network 기술이 필수적이다.

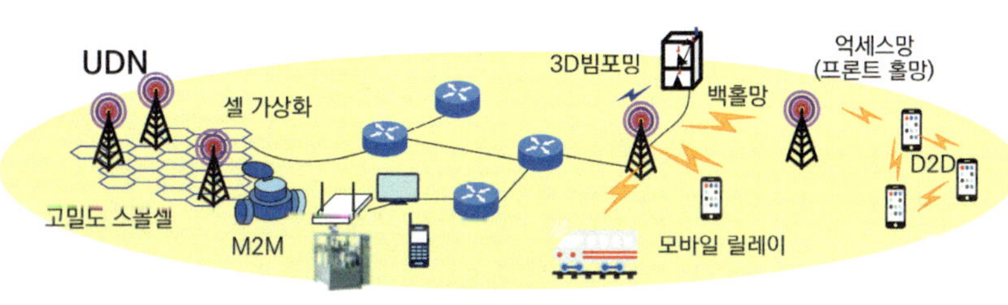

〈그림 8-17〉 UDN 개념

(2) 백홀 및 액세스망의 설계

UDN은 매크로셀과 스몰셀의 계층 백홀망, 다른 기지국의 신호를 전달하는 기지국의 멀티홉 네트워크, 멀티 라우팅 네트워크, 백홀망 Backhaul Network과 액세스망 Access Network을 동시에 제공하는 기지국 등 다양한 네트워크 구성이 가능하다. 액세스망은 프론트홀망 Fronthaul Network이라고도 한다.

(3) 간섭 관리

UDN은 스몰셀의 증가와 함께 간섭이 증가하는데, 이를 해결하기 위해 스몰셀들을 하나의 클러스터로 관리함으로써 간섭을 최소화한다. 스몰셀 간의 간섭 발생을 최소화하기 위해 스몰셀의 데이터 송수신이 겹치지 않도록 클러스터 단위로 조정할 수 있어야 한다.

(4) 셀 가상화

UDN은 매크로셀에서 제어 신호(위치 등록, 호출, 핸드오버 등)를 처리하고 스몰셀에서는 데이터만을 전달함으로써 셀의 경계를 기존의 셀 개념과 달리 가상화된 셀 개념을 제공한다. 따라서 셀의 경계는 단말의 분포에 따라 가변적으로 변화한다.

8.3.4 주파수 활용 기술

(1) 개 요

기존의 이동통신서비스의 주파수 활용은 송수신용 주파수를 FDD, TDD 방식으로 구분하여 고정적으로 할당하고 트래픽이 증가하면 필요한 주파수를 5GHz 이하 대역에서 확대하는 방향으로 주파수 수요를 해결하였다. 5G 이동통신서비스는 모든 환경에서 초고속데이터와 대규모 단말 서비스를 제공함으로써 특정 지역의 경우 고밀도 트래픽이 발생하여 기존 주파수 활용 기술에 한계가 있다.

5G 이동통신의 주파수 활용 기술의 방향은 ① 고정적인 FDD, TDD 구분의 활용에서 트래픽 변화에 따른 가변적인 송수신용 주파수 할당, ② 송수신용 주파수를 통합하여 운영함으로써 주파수 효율 확대, ③ 주파수를 여러 사업자 · 여러 업무가 공유함으로써 주파수 효율 확대, ④ 6 GHz 이상 주파수로 이용하거나 주파수 확대 등이다.

(2) 유연한 듀플렉스

서비스의 상하향 트래픽이 비대칭으로 변화할 경우 FDD 방식의 상하향 주파수 대역폭과 TDD 방식의 상하향 시간슬롯 수를 조정한다. 스몰셀과 같이 지역에 따른 서비스 트래픽 비대칭의 유연한 듀플렉스 Flexible Duplex 적용이 가능하지만 인접셀의 경우 듀플렉스 및 시간 슬롯 동기가 맞지 않을 경우 간섭제거 기술이 요구된다. 〈그림 8-18〉은 유연한 듀플렉스 운용 개념을 나타내고 있다.

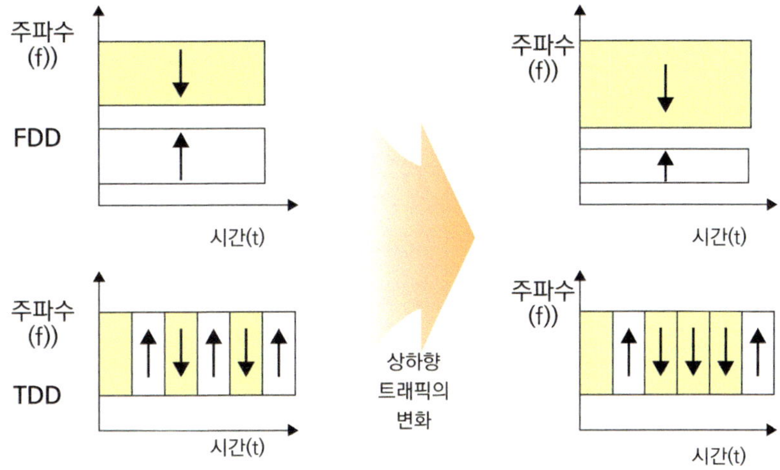

〈그림 8-18〉 유연한 듀플렉스 개념

(3) 전이중 듀플렉스

전이중 듀플렉스 Full Duplex는 모바일 릴레이 기술이 적용되는 D2D 또는 백홀/액세스 링크 동시 통신의 경우에 적용된다. 동일한 주파수를 송수신 신호에 동시에 사용할 경우 안테나단, RF단, 디지털 처리부 각각에서 간섭 제거 기술이 요구된다.

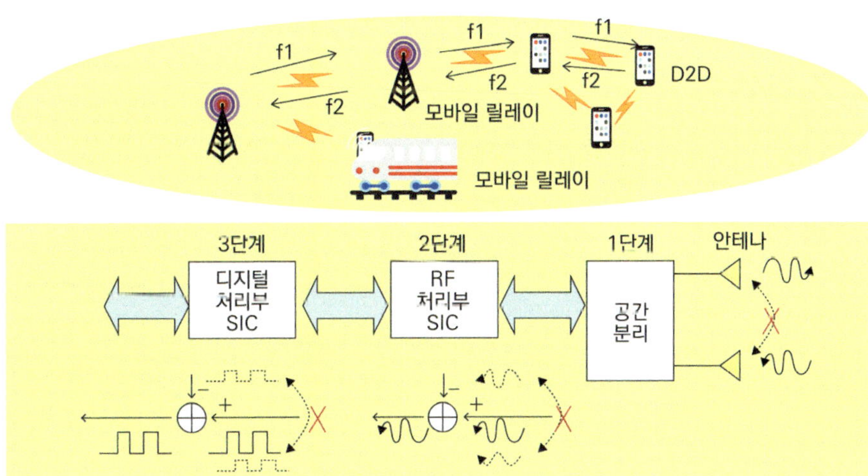

〈그림 8-19〉 전이중 듀플렉스 개념

(4) 주파수 공유 기술

주파수 공유의 형태는 ① 한 개의 사업자는 매크로셀, 스몰셀에 동일 주파수를 이용하여 네트워크를 구축, ② 둘 이상의 사업자가 매크로 및 스몰셀에서 공동으로 네트워크를 구축, ③ IMT 면허대역과 비면허 대역(2.4 GHz, 5 GHz 등)을 함께 활용하여 네트워크를 구축, ④ IMT가 1차 업무가 아닌 2차 업무에서 CR 기술 등을 이용하여 네트워크를 구축하는 형태 등으로 구분될 수 있다. 주파수 공유를 위한 주요 기술로는 네트워크 구조, 물리계층의 구조, 주파수 자원 관리 지원을 위한 상위 계층의 기술, 다중 주파수 처리를 위한 RF 기술 등이 있다.

(5) 다중 주파수 접속 기술

5G 서비스의 트래픽 증가는 6 GHz 이상 대역의 광대역 이동통신 주파수가 요구되므로 다양한 주파수에 대한 접속 기술이 필요하다. 6 GHz 이상 주파수 대역의 이용은 기존 셀룰러 이동통신망과의 통합 운용을 고려하여야 한다. 이러한 주파수 대역 활용을 위해 ① 6 GHz 이상 주파수 대역의 전파채널 특성, ② 6 GHz 이상 주파수 대역에 맞는 무선접속기술, ③ 기존 셀룰러망과의 통합 운영 네트워킹, ④ 6 GHz 이상 주파수 대역의 RF 부품 기술이 요구된다.

8.3.5 D2D 기술

(1) 개 요

D2D Device to Device 통신은 5G 이동통신의 목표 가운데 하나인 모든 사물의 인터넷 네트워킹 구현을 지원하는 기술로서 셀룰러와 단말직접통신의 결합으로 새로운 서비스를 제공한다.

(2) 이동체 통신

이동체 통신 Vehicle Communication은 자동차 등의 이동체와 인터넷 통신, 이동체와 이동체 사이의 통신이 이루어질 수 있으므로 인터넷과 단말직접통신을 결합한 서비스이다. 이동체 통신은 일반적인 생활정보와 함께 위치 · 속도 · 주변 차량 정보 등 안전과 관련된 메시지를 처리하기 위해 신호 전달 시간을 엄격하게 유지해야 한다. 무인 차량 운전 등과 같이 단말이 스스로 제어하기 위해서는 수 ms 이내의 지연 시간을 유지해야 한다.

(3) 다중 단말 협력 통신

인접한 단말의 데이터를 중계하는 것으로 여러 단말은 여러 경로가 만들어져 최적의 경로를 선택할 수 있다. 네트워크는 단말들의 최적의 통신 경로를 설정하고 해제하는 것을 제어한다.

(4) 데이터 공유 네트워크

단말이 직접 통신함으로써 네트워크의 트래픽 분담을 감소시킨다. 단말의 전력은 제한적이기 때문에 데이터 송신 거리의 제약이 있으며 단말의 이동성으로 인한 임시 네트워크의 경로가 자주 변화하는 것에 대한 최적화도 필요하다.

(5) D2D 단말의 가격 저렴화

IoT 서비스의 대규모 단말 가운데 전송 시간 지연이 있더라도 저전력·저가격 단말이 요구되는 IoT 단말의 경우 저전력·저가격의 중계 단말을 이용하여 통신할 수 있다. 네트워크는 IoT 단말의 제어, 관리, 과금, 보안 등과 관련된 기술이 요구된다.

8.3.6 네트워크 기술

(1) 개 요

5G 서비스는 공간에 제약 받지 않는 서비스 환경, 초고속 데이터 트래픽이 발생하는 고밀도 셀 환경, 대규모 단말 통신 환경, 저지연 고신뢰도 서비스 환경을 가지고 있다.

기존 이동통신 시스템이 새로운 5G 서비스를 제공하기에는 다음과 같은 네트워크의 환경의 제약 사항이 있다. ① 기지국 간 상호 동작은 무선자원 관리, 이동성 관리, 간섭 조정 등에서 효율성의 저하, ② 중앙 집중화된 핵심망의 구조는 고밀도셀의 트래픽을 처리하는 백홀에 부하 집중, ③ 높은 정도의 시그널링의 제어 구조는 대규모 및 다양한 구조의 IoT 단말에 적용할 경우 과다한 시그널링 신호 유발, ④ 제어 및 사용자 네트워크의 과다한 경로는 데이터 지연 시간 높임, ⑤ 무선망의 사용자 및 서비스의 인지 없이 핵심망으로 데이터 전송, ⑥ 서비스와 단말의 증가로 인한 투자/운용 비용(CAPEX/OPEX) 증가, ⑦ 다중 액세스망의 개별적인 운용 관리, ⑧ 다양한 서비스 형태와 단일한 형태의 데이터 전송으로 서비스 접속 및 처리 시간 지연 등이다.

따라서 기존 이동통신 시스템의 제약을 극복하기 위해 새로운 네트워크 기술이 요구된다. 새로운 5G 네트워크 기술 개념을 요약하면 〈그림 8-20〉과 같다.

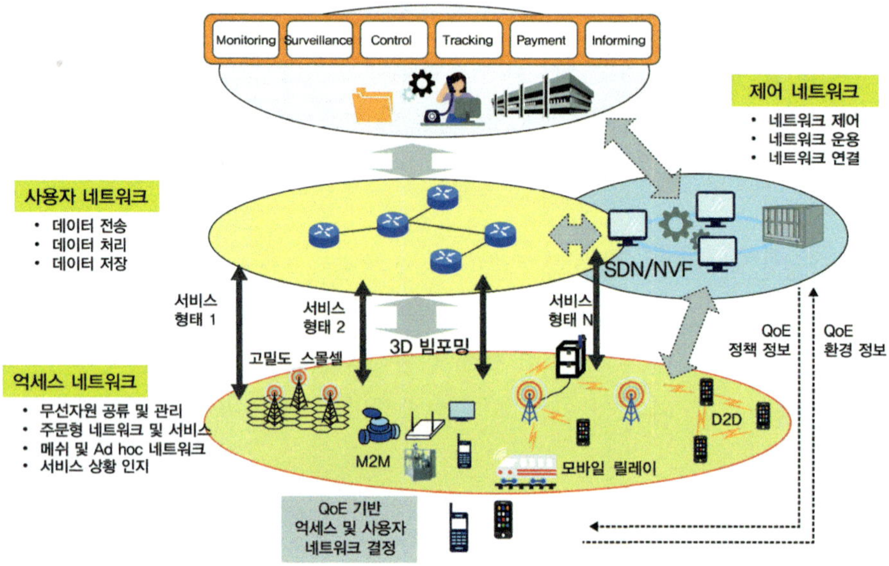

〈그림 8-20〉 5G 네트워크 기술 개념

(2) 제어 / 사용자 네트워크 분리

가. 게이트웨이의 제어 / 사용자 기능 분리

기존 게이트웨이의 제어 기능과 트래픽 전달 기능을 분리한다. 게이트웨이의 제어 기능은 서비스 품질 제어, 스케쥴링, 모바일 트래픽 연결 관리 등을 중앙 집중화하고 게이트웨이의 사용자 기능은 트랙픽 전달의 단순화, 높은 성능을 위해 분산화한다. 게이트웨이의 제어 기능은 사용자 기능의 분산 시스템을 프로그램화하여 모바일 트래픽에 따라 네트워크 구성을 변경한다.

나. 제어 네트워크의 재구성

5G 서비스 형태에 따라 제어 기능의 모듈화로 네트워크의 제어 절차를 단순화한다. 제어 기능의 모듈을 구성하기 위한 제어 신호 절차의 최적화된 프로세스 로직을 만들고 사용자의 이동성 및 통화 상태 등의 정보를 중앙 집중 시스템과 분산 시스템으로 분리하여 관리함으로써 제어 정보를 신속하게 처리한다.

(3) SDN / NFV

가. 주문형 네트워킹

다양한 5G 서비스 형태의 성능에 맞추어 제어 기능 모듈을 구성하는데 이를 **네트워크 슬라이싱** Network Slicing이라고 한다. 네트워크 슬라이싱에 의해 구성되는 5G 네트워크의 물리적인 구조는 5G 서비스 형태에 맞추어 네트워크의 기능과 자원을 구성하는데 이것을 네트워크의 가상화라고 할 수 있다. 이와 같이 네트워크가 서비스 형태에 따라 소프트웨어로 변경되고 네트워킹의 기능이 네트워크 물리적인 구조 내에서 기능과 자원이 매칭되어 가상화하는 것을

SDN / NFV Software Defined Network / Network Function Virtualization라고 한다. 5G 네트워크는 서비스 변화에 따라 네트워크 기능 생성, 운용, 제거 등을 수행한다.

나. 서비스 및 사용자 인지 기반 최적화된 네트워크 및 서비스 제공

무선망은 단말의 서비스 데이터(트래픽 상태 등), 단말 정보(위치 및 배터리 상태 등)을 수집하여, 서비스 및 사용자 중심의 자원을 할당한다. 서비스 및 사용자 정보에 기반하여 네트워크 토폴로지 및 프로토콜(Software Defined Topology and Software Defined Protocol)을 구성한다.

다. 네트워크 개방

네트워크의 성능(사용자의 위치 정보, 네트워크의 자원 운용 정보 등)을 이를 이용하여 응용서비스를 제공하고자 하는 이용자(MVNO, OTT, 새로운 사업 개발자 등)에게 개방함으로써 서비스 활성화를 촉진한다.

(4) 무선망 관리

가. 이동성 및 무선 접속 기술

서비스 형태(고밀도셀의 서비스, IoT 서비스 등)에 따라 이동성 관리 및 무선접속 기술의 선택이 다를 수 있으므로, SDN/NFV에 의해 모든 무선접속 기술을 통합 관리한다. 서비스 형태에 따라 위치등록, 핸드오버, 호출, 통화 접속 등의 이동성 관련 절차를 사용자 요구에 의해 절차를 재구성하고 서비스 형태에 따라 다양한 무선접속 기술의 무선 자원, 프로토콜 등을 최적화하여 관리한다.

나. 엣지 콘텐츠 및 컴퓨팅

저지연 고신뢰도 서비스를 위해 기지국 등 엣지 노드에서 콘텐츠의 저장과 프로세싱을 통합 처리함으로써 저지연 고신뢰의 5G 통신을 지원한다. 이러한 분산 시스템은 보안, 이동성, 과금 등의 기술 보완을 요구한다.

다. 무선 메쉬 및 Ad hoc 네트워크

무선 메쉬 Wireless MESH 및 임시 네트워크 Ad hoc Network는 5G 서비스의 초고속, 저지연, 저전력 서비스 구현을 지원하는 기술이다. 무선 메쉬 및 임시 네트워크는 무선망의 설계(백홀망과 액세스망의 구성, 프로토콜 등), 운용(네트워크 최적화 등), 관리(무선 자원 등) 등의 네트워크 지원 기술이 요구된다.

라. 무선 자원 관리 및 공유

무선 자원 관리는 5G 네트워크의 제어 / 사용자 네트워크 분리 개념을 무선망에 확대 적용한다. 네트워크 슬라이스 개념은 무선망에도 적용되어 서비스 및 무선접속 기술의 자원을 최적화 운용한다.

8.3.7 주파수 활용 지원 기술

(1) CR

가. 개요

기존의 주파수 이용은 독점적으로 이루어졌으나 전파 산업의 발전으로 주파수 자원이 부족해지면서 기존의 사용되는 주파수를 새로운 서비스가 공유할 수 있는 기술이 연구되었다. 새로운 서비스가 기존 서비스와 주파수를 공유하는 방법은 두 가지 방향으로 진행하고 있다. ① 기존 서비스와 비교하여 매우 낮은 전력을 이용함으로써 기존 서비스에 간섭을 주지 않고 사용하는 방법이다. 이러한 방법을 Underlay 방식의 주파수 공유 방법이라고 하며 UWB가 대표적인 기술이다. ② 기존 사용자가 시간적으로 이용하지 않는 것을 확인하고 기존 사용자에게 간섭을 주지 않는 범위에서 주파수를 공유하는 방법이다. 이러한 방법을 Overlay 방식의 주파수 공유 방법이라고 하며 CR 기술이 대표적인 기술이다.

CR Cognitive Radio은 스펙트럼 환경을 인지하여 통신 가능한 주파수를 지능적으로 찾아내고, 이를 이용하여 기존 서비스에 간섭을 주지 않고 통신하는 방법으로 전파자원 이용 효율을 극대화하는 지능형 무선통신 기술로서 기본 개념은 〈그림 8-21〉과 같다.

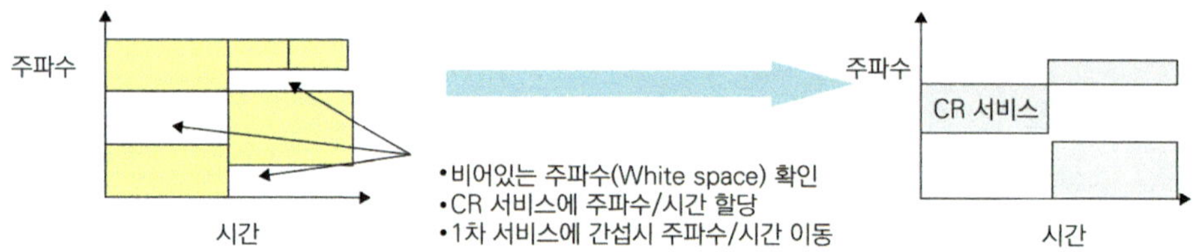

〈그림 8-21〉 CR의 개념

나. CR 기술의 특징

주파수 이용 기술은 한정된 주파수 자원을 효율적으로 이용하기 위해 아날로그의 디지털 전환, 여러 주파수 대역의 공동 이용, 여러 개의 이기종 망 가운데 최적의 망을 선택함으로써 주파수 효율을 높일 수 있는 SDR 기술 개발로 발전하여 왔다. SDR 기술은 광범위한 주파수 대역에 걸쳐 광대역 신호를 처리할 수 있는 기술이다.

2000년대 초반 이후 SDR 기술을 기반으로 주변의 정보를 지속적으로 수집하여 주변 상황에 대응하는 인지 기술을 접목한 CR이라는 주파수 이용 기술을 연구하기 시작하였다. CR은 주변 주파수를 인지하여 비어 있는 주파수를 활용하는데 기존 사용자가 사용하고 있거나 사용하려고 할 경우에 기존 사용자에게 간섭을 주지 않는 다른 주파수로 이동하여야 한다.

〈그림 8-22〉 이동통신 주파수 이용 기술의 발전

CR 기술이 기존의 전파 이용 기술과 가장 큰 차이점은 기존 사용자를 보호하면서 서비스를 제공하는 알고리즘을 제공해야 한다는 점이다. CR 시스템이 첫 번째로 하는 작업은 사용하고자 하는 환경의 채널을 탐색하고 그 결과를 보고하는 것이다. 단말기는 현재 사용 중인 채널·사용 가능한 채널·기존 사용자가 사용 중인 채널·사용이 금지된 채널 등을 확인하고 이를 기지국에 보고하여 기지국이 기존 사용자를 보호할 수 있도록 한다. 두 번째 기존 사용자가 나타날 때 기존 사용자에 대한 정보를 기지국에 제공하여야 한다. 기존 사용자는 서비스에 따라 다양한 주파수 및 통신 방식 정보를 가지고 있으므로, CR 시스템은 이를 잘 관리할 수 있어야 한다.

CR 시스템을 이용하기 위해서는 기존 사용자를 보호해주어야 할 뿐 아니라 동일한 CR 시스템 사이에서도 우선 사용 중인 CR 시스템을 보호하여야 하므로 셀 간에 간섭이 일어나지 않도록 상호간의 정보를 공유하여야 한다.

CR 시스템의 효율적인 망운용과 서비스 응용을 위해 기지국 및 단말기의 위치를 관리할 수 있으면 채널 선택 등에서 망운용 효율을 높일 수 있고 단말기 위치를 알 수 있으면 다양한 위치 정보 서비스를 제공할 수 있을 것이다.

다. CR 기술 개발

미국의 FCC는 2002년 12월 주파수 이용 효율을 높이기 위해 CR 기술에 대한 방안을 검토하기 시작하였다. 구체적으로 TV 대역의 주파수를 공유할 수 있는 CR 기술을 적용하기로 하면서 2004년 11월 IEEE에서는 IEEE 802.22를 구성하고 WRAN(Wireless Regional Area Network) 환경에서 V/UHF TV 방송용으로 할당된 주파수 대역(54 ~ 698 MHz)에서 간섭 및 면허 없이 이용할 수 있도록 CR 기술 기반의 무선 인터페이스, 물리계층 등을 표준화하였다. V/UHF TV 방송용 주파수에서의 CR 기술 표준화는 2008년 완료하였다.

(2) SDR

가. 개 요

통신기술이 급속하게 발전함에 따라 서비스 이용자는 고품질의 서비스를 제공받을 수 있는 소형, 저가 단말기를 요구하고, 이동통신 사업자는 IMT-2000에서 여러 표준이 출현한 것에 발맞춰 유연하고 다양한 멀티미디어 서비스를 제공할 수 있는 이동통신서비스의 실현을 고려하고 있다. 이러한 서비스의 실현은 기존의 고정된 하드웨어 모드로는 불가능하기 때문에 훨씬 유연하고, 경제성이 있는 다중모드 · 다중대역 · 다중기능의 특성을 갖는 SDR Software Defined Radio 혹은 Software Radio(SWR) 기술에 의하여 달성될 수 있을 것으로 보인다. SDR은 다양한 방식의 무선통신서비스를 하나의 하드웨어에서 소프트웨어 변경만으로 통합 · 수용하는 기술로서 시스템의 RF 부분을 제외한 기저대역(Baseband) 전체를 하나의 소프트웨어로 구현하는 것을 의미한다.

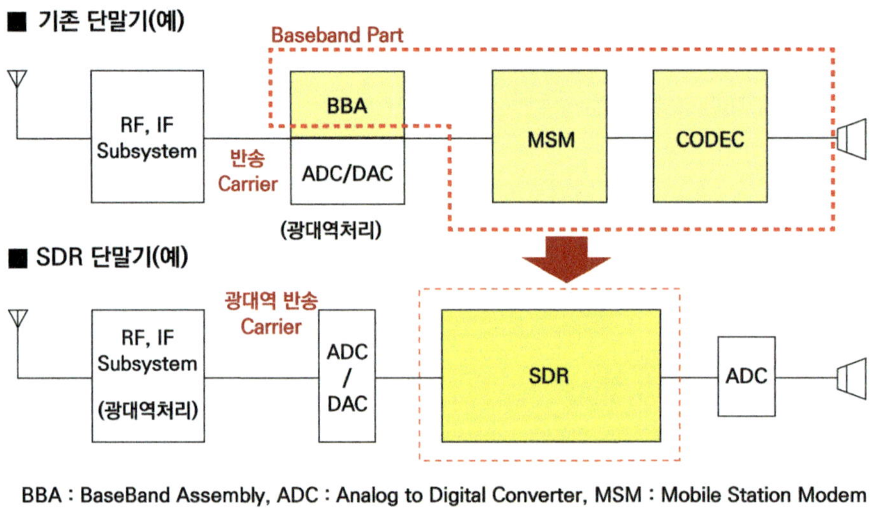

〈그림 8-23〉 SDR 구성도

〈그림 8-23〉은 SDR을 개념적으로 쉽게 이해하기 위하여 그린 것으로 기존 단말기의 기저대역이 SDR로 대체되는 것을 보여준다. 즉, SDR 기술은 기존의 통신 시스템에서 고려하지 못한 다중모드 변복조 처리, 광범위한 무선 신호 처리를 범용 컴퓨터를 기반으로 실현될 수 있도록 하는 것이다. 이는 IMT-2000 시스템과 4세대 이동통신, 디지털 방송, 그리고 ITS 등의 미래 출현 가능 시스템과 기존의 2세대 이동통신 시스템의 확장으로서의 의미를 지니는 21세기 무선통신의 새로운 기술로 부각되고 있다.

나. SDR 기술의 특성

SDR은 기저대역 신호를 RF/IF단으로 전환하여 기존 시스템을 새로운 시스템 규격에 따른 시스템으로 재구성 가능하게 하므로 시스템 간 상호 호환성을 향상시키고 제품 수명을 늘어나게 하며, 제품 개발기간을 최소화시킨다. 하드웨어에 의존하였던 기존 시스템들은 응용 소프트웨어 다운로드로 제공할 수 있어서 빠르게 통신 시장에 적응하고 가격 경쟁력을 키울 수 있다. 망 운용자 측면에서는 여러 무선 규격이 단일 기지국 플랫폼에 의하여 지원되므로 망 구축이 간단해지고 응용소프트웨어 변경에 의한 시스템 업그레이드가 용이하여 시스템 역호환성을 지원할 수 있다. 사용자는 서비스 이용 시 사용자 요구에 따른 서비스 선택으로 사용자에 맞는 서비스를 공급받게 되며 시스템을 실시간으로 수정하거나 업그레이드할 수 있게 될 것이다.

(3) MEMS

가. 개 요

마이크로파/밀리미터파 주파수 대역은 현재의 무선통신 및 미래의 광대역 무선 통신의 매체가 되는 소중한 주파수 자원이다. 사용주파수가 증가함에 따라 기존의 아날로그 회로 설계 방식을 이용하여 회로를 설계할 경우, 기판에서의 손실 및 기생 커패시턴스 등 여러 가지 기생 성분에 의해서 정확한 설계가 불가능하다. 따라서 이러한 주파수 대역에서의 설계는 회로의 크기가 주파수의 함수로 주어지는 마이크로파 회로 이론이 적용되어야 정확하고 다양한 설계가 가능하다. 또한 이 주파수대에서의 회로의 크기는 주파수가 증가할수록 작아진다. 최근 들어 RF 회로들의 동작 주파수가 상승함에 따라 회로 소자들의 크기가 수 mm에서 수백 마이크로미터로 줄어듦으로써 마이크로머쉬닝 MEMS : Micro Electro Mechanical System 기술의 RF 회로 적용에 대한 관심이 증가하였다.

마이크로머쉬닝 기술은 1959년에 발표된 리처드 파인만[Richard P. Feynman]의 연구논문에 그 기원을 두고 있다. 파인만은 그의 논문에서 기존의 물리법칙이 기기들의 소형화에 있어 문제가 되지 않는다고 하였으며, 그의 주장은 1990년대에 들어서 공정기술의 발달로 인해 실제 초소형 소자들의 제작이 가능해짐으로써 신뢰성을 더했다. 마이크로머쉬닝 공정은 기존의 실리콘을 이용한 평면 구조체의 제작에서 시작하여 LIGA 공정을 포함하는 Bulk Micromachining 방식과 MUMPs(Multi User MEM Process)로 대표되는 Surface Micromachining으로 크게 구분된다. 이러한 MEMS 공정은 최근 들어 급격한 발전을 이루고 있는 Cellular, PCS, IMT 2000 등의 무선 이동통신 분야의 단말기용 RF 분야에 큰 영향을 미치고 있는데, 그 이유는 무선 단말기의 성능을 더 가볍고 더 저렴하며 더 우수하게 하려는 소자개발자들의 목적과 이러한 MEMS 기술을 이용한 소자들이 부합되기 때문이다.

현재 무선통신용 RF부는 단일 칩화를 목표로 많은 학계와 기업체에서 연구와 개발을 진행하고 있으나, 사용되는 소자, 특히 인덕터나 공진기의 크기 및 공정상 문제로 인하여 어려움을 겪고 있다. 1990년대 중반 이후의 다양한 RF MEMS 기술의 도입으로 저손실 전송선로, Micromachined Membrane을 이용한 공진기 및 여파기 등의 연구가 이루어졌으며 다른 많은 RF 응용 소자들이 기존의 소자를 대체하기 위해 연구 중이다.

나. RF MEMS 공정기술

MEMS의 공정 기술은 Bulk Micromachining 기술과 Surface Micromachining 기술로 크게 나뉘게 되는데, Bulk Micromaching 기술을 이용하면 밀리미터 대역에서 발생하는 Dielectric과 Dispersion 손실뿐만 아니라 IC로써의 제작도 가능하다는 장점을 가지고 있다. 〈그림 8-24〉는 Bulk Micromachining의 예를 나타내고 있는데, 3차원 구조 자체를 깎아내는 방식으로 식각될 부분 외의 모든 부분은 보호막으로 가리고 공기층이 형성될 곳을 드러내어 놓은 상태에서 화학 용액에 웨이퍼 전체를 담가서 가공한다. 이 방법을 이용하면 웨이퍼와 화학용액이 반응하는 시간이 오래 걸리기 때문에 가공시간이 길다는 단점이 있다. 또한 웨이퍼를 형성하는 격자 모양에 따라 식각되는 모양이 결정되는 한계를 가지고 있다.

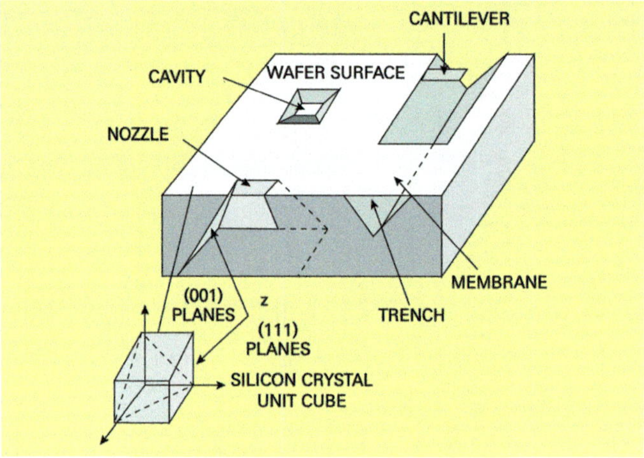

〈그림 8-24〉 Bulk Micromachining

Surface Micromachining은 기판 자체를 가공하는 Bulk Micromachining에 비해 표면만 인위적으로 공기층을 형성하는 방법으로, 가공된 구조는 〈그림 8-25〉와 같은 형태를 가진다. 그림과 같이 공기층을 형성하기 위해서 나중에 제거될 막을 입히고, AIN을 증착 가공한 후 최후에 공기층을 만들기 위해서 최초로 입힌 막(희생층)을 제거한다. 이때 공기층으로 제거되는 막을 제거할 때 화학용액을 쓰지 않고도 빠른 시간에 제거가 용이하기 때문에, Bulk Micromachining에 비해 공정시간이 짧고, 화학용액에 의한 다른 막, 즉, 전극 또는 압전막 등의 손상을 막을 수 있다.

이공법은 웨이퍼를 손상시키지 않는 범위에서 작업이 이루어지므로 제작된 구조물이 견고하고 공정시간이 짧으므로 Bulk Micromachining 가공법의 단점을 보완한 기술이다. 하지만 이 방법으로 3차원 구조를 잘 구현하려면 공기층위에 부유하고 있는 막들의 응력을 잘 조절해야 하는데, 그 응력 조절이 잘못될 경우 구조가 응력에 의해 파열되거나 휘어지게 되므로 이 부분에 대한 연구가 필요하다.

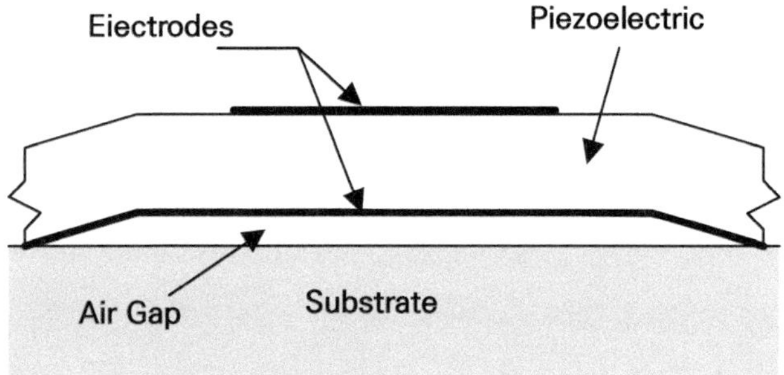

〈그림 8-25〉 Surface Micromachining

다. RF MEMS 송수신단 개발

미래의 무선 통신에서 사용될 장비의 소형화를 위해서는 부품의 수를 줄이는 모듈화와 하나의 IC에 개별 IC를 통합하는 통합IC, 그리고 부품의 소형화가 필요하다. 부품의 소형화의 방법으로 RF MEMS기술을 적용하면 높은 주파수대역에서도 소자들간의 간섭을 최소화 할 수 있는 구조를 설계할 수 있다. 이 기술을 이용하여 스위치, 인덕터, 튜너블 커패시터, 필터, 듀플렉서 등의 부품을 소형화시키고 MMIC(Monolithic Microwave Integrated Circuit)와 집적시킬 수 있는 기술 개발이 요구된다.

〈그림 8-26〉은 RF MEMS 기술을 이용하여 기존의 Board Level에 구현되던 회로를 TOC(Transceiver On Chip)화할 수 있는 개략도이다. 즉, Crystal Oscillator와 각종 Filter 등의 소자들은 MEMS 기술을 사용하여 소형화시키고, 나머지 LNA와 Mixer, VCO 등은 RF IC 기술을 이용하여 One Chip화시킨다. 이와 같이 RF MEMS 기술과 RF IC 기술을 병용하면 초소형 TOC의 개발이 가능해진다.

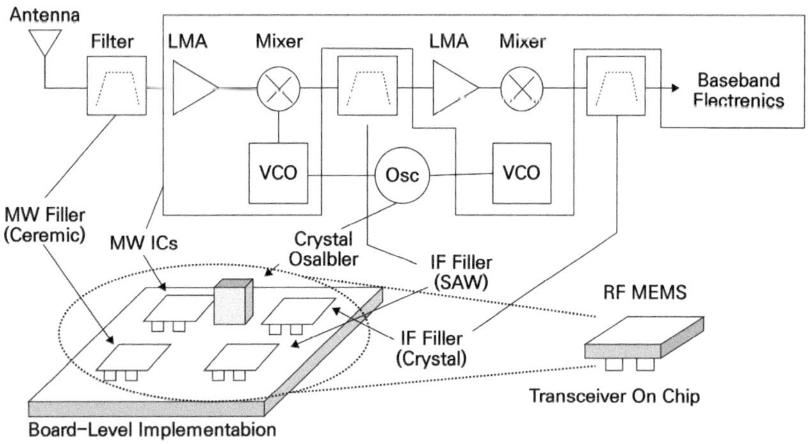

〈그림 8-26〉 Transceiver-On-Chip Technology

6G Hz 이상의 주파수 대역 RF 부품은 기기의 소형화 및 고성능화가 요구되는데, 이를 실현하기 위해 각 부품 간의 통합화와 단일칩화가 관심 사항이 되고 있다. 또 현재 이를 위한 부품들의 소형화 대안으로 RF MEMS 기술이 활발히 연구되고 있다. 마이크로머쉬닝(MEMS) 공정을 이용하게 되면 저손실 전송선로, 높은 Q의 인덕터, 손실이 적고 신호의 왜곡이 적은 스위치, 높은 Q의 커패시터, 각종 필터 등을 소형화할 수 있다.

기존의 MMIC 기술의 한계를 넘어설 것으로 보이는 MEMS 기술은 소자들의 소형화 기술 · 집적화 공정기술 · 신뢰성 향상 기술 · 저가격 패키징 기술 · 자동 공정 기술 등에 관한 연구가 더욱 진행된다면 RF 분야의 궁극적인 목적인 TOC에 가능한 해답을 제공할 것이다.

8.4 5G NR 망구조

8.4.1 개 요

4G의 EPC는 패킷 기반으로 LTE 기술의 무선접속 기술 향상을 위한 핵심망으로 고속의 데이터 서비스 수용에 집중한 반면, 5G의 5GC(5G Core)는 신규서비스 수용(eMBB, URLLC, mIoT)이 용이하도록 유연한 네트워크 운용(SDN/NFV)을 구현하고, CAPEX/OPEX 비용을 최소화하여 미래 산업의 혁신적인 성장 인프라로 역할을 수행하는 기반을 제공한다. 5GC는 5G 서비스 환경에 대응하여 다음과 같은 기존의 이동통신 시스템 한계를 극복하는 방향으로 구현된다.

① 무선자원 관리, 이동성 관리, 간섭 조정 등의 효율성 증대
② 중앙 집중화된 핵심망의 구조를 분산 네트워크로 부하 분산
③ 대규모 및 다양한 구조의 IoT 단말에 적용할 제어 구조
④ 제어 및 사용자 망의 과다한 경로를 단순화하여 데이터 지연 시간 축소
⑤ 무선망의 사용자 및 서비스를 인지하는 핵심망 구조
⑥ 서비스와 단말의 증가로 인한 투자/운용 비용(CAPEX/OPEX) 증가
⑦ 다중 액세스망의 통합적인 운용 관리
⑧ 다양한 서비스 형태에 대응한 망구조로 서비스 접속 및 처리 시간 단축

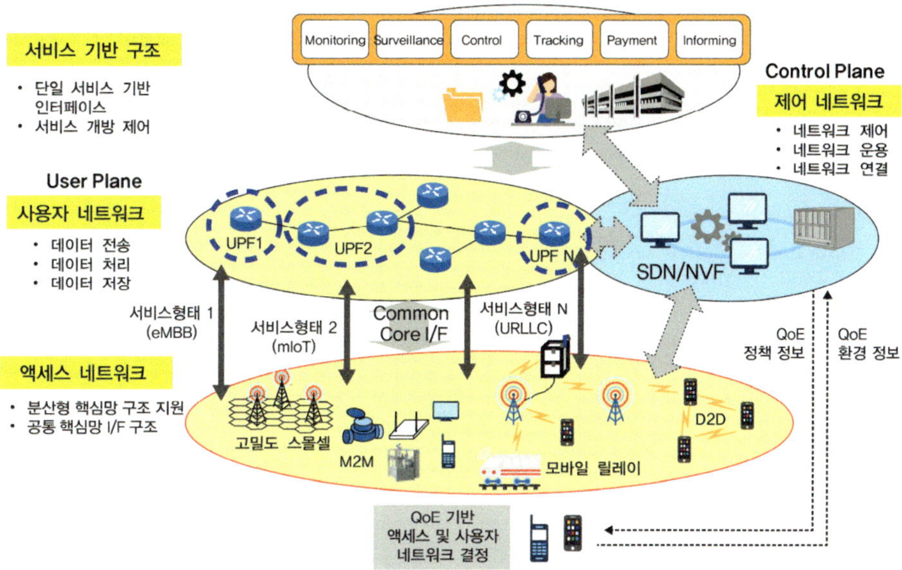

〈그림 8-27〉 5G 망 구현 개념

8.4.2 5G 망구조

(1) 5G 핵심망의 특징

3GPP는 5G 핵심망의 구조를 eMBB, URLLC, mIoT 등 다양한 5G 서비스를 유연하게 수용할 수 있는 구조로 설계하였다. 5G 핵심망의 특징을 요약하면 다음과 같다.

① 유연한 핵심망 구조

- 제어평면(CP)과 사용자 평면(UP)의 완전한 분리
- 네트워크 기능의 모듈화(SDN/NFV)

② 서비스 기반 핵심망 구조

- 단일 서비스 기반 인터페이스, 서비스 개방 제어

③ 분산형 핵심망 구조

- MEC(모바일 엣지 컴퓨팅) 지원 로컬 데이터 네트워크 액세스 제공

④ 공통기반 핵심망 구조

- non-3GPP망의 수용(인증 포함)

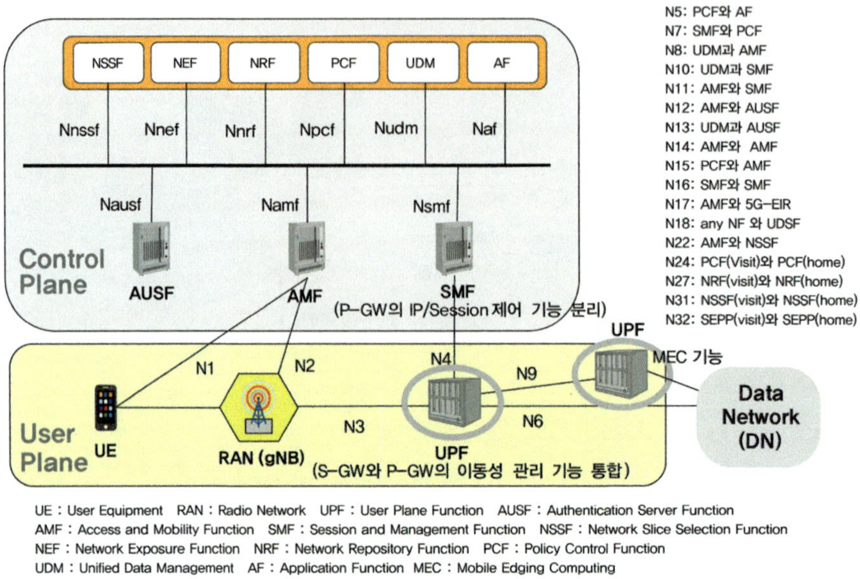

〈그림 8-28〉 5G 망구조 개념

(2) 5G 망 구성요소의 기능

5G 무선망(gNB)는 동적자원할당, 측정, 시스템 구성, 무선접속제어, 이동성 제어, 무선자원 제어, 셀간 무선 자원 관리 등을 수행하고, 5G-CN은 접속 및 이동성 관리 기능(AMF)과 사용자 평면 기능(UPF) 그리고 세션 관리 기능(SMF)을 포함하고 있다.

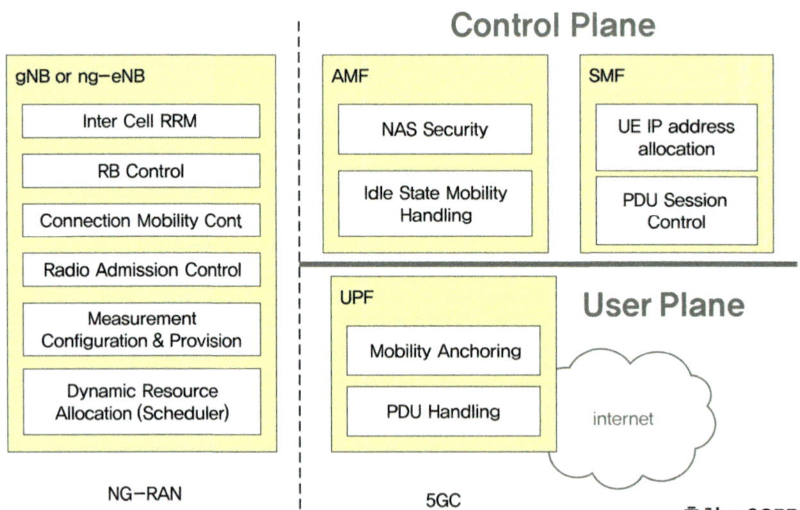

출처 : 3GPP

〈그림 8-29〉 5G 무선망 및 핵심망의 주요 기능

(3) 5G 무선망 구조

5G 무선망은 초기에는 4G 핵심망인 EPC와 접속하기 위하여 LTE와 NR의 무선망 기능을 동시에 갖추어(en-gNB) 4G 무선인터페이스(기지국 간 인터페이스 : X2, EPC와 무선망 인터페이스 : S1-U)를 이용하여 핵심망에 접속한다. 이후 5G 무선망(gNB)은 5G 핵심망인 5G-CN과 5G 무선인터페이스(기지국 간 인터페이스 : Xn, 5G-CN과 5G 무선망 인터페이스 : NG)를 이용하여 핵심망에 접속한다.

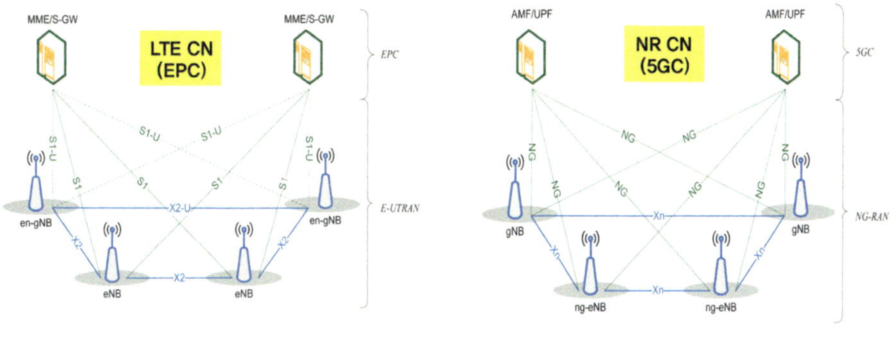

(a) EN–DC RAN Architecture (b) 5GC RAN Architecture

출처 : 3GPP

〈그림 8-30〉 5G 기지국(gNB)의 무선망 구조

(4) 단말의 5G 무선망 접속 형태

5G 단말의 무선망 접속 형태는 기존 LTE 무선망의 제어 신호를 받아 EPC에 연결하는 형태(A), 진화된 LTE 무선망의 제어 신호를 받아 5G-CN에 접속하는 형태(B), 진화된 LTE 무선망을 이용하여 5G-CN에 직접 접속하는 형태(C), 5G 무선망을 이용하여 5G-CN에 직접 접속하는 형태(D) 등이 있다.

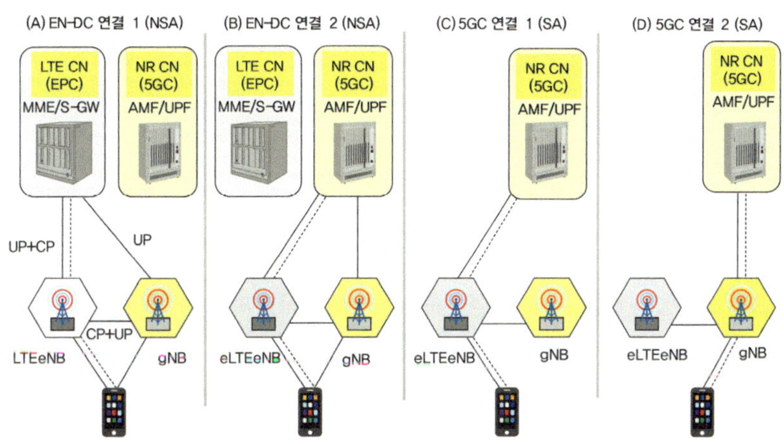

〈그림 8-31〉 5G 단말의 무선 접속 형태

8.4.3 5G 망구조의 주요 기능

(1) 제어 / 사용자 네트워크 분리

LTE EPC의 P-GW는 제어 기능(IP/세션 관리 기능)과 트래픽 전달 기능(이동성/패킷 처리)을 함께 처리하는 중앙집중형 방식으로 데이터 네트워크(인터넷)와 연결한다. 5G 핵심망은 P-GW 제어 기능은 SMF로 사용자 트래픽 전달 기능은 UPF로 분리하여 사용자 트래픽 전달의 성능을 높인다. UPF는 모바일 트래픽 형태에 따라 트래픽 제어 기능의 모듈화로 최적화된 프로세스의 분산시스템으로서, 네트워크 구성 관리가 용이하다.

(2) SDN / NFV

5G 망은 서비스 변화에 따라 네트워크 기능 생성, 운용, 제거 등을 수행한다. 이를 위해 5G 서비스 및 사용자 정보에 기반하여 네트워크 토폴로지 및 프로토콜을 구성(SDN)하고, 5G 서비스 형태의 성능에 맞추어 제어 기능 모듈을 구성(네트워크 슬라이싱)하고, 5G 서비스 형태에 맞추어 네트워크의 기능과 자원을 구성(네트워크의 가상화)한다.

5GC의 SDN/NFV 구현은 5G Phase1에서 단말이 AMF를 거쳐 NSSF를 이용하여 복수개의 네트워크 슬라이스 인스턴스(NRF)를 선택하여 연결하는 기능을 규격화하고, 단말은 1개의 AMF 인스턴스에 접속하고 서비스에 따라 여러 네트워크 슬라이스 인스턴스에 연결되는데 연결된 AMF 인스턴스는 여러 네트워크 슬라이스 인스턴스에 의해 공유된다.

(3) 서비스 기반 핵심망 구조

LTE EPC에서 새로운 서비스를 도입할 경우 연동이 필요한 모든 망구성 요소와 별도의 인터페이스 구조가 필요하다. 5G 핵심망은 서비스 제공자(Service Provider)가 단일 서비스 기반 인터페이스를 이용하여 네트워크 기능(NF)을 제공하고 서비스 사용자는 서비스 기반 구조로 서비스 제공자의 서비스를 이용한다. 3GPP는 HTTP/2 프로토콜 및 RESTful 방식을 통해 네트워크 기증 개발을 지원한다. 서비스 기반 구조는 클라우드를 기반으로 한 ICT 환경에서 신규 서비스의 도입 및 확장이 용이하다.

(4) 분산 핵심망 구조

LTE EPC에서는 S-GW가 이동성을 P-GW가 중앙 집중 형태로 IP 연결 구성을 지원하였는데 5G 핵심망은 S-GW와 P-GW의 일부 기능을 합쳐 UPF로 사용자 평면을 단일화하여 이동성 및 IP 연결을 지원한다. UPF는 분산 형태로 데이터 네트워크(인터넷)와 연결한다. 단말이 RAN을 통해 가까운 UPF에 접속할 경우 엣지 서버(Edge Server)를 이용한 5G 서비스 구현(URLLC 등)이 용이해진다.

(5) 공통 핵심망 구조

LTE EPC에서는 non-3GPP 단말이 접속할 경우 별도의 접속 장비와 인터페이스 구조를 가지고 처리하였으나, 5G 핵심망은 NR, LTE 뿐만 아니라 WiFi 등 non-3GPP 액세스 기지국이 공통된 인터페이스 및 구조로 AMF와 UPF에 접속하도록 하여 인증 등을 포함한 동일 서비스를 제공한다.

(6) 이동성 및 무선접속관리

5G 핵심망은 서비스 형태(고밀도셀의 서비스, IoT 서비스 등등)에 따라 이동성 관리 및 무선접속 기술의 선택이 다를 수 있으므로, SDN/NFV에 의해 모든 무선접속 기술을 통합 관리한다. LTE 시스템에서 모든 단말에 대해 동일한 관리를 하였으나 5G망에서는 이동성이 필요 없는 IoT 단말 등 다양한 서비스 형태가 존재하므로 이동성 제공을 필요로 하는 단말(Mobility on Demand)만 이동성을 제공한다. 5G망에서 PCF(Policy Contro Function)가 AMF와 직접 연결되어 단말의 이동성 관리를 동적으로 제어하여 무선 및 에너지 자원을 효율적으로 이용할 수 있다. 기지국에서 단말의 이동성을 관리하는 RRC inactive 기능을 추가하였다.

8.5 5G NR 주요 기술

8.5.1 개 요

5G 이동통신의 초고속 데이터 서비스, IoT 서비스, 고신뢰 저지연 서비스 환경을 구축하기 위해 3GPP는 5세대 이동통신 표준 기술인 NR(New Radio)을 Phase 1과 Phase2로 나누어 2단계로 개발하였다. 2018년 6월 완료한 NR Phase1에서는 다양한 5G 서비스 환경 특성에 대응하여 무선통신기술, 안테나 시스템, 주파수 활용 기술, 네트워크 기술에서 새로운 개념의 기술을 표준화하고, 2020년 6월 완료한 NR Phase2(Rel-16)에서는 Massive IoT, V2X 등의 기술을 표준화하였다. 5G NR의 주요 기술 및 특징을 요약하면 〈표 8-5〉와 같다.

〈표 8-5〉 5G NR 주요 기술

주요 기술	주요 특징
주파수 대역	• FR(Frequency Range)1 : < 6GHz • FR(Frequency Range)2 : ~52.6GHz(Rel-15), 52.6~71GHz(Rel.17)
무선 접속 방식	• 하향링크 : CP-OFDM(A) • 상향링크 : OFDM 기반 – CP-OFDM : 소형셀 – SC-FDMA(DFT-s-OFDM) : 매크로셀
대역폭	• FR1 : 5, 10, 15, 20, 25, 40, 50, 60, 80, 100MHz • FR2 : 50, 100, 200, 400MHz, 2GHz(Rel.16)
반송파 수	• 반송파수 : 16
부반송파 간격 (kHz)	• < 6GHz : 데이터 – 15, 30, 60 동기 – 15, 30 • > 6GHz : 데이터 – 60, 120 동기 – 120, 240
duplex	• FDD, Static TDD, Dynamic TDD, (rel.16) TDD Cross-Link 간섭 제거
프레임/서브프레임 길이 슬롯의 심볼 수	• 10ms / 1ms • ≤ 60kHz : 7 or 14 심볼, > 60kHz : 14 심볼, mini slot(0.143ms)은 2, 4, 7
CP 형태	• Scaled NCP(Normal CP), Scaled ECP(Extended CP)
다중안테나 기법	• MIMO layer : 하향링크 8, 상향링크 4 • 아날로그 빔포밍, 디지털 빔포밍, 하이브리드 빔포밍
빔포밍 수	• > 3GHz : 4, 3~6GHz : 8, > 6GHz : 64
채널코딩	• 데이터 채널 : LDPC 코드, 제어 채널 : 폴라 코드(Polar code)
시그널링	• (Rel.16) 중첩신호 우선순위, 상하향 위치 측정 기준 신호, 단말지원 정보 신호
RAN 구조	• EN-DC(EUTRA NR-Dual Connectivity), SA(Stand Alone) • (Rel.16) RAN sharing, IAB, sidelink(V2X etc.)
핵심망 구조	• CP/UP 분리, SDN/NVF, 서비스 기반 구조, 분산형 핵심망, 공통 핵심망 • (Rel.16) Non-Public Network(독립 공중망 결합), TSC 지원, URLLC 지원

8.5.2 주파수 자원 이용 기술

(1) 개 요

5G 서비스 환경의 초고속, 고신뢰, 저지연 특성을 구현하기 위한 NR의 주요 무선 통신 기술은 ① 가변적인 멀티캐리어 무선접속 기술로서 Scalable OFDM, ② 고신뢰 저지연 서비스 환경에 대응하여 유연한 슬롯을 구성하는 Flexible Slot, ③ 서비스 트래픽 변화에 능동적인 유연한 듀플렉스를 구성하는 FDD, 정적(Static) TDD, 동적(Dynamic) TDD, ④ 수백 MHz 이상의 주파수 대역폭의 광대역 이용 기술 등이다.

(2) 가변 OFDM(Scalable OFDM)

기존의 OFDM 방식은 모든 대역에서 동일한 주파수 대역폭의 서브 캐리어를 가지고 여러 서브 캐리어를 이용하여 고속 데이터 서비스를 제공한다. 5G 이동통신에서는 다양한 서비스 형태로 다양한 주파수 대역폭을 이용하는데, 서브 캐리어의 수에 따라 높은 방사외 전력(Out Of Band Emission)과 시간/주파수 동기 에러가 높아질 수 있다. 따라서 5G 이동통신에서는 서브 캐리어의 주파수 대역폭을 다양하게 구성하여 높은 OOBE 및 시간 동기 에러를 완화하는 기술을 고려하는데, Filtered OFDM(F-OFDM), Universal Filtered Multi Carrier(UFMC), Filter Bank Multi Carrier(FBMC) 등이 있다. 다양한 주파수 대역폭을 가지는 서브 캐리어의 형태는 〈그림 8-32〉와 같다.

상하향 무선접속 방식은 LTE와 비슷하나 상향의 경우 소형셀에서 PAPR이 높지 않으므로 주파수 효율 극대화를 위해 CP-OFDM을 사용한다.

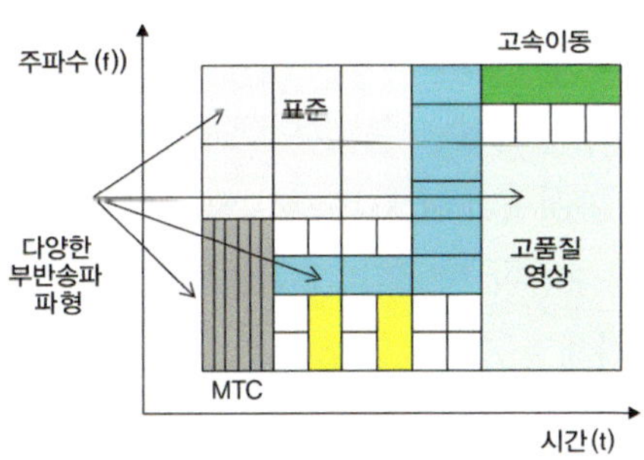

부반송파 간격 : f x 2^n, f = 15 kHz, n ∈ {−2, 0, 1, 2, ⋯, 5}							
n	−2	0	1	2	3	4	5
서브 캐리어 간격(kHz)	3.75	15	30	60	120	240	480
데이터		O	O	O	O	X	
동기		O	O	X	O	O	
OFDM 심볼길이 (μs)	266.67	66.67	33.33	6.67	8.333	4.17	2.08

〈그림 8-32〉 다양한 다중 캐리어 파형 개념

(3) 유연한 슬롯 구조(Flexible Slot)

NR은 스케줄링 기본 단위를 슬롯으로 정의하고 슬롯당 심볼은 14개로 고정한다. 슬롯 시간은 서브 캐리어 스페이싱(7.5, 15, 30, 60, 120, 240 kHz) 길이에 따라 달라지는 유연한 슬롯 구조(Flexible slot)를 갖는데 이것을 Numerology라고 한다. URLLC 서비스를 위해 미니 슬롯(2, 4, 7 심볼)과 심볼 내에서 HARQ ACK/NACK 신호를 포함하는 자기 포함 슬롯 구조(Self-contained slot))를 정의하고 있다. NR은 슬롯의 DL/UL 심볼 포맷을 256개로 설계하였으나 Rel-15에서 62개를 사용한다.

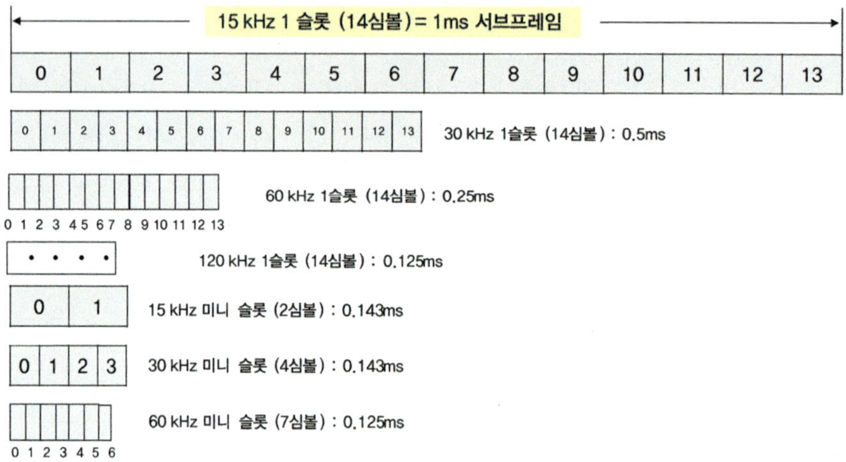

〈그림 8-33〉 OFDM의 유연한 슬롯 구조

(4) 유연한 듀플렉스

기존의 이동통신서비스의 주파수 활용은 송수신용 주파수를 FDD, TDD 방식으로 구분하여 고정적으로 할당하고 트래픽이 증가하면 필요한 주파수를 5 GHz 이하 대역에서 확대하였다. 5G 이동통신서비스는 모든 환경에서 초고속데이터와 대규모 단말 서비스를 제공함으로써 특정 지역의 경우 트래픽 비대칭이 발생할 수 있다.

NR에서는 하향링크의 제어채널(PDCCH)에서 하향링크 데이터채널(PDSCH)의 심볼 길이 지정, 상향링크 HARQ ACK/NACK 보고 심볼 지정, 상향링크 제어채널(PUCCH)에서 상향링크 데이터 채널(PUSCH)의 심볼 길이 지정 등으로 심볼 레벨의 유연한 자원 설정 방식으로 TDD 시간 자원을 관리한다. NR은 14개 심볼의 배수로 고정된 슬롯 기반 스케쥴링과 14개 미만의 심볼을 가지고 PDSCH 자원을 유연하게 활용하는 스케쥴링으로 정적 및 동적 TDD 운영이 가능하다.

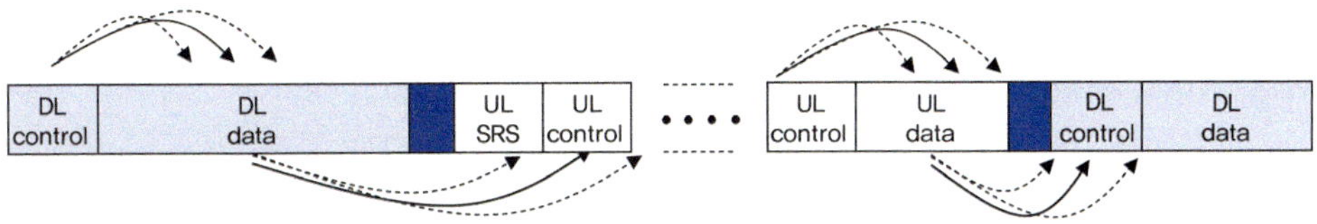

〈그림 8-34〉 TDD 시간 자원의 유연한 운영

(5) 광대역 주파수 이용 기술

광대역 주파수 이용은 5G 모바일광대역 서비스(eMBB) 구현을 위해 필요하다. 전파손실에 의한 커버리지 축소, 회절성 저하로 이동성 제한, 단말의 복잡성 등이 해결되어야 할 문제였으나 NR에서는 mmWave 안테나 기술을 이용하여 커버리지/이동성/단말의 복잡성 문제를 해결하였다.

또한 NR에서는 다양한 서비스로 단말 종류에 따라 광대역 주파수 전체를 사용하지 않고 일부만을 사용할 수 있으므로 네트워크는 반송파 결합(CA)과 함께 BWP(Band Width Part)를 추가하여 단말이 캐리어수 및 주파수 일부만을 이용할 수 있도록 관리한다.

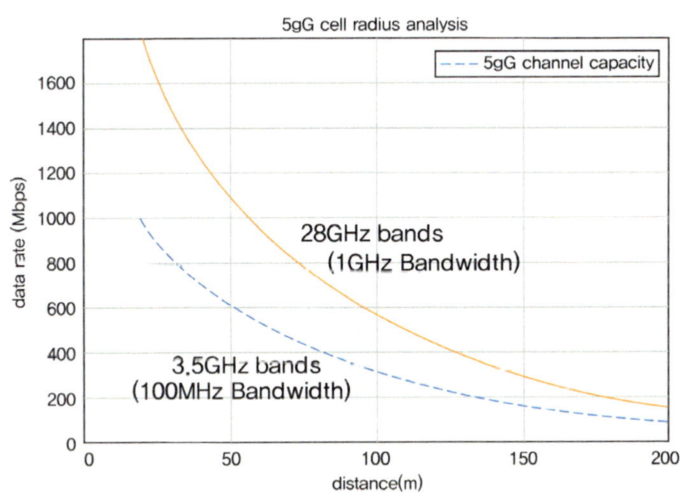

출처 : 정우기, 한국전자파학회논문지 2018. 5월

〈그림 8-35〉 광대역 주파수 이용 필요성

8.5.3 진화된 안테나 시스템

(1) 개 요

NR의 안테나 시스템은 기존 LTE MIMO 기술을 기반으로 하였지만 최대 100 GHz까지의 주파수 대역을 이용하는 5G 이동통신의 전파환경을 고려하여, ① 대규모 안테나를 이용한 빔 간의 간섭 최소화로 용량을 극대화하는 massive MIMO 안테나 시스템과 ② 고주파 대역의 셀반경을 극대화할 수 있도록 하는 mmWave Beam Management 안테나 시스템을 표준화하였다. 이때 대규모 배열 안테나를 이용한 AAS(Active Antenna System)는 RF 처리부의 일부(트랜시버 및 증폭기)를 안테나와 직접 결합함으로써 중간 손실(케이블 손실 등)을 줄이고 에너지 및 공간의 효율성을 높인다.

(2) 빔포밍 방식의 종류

가. 아날로그 빔포밍

RU와 위상천이기(Phase Shifter)가 연결된 안테나 소자로 RF 빔포밍(안테나 구조가 간단)을 한다. 아날로그 빔포밍은 빔포밍 행렬을 구현하지 못해 간섭 제거가 어렵다. NR은 LTE가 데이터 채널에서만 빔포밍한 것과 달리 초기 접속 단계 및 제어채널의 빔포밍을 통해 신호 도달 거리를 확대한다.

나. 디지털 빔포밍

디지털 신호는 모든 안테나에 위상천이기를 적용하여 빔포밍하고 RF 처리부(트랜시버 및 증폭기)를 안테나와 직접 결합(AAS : Active Antenna System)함으로써 수직/수평의 정밀한 빔포밍을 구현한다. NR의 DU 코드북(빔포밍 행렬)은 LTE의 CRS(Cell-specific Reference Signal)를 제거하고 빔 기반의 통신을 위해 DMRS(Demodulation Reference Signal), CSI-RS(Channel State Information RS), SRS(Sounding RS), PTRS(Phase Tracking Reference Signal) 등 4개의 RS가 빔 송수신 지원한다. 중간 손실(케이블 손실 등)을 줄이지만 정밀한 빔을 위해 대규모 안테나가 필요하다(안테나 구조가 복잡함).

다. 하이브리드 빔포밍

DU에서 디지털 신호 처리하고 RU에서 위상천이기(증폭기 포함) 제어하는 아날로그와 디지털 빔포밍의 혼합 방식이다. 빔포밍은 안테나 수보다 작은 위상천이기와 가변 이득 증폭기를 각각의 안테나와 결합하여 구현하는데 복잡도를 줄이기 위해 위상천이기만으로 빔포밍을 하고 간섭 오차는 DU에서 신호처리한다. 디지털 빔포밍에서 고주파수 대역의 대용량 안테나로 인한 RU의 구현 복잡도를 해결하기 위해 안테나 소자별로 위상 천이기를 사용함으로써 안테나 구조가 비교적 간단하며 수평/수직 빔 형성이 가능하다.

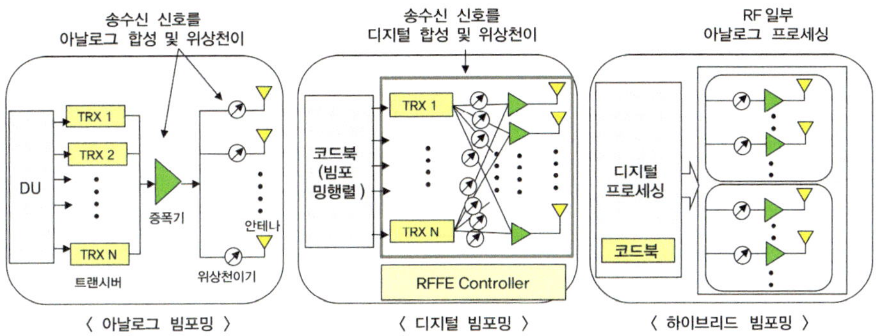

〈그림 8-36〉 빔포밍 방식의 종류

(3) Massive MIMO 및 3D 빔포밍

Massive MIMO는 대규모 안테나를 이용하여 여러 단말에 다중화된 메시지를 송신하고, 간섭을 최소화하도록 원하는 링크로 전파를 집중한다. Massive MIMO는 매크로 지역, 고밀도 지역, 고층빌딩, 무선망 백홀 등 다양한 전파 환경에서 서비스를 제공한다. 대규모 안테나 시스템을 이용하여 3D 빔포밍으로 고층 빌딩과 같은 3차원 환경의 서비스를 제공할 수 있다. 다양한 송수신 채널의 직교성을 위한 송수신 빔포밍 알고리즘 기술, 채널 상태 정보(Channel Status Information)의 피드백, 빔 추적 기술, 다중 사용자 자원 관리, 대규모 안테나 구조 기술이 요구된다.

NR과 LTE의 가장 큰 차이점은 LTE는 빔포밍에 의해 확장된 서비스 영역을 모든 단말이 공유하므로 채널 용량을 공유하지만 NR은 단말별로 빔이 할당되므로 빔포밍에 의해 단말간 간섭이 제거되어 각각의 단말이 빔의 채널 용량을 모두 사용할 수 있다는 점이다.

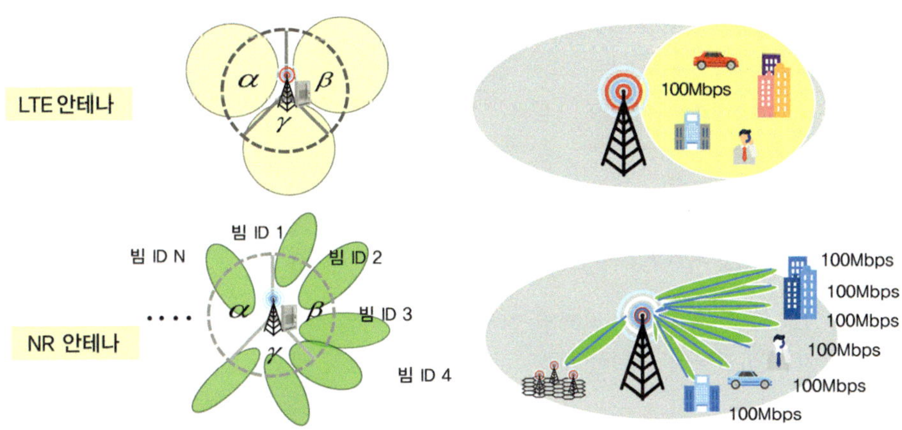

〈그림 8-37〉 massive MIMO 및 3D 빔포밍 개념

(4) mmWave Beam Management

mmWave는 30 ~ 300 GHz(10 ~ 1 mm) 주파수 대역으로 광대역 주파수 대역을 이용할 수 있다. 20 Gbps 이상의 5G eMBB 서비스를 제공하기 위해서는 수백 MHz 이상의 광대역 주파수 대역폭을 이용하는 mmWave 주파수 이용 기술이 필요하다.

mmWave 주파수 대역의 특성은 높은 주파수 대역으로 높은 직진성과 경로 손실을 가지는 한편 높은 직진성으로 전파경로 수가 매우 적은 장점도 있다(sparsity). 광대역으로 인한 주파수의 다중 반송파 전송 방식(100 MHz x 8개 등)은 RF 장비의 복잡도를 높일 수 있다.

NR의 mmWave 이동통신 구현 기술은 mmWave 주파수 대역을 이동통신에 이용하기 위해 mmWave의 단점은 극복하고 장점은 적극적으로 이용하고 있다.

① 서비스 커버리지 확장을 위해 빔포밍 기술로 높은 경로 손실을 극복하였다. 특히 mmWave의 전파 경로 수가 적은 특징은 인도어-아웃도어 3차원 경로 다이버시티(수직, 수평) 구현에 용이하다.

② 채널 용량 증대는 기본적으로 광대역 주파수 이용에 의해 크게 증가하는 것 외에 단말기 단위로 빔 ID를 할당하는 빔포밍 기술로 단말 간 채널 간섭을 최소화하여 1개의 단말이 기지국의 채널 용량을 모두 사용할 수 있는 방법으로 이루어진다.

③ 광대역 주파수 대역폭으로 요구되는 대용량 안테나로 인한 복잡도를 하이브리드 빔포밍 기술로 시스템의 복잡도를 단순화하였다.

④ 직진성이 강한 mmWave 이동통신서비스 환경에서 이동성에 의한 전파 경로에 따른 전파 수신 세기의 변화가 크다. NR은 이를 해결하기 위해 광대역 서브 캐리어(60, 120, 240, 480 kHz) 및 빔 제어 신호(4개의 RS 신호)로 빠른 빔 트래킹, 빔스티어링, 패스트 스위칭을 구현한다.

8.5.4 무선전송 기술

(1) 진화된 코딩 변조 기술

가. 개 요

변조 및 코딩은 링크 및 네트워크 자원의 활용을 극대화하는 방향으로 도입한다. NR 변조는 전파 환경에 따라 256 QAM의 고효율 변조 방식을 사용하여 성능을 높인다. NR 채널코딩은 3G/4G에서 사용된 터보코딩은 구현이 복잡하여 초고속 데이터 전송에 제약이 있어 데이터 채널의 경우 대용량 전송에 유리한 LDPC 코드, 제어채널의 경우 신뢰성이 높은 폴라코드(Polar Code)를 사용한다.

LDPC는 선형 블록코드 가운데 하나로서 1960년 갤러거(Gallerga)에 의해 개발되었으며, 1981년 태너(Tanner)에 의해 그래픽 관점에서 새롭게 해석되었으나 실제 상용화 분야에서 관심을 끌지 못하다가 1990년대 후반 섀넌의 한계에 가까운(0.1 dB 차이) 성능을 보일 수 있게 되면서 고속 데이터 전송을 위한 채널 부호화기로 주목 받고 2003년 디지털 위성방송(DSB-S2), 2008년 ITU-T G.hn(Home Networking Transceiver), 2009년 802.11b/a/n, 2018년 5G NR 표준으로 채택되었다. 반복되는 복호 기술에 의해 데이터 전송 용량을 높일 수 있고 에러의 신뢰성이 높은 코드로써 코드 길이에 비례하는 시간으로 복호가 이루어진다.

폴라코드는 선형 블록 코드의 하나로서 2008년 아리칸(Arikan)이 최초로 채널 양극화(Polarization) 현상을 이용한 코드이다. 동일한 채널용량 2개의 전송채널을 결합하여 코딩하면서 채널용량이 높은 채널 용량과 낮은 채널 용량으로 양극화할 때 낮은 채널 용량 값을 0로 고정하고 높은 채널 용량을 가진 채널만을 이용함으로써 신뢰도를 높이는 기술이다.

〈그림 8-38〉 진화된 변조/코딩 개념

나. LDPC(Low Density Parity Code)

1) 기본 개념

기본적으로 블록 코드의 (n, k) 형태로 구성되는데 n-k 패러티 비트는 행과 열에서 1의 값이 0의 값과 비교하여 매우 작게 설계되어 저밀도(Low Density)로 불린다. 따라서 저밀도의 조건을 만족하기 위해서는 코드 길이가 매우 길어야 성능이 높아진다. 정보데이터와 전송데이터 사이에 다양한 연산관계가 이루어지고 이를 표현하는 패러티 체크 행렬이 여러 개가 존재함으로써 병렬로 여러 번 에러 체크를 수행하게 해서 수신데이터의 신뢰도를 높인다.

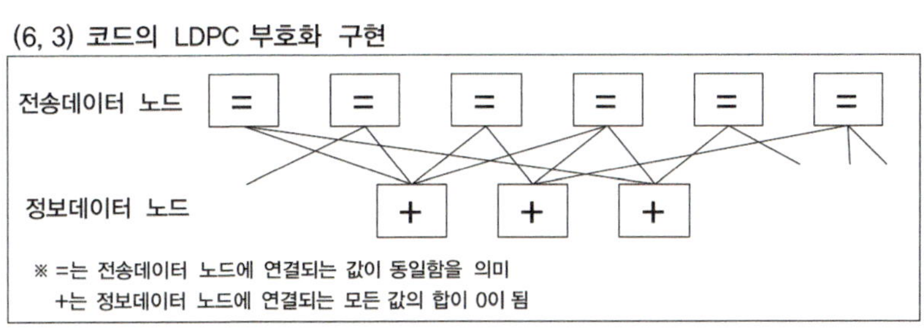

〈그림 8-39〉 LDPC 부호화 개념

2) 주요 특징

LDPC는 긴 인터리버를 요구하지 않으며 블록 에러를 정정하는 데 좋은 성능을 가지고 있다. 또한 BER과 비교하여 에러 최저치(Error Floor)가 매우 낮고, 복호가 트렐리스 기반으로 이루어지지 않아서 에러가 전파되지 않는다. 그리고 채널 부호화가 유사한 주기적인 특성을 가짐으로써 선형변환 레지스터로 쉽게 구현된다.

(2) 진화된 HARQ

기존 LTE 시스템은 HARQ의 응답신호 수신이 8 ms, 14 ms 이후 수신되어 5G URLLC 서비스의 지연 시간 요구사항을 만족시키기에는 어렵다.

5G NR은 같은 서브프레임에 UL 수신응답신호(Ack/Nack)를 수신할 수 있어서 1 ms 이내 재전송이 가능하고, 또한 더욱 빠른 재전송을 위해 0.125 ms의 작은 슬롯이 있어 5G URLLC 서비스의 요구사항을 만족시킬 수 있다. HARQ 프로세싱 시간은 서비스 유형에 따라 단말 능력으로 정의된다.

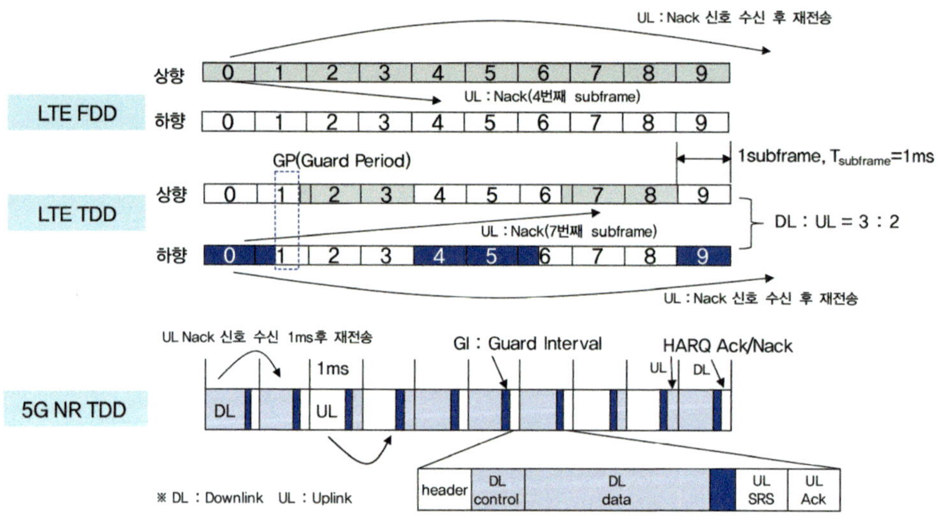

〈그림 8-40〉 LTE와 NR의 HARQ 비교

8.5.5 NR 동기 및 초기접속 기술

LTE 시스템의 동기 및 초기 접속이 셀 중심으로 이루어지는 반면, NR 시스템의 동기 및 초기 접속은 다중빔 전송 및 광대역 주파수 이용을 기준으로 이루어지는 것이 가장 큰 차이이다. NR 기지국은 다수의 빔을 사용하여 동기 및 시스템 정보를 반복 전송하고 NR 단말은 랜덤 접속 과정 중에 셀의 특정 빔을 획득한다.

NR 시스템의 SS(Sync. Signal)와 PBCH(Physical Broadcast Channel)가 전송되는 단위 블록인 SSB(Sync. Signal Block)는 광대역 주파수 운용을 위해 여러 개의 SSB 신호를 전송하므로 시스템 대역의 중심이 아닌 곳에서도 전송한다(LTE의 경우 중심 주파수 1.4 MHz에서만 전송). NR 시스템은 SSB가 중심 주파수로 정해져 있지 않으므로 단말이 SSB를 쉽게 찾을 수 있도록 후보 주파수 위치인 동기 래스터(Synchronization raster)와 채널 중심 주파수 위치 정보인

채널 래스터(channel raster)를 정의한다.

NR 시스템의 SSB는 20개의 RB(240개의 서브 캐리어)와 연속된 4개의 OFDM 심볼로 구성된다. NR 시스템은 SSB 신호를 5 ms 동안 4번(3 GHz 이하), 8번(3 ~ 6 GHz), 64번(6 GHz 이상) 전송하도록 설계되어 되어 있으므로 최대 64개의 빔스위칭을 제공할 수 있다.

NR 단말은 초기 셀 선택의 주기를 20 ms로 하지만 5, 10, 20, 40, 80, 160m를 선택할 수 있다. NR 단말은 64개 빔 가운데 1개를 선택하여 상향링크의 동기, 초기 빔 획득 전달, 빔 실패 복구 요청 등의 정보를 전달하기 위해 최적의 빔 방향을 가지는 SSB를 검출하고 랜덤 접속 채널을 통해 프리앰블을 전송하여 초기 접속 수행한다. 단말의 프리앰블은 다양한 5G 셀 환경(매크로부터 소형셀)을 고려하여 슬롯 단위 긴 프리앰블과 심볼 단위 짧은 프리앰블 등 다양한 포맷으로 구성되어 있다. NR은 초기 접속에서 프리앰블 실패 시 전력 증가(power ramping)를 하지만 빔이 바뀔 경우 동일 전력을 전송한다. NR의 이동성은 셀 중심의 이동성에 추가하여 빔 중심의 이동성 지원 기술이 추가된다. NR 동기 및 초기 접속의 호처리 절차 및 물리구조를 요약하면 〈그림 8-41〉과 같다.

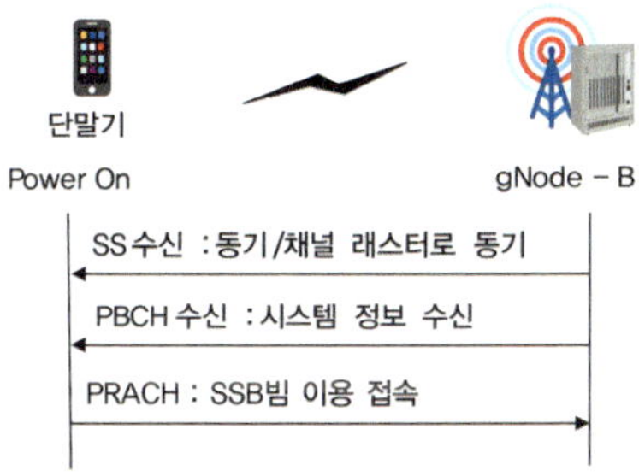

주파수	SSB수	SCS (kHz)	슬롯수/버스트 (슬롯 시간)
〈 3 GHz (FR1)	4	15	5(1ms)
		30	10(0.5ms)
3 – 6 GHz (FR1)	8	15	5(1ms)
		30	10(0.5ms)
〉 6 GHz (FR2)	64	120	40(0.125ms)
		240	80(62.5us)

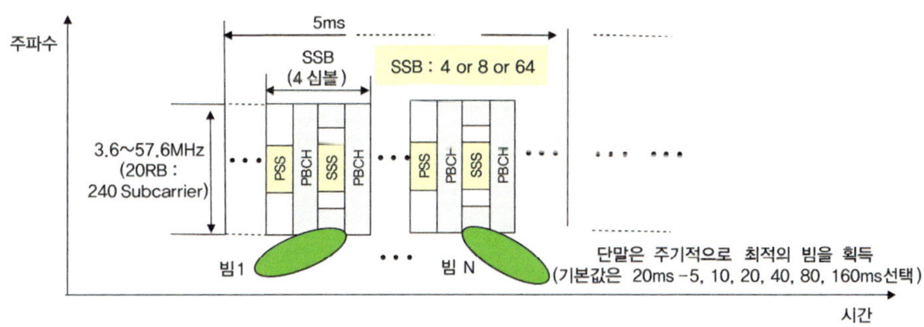

〈그림 8-41〉 NR 동기 및 초기 접속 절차와 물리 구조

8.5.6 5G NR Rel-16 추가 기술

(1) Integrated Access and Backhaul(IAB)

모바일 릴레이 서비스는 5G NR Rel-16에서 IAB 기술로 송수신 주파수를 동일한 주파수를 이용하여 구현되었다. IAB-DU는 IAB 서비스를 하는 노드들이 동일주파수에서 서로 다른 심볼

을 사용하여 간섭을 피할 수 있도록 통신 자원을 관리하는 것이고 IAB-node는 모바일 릴레이에서 IAB-DU와 IAB-MT 기능을 동시에 하거나 IAB-MT 기능만을 수행하는 망구성 요소이다.

IAB-DU는 통신 자원의 구성을 F1 프로토콜을 이용하여 IAB-node와 공유하는데 통신 자원의 심볼을 하드 심볼(hard), 소프트 심볼(soft), 사용불가 심볼(unavailable)로 구분하여 서로 간섭이 일어나지 않도록 한다. 이때 하드 심볼은 즉시 사용할 수 있는 심볼, 소프트 심볼은 조건부로 사용할 수 있는 심볼, 사용 불가 심볼은 사용할 수 없는 심볼을 의미한다. 즉, 동일주파수에서 서로 다른 심볼을 이용함으로써 간섭을 피할 수 있다.

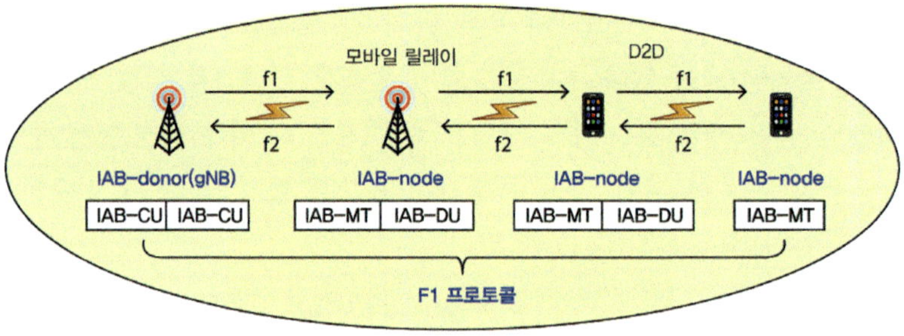

〈그림 8-42〉 IAB 기술 개념

(2) 보조 링크(Sidelink)

보조 링크는 5G NR Rel-16에서 무인 차량 자율주행서비스를 위해 V2X의 보조 링크가 요구되어 표준화한 기술이다. 자율주행자동차는 외부 통신망과의 연결을 위한 V2I(Vehicle to Infrastructure) 외에도 자동차 내부에 연결하여 정보를 주고받는 구성요소가 많이 있다. 이를 위해 P5 프로토콜을 표준화하였다.

PC5 프로토콜은 단말이 무선망과 직접 연결하지 않고 무선망과 연결된 단말과 통신함으로써 V2X 이외에도 서비스 커버리지를 확대하는 기술로 사용 가능하다.

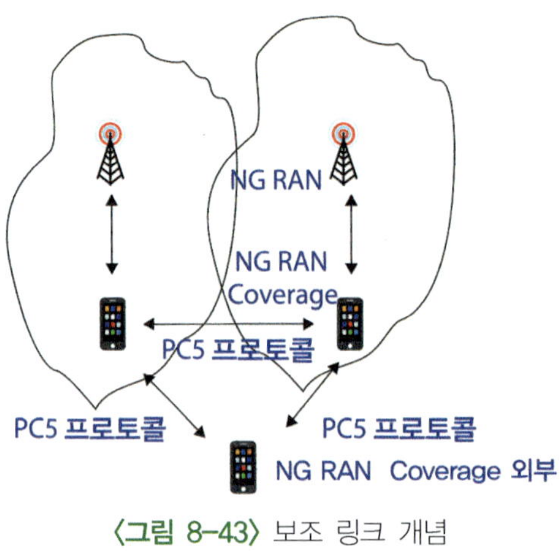

〈그림 8-43〉 보조 링크 개념

(3) 시민감 통신(Time Sensitive Communication)

시민감 통신은 5G NR Rel-16에서 초저지연 시간 및 고신뢰 통신을 위해 모든 망구성요소의 시간 동기를 맞추는 기술로서 산업 IoT(Industrial IoT)에서 사이버 및 물리적 공간의 동작을 통신으로 연결할 때 시간 오차를 줄여 지연 시간을 최소화한다. 5G NR의 gNB는 단말과 10 ns 단위로 시간 정보를 송수신한다. 또한 핵심망으로부터 TSC 지원 정보(TSC Assistance Information : TSCAI)를 받을 수 있다.

(4) NPN 기술(Non Public Network)

5G NR Rel-16에서는 5G NR 기술이 특화서비스를 위해 독자적인 통신망(stand-alone NPN - SNPN)과 공공망과 결합한 통신망(Public Network Integrated NPN - PNI - NPN) 기술을 표준화하였다.

SNPN은 PLMN ID와 NID로 확인되며 지원하는 단말은 방송 채널로부터 SNPN ID를 확인하고 SNPD와 공공망을 선택할 수 있다. SNPN에서는 긴급 서비스를 사용할 수 없다. SNPN 지원 단말이 'Inactive'이면 SNPN에서 동작하지 않고 'connected mode'에서는 SNPN과 공공망에서 핸드오버 등은 이루어지지 않는다.

PNI NPN은 CAG(Closed Access Group) 셀과 가입자가 확인되며 지원하는 단말은 방송 채널로부터 CAG를 확인할 수 있다. PNI NPN 지원 단말이 'Inactive'이면 PNI NPN에서 동작하지 않고 'connected mode'에서는 CAG 이동성 지원 지침에 맞추어 핸드오버, 액세스 제어 등이 이루어진다.

CHAPTER 09

6세대 이동통신

9.1 서비스 배경

3세대 이동통신인 IMT-2000 시스템은 2000년 음성, 데이터, 영상 등의 다양한 서비스를 동시에 제공하는 멀티미디어 이동통신서비스를 처음 구현하여 기술적인 가능성을 제시하였지만, 멀티미디어 서비스를 보편적으로 제공하지는 못했다. 2000년 초반 기지국과 단말기의 최고 전송속도는 2 Mbps로 기술적으로는 음성, 데이터, 영상을 동시에 보낼 수 있지만 실제 상용 서비스에서 여러 사람이 함께 이용하며 체감할 수 있는 속도는 약 150 kbps에 지나지 않았고 2000년대 후반이 되어서도 약 600 kbps 정도로 영상을 포함한 멀티미디어 서비스를 자유로이 이용하기에는 한계가 있었다. 4G 이동통신인 IMT-Advanced 시스템이 도입되어 체감 전송속도가 수십 Mbps로 크게 증가하면서, 사용자가 인터넷 등 멀티미디어 서비스를 보편적인 서비스로 이용할 수 있게 되었다. 이와 같은 경우는 5G와 6G 이동통신에서 반복될 수 있다. 예를 들어 5G 이동통신이 최고 전송속도와 달리 사용자 체감 속도가 100 Mbps인 경우 1 Gbps 전송속도를 요구하는 홀로그램 등 고품질 영상 서비스를 제공하는 데 한계가 있다.

5G 이동통신인 5G NR은 다양한 산업에 적용되어 특화서비스(Special Application Service) 또는 버티컬 서비스(Vertical service)를 기반한 융합산업을 만들고 있지만, 모든 산업이 요구하는 공간과 시간의 기술 조건들은 완전히 해결하는 6G 이동통신에 이르러 특화서비스를 보편적인 서비스로 제공할 것으로 보인다. IHS Markit에서 예측한 2035년 산업별 시장 규모는 정보통신 기술 산업은 10.8%이고, 기타 특화 서비스를 기반한 융합 산업이 89.2%에 이를 것으로 예측하고 있다.

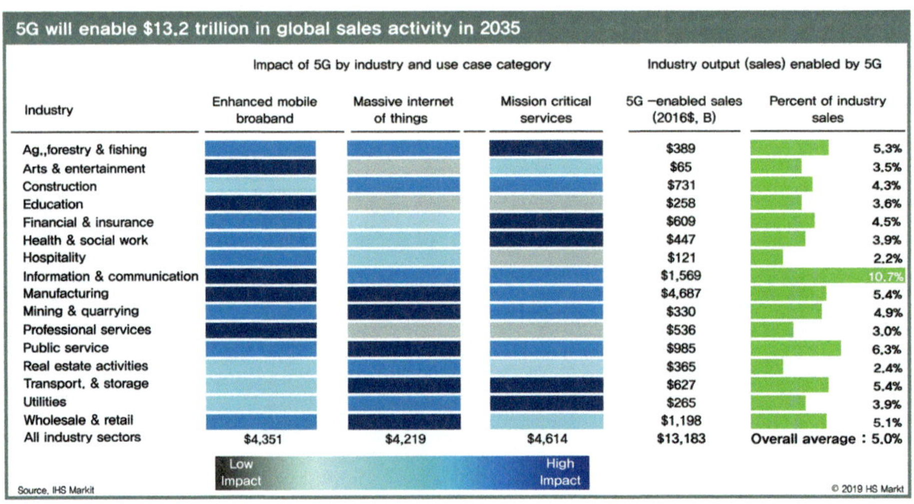

출처 : IHS Markit, 2019.

〈그림 9-1〉 ICT 융합산업의 2035년 시장 전망

UN에서는 지속 가능한 미래를 위해 2015년에 ① 빈곤 해결, ② 굶주림 해소, ③ 건강 복지, ④ 교육의 질, ⑤ 성평등, ⑥ 물과 위생, ⑦ 클린 에너지, ⑧ 양호한 일자리, ⑨ 산업 혁신, ⑩ 불평등 감소, ⑪ 지속 가능한 도시, ⑫ 지속 가능한 소비와 생산, ⑬ 기후 대책, ⑭ 해저 생명, ⑮ 육상 생명, ⑯ 평화, ⑰ 목표를 위한 협력 등 17개의 목표(SDN : Sustainable Development Goal)를 선정하고 2030년까지 달성한다는 계획을 세웠다.

미래 통신 네트워크는 기후 위기, 코로나 팬데믹(COVID pandemic)과 같은 새로운 사회 및 환경의 변화에서 지속 가능한 사회를 지원하도록 발전할 필요가 있다. 이를 위해 미래 이동통신은 현재 사회 및 환경 변화를 감시하고 대응하는 수준을 넘어서서, 실제/가상공간에서 오감정보를 지능화 및 자동화 시스템을 이용하여 실시간으로 원격 제어하고 통신의 공간을 지구 전체로 확대하도록 요구되고 있다.

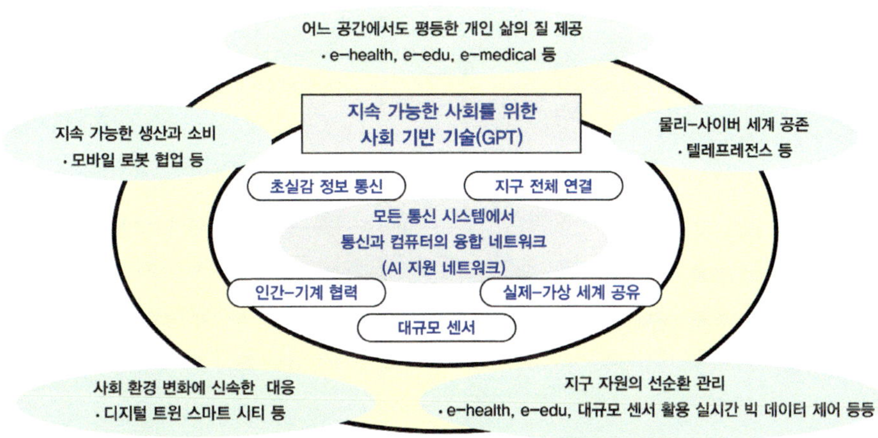

〈그림 9-2〉 미래 이동통신의 역할

〈그림 9-2〉는 미래의 사회 및 환경 변화에서 지속 가능한 사회를 지원하기 위한 서비스 및 기술들을 요약하였다. 미래 이동통신은 지구의 지속 가능한 사회를 유지하기 위해 기후 변화, 코로나 팬데믹 등 세계적인 감염병 확산 등의 예측할 수 없는 변화에 대해 신속한 대응 시스템을 지원하고 제한된 지구 자원이 선순환적으로 관리될 수 있도록 지원하여야 한다. 또한 지속 가능한 생산과 소비 시스템 그리고 일상생활에서 신속한 정보 공유를 지원할 수 있어야 한다. 끝으로 어느 공간에 있어도 모든 사람들에게 차별 받지 않는 삶의 질을 제공할 수 있어야 한다.

2030년경 서비스가 이루어질 것으로 예상되는 6G 이동통신은 사회 기반 기술(General Purpose Technology)로서 지구의 지속 가능한 사회 목표를 지원하기 위해 현재 이동통신보다 더욱 높은 성능의 서비스를 제공할 수 있어야 한다. 예를 들어 오지의 주민들에게 촉각 인터넷(Tactile internet)을 이용한 원격 의료 수술을 실시간으로 실행하기 위해서는 5G 이동통신의 성능을 훨씬 넘어서는 전송속도, 전송지연, 전송신뢰도가 요구된다. 또한 디지털 트윈 기술로 스마트 도시 전체를 관리 제어하기 위해서는 AI 컴퓨터와 통신 네트워크를 융합하여 대규모 데이터를 실시간으로 처리할 수 있어야 한다.

9.2 서비스 개념

6G 이동통신서비스는 오감정보를 실시간으로 상상할 수 있는 물리적 세계 및 사이버 세계와 제약 받지 않고 통신할 수 있는 차세대 이동통신서비스이다. 6G 이동통신서비스의 주요 개념은 다음과 같다.

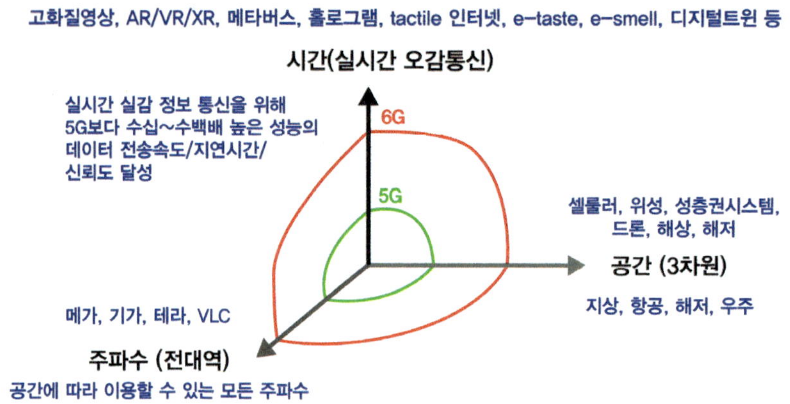

〈그림 9-3〉 6G 이동통신서비스 개념

① 6G 이동통신서비스는 홀로그램 통신, 메타버스, 텔레프레즌스와 같은 초고속 데이터가 요구되는 초실감 정보 통신서비스, 촉각 인터넷, 원격 의료 수술과 같이 실시간 오감 통신서비스, 디지털 트윈 스마트 시티와 같은 대규모 센서를 이용한 물리-사이버 환경의 실시간 빅데이터 통신서비스 등을 제공할 수 있을 것이다.

② 미래 우리는 지상뿐만 아니라 항공 · 해양 · 해저 · 우주 어디에 있든지 모든 공간이 융합된 네트워크에서 언제든지 연결할 수 있도록 한다. 나아가 공간은 물리적 세계와 사이버 세계로 확대되어 우리가 머무르는 어느 공간 및 시간에 따라 연결할 수 있도록 한다.

③ 항공 · 우주 · 해저 등 지구의 모든 공간을 연결할 수 있고 초고품질 영상 데이터 서비스를 전송하기 위해 기존의 메가 · 기가 주파수 이외 테라헤르츠, 가시광선 등 모든 주파수 대역을 이용할 수 있어야 한다.

ITU는 5G 이동통신서비스를 제공할 수 있는 6G에서 요구되는 핵심기술능력을 검토하고 있는데 현재까지 분석된 핵심기술요구 능력을 요약하면 다음과 같다.

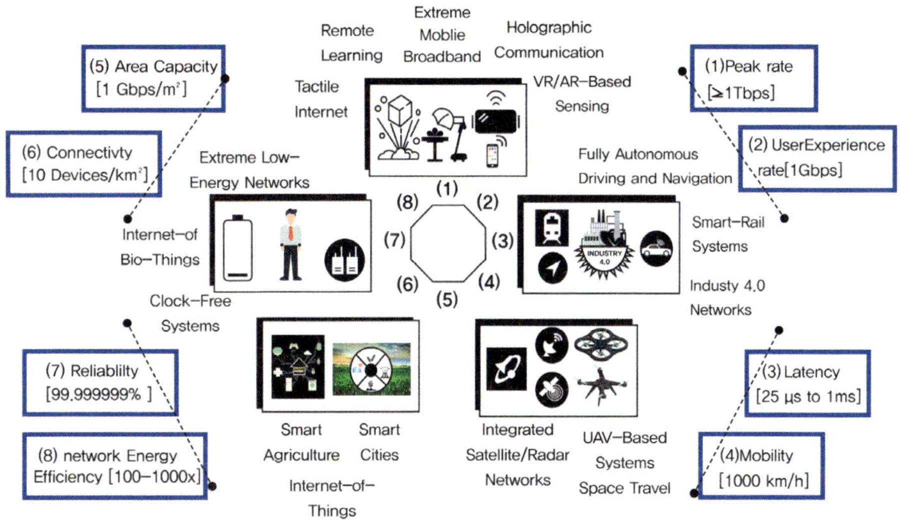

출처 : ITU-R 5D/TEMP/400

〈그림 9-4〉 6G 기술 요구 사항

위의 그림은 6G 핵심기술능력을 ① Peak data rate ② User experienced data rate ③ Latency ④ Mobility ⑤ Area capacity ⑥ Connection density ⑦ Reliability ⑧ Energy efficiency 등 8개로 설정하고 기술 요구 기준을 제시하였다.

6G 이동통신서비스의 특징은 다음과 같다. ① 피크 데이터 전송 속도 및 사용자 경험 데이터 속도를 5G와 비교하여 각각 50배, 10배 이상 높이면(1 Tbps, 1 Gbps) 홀로그램 통신, 메타버스와 같은 초고속 데이터가 요구되는 다양한 서비스를 제공할 수 있다. ② 단말과 네트워크 사이 지연 시간을 5G와 비교하여 1/40로 낮추면(0.025 ms) 텔레프레전스, 촉각 인터넷, 원격 의료 수술과 같이 실시간 오감통신 환경을 제공할 수 있다. ③ 대규모의 사물과 통신할 수 있는 능력을 5G와 비교하여 10배 이상 높이면(10,000,000/km^2) 디지털 트윈 스마트 시티와 같은 대규모 센서를 이용한 다양한 서비스를 제공할 수 있을 것이다. 6G와 5G 이동통신시비스의 핵심 기술 능력을 비교하면 다음과 같다.

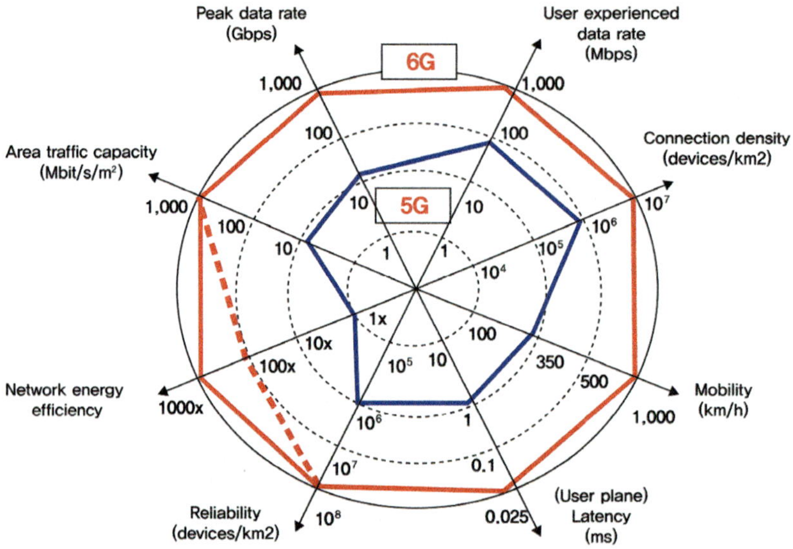

〈그림 9-5〉 6G와 5G 핵심 기술 능력 비교

6G 서비스는 5G 서비스보다 전송속도, 지연시간, 단말 수용 능력을 각각 개선하여 서비스를 확대하면서, 다른 한편으로 2개 또는 3개의 핵심 기술 능력이 결합한 서비스로 진화할 것으로 예상된다. 초기에는 eMBB 기술 능력을 이용하여 홀로그램을 이용한 초실감 영상을 시청하지만 홀로그램 영상을 이용하여 텔레프레젠스 회의 또는 실시간으로 탐사를 하는 경우 초지연시간의 기술 능력이 동시에 만족하여야만 적절한 서비스를 제공할 수 있게 된다. 디지털 트윈 스마트 시티를 이용하여 재난 관리 시스템을 운영할 경우 대규모 센서 데이터가 필요하면서도 재난 대응을 위해서는 초지연시간의 기술 능력이 요구된다.

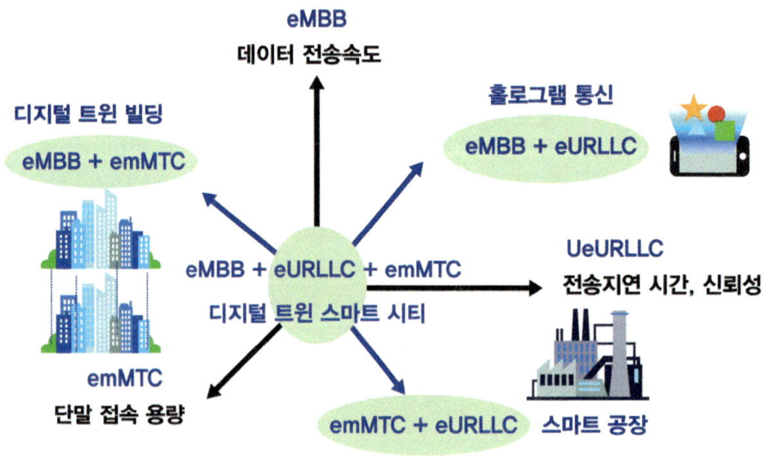

〈그림 9-6〉 6G 서비스의 핵심 기술 능력 구성

9.3 시스템 개발

2019년 5G 이동통신 시스템의 표준화가 마무리되어가면서 전 세계적으로 6G 연구가 검토되기 시작하였다. 검토되는 연구 분야는 새로운 패러다임의 MIMO 기술, 촉각 인터넷(tactile internet), 플라잉 네트워크(flying network), 블록체인 기술, 그린 6G 네트워크 망구조, 6G 스펙트럼 관리, 6G AI network 등 다양한 주제로 진행되고 있다. 또한 세계 각국도 6G를 연구를 시작하고 있는데 요약하면 다음과 같다.

년도	국가	주요내용
2017	미국	DARPA(국방성 연구기관) 6G 선행 연구 시작
2018	미국	자율주행 및 고속도로 지능화 위해 500GHz, THz 주파수 연구
	핀란드	6G Flagship Project 프로젝트 시작(8년간 8,000억 원)
2019	유럽연합	2021년부터 6G 장기연구계획 수립
	중국	6G 전담기구 출범, IMT-2030 그룹 구성, 37개 과제 연구 시작
	한국	KAIST와 LG전자가 6G 연구 협력 시작
2020	일본	소니, 인텔, NTT가 6G 연구 협력 정부는 20억 달러 연구 투자, 민관연구회 설립
	사우디아라비아	KAUST 6G 연구 시작
	한국	과기정통부 2021-2026년 2,147억 원 6G 연구 투자 2026년 6G 파일롯 프로젝트 시작

ITU는 2019년 5G 이동통신(IMT-2020) 기술 표준을 마무리하고 5G 시스템의 표준을 지속적으로 개선하면서, 한편으로는 6G 이동통신([IMT-2030]) 서비스를 검토하기 시작하였다. 6G 기술 표준화 일정은 〈그림 9-7〉과 같이 예상된다.

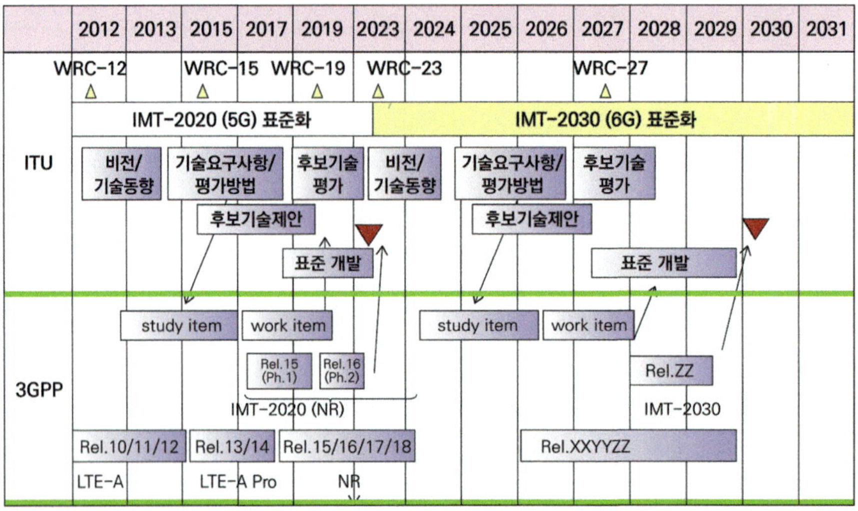

〈그림 9-7〉 ITU와 3GPP의 IMT-2030 기술 표준화 예정

ITU는 우선 6G 이동통신서비스를 위한 미래 기술 보고서를 2021년 10월에 완성하고 6G 이동통신의 비전을 2023년 1월까지 완료할 계획이다. 이후 IMT-2020(5G)의 표준화 일정과 유사하게 2023년 IMT-2030 비전에서 제시한 핵심기술 항목에 대해 추가적인 연구 결과를 기술요구사항 KPI(Key Performance Indicator)로 정의하여 기술 기준의 구체적 값과 IMT-2030 후보 기술 평가를 위한 조사, 분석, 실험의 평가 방법을 통한 표준화를 2030년까지 진행할 것으로 보인다.

3GPP는 IMT-2020 기술 표준인 5G NR Rel. 15/16을 2018년 6월 및 2020년 6월 완료한 이후, 5G NR 기술의 개선 사항을 Rel. 17/18에서 2022년, 2023년을 목표로 단계적으로 개발하고 있다. Rel. 17/18에서 검토되고 있는 비지상망(Non Terrestrial Network) 기술, 에징 컴퓨팅(Edge Computing), 위성 및 무인 항공 시스템(Unmanned Aerial System), 70GHz 대역 주파수 연구, XR 서비스, 동적 주파수 공유 이용 등은 6G 이동통신의 비전과 기술 요구 사항과 연계되어 발전적으로 반영될 것으로 보인다.

9.4 미래 서비스 전망

6G 이동통신서비스는 궁극적으로 인간이 가진 5개의 감각(청각 · 시각 · 미각 · 후각 · 촉각)의 신호를 보내고 받을 때 어느 대상(Any world)이든 마치 바로 앞에서 이루어지는 것처럼 구현되는 것을 목표로 한다. 즉, 음파를 통해 소리를 전달하고 빛을 통해 영상을 보내고 받을 때 정보를 주고받는 대상이 물리적 세계나 사이버 세계 어디에 있든지 바로 앞에서 인간의 귀로 듣고 눈으로 보고 대화하는 것처럼 실감할 수 있도록 하여야 한다. 이와 같은 통신이

이루어지기 위해서는 귀와 눈이 느끼는 충분한 데이터와 함께 신호의 전달 속도도 충분히 빨라야 한다. 또한 인간이 감지할 수 없는 사물의 정보 영역까지 확대하여 일상생활의 의사 결정을 지능화해야 한다.

5G 이동통신에서 핵심망의 운용을 컴퓨터와 융합하여 SDN/NFV 기술을 이용한 네트워크의 유연성을 높였지만 6G 이동통신은 단말-무선망-핵심망-플랫폼-콘텐츠로 이루어지는 모든 네트워크를 AI 기반의 컴퓨터와 통신망을 결합하여 모든 네트워크의 지능화 및 자동화를 이룬다. 6G 이동통신서비스는 서비스 공간을 3차원으로 확대하고 물리적 사물(Physical thing)과 가상 사물(Virtual thing) 모두를 포함한 사물인터넷과 초정밀 위치 기반 서비스를 기반으로 물리적 세계와 사이버 세계와 융합된 모든 세계(Any world)에서 실시간으로 오감통신서비스를 통신한다. 이와 같은 6G 서비스는 개인의 삶의 질을 높이고 지속 가능한 사회를 지원하는 사회 기반 기술의 역할을 수행한다. 6G 기술의 발전은 인간이 공간과 시간에 제한 받지 않고 현실에 기초한 상상하는 모든 서비스가 현재 위치한 곳에서 이루어질 수 있도록 만들고 있다.

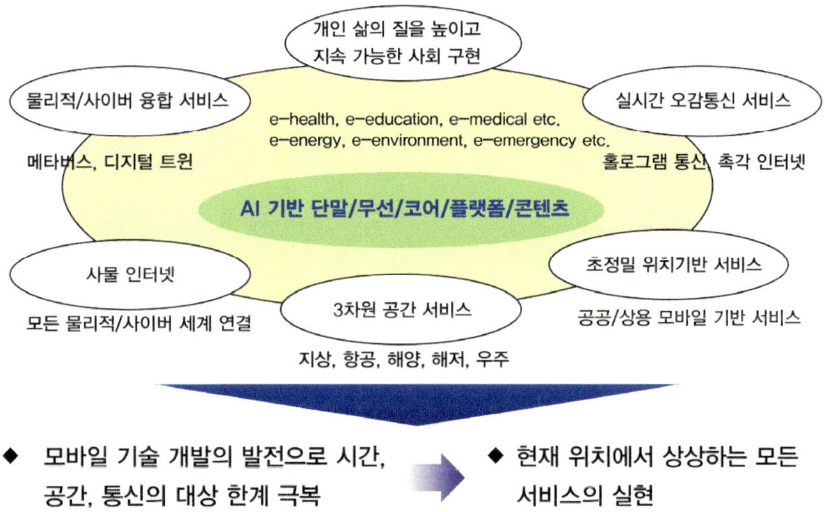

〈그림 9-8〉 미래 이동통신서비스의 전망

6G 네트워크는 실시간으로 오감 정보 통신을 할 수 있도록 5G에서 모든 사물까지 확대된 네트워크로부터 빅데이터 정보를 받아 AI를 이용하여 정보를 지능화, 자동화 처리한다. 또한 네트워크는 실시간으로 정보 신호를 처리할 수 있도록 AI와 융합하여 네트워크를 진화한다.

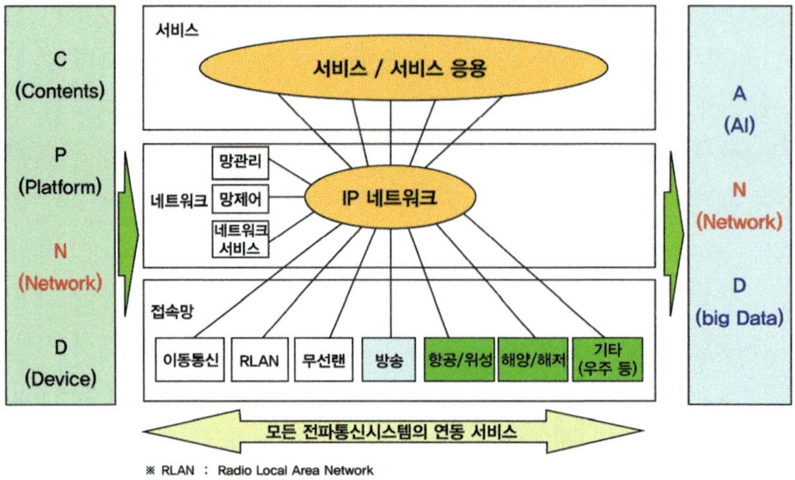

〈그림 9-9〉 6G 이동통신 네트워크의 변화

6G 이동통신서비스는 인간이 물리적 세계이든 사이버 세계이든 사유하는 모든 세계에서 공간 · 시간 · 대상의 제한 없이 오감 통신을 실시간으로 통신할 수 있는 비전을 다음과 같이 제시하고 있다.

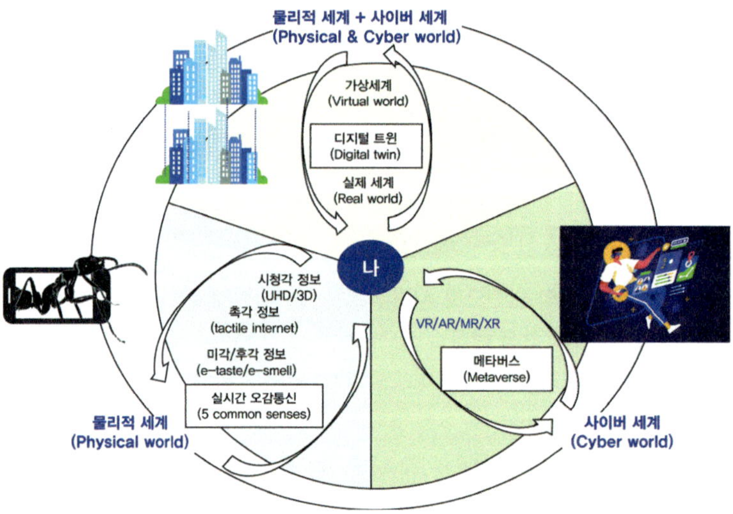

〈그림 9-10〉 미래 서비스 전망

통신은 인간이 느끼는 오감을 상대방과 주고받는 것이다. 따라서 통신을 매개하는 네트워크는 인간이나 사물이 만들어내는 정보를 전달하는 것이다. 통신은 2000년대 초부터 3G 이동통신부터 멀티미디어 정보를 전달하기 시작하였는데, 여전히 정보 신호의 대부분은 청각과 시각 정보가 대부분을 차지하고 있다. 하지만 최근 정보통신 기술은 인간이 생성하는 청각과 시각 정보뿐만 아니라 촉각 · 미각 · 후각 정보를 전달하는 것을 시도하고 또한 사물이 만들어내는 오감 정보도 센서를 통해 인지하고 전달하는 것을 시도하고 있다.

인간의 청각과 시각 정보 처리는 정보신호를 단순히 전달하는 것을 넘어서 개인화된 정보를 네트워크에 저장하여 개인 삶의 질을 높이는 데 이용할 수 있다. 개인의 음성과 영상 정보 변화로 개인의 감정 및 건강 상태를 진단할 수도 있다. 사물의 청각 및 시각 정보로는 산과 바다의 소리와 영상 변화를 센서를 통해 산사태 · 홍수 등 재난 상황을 대비할 수 있다. 인간의 촉각 정보는 스마트폰의 화면이 촉각을 인지하는 센서로 구성하여 온라인 쇼핑의 질감을 전송하거나 원격 의료 수술에서 로봇에게 촉각을 전달하여 수술을 진행하는 촉각 인터넷에 활용될 수 있다. 미각과 후각 정보도 센서를 통해 실내 환경오염 상태와 음식의 청결 상태를 전달할 수 있다. 미각과 후각의 센서는 IT 기술과 바이오 기술을 결합한 기술을 개발하고 있다. 궁극적으로 미래 통신서비스는 인간이 느끼는 오감 정보를 언제 어디서든 실시간으로 전달하는 방향으로 발전할 것이다.

한편 인간은 현실 세계와 다른 디지털 세계를 만들어 내고 있다. 통신은 현실세계를 이어주는 단순한 매개체 역할에서 개인과 사물의 정보가 네트워크에 머물러 독립적으로 존재하는 공간을 생성하게 되었다. 예를 들어 1990년대에 전화 통화를 걸었다가 상대방이 부재하여 남기는 음성사서함도 실제 인간이 존재하지 않고 디지털로 반영된 인간의 목소리를 저장한 가상공간이라 할 수 있다. 이와 같은 가상공간은 클라우드 서버와 같이 무한한 디지털 공간을 만들어내었고 네트워크에 참여하는 모든 사람들이 함께 가상공간을 만들어내고 있다. 현실세계는 유한한 세계이지만 가상 세계는 디지털 저장 공간을 끊임없이 확장할 수 있어 무한한 세계이다.

메타버스와 같은 가상공간이 현실 세계보다 더욱 넓은 디지털 세계를 구축하면 현실 세계의 상품과 콘텐츠를 현실 세계에서 광고하는 것보다 더욱 많은 사람이 더욱 많은 시간을 보내는 가상세계에서 광고하는 것이 더욱 효율적일 수 있다. 이에 따라 '나'와 가상 세계에서의 통신도 제한 없이 이루어져야 한다.

또한 현실세계와 가상세계가 혼합한 세계도 존재한다. 디지털 트윈 스마트 도시는 현실세계에 존재하는 모든 도시시설을 3차원으로 디지털화하여 클라우드 서버에 저장하고, 현실세계의 도시 곳곳에 스마트 센서를 설치하여 각종 재난재해 및 자원 관리 상황을 파악할 수 있다. 이때 현실세계의 변화는 스마트 센서에 의해 변형된 정보를 받아 가상세계의 디지털 데이터를 실시간으로 수정함으로써 재난 재해, 자원 관리 등에 활용될 수 있다. 따라서 가상세계의 데이터와 실제 세계의 변화를 송수신하는 통신이 이루어지고 '나'는 이것을 자동으로 확인할 수 있다.

이동통신서비스는 미래를 그린 SF 영화에서 진화의 모습을 상상할 수 있다. 따라서 미래 진화된 이동통신서비스의 모습을 영화를 이용하여 2가지 사례를 소개한다.

첫 번째로 소개할 영화는 2018년에 개봉한 영화 〈레디 플레이어 원〉 이다. 〈레디 플레이어 원〉 에서는 2045년 메타버스가 일상화된 세계를 보여주고 있으며, 현실의 '나'는 계속적으로 모든 사람들이 함께 만들어가는 가상세계에 접속하여 가상 세계에서 생활한다. 현실세계의 규모와 동일한 가상세계 속의 어느 장소에서도 접속할 수 있으려면 대규모 디지털 데이터를 주고받을 수 있어야 한다. '나'의 시간은 물리적 세계와 가상적 세계에서 나뉘어 존재한다. 현실세계와 마찬가지로 가상세계에서 함께하는 사람들에 의해 디지털로 새로운 세계가 축적되며 현실세계보다 더욱 넓고 복잡한 세계가 구축될 수 있다. 다만 현실세계의 소유 형태와 다른 가상세계의 디지털 데이터의 소유 형태가 어떻게 진행되는가에 따라 미래 가상현실의 모습은 다양한 형태로 나타날 것으로 보인다.

출처 : 영화 〈레디 플레이어 원(Ready Player One)〉(2018)

〈그림 9-11〉 영화로 본 미래 사회 (1)

두 번째로 소개할 영화는 2009년에 개봉한 영화 〈아바타〉 이다. 〈아바타〉 는 2150년 디지털 트윈과 바이오 기술이 결합된 세계를 보여주고 있다. 영화 속 배경인 2150년에는 두 개의 유전자 집단을 결합한 단백질로 새로운 생명체를 만들 수 있는 기술이 있어, '나'와 '나비족'의 유전자를 결합한 생명체(아바타)를 만들어 판도라 행성으로 보내고 우주선의 '나'는 판도라 행성의 '나의 아바타'와 뇌의 명령을 무선으로 신호를 주고받는다. '아바타'는 '나'의 디지털 트윈이지만 바이오 기술과 ICT 기술을 결합하여 구현되는데, 이 '아바타'는 판도라 행성에서 일종의 오감센서를 통해 받은 데이터 신호를 우주선의 '나'에게 보내고 '나'는 뇌파를 통해 판도라 행성의 '나의 아바타'에게 데이터 신호를 보낸다. 통신의 관점에서 보았을 때 '나'와 '나의 아바타' 사이가 끊어지지 않으려면 실시간으로 상상 이상의 엄청난 디지털 데이터 신호를 주고받을 수 있어야 한다.

출처 : 영화 〈아바타(Avatar)〉(2009)

〈그림 9-12〉 영화로 본 미래 사회 (2)

9.5 6G 구현 기술 이슈

9.5.1 개 요

(1) 6G 시스템 구현 기술 이슈

6G 이동통신은 인간이 느끼는 오감 정보를 상상할 수 있는 물리적/사이버 공간에서 실시간으로 전달하려고 한다. 이때 오감 정보는 인간이 인지할 수 있는 영역을 넘어 사물이 인지할 수 있는 영역으로 확대되어 사물의 지능화 및 자동화가 모든 네트워크 기본이 된다. 한편 6G 이동통신 시스템은 시간과 공간에서 통신 자원의 확대를 지속적으로 유지할 수 있는 에너지 이용 기술이 요구된다. 즉, 무한히 증가하는 데이터의 증가는 단말/사물의 서비스 영속성을 보장하기 어렵고 지속적인 에너지를 공급받는 네트워크도 지구의 지속 가능한 사회를 위해 에너지 소비를 극단적으로 낮추어야 한다.

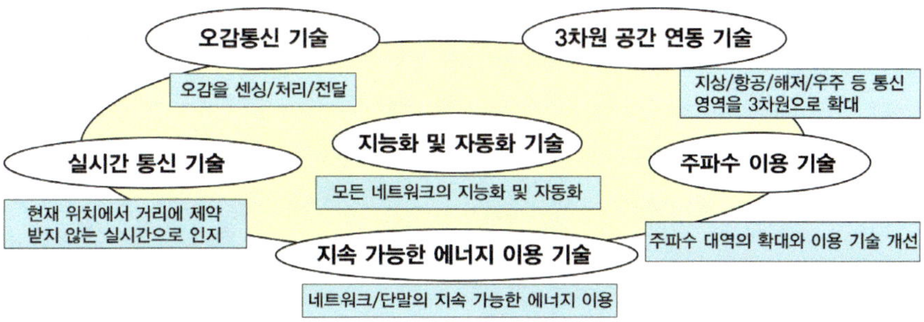

〈그림 9-13〉 6G 시스템 구현 기술 이슈

(2) 6G 서비스 구현 기술의 개념

5G 이동통신시스템은 초고속 데이터, 대규모 단말, 그리고 초저자연 고신뢰도의 특징을 가지기 위해 통신 시스템의 성능을 높이고 네트워크의 유연성을 높이기 위해 컴퓨터 시스템을 융합하여 소프트웨어를 기반으로 네트워크 자원을 운용하였다. 6G 이동통신시스템은 기존 5G 이동통신시스템에 2020년대 이후 급격히 발전하고 있는 AI 기술을 단말-무선망-핵심망-플랫폼-콘텐츠에 이르는 모든 영역에 적용한다. 이를 기반으로 실시간 오감통신, 3차원 서비스 공간 확대, 주파수 이용 대역 확대, 지속 가능한 에너지 이용 기술을 반영하면 다음 그림과 같이 요약할 수 있다.

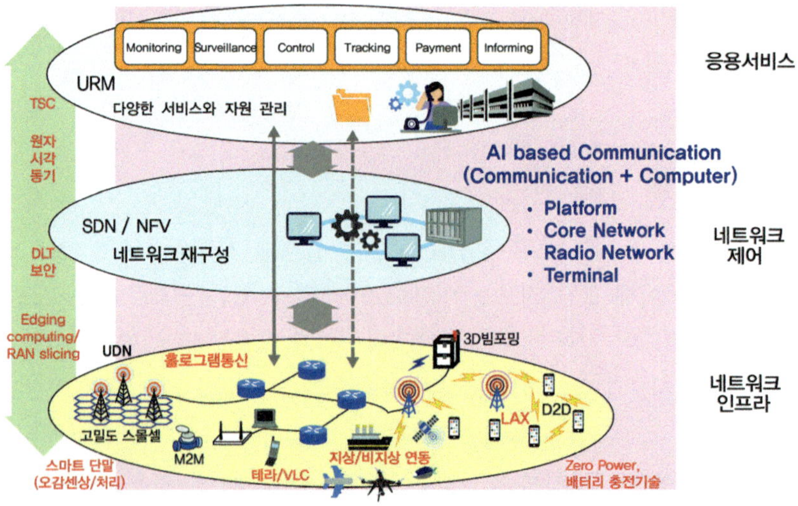

※ URM : Universal Resource Management, SDN : S/W Defined Network, NFV : Network Function Virtualization, UDN : Ultra Density Network

〈그림 9-14〉 6G 이동통신서비스 구현 기술 개념

9.5.2 지능화 및 자동화 기술

(1) 개 요

5G 이동통신시스템은 핵심망에서 SDN/NFV 기능을 도입하여 서비스에 따른 통신 자원을 소프트웨어로 운영하였다. 이때 통신 시스템에 컴퓨터 기술을 결합하여 네트워크를 유연하게 관리함으로써 서비스 전달의 효율성을 높였다.

6G 이동통신시스템은 2020년 이후 지속적으로 발전하는 AI 컴퓨터 기술을 모든 통신 네트워크와 융합하는 것으로 발전시킬 것이다. 즉, 6G 이동통신시스템은 통신망 구성요소(단말-무선망-핵심망-플랫폼-콘텐츠)와 AI 기술을 융합하여 네트워크 전체를 지능화하고 정보신호 처리를 자동화할 것으로 예상된다.

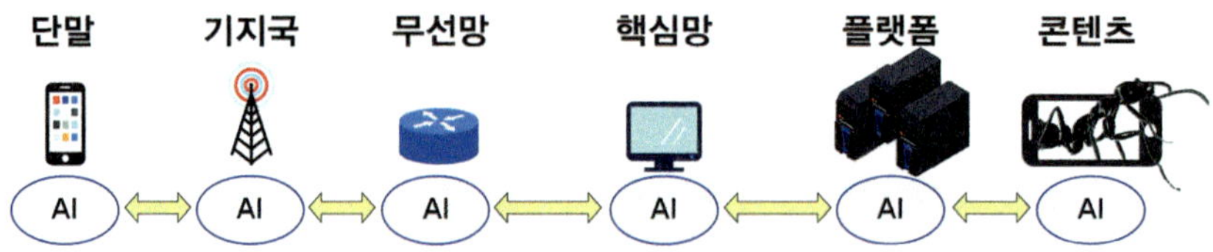

〈그림 9-15〉 컴퓨터와 통신의 결합

(2) AI 기반 무선 인터페이스

6G 서비스는 오감 정보를 실시간으로 전송되어야 하는데 5G 서비스와 비교하였을 때 서비스 종류가 다양하고 단말의 수도 훨씬 크다. 따라서 6G 무선 인터페이스 기술은 무선 자원 이용을 극대화하는 새로운 디지털 전송 기술이 요구될 것이다. ① AI 기반 변조/코딩/파형은

초고속, 저지연, 고신뢰, 저전력이라는 여러 조합 특성에 맞게 다양한 방식이 이용될 수 있는데 이때 AI 기술이 최적의 방식을 선택할 수 있을 것이다. ② 무선접속방식은 5G 이동통신에서 여러 단말이 충돌하여도 단말을 구분할 수 있는 NOMA 방식을 시도하였지만 표준은 단말들이 상호 충돌하지 않도록 CSMA(Carrier Sense Multiple Access) 방식인 OFDA 방식으로 이루어졌다. 6G 이동통신에서는 5G에서 검토한 CSRA(Compressed Sensing(CS) Random Access) 경쟁 방식을 AI 기술과 융합한 AI NOMA, 그리고 MIMO 기술을 이용하여 AI SDMA 기술을 검토할 수 있다. ③ 6G 이동통신에서는 새로운 전송 기술로서 AI 기반 다중 공간 전송을 검토하는데, 이는 단말들이 3차원으로 구분되어 전송되는 것이다. RIS, 홀로그래픽 Radio, OAM 기술 등이 있다. ④ 3차원 공간의 최적의 채널은 AI 기술을 이용하여 선택할 수 있을 것이다. ⑤ 5G 이동통신에서 검토한 전이중방식(Full Duplex)은 6G 이동통신에서 AI 기술을 이용하여 동일 시간 동일주파수 듀플렉스(Co-frequency Co-time Full Duplex)가 주파수 수요에 맞춰 유연하게 이용된다.

(3) AI 기반 무선망

RAN 네트워크 구성은 AI 기술을 이용하여 네트워크 구성, 스케쥴링, 에너지 사용 등을 최적화할 수 있다. 최적화된 새로운 네트워크 구성에 따라 MAC 계층에서 AI 기술을 이용하여 무선 자원을 관리하는 MAC 계층을 유연하게 구현한다.

(4) AI 기반 핵심망

5G 이동통신에서 도입된 SDN / NFV 기능은 AI 기술을 이용하여 최적화될 수 있다.

(5) AI 기반 플랫폼

AI 기술과 결합하여 플랫폼 사원의 최직화가 관리될 수 있다.

(6) AI 기반 콘텐츠

AI 기술과 결합하여 콘텐츠 정보의 최적화가 관리될 수 있다.

(7) RAN 보안

DLT(블록체인 등) 기술 등 AI 기반의 보안 기술 도입으로 보안 기능이 강화될 수 있다.

9.5.3 오감 통신 기술

(1) 개 요

6G에서는 음성부터 홀로그램, 촉각 정보 등 오감 정보를 실시간으로 전달하기 위해 각

정보에 적합한 다양한 네트워크가 요구될 수 있다. 따라서 핵심망에서 도입된 슬라이싱 기술을 RAN 네트워크에 적용하고 오감 정보 신호 처리를 위한 다양한 단말 형태에 서비스를 제공하여야 한다.

(2) RAN 슬라이싱

RAN 슬라이싱 Slicing은 AI 기술을 이용하여 서비스에 따른 RAN 자원을 관리하는데, 서비스 조건은 단말 규모, 전송속도, 지연 시간의 전송 특징 조합으로 이루어지므로 RAM 네트워크는 3가지 융합 특성 조합에 적합한 자원 관리를 위해 다양한 Massive Broadband URLLC RAN 네트워크가 존재할 수 있다.

(3) 6G 서비스 전달

5G 이동통신 시스템에서 도입된 에징 컴퓨팅은 6G 서비스의 실시간성을 위해 RAN 네트워크에서 더욱 강화될 것이다. 대규모 단말의 서비스를 위해 Internet of Senses(IoS), Internet of TAGs 등이 도입되고 이를 이용하여 물류 산업에 적용될 수 있다. 이외 몰입형 스포츠 이벤트, 고품질 홀로그램, 디지털 트윈 등을 지원할 수 있는 네트워크로 구성된다. 디지털 트윈 서비스는 제조업, 기근 해결을 위한 농업, 디지털 복사 등 초고속 데이터 서비스에 적용될 수 있다.

(4) 다양한 단말 형태

6G 이동통신서비스를 위한 단말은 기존의 웨어러블 외에 피부 접촉형, 바이오 내장 등을 포함하여 몸짓, 햅틱, 뇌 동작을 위한 사물, 자동차, UAV, AI 로봇 등 다양한 형태의 단말 형태가 존재할 수 있다.

9.5.4 실시간 통신 기술

(1) 개 요

6G 이동통신에서는 현재 위치에서 모든 오감 서비스를 이용하기 위해 서비스의 오감 정보 신호를 지연 없이 실시간으로 전달하여야 한다.

(2) 무선전송 기술

무선망에서 시간 지연을 줄일 수 있는 새로운 변조/코딩/무선접속방식 기술이 요구된다.

(3) 네트워크 실시간 기술

시민감 통신(TSC) 기술을 핵심망, 무선망 등 모든 네트워크에 적용한다.

(4) 초저지연 기술

원자시계를 이용하여 모든 망 구성요소를 피코 수준의 송수신 동기를 맞추어 지연 시간을 단축한다.

9.5.5 3차원 공간 융합 기술

(1) 개 요

5G 이동통신시스템까지 셀룰러 기술을 기반의 지상에서만 제한되어 있는 통신서비스를 해저, 해양, 드론, 비행기, 성층권 시스템, 위성 등 비지상 통신망 서비스와 연동하여 통신서비스를 제공할 수 있도록 연동하고 나아가 우주통신, 행성 간 통신으로 인간이 사유하는 모든 공간을 연결한다. 한편으로는 특정 지역의 초고밀도 네트워크가 진행되면서 초고밀도 지역에 적합한 지역 서비스를 확대할 수 있다.

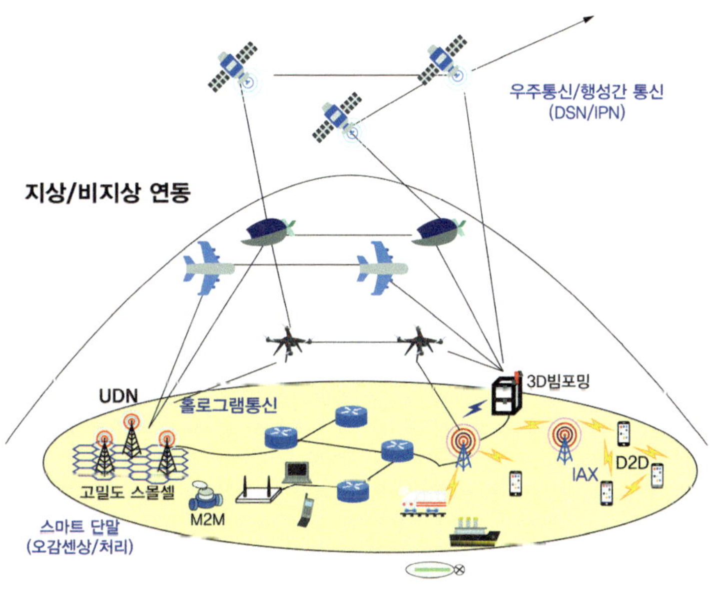

〈그림 9-16〉 3차원 공간 서비스 개념

(2) 지상 / 비지상 통신망 연동

- 위성 / 항공 / HAPS / 드론 / 해저 통신망을 연동하는 기술
- Deep Space Network(DSN), Inter-Planetary Network(IPN) 통신 기술

(3) 초고밀도 무선망(Ultra dense Radio Network)

5G 이동통신에서 릴레이 기지국에서 백홀 기지국과 단말 액세스에 동일한 주파수를 이용하는 IAB 기술을 표준화하였는데 6G 이동통신에서 이를 확대하여 다양한 무선망 구성요소 간

네트워크를 동일한 주파수로 운영하는데 이때 초고밀도 IAX(Integrated Access and everything)가 요구된다.

(4) 대규모 센서망 연동

대규모 센서망 연동 Integrated sensing communication은 초정밀 위치 측정과 지역 데이터를 활용하여 지역 특화된 서비스를 제공한다.

(5) 액세스와 사이드링크 융합 통신

6G 이동통신에서는 대규모 단말을 이용한 서비스의 증가로 **대규모 액세스-사이드링크 통신** Integrated access and super sidelink communication이 이루어질 수 있는데, 이에 따라 발생하는 전파 간섭 제거 기술이 요구된다.

9.5.6 주파수 이용 기술

(1) 개 요

6G 서비스의 테라급 초고속 서비스를 위해 광대역 주파수 확대와 주파수 효율성을 높이는 기술이다.

(2) 테라헤르츠(THz) 통신

초광대역 대역폭인 테라헤르츠 통신을 위해서는 우선 테라헤르츠 대역의 전파 특성을 확인하여야 한다. 테라헤르츠 대역의 전파 특성을 살펴보면 주파수 대역이 높아짐에 따라 선형으로 전파 손실이 증가하지 않고 대기 특성에 따라 특정 대역의 손실이 적은 대역이 있음을 확인할 수 있다. 그리고 이용할 수 있는 대역의 THz 전파 모델이 필요하다. 또한 Tbps 모뎀과 RF 트랜시버 기술이 필요하다. 테라헤르츠 통신은 테라급 초고속 데이터가 필요한 홀로그래픽 영상 서비스 등을 제공할 수 있다. 테라급 주파수는 파장이 매우 짧아 초정밀 위치 측정 센싱에 활용될 수 있고 펜실 빔 THz 무선(Pencil beam THz radio) 장비를 이용하여 높은 전파 손실을 극복할 수 있다.

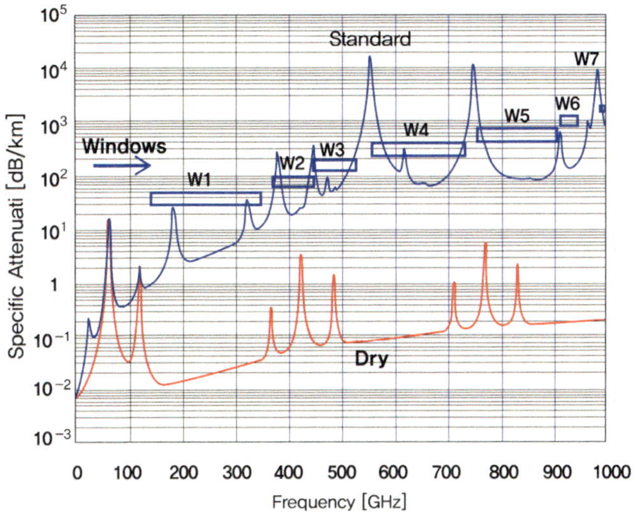

출처 : ITU-R 5D/TEMP/400

〈그림 9-17〉 0~1000 GHz 주파수의 평균 대기 전파 손실

(3) 가시광선 통신(VLC)

가시광선 통신은 초광대역으로 실내 통신, 백홀망 등에 활용될 수 있다. 특히 해저 통신은 음파 통신이 데이터 용량, 지연 시간 등으로 6G 서비스의 데이터 전송에 제약이 있는데 블루-그린 파장은 해저에서 수백 미터 전송이 가능하고 대용량이라 실시간 영상 통신에 적합하다.

(4) 안테나 기술

6G 이동통신에서 안테나는 대용량 채널, 전파 손실 극복 등에 활용되는 기술로서 AI 기술을 이용하여 3차원 공간 정보를 빔을 형성하는 AI 기반 홀로그래픽 MIMO 기술 등을 검토한다.

(5) 효율적인 주파수 이용 기술

기존 이동통신에서 이용되어 온 주파수 공유는 6,G 이동통신에서 AI 기술을 이용하여 스케쥴링, 트래픽, 단말 형태 등을 분석한 주파수 공유로 발전한다. 또한 서비스 수요에 따라 유연한 채널 대역폭을 이용하는 기술이 요구된다.

9.5.7 지속 가능한 에너지 이용 기술

(1) 개 요

6G 이동통신은 무수한 센싱 단말을 비롯하여 엄청난 규모의 단말이 이용될 것이므로 모든 단말의 배터리를 교체하기 어렵다. 따라서 이동통신을 최종적으로 실현하는 모바일 단말의 전력을 지속적으로 이용하는 기술은 6G 이동통신의 핵심 기술이다.

(2) 에너지 효율 및 저전력 통신

기존의 DRX와 PSM 기술을 이용하는 것만으로는 6G 이동통신의 단말의 전력을 지원하는 데 한계가 있다. 따라서 패러다임을 전환하여 거의 제로 전력 IoT(Zero energy IoT)인 1 ㎼까지 낮추는 기술이 요구된다.

(3) 배터리 및 충전 기술

서비스 영역 어디에서든 충전할 수 있는 RF Wireless Energy Transfer(RF WET) 기술이 요구된다.

(4) Ambient Backscatter Communication(AmBC)

정보와 전력을 함께 송수신하는데 일반 RF 신호를 수신하여 단말의 전력으로 변환하여 사용한다. 제로 전력 IoT에 필요한 전력을 구할 수 있다.

(5) 효율적인 에너지 이용 무선망

전체 이동통신망의 70~80%의 전력을 사용하는 RAN 시스템의 전력 사용 효율을 낮추는 것은 매우 중요하다. 따라서 RAN을 구성하는 증폭기, 디지털 처리 장비 등의 망 구성 요소의 전력 소비를 최소화하는 기술이 요구된다.

(6) 네트워크에서 통신 기능 분배

단말의 형태에 따라 전원 공급이 원활한 망 구성요소와 전원 공급이 제한된 단말이 통신할 때 각 구성요소의 정보 처리 기능을 가변적으로 변경함으로써 단말의 전력 손실을 최적화한다. 이때 스플리트 컴퓨팅(Split computing) 기술이 요구된다.

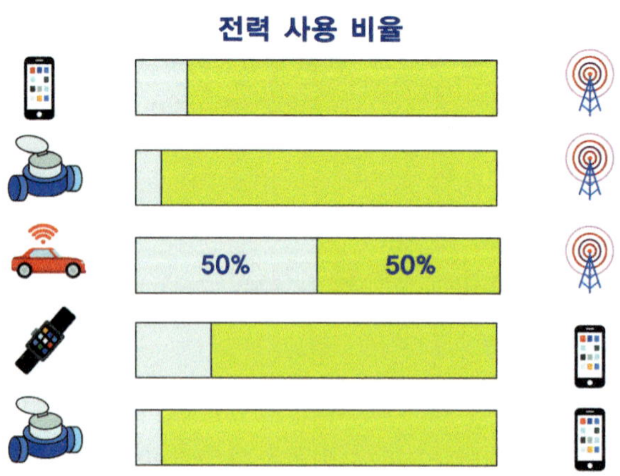

〈그림 9-18〉 통신망 구성요소 간 통신에서 전력 사용 배분

부록

A.1 국내 이동통신 주파수 할당 현황

1. 700 MHz 대역

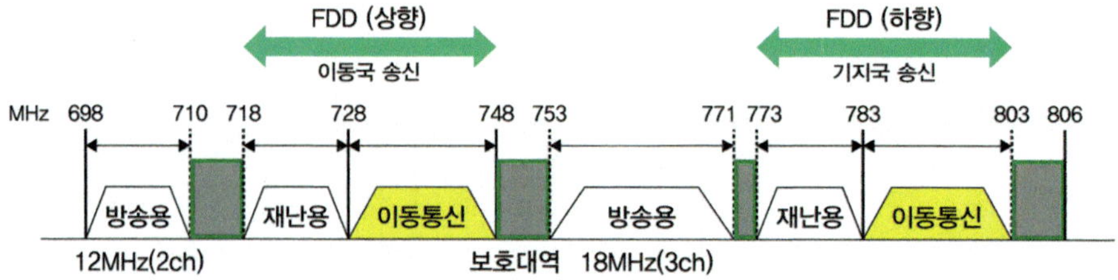

2. 800/900 MHz 대역

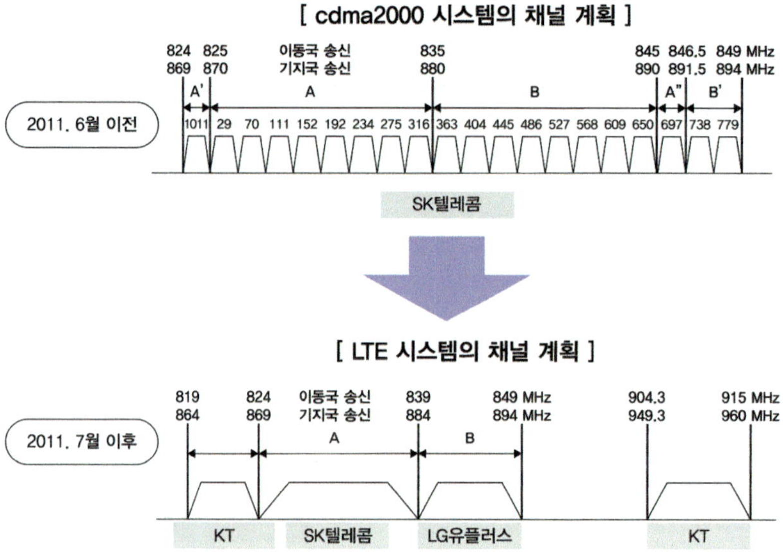

[cdma2000 시스템의 주파수 채널 번호 및 중심주파수]

FA (채널번호)	중심주파수(MHz)	
	이동국 송신	이동국 수신
1	824.64	869.64
2	825.87	870.87
3	827.10	872.10
4	828.33	873.33
5	829.56	874.56
6	830.79	875.79
7	832.02	877.02
8	833.25	878.25
9	834.48	978.48
10	835.89	880.89

FA (채널번호)	중심주파수(MHz)	
	이동국 송신	이동국 수신
11	837.12	882.12
12	838.35	883.35
13	839.58	884.58
14	840.81	885.81
15	842.04	887.04
16	843.27	888.27
17	844.50	889.50
18	845.91	890.91
19	847.14	892.14
20	848.37	893.37

3. 1.8 GHz 대역

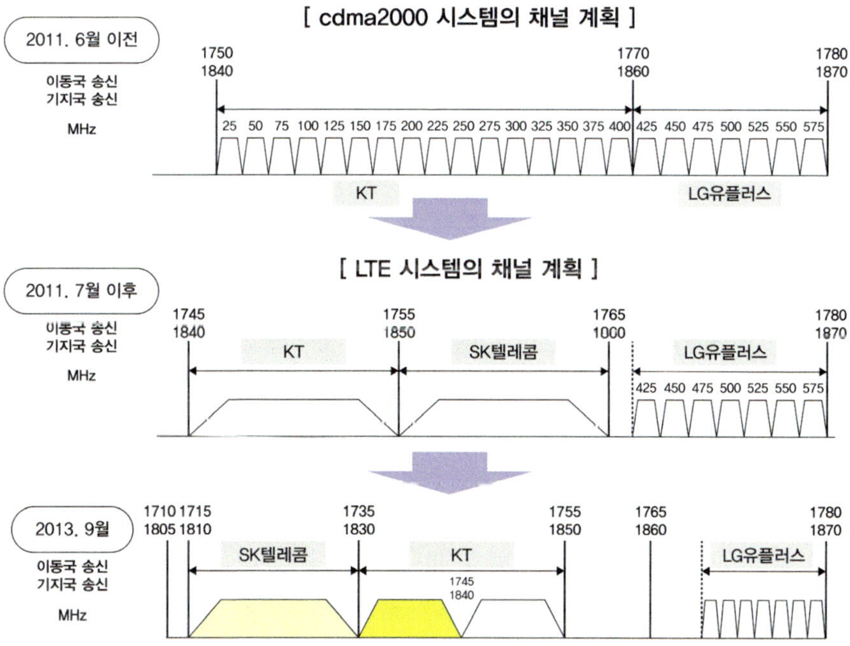

[cdma2000 시스템의 주파수 채널 번호 및 중심주파수]

FA (채널번호)	중심주파수(MHz)	
	이동국 송신	이동국 수신
1	1751.25	1841.25
2	1752.50	1842.50
3	1753.72	1843.75
4	1755.00	1845.00
5	1756.25	1846.25
6	1757.50	1847.50
7	1758.75	1848.75
8	1761.25	1851.25
9	1762.50	1862.50
10	1763.75	1853.75
11	1765.00	1855.00
12	1766.25	1856.25
13	1767.50	1857.50
14	1768.75	1858.75
15	1771.25	1861.25
16	1772.50	1862.50
17	1773.75	1863.75
18	1775.00	1865.00
19	1776.25	1866.25
20	1777.50	1867.50
21	1778.75	1868.75

4. 2 GHz 대역

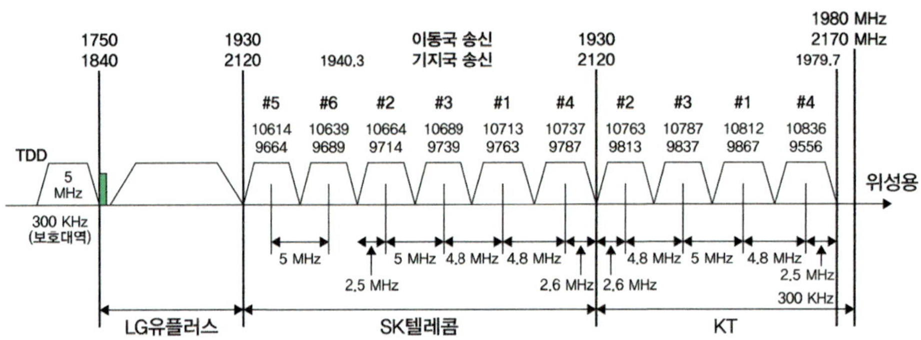

구분	SK 텔레콤						KT			
채널 번호	5'th	6'th	2'nd	3'rd	1'st	4'th	4'th	1'st	3'rd	2'nd
채널 번호 (기지국 송신)	10614	10639	10664	10689	10713	10737	10763	10787	10812	10836
채널 번호 (기지국 수신)	9664	9689	9714	9739	9763	9787	9813	9837	9862	9886
기지국 송신	2122.8	2127.8	2132.8	2137.8	2142.6	2147.4	2152.6	2157.4	2162.4	2167.2
이동국 송신	1932.8	1937.8	1942.8	1947.8	1952.6	1957.4	1962.6	1967.4	1972.4	1977.2

** WCDMA 채널 번호 : 주파수 x 5

5. 2.3 GHz 대역

2018년 12월 와이브로 서비스 종료

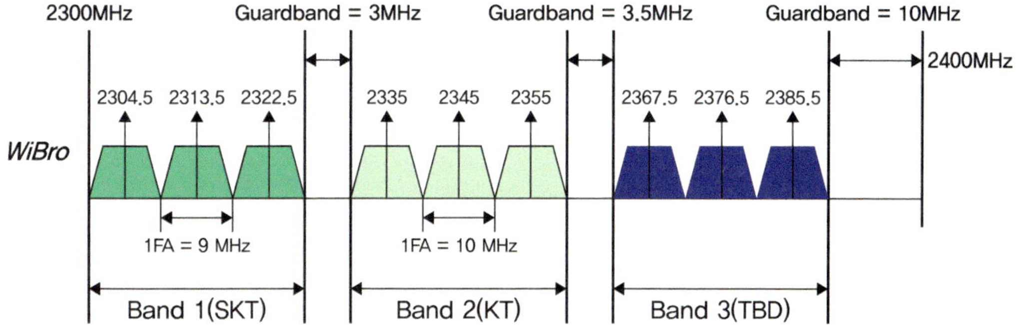

6. 2.5 GHz 대역

(2013. 9월)

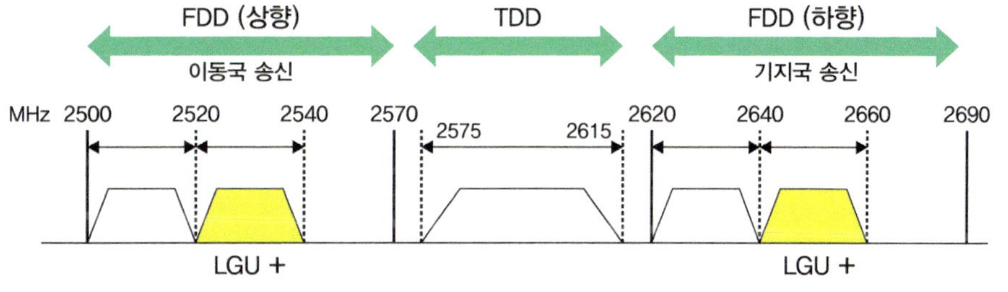

(2016. 5월)

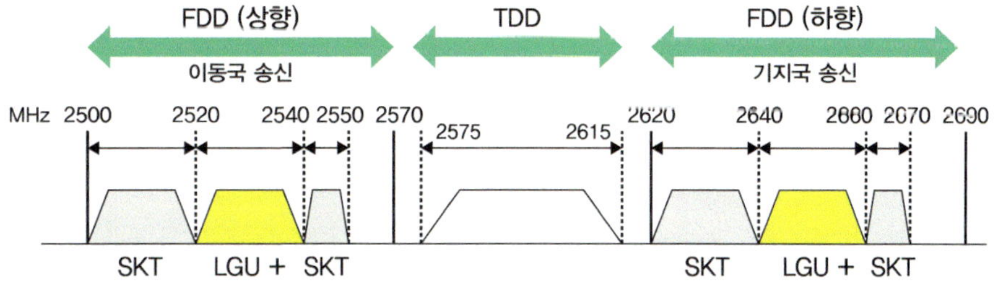

7. 3.5 GHz 대역

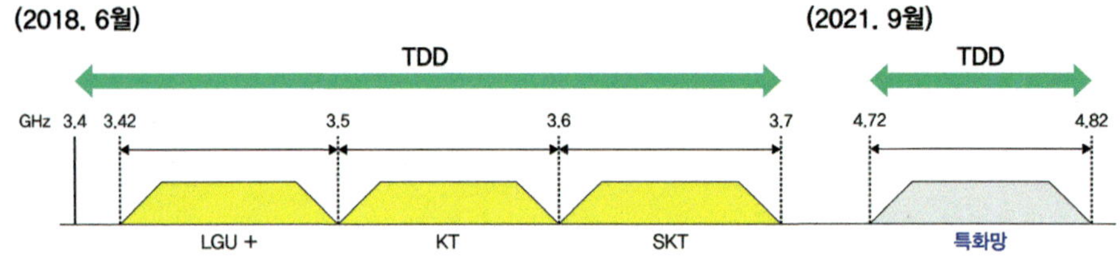

8. 28 GHz 대역

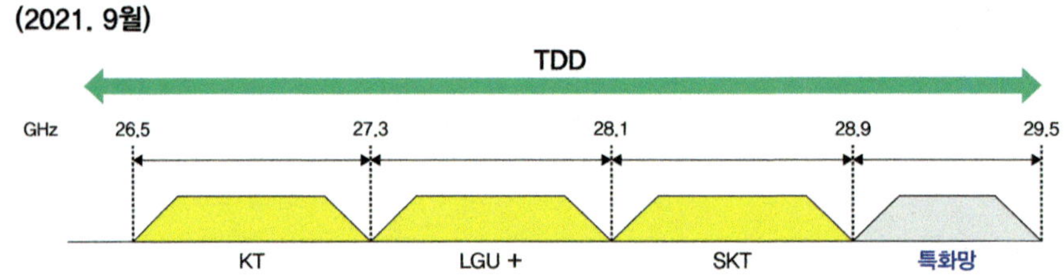

9. 이동통신 주파수 운용 대역 및 채널 번호(E-UTRA 운용 대역)

E-UTRA Band	Uplink(UL) $F_{UL\_low} - F_{UL\_high}$	Downlink(DL) $F_{DL\_low} - F_{DL\_high}$	Duplex Mode
1	1920 – 1980 MHz	2110 – 2170 MHz	FDD
2	1850 – 1910 MHz	1930 – 1990 MHz	FDD
3	1710 – 1785 MHz	1805 – 1880 MHz	FDD
4	1710 – 1755 MHz	2110 – 2155 MHz	FDD
5	824 – 849 MHz	869 – 894 MHz	FDD
6	830 – 840 MHz	875 – 885 MHz	FDD
7	2500 – 2570 MHz	2620 – 2690 MHz	FDD
8	880 – 915 MHz	925 – 960 MHz	FDD
9	1749.9 – 1784.9 MHz	1844.9 – 1879.9 MHz	FDD
10	1710 – 1770 MHz	2110 – 2170 MHz	FDD
11	1427.9 – 1447.9 MHz	1475.9 – 1495.9 MHz	FDD
12	699 – 716 MHz	729 – 746 MHz	FDD
13	777 – 787 MHz	746 – 756 MHz	FDD
14	788 – 798 MHz	758 – 768 MHz	FDD
15	Reserved	Reserved	FDD
16	Reserved	Reserved	FDD
17	704 – 716 MHz	734 – 746 MHz	FDD
18	815 – 830 MHz	860 – 875 MHz	FDD
19	830 – 845 MHz	875 – 890 MHz	FDD
20	832 – 862 MHz	791 – 821 MHz	FDD
21	1447.9 – 1462.9 MHz	1495.9 – 1510.9 MHz	FDD
22	3410 – 3490 MHz	3510 – 3590 MHz	FDD
23	2000 – 2020 MHz	2180 – 2200 MHz	FDD
24	1626.5 – 1660.5 MHz	1525 – 1559 MHz	FDD
25	1850 – 1915 MHz	1930 – 1995 MHz	FDD
26	814 – 849 MHz	859 – 894 MHz	FDD
27	807 – 824 MHz	852 – 869 MHz	FDD
28	703 – 748 MHz	758 – 803 MHz	FDD
29	N/A	717 – 728 MHz	FDD[2]
30	2305 – 2315 MHz	2350 – 2360 MHz	FDD
31	452.5 – 457.5 MHz	462.5 – 467.5 MHz	FDD
32	N/A	1452 – 1496 MHz	FDD[2]

E-UTRA Band	Uplink(UL) F_{UL_low} – F_{UL_high}	Downlink(DL) F_{DL_low} – F_{DL_high}	Duplex Mode
33	1900 – 1920 MHz	1900 – 1920 MHz	TDD
34	2010 – 2025 MHz	2010 – 2025 MHz	TDD
35	1850 – 1910 MHz	1850 – 1910 MHz	TDD
36	1930 – 1990 MHz	1930 – 1990 MHz	TDD
37	1910 – 1930 MHz	1910 – 1930 MHz	TDD
38	2570 – 2620 MHz	2570 – 2620 MHz	TDD
39	1880 – 1920 MHz	1880 – 1920 MHz	TDD
40	2300 – 2400 MHz	2300 – 2400 MHz	TDD
41	2496 – 2690 MHz	2496 – 2690 MHz	TDD
42	3400 – 3600 MHz	3400 – 3600 MHz	TDD
43	3600 – 3800 MHz	3600 – 3800 MHz	TDD
44	703 – 803 MHz	703 – 803 MHz	TDD
45	1447 – 1467 MHz	1447 – 1467 MHz	TDD
46	5150 – 5925 MHz	5150 – 5925 MHz	TDD[8,9]
...			
64	Reserved		
65	1920 – 2010 MHz	2110 – 2200 MHz	FDD
66	1710 – 1780 MHz	2110 – 2200 MHz	FDD[4]
67	N/A	875 – 890 MHz	FDD[2]
68	698 – 728 MHz	753 – 783 MHz	FDD

E-UTRA Operating Band	Downlink			Uplink		
	F_{DL_low} (MHz)	N_{offs_DL}	Range of N_{DL}	F_{UL_low} (MHz)	N_{offs_UL}	Range of N_{UL}
1	2110	0	0 – 599	1920	18000	18000 – 18599
2	1930	600	600 – 1199	1850	18600	18600 – 19199
3	1805	1200	1200 – 1949	1710	19200	19200 – 19499
4	2110	1950	1950 – 2399	1710	19950	19950 – 20399
5	869	2400	2400 – 2649	824	20400	20400 – 20649
6	875	2650	2650 – 2749	830	20650	20650 – 20749
7	2620	2750	2750 – 3449	2500	20750	20750 – 21449
8	925	3450	3450 – 3799	880	21450	21450 – 21799
9	1844.9	3800	3800 – 4149	1749.9	21800	21800 – 22149
10	2110	4150	4150 – 4749	1710	22150	22150 – 22749
11	1475.9	4750	4750 – 4949	1427.9	22750	22750 – 22949
12	729	5010	5010 – 5179	699	23010	23010 – 23179
13	746	5180	5180 – 5279	777	23180	23180 – 23279
14	758	5280	5280 – 5379	788	23280	23280 – 23379
...						
17	734	5730	5730 – 5849	704	23730	23730 – 23849
18	860	5850	5850 – 5999	815	23850	23850 – 23999
19	875	6000	6000 – 6149	830	24000	24000 – 24149
20	791	6150	6150 – 6449	832	24150	24150 – 24449
21	1495.9	6450	6450 – 6599	1447.9	24450	24450 – 24599
22	3510	6600	6600 – 7399	3410	24600	24600 – 25399
23	2180	7500	7500 – 7699	2000	25500	25500 – 25699
24	1525	7700	7700 – 8039	1626.5	25700	25700 – 26039
25	1930	8040	8040 – 8689	1850	26690	26040 – 26689
26	859	8690	8690 – 9039	814	27040	26690 – 27039
27	852	9040	9040 – 9209	807	27210	27040 – 27209
28	758	9210	9210 – 9659	703		27210 – 27659
29[2]	717	9660	9660 – 9769	N/A		
30	2350	9770	9770 – 9869	2305	27660	27660 – 27759
31	462.5	9870	9870 – 9969	452.5	27760	27760 – 27809
32	1452	9920	9920 – 10359	N/A		

E-UTRA Operating Band	Downlink			Uplink		
	F_{DL_low} (MHz)	N_{offs_DL}	Range of N_{DL}	F_{UL_low} (MHz)	N_{offs_UL}	Range of N_{UL}
33	1900	36000	36000–36199	1900	36000	36000–36199
34	2010	36200	36200–36349	2010	36200	36200–36349
35	1850	36350	36350–36949	1850	36350	36350–36949
36	1930	36950	36950–37549	1930	36950	36950–37549
37	1910	37550	37550–37749	1910	37550	37550–37749
38	2570	37750	37750–38249	2570	37750	37750–38249
39	1880	38250	38250–38649	1880	38250	38250–38649
40	2300	38650	38650–39649	2300	38650	38650–39649
41	2496	39650	39650–41589	2496	39650	39650–41589
42	3400	41590	41590–43589	3400	41590	41590–43589
43	3600	43590	43590–45589	3600	43590	43590–45589
44	703	45590	45590–46589	703	45590	45590–46589
45	1447	46590	46590–46789	1447	46590	46590–46789
46[4]	5150	46790	46790–54539	5150	46790	46790–54539
…						
64	Reserved					
65	2110	65536	65536–66435	1920	131072	131072–131971
66[5]	2110	66436	66436–67335	1710	131972	131972–132671
67[2]	738	67336	67336–67535	N/A		
68	753	67536	67536–67835	698	132672	132672–132971

A.2 CDMA 이동통신 원리

Walsh Code 번호	Walsh Code 값							
W0	1	1	1	1	1	1	1	1
W1	1	−1	1	−1	1	−1	1	−1
W2	1	1	−1	−1	1	1	−1	−1
W3	1	−1	−1	1	1	−1	−1	1
W4	1	1	1	1	−1	−1	−1	−1
W5	1	−1	1	−1	−1	1	−1	1
W6	1	1	−1	−1	−1	−1	1	1
W7	1	−1	−1	1	−1	1	1	−1

Walsh Code 곱셈	Walsh Code XOR 값(Wr)								정규화 값(N)
W0 × W0	1	1	1	1	1	1	1	1	1
W0 × W1	1	−1	1	−1	1	−1	1	−1	0
W0 × W2	1	1	−1	−1	1	1	−1	−1	0
W0 × W3	1	−1	−1	1	1	−1	−1	1	0
W0 × W4	1	1	1	1	−1	−1	−1	−1	0
W0 × W5	1	−1	1	−1	−1	1	−1	1	0
W0 × W6	1	1	−1	−1	−1	−1	1	1	0
W0 × W7	1	−1	−1	1	−1	1	1	−1	0
W1 × W0	1	−1	1	−1	1	−1	1	−1	0
W1 × W1	1	1	1	1	1	1	1	1	1
W1 × W2	1	−1	−1	1	1	−1	−1	1	0
W1 × W3	1	1	−1	−1	1	1	−1	−1	0
W1 × W4	1	−1	1	−1	−1	1	−1	1	0
W1 × W5	1	1	1	1	−1	−1	−1	−1	0
W1 × W6	1	−1	−1	1	−1	1	1	−1	0
W1 × W7	1	1	−1	−1	−1	−1	1	1	0
W2 × W0	1	1	−1	−1	1	1	−1	−1	0
W2 × W1	1	−1	−1	1	1	−1	−1	1	0
W2 × W2	1	1	1	1	1	1	1	1	1
W2 × W3	1	−1	1	−1	1	−1	1	−1	0
W2 × W4	1	1	−1	−1	−1	−1	1	1	0
W2 × W5	1	−1	−1	1	−1	1	1	−1	0
W2 × W6	1	1	1	1	−1	−1	−1	−1	0
W2 × W7	1	−1	1	−1	−1	1	−1	1	0
W3 × W0	1	−1	−1	1	1	−1	−1	1	0
W3 × W1	1	1	−1	−1	1	1	−1	−1	0
W3 × W2	1	−1	1	−1	1	−1	1	−1	0
W3 × W3	1	1	1	1	1	1	1	1	1
W3 × W4	1	−1	−1	1	−1	1	1	−1	0
W3 × W5	1	1	−1	−1	−1	−1	1	1	0
W3 × W6	1	−1	1	−1	−1	1	−1	1	0
W3 × W7	1	1	1	1	−1	−1	−1	−1	0
W4 × W0	1	1	1	1	−1	−1	−1	−1	0
W4 × W1	1	−1	1	−1	−1	1	−1	1	0
W4 × W2	1	1	−1	−1	−1	−1	1	1	0
W4 × W3	1	−1	−1	1	−1	1	1	−1	0
W4 × W4	1	1	1	1	1	1	1	1	1
W4 × W5	1	−1	1	−1	1	−1	1	−1	0
W4 × W6	1	1	−1	−1	1	1	−1	−1	0
W4 × W7	1	−1	−1	1	1	−1	−1	1	0
W5 × W0	1	−1	1	−1	−1	1	−1	1	0
W5 × W1	1	1	1	1	−1	−1	−1	−1	0
W5 × W2	1	−1	−1	1	−1	1	1	−1	0
W5 × W3	1	1	−1	−1	−1	−1	1	1	0
W5 × W4	1	−1	1	1	1	−1	1	−1	0
W5 × W5	1	1	1	1	1	1	1	1	1
W5 × W6	1	−1	−1	1	1	−1	−1	1	0
W5 × W7	1	1	−1	−1	1	1	−1	−1	0
W6 × W0	1	1	−1	−1	−1	−1	1	1	0
W6 × W1	1	−1	−1	1	−1	1	1	−1	0
W6 × W2	1	1	1	1	−1	−1	−1	−1	0
W6 × W3	1	−1	1	−1	−1	1	−1	1	0
W6 × W4	1	1	−1	−1	1	1	−1	−1	0
W6 × W5	1	−1	−1	1	1	−1	−1	1	0
W6 × W6	1	1	1	1	1	1	1	1	1
W6 × W7	1	−1	1	−1	1	−1	1	−1	0
W7 × W0	1	−1	−1	1	−1	1	1	−1	0
W7 × W1	1	1	−1	−1	−1	−1	1	1	0
W7 × W2	1	−1	1	−1	−1	1	−1	1	0
W7 × W3	1	1	1	1	−1	−1	−1	−1	0
W7 × W4	1	−1	−1	1	1	−1	−1	1	0
W7 × W5	1	1	−1	−1	1	1	−1	−1	0
W7 × W6	1	−1	1	−1	1	−1	1	−1	0
W7 × W7	1	1	1	1	1	1	1	1	1

* Walsh code Exclusive OR 결과 : $W_r[1,\ldots,k] = W_n[1,\ldots,k] \otimes W_m[1,\ldots,k]$

정규화한 값 : $N = \sum_{1}^{k}(W_n[1,\ldots,k] \otimes W_m[1,\ldots,k])/k$

A.3 OFDM 이동통신 원리

	정보 데이터	치환	위상	0.0	1.6	3.1	4.7	6.3	7.9	9.4	11.0	12.6	14.1	15.7	17.3	18.8	20.4	22.0	23.6	25.1	26.7	28.3	29.8	31.4	33.0	34.6	36.1	37.7	39.3	40.8	42.4	44.0
			서브캐리어																													
A 단말기	1	1	cos t	1.0	1.0	0.9	0.8	0.6	0.4	0.2	0.0	−0.2	−0.4	−0.6	−0.8	−0.9	−1.0	−1.0	−1.0	−0.9	−0.8	−0.6	−0.4	−0.2	−0.0	0.2	0.4	0.6	0.8	0.9	1.0	1.0
A 단말기	0	−1	cos 2t	1.0	0.9	0.6	0.2	−0.2	−0.6	−0.9	−1.0	−0.9	−0.6	−0.2	0.2	0.6	0.9	1.0	0.9	0.6	0.2	−0.2	−0.6	−0.9	−1.0	−0.9	−0.6	−0.2	0.2	0.6	0.9	1.0
A 단말기	1	1	cos 3t	1.0	0.8	0.2	−0.4	−0.9	−1.0	−0.6	−0.0	0.6	1.0	0.9	0.4	−0.2	−0.8	−1.0	−0.8	−0.2	0.4	0.9	1.0	0.6	0.0	−0.6	−1.0	−0.9	−0.4	0.2	0.8	1.0
A 단말기	0	−1	cos 4t	1.0	0.6	−0.2	−0.9	−0.9	−0.2	0.6	1.0	0.6	−0.2	−0.9	−0.9	−0.2	0.6	1.0	0.6	−0.2	−0.9	−0.9	−0.2	0.6	1.0	0.6	−0.2	−0.9	−0.9	−0.2	0.6	1.0
B 단말기	1	1	cos 5t	1.0	0.4	−0.6	−1.0	−0.2	0.8	0.9	0.0	−0.9	−0.8	0.2	1.0	0.6	−0.4	−1.0	−0.4	0.6	1.0	0.2	−0.8	−0.9	0.0	0.9	−0.8	−0.2	1.0	−0.6	0.4	1.0
B 단말기	0	−1		1.0	0.2	−0.9	−0.6	0.6	0.9	−0.2	−1.0	−0.2	0.9	0.6	−0.6	−0.9	0.2	1.0	0.2	−0.9	−0.6	0.6	0.9	−0.2	−1.0	−0.2	0.9	0.6	−0.6	−0.9	0.2	1.0
C 단말기	1	1	cos 7t	1.0	0.0	−1.0	−0.0	1.0	0.0	−1.0	−0.0	1.2	0.0	−1.0	−0.0	1.0	−0.0	−1.0	−0.0	1.0	−0.0	−1.0	−0.0	1.2	−0.0	−1.0	−0.0	1.0	−0.0	−1.0	−0.0	1.0

		0.0	1.6	3.1	4.7	6.3	7.9	9.4	11.0	12.6	14.1	15.7	17.3	18.8	20.4	22.0	23.6	25.1	26.7	28.3	29.8	31.4	33.0	34.6	36.1	37.7	39.3	40.8	42.4	44.0
데이터 변조신호	1	1.0	1.0	0.9	0.8	0.6	0.4	0.2	0.0	−0.2	−0.4	−0.6	−0.8	−0.9	−1.0	−1.0	−1.0	−0.9	−0.8	−0.6	−0.4	−0.2	−0.0	0.2	0.4	0.6	0.8	0.9	1.0	1.0
	−1	−1.0	−0.9	−0.6	−0.2	0.2	0.6	0.9	1.0	0.9	0.6	0.2	−0.2	−0.6	−0.9	−1.0	−0.9	−0.6	−0.2	0.2	0.6	0.9	1.0	0.9	0.6	0.2	−0.2	−0.6	−0.9	−1.0
	1	1.0	0.8	0.2	−0.4	−0.9	−1.0	−0.6	−0.0	0.6	1.0	0.9	0.4	−0.2	−0.8	−1.0	−0.8	−0.2	0.4	0.9	1.0	0.6	0.0	−0.6	−1.0	−0.9	−0.4	0.2	0.8	1.0
	−1	−1.0	−0.8	0.2	0.9	0.9	0.2	−0.6	−1.0	−0.6	0.2	0.9	0.9	0.2	−0.6	−1.0	−0.6	0.2	0.9	0.9	0.2	−0.6	−1.0	−0.6	0.2	0.9	0.9	0.2	−0.6	−1.0
	1	1.0	0.4	−0.6	−1.0	−0.2	0.8	0.9	0.0	−0.9	−0.8	0.2	1.0	0.6	−0.4	−1.0	−0.4	0.6	1.0	0.2	−0.8	−0.9	0.0	0.9	−0.8	−0.2	1.0	−0.6	0.4	1.0
		−1.0	−0.2	0.9	0.6	−0.6	−0.9	0.2	1.0	0.2	−0.9	−0.6	0.6	0.9	−0.2	−1.0	−0.2	0.9	0.6	−0.6	−0.9	0.2	1.0	0.2	−0.9	−0.6	0.6	0.9	−0.2	−1.0
	1	1.0	0.0	−1.0	−0.0	1.0	0.0	−1.0	−0.0	1.0	0.0	−1.0	−0.0	1.0	−0.0	−1.0	−0.0	1.0	−0.0	−1.0	−0.0	1.0	−0.0	−1.0	−0.0	1.0	−0.0	−1.0	−0.0	1.0

단말기 C 신호	1	1	0	−0.9	−0	0.62	0	−0.2	−0	−0.2	−0	−0.62	0	−0.9	0	1	0	−0.9	0	0.62	0	−0.2	0	−0.2	−0	0.62	−0	−0.9	−0	1	0.03448
		1	−0	0.62	0	0.22	0	−0.9	−0	−0.9	0	−0.2	0	−0.6	0	1	0	−0.6	0	−0.2	−0	0.9	−0	−0.9	−0	0.22	0	0.62	0	−1	−0.0345
		1	0	−0.2	0	−0.9	−0	0.62	0	0.62	0	−0.9	−0	−0.2	0	1	0	−0.2	−0	−0.9	−0	0.62	−0	0.62	0	−0.9	0	−0.2	−0	1	0.03448
		−1	−0	−0.2	−0	0.9	0	0.62	0	−0.6	0	−0.2	−0	0.22	0	1	0	0.22	−0	−0.9	−0	0.6	0	0.62	−0	0.9	−0	−0.2	0	−1	−0.0345
		1	0	0.62	0	−0.2	0	−0.9	−0	−0.9	−0	−0.2	−0	0.62	0	1	0	0.62	−0	−0.2	0	−0.9	−0	−0.9	−0	−0.2	0	0.62	−0	−1	0.03448
		−1	−0	−0.9	−0	−0.6	−0	−0.2	−0	0.22	−0	0.62	−0	0.9	0	1	0	0.9	−0	0.62	0	0.22	−0	−0.2	−0	−0.6	−0	−0.9	−0	1	−0.0345
	cos 7t	1	0	1	0	1	0	1	0	1	0	1	0	1	0	1	0	1	0	1	0	1	0	1	0	1	0	1	0	1	0.5172

단말기 B 신호	1	1	0.42	−0.6	−0.8	−0.1	0.34	0.2	0	0.2	0.34	−0.1	−0.8	−0.6	0.42	1	0.42	−0.6	−0.8	−0.1	0.34	0.2	−0	0.2	0.34	−0.1	0.22	0.39	0.42	1	0.03448
		−1	−0.4	0.39	0.22	−0	0.49	0.81	0	−0.8	−0.5	0.05	−0.2	−0.4	0.39	1	0.39	−0.4	−0.2	0.05	−0.5	−0.8	0	0.81	0.49	−0	0.22	0.39	−0.4	−1	−0.0345
		1	0.34	−0.1	0.42	0.2	−0.8	−0.6	−0	−0.6	−0.8	0.2	0.42	−0.1	0.34	1	0.34	−0.1	0.42	0.2	−0.8	−0.6	0	−0.6	−0.8	0.2	0.42	−0.1	0.34	1	0.03448
		−1	−0.3	−0.1	−0.9	−0.2	0.17	−0.6	−0	0.56	−0.2	0.2	0.88	0.14	0.27	1	0.27	0.14	0.88	0.2	−0.2	−0.8	0	0.81	0.49	−0.2	−0.9	−0.1	−0.3	−1	−0.0345
	cos 5t	1	0.19	0.39	0.95	0.05	0.61	0.81	0	0.81	0.61	0.05	0.95	0.39	0.19	1	0.19	0.39	0.95	0.05	0.61	0.81	0	0.81	0.61	0.05	0.95	0.39	0.19	1	0.5172
		−1	−0.1	−0.6	−0.6	0.14	−0.7	0.2	0	−0.2	0.7	−0.1	0.61	0.56	0.1	1	0.1	0.56	0.61	−0.1	0.7	−0.2	0	0.2	−0.7	0.14	−0.6	−0.6	−0.1	−1	−0.0345
		1	0	−1	−0	1	0	−1	−0	1	0	−1	−0	1	0	−1	−0	1	0	−1	−0	1	0	−1	−0	1	0	−1	−0	1	0.03448

단말기 B 신호	−1	1	0.22	−0.8	−0.5	0.14	0.56	−0.2	−0	0.05	−0.4	−0.4	0.49	0.81	−0.2	−1	−0.2	0.81	0.49	−0.4	−0.4	0.05	0	−0	0.39	0.39	−0.5	−0.8	0.22	1	0.03448
		−1	−0.2	0.56	0.14	0.14	0.56	−0.2	−1	−0.2	0.56	0.14	0.14	0.56	−0.2	−1	−0.2	0.56	0.14	0.14	0.56	−0.2	−1	−0.2	0.56	0.14	0.14	0.56	−0.2	−1	−0.0345
		1	0.17	−0.2	0.27	−0.6	−0.9	0.14	0	−0.1	0.88	0.56	−0.3	0.2	−0.2	−1	−0.2	0.2	−0.3	0.56	0.88	−0.1	−0	0.14	−0.9	−0.6	0.27	−0.2	0.17	1	0.03448
		−1	−0.1	−0.2	−0.6	0.56	0.2	0.14	1	0.14	0.2	0.56	−0.6	−0.2	−0.1	−1	−0.1	−0.2	−0.6	0.56	0.2	0.14	1	0.14	0.2	0.56	−0.6	−0.2	−0.1	−1	−0.0345
		1	0.1	0.56	0.61	−0.1	0.7	−0.2	−0	0.2	−0.7	0.14	−0.6	−0.6	−0.1	−1	−0.1	−0.6	−0.6	0.14	−0.7	0.2	−0	−0.2	0.7	−0.1	0.61	0.56	0.1	1	0.03448
	cos 6t	−1	−0	−0.8	−0.4	−0.4	−0.8	−0	−1	−0	−0.8	−0.4	−0.4	−0.8	−0	−1	−0	−0.8	−0.4	−0.4	−0.8	−0	−1	−0	−0.8	−0.4	−0.4	−0.8	−0	−1	−0.517
		1	0	0.9	0	0.62	0	0.22	0	−0.2	0	−0.6	0	−0.9	−0	−1	−0	−0.9	0	−0.6	−0	−0.2	0	0.22	−0	0.62	0	0.9	−0	1	0.03448

A.4 전파 세기의 상대전력 및 절대전력의 표현

전파의 세기는 안테나로부터 일정 거리 떨어진 점에서의 수신 전파의 강도이다. 일반적으로 전파의 세기는 멀리 떨어진 곳에서 매우 약한 신호로 수신되기 때문에 매우 불편하다. 그래서 매우 작은 수의 경우 다음과 같이 로그의 개념을 사용하여 우리가 인식할 수 있는 수의 범위로 치환하여 사용한다.

$a^m = N$: a는 1이 아닌 양수, N은 양수

$m = \log_a N$: 'm은 a를 밑으로 하는 N의 로그이다'

이때 N을 만족하는 m은 하나만 존재하므로 다음과 같이 큰 수를 작은 수로 바꾸어 사용하면 편리하다. a가 10일 때 m과 N의 대응 값은 다음과 같다.

1) N=10일 때 $m=1$
2) N=100일 때 $m=2$
3) N=1,000일 때 $m=3$

그러나 로그 값을 그대로 사용할 경우 숫자가 너무 작아져서 불편하므로 전파의 세기가 전력일 경우 10을 밑으로 하는 로그값에 10을 곱한 것을 데시벨(dB)로 정의하여 사용하는 방법을 정의하였다.

상대전력은 두 값을 비교하여 상대적인 크기를 나타내는 것으로 데시벨(dB)로 정의한다. CDMA 이동통신 시스템에서 신호 대 잡음비 E_c/N_o는 상대 데시벨 단위를 사용한다. 이때 사용되는 E_c는 파일럿 채널의 에너지를 의미하며 I_o는 간섭을 의미한다. (식 A-1)에서 E_c는 P_2, I_o는 P_1을 의미한다.

$$\text{상대전력}\ (dB) = 10\log\frac{P_2}{P_1} \qquad \text{(식 A-1)}$$

절대전력은 특정 비교 값을 정하고 이에 대한 절대적인 크기를 나타내는 것으로 dBx로 정의한다. 만일 절대단위가 mW이면 dBm, W이면 dBW, volt이면 dBv가 된다. 일반적으로 이동통신에서는 mW를 기준으로 많이 사용하고 있다.

$$\text{절대전력}\ (dBm) = 10\log\frac{\text{측정전력}\ (mW)}{1mW} \qquad \text{(식 A-2)}$$

참고 문헌

[1] William C. Y. Lee, Mobile Cellular Telecommunications Systems, McGraw-Hill Book Co. 1990.

[2] William C. Y. Lee, Mobile Communications Design Fundamentals, John Wiley & Sons Inc.. 1993.

[3] 과기정통부, 『대한민국주파수분배표』, 2021. 10. 8.

[4] https://www.ktsat.com

[5] 과기정통부, 『2021년 10월 기준 무선통신서비스 가입현황 통계』 2021. 12.

[6] http://www.ieee802.org/11/

[7] ITU, WRC-19 Final Act, 2007.

[8] ITU, ITU-R/5D/TEMP/523, Draft Revision of Rec. ITU-R M.1036-6, "Frequency arrangements for implementation of the terrestrial component of International Mobile Telecommunications (IMT) in the bands identified for IMT in the Radio Regulations (RR)", 2021. 10. 14.

[9] 위치정보산업동향보고서, 학술논문으로 바라본 측위 기술 연구 동향, 한국인터넷진흥원, 2020. 8.

[10] National Intelligence Council (NIC), "Disruptive Technologies Global Trends 2025", 2008. 4.

[11] ITU, Rec. ITU-T Y.2060, Overview of IoT, 2012. 6.

[12] ITU, Rec. ITU-T Y.2066, Common requirements of IoT, 2014. 6.

[13] ITU, Rec. ITU-T Y.2068, Functional Framework and Capability of IoT, 2015. 3.

[14] ITU, Rec. ITU-T Y.2069, Terms & definition of IoT, 2012. 7.

[15] GSMA, 3GPP Low Power Wide Area Technologies, 2018.

[16] 3GPP TS 37.869, Study on Enhancements to Machine-Type Communications (MTC) and other Mobile Data Applications(Rel. 12), 2013. 9.

[17] GSMA, LTE-M Deployment Guide to Basic Feature Set Requirements, 2019. 16.

[18] 3GPP TS 36.802, E-UTRA; NB-IoT; Technical Report for BS and MS radio transmission and reception(Rel. 13), 2016. 6.

[19] LoRa Alliance, Inc., A technical overview of LoRa and LoRaWAN, 2015. 11.

[20] LoRa Alliance, Inc., LoRaWAN Specification v1.1, 2017.

[21] RFID Working Group of The European Technology Platform on Smart Systems Integration (EPOSS), "Internet of Things 2020", Sep. 5, 2008.

[22] http://www.ieee802.org/15/

[23] http://zigbeealliance.org
[24] http://z-wavealliance.org
[25] 김판수, 김우준, 변우진, 『저궤도 위성통신망 기반 글로벌 무선통신기술 동향, 전자통신동향분석』, Vol. 35, No. 5, 2020. 10.
[26] ITU, ITU-R/5D/TEMP/512, PDNR ITU-R M.[HIBS-Characteritics] Spectrum needs, usage and deployment scenarios, and technical and operational characteristics for the use of high-altitude platform stations as IMT base stations (HIBS) in the mobile service in certain frequency bands below 2.7GHz already identified for IMT, 2021. 10. 14.
[27] 과학기술일자리진흥원, 『드론 기술 및 시장 동향 보고서』, 2019. 8.
[28] https://intl.its.go.kr/korea/system
[29] ITU, Rep. ITU-R M.2445, Intelligence Transport Systems(ITS) Usage , 2018. 11.
[30] ITU, ITU-R/5D/TEMP/461, PDNR ITU-R M.[IMT.C-V2X]/, The use of the terrestrial component IMT for Cellular to Vehicle to Everything applications, 2021. 10. 14.
[31] Manual F. Catedra and Jesus Perez-Arriaga, Cell Planning for Wireless Communications, Artech House Inc., 1999.
[32] ITU, Rep. ITU-R M.2135, Guideline for Evaluation of radio interface technologies for IMT-Advanced, 2009.
[33] ITU, Rep. ITU-R M.2412, Guideline for Evaluation of radio interface technologies for IMT-2020, 2017.
[34] Bernard Sklar, Digital Communications, Prentice-Hall Inc., 1988
[35] Samuel C. Yang, CDMA RF System Engineering, Artech House Inc., 1998.
[36] Siegmund M. Redl and Matthias K. Weber and Malcolm W. Oliphant, An Introduction to GSM, Artech House Inc., 1995
[37] 3GPP2 C.S0002-C, Physical Layer Standard for cdma2000 Spread Spectrum Systems, 2002. 5
[38] 3GPP2 C.S0003-C, Medium Access Control Standard for cdma2000 Spread Spectrum Systems, 2002. 5
[39] Harri Holma and Antti Toskala, WCDMA for UMTS, John Wiley & Sons Ltd., April 2000.
[40] 3GPP2 X.S0013-000-A, All-IP Core Network Multimedia Domain, 2005. 11.
[41] 3GPP TS 23.002 V6.6.0, Network Architecture(Release 6), 2004. 12.
[42] 3GPP TR 25.877, HSDPA Iub/Iur, 2002. 7.
[43] 3GPP TS 25.308, HSDPA, 2002. 7.
[44] Harri Holma and Antti Toskala, HSDPA/HSUPA for UMTS, John Wiley & Sons Ltd., 2006.

[45] 3GPP2 C.S0024-A, cdma2000 High Rate Packet Data Air Interface Specification, 2005. 7.

[46] 3GPP2 C.S0024-B, cdma2000 High Rate Packet Data Air Interface Specification, 2006. 5.

[47] ITU-R Rec. ITU-R M.1457-6, Detailed specifications of the radio interfaces of International Mobile Telecommunications-2000 (IMT-2000)

[48] http://www.ieee802.org/16/

[49] TTA, TTAS.KO-06.0064/R1, 2.3GHz 휴대 인터넷 표준(물리계층), 2004. 12.

[50] TTA, TTAS.KO-06.0065/R1, 2.3GHz 휴대 인터넷 표준(매체접근제어계층), 2004. 12.

[51] TTA, TTAS.KO-06.0082/R1, 2.3GHz 휴대 인터넷 표준(물리계층 및 매체접근제어 계층), 2005. 12.

[52] ITU, Rec. ITU-R M.1645, Framework and overall objectives of the future development of IMT-2000, 2003.

[53] ITU, Rep. ITU-R M.2038, Technology Trends, 2003.

[54] ITU, Rep. ITU-R M.2074, Radio Aspect, 2006.

[55] Savo Glisic, Advanced Wireless Communications 4G Technology, John Wiley & Sons Ltd., 2004.

[56] Erik Dahlman, Stefan Parkvall, Johan Skold and Per Beming, 3G Evolution HSPA and LTE for Mobile Broadband 2nd Edition, Elsevier Ltd., 2009.

[57] Erik Dahlman, Stefan Parkvall, Johan Skold, LTE/LTE-Advanced for Mobile Broadband, Elsevier Ltd., 2009.

[58] 3GPP TS 36.101, User Equipment(UE) radio transmission and reception(Release 12), 2014. 6.

[59] China Mobile, Implementing LTE FDD/TDD Convergence Network in the age of Mobile Internet, 2013. 12.

[60] ITU-R Rep. M.2243, Assessment of the global mobile broadband deployments and forecasts for International Mobile Telecommunications, 2011. 10.

[61] ITU, Rep. ITU-R M.2320, Future Technology Trends of terrestrial IMT systems, 2014. 11.

[62] ITU, Rec. ITU-R M.2083, IMT Vision -Framework and overall objectives of the future development of IMT for 2020 and beyond, 2015. 9.

[63] ITU, Rep. ITU-R M.2370, IMT Traffic estimates for the years 2020 to 2030, 2015. 7.

[64] ITU-R WP5D/TEMP/55, Draft liaision statement to JTG 4-5-6-7 WRC agenda item 1.1, 2012. 10.

[65] www.metis2020.com

[66] www.erricson.com

[67] www.nokia.com
[68] www.nttdocomo.com
[69] www.qualcomm.com
[70] www.wwrf.ch
[71] www.ngmn.org
[72] www.3gpp.org
[73] www.gsacom.com
[74] www.gsma.com
[75] www.wikipedia.com
[76] IMT-2020(5G) Promotion Group, 5G Wireless Technology Architecture, 2015. 5.
[77] IMT-2020(5G) Promotion Group, 5G Network Technology Architecture, 2015. 5.
[78] Mahmoud Taherzadeh, Hosein Nikopour, Alireza Bayesteh, and Hadi Baligh, SCMA Codebook Design, IEEE VTC-fall, Vancouver 2014.
[79] ITU, Rep. ITU-R M.2330, Cognitive Radio System in the rand mobile service, 2014. 11.
[80] 3GPP TS 36.101, User Equipment(UE) radio transmission and reception (Release 15), 2017. 9.
[81] 3GPP TS 36.306, User Equipment(UE) radio access capability (Release 15), 2018. 7.
[82] ITU, Rep. ITU-R M.2310, Minimum requirements related to technical performance for IMT-2020 radio interface, 2017. 11.
[83] 3GPP TS 38.913, Study on scenarios and requirements next generation access technology(Rel.16), 2020. 7.
[84] 3GPP TS 38.912, Study on NR access technology(Rel.16), 2020. 7.
[85] 3GPP TS 23.501, System architecture for the 5G system(Rel.16), 2021. 3.
[86] 3GPP TS 23.502, Procedures for the 5G system(Rel.16), 2021. 3.
[87] 3GPP TS 38.401, NG-RAN Architecture description(Rel.16), 2021. 4.
[88] 3GPP TS 37.340, E-UTRA and NR Multi-connectivity(Rel. 16), 2021. 3.
[89] 3GPP TS 38.300, NR; NR & NG-RAN overall description(Rel.16), 2020. 12.
[90] 3GPP TS 38.101-1(Range 1 Standalone), User Equipment (UE) radio transmission and reception(Rel.16), 2021. 3.
[91] 3GPP TS 38.101-2(Range 2 Standalone), User Equipment (UE) radio transmission and reception(Rel.16), 2021. 3.
[92] 3GPP TS 38.101-3(Range 1&2 Interworking), User Equipment (UE) radio transmission and reception(Rel.16), 2021 3.

[93] 3GPP TS 38.201, NR; Physical layer; General description(Rel. 16), 2019. 12.
[94] 3GPP TS 38.202, NR; Services by provided Physical layer(Rel.16), 2019. 12.
[95] 3GPP TS 38.211, NR; Physical channels and modulation(Rel. 16), 2019. 12.
[96] 3GPP TS 38.212, NR; Physical multiplexing and channel coding(Rel.16), 2019. 12.
[97] 3GPP TS 38.213, NR; Physical layer procedures for control(Rel.16), 2019. 12.
[98] 3GPP TS 38.214, NR; Physical layer procedures for data(Rel.16), 2019. 12.
[99] 정우기, 『5G 이동통신서비스를 위한 효율적인 5G 망구축 방안에 관한 연구』, 한국전자파학회논문지, Vol. 27, No. 5. 20권 3호, 2018. 5월
[100] 3GPP TS 38.101-1(Range 1 Standalone), User Equipment (UE) radio transmission and reception(Rel. 15), 2018. 3.
[101] 3GPP TS 38.101-2(Range 2 Standalone), User Equipment (UE) radio transmission and reception(Rel. 15), 2018. 3.
[102] 3GPP TS 38.101-3(Range1&2 Interworking), User Equipment (UE) radio transmission and reception(Rel. 15), 2018. 3.
[103] 3GPP TS 38.201, NR; Physical layer; General description(Rel.1 5), 2017. 12.
[104] 3GPP TS 38.202, NR; Services by provided Physical layer(Rel. 15), 2018. 6.
[105] 3GPP TS 38.211, NR; Physical channels and modulation(Rel. 15), 2018. 6.
[106] 3GPP TS 38.212, NR; Physical multiplexing and channel coding(Rel. 15), 2018. 6.
[107] 3GPP TS 38.213, NR; Physical layer procedures for control(Rel. 15), 2018. 6.
[108] 3GPP TS 38.214, NR; Physical layer procedures for data(Rel. 15), 2018. 6.
[109] Mahmoud Taherzadeh, Hosein Nikopour, Alireza Bayesteh, and Hadi Baligh, SCMA Codebook Design, IEEE VTC-fall, Vancouver 2014.
[110] ITU, Rep. ITU-R M.2330, Cognitive Radio System in the rand mobile service, 2014. 11.
[111] IHS Markit, 5G Ecosystem, 2019. 11.
[112] ITU, ITU-R/5D/TEMP/472, PDNR ITU-R M.[IMT. Future Technology Trends of Terrestrial IMT Ststems towards 2030 and beyond], 2021. 10. 14.
[113] ITU, ITU-R/5D/TEMP/494r3, PDNR ITU-R M.[IMT. Vision 2030 and beyond], 2021. 10. 14.
[114] ITU, ITU-R/5D/TEMP/463r2, PDNR ITU-R M.[IMT.Industry], 2021. 10. 14.
[115] ITU, ITU-R/5D/TEMP/461r1, PDNR ITU-R M.[IMT. C-V2X], 2021. 10. 14.
[116] Samsung Research, 6G The Next Hyper - Connected Experience for All, 2020. 7.
[117] ETRI, 6G Insight, 2020. 11. 30.
[118] 5G Forum, 6G WG White Paper, 6G Technology Trends, 2021. 2.
[119] Aidan Fuller etc., Digital Twin: Enablimg Technologies, Challenges and Open Research, IEEE Access, May 28, 2020.

[120] Samar Elmeadawy and Raed Shubair, The 2019 IEEE International Conference on Electrical and Computing Technologies and Applications(ICECTA 2019), 2019. 11.
[121] Syed Agha Hassnain Mohsan etc., 6G: Envisioning the Key Technologies, Applications and Challenges, International Journal of Advanced Computer Science and Applications, Vol. 11, No. 9, 2020.

공학박사 **정 우 기**

연세대학교 전자공학과에서 학사, 석사, 박사학위를 받았다(공학박사). 한국전자통신연구원, SK텔레콤, 신세기통신, LG텔레콤(현 LG유플러스)에서 16년간 이동통신관련 분야에 종사하면서 CDMA, IMT-2000, 4세대, 5세대, 6세대 이동통신 등을 연구하였다. 지난 2001년에는 정보통신부 "IT 국제표준화전문가 100인"으로 선정되었으며, 2006년에는 정보통신부장관 표창장을 수상하였다. 방송통신위원회, 한국 ITU-R 연구위원회, 차세대 이동통신포럼, 한국정보통신기술협회(TTA), 한국전파방송통신진흥원, 한국전파진흥협회 등에서 자문위원, 연구위원 등을 역임하였다. 2003년부터 청강문화산업대학교 모바일스쿨 이동통신전공 교수로 재직하고 있다.

저자와의
협의에 의해
인지 생략

6세대 이동통신

2판 2쇄 2024년 8월 30일

저 자 정우기
발행인 송광헌
발행처 복두출판사
주 소 서울특별시 영등포구 경인로82길 3-4
센터플러스 807호 (우) 07371
전 화 02-2164-2580
FAX 02-2164-2584
등 록 1993. 11. 22. 제 10-902 호

정가 : 36,000원
ISBN : 979-11-6675-234-6 93560

한국과학기술출판협회 회원사